Lehrbuch

der

Psychologie

von

Dr. Leopold George.

Berlin.
Druck und Verlag von Georg Reimer.
1854.

Vorwort.

Die philosophische Forschung hat sich in neuerer Zeit mit besonderer Vorliebe der Psychologie zugewandt, wohl mit durch die Ueberzeugung bestimmt, dass auch die übrigen grossen Fragen ihre Erledigung nicht finden können ohne eine Lösung der Probleme, zu welchen diese Wissenschaft die nächste Veranlassung bietet. Wenn Kant das Bedürfniss fühlte, erst die Grenzen des Erkenntnissvermögens auszumessen, ehe eine allgemein gültige Wissenschaft aufgebaut werden könnte, so sprach er damit nur den Gedanken aus, der der ganzen neuern Philosophie seit Baco eigentlich zum Grunde liegt, eine bestimmte Einsicht darüber zu gewinnen, in welchem Verhältniss das Denken zu seinem Gegenstande steht und wie es im Stande ist eine Gewissheit von der Wahrheit zu erlangen. Die Stellung des Gedankens zur sinnlichen Wahrnehmung ist die grosse Frage, um deren Beantwortung es sich handelt, indem Kant dem Denken seine Selbstständigkeit vindicirte, hat er dem Problem erst die richtige Fassung gegeben und ist dadurch der Begründer der Deutschen Philosophie geworden. Aber ebendadurch hat sie auch ihre einseitige idealistische Richtung genommen, welche nicht nur die Selbstständigkeit des Denkens festhielt, sondern auch sein Uebergewicht und seine ausschliessliche Geltung zur Anerkennung bringen wollte. Die sinnliche Wahrnehmung kam dabei nicht zu ihrem Recht, Kant hatte, so nachdrücklich er auch ihre Wichtigkeit hervorhob, sie dennoch vernachlässigt, weil seine Untersuchungen sich vorzugsweise der andern Seite zuwandten, seine Nachfolger verachteten sie, weil sie ihr für das Wissen gar keinen Werth zuschrieben, und die Opposition, die sich von andern Seiten dagegen erhob, verfiel nur zu leicht in den entgegengesetzten Fehler, dem Denken seine gerechten Ansprüche zu verkümmern und die sinnliche Seite ungebührlich hervorzuheben.

Die Psychologie hat die Aufgabe, die Bedeutung beider in ihren bestimmten Grenzen aufzuzeigen, sie scharf zu sondern und doch ihre gegenseitige Beziehung und Wechselwirkung in das rechte Licht zu setzen. Dies ist der Gesichtspunkt, der mich vorzugsweise bei der Behandlung dieser Wissenschaft geleitet hat. Mit besonderem Fleisse habe ich deshalb die Entwickelung des Bewusstseins ins Auge gefasst und darzustellen gesucht, wie es gegenüber der sinnlichen Wahrnehmung sich selbstständig an den Gegenständen gestaltet, aber auch mit gleichem Nachdruck darauf hingewiesen, wie nur durch die Verknüpfung mit der sinnlichen Wahrnehmung ein Wissen zu Stande kommen kann, was durch die eingehende Betrachtung der einzelnen Momente des Glaubens und des Erkennens, wie ich hoffe, überzeugend durchgeführt ist. Damit hat aber auch der Uebergang aus dem Wissen in das Wollen, durch die Rückbeziehung der Neigung und der Begierde auf jene an Vermittelung und Klarheit gewonnen und die ganze Darstellung der Vernunft in ihren besondern Entwickelungsstadien einen reichern Inhalt und festern Abschluss erhalten, wenngleich ich offen bekenne, dass bei den letzteren die Darstellung im Einzelnen mir selbst noch nicht genügt und ich die systematische Entwickelung derselben nur als einen Versuch betrachte, in den Inhalt tiefer einzudringen, der aber noch der schärferen und genaueren Ausführung bedarf. Die Sprache selbst setzt hier noch unübersteigliche Hindernisse in den Weg, indem das gewöhnliche Bewusstsein, von welchem das wissenschaftliche immer abhängig bleibt, noch nicht die Vorstellungen hinlänglich durchgearbeitet hat und deshalb für die Begriffe die Worte fehlen, an welche die Darstellung anknüpfen könnte.

Es ist von vielen Seiten her die Forderung aufgetreten, dass die Psychologie als Naturwissenschaft behandelt werden müsste, um an dem gesegneten Fortschritt dieser Theil zu nehmen. Ich könnte mich diesem Verlangen von ganzem Herzen anschliessen; denn nicht allein gehört nach meiner Ansicht die Seele zur Natur, sondern ich theile auch die Ueberzeugung, dass nur auf dem Wege der Erfahrung und in Verbindung mit den Erfahrungswissenschaften, namentlich der Physiologie, für die Erkenntniss der Seele ein gedeihlicher Fortgang zu erwarten ist. Verbirgt sich aber dahinter die Tendenz, gegen die Berechtigung der Speculation überhaupt aufzutreten oder sie nur für die andern Gebiete der Philosophie anzuerkennen, so kann ich dem keinesweges mich anschliessen. Ich habe an den geeigneten Stellen selbst das Verhältniss der Speculation zur Erfahrung entwickelt und verweise hier darauf, nur soviel bemerke ich, dass für mich die wahre Speculation auf der Erfahrung ruhen, diese aber auch wirklich zum speculativen Wissen fortschreiten muss, und dieses Verhältniss gilt mir denn auch für alle Gebiete des Wissens und für alle Disciplinen der Philosophie.

Diesem Grundsatz bin ich auch bei der Bearbeitung des gegenwärtigen Werks gefolgt, überall bin ich von der Beobachtung und Erfahrung ausgegangen, aber ich habe nicht eher geglaubt zu einer wahren Erkenntniss des Stoffes gelangt zu sein, als bis die Begriffe sich zu einer systematischen Entwickelung zusammenschlossen, so dass sie sich scharf gegeneinander abgrenzten und methodisch aus einander ableiten liessen. Dadurch hoffe ich von jeder willkürlichen Construction fern geblieben zu sein und doch ein streng gegliedertes System erreicht zu haben, in welchem ebensowohl der Zusammenhang als das gegenseitige Verhältniss aller Momente zu einander klar heraustritt, und so der Begriff völlig durchsichtig für das Denken wird. Darin setze ich das Wesen einer wahren Speculation und in diesem Sinne nehme ich auch für die vorliegende Behandlung den speculativen Character in Anspruch, ohne darum irgendwie den empirischen Standpunkt in der höhern Bedeutung des Worts verlassen zu haben.

Berlin, den 23sten Februar 1854.

Der Verfasser.

Inhalt.

Zweiter Theil.

Lehrbuch

der

Psychologie.

Einleitung.

Allem Wissen liegen zweierlei Fragen zum Grunde, die schon das wissbegierige Kind stets im Munde führt, und die auf allen Stufen des Wissens, sowie in allen Wissenschaften auf gleiche Weise wiederkehren. Die eine geht zunächst von der Anschauung der festen, wenig veränderlichen Gegenstände der Natur in ihren in sich abgeschlossenen Formen und Eigenschaften aus, die, oberflächlich angesehen, als ruhende Substanzen mit bestimmten Merkmalen erscheinen, und lautet demgemäss: „was sind die Dinge", die andere knüpft an das seiner Gründe und Zwecke sich bewusste menschliche Thun an, und fragt, indem sie auch sonst überall Thätigkeit sieht, woher alles in der Welt entstanden sei, und wie es in derselben werde und sich entwickele." Und beide Fragen, die sich einen Augenblick lang auseinander halten lassen, greifen doch tief in einander ein und stehen in der lebendigsten Wechselbeziehung; denn Alles, was ist in der Welt, zeigt sich alsbald als geworden und immer noch werdend, und muss desshalb auf den Grund seines Entstehens zurückgeführt werden, und Alles, was wird und sich entwickelt, ist doch selbst in dieser Entwickelung etwas Bestimmtes und abhängig von dem, was es selbst ist, und von dem Sein, das es umgiebt.

Trotzdem halten alle Wissenschaften geraume Zeit an einer oder der andern Einseitigkeit fest, und es dauert lange, ehe das Bewusstsein durchdringt, dass fest und veränderlich, in sich abgeschlossenes für sich seiendes Dasein und unendlicher Zusammenhang, Ding und Thätigkeit nur relative Gegensätze sind, die durchaus in einander übergehen, und sich gegenseitig voraussetzen, so dass stets das eine auch das andere ist, und die Thätigkeit, durch welche das Ding erzeugt wird, auch in ihm fortdauert und sein Dasein erhält, sowie dass alle Merkmale, welche dieses an sich trägt, nichts anders als Erscheinungen dieser einen Thätigkeit sind, modificirt nach dem Verhältnisse seines Zusammenhanges mit der Mannigfaltigkeit der Dinge ausser ihm. Selbst wenn diese höhere Anschauung nicht mangelt, so liegt es doch in der Natur der Sache, dass es in vielen Wissenschaften bei dem jetzigen Standpunkte derselben noch nicht möglich ist, weit über die blosse Beschreibung der festen Formen hinauszugehen und bis zu den Gründen der Erscheinungen vorzudringen, in den anderen dagegen, wie in den ethischen, es grosse Schwierigkeiten hat, die Thätigkeiten in ihren festen unterschiedenen Gestalten aufzufassen, und das zusammenhangende Gewebe von Gründen und Zwecken in bestimmt geschiedene, substantielle Formen umzuwandeln.

In der Psychologie, welche offenbar auf dem Uebergange der Naturwissenschaften zu der Ethik steht, zeigt sich, dass beide Behandlungsweisen, die wir als die empirische und rationelle bezeichnen können, in entschiedener Consequenz nach einander auftreten, und obgleich sie beide gleich berechtigt sind, sich doch scharf von einander scheiden und sich gegenseitig auszuschliessen suchen. Zuerst trat auch hier die Frage, was die Seele sei, in den Vordergrund, und die andere nach dem Woher wurde nicht etwa nur übersehen, sondern eigentlich mit Entschiedenheit abgewiesen. Die Seele erschien als das ewig Seiende, nach deren Ursprung man gar nicht fragen könne und dürfe, ebenso und noch weit schroffer unterschieden von allem andern Seienden als eine in sich abgeschlossene Einheit und Substanz mit einer Mannigfaltigkeit von Vermögen und Kräften, an denen sie, wie alle übrigen Dinge an ihren Merkmalen, erkannt wird. Der Wissenschaft lag es ob, diese Vermögen zu beschreiben, zu vergleichen und gehörig zu ordnen, wie etwa die verschiedenen Pflanzen und Thierarten beschrieben, verglichen und classificirt werden, und die Seele selbst als Einheit stand darüber, wie die allgemeine Substanz im Verhältniss zu ihren besonderen accidentellen Modificationen.

Aber endlich genügte diese einseitige Anschauung nicht mehr; die Vielheit der Vermögen stand in keinem lebendigen Verhältniss zu der Einheit, die Substanz der Seele erschien als eine blosse Abstraction und verfiel, wie alle abstracten, allgemeinen Begriffe, dem zerfressenden Zweifel des Verstandes, und mit ihr ging auch die Unvergänglichkeit derselben verloren, und sie trat ein in die Analogie aller andern werdenden und veränderlichen Dinge. Hiermit erlangte die andere Frage das Uebergewicht, es wurde nach dem Woher und der genetischen Entwickelung geforscht, die Seele glich einer ursprünglich unbeschriebenen Tafel, die erst allmälig in dem Verlauf des Lebens sich erfüllte und ausbildete, oder sie wurde zu einem Attribute des Leibes, und die einzelnen Vermögen der Seelensubstanz lösten sich in eben so viele in einander übergehende Thätigkeiten auf, die den übrigen Functionen des lebendigen Organismus entsprechen und sich ihnen in ähnlicher Weise anreihen sollten. Diese Anschauung von Seelenthätigkeiten hat zur Zeit, wie sich auch sonst die Betrachtung des Verhältnisses der Seele zum Leibe und zur Materie überhaupt modificirt haben mag, so sehr über die frühere gesiegt, dass diese als eine veraltete völlig aufgegeben ist, und nur, als immer noch in der Ansicht des gewöhnlichen Lebens wurzelnd, in der Wissenschaft bekämpft wird. Sie hat den Vortheil, dass die Seele nun wirklich mehr als eine Einheit begriffen wird, indem die verschiedenen Wirkungsweisen derselben in einen lebendigen Zusammenhang gebracht sind, in welchem ihre innere Entwickelung aus- und durcheinander begriffen wird. Aber in diesem veränderlichen Fluss geht auch leicht die Bestimmtheit und specifische Bedeutung der Seelenerscheinungen gänzlich verloren, und über den überall sich darbietenden Uebergang verschwindet die Schärfe der Unterschiede. Und doch setzen Thätigkeiten stets verschiedene, ja vielmehr nach entgegengesetzten Richtungen wirkende Kräfte voraus, und aus der fortgesetzten Uebung von Thätigkeiten ergeben sich überall bestimmte, in sich abgeschlossene, feste Formen ihrer Wirksamkeit, die wir gar nicht besser als mit dem Ausdruck Vermögen bezeichnen können, indem mit einer in eigenthümlicher Weise entwickelten Thätigkeit auch die Fähigkeit wächst, sie auf solche Art auszuüben.

Nach diesen Betrachtungen scheint es klar, dass die beiden in der Psychologie nach einander aufgetretenen und sich ausschliessenden Methoden gar nicht so scharf von einander zu treunen sind, sondern vielmehr verknüpft werden müssen zu einer Anschauungsweise. Es wird ebenso darauf ankommen, die Seelenthätigkeiten scharf und bestimmt gegeneinander abzugrenzen, und dadurch ihr wechselseitiges Verhältniss in Unter- und Nebenordnung festzusetzen, als das stete Ineinandergreifen und Zusammenwirken derselben begreiflich zu machen. Dies muss ein System von Kräften und Thätigkeiten geben, welches eben so bestimmt die Frage löst, was die Seele in ihrer Einheit und Mannigfaltigkeit sei, als es zur klaren Anschauung bringt, woher diese verschiedenen Wirkungsweisen derselben entstehen, und wie sie sich auseinander und in dem innigsten Zusammenhange mit einander entwickeln. Eine solche Darstellung der Wissenschaft nenne ich eine speculative, welche erreicht, was das Ziel aller Wissenschaft ist, nämlich den Gegenstand ganz und gar zu durchschauen, die Mannigfaltigkeit seiner zunächst nur in äusserlicher und unbestimmter Sonderung gegebenen Merkmale in ihrer Vollständigkeit scharf zu gliedern und in ihrer vollkommenen Einheit aufzuweisen, und dabei zugleich den Gegenstand so zu entwickeln, dass man dem Werden desselben zu folgen und ihn in seiner Genesis zu begreifen im Stande ist. Eine solche Speculation steht nicht im Widerspruch mit der Empirie, sondern ruht vollständig auf ihr, und will nur, von der Erfahrung der Thatsachen ausgehend, zur Erklärung derselben fortschreiten, die gar nichts anderes ist, als die bestimmteste Ueberzeugung davon, nunmehr die rechte und vollständige Erfahrung über den Zusammenhang der Erscheinungen gewonnen zu haben.

Es ist in neuerer Zeit von vielen Seiten die Forderung geltend gemacht worden, die Psychologie als Naturwissenschaft zu behandeln, und mit vollkommener Ueberzeugung schliessen wir uns derselben an. Denn die Seele gehört mit zur Natur, die als ein armseliges Ding erscheinen müsste, wenn nicht die Vernunft, die überall in ihren Gesetzen in die Augen springt, als ihr Endzweck und ihr eigentliches Wesen begriffen werden könnte. Und grade dies ist die letzte und höchste Aufgabe der Seelenlehre, dieses ihr Verhältniss zu den übrigen Erscheinungen der Natur zu begreifen, und die Kluft, die so oft zwischen Natur und Geist befestigt worden und der Grund gewesen ist, weshalb die Seele in ihrer thatsächlichen Vermittelung mit den Gegenständen der Aussenwelt nicht begriffen werden konnte, auszufüllen, und die Brücke zu bauen und zu befestigen, die zwischen beiden die allerinnigste Verbindung unterhält. Und so fordern wir denn auch, dass die Psychologie an der Behandlung Theil nehme, durch welche die neuere Naturwissenschaft so gross geworden ist, und dass sie sich anlehne an die Fortschritte der Physik und der Physiologie, und nicht glaube, ein eigenes, völlig in sich abgeschlossenes Gebiet zu sein, welches eigenthümliche Erfahrungen ganz eigener Art besitze, die nur einer reinen Erklärung aus sich selber fähig oder aber durch eine Versenkung des Geistes in sich selbst a priori zu construiren wären. Ist aber mit einer solchen Forderung der naturwissenschaftlichen Behandlung ein Gegensatz gegen die philosophische Methode gemeint, und soll damit die Psychologie aus der Reihe der philosophischen Disciplinen ausgeschlossen werden, so können wir einer solchen Anschauung nicht folgen, indem sie unsern oben schon angedeuteten Ansichten völlig widerspricht. Denn entweder liegt derselben zum Grunde eine einseitige und untergeordnete Fassung des Begriffes der Erfahrung, gegen welche wir diese selbst verwahren zu müssen glauben, und eine damit verbundene, freilich von Seiten der Speculation selbst verschuldete, falsche Anschauung des Verhältnisses von dieser zu jener, oder sie beruht auf dem Missverständnisse, als gebe es für die Philosophie ein ihr schlechthin angehöriges Gebiet von Gegenständen rein geistigen Inhaltes, welchem gegenüber das grosse Gebiet der Naturwissenschaften sich ebenso in sich abschliesse. Wie wir die Speculation nicht im Widerspruch mit der Erfahrung zu denken vermögen, sondern diese sich stets zu jener von selbst steigert und in systematischer Betrachtung und genetischer Ableitung erst ihre volle Befriedigung findet, so kann auch die Philosophie nur als das System aller Wissenschaften begriffen werden, in welchem die Natur nicht fehlen kann, wenn man nicht beide eines bedeutenden Inhalts und ihrer wichtigsten Probleme berauben will. Deshalb kann auch von einer Trennung der naturwissenschaftlichen und metaphysischen Betrachtung der Seele gar keine Rede sein, sondern ist jene eine rechte, und entwickelt sie vollständig, was die Seele ist, so gehören dazu auch alle metaphysiche Probleme, die dann von selbst ihre Lösung finden müssen, und die Leichtigkeit und Befriedigung dieser Lösung ist der rechte Beweis, dass die Aufgabe auf jenem Wege richtig verstanden und zu ihrem wahren Ziele fortgeführt ist.

Die Seele in ihrem Verhältniss zum Leben.

In jeder wissenschaftlichen Untersuchung ist es das Schwierigste und zugleich für den ganzen Fortgang derselben Entscheidendste, den richtigen Ausgangspunkt zu finden. Sie soll ja selbst erst den wahren Begriff des Gegenstandes geben, und so treten wir nur an sie heran mit einer vagen Vorstellung über den allgemeinen Inhalt desselben, die nicht nur ausserordentlich schwankend, sondern auch immer mit unreinen, erst zu läuternden Elementen erfüllt ist, und aus der doch das ganze Interesse stammt, welches uns zu der genauern Betrachtung anreizt. Deshalb lässt sich auch nicht erwarten, dass mit dem bestimmten Ausdruck der Gegenstand für Alle in derselben Weise bezeichnet sei, sondern Jeder verknüpft mit demselben andere Merkmale und setzt ihn in andere Beziehungen zu andern Gegenständen, erst die Aufgabe der Wissenschaft ist es, ihn vollständig zu fixiren, und eine gleiche, übereinstimmende Anschauung von ihm in allen Denkenden hervorzurufen. Dies tritt namentlich recht auffallend hervor, wenn wir den Inhalt und Umfang solcher ein und denselben Gegenstand bezeichnenden Begriffe zu verschiedenen Zeiten und in verschiedenen Sprachen auffassen, oder auch, wenn wir sie von den synonymen Ausdrücken in derselben Sprache zu unterscheiden suchen, denn allem diesem liegt nur das Schwanken in der Abgrenzung des Gegenstandes und der Thatsachen, die sich an ihn knüpfen, zum Grunde, und es verschwindet mit der wahren wissenschaftlichen Bestimmung, welche auch die Differenzen der Sprachen aufhebt, und sie allein auf die Unterschiede in den Lauten reducirt.

Findet dieses zunächst immer im Gebiete der gewöhnlichen populären Vorstellung Statt, so wird der Uebelstand noch vergrössert, sobald sie durch die mannigfaltige Reflexion einer von vielen und den verschiedensten Seiten ausgehenden Wissenschaft hindurchgegangen ist, welche, obgleich es ihr Ziel ist, eine vollständige Uebereinstimmung in der Erkenntniss hervorzubringen, dieses nicht erreicht, ohne vorher den Gegenstand auf das wunderlichste verzerrt, ja fast unkenntlich gemacht und die widersprechendsten Vorstellungen und Anschauungen von ihm verbreitet zu haben. Sind auch diese nicht für rein willkührliche und durchaus verfälschende Betrachtungsweisen zu halten, sondern für verschiedene Ansichten von verschiedenen Standpunkten aus, zu welchen der Gegenstand in seiner Mannigfaltigkeit selbst Veranlassung giebt, und die deshalb auch die Erkenntniss wirklich fördern und von einem höhern Gesichtspunkt als nothwendige Epochen in der fortschreitenden Wissenschaft erscheinen, so ist doch einerseits das Wahre darin, eben wegen der einseitigen Auffassung, mit vielem wirklich Falschen und Schiefen gemischt, und andererseits wird das höhere, einigende Band, welches die verschiedenen Vorstellungsweisen mit einander verknüpft, erst durch die wahre, dem Gegenstande völlig entsprechende Wissenschaft entdeckt, und kann also nicht am Anfange der Untersuchung gegeben sein sondern erst als Resultat aus ihr hervorgehen.

Diese Schwierigkeiten, die jede in wissenschaftlicher Untersuchung begriffene Vorstellung mehr oder weniger drücken, finden sich im höchsten Maasse bei dem Begriffe der Seele, da er ein Centralbegriff ist, der mit allen übrigen in Zusammenhang steht und daher in die verschiedenste Verbindung gebracht werden kann. Deshalb vereinigen sich in ihm auch alle Probleme der Wissenschaft, und er hat wie kein anderer an allen Schwankungen derselben Theil genommen. Die Thatsachen der Seele sind Jedem unmittelbar zugänglich und begleiten einen Jeden zu aller Zeit und durch alle Verhältnisse, deshalb fühlt sich auch Jeder zum Nachdenken über sie aufgefordert und zum Urtheil über sie berufen und befähigt, und es kann nicht fehlen, dass die verschiedenartigsten populären Vorstellungen über sie Platz greifen und sich in dem Ausdruck der Sprachen abspiegeln, wie dies schon bei einer oberflächlichen Vergleichung in die Augen springt und bei einer tiefer eingehenden Untersuchung noch schlagender hervortritt. Andererseits giebt es kaum eine Wissenschaft, die nicht irgendwie eine Beziehung zu der Seele hätte, und so nicht theils dazu beitrüge, mittelbar die Vorstellung von ihr zu verändern, theils sich genöthigt sähe, gewisse Vorstellungen über die Seele vorauszusetzen und für sich selbst in Anwendung zu bringen. Vor allen aber hat die Philosophie sich genährt an dem Wechsel der Theorien über sie, und die Geschichte der Philosophie ist eins mit der Geschichte des Problems, Materie und Geist in ihrem wahren Verhältniss zu begreifen, und die Beziehung von Seele und Leib zu einander festzustellen.

In allen solchen Fällen schwankender Begriffsbildung und auseinandergehender Ansichten ist es nicht anders möglich, zu einer Verständigung zu gelangen, als dadurch, dass man sich der gemeinsamen Hauptanschauung des Gegenstandes bemächtigt, und zunächst von den streitigen Punkten ganz absieht, um dann von hier aus das Gebiet in seinen Grenzen genauer abzustecken und den Streit zu schlichten. Was in dieser Beziehung die Seele betrifft, so sind Alle im Allgemeinen darin einig, dass man ihre Erscheinung erkenne in gewissen Thatsachen einer eigenthümlichen Wechselwirkung zwischen den lebenden Wesen und ihrer Aussenwelt, vermöge deren sie dieselbe aufzufassen und dieser Auffassung gemäss auf sie zu wirken im Stande sind, Thätigkeiten, die wir in ihrer höchsten Form durch die Begriffe Wissen und Wollen zu bezeichnen gewohnt sind. Sobald es sich aber darum handelt, dieselben zu erklären und ihre Entstehung nachzuweisen, so beginnt auch sogleich der Streit, in welchem es unentschieden bleibt, ob die Aussenwelt dieses Wissen und Wollen wirkt in den lebendigen Individuen, oder ob diese es sind, die dieselben in sich auf eine selbstständige Weise erzeugen, andererseits, ob der lebendige Organismus selbst sich zu diesen höhern Seelenerscheinungen potenzirt, oder ob die Seele auch getrennt von den gewöhnlichen natürlichen Bedingungen des belebten Leibes derselben Thätigkeiten fähig und in ihnen das eigentlich treibende und bewegende Agens sei. In diesen Gegensätzen und allen ihren Consequenzen liegen die eigentlichen Probleme unserer Wissenschaft, sie sind der mannigfaltigsten Modificationen und Uebergänge fähig, aber sie umfassen das ganze auszumessende Gebiet und geben unserm Gegenstande dadurch schon eine bestimmtere Gestalt, indem sie auf das Centrum hinweisen, von welchem die Wege nach verschiedenen Richtungen hin auseinander gehen.

Dieses Centrum ist der Begriff des Lebens; wir nehmen überall, wo es sich findet, Seele an, wo es dagegen aufhört oder unsicher wird, wird es auch sogleich streitig, ob wir noch ein Recht haben, sie vorauszusetzen. Die eigentlichen Thatsachen, in denen wir die Seele erkennen, verschwinden mit ihm, und nur die Consequenz der darauf gebauten entgegengesetzten Theorien führt zu Schlüssen, die über die Thatsachen hinausreichen. Ist die Seele nur eine höhere Potenz der organisirenden lebendigen Kraft, so kann man versucht werden, sie auch schon den Pflanzen beizulegen, die sich an das Thierreich anreihen, und denen man, den unorganischen Wesen gegenüber, auch das Leben zuzuschreiben geneigt ist. Lässt sich auch an ihnen nicht im geringsten eine der Seele auch nur analoge Thätigkeit nachweisen, so liegt doch die Auskunft nahe, dass die in dem Thierreiche selbst allmälig abnehmende Kraft der Seelenerscheinungen hier in ihrem Minimum latitire, und die Ansicht in ihrer Consequenz ist befriedigt, indem sie die Entwickelungsreihe bis auf ihren Nullpunkt verfolgt. Setzt man auf der andern Seite die Seele als ein eigenes, nur mit dem lebendigen Organismus verbundenes und an ihm zur Erscheinung gelangendes substanzielles Wesen, so kann man ihre Existenz auch über das Leben hinaus fortgesetzt denken, und, ohne eine Erfahrung über ihre Wirksamkeit machen zu können, doch des Daseins derselben gewiss sein, indem man Wesen und Erscheinung wohl von einander trennen zu müssen glaubt. Wie sich diese Differenzen der Ansicht daher auch zu dem Gegenstande selbst stellen mögen, so viel ist gewiss, das Leben steht in der engsten Beziehung zu der Seele und von ihm aus müssen die streitigen Probleme geschlichtet werden.

Fassen wir nun diesen Begriff des Lebens näher ins Auge, und suchen ihn in seinem Verhältniss zu den verwandten abzugrenzen, so herrscht leider in der Bestimmung desselben noch die grösseste Verwirrung, und es kommt zunächst darauf an, hier nach Maassgabe der Fortschritte der neuern Wissenschaft so viel als möglich eine feste Grundlage zu gewinnen, auf welcher sich mit Sicherheit weiter bauen lässt. Gewöhnlich bringt man ihn zunächst mit dem des Organismus in nähere Beziehung und legt ihn allen organischen Wesen im Unterschiede von den unorganischen bei; erst dann fragt man weiter nach der Verschiedenheit der Pflanzen und Thiere, und spricht von pflanzlichem und thierischem Leben als besonderen Unterarten. Der Ausdruck ist hiernach nichts anderes als eine Abstraction für die geheime, nicht weiter zu begreifende Kraft, durch welche diese Organismen sich bilden und in ihren eigenthümlichen Thätigkeiten erhalten werden, das System der Zwecke realisirend, das in dem besonderen Verhältniss der Theile zum Ganzen angelegt ist, und nach welchem alles Einzelne als Organ für das Ganze wirkt, das Ganze aber die Bildung des Einzelnen beherrscht. Gehen wir aber hiervon aus, so entspricht dieser Erklärung auch die Bildung des Minerals, und das Gebiet des Organischen greift weit über in das gewöhnlich sogenannte Reich des Unorganischen, das nur die oberflächliche Anschauung des gewöhnlichen Lebens als etwas fertig Gegebenes und Starres betrachten kann. Denn auch der Krystall entsteht nach einem gewissen constanten Typus, nach welchem die flüssige Materie sich nach bestimmten Linien- und Flächenverhältnissen ordnet, und den Individuen ihre eigenthümliche Gestalt giebt. Auch hier also haben wir eine zweckmässig wirkende Bewegung, in der alle einzelnen Theile zu der Form des Ganzen zusammenwirken und durch das Ganze beherrscht werden, auch hier leistet das Ganze in seiner specifischen Individualität den äusseren Einflüssen des Druckes, der Wärme, des Lichtes, der Elektricität u. s. w., wie jeder andere Organismus, seinen eigenthümlichen Widerstand, und diese von aussen her auf den Körper einwirkenden Bewegungen gehen nicht bloss einfach durch denselben hindurch, sondern werden durch ihn verwandelt und zu einem seiner Individualität entsprechenden System von Bewegungen umgebildet, ja der Krytsall hat sogar das Vermögen, durch äussere Beschädigung des Ganzen verloren gegangene Theile mehr oder minder vollständig wieder zu erzeugen. Wird ein verstümmelter Krystall in die entsprechende Flüssigkeit gelegt, so wächst er im Ganzen und nach allen Richtungen hin, vorzugsweise aber nach der Seite, wo er beschädigt worden war, um so zunächst die in der Idee des Ganzen liegende, gesetzmässige Gestalt wieder zu erlangen, gleich dem verstümmelten Thier, das, soweit es nur die Kraft der Reproduction besitzt, alle Nahrung zunächst dazu verwendet, um den beschädigten Organismus wieder herzustellen. So assimilirt der Krystall, wie alle übrigen organischen Wesen, aus einer Auflösung verschiedener Stoffe das ihm Entsprechende, indem er das ihm Gleichartige an sich zieht, so erzeugt er selbst, in einem dem Sprossen ähnlichen Vorgange, an sich neue Individuen, indem der fertige Krystall nicht die neuangezogene Masse zur blossen Vergrösserung seiner selbst verwendet, sondern als Kern neue Individuen an seiner Oberfläche ansetzt, so dass die einzelnen Krystalle sich zu Aggregaten zusammenfügen, welche sogar durch ihre baumförmige Anordnung an die höheren Pflanzen erinnern.

Gehen wir in solche vergleichende Betrachtungen ein, und nehmen wir hinzu, dass in allen festen Körpern dieser Krystallisationsprocess es ist, der dem formlosen flüssigen Elemente die bestimmte äussere und innere Struktur giebt, durch welche sie sich von einander unterscheiden, sei es, dass die einzelnen, sich agglomerirenden Krystalle grösser und sichtbarer hervortreten, oder kleiner und untrennbarer den Schein einer Gestaltlosigkeit erzeugen, so wäre es gedankenlos, den Begriff des Organismus auf die Thier- und Pflanzenwelt zu beschränken, und wir müssen uns nach anderen concreteren Begriffen, als der des Organischen ist, umsehen, um das Specifische und Unterscheidende dieser Reiche zu erfassen. Beschränken wir uns hier zunächst auf den Vegetationsprocess, so hat die neuere Pflanzenphysiologie, welche die Botanik erst eigentlich zu der

Dignität einer Wissenschaft erhoben hat, damit angefangen, den Begriff einer Lebenskraft, welches nur ein gedankenloser Ausdruck für ein unerkanntes Etwas ist, das als Grund aller Erscheinungen gelten sollte, und bei welchem man viel gewonnen zu haben meinte, wenn man es nur bezeichnete, ohne mit dem Wort irgend eine Anschauung zu verknüpfen, ganz zu verbannen, und vielmehr den innern Zusammenhang und die genetische Entwickelung aller im Pflanzenreiche vorkommenden Thatsachen aufzufassen, sie auf die allgemeinen physikalischen und chemischen Gesetze zurückzuführen, und die Wirksamkeit keiner anderen Mächte ausser diesen anzuerkennen. Hiernach erscheint die ganze Bildung der Pflanze, der Krystallisation sehr analog, als ein Gestaltungsprocess, der nach einem bestimmten Typus die flüssige Masse in relativ feste Formen überzugehen bestimmt, nur mit dem durchgreifenden, den ganzen Verlauf modificirenden Unterschied, dass dort die nährende Flüssigkeit ausserhalb des sich bildenden festen Körpers bleibt, hier innerhalb der sich bildenden Zelle abgeschlossen wird. Demgemäss schreiten beide in ganz ähnlicher Weise vor; wie der Krystall zunächst selbst nach aussen hin bis zu einem gewissen Umfange wächst, dann aber einen neuen Krystall ansetzt, und so sich weiter und weiter entwickelt, so wächst auch die Pflanzenzelle zuerst nach innen bis zu einem gewissen Grade fort, und schreitet dann dazu, in sich neue Zellen zu entwickeln, die bei weiterer Ausbildung die Wand der Mutterzelle zerstören, und nun in gleicher Weise sich fortentwickeln, so dass sie zuletzt ein mehr oder minder reich ausgebildetes System von Zellen darstellen, auf welches sich die ganze unendlich mannigfaltige Gestaltung der Pflanzenwelt reducirt, von den einfachsten und niedrigsten nur in einer Zelle bestehenden an bis zu den höchsten und wunderbarsten Gebilden hinauf. Hiernach ist die zusammengesetzteste Pflanze doch nichts anderes, als ein

Complex von Zellen, und Zellenbildung ist die Aufgabe des ganzen Vegetationsprocesses, der in der Gesetzmässigkeit seiner Structurverhältnisse an die Grundgesetze der Mechanik, Physik und Chemie ebenso gebunden ist, wie der Krystall, wenn wir auch bei dem jetzigen Stande der Wissenschaft, ebensowenig bei dem einen, wie bei der andern, schon im Stande sind, messend und rechnend dieser Formbildung in den kleinsten Melekulartheilchen nachzukommen.

Auf diese Weise verschwindet die Kluft und der scharfe Unterschied zwischen Mineral- und Pflanzenreich gänzlich; jenes sind wir durch die Anforderungen der Wissenschaft genöthigt zu dem Begriff des Organismus hinaufzurücken, dieses verliert den Charakter des Lebendigen, den wir vorläufig von der einfachern Anschauung des bloss Organischen scharf zu trennen haben werden, so dass wir in dem Krystall wie in der Pflanze organische Processe erkennen müssen, die ihre Formen nach einem bestimmten Typus entwickeln, vermöge dessen die Struktur der Theile und die individuelle Fortpflanzung abhängig ist von der Natur des Ganzen, die Theile selbst aber wiederum in ihrer eigenthümlichen Zusammensetzung und successiven Entwickelung die Form des Ganzen bestimmen. Dieser Process ist im Wesentlichen bedingt durch die mechanische Bewegung innerhalb der Flüssigkeit, vermöge deren die kleinsten Theile der Masse sich zu einander ordnen und nach dem allgemeinen Gesetze der Gravitation aus den Momenten der Masse und Entfernung die Lage der Massentheilchen zu einander bestimmt wird. Alle physikalischen Einflüsse, wie Licht, Wärme, Elektricität, die dabei mitwirken, sind selbst nichts anderes, als schwingende Bewegung in den kleinsten Massentheilchen, und müssen diesen Gestaltungsprocess auf das mannigfaltigste bestimmen und modificiren, selbst die chemischen Verhältnisse können hier nur insofern einen Einfluss gewinnen, als in den flüssigen Massen selbst durch ihre Verbindung und Zersetzung Strömungen entstehen, so dass die mechanische Bewegung eigentlich den ganzen Organisationsprocess beherrscht. Mechanismus und Organismus stehen daher gar nicht in einem solchen Gegensatz, wie man gewöhnlich meint, sondern alle organische Processe beruhen auf dem Spiele mechanischer Kräfte und Bewegungen, in deren Zusammenwirken die Ursachen aller Gestaltung enthalten sind, und die Zweckmässigkeit derselben widerspricht nicht im Geringsten der Causalität, sondern ist vielmehr ebenso eine Folge von dieser, als sie selbst das Zusammenwirken der vielen Ursachen zur Einheit des Zwecks bestimmt. Die mannigfaltige Anziehung und Bewegung der Theilchen bildet den Krystall, die Gestalt des Krystalls bedingt in der Flüssigkeit grade diese Summe von Bewegungen, und die Gesammtwirkung aller dieser Bewegungen ist wiederum das regelmässige Anschiessen und Wachsen des Krystalls nach seinem bestimmten Typus.

Es ist hier der Ort, in diese Fragen über das Verhältniss von wirkenden und Zweckursachen, die nicht allein für die philosophische Speculation an sich, sondern grade für unsern Gegenstand die höchste Wichtigkeit haben, etwas näher einzugehen. Man hat nach einer völlig einseitigen Fassung des Problemes die Sache meist so gestellt, als schlössen sich beide Betrachtungsweisen vollkommen aus, indem das, was man aus wirkenden Ursachen begriffen habe, nicht noch der Zweckursachen bedürfe und umgekehrt, und deshalb haben auch die Partheien sich stets schroff gegenüber gestanden, indem die Einen für die Naturbetrachtung die teleologische Anschauungsweise als unnütz und verderblich gänzlich verwarfen, weil sie noch obenein dem Mangel einer ernsten wissenschaftlichen Untersuchung und den leeren und willkürlichen Gebilden einer spielenden Einbildungskraft Vorschub leiste, die Andern dagegen in der Darstellung der Zweckursachen grade das Wesen einer höhern Naturanschauung fanden, und dann sich des Aufsuchens der wirkenden Ursachen überheben zu können meinten. Aber es ist schon auf den ersten Anblick klar, dass auch der mit Bewusstsein gesetzte Zweck nichts anderes ist, als das vorausgesehene Gesammt-Resultat mehrerer zusammenwirkender Ursachen, und dass er daher auch nicht erreicht werden kann, ohne dass jene in Bewegung gesetzt werden; und dieses Resultat kann eben nur vorausgesehen werden, weil die Wirkung jener Ursachen an eine unabänderliche Gesetzmässigkeit gebunden ist, vermöge welcher durch sie die Einheit des Resultats bedingt ist, in dem der Zweck erreicht wird. Die Zweckmässigkeit selbst ist daher da, gleichviel ob sie von einem bewussten Willen beabsichtigt ist oder nicht, sie liegt in der Einheit des Resultates selbst, welches durch die Verkettung und Wechselwirkung der gesetzmässig wirkenden Ursachen schlechthin bedingt ist. Daher kommt es auch, dass wir in der Natur überall Zweckmässigkeit wahrnehmen, und sogar dieselbe als eine vollkommnere über die der freien Persönlichkeit erheben. Denn wenn, wie bei der bewussten Zweckmässigkeit, der bestimmte zu erreichende Zweck im Voraus gestellt wird, und dann das Resultat der Thätigkeit, wegen mangelhafter Erkenntniss der dazu nöthigen Bedingungen, nicht den Hoffnungen entspricht, so hält man den Zweck für verfehlt, aber auch hier kann der hervorgebrachte Gegenstand eigentlich nicht den Charakter der Zweckmässigkeit überhaupt verlieren, sondern er behält ihn gemäss den wirklich in Bewegung gesetzten Mitteln, aber der dadurch erreichte Zweck genügt nur nicht der gehegten Absicht, und nach dieser gemessen erscheint das Resultat als ein unzweckmässiges. In der Natur dagegen ist ein jeder Gegenstand in allen seinen Theilen und in seiner Einheit das endliche Produkt von gewissen zusammenwirkenden Kräften, und als solches durchaus zweckmässig, unsere Betrachtung aber kommt hinterdrein, und es wäre eine Thorheit, eine höhere Zweckmässigkeit von ihm zu verlangen, als er als dieser Gegenstand an sich trägt; er ist, so wie er ist, vollkommen zweckmässig, sollte er irgendwie in einem Theile anders sein, so würde er auch im Ganzen genommen anders sein und somit als ein anderer Gegenstand erscheinen. Deshalb stellen die verschiedenen Gebilde der Natur wohl eine Reihe dar, in welcher die Zweckmässigkeit ihres Organismus immer höher entwickelt auftritt, aber das niedrigste Produkt der Natur, ebenso wie das höchste, ist ein harmonisches Ganze, dem, so wie es einmal ist, die Zweckmässigkeit nicht abgesprochen werden kann. Die Beurtheilung der höhern oder niedrigeren Zweckmässigkeit findet ihren Maassstab nur in der relativen Abgeschlossenheit, in welcher es für sich als ein Ganzes betrachtet wird, zu dessen Bildung ein mehr oder minder reiches Spiel von Kräften in gesetzmässiger Wirksamkeit und Wechselwirkung nöthig gewesen ist, von denen auch der grössere oder geringere Reichthum seiner Gliederung abhängig ist.

Die Natur zeigt eine unendliche Mannigfaltigkeit von Gestalten und Processen, und alle sind, für sich angesehen, unendlich zweckmässig und harmonisch, aber erst wenn wir sie mit einander vergleichen, sehen wir darin den Fortschritt einer Entwickelung, der bedingt ist durch die grössere Einfachheit der Construction, mit welcher die Theile zum Ganzen stimmen, oder durch die Mannigfaltigkeit der Combination, vermöge deren die Theile selbst wieder mannigfaltig in sich gegliederte Gestalten sind, die sich einer höheren und immer höheren Einheit unterordnen. Dies kann zuletzt wieder nur beruhen auf der grösseren Mannigfaltigkeit der wirksamen Kräfte, die zur Bildung des Ganzen in Bewegung gesetzt wurden, und so wird auch die höchste Zweckmässigkeit immer nur das Resultat einer Gesammtwirkung dieser in sich selbst schon gegliederten Wirkungsweisen causaler Ursachen sein. Es begreift sich nämlich leicht, dass der zweckmässig gestaltete Gegenstand, den wir als ein Resultat zusammenwirkender Ursachen in ihrer Einheit erkannt haben, selbst wieder als wirkende Ursache in den Process der Bildung eingreifen muss, und daher auch dazu beitragen wird, ein höheres Ganze zu gestalten, zu dem er sich als integrirender Theil verhält, woraus sich dann ein System von wirkenden Kräften entwickeln muss, in welchem jede Ursache selbst immer schon als ein relativ in sich abgeschlossenes zweckmässiges Ganze erscheint, das seinerseits sich mit andern zu einer neuen Einheit verknüpft, und so dem höhern zweckmässigen Ganzen seine Entstehung giebt. Dies ist jener Process der Wechselwirkung von Ursache und Zweck, worauf die ganze Gestaltung der Natur beruht, und welcher nachzuspüren eben die Aufgabe der Wissenschaft ist. Ohne die Anschauung der Zweckmässigkeit giebt es gar keinen Grund, irgend einen Gegenstand in seiner besonderen Einheit als relatives Ganze in der Continuität des Daseins abzuschliessen, aber erst vermöge der Causalität wirken alle diese relativ gesonderten Ganze wieder zu einer höheren Einheit zusammen, die wir die Welt nennen, und die in ihrem Bildungsprocess nothwendig diese unendlich fortschreitende Zweckmässigkeit ihren Gebilden aufprägt, durch die sie ihren höchsten Endzweck zu erreichen strebt. — Diese Betrachtungen können dazu dienen, einen schärfern, aus dem Begriff der Organisation selbst hervorgehenden Unterschied zwischen dem Mineral- und Pflanzenreich aufzustellen. Nach dem, was wir oben durchgeführt haben, beschränkt sich derselbe zunächst darauf, dass der Krystall sich aus der umgebenden Flüssigkeit bildet, und daher nach aussen hin ansetzt, die Pflanzenzelle dagegen die bildsame Flüssigkeit einschliesst, und also auch die neu entstehenden Brutzellen in ihrem Innern erzeugt, so dass diese erst die Wand der Mutterzelle zerstören müssen, um nach aussen zu gelangen. Hiebei findet nun eine fortwährende Veränderung des Zelleninhalts Statt, indem die denselben umschliessenden Membranen nach einem bestimmten physikalischen Gesetz eine Endosmose und Exosmose einleiten, nach welcher von der dünneren Flüssigkeit eine grössere Quantität aufgenommen wird, als von der dichtern ausströmt, und vermöge deren eine Mittheilung der verschiedenen aneinandergereihten Zellen Statt findet, durch welche der von aussen aufgenommene Nahrungsstoff, allmälig modificirt, durch die ganze vegetirende Pflanze vertrieben wird. Dabei gehen chemische Umwandlungen vor, die aber nicht rein chemischer Natur zu sein scheinen, indem viele der sich bildenden sogenannten organischen Stoffe isomer sind, und also nicht in der chemischen Verbindung, sondern vielmehr in der Anordnung der Theilchen ihre Verschiedenheit finden, worauf es auch wohl wesentlich beruht, dass es noch Niemandem gelungen ist, diese Stoffe selbstständig, ohne Beihülfe des vegetativen Processes, zu erzeugen. So entsteht ein sehr wesentlicher Unterschied zwischen dem Krystall und der Pflanze, der sich in einem scharfen Gegensatze etwa so ausdrücken lässt: der Zweck des Krystalls ist erreicht in der Organisation einer gesetzmässigen Gestalt aus der bestimmten Flüssigkeit heraus, der Zweck der Pflanze besteht in der Organisation der Flüssigkeit durch die relativ feste Gestalt. Deshalb erfordern die Krystalle zu ihrer Bildung schon das Vorhandensein einer chemisch bestimmten Lösung, und erzeugen daraus die sich gleich bleibende, feste Gestalt, die Pflanze dagegen setzt schon voraus die gebildete Zelle, und von ihr hängt es ab, zu welchen Gebilden derselbe einfache, aus wenigen Elementen bestehende und für alle Pflanzen wesentlich gleiche Nahrungsstoff umgewandelt werden soll. Deshalb bildet die Pflanze einen Process der Metamorphose und hat ihren Organisationsprocess in dem zeitlichen Nacheinander, während der Krystall fast zeitlos anschiesst, und in dem örtlichen Nebeneinander seine Organisation sucht. Die Zweckmässigkeit des Krystalls liegt einfach in der regelmässigen Gesetzlichkeit seiner festen Gestalt, die der Pflanze ist eine progressive, in welcher die einfache Organisation selbst wieder Ursache einer zusammengesetzteren wird, und die niedrigere Gestaltung zu einer höheren Zweckmässigkeit sich umgestaltet.

Wir können die Verschiedenheit des Krystalls und der Pflanze demgemäss bezeichnen durch die Ausdrücke der Organisation und Reproduction, die beide auf gleiche Weise Gestaltungsprocesse sind, und wie alle Gestaltung auf die Gesetze der mechanischen Bewegung zurückgeführt werden müssen; sie scheiden sich selbst nach den beiden Momenten, die in dem Begriffe der Bewegung enthalten sind, indem in dem einen die zeitliche Entwickelung, in dem andern die örtliche Gestaltung das wesentliche ist, ohne dass doch das andere Moment ganz darin fehlen könnte, nur dass es, um mich so auszudrücken, unter die Potenz des andern gestellt ist. So hängt in dem Krystall die Modification der festen Gestalt mit ab von der Zeit, die ihm zur Bildung gelassen ist, so richtet sich die ganze weitere zeitliche Metamorphose der Pflanze nach der Gestalt, welche die ursprüngliche Zelle gehabt hat, und der ganze Verlauf der Vegetation ist gebunden an den regelmässigen Verlauf in dem Wechsel der Gestalt. Die Reproduction der Pflanze aber ist ein fortwährendes Zerstören der früheren Organisation, um sie in eine andere umzuwandeln, bis sie nach dem Ablauf der Metamorphose zurückkehrt zu der frühern Gestalt und in dem Saamen den Keim einer ähnlichen Entwickelungsreihe wieder erzeugt. Dieser organisirende

Mechanismus der Bewegung bedarf des chemischen Processes, wie er der bildsamen Materie überhaupt bedarf, aber er ist nicht eine blosse Folge desselben, sondern beherrscht ihn, indem der Krystall sich ihm entzieht und den Chemismus gleichsam in sich fesselt, die Pflanze, indem sie ihn selbst sich unterwirft; hören beide Organisationsprocesse auf, so fällt der Stein, indem er verwittert, gleichwie die verwesende Pflanze, den chemischen Einflüssen wieder anheim, welche die gebildete Gestalt vernichten und zuletzt sie in die ganz gestaltlosen Gase auflösen.

Nach diesen Erörterungen ist es nun möglich, auch zu der genaueren Betrachtung des thierischen Organismus überzugehen und ihn mit dem Krystallisationsprocess des Minerals und der Reproduction der Pflanze zu vergleichen. Es ist eine grosse Entdeckung der neuern Physiologie gewesen, welche über diesen früher sehr unklaren Gegenstand ein ganz neues Licht verbreitet hat, indem sie aufwies, dass auch der thierische Organismus in allen seinen Theilen aus Zellen besteht, die sich in ganz gleicher Weise bilden und entwickeln, wie die Pflanzenzellen, und daher in Ansehung des Wachsthums das Thier in die vollkommenste Analogie mit der Pflanze versetzen. Aber trotz dieser grossen Aehnlichkeit findet doch auch schon hier in den ersten Elementen ein nicht zu übersehender Unterschied Statt, welcher die Grundlage der in der weiteren Entwickelung immer schroffer heraustretenden Differenz zu bilden scheint, wenngleich es bei dem jetzigen Stande der Wissenschaft noch nicht möglich ist, den Zusammenhang aller Erscheinungen völlig zu übersehen. Mit der Zellenbildung nämlich tritt in dem thierischen Organismus auch sogleich ein Gefässbildungsprocess auf, und die einfachste Thiermonade unterscheidet sich von der ebenfalls nur aus einer Zelle bestehenden, einfachsten Pflanze schon durch die Umstülpung der Zellenwandung nach Innen, wodurch sich der Magen bildet, dessen Vorhandensein nach unseren jetzigen Kenntnissen fast das einzige unterscheidende Kennzeichen ist, das bis in die niedrigsten Gebilde beider Naturreiche hinabreicht. Dieses Gefässsystem erweitert und entwickelt sich mit dem stufenweisen Fortschritt der thierischen Organisation immer mehr und beherrscht den ganzen Ernährungsprocess des Thieres, so dass sich darauf zunächst der specifische Unterschied desselben von der Pflanze gründet. Zwar hat man früher, wo sich eine oberflächliche Wissenschaft darin gefiel, die Analogie der Pflanze und des Thieres bis in das Einzelnste hinein durchzuführen, auch von einem Gefässsystem der Pflanze gesprochen, und ihm ganz ähnliche Functionen beigelegt, aber die besonnenen Untersuchungen der neuern Botanik haben zu dem Resultat geführt, dass jenes unhaltbare Streben, die Pflanze dem Thiere so nahe wie möglich zu rücken, nur eine heillose Verwirrung herbeigeführt und die unbefangene Betrachtung des eigenthümlichen Organismus beider auf das Nachtheiligste gehemmt habe. Das, was man Gefässe in der Pflanze nennen kann, ist wenigstens von dem Gefässsystem des Thieres total verschieden und hat mit dem Ernährungsprocess durchaus nichts zu thun, indem sie meistentheils Luft oder für die Vegetation gleichgültige, ja selbst schädliche Flüssigkeiten führen, der Nahrungssaft aber allein vermöge der Endosmose von einer geschlossenen Zelle zur andern, und so durch die ganze vegetirende Pflanze gefördert wird. Durch dieses ihm eigenthümliche Gefässsystem, welches den thierischen Organismus schon in den niedrigsten seiner Gestaltungen, noch weit mehr aber in den höhern zu einem so mannigfaltig und reich gegliederten macht, welchem gegenüber die äusserlich noch so wunderbar entwickelte Pflanze, innerlich nur als ein ziemlich einfaches Aggregat von Zellen erscheint, nähert sich das Thier merkwürdiger Weise wieder dem Krystallisationsprocess, und es gewinnt seine höhere Stufe nicht, wie man gewöhnlich wohl meint, dadurch, dass es sich noch weiter von dem starren Mineral entfernt, sondern grade dadurch, dass es den diesem eigenthümlichen Bildungsprocess in sich aufnimmt. Wie wir im Allgemeinen das Unterscheidende des Krystalls und der Pflanze darin fanden, dass jener die ernährende Flüssigkeit ausser sich hat, diese sie in dem Innern ihrer Zelle birgt, so ist der Magen und das ganze damit zusammenhangende Gefässsystem ein der übrigen Zellenorganisation ursprünglich durchaus Aeusseres, wie es denn durch Mund und After auch völlig mit dem Aeussern communicirt, und nur durch seine eigenthümliche Gestaltung als Umstülpung nach Innen und durch seine feine Verzweigung in dem ganzen Organismus in den Lymph- und Blutgefässen ist es relativ genommen im Verhältniss zur ganzen Gestalt eben so ein Inneres geworden. Es muss also demgemäss bei dem Thier wie bei dem Krystall der ganze gestaltete Organismus mit der nährenden Flüssigkeit von aussen her in Berührung gebracht werden, und nur da wird er ernährt, wo die Gefässe ihm die Nahrung zuführen, nicht wie bei der Pflanze, wo durch die Endosmose die Wurzelspitze die Nahrung einnimmt, und sie nun auf demselben Wege von Zelle zu Zelle weiter giebt und dabei fortwährend umwandelt. Und auch darin stimmt die Ernährung des Thieres mit dem Wachsthum des Krystalls, dass es selbst sich die ernährende Flüssigkeit nicht zu bereiten vermag, sondern sie wie jener als eine gegebene aufnimmt, aber freilich ist, was das Thier bedarf, das Produkt des vegetativen Processes der Pflanze, welche allein die sogenannten organischen Stoffe zu erzeugen im Stande ist, welche das Thier sich nur assimilirt, indem es selbst keinen neuen Stoff hervorzubringen, sondern ihn nur seinem Organismus gemäss zu verwenden vermag. So erzeugt endlich dieselbe homogene Flüssigkeit, die als Blut den ganzen Körper durchströmt und alle einzelnen Theile ernährt, eine sehr verschiedenartige Bildung von Zellen, je nachdem sie mit Horn-, Knorpel-, Muskel- oder andern Zellen in Verbindung kommt, und lässt sich völlig vergleichen mit verschiedenen in eine Lösung gelegten Krystallen, von denen jeder die ihm entsprechende Substanz an sich zieht und zu seinem Wachsthum verwendet, indem er ihm die ihm eigenthümliche Form mittheilt, nur dass es hier immer wieder Zellen sind, die zu den verschiedenartigen Gebilden sich gleichsam auskrystallisiren.

Es wäre leicht, diesen Gedanken weiter im Einzelnen durchzuführen, wenn es uns nicht von der eigentlichen Hauptsache zu weit entfernte, nur soviel ist klar, dass auf diesen Grundunterschieden die ganze weitere Differenz des thierischen Organismus und besonders das, was wir im engern Sinne des Wortes Leben nennen, beruht, ein Ausdruck, welcher ohne alle Berechtigung auf die Pflanze übertragen wird, und selbst bei der noch so weit durchgeführten Analogie immer nur in einem uneigentlichen Sinne gebraucht werden konnte, indem der Mangel alles dessen, worin wir vornemlich die Lebenserscheinungen setzen, doch zu deutlich hervortreten musste. Der Krystall hat nur das feste Nebeneinander seiner regelmässigen Gestalt, die Pflanze das gesetzmässige Nacheinander ihrer die frühere Gestalt immer wieder aufhebenden Metamorphose, das Thier vereinigt in sich den Vegetationsprocess der Pflanze und den Krystallisationsprocess des Minerals, indem es, trotz der fortwährenden Reproduction und Neubildung seiner Zellen, im Allgemeinen innerlich und äusserlich die ihm eigenthümliche Gestalt bewahrt. Das Thier resorbirt die durch den Bildungsprocess gewonnenen Gebilde immer wieder aufs Neue und führt durch dasselbe Gefässsystem, durch welches es sich ernährt, die unbrauchbar gewordenen Stoffe wieder aus dem Organismus aus, so dass neuer Raum gewonnen wird für das neu Erzeugte. So erneuert sich das Thier in allen seinen Theilen fortwährend, während die Pflanze die alt gewordenen, verholzten Theile nicht los zu werden vermag und immer nur in den neuesten Gebilden fortvegetirt, so dass die alten Zellen nur Anheftungspunkte sind für die neuen, und die Pflanze eigentlich nur da wahrhaft existirt, wo sie noch in dem Bildungsprocess neuer Zellen begriffen ist. Deshalb ist auch die Pflanze kein in sich abgeschlossenes Individuum, sondern ein fortwährender Gestaltungsprocess, in welchem jeder Theil unter günstigen Bedingungen denselben Process fortführen und die Pflanze reproduciren kann, und wenn man eine eigenthümlich verlaufende Reihe in demselben als ein individuelles Produkt bezeichnen will, so ist die ganze Pflanze ein Aggregat von Individuen, die ebenso auch von einander getrennt werden können, und dann in gleicher Weise fortvegetiren. Das Thier ist ein Individuum, in seiner festen Gestalt abgeschlossen, äusserlich ein Ganzes und innerlich bestimmt gegliedert, und es reproducirt sich immer wieder in derselben Form in allen seinen einzelnen Theilen; darin besteht das Leben, während die Pflanze in ihren alten Gebilden abstirbt und nur fortvegetirt, indem sie Neues ansetzt, so dass sie ein reiner Process ist, dem das constante Subjekt fehlt, von welchem man das Leben prädiciren könnte. Dies ist endlich auch der Grund, auf welchem die Selbstbewegung erst möglich wird, die stets als das bestimmteste und auffallendste Kennzeichen des Lebens gelten wird, sei es, dass dieselbe wie bei einigen der niedrigsten Thiere sich nur auf gewisse Organe beschränkt, oder wie bei der überwiegenden Mehrzahl zu einer vollständigen Fortbewegung des ganzen Organismus sich ausbildet; sie muss der Pflanze fehlen, wie sehr man auch in jenem falschen Eifer der Parallelisirung beider Naturreiche bemüht gewesen ist, der thierischen Selbstbewegung analoge Thatsachen bei ihr zu entdecken und die wirklich ähnlichen Erscheinungen zu identificiren, weil es ihr an der Selbstheit mangelt, ohne welche diese eben nicht vorhanden ist. Einer blossen Bewegung als solcher ist es freilich nicht anzusehen, ob sie nur auf äusseren mechanischen Ursachen oder einer eigenen inneren Kraft beruht, und mag daher auch das äussere Auftreten derselben bei der Pflanze eine noch so grosse Aehnlichkeit mit der gewisser niedriger Thiere haben, so dass es danach schwer werden kann, beide Reiche auseinander zu halten, obgleich doch in der That dieselbe für den geübten und unbefangenen Beobachter immer noch charakteristische Merkmale genug behält, so entscheidet darüber zuletzt doch stets die Einsicht in den anatomischen Bau, und die hier bestätigte Selbstbewegung wird das Gebilde dann immer aufs Entschiedenste in das Thierreich verweisen.

Wir sind hiermit zu dem für unsere Aufgabe wichtigsten Punkte gekommen, indem die Seele offenbar mit dieser Selbstheit des Individuums auf das Innigste zusammenhängt, und können daher über diesen Gegenstand nicht so leicht weggehen, ohne zu versuchen, so weit die bisherigen Resultate der Naturwissenschaften es nur immer gestatten, das Wesen dieser Selbstbewegung im Unterschiede von der bloss mechanischen aufzuklären und ins rechte Licht zu setzen. Der eigentliche Grund aller thierischen Bewegung ist das Nervensystem, welches bis zu den niedrigsten Thieren herab verfolgt werden kann, und wovon die Spuren sogar in den Infusorien durch Ehrenberg entdeckt worden sind; es ist das unterscheidendste Merkmal des Thieres, indem es nur als eine sogleich in die Augen fallende Spielerei bezeichnet werden muss, wenn man auch hier von Nerven bei der Pflanze hat sprechen wollen. Es ist das Centrum des ganzen Zellenbildungsprocesses und das Endziel der ganzen Organisation, aber eben deshalb beherrscht es auch das Entstehen und die ganze weitere Entwickelung aller übrigen Gewebe, so dass eine fortwährende Wechselwirkung zwischen beiden vorhanden ist, es erscheint wie der Regulator eines Uhrwerks, in welchem die ursprüngliche bewegende Kraft das mannigfaltige Getriebe der Räder in Bewegung setzt und zuletzt auch den Perpendikel treibt, der nun seinerseits der ganzen Bewegung ihr Maass giebt. Diese Scheidung der centralen Nervensubstanz und der peripherischen Gebilde lässt sich bei den höheren Thieren schon im Keime des Embryo nachweisen, und sobald die Entwickelung weiter fortschreitet, centrirt sich das Nervensystem selbst in gleicher Weise, indem vom Gehirn und Rückenmark die einzelnen Nerven ausgehen, welche sich in die peripherischen Theile des ganzen Organismus verbreiten und in gleicher Weise die Bildung und Ernährung der ihnen entsprechenden Gewebe und Organe bedingen und beherrschen. Die Nerven bestehen zuletzt aus Primitivfasern, welche sich zwar mannigfach zu Bündeln zusammenlegen und verästeln, aber von isolirenden Hüllen umgeben, dennoch bis zu den Centraltheilen hin einen völlig geschiedenen Verlauf haben und somit auch in diesem eigener Actionen und einer getrennten Leitung fähig sind. Sie sondern sich wieder in sensible und motorische Fasern, welche sich theils zu homogenen Nervenbündeln vereinigen, theils, unbeschadet ihrer eigenthümlichen Function, sich auch unter einander verbinden; jene leiten die Reize von den peripherischen Theilen zu den Centraltheilen, diese gehen von dem Centrum aus zu den einzelnen Muskeln und erzeugen durch die Einwirkung auf das contraktile Gewebe ihrer Fasern die Bewegung der entsprechenden Organe. Ob endlich Gehirn und Rückenmark, wie es wahrscheinlich ist, selbst wieder nur peripherische Ausbreitungen mit einem gemeinsamen Centrum sind, das entweder in dem verlängerten Marke oder in der alles verbindenden Brücke gesucht werden müsste, ist eine Frage, welche die Physiologie noch nicht vollkommen entschieden hat, und welche für den allgemeinen Zweck unserer Untersuchung auch keine besondere Wichtigkeit hat, indem es nur darauf ankommt, dass das Leben sich auf diese Weise centralisirt, wobei es gleichgültig bleibt, ob sich in letzter Instanz ein bestimmter Punkt höchster Centralisation angeben lässt oder nicht.

Findet sich auf diese Weise in dem Nervensystem der höchste Sitz des Lebens und der eigentliche Grund der Bewegung, so hat man wohl nach dem eigentlichen Wesen dieser bewegenden Kraft gefragt und sie in dem Ausdruck des Nervenprincips hypostasirt. Man hat sich dann, um die Natur desselben näher zu ergründen, nach ähnlichen Erscheinungen und Kräften umgesehen, und es mit Wärme, Licht, Electricität und Galvanismus verglichen oder wohl auch vielfach mit dem letzteren identificirt, ohne dadurch zu einem rechten Resultat zu gelangen, indem man eingestehen musste, dass man an allen diesen sogenannten Imponderabilien hypothetische und unbekannte Agentien hatte, deren Erscheinungen und Gesetze man vollkommen begriff, deren eigentliches Wesen aber man nicht anzuschauen vermochte. Auf der andern Seite fand man diese Vergleiche zu materiell und suchte sich von der Vorstellung eines Stoffes so viel als möglich zu entfernen, indem man es vorzog, von einem geistigen Lebensprincip zu reden, ohne doch bei dem Allen mehr zu gewinnen, als ein unverstandenes Wort, bei welchem man sich nichts weiter denken konnte, als dass es der gesuchte Einheitspunkt und der Grund aller Erscheinungen sei, den man voraussetzen zu müssen meinte, so sehr man sich auch darüber beklagte, dass er ewig unbegreiflich bleiben würde.

Seitdem man nun aber angefangen hat, in der Physik die hypothetischen Stoffe aufzuräumen und sie, wie den Schall, rein auf die schwingende Bewegung der Materie zurückzuführen, wird man auch in gleicher Weise von dem Nervenprincip urtheilen müssen und es nur für eine eigenthümliche Bewegung halten dürfen, welche in den isolirten Nervenfasern in bestimmter Weise Statt findet und an Schnelligkeit wahrscheinlich die übrigen physikalischen Erscheinungen noch bedeutend übertrifft. Wenigstens bleibt bei dieser Ansicht so wenig wie möglich Hypothetisches übrig, indem man ausser der Bewegung, die ja thatsächlich dabei vorhanden ist und ohne welche weder eine Mittheilung und Leitung, noch eine Action auf die Muskelfasern begriffen werden könnte, nichts weiter hinzuzunehmen braucht, aber sie auch vollkommen hinreicht, um alle Erscheinungen des Nervenlebens daraus zu erklären. Jede andere Hypothese, welche einen unbekannten, flüchtigen Stoff zum Grunde legt, bedarf immer noch ausserdem der Bewegung desselben, und leidet an der ganz unnützen Schwierigkeit, dass man ihn auf keine Weise zu erfassen und darzustellen vermag und nicht im Stande ist, die Art seiner Wirkung einzusehen, während unsere Auffassung der Sache die Thätigkeit der Nerven allen den physikalischen Kräften näher rückt, welche als Reize auf sie einwirken. Soll eine Wechselwirkung zwischen zwei Dingen Statt finden und begriffen werden, so ist es doch unumgänglich nöthig, dass sie sich als gleichartige aufweisen lassen, führt man als Grund für eigenthümliche Wirkungsweisen Stoffe ein, so versperrt man sich muthwilliger Weise den Weg zu aller Erklärung und darf sich nicht wundern, wenn sie ewig hinter den Erscheinungen als unbegreifliche Kräfte verborgen bleiben und nur Namen sind, die doch nur durch die Gesammtheit ihrer Wirkungen erklärt werden können, aber noch ausserdem den Schaden bringen, dass sich die Wissenschaft eine Zeitlang gedankenlos bei ihnen beruhigt und wirklich glaubt, etwas erklärt zu haben, wo nichts erklärt ist.

Nach unserer Anschauung besteht also die Eigenthümlichkeit des Lebens in dieser bestimmten eigenen Bewegung der Nerven, welche wahrscheinlich, wie alle analogen, auf Schwingungen beruht, die sich in den einzelnen Primitivfasern isolirt bis zu den Centraltheilen fortpflanzen, und von da aus wieder ebenso isolirt zu den Muskelgeweben fortgehen, um sich hier in den Contractionen der Muskelfasern zu entladen und so in stätem Gleichgewicht zu erhalten. Sie muss das Resultat der ganzen thierischen Reproduction sein, welche, wie sie die grosse Mannigfaltigkeit der verschieden gestalteten Gewebe erzeugt, zuletzt in der Organisation des Nervensystems ihren Gipfel erreicht, und, so wenig es auch bei dem jetzigen Standpunkt der physiologischen Wissenschaft noch möglich ist, diesen Entwickelungsprocess zu verfolgen und vollständig einzusehen, so ist doch begreiflich, dass, wenn die Bildung der Nerven der letzte Akt und der Endzweck des thierischen Organisationsprocesses ist, sie auch ihrerseits wieder durch ihre Thätigkeit auf die Reproduction zurückwirken und die ganze Ernährung regeln und ordnen müssen. Sie sind es, durch welche alle Reize der Aussenwelt mit dem Organismus vermittelt werden und dieser sich in seiner relativen Selbstständigkeit jener gegenüber erhält, so lange die Gewalt der Einwirkung nicht übermächtig wird und der Ernährungsprocess den Stoffwechsel in ungehinderter Thätigkeit erhält. Leiten die Nerven die Einflüsse der Aussenwelt ab, so zieht ihre Reproduction, die das Endziel der ganzen Organisation ist, auch die aller übrigen Gewebe nach sich, und es ist deutlich, wie ihr durch den ganzen Körper sich verbreitendes Geflecht, je nach dem Bedürfniss ihrer Ernährung, den Zufluss und Abfluss der Säfte bedingen und die Neubildung der Zellen in allen Theilen des Organismus beherrschen muss.

Auf diese Weise lässt sich das Verhältniss des thierischen Lebens, wie es zuletzt in der eigenthümlichen schwingenden Bewegung der Nervenfasern sich concentrirt, zu dem Krystallisationsprocess der Mineralien und dem Vegetationsprocess der Pflanzen noch näher bestimmen. Auch der Krystall ist nicht ein absolut starres und ruhendes Produkt, wie die gewöhnliche unwissenschaftliche Anschauung sich ihn denkt, sondern dieselbe Bewegung, welche in der ursprünglich flüssigen Masse die Anordnung der Molecüle in gewissen Richtungen zu bestimmten Gestaltungen leitete, dauert in ihm auch fort und erhält die einzelnen Theile in ihrem relativen Gleichgewicht, welches durch die Einflüsse der Aussenwelt zwar fortwährend modificirt wird, aber dagegen auch in bestimmter, dem Krystall eigenthümlichen Weise reagirt und ihn in seiner Selbständigkeit bewahrt. Der einfache Stoss und Druck, die Schwingungen des Schalls, der Wärme, des Lichtes, der Electricität gehen nicht einfach durch ihn hindurch, sondern werden, je nach der Anordnung der Massentheilchen, verändert, in ihrer Richtung abgelenkt und gespalten, in ihrer Geschwindigkeit modificirt, mehr oder weniger geleitet oder reflectirt. So gestalten sich die auf ihn wirkenden Einflüsse der Aussenwelt, welche ganz dieselben sind, die auch den thierischen Organismus treffen, und die wir auch in einem ähnlichen Sinne Reize nennen können, in ihm zu einem eigenthümlichen System von Bewegungen der kleinsten Massentheilchen, welche durchaus abhängig sind von dem engern Gefüge derselben und der Organisation des Ganzen, und dieses sucht sich nach den erfahrenen Veränderungen immer wieder in seiner Integrität herzustellen. Wir sehen darin, trotz der grossen Differenz, eine vollständige Parallele mit dem leitenden Nervensystem, der wesentliche Unterschied beruht nur auf der Centralisation des letzteren, durch welches die peripherisch zerstreuten Bewegungen nicht nebeneinander hergehen und sich vielfach durchkreuzen, sondern in einem gemeinsamen Mittelpunkt des Lebens sammeln und von da aus wieder peripherisch verbreiten, so dass ein individuelles Selbst entsteht, welches alle Reize aufnimmt und dagegen reagirt. Der Pflanze fehlt diese eigenthümliche leitende Thätigkeit für die schwingenden Bewegungen der Aussenwelt, ihr ganzer Bau scheint vielmehr dazu gemacht, sie völlig in sich zu indifferentiiren und aufzuheben, dafür tritt aber eine ihr eigenthümliche lebhafte Bewegung der Flüssigkeiten ein, welche zum Theil bedingt ist durch die Wechselwirkung zwischen dem Zelleninhalt und der Zellenwandung und der Ablagerung neuer Schichten auf dieser, zum Theil durch die Endosmose und die Fortbewegung des Saftes von Zelle zu Zelle bis zu den jüngsten eben entstehenden hin. Diese letzteren sind somit der Endzweck der ganzen Bewegung, welche wesentlich als eine mechanische auf dem Verhältniss der Flüssigkeit zu den permeablen Zellenwandungen gegründete angesehen werden muss, aber nothwendiger Weise durch ihr Product, die Neubildung der Zellen, geregelt wird, indem bei der Vermehrung oder Verminderung derselben auch jene gefördert oder gehemmt wird. Wir haben also auch hier eine vollkommene Analogie mit dem thierischen Organismus, insofern er auf Zellenbildung beruht, nur mit dem Unterschiede, dass wiederum der ganze Process ein Centrum in der Bildung des Nervensystems und seiner Centraltheile findet, so dass es dieser Mittelpunkt des Lebens ist, für welchen die ganze Ernährung Statt findet, und in welchem sich nun auch das Gesammtresultat der ganzen dadurch erzeugten Bewegung concentrirt. So ist es denn auch zu begreifen, dass die Nerven ihrerseits wieder auf die Muskelgewebe des ganzen Gefässsystems reagiren und so die Circulation der nährenden Flüssigkeit in ihnen hervorbringen, welche den Pflanzen durchaus abgeht und die den Thieren eigenthümliche Reproduction aller alten Gebilde und Organe möglich macht.

Das Nervensystem vereinigt daher in sich die den Krystallen und Pflanzen eigenthümlichen Bewegungen, es leitet die auf den Organismus einwirkenden physikalischen Reize und Schwingungen der Aussenwelt in isolirten Leitern zu den Centraltheilen, und es vereinigt in sich die Resultate der durch den vegetativen Process der Ernährung des Gesammtorganismus entstandenen Bewegung; so muss die daraus entstehende eigenthümliche Bewegung in ihnen also ein Product der Wechselwirkung beider sein, die in dem Mittelpunkt des Lebens ihre Einheit erhält. Hiermit ergiebt sich denn auch eine richtigere Anschauung des Lebens selbst, welche, wie wir schon oben gesehen haben, im wahren Sinne des Worts nur den Thieren beigelegt werden darf; es ist zwar einerseits rein als ein Zusammenwirken mechanischer Kräfte und chemischer Processe zu betrachten, und eine nicht zu umgehende Aufgabe der besonnenen und gesunden Wissenschaft ist es, dasselbe rein aus den Gesetzen jener heraus zu begründen und zu begreifen, ohne sich auf ein leeres teleologisches Raisonnement einzulassen, welches das Lebensprincip als eine unbekannte Kraft voraussetzt und die wunderbare Zweckmässigkeit seiner Wirksamkeit in der Bildung und Erhaltung des künstlichen Organismus gedankenlos anstaunt, aber darum ist die wahre teleologische Betrachtung nicht ausgeschlossen, welche, nachdem sie das Leben als das Resultat jener nach Causalitätsgesetzen wirkenden Kräfte erkannt hat, in seiner Einheit den Endzweck der ganzen Bildung sieht, und in ihm nunmehr nicht bloss eine Eigenschaft der organisirten Materie, sondern ein wahrhaftes Subject anschaut, welches, wie es das Product der Organisation ist, so nun auch diese vollkommen beherrscht. So steht das lebendige Subject da, als ein relativ in sich abgeschlossener Mittelpunkt, der sich von der Aussenwelt abscheidet, sich selbst seinen Ort wählt in den Umgebungen, sich selbst seine Nahrung sucht, wo er sie am zuträglichsten findet, sich schädlichen Einflüssen entzieht, seine eigenen Organe bis auf einen gewissen Grad verlieren und wiedererzeugen kann, ohne dadurch an seiner

Selbstständigkeit einzubüssen. Dieses Subject bleibt in dem fortwährenden Stoffwechsel, und statt von einer belebten Materie zu reden, muss man vielmehr die Materialität als ein Attribut des Lebens ansehen, welches die Stoffe sich aneignet und ausscheidet, sich in ihnen organisirt und reproducirt, und durch sie mit der Aussenwelt zusammenhängt und sie beherrscht.

Erster Theil.

Die sinnliche Seele.

Das lebendige Subject tritt mit seiner eigenen Bewegung der mechanisch bewegten Aussenwelt gegenüber, aber es steht eben deshalb auch in steter Wechselwirkung mit ihr, und dadurch wird es zu einem beseelten. Es ist oft die Frage aufgeworfen worden, ob Leben und Seele ein und dasselbe oder etwas Verschiedenes sei, sie kann aber nicht beantwortet werden, ohne sich über ihren Sinn gehörig zu verständigen, und demgemäss muss sie eben so sehr bejaht als verneint werden. Sollen wir die Genesis und das Wesen irgend einer Sache begreifen, so muss sie aus einer andern entwickelt und im Zusammenhange mit den verwandten angeschaut werden; insofern sie aus jener hervorgeht, ist sie jene selbst, sie kann aber keine andere werden, wenn sie nicht mit Anderem in Verbindung kommt und durch die Vermittelung mit diesem modificirt wird, so wird einerseits die Continuität mit der, aus welcher sie hervorgegangen ist, nicht aufgehoben, aber andererseits ist sie durch die Modification verschieden von ihr geworden, und diese Verschiedenheit kann sich zu einem relativen Gegensatz steigern, so dass Unterschied und Identität sich nicht widersprechen, sondern stets aneinander und aufeinander bezogen sind*). Dies ist das Grundgesetz aller Entwickelung, wer diese einfachen Sätze nicht in ihrer ganzen Schärfe sich aneignen kann, muss darauf verzichten, die Genesis der Dinge zu begreifen, und überhaupt jede wissenschaftliche Untersuchung aufgeben, denn überall handelt es sich darum, die verwandten Begriffe in ihrem Verhältniss von Identität und Unterschied zu verknüpfen und zu scheiden. Das Leben ist ein Resultat mechanischer Bewegungen, aber dennoch tritt es in seiner Selbstständigkeit als solches in einen scharfen Gegensatz zu ihnen, und inwiefern wir uns dessen bewusst werden, haben wir einen klaren und deutlichen Begriff von ihm. Eben dieses Gegensatzes wegen wirken sie aber auch aufeinander, wie ja immer nur durch Zusammentreffen von Verschiedenem eine Wirkung erfolgen kann, und erzeugen so ein Neues, welches wir demnach im Unterschiede von ihnen als Seele bezeichnen. Wie aus der Verbindung von Säure und Basis das Salz entsteht, und dieses einerseits als das modificirte Fortbestehen der Basis betrachtet werden kann, andererseits aber dadurch ganz neue Eigenschaften erhält, und als ein neuer Körper betrachtet werden muss, so ist auch die Seele einerseits identisch mit dem Leben, aber inwiefern sie erst durch die Wechselwirkung mit der Aussenwelt entsteht, ist sie auch wahrhaft von ihm unterschieden, erhält neue Eigenschaften und Wirkungsweisen, und steht ihm selbst und der Aussenwelt eben so scharf und selbstständig gegenüber, wie diese untereinander. Diese Thätigkeit der Seele weiter zu entwickeln, ist die Aufgabe der Psychologie, welche hiermit allerdings an die Physiologie anknüpft, aber dennoch auch ihre scharfgezogene Grenze ihr gegenüber hat, welche gewöhnlich nicht bestimmt genug festgehalten wird. Die Physiologie hat es rein mit dem lebendigen Organismus als solchem zu thun, mit seiner voll-

*) Siehe mein System der Metaphysik, S. 90 ff.

ständigen Entwickelung bis zu dem Centrum des Nervensystems und der Rückwirkung von diesem auf alle thierischen Processe, inwiefern aber das so gestaltete lebendige Subject, der Aussenwelt selbstständig gegenübertretend, die Fähigkeit erlangt hat, eine Wechselwirkung mit ihr anzuknüpfen, sie in sich aufzunehmen und auf sie zurückzuwirken, d. h. sie zu empfinden und sich in ihr zu bewegen, so wird aus dem belebten Subject ein beseeltes, und es wird Gegenstand der Psychologie.

Hierdurch erhält nun auch der alte Streit des Materialismus und Spiritualismus eine vorläufige Lösung, wenngleich derselbe natürlich erst durch die ganze Darstellung der psychologischen Wissenschaft vollständig geschlichtet werden kann. Ich habe es bei der Beurtheilung meiner Schrift über die fünf Sinne, wie ich es gleich anfangs voraussetzte, erfahren, dass man mich, trotz meines Protestes dagegen, des Materialismus beschuldigen würde, und ich bin darauf gefasst, dass nach den bisherigen Vorbemerkungen dasselbe Vorurtheil auch gegen die weitere Entwickelung auftreten und Manchen veranlassen wird, derselben gar nicht weiter zu folgen, um so wichtiger scheint es mir, sogleich hier beim Beginn der Untersuchung auf diesen Gegenstand näher einzugehen und wenigstens eine vorläufige Verständigung anzubahnen, indem ich der festen Zuversicht bin, dass wer sich wirklich die Mühe nimmt, ernstlich in die Darstellung der Sache einzugehen, von dem Vorurtheil zurückkommen müsse. Wie gewöhnlich rührt der Streit daher, dass man die Frage nicht richtig zu stellen vermag und sie daher auch einseitig in der einen oder entgegengesetzten Richtung beantwortet. Das Problem, welches gelöst werden soll, steht durch die Thatsachen klar und bestimmt genug vor uns, es handelt sich darum, eine Vermittelung zu finden zwischen dem Geist und der Materie, denn jener wirkt auf diese und sie auf ihn; dadurch, dass man eine schroffe Kluft zwischen ihnen befestigt und nur den Unterschied festhält, versperrt man sich den Weg zu jeder Lösung und verfällt in einen Dualismus, mit welchem sich kein consequentes Denken vertragen kann, man sucht ihm daher zunächst dadurch auszuweichen, dass man den Unterschied verflacht und entweder den Geist nur für eine verfeinerte Materie oder die Materie für ein Geistiges gröberer Art ausgiebt. Es würde hier zu weit führen, wollten wir auf die Gründe und Interessen eingehen, welche zu der einen oder der andern Ansicht führen, wir werden im Verlauf unserer Darstellung vielfach darauf zurück kommen müssen, nur so viel ist klar, dass die Naturwissenschaften, von der Betrachtung der Materie herkommend und gezwungen, die Realität derselben in ihrer ganzen Bedeutung anzuerkennen, geneigt sein müssen, die Seele mit ihr in die engste Verbindung zu bringen, während die Geistes-Wissenschaften das umgekehrte Streben haben werden, dem Geiste sein volles Recht widerfahren zu lassen, unbekümmert darum, ob man im Stande sein werde, mit ihrer Vorstellung von der Materie den Anforderungen der Naturwissenschaften ein wirkliches Genüge zu leisten. Die Lösung des Problems bleibt so eine durchaus oberflächliche und unbefriedigende, weil Jeder mit den Ansprüchen der Andern unbekannt, nur darauf bedacht ist, seine eigenen Zwecke zu erreichen, und sich mit den gar nicht abzuweisenden und einer jeden, auch der oberflächlichsten, Anschauung sich aufdrängenden Fragen augenblicklich abzufinden. Bei einer irgendwie nur ernstlich in die Sache eingehenden Betrachtung leisten solche unbestimmte und leere Prädicate gar nichts, denn ebensowenig wie man sich eine Vorstellung von einem vergröberten Geist machen kann, ebensowenig hat der Unterschied von grob und fein für die Materie einen Sinn, die in der ihr wesentlichen Gestaltlosigkeit gar keine solche Grössenverhältnisse kennt. Selbst in Beziehung auf die schon gestalteten Stoffe lässt sich derselbe nicht festhalten, denn auch diese sind ins Unendliche theilbar, und die freilich in der Physik und Chemie noch geläufige Vorstellung von untheilbaren aber doch ausgedehnten Atomen oder Molecülen lässt sich vor einem scharfen Denken nicht vertheidigen und beruht auf einem hier nicht weiter zu entwickelnden Missverständniss. Das Wesen des Geistes liegt in ganz etwas Anderem als in der Feinheit, und das Grobe bezeichnet auf keine Weise die Materie, der Streit liegt daher auch auf einem ganz andern Gebiete und hat in einer weit tiefer liegenden Verschiedenheit der Anschauung seinen Grund. Die materialistische Ansicht geht davon aus, dass die Materie die Ursubstanz sei, an welcher alle Verschiedenheit als Accidens hafte und als Prädicat zu beschreiben sei, deshalb ist ihr Leben und Beseelung auch nur eine Eigenschaft der Materie, und sie begnügt sich damit, die eigenthümlichen Merkmale derselben aufzufassen und darzustellen; der spiritualistischen Ansicht kommt es darauf an, den Geist als Subject zu begreifen, und indem sie, um dem Dualismus zu entgehen, sich nicht dazu verstehen kann, auch die materiellen Stoffe für Subjecte zu halten, setzt sie dieselben ihrerseits zu blossen Prädicaten und Modificationen des Geistes herab. Die streitenden Ansichten können daher nur so vermittelt werden, dass man der Materie sowohl, wie dem Geiste, den Charakter von Subjecten bewahrt, und trotz des Gegensatzes die Einheit und in der Einheit den Gegensatz nicht beeinträchtigt.

Dabei genügt es nicht, mit Descartes Körper und Geist für grundverschiedene Substanzen zu erklären, die in der göttlichen Assistenz ihre Vereinigung finden, noch mit Spinoza die Ausdehnung und das Denken als Attribute der einen Substanz hinzustellen, darin ist nur die Aufgabe selbst vorgezeichnet, welche die Verschiedenheit und die Nothwendigkeit der Einigung anerkennt, ohne sie weiter begreiflich zu machen, die wahre Vermittelung findet nur dann

Statt, wenn man den Uebergang wirklich aufzeigt, in welchem die schroffen Gegensätze durch eine reale Anschauung der dazwischenliegenden Entwickelungsstufen verknüpft werden. Dies haben wir in den vorläufigen Untersuchungen, so weit es bei dem gegenwärtigen Standpunkte der Wissenschaften möglich ist, versucht, ohne deshalb irgendwie ein abschliessendes Resultat geben zu wollen, nur in der Absicht, den Gang zu bezeichnen, welchen jedenfalls die begreifende Erklärung nehmen muss, wenn sie zu einem befriedigenden Abschluss gelangen will. Bleibt man bei den fertigen Gestalten stehen, ohne die Processe, durch welche sie erzeugt werden, zu beachten und in den Vordergrund zu stellen, so ist alle Arbeit vergebens, nur in den Thätigkeiten liegt der fliessende Uebergang, in den starren Formen der schroffe Unterschied. Deshalb muss schon die Materie nicht etwa als ein starr Ausgedehntes, sondern als ein sich Ausdehnendes und damit als ein thätiges Subject gefasst werden, und in der so an die Spitze gestellten Bewegung ist der Hebel gegeben, welcher die ganze weitere Entwickelung bedingt. Der Krystallisationsprocess und Vegetationsprocess gehen aus ihr hervor, und das Leben erscheint als ihr Resultat, als ein neues Subject, welches in seiner Einheit die vorhergehenden Entwickelungsstufen verbindet, und mit seiner Thätigkeit dieselben beherrscht. An dieses Leben knüpft die Seele in ihren niedrigsten Stadien an, und es muss der fernern Darstellung aufbehalten bleiben, ob sie in ihrer Entwickelung den höchsten Standpunkt erreichen wird, welchen man für sie zu fordern berechtigt ist. Die Vermittelungen werden genügen, um die Seele an die übrigen Organisationsprocesse der Welt anzuknüpfen und das Eintreten derselben nicht als ein plötzliches und unvorbereitetes erscheinen zu lassen, die materialistische Auschauung aber haben wir damit überwunden, dass die Seele, als Resultat der Entwickelung, zugleich ein wahrhaftes Subject ist, und als solches nicht nur die übrige Welt, sondern selbst das Leben beherrscht, welches in gleicher Weise schon als Subject begriffen werden musste. Nur so kann das Räthsel gelöst werden, dass wir erkennen, wie durch das Zusammenwirken verschiedener Thätigkeiten neue Subjecte entstehen, welche in der Ausübung der daraus hervorgehenden geeinigten Thätigkeit ihr specifisches Wesen haben, und mit ihr auf die früheren zurückwirken.

Mit dieser Auseinandersetzung glauben wir die Frage vorläufig verlassen zu können in der bestimmten Voraussicht, dass die ganze fernere Darstellung unsere Lösung der Sache in ein klares Licht setzen werde, nur eine Bemerkung müssen wir uns erlauben, um ein Missverständniss, welches sich leicht einschleichen möchte, abzuwehren. Wenn wir Leben und Seele als das Resultat des Entwickelungsprocesses aufgezeigt haben, so könnte es auf den ersten Anblick so erscheinen, als wenn wir die Materie als das primitive und die Seele als den der Zeit nach später daraus hervorgehenden Factor setzen wollten, aber dies wäre ein vollkommenes Verkennen unsrer Ansicht, und ich verweise in dieser Hinsicht auf die Lösung eines weit allgemeineren metaphysischen Problems, die ich in meinem System der Metaphysik*) gegeben habe. Die wissenschaftliche Entwickelung muss die Genesis der Sache geben, aber mit dem Werden ist das Sein nicht erschöpft, sondern dies ist ein unendlicher Process, welcher voraussetzt, dass ewig ist, was zeitlich wird, und dass alles Werden nur aus diesem ewigen Sein begriffen werden kann. Deshalb ist es auch ein Unding, etwa zu meinen, dass es eine Zeit gegeben habe, in welcher die Materie als eine gestaltlose, unbelebte und unbeseelte bestanden habe, und dass aus ihr heraus erst der Geist zum Dasein gelangt sei, aber eben so wider-

*) System der Metaphysik, S. 20 u. 31 ff., 371 ff.

sinnig ist es auch, den Geist als das zeitlich frühere zu fassen und ihn von der Materie losreissen zu wollen. Der ewige Geist als das absolute Subject ist auch die Quelle alles Werdens, und in einer unendlichen Entwickelung wird aus ihm und durch ihn Alles, was in ihm ewig ist, so ist er eben so ewig in der Materie thätig, oder vielmehr die Materie ist die Erscheinung seiner Thätigkeit, wie alles, was sich in der Welt entwickelt, bis zur vernünftigen Seele seine That ist, und die Welt hat eben darin ihr unterschiedenes Sein von dem göttlichen Geiste, dass sie in unendlicher Entwickelung durch ihn wird, was er ewig ist. So ist nun auch in dem unendlichen Werden der Welt selbst die Beseelung eben so unendlich gesetzt, wie die Thätigkeit der Materie, und von einem Früher oder Später kann keine Rede sein, weder von einem zeitlichen noch von einem begrifflichen, welches letztere überhaupt für mich keinen rechten Sinn hat.

1) Seele und Leib.

Wie für uns der Gegensatz von Materie und Geist seine Absolutheit verloren hat, so wird dies noch weit mehr der Fall sein in Hinsicht auf den Unterschied von Seele und Leib, welche sich unendlich viel näher stehen als jene, ja in die allerengste Beziehung zu einander gesetzt werden müssen. Wir sind gewohnt, beide als correlative Begriffe zu behandeln, von welchen jeder den andern voraussetzt und an ihn gebunden ist, deshalb unterscheiden wir auch in unserer Sprache bedeutungsvoll Körper und Leib, indem wir den letzteren Ausdruck nur für den beseelten Körper anwenden, den ersteren aber für den lebendigen Organismus an sich, ohne engere Beziehung zur Seele gebrauchen. Der Leib ist Ausdruck und Organ der Seele, wodurch sie zur Erscheinung kommt und thätig in die Aussenwelt eingreift, es ist der lebendige Organismus, inwiefern er von der Seele beherrscht wird, und wir schauen ihn daher vorzugsweise an in dem beweglichen Spiel seiner Muskeln. Wie wir die Seele setzen mussten in die Wechselwirkung des Lebens mit der bewegten Aussenwelt und ihr als erste Function die Empfindung zuschrieben, so ist der Leib die Gesammtheit der Bewegungen, welche in dem Organismus als Reaction gegen die Reize der Aussenwelt erfolgen und so also der Ausdruck für die Empfindungen der Seele werden müssen.

Die Empfindung ist der Eindruck, welchen die sensiblen Nerven durch die Reize der Aussenwelt erfahren oder genauer vielmehr das Zusammenwirken der schwingenden Bewegungen der Aussenwelt, welche die eigene Bewegung der Nerven zu verändern streben, mit der Kraft des lebendigen Organismus diese eigene Bewegung in ihrer Integrität wieder herzustellen, die Seele empfindet sich selbst in ihrer Selbsterhaltung gegen die Einwirkungen, die ihr von Aussen entgegentreten, und dadurch mittelbar die Aussenwelt, von welcher jene Eindrücke herrühren. Die schwingenden Bewegungen werden zu den Centraltheilen fortgepflanzt, und wirken, indem sie auf die motorischen Nerven übergehen, Bewegungen in den entsprechenden Muskeln; man nennt sie Reflexbewegungen und unterscheidet sie von den willkürlichen Bewegungen, mit welchen wir es hier noch nicht zu thun haben. Es ist die unmittelbare Reflexion der Empfindung auf die Bewegung, und dieselbe findet daher auch zunächst örtlich auf die nahe gelegenen Theile Statt, deren motorische Fasern in der Nähe der sensiblen von den Centraltheilen ausgehen, sie breitet sich aber um so weiter aus, je heftiger der Reiz ist und je weiter die Centraltheile dadurch irritirt werden. Dahin gehört die Zusammenziehung der Iris, welche stets nur nach der Reizung des Sehnervens erfolgt, indem das Licht auf jene nicht unmittelbar einwirken kann, sondern die Erregung von dem Empfindungsnerven ausgeht und vermöge des Gehirns auf den motorischen Nerven reflectirt wird. Dahin gehören ferner die Contractionen der Schliessmuskeln des Afters und der Urinblase, welche erfolgen durch die Reizung der Excremente und des Harns auf die Empfindungsnerven der Schleimhäute des Darmkanals und der Blase, und durch das Rückenmark auf die motorischen Nerven übertragen werden, weshalb auch nach Verletzung des Rückenmarks die Zusammenziehung dieser Muskeln aufhört. Aehnliches findet Statt bei der Erregung des ganzen Systems der respiratorischen Nerven, welche ausgeht von Reizen auf die Schleimhäute vom Munde bis zum After, von der Nase bis zu den Lungen, und, durch die medulla oblongata vermittelt, eine schon bei weitem ausgebreitetere Bewegung aller zu dem Process des Athmens gehörenden Muskeln erzeugt, wie sie in den mannigfaltigen Formen, des Niesens, Hustens, Gähnens, Schluchzens, Erbrechens u. s. w. sich darstellt. Wird die lokale Reizung der Empfindungsnerven noch stärker und dehnt sich dieselbe in dem Rückenmark noch weiter aus, so entstehen allgemeinere krampfhafte Bewegungen des ganzen Rumpfnervensystems, wie sie in ihrem höchsten Grade in der Epilepsie und dem Tetanus zur Erscheinung kommen.

Diese Reflexbewegungen sind die Grundlage aller Bewegungen des Leibes überhaupt, und wir werden später sehen, wie auch die willkürlichen aus ihnen sich entwickeln und das Bewusstsein sich derselben bemächtigt, sie regelt und seiner Herrschaft unterwirft. So ist die Beweglichkeit des Leibes der Ausdruck der Seele, indem Empfindung und Bewegung in dem lebendigsten Zusammenhange stehen, und die ganze höhere Entwickelung der Seele spiegelt sich in der daran theilnehmenden Entwickelung der Bewegungen ab. Dieser Ausdruck ist zunächst ein mimischer, welcher sich in dem wechselnden Spiel der Muskeln darstellt, und das ganze Gebiet aller beweglichen Organe umfasst; am hervorstechendsten tritt er heraus in den Extremitäten, und am feinsten bildet er sich aus in dem Gesicht und den Organen, welche zu der Erzeugung und Modification des Tones und der Stimme dienen, denn auch diese in ihrer unendlichen Bildungsfähigkeit beruhen zuletzt auf den einfachsten Reflexbewegungen, welche sich schon in dem Schreien des neugebornen Kindes offenbaren, wo zum ersten Male die Luft in die Respirationsorgane eindringt und durch ihren Reiz auf die Schleimhäute die Muskeln des Kehlkopfes in Bewegung setzt. Der mimische Ausdruck wird sodann zum physiognomischen, indem die wechselnde Bewegung in den Muskeln selbst eine gewisse Spannung zurücklässt, und die Gewohnheit die ursprünglich unbestimmte Beweglichkeit fixirt und ihr eine bestimmte Richtung giebt, in welcher sie bei dem geringsten Reize leichter erfolgt. Dies wirkt dann selbst auf die Bildung der Muskeln ein, indem es eine bekannte Thatsache ist, dass ein geübter Muskel an Stärke zunimmt, während der ungeübte abmagert und bis zur gänzlichen Verkümmerung schwindet. Hangen endlich die Muskeln mit dem Knochengerüst zusammen, welches ihnen als Anheftungspunkt dient, und auf welches sich alle Kraftanstrengung zuletzt stützt, und bedenken wir, wie auch diese festesten Theile einer fortwährenden Reproduction unterliegen, so ist es begreiflich, wie die Bewegungen auch hier selbst gestaltend einwirken müssen, und die individuelle Form des Leibes in ihren feineren Unterschieden zuletzt von der Thätigkeit der Nerven abhängig ist und ein Ausdruck der Seele wird. Am deutlichsten wird dies bei der Gestaltung des Kopfes, wo die Muskelbewegung sich auch in dem Knochen fixirt, und namentlich der Kaumuskelapparat und die Bildung der Kiefer dem Gesichte einen bestimmten Ausdruck verleihen, während die Entwickelung des Gehirns unmittelbar auf die Form des Schädels einwirkt und ihm seinen ganzen kraniologischen Ausdruck aufdrückt, in welchem sich die Seele und die Intelligenz auf das deutlichste aussprechen. Hat hier die Gallsche Schädellehre auch viel gefaselt, indem sie selbst die allerspeciellsten geistigen Thätigkeiten und sogar aus der Freiheit hervorgehende sittliche Thatsachen in dem Schädel prädisponirt zu finden gemeint hat, so ist doch ihre Grundlage, inwiefern wir sie auf das oben Gesagte beschränken, eine durchaus richtige, und wir müssen anerkennen, dass selbst die festesten Theile dem Ausdruck der Seele dienen.

Aus diesem Gesichtspunkt betrachtet, hat der oft wiederholte, aber auch oft gänzlich missverstandene Satz, die Seele schaffe sich ihren Leib, seine volle Bedeutung. Freilich kann der Sinn desselben nicht der sein, als ob der Geist, in seiner Selbständigkeit, aus dem Staube der Materie sich diesen Körper aufbaue und darin auf eine Zeitlang seine Wohnung aufschlage, sondern dazu bedarf es der mannigfaltigsten Vermittelungen, die organisirende Kraft des Lebens bildet, und zwar auch erst nach vielen vorhergehenden Entwickelungsstadien der Materie, den lebendigen Körper, aber die Seele ist es, welche aus diesem Körper sich ihren Leib macht, indem sie ihn zum Ausdruck und zum Organe ihrer Thätigkeit gestaltet, und so wohnt und wirkt der Geist in dieser seiner Schöpfung. Und nicht nur gilt dieses von den vorübergehenden und wechselnden Thätigkeiten, sondern in ihnen bleibt und entwickelt sich ein bestimmter Typus und Charakter, welcher, wie er einerseits allerdings von der körperlichen Organisation abhängig ist, doch auch auf die Gestaltung derselben umbildend zurückwirkt. Deshalb erkennen wir die Beschäftigung und den Beruf eines Handwerkers an seiner Haltung und der Eigenthümlichkeit seiner Bewegungen, und noch mehr ist dies der Fall, wo dieser Character durch viele Generationen fortgepflanzt wird. Dies ist namentlich von grosser Bedeutung bei den Thieren, wo wir sonst in ihrem Bau vollkommen übereinstimmende Arten in einzelnen Organen bestimmte Veränderungen erleiden sehen, gemäss den Verrichtungen, zu welchen sie durch veränderte Lebensverhältnisse gezwungen werden. Es sind diese Verschiedenheiten offenbar keine ursprünglichen, durch das blosse Spiel der organisirenden Naturkraft hervorgebrachte, sondern die Thätigkeit und Uebung bildet allmälich die Organe um, und die längere Fortpflanzung unter denselben Verhältnissen fixirt die Eigenthümlichkeiten in einer Weise, dass sie als specifische Unterschiede erscheinen. Ja diese Einflüsse können so bedeutend sein und in ihrer weiteren Entwickelung den ganzen Organismus so sehr beherrschen, dass aus Varietäten derselben Art ganz neue Gattungen hervorgehen, in welchen die ursprüngliche Identität durch die neu auftretende Differenz verwischt wird. So zeigt sich der innige Zusammenhang und die lebendige Wechselwirkung zwischen Seele und Leib in der weitesten Ausdehnung, indem die Seele mit der von ihr ausgehenden Thätigkeit den organischen Process der Körperbildung selbst beherrscht, wie sie andrerseits von dem Leben und der Organisation abhängig ist.

Diese Abhängigkeit der Seele von dem Leibe folgt schon im Allgemeinen aus dem früher entwickelten Verhältniss derselben zu dem Lebens-Process, Alles, was diesen fördert oder hemmt, muss auch auf die Seele fördernd oder hemmend einwirken, jeder mehr oder weniger heftige Eingriff in den Organisationsprocess und namentlich auf das Nervensystem übt auch seinen Einfluss auf die Thätigkeit der Seele, jede Krankheit des Körpers lähmt auch die Kraft der Seele. Zwar wollen wir nicht verkennen, dass, je höher sie sich in ihrer Selbständigkeit herausentwickelt, desto mehr auch ihre Herrschaft über diese Einwirkungen zunimmt;

aber grade diese Herrschaft setzt die Macht der körperlichen Einflüsse voraus, sie ist nicht etwa eine blosse Indifferenz dagegen, ein nur passives Freisein, welches in der specifischen Geistigkeit seinen Grund hätte, an welche die Materialität nicht hinanreicht, sondern sie beruht auf einer positiven Kraftentwickelung, welche die Seele der Gewalt der körperlichen Eindrücke entgegensetzt. Daher liegt es in ihrer Macht, sich denselben hinzugeben oder ihnen zu widerstehen, daher wird der schwache Wille von ihnen beherrscht, während der starke sie sich unterwirft. So haben denn auch beide ihr bestimmtes Maass, und die Gewalt der Krankheit überwältigt zuletzt die stärkste Kraft der Seele, während eine ausserordentliche Stärke des Charakters oft die höchste Macht der Krankheit überwindet und das schon fliehende Leben zurückruft. Aber nicht nur mit diesem allgemeinen Wechselverhältniss zwischen der Seele und dem Organisationsprocess, wie wir es im Leben des Menschen täglich erfahren, haben wir es hier zu thun, sondern noch weit mehr mit dem besonderen, vermöge dessen der Entwickelung der Seele in den verschiedenen Menschen und in der ganzen Thierwelt durch die Bestimmtheit des eigenthümlichen Organismus selbst Grenzen gesetzt sind, und die individuelle Ausbildung von der Naturbestimmtheit des Leibes abhängig ist. Die Thierwelt zeigt im Allgemeinen eine Reihe von Entwickelungsstufen, von dem Unvollkommensten an bis zu der höchsten Vollkommenheit des Menschen, und mit ihr hält die Entwickelung der Seele gleichen Schritt. Eine jede Stufe zeigt zwar innerhalb ihrer selbst wiederum individuelle Unterschiede geistiger Fähigkeit, diese Reihe ist auch nicht eine in grader Linie verlaufende und continuirlich fortschreitende, sondern sie geht ebenso in die Breite, sie bildet in ihrem Verlauf selbst wieder eine grosse Mannigfaltigkeit auf dem besondern Standpunkt innerhalb der allgemeinen Reihe sich verschieden entwickelnder Systeme, deren höhere Entwickelungsstadien in Beziehung auf Organisation und geistige Fähigkeiten die untergeordneten Gebilde der in grader Richtung über ihnen stehenden Thierklassen bei weitem überragen, aber im Ganzen genommen kommt kein Thier über das in seiner Organisation angelegte Maass geistiger Entwickelung hinaus. Je gegliederter der Bau seines Organismus ist, je mannigfaltiger die Organe sind, mit welchen es die Aussenwelt auffassen und thätig auf sie einwirken kann, desto grösser ist auch die Entwickelungsfähigkeit seiner Seele und die Steigerung seiner geistigen Kraft. Daher die ungeheure Verschiedenheit in der Ausbildung der Seelenthätigkeiten, die so leicht Veranlassung wird, überhaupt das Vorhandensein der Seele in den niedrigen Regionen des Thierlebens in Zweifel zu ziehen oder wohl gar sie auf den Menschen allein zu beschränken, eine Ansicht, die nur Platz greifen kann, wenn man die Entwickelungsstadien des Thierreichs im Ganzen und Grossen ausser Acht lässt und auf die Differenzen im Einzelnen ein zu grosses Gewicht legt. Je mehr man dagegen den Zusammenhang der Seele mit der leiblichen Entwickelung festhält, desto mehr wird man zu der Anschauung gelangen, dass die Abnahme der psychischen Kräfte in den untergeordneten Stufen der thierischen Organisation keinen grösseren Exponenten zeigt, als die des Lebens und seiner organisirenden Kraft, und dass, wo dieses überhaupt noch vorhanden ist, auch an der Existenz der Seele nicht gezweifelt werden kann. Nur die gewöhnlich viel zu abstracte Vorstellung von dem Leben und die oberflächliche und unvollständige Kenntniss, die wir von den ungeheuren Unterschieden der leiblichen Organisation in dem ganzen Thierreiche besitzen, gegenüber der unmittelbaren Anschauung der menschlichen Seelenthätigkeiten ist der Grund, weshalb uns die Unterschiede in der Entwickelung der Seele grösser erscheinen, zumal da auf der andern Seite es noch ungleich schwieriger ist, die psychischen Thatsachen in dem Leben der Thiere zu erforschen, wo uns gewöhnlich sogar die Erfahrungen über das lebende Thier selbst gänzlich abgehen und unsere Kenntnisse sich überwiegend nur auf die äussere Erscheinung und höchstens auf die anatomische Zergliederung erstrecken.

2) Die Sinne.

Plato meinte, das Auge sei Licht, weil es das Licht aufzufassen im Stande sei; so Mancher lächelt darüber und hält es für eine jener poetischen Speculationen in der Philosophie, die als Bild recht artig seien, während ihnen doch in der Wirklichkeit nichts entspreche und man auch keinen rechten, deutlichen Sinn mit ihnen verbinden könne. Aber es liegt darin die tiefe Wahrheit, die Niemand verkennen wird, dass zwischen den empfindenden Sinnen und ihren Objecten irgend etwas Gemeinsames sein müsse, da ohne dieses eine Wirkung derselben aufeinander nicht zu denken sei. So lange man daher dabei stehen blieb, die wahrzunehmenden Gegenstände für Stoffe zu halten, und keine Aehnlichkeit zwischen diesen und dem Organismus aufzufinden im Stande war, blieb es auch schlechthin unbegreiflich, auf welche Weise die Wahrnehmungen zu Stande kämen und was das eigentliche Wesen der sinnlichen Empfindung sei. Die neuern Forschungen der Physiologie und die Fortschritte der Physik haben sich aber so in die Hände gearbeitet, dass es möglich ist, aus ihren Ergebnissen eine klare Vorstellung über die Sinnesorgane und ihre eigenthümliche Thätigkeit zu gewinnen, und ich habe in meiner Schrift *) über die fünf Sinne versucht, eine Theorie aller dahin gehörigen Erscheinungen zu geben.

---

*) Die fünf Sinne nach den neuern Forschungen der Physik und der Psychologie dargestellt als Grundlage der Psychologie. Berlin, 1846.

Zunächst müssen wir feststellen, dass die Sinne nicht Vorstellungen von Gegenständen, von Gestalt, Grösse, Entfernung, Gewicht, Dichtigkeit, Rauhigkeit oder Glätte u. s. w. zu geben vermögen, sondern dass dies erst Urtheile und Folgerungen sind, welche dem entwickelten Bewusstsein angehören, das, wie wir später sehen werden, auf ganz andern Voraussetzungen beruht als den sinnlichen Empfindungen, und daher auch, wenn dieses ganze Gebiet nicht vollständig verwirrt werden soll, vorläufig durchaus und in aller Schärfe abgesondert werden muss. Grade dieser Mangel an Unterscheidung hat für die Psychologie eine Menge falscher Grundanschauungen erzeugt, welche hernach von entscheidendem Einfluss für die ganze weitere Entwickelung werden, und auf welchen dann auch der Streit der entgegenstehenden Ansichten ruht, der auf solchen Voraussetzungen ein unlöslicher werden muss. In den Sinnesorganen ist das wesentlichste Erforderniss die Unversehrtheit des sensiblen Nerven, und zwar genauer genommen jeder isolirten Nervenfaser desselben; wird eine solche gereizt, so empfindet sie diese Reizung als eine Veränderung ihres eigenen Zustandes, und dies ist es, worauf sich zunächst die Function der Sinnesorgane beschränkt. Vier unter den Sinnen haben nur eine ganz bestimmte Empfindung, das Auge sieht nur die Differenzen des Lichts als Farbe, das Ohr hört nur die Unterschiede des Schalls als Töne, Geschmack und Geruch beziehen sich rein auf die durch diese Ausdrücke selbst bezeichneten Empfindungen, dagegen der fünfte Sinn, den wir feststehend mit dem Wort Gefühl bezeichnen wollen, indem der Ausdruck Tastsinn auf jener oben gerügten Verwechselung beruht, hat, wenn wir alle die ihm fälschlich beigelegten Wahrnehmungen abziehen, zwei auf den ersten Anblick gänzlich verschieden erscheinende Empfindungen, nämlich die des Drucks in seinen mannigfaltigen Differenzen und die der Wärme.

Diese bestimmten Empfindungen der verschiedenen Sinnesorgane sind unübertragbar, und nehmen wir nun hinzu, dass sie auf die allerverschiedenste Reizung hin erfolgen, sei es, dass diese von aussen oder aus dem Innern des leiblichen Organismus selbst herkommen, was freilich in Beziehung auf die Sinne selbst genommen immer ein Aeusseres bleibt, so folgt daraus mit Sicherheit, dass die Sinne nicht bloss passive Leiter der Sinnesobjecte sind, sondern dass die Empfindungen erst durch ein Zusammenwirken der äusseren Reize mit der specifischen Thätigkeit der Sinnesnerven zu Stande kommen, einer Thätigkeit, welche man in der Physiologie mit dem Namen der Sinnesenergien belegt hat. Unter diesen verschiedenen Reizungsmitteln der Sinne sind es vorzüglich zwei, welche allgemeiner angewendet werden können, und in den verschiedenen Sinnen doch immer nur die ihnen eigenthümlichen Eindrücke erzeugen, nämlich der Stoss in seinen mannigfaltigen Modificationen und die Wirkungen des Galvanismus und der ihm verwandten Erscheinungen der Electricität und des Electro-Magnetismus. Ein Schlag auf die Haut wird als solcher gefühlt, auf das Auge angewendet, erzeugt er ein blitzähnliches Leuchten, und wird durch Reibung im Auge der Druck auf den Nerven fortgesetzt, so kann man im Dunkeln eine auf der ganzen Netzhaut sich ausbreitende und bis zur blendendsten Helligkeit sich steigernde Lichtempfindung hervorbringen, ein Schlag aufs Ohr dagegen wird als sausender Schall und klingender Ton empfunden; alle diese Erscheinungen wiederholen sich bei der Anwendung einer galvanischen Kette, und es lassen sich hier auch das Geschmacks- und Geruchsorgan in gleicher Weise reizen, die für den Stoss schwer zugänglich sind, oder auf welche er wegen ihrer sonstigen Organisation nicht wirksam applicirt werden kann. Ein Plattenpaar auf und unter die Zunge gebracht, erzeugt einen stark sauren oder alcalischen Geschmack, und bei dem Drehen einer Electrisirmaschine riechen wir sehr bestimmt einen phosphorartigen Geruch. Aber auch andere angewendete Mittel und Reize aus dem Innern des Organismus erzeugen ähnliche Wirkungen, der Andrang des Blutes nach dem Kopf und der Gebrauch narkotischer Arzeneien erzeugt Flimmern vor den Augen und Brausen und Klingen in den Ohren. Alle diese noch vielfach zu vermehrenden Beispiele beweisen, dass das, was wir Licht und Schall nennen und als bestimmte ausser uns seiende Objecte ansehen, doch selbst nur einzelne unter den vielen verschiedenen Reizungsmitteln sind, die allerdings wohl den besonderen Vorzug haben, dass durch sie die Erscheinungen in grösserer Stärke, Regelmässigkeit und Mannigfaltigkeit erfolgen, aber doch durchaus in Beziehung auf ihre Wirkungen in den Sinnesorganen nicht specifisch von jenen verschieden sind. Wenn aber derselbe Reiz in dem einen Organ Licht, in dem andern Schall, in dem dritten die Empfindung des Schlages hervorbringt, so muss der Grund der Differenz in der Thätigkeit des Organes selbst liegen, und die Energie des Sinnes gehört mit zur Erzeugung des Lichtes und des Schalles und, der Analogie zufolge, auch aller übrigen Sinneseindrücke.

Wenn man aber auf der entgegengesetzten Seite in das andere Extrem verfallen und für das eigentliche Wesen der Sinneswahrnehmungen die subjectiven Sinnesenergien halten wollte, gegen welche die objectiven Reize in ihrer Wahrheit verschwinden und nur die untergeordnete und ziemlich unbestimmte Rolle von Erregern jener eigenthümlichen Energien übernehmen würden, so hätte man sich an der Stelle der bisher unerklärlichen sinnlichen Gegenstände nur ebenso unerklärliche Qualitäten der Sinnesnerven geschaffen, und die Vorstellung über das Zustandekommen der Empfindungen wäre nicht um einen Schritt vorwärtsgerückt; ausserdem wäre man in einen schlimmen Skepticismus über die Congruenz unserer Sinneseindrücke mit der Aussenwelt gerathen, indem wir schlechterdings von ihr selbst unmittelbar nichts wüssten, sondern immer nur ein Gefühl von den Zuständen unserer sensiblen Nerven hätten, auf welche die Aussenwelt mit allen ihren verschiedenen Reizen doch immer nur allgemein und unbestimmt erregend wirken könnte. Dagegen spricht aber, dass wir die deutlichen, klar unterschiedenen und kräftigen Eindrücke doch nur durch die bestimmten, gewöhnlich sogenannten objectiven Erscheinungen des Lichtes, Schalles u. s. w. erhalten, über deren gesetzmässiges Verhalten die Physik und Chemie uns Aufschluss giebt, dagegen spricht überhaupt der allgemeine Grundsatz, dass Wirkung und Gegenwirkung immer analog sein müssen, woraus von selbst folgt, dass jene Thätigkeit der Sinne in vollkommenem Einklange mit der Thätigkeit der Aussenwelt auf sie stehen muss.

Die Physik lehrt uns aber nach ihren neueren Theorien, dass Schall, Licht, Wärme in den Differenzen der schwingenden Bewegung ihr Wesen haben, wie sie in der Schnelligkeit und Intensität der Schwingungen oder der Breite und Dicke der Wellen sich darstellen; jene erzeugt die Höhe oder Tiefe des Tons, die Verschiedenheit der Farben, diese die Stärke des Schalls, die Helligkeit des Lichts, die Grade der Wärme. Die Vorstellung von imponderabeln Stoffen ist als eine rein hypothetische, nichts erklärende verschwunden, sie war nur so lange ein nützlicher Nothbehelf, als man in der Grundlage solcher Substanzen die vorausgesetzten Subjecte der wahrgenommenen Erscheinungen fixiren und diese an jene als Prädicate anheften musste, aber sie nicht als die gesetzmässigen Wirkungen einer Thätigkeit zu erklären verstand. Jetzt ist es begreiflich, wie der Stoss mit seinen Modificationen, als Schlag, Druck, Reibung alle diese Erscheinungen hervorzubringen vermag, und wie andererseits die eben dadurch erzeugte Electricität, die gleichfalls nur in der Bewegung, und zwar in der allermächtigsten und schnellsten sich offenbart, dieselben Wirkungen mit sich führt. Nehmen wir nun ferner hinzu, dass die chemischen Thatsachen auf Verbindung und Zersetzung der Materie hinauskommen, die doch auch nur auf Bewegung der kleinsten Theilchen beruhen können, und dass hier wiederum der Galvanismus die kräftigsten Wirkungen erzeugt, so haben wir auch für Geschmack und Geruch, welche vorzüglich in den chemischen Veränderungen ihre Bedingung haben, die Bewegung als die letzte Quelle der Sinnesreize gefunden. Bei dem Schall und Licht, wo wir die Schnelligkeit der Schwingungen genau anzugeben vermögen, sind die Differenzen so ungeheuer, dass es uns nicht wundern kann, wie wir durch die unmittelbare sinnliche Empfindung die Analogie zwischen ihnen nicht aufzufinden vermögen. Der tiefste Ton, den wir vernehmen können, ist bedingt durch sechzehn regelmässig erfolgende Schwingungen in einer Secunde, und die höchsten Töne, die wir noch wahrnehmen können, erheben sich bis auf 48,000 Schwingungen in einer Secunde, was über und unter diesen Grenzen ist, wird nicht mehr gehört, die Farbenscala des Lichtes dagegen liegt zwischen 458 und 727 Billionen Schwingungen in einer Secunde, und da eine so ungeheure Schnelligkeit der Oscillationen dazu gehört, um dem Auge als Farbe bemerkbar zu werden, so ist es leicht begreiflich, wie das Auge nicht den Schall, das Ohr nicht das Licht aufzufassen im Stande ist, und wir also auch nicht durch die blosse Anschauung dazu gelangen können, Töne und Farben als gleichartige auf ein und derselben Scala, wenngleich unendlich weit auseinander liegende, Dinge anzusehen, wie die wissenschaftliche, auf Rechnung und Schlüssen beruhende Betrachtungsweise es uns lehrt. Schon die verschiedenen Farben, wie Gelb, Roth, Blau, erscheinen zunächst als ganz specifisch von einander verschieden, nur erst dadurch, dass wir einen ganz allmälichen Uebergang durch Orange, Violett, Grün herstellen, und so eine fortlaufende Reihe erzeugen, gelangen wir zu der Ueberzeugung, dass es sich dabei nur um ein quantitatives Mehr und Minder handelt, und begreifen es nun, wie, nach der Analogie der Tonreihe, alle Farbenunterschiede auf die blosse Differenz in der Schnelligkeit der Schwingungen zurückgeführt werden können; gäbe es in dieser Weise einen Uebergang zwischen den Tönen und den Farben und läge die Empfänglichkeit der Ohr- und Augennerven nicht so weit auseinander, wie es wirklich der Fall ist, so würde auch die Vergleichung beider Erscheinungen für die unmittelbare Wahrnehmung keine Schwierigkeit für uns haben.

Eine interessante und das ganze Verhältniss aufklärende Betrachtung bietet sich hier bei dem Sinne des Gefühls dar. Derselbe empfindet einerseits den Stoss mit seinen Modificationen und andererseits die Wärme, und zwischen beiden scheint zunächst gar keine Verwandtschaft zu bestehen, sondern sie verhalten sich ganz ähnlich wie Schall und Licht indifferent gegen einander. Dennoch wäre es ganz unbegreiflich, wie ein und derselbe Sinn eine so völlig verschiedene Sphäre von Objecten haben sollte, während alle übrigen durchaus in einer bestimmten sich abschliessen. Wir werden daher genöthigt, eine Vermittelung aufzusuchen, um so mehr, wenn uns die wissenschaftliche Betrachtung der Wärme lehrt, dass auch sie auf Schwingungen oder unendlich schnell aufeinander folgenden Stössen beruht. Diese Vermittelung wird erleichtert, wenn wir die einfachen Modificationen des Stosses näher ins Auge fassen. Gehen wir von der leisen Berührung aus, so erscheinen Stoss und Schlag als plötzliche Affectionen mit einem verschiedenen Grade der Ausdehnung auf der Hautfläche, der Druck als eine ruhigere, mehr in die Breite gehende, der Stich als eine intensivere auf einen kleinen Raum beschränkte Empfindung. Kehrt das Stechen in schneller Folge an verschiedenen Stellen der Haut nebeneinander wieder, so wird daraus ein Prickeln, sind die afficirten Punkte dichter nebeneinander und kehrt es an den verschiedenen Stellen vielfach wieder, so entsteht ein Jucken, das bei geringer Modification in ein Brennen übergeht, wo das Stechen nicht mehr nacheinander, sondern an vielen Punkten einer Stelle zugleich wahrgenommen wird, wie etwa bei dem Hinfahren an der Nessel; fahren wir dagegen leise berührend über eine nervenreiche Stelle der Haut hin und her, so empfinden wir es als Kitzel. Alle diese Modificationen des durch Berührung gereizten Gefühls erscheinen auch, sobald man sie einzeln in ihrer Gesammtwirkung auffasst, und nicht, wie wir es so eben gethan haben, analysirt und auf ihre Elemente zurückführt, als sehr verschieden, vergleichen wir nun aber damit die Empfindung der Wärme und Kälte, so ist diese doch noch eine weit fremdartigere, obgleich wir gestehen müssen, dass sie sich schon weit mehr an das Jucken und Brennen annähert, wie schon die Identität des Ausdrucks bezeugt, welcher die Wirkung der Nesselstiche und die der Hitze auf dieselbe Weise bezeichnet. Noch mehr aber erkennen wir die Analogie, wenn wir beobachten, wie die Annäherung einer glühenden Nadelspitze dieselbe Wirkung erzeugt, wie der wirkliche Stich derselben, wenn wir den stechenden Schmerz des electrischen Funkens auffassen, oder den Schauder bei der Kälte, der durch die Glieder fährt, mit dem einfachen Stosse zusammenhalten. Offenbar liegt dann der ganze Unterschied darin, dass die Stösse der Schwingungen bei der Wärme so schnell erfolgen und sich so dicht über die ganze Fläche der Haut verbreiten, dass sie nicht mehr als einzelne empfunden werden, weshalb man sie künstlich beschränken muss, um sie in ihrer Analogie zu erkennen, eine Analogie, die auch darin sich deutlich herausstellt, dass die Wärme Prickeln, Jucken und Kitzel wirklich zu erzeugen vermag.

Auf diese Weise wird es klar, dass wir es bei dem Gefühl, dem Gehör und Gesicht eigentlich nur mit einer Modification der Empfindung überhaupt zu thun haben, die am einfachsten sich in dem Gefühl der Berührung darstellt, und in der Empfindung des Schalls und Lichts nur in ähnlicher Weise variirt, wie dieses schon innerhalb des Gefühls bei der Wahrnehmung der Wärme Statt findet, wobei nur noch berücksichtigt werden muss, dass wir es bei dem Gefühl nur mit der Intensität der Stösse zu thun haben, während Ohr und Auge auch noch die feineren Unterschiede in der Schnelligkeit der Schwingungen auffassen, wovon wir den Grund erst nach einer spätern Betrachtung einsehen werden. Die Analogie des bis jetzt Entwickelten lässt uns aber auch schliessen, dass es mit Geschmack und Geruch sich in ähnlicher Weise verhalten werde, obgleich die Theorie wegen der geringen Schärfe in der Entwickelung dieser Sinne noch weit hinter der der übrigen zurück ist, und noch nicht die Rede davon sein kann, die Erscheinungen auf Zahl und Maass zurückzubringen. Wir müssen freilich uns nicht verhehlen, dass es bei ihnen weit weniger möglich ist, auf andere Weise als durch die gewöhnlichen chemischen Einwirkungen die entsprechenden Empfindungen hervorzubringen, alles, was wir davon kennen, beschränkt sich auf den phosphorartigen Geruch bei der Drehung der Electrisirmaschine und auf den bestimmten sauren oder alcalischen Geschmack bei der Application eines einfachen Plattenpaares auf die Zunge, und, wenn man dies noch hinzunehmen will, auf die Bemerkung, dass Reizung des Gaumensegels, des Kehldeckels und der Zungenwurzel den dem Geschmak allein eigenthümlichen Ekel und ein leiser Luftzug über die Zunge auch einen bestimmten Geschmack hervorbringen soll. Diese Thatsachen sind allerdings ziemlich unbestimmt und lassen ausserdem zum Theil noch die Erklärung zu, dass durch die galvanische Einwirkung eine chemische Veränderung hervorgebracht werde, indem namentlich die Speichelsalze sich zersetzen, aber wir müssen auch erwägen, dass es schwer ist, andere Reizungen auf sie anzuwenden, und dass auch bei den andern Sinnen solche auf einem andern als dem gewöhnlichen Wege erzeugte Empfindungen im Vergleich zu den natürlichen nur höchst unbestimmt sind, bei Geschmack und Geruch aber, die an sich schon eine weit geringere Schärfe besitzen, noch weit undeutlicher werden müssen. Nehmen wir nun hinzu, dass jedenfalls die Empfindungen nicht durch das blosse Dasein chemisch differenter Stoffe, worin auch immer ihre Qualität bestehen möge, sondern nur durch eine Action derselben auf die Nerven erklärt werden könne, so bleibt doch im Grunde genommen nichts anderes übrig, als die Bewegung, auf welche jede chemische Zersetzung oder Verbindung zurückgeführt werden muss, und woraus sich denn auch wieder erklärt, wie chemische Einflüsse in der Haut die specifischen Gefühlseindrücke erzeugen, wie Brennen, Prickeln, Jucken und Wärme.

Die Energien der verschiedenen Sinne, von denen wir oben gesprochen haben, würden sich demnach darauf beschränken, dass wir den verschiedenen Sinnesnerven eine gewisse Grenze der Empfänglichkeit für die Schnelligkeit der Schwingungen, auf welche sich alle Reize reduciren lassen, beizulegen hätten. Eben so, wie, objectiv betrachtet, der Stoss als die Ursache aller Bewegung und die Electricität als die schnellste unter den Bewegungen Schall, Wärme und Licht als die dazwischenliegenden Stufen derselben zu erzeugen im Stande sind, ebenso müssen diese Reize auch auf alle Sinne wirken, aber in jedem nur die seiner Empfänglichkeit entsprechenden Empfindungen erzeugen, indem ja die langsamer schwingende Materie selbst wiederum in ihren kleineren Theilen unendlich schnellere Schwingungen gleichzeitig zu bergen vermag, und umgekehrt die schnelleren Schwingungen sich vermöge ihrer verschiedenen Intensität zu langsamer wiederkehrenden Epochen zusammenschliessen. Wir sehen etwas Aehnliches schon im Gebiete des Schalls; eine schwingende Seite erzeugt in ihrer ganzen Länge einen bestimmten Ton, aber dieselbe Saite zerfällt dabei auch in kleinere schwingende Abschnitte, vermöge welcher eine ganze Reihe höherer aber schwächerer Töne sich hören lassen, umgekehrt entstehen aus der Combination bestimmter rein gestimmter Intervalle tiefere, sogenannte tartinische Töne, indem die verschiedenartigen Schwingungen nach einem bestimmten Zeitraum immer wieder zusammenfallen und sich verstärken, so dass diese langsamer aber ebenso regelmässig wiederkehrenden Schwingungen als eigener Ton neben jenen, aus welchen er zusammengesetzt ist, unterschieden werden können. So begreift es sich, wie der Schmidt, der ein kaltes Stück Eisen auf dem Amboss hämmert, die sich immer mehr combinirenden Stösse zuerst als solche in dem Gefühl der Hand und zugleich als Schall im Ohre empfindet, hernach aber auch allmälich die sich bis zur Glühhitze steigernde Wärme durchs Gefühl und durch das Auge wahrnimmt.

Diese verschiedene Empfänglichkeit der Sinnesnerven selbst für die Schnelligkeit der Schwingungen lässt sich nun freilich bei dem jetzigen Standpunkte der physiologischen Wissenschaft nicht mit Sicherheit weiter analysiren, nur so viel lässt sich vielleicht noch mit grösserer Wahrscheinlichkeit aufstellen; die Nerven haben nach den neueren Ansichten der Physiologie eine ununterbrochene eigene Bewegung, welche durch die Schwingungen, die als Reize auf sie wirken, modificirt, aber nicht hervorgebracht wird. Die Thätigkeit des Lebens sucht diese eigenthümliche Bewegung der Nerven immer zu erhalten und herzustellen, und unsere Empfindung ist daher nichts anderes als das Gefühl dieses Conflicts zwischen der eigenen und der von aussen aufgedrungenen Bewegung, so dass wir in letzter Instanz die fremden Reize nur empfinden an der Gegenwirkung, welche der lebendige Organismus ausüben muss, um sich dagegen zu erhalten. Ist der äussere Eindruck zu mächtig, so empfinden wir es als Schmerz, und übersteigt er die Kraft der Gegenwirkung, so bringt er Lähmung des Nerven hervor. Hiebei lässt sich dann leicht die Vorstellung fassen, dass diese eigene Bewegung in den verschiedenen Nerven selbst eine verschiedenartige sein werde, und dass nur eine gewisse Homogeneität zwischen ihr und der Schnelligkeit der reizenden Bewegung eine Vergleichung möglich mache, die bis zu einer bestimmten Grenze fortschreitet, über welche hinaus keine Empfindung mehr möglich ist. Diese Grenze ist gewiss eine mehr oder weniger unbestimmte, und auch für verschiedene Individuen verschieden, indem z. B. der Eine noch tiefere oder höhere Töne vernimmt, die für den Andern nicht mehr wahrnehmbar sind, sie beruht auf der andern Seite auch noch auf einem gewissen Verhältniss der für jeden Unterschied nothwendigen Intensitäten, indem z. B. die tieferen Töne eine weit grössere Kraft besitzen und nur noch vernehmbar gemacht werden können, wenn wir Mittel haben, ihnen die nöthige Stärke zu geben, wie wir ja mittelst der Speichersirene jetzt Töne hervorzubringen vermögen, die in der Secunde nur 7—8 Schläge machen, aber dabei auch so intensiv sind, dass dagegen jeder andere Ton, den wir zu erzeugen im Stande sind, völlig verschwindet.

Die Differenz der verschiedenen Sinnesorgane beruht aber auch noch wesentlich auf einer andern Unterscheidung, die wir bisher absichtlich ausser Acht gelassen haben, um nicht Verschiedenartiges durcheinander zu mischen, und erst das Elementarische aller Sinnesempfindung, wie es auf der Integrität des sensiblen Nerven und seiner Wirksamkeit beruht, sicher zu stellen. Unter den fünf Sinnen nämlich haben vier noch einen besonderen Apparat, von welchem nicht die Empfindung als solche abhängig ist, sondern die Art, wie die Reize der Aussenwelt dem Nerven zugeführt werden, durch welche nothwendiger Weise das ganze Verhältniss des empfindenden Organismus zur Objectivität bestimmt wird. Hiedurch wird wieder die frühere Betrachtung bestätigt, nach welcher der fünfte Sinn oder das Gefühl nicht den übrigen coordinirt werden darf, sondern als der allgemeine Sinn erscheint, der in den vier speciellen Sinnen auf eine ganz besondere Weise modificirt ist. Das Gefühl verbreitet sich nicht nur über die ganze Hautoberfläche, in welcher sich die Enden unendlich zahlreicher Nerven in Papillen bald mehr bald weniger gedrängt aneinanderreihen, sondern auch im Innern des Körpers, soweit es überhaupt sensible Nervenfasern giebt; der Nerv wird hier unmittelbar gereizt, und die Epidermis kann höchstens als eine schützende Decke angesehen werden, welche die Heftigkeit der Reize mildert. Die vier speciellen Sinne dagegen sind auf einen bestimmten Ort, bei den höheren Thieren auf den Kopf, beschränkt, und zeigen in ihrer allmälichen Entwickelung im Thierreich einen immer künstlicher ausgebildeten Organismus, durch welchen ihre besonderen Functionen in ganz bestimmte Grenzen eingeschlossen, in diesen aber bis zur höchst möglichen Schärfe der Auffassung gebracht werden. Das Auge ist ausserordentlich fein organisirt für das Wahrnehmen der kleinsten Differenzen in dem Nebeneinander der Gegenstände; dieses Nebeneinander ist seine Aufgabe schon in den niedrigsten Formen des Thierreichs, und sie wird in der verschiedensten Weise und immer vollkommener gelöst, je höher wir hinaufsteigen.

Bei den höchsten Thieren breitet sich der starke Augennerv zuletzt in einer Fläche aus, in welcher sich die ausserordentlich feinen Primitivfasern in unendlich dicht aneinander gereihten Papillen endigen, und die collectiven dioptrischen Medien und der ganze übrige Muskelapparat des Auges, welcher die brechende Kraft derselben modificirt, machen es möglich, dass die aus sehr verschiedener Ferne herkommenden Lichtstrahlen sich auf der Netzhaut in einem sehr kleinen Raum eben so gesondert zusammenfinden, wie sie von den Gegenständen ausgingen, und nun durch die feinen isolirten Nervenfasern in entsprechender Weise aufgefasst werden. Das Ohr hat keinen solchen sondernden Apparat, die zu gleicher Zeit den Ohrnerven treffenden Schallwellen fallen für die unmittelbare Empfindung zusammen und geben nur einen einfachen Eindruck, den allerdings das vergleichende Bewusstsein bis zu einem gewissen aber immer doch sehr unvollkommenen Grade wieder zu zerlegen im Stande ist; aber desto besser ist es organisirt für die bestimmte und scharfe Wahrnehmung einer Aufeinanderfolge verschiedener Töne, wie dies das Auffassen ausserordentlich schneller Passagen in der Musik und noch mehr einer schnell gesprochenen, aus unendlich kleinen Nüancen von Tönen bestehenden Rede beweist. Sein sehr künstlicher Apparat dient dazu, die Töne trotz ihres Hindurchgehens durch die verschiedenartigsten Medien dem Ohrnerven so viel als möglich in ungeschwächter Intensität zuzuführen, da der in einem festen Körper erregte Schall bei seinem Uebergange in Luft und ebenso umgekehrt der in der Luft erregte Ton bei seinem Uebergange an feste Medien sehr an Kraft verliert. Dieses Verstärkungsmittel der Töne durch die ausgespannte Membran des Paukenfells, die Reihe der Gehörknöchelchen, die Schnecke und das Labyrinthwasser, deren Functionen Johannes Müller*) durch seine klassische

*) Handbuch der Physiologie des Menschen. 2ter Band, S. 411 ff.

Untersuchung so schön aufgeklärt hat, macht es allein möglich, dass wir die Töne überhaupt aus einer grösseren Ferne noch wahrnehmen und eine Leitung der ausser uns erregten Schallwellen zum Ohrnerven Statt finden kann. Auge und Ohr sind auf diese Weise Sinne der Ferne, und zwar so, dass jenes für das Wahrnehmen des unterschiedenen Nebeneinander, dieses für das des Nacheinander eingerichtet ist. Ihnen gegenüber stehen Geschmack und Geruch, welche als Sinne der Nähe bezeichnet werden müssen. Ihr Apparat besteht vorzüglich in der beiden eigenthümlichen Schleimhaut, auf welche zunächst die chemischen Reize wirken, und in welcher sie erst durch Zersetzung die Action hervorbringen, welche von dem Nerv als Geruch oder Geschmack empfunden wird. Bei dem Geschmack ist die Sache an und für sich deutlich, denn der zu schmeckende Gegenstand muss erst auf die Zunge gebracht werden, um eine Empfindung zu erzeugen, aber auch bei dem Geruch ist es nur ein Schein, wenn man meint, dass er in die Ferne wirke, denn auch hier müssen materielle Theilchen und namentlich Gase wirklich der Nase zugeführt werden, welches Geschäft aber gewöhnlich die Luft übernimmt, und erst in der feuchten Schleimhaut findet der chemische Process Statt, welcher die Veranlassung des Riechens wird. Ist die Nasenschleimhaut trocken, so riecht man gar nicht, und schon die Verminderung der Schleimabsonderung in dem ersten Stadium des Schnupfens ist mit Aufhebung oder Verminderung des Geruchs verbunden. Nach Berücksichtigung dieser Grunddifferenz findet sich aber eine deutliche Analogie zwischen Gesicht und Geschmack, Gehör und Geruch. Der Geschmack beruht besonders auf den auf der Oberfläche der Zunge sich endigenden Nervenpapillen, und ist so, ähnlich wie das Auge, im Stande, ein und denselben Eindruck in längerer Dauer zu erhalten, während die aufeinanderfolgenden Reize sich stören, und man mit Recht sagt, dass man durch eine vorhergehende Empfindung sich den Geschmack für eine andere verdorben hat. Umgekehrt hält der Geruch ein und denselben Eindruck nur sehr kurze Zeit fest und stumpft sich auch für den stärksten sehr bald so ab, dass er gar nichts mehr von ihm empfindet; aber, sowie der Reiz sich ändert, ist für diese Veränderung die Empfänglichkeit auch sogleich wieder da, und der Sinn erscheint demnach sehr gut organisirt für das wechselnde Nacheinander der Empfindungen. Bei Auge und Geschmack werden nur die Enden der isolirten, in Papillen ausgehenden Nervenfasern afficirt, Ohr und Geruch beruhen gleichmässig auf dem entgegengesetzten Princip, die Verbreitung desselben Nervens der Länge nach auf einem kleinen Raum in der grösstmöglichsten Ausdehnung zu erreichen, wodurch er natürlich sehr empfindlich wird gegen eintretende Veränderungen, aber auch sehr bald abgestumpft gegen gleich bleibende Eindrücke.

Die vier speciellen Sinne geben uns daher die überhaupt möglichen Modificationen für die Wahrnehmung der Aussenwelt. Alle Veränderungen, die in ihr vorgehen, können nur beruhen auf der Bewegung, wir sind für die Auffassung dieser Veränderungen am günstigsten gestellt, wenn wir sie einerseits in der grössesten Entfernung und Nähe, andererseits in den kleinsten räumlichen und zeitlichen Dimensionen des Neben- und Nacheinander zu vernehmen im Stande sind. Das geöffnete Auge blickt in die Ferne, es vermag in einem Moment eine unendliche Welt in sich aufzunehmen und zwar in den unendlich feinsten Unterschieden des Nebeneinander, auch das Ohr vermag in grosser Ferne eine bedeutende Masse von Eindrücken zu gleicher Zeit aufzunehmen, aber seine Stärke besteht darin, den Wechsel der Veränderungen, die in der Aussenwelt nach einander eintreten, recht vernehmbar zu machen.

Wegen der Menge dieser Eindrücke, welche den für die Ferne organisirten Sinnen in jedem Augenblick unwillkürlich zugeführt werden, entwickeln sie sich aber auch weit bedeutender, indem dadurch die Receptivität der Seele in hohem Grade angeregt wird; die beiden andern Sinne dagegen, als Sinne der Nähe, bedürfen der Spontaneität, ich muss den zu schmeckenden oder zu riechenden Gegenstand erst selbst den Organen nähern, erreiche aber auch dadurch, dass ich die Eindrücke schlechterdings isoliren und vereinzeln kann, während ich bei den Sinnen der Ferne alle die Veränderungen mit in den Kauf nehmen muss, die vielleicht ohne ein besonderes Interesse für mich in der Aussenwelt vor sich gehen. Und während nun so diese Sinne die eigentlichen Organe isolirter Untersuchung sind, so gewährt mir der Geruch die Möglichkeit durch die scharfe Auffassung wechselnder Eindrücke irgend einen Reiz aufzusuchen, der Geschmack dagegen, vermöge seiner Organisation für die Dauer der Empfindungen, die Fähigkeit, einen bestimmten Eindruck so lange als möglich festzuhalten.

Diese Betrachtung giebt allein eine scharfe und aus der Natur der Sache selbst hervorgehende Eintheilung der Sinne. Die Unterscheidung von höhern und niedern, idealen und chemischen, theoretischen und practischen Sinnen ist einerseits ganz unbestimmt und genügt nicht, um diese selbst wieder untereinander zu sondern; es bleibt dabei immer als wesentliches Erforderniss für ihre Vorstellung die Erinnerung an die unmittelbaren Empfindungen selbst übrig, und die unterscheidenden ihnen beigelegten Qualitäten sind nur willkürliche Reflexionen über sie, die nicht im Stande sind, ihre wahre Bedeutung vollständig auszudrücken, so dass ihr Inhalt ohne Rest darin aufginge. Andererseits aber beruhen sie auf jener schon gerügten Verwechselung zwischen dem, was die sinnliche Empfindung als solche zu leisten im Stande ist, und dem, was das entwickelte Bewusstsein hinzubringt und erst aus ihnen macht. Dies zeigt sich so recht, wenn wir die Bedeutung der Sinne bei den Thieren betrachten, wo das Bewusstsein nicht so entwickelt ist, und wo wir daher auch weit reiner ihre eigentliche Wirksamkeit verfolgen können. Dies ist erst der wahre Prüfstein für den richtigen Begriff der sinnlichen Empfindung, da jede Vermischung mit der Thätigkeit des Bewusstseins eine grenzenlose Verwirrung in die Betrachtung der Seelenfunctionen hineinbringen muss. Wegen der geringen Ausbildung des Bewusstseins sind die Thiere vorzugsweise auf die Schärfe ihrer Sinne angewiesen, und jeder Sinn behauptet dabei weit mehr seine eigentliche, ihm von Natur zukommende Bedeutung, während bei dem Menschen sehr häufig das hinzutretende Urtheil den einen Sinn durch den andern ersetzt, und bei der einseitigen Auffassung irgend eines Merkmals an einem Gegenstande durch einen Sinn sogleich die andern vermittelst der Erinnerung supplirt und es daher gar nicht zu der vollständigen Auffassung aller Merkmale durch die andern Sinne kommen lässt. So sehen wir deshalb bei den Thieren alle Sinne weit stärker und gesetzmässiger ausgebildet, und grade diejenigen Sinne, die wir gering achten, wie Geruch und Geschmack, erhalten für sie eine oft die andern überragende Geltung. Dies kommt keineswegs, wie man fälschlich meint, bloss daher, weil diese Sinne mit der Nahrung als dem hauptsächlichsten Interesse der Thiere in der nächsten Verbindung stehen, sondern es bezieht sich in gleicher Weise auch auf die Auffassung aller Gegenstände der Aussenwelt, wir suchen einen Menschen, den wir aus dem Gesicht verloren, dadurch, dass wir die Möglichkeiten überlegen, wohin er sich etwa begeben haben könne, und daraus Schlüsse der Wahrscheinlichkeit ziehen, der Hund findet seinen verlornen Herrn, indem er mit dem Geruch der Fährte desselben nachspürt und so dem sinnlichen Zusammenhange nachgeht, der ihn noch mit demselben verbindet. Die Thiere beschnüffeln und belecken alles mögliche, was ihr Interesse auf sich zieht, ohne dass dieses eine besondere Beziehung zu ihrer Speise hätte, und erst, wenn wir dies gehörig berücksichtigen, wird uns vieles klar und verständlich bei der Betrachtung derselben, was wir sonst unbeachtet lassen oder ihm eine andere Bedeutung unterlegen. So können wir denn auch mit vollem Rechte behaupten, dass der Mensch, wenn er alle Sinne gleichmässiger anwendete, eine noch weit grössere Erfahrung über die Dinge und die Veränderungen der Aussenwelt haben würde, als es jetzt geschieht, wo eigentlich der Gesichtssinn es ist, der wegen seines unendlichen Uebergewichts ihm seine Welt schafft, in der er mit seiner bewussten Intelligenz herrscht; eben deshalb aber wird es ihm auch so schwer, sich in die Welt der Thiere hineinzudenken, die ihnen durch ganz andere Sinne aufgeschlossen wird, und zwar dem einen mehr durch diesen, dem andern mehr durch jenen, je nachdem ihnen die Natur von vorn herein eine vorzugsweise Stärke beigelegt hat, oder das Bedürfniss eine grössere Entwickelung mit sich führt. Jedenfalls aber kann für die Betrachtung der Sinne nur das einen Werth haben, was allein ihre Function ist, das lebendige Individuum mit der Aussenwelt in Verbindung zu setzen, und hier ist es allein die Bewegung, durch welche die Reize und die Einwirkung auf den Organismus erklärt werden können, und die einzelnen Sinne sind demgemäss so eingerichtet, dass Alles, was in naher und ferner Umgebung vorgeht, sowohl in seinem Neben- als Nacheinander wirklich in der Empfindung sich ausdrücken muss, und so also der Stoff werden kann, aus welchem die weiter sich entwickelnde Seele alles das zu machen im Stande ist, was wir im weitern Verfolge unserer Untersuchungen als den Inhalt der Seelenthätigkeiten finden werden.

3) Wahrnehmung und Affect.

In der sinnlichen Empfindung ist Seele und Leib eins, und sie stehen beide in ihrer Einheit der Aussenwelt gegenüber, deren Reize die Sinne als Veränderungen an sich fühlen, und zwar an der Kraft der Gegenwirkung, welche der lebendige Organismus zu seiner Selbsterhaltung dagegen anwenden muss. Wirkung und Gegenwirkung sind aber gleich, und die Empfindung ist demgemäss adäquat den Veränderungen, welche in der Aussenwelt selbst vorgehen. Hierin liegt die Nothwendigkeit, die Empfindung selbst in zwei verschiedene Functionen zu theilen, indem sie einmal nämlich Empfindung der Veränderungen der Aussenwelt ist und so das wird, was wir nun speciell Wahrnehmung zu nennen haben werden, und andererseits Empfindung der Veränderungen des lebendigen Organismus selbst, inwiefern er gegen die Reize der Aussenwelt reagirt, was wir durch den Ausdruck Affect bezeichnen. Wendet sich die Empfindung den Ursachen der Sinnesaffectionen in der Aussenwelt zu, so nehmen wir durch die Sinne die veränderlichen Erscheinungen in ihr wahr, richtet sich die Empfindung überwiegend auf die Kraft der lebendigen Selbsterhaltung ihnen gegenüber, so empfinden wir dies als Lust oder Unlust, jenachdem es dem Organismus fortwährend gelingt, sich wieder herzustellen, oder er theilweise den Eingriffen und der Kraft der Reize unterliegt, und dies eben ist der Inhalt der Affecte. Wie jeder Sinn uns Wahrnehmungen giebt, so knüpfen sich auch an jeden Sinn Lust oder Unlust; die Behaglichkeit der Wärme und das Unbehagliche der Kälte gehören dem Gefühlssinn an, ebenso aber das Gefühl der Wollust im engern Sinne, sowohl an und für sich als auch besonders in ihrem geschlechtlichen Charakter, welches fälschlich häufig für eine besondere Sinneswahrnehmung ausgegeben wird, aber nichts anderes als der Affect der Lust überhaupt ist, inwiefern er sich an leise Berührungen, Frictionen, Kitzeln u. s. w. der Hautnerven anschliesst, und an dem specifischen Schmerz durch Stechen, Druck, Stoss, Brennen u. s. w. sein Gegentheil als Unlust findet. Das durch den starken Glanz des Lichtes geblendete Auge, das betäubte Ohr, der ekelhafte Geschmack und der unangenehme Geruch sind nichts als die mit den Reizen verknüpfte Unlust, welche in der Gewalt derselben, welchen der Organismus eine zu grosse Anstrengung entgegensetzen muss, ihren Grund hat. Alle diese Formen der Unlust sind im Stande, durch fortgesetzte Einwirkung und gesteigerte Macht der Reize, entweder die Nerven selbst theilweise zu lähmen oder selbst den ganzen Organismus zu zerstören und den Tod herbeizuführen, während auf der andern Seite die Lust die Lebenskraft erhöht.

Aus dem Gesagten geht hervor, dass jede Wahrnehmung mit einem Affect der Lust oder Unlust verknüpft sein, jeder Affect eine Wahrnehmuug zur Seite haben muss. Aber dennoch liegt in der Verschiedenheit beider, dass die Empfindung mehr zu einer Wahrnehmung oder mehr zu einem Affecte ausschlagen kann, und dies wird sich möglicherweise bis zu einem Gegensatze steigern, in welchem das eine oder andere Moment zu einem Maximum sich entwickelt oder bis auf ein Minimum verschwindet. Der Arzt empfindet bei der Leichensection, welche seine ganze Aufmerksamkeit in Anspruch nimmt, fast nichts von dem Ekelhaften, das für einen Andern ganz unerträglich ist, der stark gereizte Affect hindert bei dem Andern gänzlich die Ruhe der Wahrnehmung und raubt ihm, wie man sich wohl ausdrückt, alle Besinnung, so dass er nicht im Stande ist, die Dinge in ihrer Reinheit und Vollständigkeit aufzufassen.

Wenn nun die Wahrnehmung sich den Eindrücken

der Aussenwelt zuwendet, so bedarf dies doch noch einer besondern Erläuterung, um nicht missverstanden zu werden. Hier nämlich wird die Unterscheidung zwischen der blossen Wahrnehmung, wie sie durch die sinnliche Empfindung bedingt ist, und dem, was erst das Bewusstsein hinzubringt, um so schwieriger, aber auch in demselben Grade nothwendiger. Es ist nämlich bei einiger Aufmerksamkeit klar, dass durch die blosse Wahrnehmung uns nicht in dem Sinne eine Aussenwelt gegeben werden kann, wie wir gewohnt sind, sie uns unter diesem Ausdrucke vorzustellen, ein Zusammenhang von einzelnen Gegenständen in bestimmter Gestalt und Entfernung, gesondert unter sich, und am meisten von uns selbst als ihren Beschauern. Eine solche Betrachtung der Dinge ist ganz und gar erst das Werk des Bewusstseins, erst das Selbstbewusstsein setzt sich in diesem Sinne einer Aussenwelt gegenüber, erst das objective Bewusstsein und die weitere Reflexion gestaltet sich eine solche Welt, wie wir bei der Behandlung dieser Thätigkeiten der Seele begreifen werden, die Wahrnehmung für sich allein kann nicht eine Vorstellung geben von einem örtlichen Nebeneinander, von einem Hier oder Da, sondern sie ist schlechterdings gewiesen an den sinnlichen Eindruck, wie er in dem Moment Statt findet und mit demselben verschwindet. Um ihn festzuhalten, ist Gedächtniss nöthig; der vorhergehende Eindruck kann nicht mehr wahrgenommen werden, er muss reproducirt werden im Bewusstsein, und was da reproducirt wird, ist auch nur immer das Bewusstsein, das wir in dem Moment des Eindrucks uns bildeten, und nicht der Eindruck selbst. Eben so wenig wissen wir durch die blosse Wahrnehmung, woher der Eindruck kommt, ja nicht einmal, mit welchem Sinn wir ihn wahrnehmen, denn alles dies gehört der Thätigkeit des Bewusstseins und einer langen Uebung derselben an, von welcher wir nur so wenig wissen, weil sie so allmälich geschieht und fast ganz in die Zeit fällt, wo das Bewusstsein noch wenig entwickelt ist und wo es seine Thätigkeit ausübt, ohne selbst darüber nachzudenken. Das Kind greift bekanntlich nach dem Monde ebenso wie nach dem Nächstliegenden, und jener operirte Blindgeborne Cheselden's sah die Gegenstände alle als gaukelnde Bilder auf seiner Netzhaut, ungeachtet er doch sonst schon vermöge des Tastens Vorstellungen von Ausdehnung und Oertlichkeit besass. Alles dies ist klar, sobald wir erwägen, dass, wo auch immer der Gegenstand sich befinde, von welchem die dem Reize zum Grunde liegende Bewegung ursprünglich ausgeht, doch nur erst die Veränderung empfunden werden kann, die er in dem Nerven selbst momentan hervorbringt, und selbst hier ist es für den Eindruck ganz gleich, ob das Ende des Nerven oder irgend ein anderer Punkt in dem Verlaufe desselben den Reiz empfängt, er wird zu den Centraltheilen fortgepflanzt, und von dieser Fortpflanzung selbst in unserm eigenen Organismus können wir nichts empfinden und daher auch von keiner Oertlichkeit unseres eigenen Leibes, wo er ursprünglich entsteht. Alles, was wir wahrnehmen, reducirt sich daher zunächst rein darauf, dass wir in diesem Moment diese oder jene Farbeneindrücke, oder diese oder jene Töne u. s. w. empfinden, und wir werden ein der Wahrheit am nächsten kommendes Bild haben, wenn wir die Wahrnehmungen des Geschmacks und Geruchs zum Grunde legen, welche auch für uns sich noch ziemlich rein als blosse Wahrnehmungen erhalten haben, wenngleich auch hier die Einwirkungen des Bewusstseins nicht gänzlich verschwinden, und dann die übrigen Sinneswahrnehmungen in eine grössere Analogie damit bringen.

Trotz dieser Bemerkung wollen wir aber doch nichts zurücknehmen von unserer ursprünglichen Erklärung, dass die Wahrnehmung eine Empfindung der Eindrücke der Aussenwelt sei, inwiefern sie auf unsern lebendigen

Organismus wirken, gegenüber dem Affect, als der Empfindung der Reaction des Lebens gegen die Reize der Aussenwelt. Namentlich wollen wir der Anschauung durchaus keinen Vorschub leisten, welche die ursprüngliche Wahrnehmung rein auf eine subjective Wahrnehmung unseres Leibes beschränken möchte, so etwa, dass wir z. B. eigentlich nur die Netzhaut selbst sähen oder die auf ihr sich darstellenden Bilder, und Aehnliches, dabei würde doch immer die Vorstellung von Oertlichkeit mit unterlaufen, die durchaus von dem Bewusstsein abhängig ist, und mit der Betonung des subjectiven würde ein ganz falscher Gegensatz in die Betrachtung der Sache hineingebracht, der immer in eine gewisse Skepsis ausschlägt. Wir nehmen wirklich die Aussenwelt wahr, und ganz objectiv und vollständig adäquat den Veränderungen, die in ihr vorgehen, denn der sinnliche Eindruck muss schlechterdings entsprechend sein dem Reiz, der den Eindruck hervorbringt, und jene bekannte Unterscheidung von dem, was der Gegenstand an und für sich ist, und dem, wie er vermöge der sinnlichen Affection uns nur erscheint, ist eine ganz unberechtigte, auf verworrenen metaphysischen Begriffen beruhende, weshalb wir auch zur Aufklärung derselben auf unser System der Metaphysik verweisen und im Allgemeinen wohl annehmen können, dass sie überhaupt in jetziger Zeit antiquirt sei. Aber die Aussenwelt und Objectivität, die wir wahrnehmen, muss nur recht vorgestellt werden als die blosse Summe von Sinneseindrücken, ohne alle örtlichen Beziehungen von Hier oder Dort, Gestalt, Grösse, Entfernung, zeitlicher Dauer, Rhythmus und Intervallen, und sogar was etwa von diesen sinnlichen Eindrücken rein in unserm Leibe seinen ursprünglichen Grund hätte, wie etwa ein Kribeln oder Prickeln der Haut, oder ein Flimmern vor den Augen und Sausen in den Ohren aus vermehrtem Blutandrange, ist eben so gut als ein Objectives zu betrachten und als ein Aeusseres, und somit auch zur Aussenwelt gehöriges, gegenüber der empfindenden Seele selbst, welche sie wahrnimmt.

Es ist wohl kaum nöthig, nach der bisherigen Auseinandersetzung besonders hervorzuheben, dass bei der Wahrnehmung, wie bei dem Affect, Seele und Leib zusammenwirken, denn die Empfindung, auf welcher sie in gleicher Weise beruhen, war ja schon ein Zusammenwirken beider; wichtiger dagegen ist es, darauf aufmerksam zu machen, wie dabei ein verschiedenes Verhältniss obwaltet. Indem die Seele sich der Wahrnehmung der Aussenwelt durch die leiblich verschieden organisirten Sinne zuwendet, ist überhaupt jede Wahrnehmung derselben schlechthin dadurch bedingt, dass diese Organisation der Sinne den verschiedenen möglichen Veränderungen der Aussenwelt angepasst ist; ohne diese Sonderung der Sinne würde die Aussenwelt für die Empfindung ein chaotisches sein, jeder einzelne Sinn nimmt sich aber gewissermassen die entsprechende Sphäre seiner Empfindung aus dem Durcheinander der schwingenden Bewegungen heraus, und sondert und ordnet so für die Wahrnehmung die Masse der Erscheinungen. Wir können daher auch eben so gut sagen, die Wahrnehmung der Aussenwelt kommt dadurch zu Stande, dass die empfindende Seele sich auf die leiblich verschieden organisirten Sinne richtet und die mannigfaltigen Empfindungen derselben auffasst. Umgekehrt dagegen verhält es sich mit dem Affect; die verschiedenen Sinne werden von den Reizen der Aussenwelt getroffen, aber der Affect ist das Resultat des Gesammteindrucks, welchen dieselben auf die Selbsterhaltung des Lebens und damit auf die empfindende Seele ausüben. In der Wahrnehmung differenzirt sich daher die Einheit der empfindenden Seele in die Mannigfaltigkeit der Wahrnehmungen durch die Verschiedenheit der Sinne, in dem Affect schliesst sich die Differenz der Reizungen zusammen zu der einfachen Empfindung der Seele als Lust oder Unlust. Wir nehmen daher nur wirklich wahr, wenn wir Licht oder Schall oder Wärme u. s. w. in ihrer Sonderung empfinden, der eigentliche Affect der Lust oder Unlust dagegen ist derselbe, ob er durch eine Licht-, Schall- oder Wärmeempfindung hervorgerufen ist, und nur das reflectirende Bewusstsein besinnt sich erst wieder auf den Grund des Affects, indem sie die zu gleicher Zeit stattfindenden Wahrnehmungen analysirt und darin die mögliche Ursache der Lust oder Unlust aufsucht, weshalb denn auch der dem Bewusstsein angehörende Irrthum, wegen einer falschen Beziehung und Verknüpfung, so leicht dabei eintritt. Wegen des schon oben bemerkten Auseinanderfallens von Wahrnehmung und Affect geschieht es sehr oft, dass von der ganzen Masse der in einem Moment wirkenden Reize, die einen davon die Aufmerksamkeit auf sich richten und eine bestimmte Wahrnehmung hervorbringen, während es grade andere sind, welche, obgleich sie gar nicht von uns bemerkt werden, doch einen starken Affect der Lust oder Unlust erzeugen, so dass dann die hinzutretende Reflexion gar nicht im Stande ist, die Ursache desselben aufzufinden. Ist daher auch der die Wahrnehmung und den Affect hervorrufende Reiz derselbe, so ist doch die Beziehung beider aufeinander und auf das Object nur durch das Urtheil vermittelt, und auf unserm Standpunkte müssen wir das, was der Wahrnehmung und dem Affect daran zukommt, mit wissenschaftlicher Schärfe scheiden. Wir fühlen uns durch einen Lichtschein geblendet, der Wahrnehmung gehört der Lichteindruck in seiner eigenthümlichen Qualität der Farbe und Intensität an, aber die durch die Blendung hervorgerufene Unlust hat nichts Specifisches von dem Lichte an sich, das nicht eben so gut auch durch eine andere Empfindung hätte hervorgebracht werden können, der Affect zieht sich von dem reizenden Object zurück auf die einfache Empfindung des dadurch gehemmten Lebensgefühls, in welchem die Unlust besteht, das reflectirende Bewusstsein verknüpft beides miteinander, ohne dass wir uns dieser Verknüpfung als einer besonders gewollten bewusst würden, und erweckt so den Schein, als ob sie wirklich unmittelbar zusammenfielen, und der durch die Blendung erzeugte Affect etwas anderes wäre, als blosse Unlust, und etwa als eine besondere Art derselben angesehen werden müsste.

4) Die besondern Momente der Wahrnehmung.

a. Vom Wachen und Schlaf.

Wahrnehmungen sind nur möglich im Zustande des Wachens, der Schlaf schliest dieselben aus. Diese bei dem Menschen wie in der ganzen Thierwelt in kurzen Perioden abwechselnd wiederkehrenden Erscheinungen haben an sich etwas Geheimnissvolles und greifen so recht in das innerste Wesen der Seelenbetrachtung ein; aber ausserdem schliessen sich an sie analoge Zustände an, welche noch mehr in das Gebiet des Mysteriösen fallen und ein Prüfstein für die richtige Anschauung der Seelenthätigkeiten werden, indem auch hier das in neuerer Zeit mit so günstigem Erfolge für die Erklärung der Erscheinungen benutzte Gesetz gilt, dass die Aufhellung der abnormen Thatsachen erst die richtige Deutung der regulären an die Hand giebt und die Ausnahmen die Regeln bestätigen. Wie ist nur dieses regelmässige Aussetzen aller geistigen Thätigkeit, welches die Continuität der Seele zu gefährden scheint, zu erklären, und wie ist es möglich zu begreifen, dass trotzdem im Momente des Erwachens der Faden wieder angeknüpft wird, als ob er gar nicht unterbrochen gewesen wäre? Andererseits, wie sollen wir dieses partielle Wirken, diese Getheiltheit der Seele auffassen, welche, im Schlafe von der Aussenwelt abgekehrt und gleichsam auf sich selbst zurückgezogen, innerlich auf das Höchste erregt sein kann und sich in den Bildern des Traumes eine eigene Welt schafft, so dass man von einem Doppelleben der Seele hat sprechen können, von dem das eine der alltäglichen irdischen Welt angehört, das andere einer höhern Sphäre verwandt ist, die alles Geheimnissvolle und Wunderbare in sich fasst, und in der der Geist, befreit von den Schranken des Leibes, seine Kraft und Thätigkeit mächtiger und reiner entfaltet. Für uns existiren diese Schwierigkeiten zunächst weniger, indem wir schon bisher immer die dem Bewusstsein angehörenden Erscheinungen der Seele von den sinnlichen Empfindungen und Wahrnehmungen streng zu scheiden gewohnt sind. Wir müssen auch hier dieselbe Scheidung eintreten lassen und auf die weitere Entwickelung und namentlich auf den Abschnitt über das Bewusstsein verweisen, wo die dahin gehörenden Thatsachen vollständig zusammengefasst und in ihrem Zusammenhange erklärt werden sollen; nur inwieweit das Eingreifen des Bewusstseins nicht abzuweisen ist und grade um die Grenze zwischen beiden Gebieten in ihrer vollen Schärfe zu ziehen, werden wir zuweilen schon vorläufig darauf eingehen müssen. Eben deshalb trennen wir aber zunächst die regelmässigen Zustände des Wachens ganz von den abnormen des Traumes und alles sonst dahin Gehörenden, und beschäftigen uns erst mit jenen als der Grundlage von diesen.

Der Schlaf ist nicht eine Unthätigkeit der Seele überhaupt, denn grade im tiefsten Schlafe ist der Somnambüle vielmehr am höchsten geistig erregt, er ist nur die Unfähigkeit der Seele, gegen die unendliche Mannigfaltigkeit der Reize der Aussenwelt zu reagiren, er ist nur der allgemeine Mangel der Wahrnehmung, während dagegen das Wachen in der vollständigen Empfänglichkeit der Sinne für die

Eindrücke der Aussenwelt besteht. Ein Mittelzustand zwischen beiden ist die Ermüdung, in welcher die Reizfähigkeit mehr oder minder aufgehoben ist und die Wahrnehmung nur unvollständig erfolgt, womit sich dann gewöhnlich auch ein Gefühl der Unlust verbindet. Diese Ermüdung kann auf eine zwiefache Weise hervorgebracht werden, einmal durch allmäliche Ueberanstrengung der sensibeln Nerven vermittelst einer grossen Menge von Wahrnehmungen, andererseits durch angestrengte Muskelbewegungen, und sie wird daher am stärksten, wo sich beides mit einander verbindet. Es ermüdet fast nichts mehr, als die längere Betrachtung von Bildern in einer Gallerie, wo im Stehen eine fortdauernde Anspannung derselben Muskeln bei einer einseitigen Ueberreizung des Auges Statt findet. Die Ermüdung ist am geringsten und tritt am spätesten ein, wenn die Sinneseindrücke und die Bewegungen abwechseln, und zwar so, dass ebensowohl die verschiedenen Sinne als die verschiedenen Muskeln abwechselnd afficirt werden. Deshalb hält eine Fussreise im Gebirge weit mehr die Ermüdung ab, als man nach der Anstrengung erwarten sollte, weil die Gegenstände der Wahrnehmung so überaus mannigfaltig sind und das Gehen und Steigen immer andere Muskeln in Bewegung setzt, so dass den früher in Anspruch genommenen Nerven wieder Ruhe gegönnt wird. Speciell sehen wir, was hiebei vorgeht, an der Betrachtung einzelner schlagender Thatsachen. Richten wir unausgesetzt das Auge auf einen farbigen Punkt, so verschwindet er plötzlich ganz, indem der einzelne Nerv ermüdet und nicht mehr gegen den Eindruck reagirt, eine kleine Seitenbewegung des Auges, wodurch derselbe Punkt auf eine andere Stelle der Netzhaut fällt, stellt die Wahrnehmung wieder her. Eben dies ist auch der Grund, weshalb das Ohr und der Geruch überhaupt leichter ermüden, als Gesicht und Geschmack und namentlich bei der Wahrnehmung gleichartiger Eindrücke, indem vermöge ihrer Organisation immer derselbe Nerv getroffen wird, während bei diesen unzählige Nervenfasern nebeneinander die verschiedenen Eindrücke auffassen und sich gleichsam abnehmen. Das Auge bewegt sich unaufhörlich vor den Gegenständen, die es auffasst, und derselbe Reiz trifft deshalb immer wieder andere Nervenpapillen, und wollen wir etwas mit der Zunge recht kosten, so wenden wir es auf derselben vielfach herum, damit wir es immer wieder mit anderen Nervenwärzchen in Berührung bringen.

Es ergiebt sich hieraus eine vollkommen klare Anschauung von dem, was das Wesen des Wachens und des Schlafes ist. Das Wahrnehmen besteht aus zwei Functionen, den Reizen der Aussenwelt auf die Sinnesnerven und der Reaction des in den Centralorganen sich concentrirenden Lebens dagegen. Bei jeder Affection eines Nerven wird durch die Reaction gegen den Reiz die Empfänglichkeit für ihn abgeschwächt, ebenso wie sie durch einen zu starken Reiz plötzlich ganz gelähmt werden kann. Dasselbe, was von einem einzelnen Nerv gilt, wird zuletzt auch von dem ganzen Nervensystem mit seinen Centraltheilen gelten. Wie durch narcotische Mittel, durch Spirituosa und namentlich durch die neuerlich erfundene Aetherisation und Chloroformirung, eine sehr schnelle Erschlaffung der Nerven und des Gehirns, und dadurch tiefer Schlaf mit vollkommener Unempfindlichkeit gegen die heftigsten Reize erzeugt wird, so geschieht dasselbe in dem gewöhnlichen Zustande durch die allmälich sich summirenden Eindrücke der Sinne, welche nach und nach auch die Reizfähigkeit der Centraltheile vermindern, und keine allgemeine Reaction gegen die Einwirkungen der Aussenwelt mehr zulassen. Grade diese Allgemeinheit der Unempfindlichkeit ist erst das Charakteristische des Schlafes, welche allerdings die Möglichkeit der Reizung im Einzelnen noch zulässt.

Denn wie die theilweise Ermattung eines Nerven oder die momentane eines ganzen Organes das Wachen nicht beeinträchtigt, so ist es umgekehrt auch möglich, dass im Schlafe hier oder da noch ein Eindruck durch diesen oder jenen Sinn aufgefasst wird, ohne dass dadurch der Schlaf selbst aufgehoben oder unterbrochen würde. In dem tiefsten Schlafe erzeugt ein intensiver Hautreiz durch Kitzeln oder Stechen noch eine Empfindung, und Kinder geben im vollkommenen Schlafe wohl auf Fragen ganz entsprechende Antworten, woraus hervorgeht, dass das Gehör noch dem Reize geöffnet ist, und doch schlafen sie ohne Unterbrechung fort, indem die Reizung nicht so weit fortgeht, dass eine allgemeine Reaction erfolgt und auch die anderen Sinne, namentlich das Auge, sich der Aussenwelt öffnen.

Das Wachen besteht daher in der allgemeinen Reizfähigkeit aller Sinne und der dadurch wirklich hervorgebrachten Erregung derselben; es wird um so länger erhalten, je stärker einerseits die Reize sind, welche auf die Sinne wirken, und je grösser andererseits die Reaction der Sinnesnerven dagegen ist. Die Einförmigkeit und Schwäche der Reize erzeugen sehr leicht Schlaf, aber auch bei starker Ermüdung, und nachdem wir schon eingeschlafen, ist ein neuer Reiz im Stande, uns wieder zu erwecken und allen Schlaf zu verscheuchen. Auf der andern Seite vermögen bei krankhafter Abspannung der Nerven auch die stärksten Reize den Kranken nicht aus seiner Lethargie zu erwecken, während eine eben so krankhafte Erregung der Nerven allen Versuchen und Mitteln, den Schlaf herbeizuführen, spottet. Hieraus folgt auch, dass der Wechsel zwischen Wachen und Schlaf ein periodischer sein muss. Denn im gewöhnlichen Zustande wird der Schlaf erfolgen, nachdem durch die Summation der Reize in den verschiedenen Nerven eine allmäliche Abspannung eingetreten ist, und das Einschlafen geht dabei gewöhnlich sehr rasch von Statten, wenn bei sonstiger Ruhe die Augen geschlossen und so alle Reize der Aussenwelt abgewehrt werden; während der Ruhe des Schlafens stellt sich die Reizfähigkeit der Nerven allmälich her, und das Erwachen folgt dann eben so schnell, sobald die Reize der Aussenwelt stark genug werden, um eine Empfindung möglich zu machen. Wir lassen auch hier noch das Bewusstsein ausser Acht, inwiefern es störend oder bestimmend einwirkt, um jetzt den Process in seiner ganzen Einfachheit uns rein zu erhalten, indem wir bald Gelegenheit finden werden, diese Einwirkungen näher in Betrachtung zu ziehen. Das schnelle, ja oft plötzliche Einschlafen hängt gewöhnlich mit dem Schliessen des Auges zusammen, weil bei sonstiger Ermattung doch immer dem geöffneten Auge eine Mannigfaltigkeit von Reizen sich darbietet, welche auch noch bei schwacher Reaction einen Eindruck hervorbringt, dagegen erfolgt das plötzliche Erwachen weit eher durch einen Schall, da das Ohr an sich immer dem Reize geöffnet ist, und daher auch bei wiederhergestellter allgemeiner Reizfähigkeit sogleich reagirt, ausserdem aber die Reizung durch den Schall, gegenüber der vorangegangenen Ruhe, weit mehr eine plötzliche ist. Die Schliessung des Auges muss meist erst durch das Erwachen überwunden werden; wird dagegen jedes Geräusch abgewehrt, so dringt das Licht auch durch die Augendecken hindurch, und das Erwachen erfolgt ebenso, wenn auch allmälicher; noch langsamer aber geschieht es, wenn in einem dunkeln Zimmer auch der Reiz des Lichtes abgewehrt wird, da kann man lange rütteln, ehe der Schlafende aus seinen Träumereien herausgerissen wird, und wird er sich rein selbst überlassen und von Aussen gar kein Reiz ausgeübt, so müssen innere, von der organischen Thätigkeit selbst ausgehende Reize das Geschäft des Weckens übernehmen. Dass demgemäss der periodische Wechsel zwischen Wachen und Schlaf im Allgemeinen mit der regelmässigen Abwechselung von Tag und Nacht zusammenfällt, ist hienach leicht erklärlich, indem das Licht die grösste Mannigfaltigkeit der Reize hervorbringt und den Zustand des Wachens herbeiführen muss, sobald die Reizfähigkeit der Nerven während der Ruhe der Nacht wieder hergestellt ist, aber es ist auch eben so klar, dass der Mensch durch künstliche Mittel darauf einzuwirken und die Perioden gradezu umzukehren im Stande ist, indem er Tag in Nacht und Nacht in Tag zu verwandeln weiss, wie ja auch gewisse Thiere, durch ihre instinctmässige nächtliche Thätigkeit dazu angetrieben, die natürlichen Grenzen zwischen beiden verrücken und dann der übrige Organismus und namentlich die Bildung der Augen damit harmonirt, welche, geblendet durch das Tageslicht, sich schliessen, dagegen gegen die geringen Spuren desselben in der einbrechenden Nacht noch reagiren, oder andern stärker entwickelten Sinnen die Wahrnehmung der Aussenwelt überlassen.

Zuletzt fühlen wir uns noch zu einer Bemerkung veranlasst, die freilich eigentlich schon aus unserer Entwickelung von selbst folgt, die wir aber doch noch ausdrücklich hervorheben müssen, weil sie der gewöhnlichen Auffassung widerspricht. Man hält nämlich das Wachen bloss für den Zustand der Reizfähigkeit und setzt ihn als die nothwendig vorausgehende Bedingung, durch welche erst die Wahrnehmung möglich werde; allein wir können diese Trennung nicht für richtig halten, sondern müssen das Wachen als ein Moment der Wahrnehmung selbst fassen. Der Zustand der Reizfähigkeit kann bestehen und dennoch findet kein Erwachen Statt, weil die entsprechenden Reize nicht wirklich eintreten, erst wo beides zusammenfällt, verschwindet der Schlaf, und damit treten auch die wirklichen Wahrnehmungen ein. Wie unvollständig und unbestimmt diese auch sein mögen, wie wenig sie auch festgehalten werden, sie sind da, und wirklich empfinden die geöffneten Sinne die

Reize und reagiren dagegen, erst die hinzutretende Aufmerksamkeit fixirt sie, und sie ist daher das zweite Moment der Wahrnehmung, das wir näher zu betrachten haben werden, aber, um sie zu fixiren, müssen sie erst vorhanden sein, und so setzt die Aufmerksamkeit den Zustand des Wachens voraus.

b. Die Aufmerksamkeit.

Bei Schlaf und Wachen ist der Zusammenhang mit den Reizen der Aussenwelt und die Vermittelung durch die Sinnesnerven deutlich, und dem Bewusstsein kann wohl eine Einwirkung darauf zugeschrieben werden, aber sie lassen sich doch in aller Schärfe davon trennen und zeigen so deutlich, dass sie nicht der Sphäre desselben angehören. Ganz anders ist es mit der Aufmerksamkeit, welche gewöhnlich ganz mit dem Bewusstsein verwechselt wird, woraus dann folgt, dass man sie auch gradezu, wie das Bewusstsein, der sinnlichen Wahrnehmung gegenüberstellt und sie als eine höhere geistige Thätigkeit betrachtet. Allein wir müssen diese Auffassungsweise entschieden für eine falsche erklären und für einen Mangel an scharfer Beobachtung halten. Die Aufmerksamkeit gehört ebenfalls der sinnlichen Wahrnehmung an und steht innerhalb derselben der allgemeinen Wachsamkeit gegenüber, als die auf das Einzelne sich richtende Wahrnehmung, und wir gedenken in gleicher Weise, wie bisher, das sich allerdings daran anschliessende Bewusstsein davon zu trennen, und sie so in ihrer Reinheit und scharfen Abgrenzung gegen dieses abzuhandeln, woraus dann später sich von selbst ergeben wird, wie sie sich auch nothwendiger Weise mit einander verknüpfen und stets in dieser Verknüpfung uns entgegentreten. Es findet hier bei der gewöhnlichen Auffassung eine Verrückung der Gegensätze Statt, wie sie sich uns noch öfter darstellen wird, die dann gewöhnlich die richtige Anschauung der Verhältnisse völlig verwirrt; weil man nämlich die Wachsamkeit und das Geöffnetsein der Sinne schon für hinreichend hält, um die Wahrnehmungen hervorzubringen, im Gegensatze dagegen aber die Aufmerksamkeit darauf ausgeht, das Einzelne in der Masse dieser Wahrnehmungen zu unterscheiden, so verwechselt man diesen Gegensatz, der innerhalb der Wahrnehmung zwischen zwei Momenten derselben besteht, mit dem zwischen Wahrnehmung und Bewusstsein überhaupt, und setzt so auf eine falsche Weise die Aufmerksamkeit in die Sphäre des Bewusstseins hinein. Dazu kommt, dass diejenigen Gegenstände, welche vorzüglich unsere Aufmerksamkeit auf sich ziehen, auch zugleich in höherem Maasse die Thätigkeit des Bewusstseins erregen und für den Moment dasselbe vollständig einnehmen müssen, und andererseits, dass die Thätigkeit des Bewusstseins, welches sich mit einem Gegenstande beschäftigt, auch die Aufmerksamkeit vorzüglich auf ihn lenken wird, so dass eine innige Verbindung in der Seele zwischen beiden besteht, aber alles dies hindert nicht, die Aufmerksamkeit in ihrer richtigen Stellung zu der sinnlichen Wahrnehmung festzuhalten und sie von jenen Einflüssen des Bewusstseins, die sich nur daran anschliessen, aber sie nicht eigentlich erzeugen können, loszutrennen.

Auch die Aufmerksamkeit ist, wie das Wachen, bedingt durch dieselben beiden Factoren, die Stärke der Reize der Aussenwelt und die Reaction der Sinnesnerven. Unter sonst gleichen Bedingungen gilt daher zunächst, dass der stärkere Reiz auch stärker empfunden wird, und daher auch in höherem Grade unsere Aufmerksamkeit auf sich zieht. Dies ist zunächst der Grund, weshalb bald dieser bald jener Sinn vorzüglich wahrnimmt, indem er grade vorzugsweise von Reizen getroffen wird. Dadurch vereinzeln sich die Wahrnehmungen und scheiden sich aus der chaotischen Masse heraus, und dies ist der Grund der Aufmerksamkeit. Aber ebenso geschieht dies auch innerhalb eines und desselben Sinnes, der stärkere Eindruck tritt neben dem schwächern deutlicher hervor und zieht somit unsere Aufmerksamkeit stärker auf sich. So drängen sich die mächtigeren Reize derselben auf, und das, was scharf unterschieden ist und plötzlich eintritt, hebt sich auf dem allgemeinern Hintergrunde kräftiger heraus. Wir hören ein einförmiges Geräusch, aber plötzlich wird es übertönt durch einen heftigen Knall oder eine bestimmte Melodie, die unsere ganze Aufmerksamkeit in Anspruch nehmen, oder wir sehen ein einfaches Grau, und dieses wechselt mit einem hellen Lichtschein oder einem bestimmten Lichtbilde, und die Aufmerksamkeit wendet sich wieder diesem zu, und so fort, so oft einem gegenwärtigen Eindruck ein anderer stärkerer nachfolgt.

Aber dies genügt noch nicht, um daraus die Erscheinungen der Aufmerksamkeit zu erklären, es gehört dazu auch die Reizfähigkeit des Nerven oder des Sinnesorganes im Ganzen. Jede Reizung hinterlässt eine entsprechende Ermattung, ist daher ein einzelner Nerv in einer bestimmten einförmigen Weise oder ein ganzer Sinn durch dauernde Afficirung längere Zeit angestrengt, so wird seine Wahrnehmungsfähigkeit geschwächt, während dagegen jener für andere Reize noch empfindlich ist und hier ein anderer Sinn, der unterdessen geruht hat, eine grössere Reaction ausüben wird. Dies ist der Grund, weshalb selbst kräftigere Reize, welche vorher die Aufmerksamkeit auf sich gezogen haben, minder mächtigen weichen, wenn sie nur scharf genug sich von ihnen unterscheiden, das ist der Reiz der Neuheit und der Abwechselung, welche immer die Aufmerksamkeit in Anspruch nehmen. Der Eindruck ist daher um so stärker, je stärker die Reize und je grösser die Abwechselung in ihnen ist; welchem Sinn dabei die Aufmerksamkeit sich besonders zuneigt, ist von diesen Factoren vorzüglich abhängig. Sie springt ganz plötzlich von einem zum andern ab, wie sie durch das gleiche Abspringen, in der Succession der Momente, das Nebeneinander verschiedener Eindrücke zur Wahrnehmung bringt. Wir betrachten ein Bild und sehen zunächst die stärksten Unterschiede der Farben, aber bald schwächen sich diese Eindrücke ab, und die Aufmerksamkeit geht durch die Abwechselung zu dem Unbedeutenderen über, sie wird bald von dieser Gruppe bald von jener in höherem Maasse ergriffen, und bemächtigt sich so allmälich aller Einzelheiten des Bildes, wie in einem zufälligen Spiel, dessen Begründung wir schwer verfolgen können; plötzlich zieht ein leises Jucken in der Haut die ganze Aufmerksamkeit von dem Bilde ab und fixirt sie auf diesem Punkte, bis ein anderer Eindruck auch diesen wieder verwischt.

Hierin liegt zugleich der Grund, weshalb die Aufmerksamkeit sich selbst im Gegensatz zu den stärkern Reizen der Aussenwelt vielmehr continuirlich den schwächern zuwenden kann. Wir vermögen bei dem Zusammenspiel vieler Instrumente ein einzelnes herauszuhören und durch das ganze Musikstück zu verfolgen, während wir die übrigen überhören oder deren Eindrücke nur sehr unbestimmt und undeutlich auffassen. Dies beruht auf der Differenz der Reize und der ihnen entgegentretenden Reaction der empfindenden Nerven; hienach begreifen wir es zunächst leicht, wie wir aus dem eintönigen Gerassel und Geklapper einer Mühle oder noch mehr in der Nähe eines Glockengeläutes, ungeachtet der Stärke des Geräusches, das in sich mehr unterschiedene Gespräch eines Menschen deutlich heraushören und die Aufmerksamkeit sich ihm zuwendet; ursprünglich hören wir von ihm nichts, sondern das stärkere Geräusch verdeckt jeden andern Ton, und die grösste Anstrengung der Stimme dringt nicht durch; aber allmälich stumpft sich das Organ gegen das eintönige Geräusch und die mächtigen Töne ab und reagirt mehr gegen die schwächeren aber in sich unterschiedenen Töne der Sprache. Ganz ähnlich ist es auch mit der Tonmasse eines vollständig besetzten Orchesters; betrachten wir ganz rein den Eindruck, den es auf uns macht, so richtet sich unsere Aufmerksamkeit zuerst auf die grösseren Massenunterschiede, und bald hören wir das eine bald das andere Instrument mehr heraus, je nachdem diese sich in grösseren Unterschieden bewegen und so von der Masse der übrigen sich lostrennen; hat sich aber unsere Aufmerksamkeit auf eines besonders fixirt, so folgt es diesem auch so lange, als die Unterschiede der Töne, die es hervorbringt, die Reaction der Empfindung besonders anregen, während die übrige Tonmasse dagegen nur als Geräusch erscheint, und selbst die schwächeren Nüancen der Töne werden eben wegen der Unterscheidung, die ja das Schwache erst, wenn es überhaupt empfunden wird, eben so sehr gegen das Starke hervorhebt, mit gesteigerter Aufmerksamkeit wahrgenommen.

Hier ist nun freilich der Punkt, wo wir die Einwirkung des Bewusstseins auf die Steigerung der Aufmerksamkeit nicht ausser Acht lassen können. Hören wir aus einem vollen Orchester ein einzelnes Instrument heraus, so hilft dazu besonders mit, dass wir die Töne desselben zu einer Melodie combiniren, und fassen wir trotz eines starken Geräusches die Worte eines Menschen auf, so geschicht es vornemlich, weil wir mit ihnen einen Sinn verknüpfen und sich dadurch das Interesse darauf richtet. Dies ist allerdings allein von dem Bewusstsein abhängig, und dieses unterstützt also die Aufmerksamkeit oder ruft sie sogar hervor. Aber dessen ungeachtet müssen wir die Thätigkeit des Bewusstseins hiebei nur als eine hinzukommende und begleitende betrachten und ihre Einwirkung auf die Aufmerksamkeit besteht nur darin, dass die gedachten

Unterschiede mit den wirklich wahrzunehmenden zusammenfallen und das vorstellende Bewusstsein die Aufmerksamkeit leitet, wie umgekehrt die zuerst durch die Reize angeregte Aufmerksamkeit das vorstellende Bewusstsein anregt, die wahrgenommenen Unterschiede zu Vorstellungen zu verbinden. Es besteht also hier nur eine einfache Wechselwirkung zwischen Wahrnehmung und Bewusstsein, die sich gegenseitig bestimmen und bedingen; die wahrgenommenen Töne geben dem Bewusstsein Gelegenheit, die Intervalle zu bestimmen und daraus die Melodie, den Rhythmus u. s. w. zu combiniren, die wahrgenommenen Worte veranlassen das Bewusstsein, den Sinn derselben aufzufassen, und umgekehrt wirken die mit Bewusstsein vorgestellten Unterschiede auf die sinnliche Wahrnehmung zurück und regen die Aufmerksamkeit an, ihnen nachzugehen. Eben so, wie die durch sinnliche Reize angeregte Aufmerksamkeit alle andern Gedankenreihen, die etwa in dem Bewusstsein Statt hatten, verdrängt, und die Thätigkeit desselben ganz auf die Combination der eben eintretenden sinnlichen Eindrücke zu Vorstellungen richtet, so verdrängt auch seinerseits das vorstellende Bewusstsein die Aufmerksamkeit auf alle andern sinnlichen Eindrücke, welche dieselbe sonst in Anspruch nehmen könnten, und lenkt sie allein auf die Unterschiede, welche es grade in dem Momente beschäftigen. So können wir verlangen, dass ein Zuhörer unseren Worten mit Aufmerksamkeit folge, und sich durch alle Eindrücke der Aussenwelt nicht stören lasse, aber immer hat dieses Verlangen doch auch seine Grenze, welche bedingt ist durch die sinnlichen Forderungen der Aufmerksamkeit selbst, weshalb denn die in ihren Gedanken interessanteste Rede, welche mit monotonem Ausdruck und ohne Gesticulation und Mienenspiel oder gar mit schlechtem und undeutlichem Organ gesprochen wird, die Aufmerksamkeit nicht lange zu fesseln im Stande ist, weil die sinnlichen Bedingungen nicht vorhanden sind, welche auch das Bewusstsein zur Anregung der Aufmerksamkeit bedarf, und die sinnlichen Reize der Aussenwelt dann ihrerseits die Oberhand erlangen und die Wahrnehmung zerstreuen, ganz nach den oben entwickelten Gesetzen, denen die Aufmerksamkeit unterworfen ist.

c. Die Auffassung.

Die allgemeine Wachsamkeit, welche darin besteht, dass alle Reize der Aussenwelt aufgenommen werden, steht der auf das Besondere gerichteteten Aufmerksamkeit gegenüber, und allerdings können beide vermöge dieses Gegensatzes weit auseinander gehen. Es kann beim völligen Wachen ein Zustand ausserordentlicher Zerstreuung Statt finden und bei einer auf etwas Einzelnes gerichteten Aufmerksamkeit alles Uebrige gänzlich vernachlässigt werden, aber in dem Maasse als dieses Auseinanderfallen beider Momente der Wahrnehmung eintritt, wird dieselbe auch stets eine unvollkommene sein. Die Vollständigkeit der Wahrnehmung hängt daher von der rechten Verknüpfung beider ab, nach welcher eben so sehr jede Veränderung in den Reizen der Aussenwelt empfunden, als jedem Einzelnen die ihm gebührende Aufmerksamkeit zugewandt wird. Diese Verknüpfung von Wachen und Aufmerksamkeit bildet das, was wir bei der Wahrnehmung im engern Sinne Auffassung nennen, und von welcher wir fordern, dass sie schnell und bestimmt sei. Die schnelle Auffassung schliesst sich besonders an das Moment der Wachsamkeit an, und liegt darin, dass jeder neue Eindruck, auch wenn er ein rasch vorübergehender ist, sogleich wahrgenommen werde, wozu ein gleichmässiges Geöffnetsein und eine kräftige Reactionsfähigkeit aller Sinne gehört. Ist die Aufmerksamkeit von einem einzelnen Eindruck oder einer Reihe zusammengehöriger gänzlich absorbirt, so geschieht es sehr leicht, dass andere, die nicht in Beziehung dazu stehen, und besonders die einem andern Sinne angehören, gänzlich vernachlässigt werden und so, wenn sie vorübergehender Natur sind, gar nicht in die Wahrnehmung fallen. Aber die blosse Wachsamkeit allein genügt auch nicht dazu, eine schnelle Auffassung herbeizuführen, sondern die Aufmerksamkeit muss hinzutreten, um den neu auftretenden Eindruck sogleich in seinem Unterschiede von den andern zu fixiren. Ist meine Aufmerksamkeit momentan auf eine Tonfolge gerichtet, so schliesst dies nicht aus, dass ich auch die zugleich auftretenden Lichteindrücke mit aufnehme, und die Schnelligkeit der Auffassung hängt davon ab, dass alle Veränderungen, die in dieser Beziehung Statt finden können, sogleich in ihrem Unterschiede empfunden werden, wozu, je geringer diese sind, um so grössere Aufmerksamkeit gehört. Dies bildet dann die Bestimmtheit der Auffassung, die somit Hand in Hand gehen muss mit der Schnelligkeit, wenn eine vollkommene Wahrnehmung möglich sein soll. Fehlt daher zu der Wachsamkeit die Aufmerksamkeit, so wird eigentlich nichts aufgefasst, weil jeder Eindruck mit dem andern verschwimmt und der Unterschied in seiner Schärfe abgestumpft wird, so dass die ganze Masse der Eindrücke als ein chaotisches Durcheinander ohne alle Sonderung erscheinen muss.

d. Die Empfindung.

Beruht die Schnelligkeit und Bestimmtheit der Auffassung überwiegend auf der Wachsamkeit und der hinzutretenden Aufmerksamkeit, so giebt es ihr gegenüber noch ein anderes Moment der Wahrnehmung, welches wir durch den Ausdruck Empfindung im engern Sinne des Wortes bezeichnen, und das erst die Vollkommenheit derselben abschliesst. Es ist hier freilich ein Mangel in der Schärfe der Bezeichnungsweise unserer Sprache, indem Empfindung im Allgemeinen jede Sinnesaffection ausdrückt, in welcher Bedeutung wir uns auch bisher dieses Wortes häufig bedient haben. Aber wir gebrauchen dasselbe Wort auch in einem specielleren Sinne, wie er hier in der Entwickelung der Wahrnehmung gefordert wird, und fühlen uns ausser Stande, einen bessern und bezeichnenderen Ausdruck an dieser besondern Stelle einzuführen, da die Sprache ihn nicht an die Hand giebt. Es gehört nämlich zur Vollständigkeit der Wahrnehmung nicht nur, dass jeder neue Eindruck wirklich in seiner Bedeutung aufgefasst werde, sondern auch, dass jeder dauernde mit gleicher Kraft festgehalten werde, damit nicht die neu eintretenden die andern gänzlich verdunkeln. Diese Kräftigkeit und Dauerhaftigkeit der Wahrnehmung bezeichnen wir durch den Ausdruck Empfindung. Es handelt sich hiebei schlechterdings nicht um etwas dem Gedächtniss analoges, welches ja ein gänzlich dem Bewusstsein angehöriger Begriff ist und, wie wir zu seiner Zeit sehen werden, gar nicht im Stande ist, den sinnlichen Eindruck festzuhalten, sondern nur die Vorstellung von ihm, so wenig auch im gewöhnlichen Leben und selbst in der Wissenschaft dieser Unterschied gehörig berücksichtigt wird. Das Gedächtniss geht deshalb auch über den Moment des Eindrucks selbst weit hinaus und vermag die Vorstellung desselben festzuhalten, wenn auch der sinnliche Reiz längst vorüber ist, die Wahrnehmung dagegen ist an das Vorhandensein desselben gebunden, und was wir hier von ihr fordern, ist nur, dass jeder Eindruck, so lange er dauert, in seiner Kraft festgehalten werde und der Sinn nicht seine Reactionsfähigkeit dagegen verliere. Halten wir nun dafür den Ausdruck fest, dass jeder Reiz in uns eine kräftige und dauernde Empfindung hervorbringe, so hängt dies offenbar am meisten von der gespannten Aufmerksamkeit ab, welche, indem sie die Eindrücke in ihrer Unterschiedenheit fixirt, damit auch den dauernden in seiner unterschiedenen Bedeutung von den neu eintretenden festhält. Aber eben deshalb gehört auch dazu nothwendig die allgemeine Wachsamkeit, welche für jeden Eindruck den Sinn offen erhält, indem der ältere und andauernde Reiz nur dadurch wirklich die Aufmerksamkeit fesseln kann, dass er zugleich mit den andern unterschiedenen aufgefasst und verglichen wird. Wir können daher sagen, wie die Schnelligkeit der Auffassung sich darauf gründet, dass zu der Wachsamkeit für alle Eindrücke die Aufmerksamkeit hinzukommt, so beruht die Kräftigkeit und Dauer der Empfindung darauf, dass die Aufmerksamkeit sich zuerst auf einen gegebenen Eindruck richtet, die hinzukommende Wachsamkeit aber ihn selbst wach erhält, so dass er in seinem Unterschiede auch gegen die neueintretenden, selbst wenn sie an sich stärker sein sollten, festgehalten wird. Die Kräftigkeit der Empfindung liegt dabei überwiegend in der rechten Aufmerksamkeit als ihrem Ausgangspunkte, die Dauerhaftigkeit dagegen mehr in der hinzutretenden Wachsamkeit, welche die Sinne gegen alle Eindrücke gleichmässig offen erhält und so also auch dem alten im Unterschiede von allen neu eintretenden seine ihm zukommende Bedeutung erhält.

Die vier entwickelten Momente der Wahrnehmung gehören insgesammt zu ihrer Vollständigkeit, mit ihnen ist sie aber auch im Stande, alle Eindrücke der Aussenwelt sich anzueignen, und es lässt sich kein anderes aufstellen, welches noch ein wesentliches Attribut derselben sein könnte. Sie setzen sich gegenseitig voraus und erzeugen sich wechselsweise aus einander durch eine Combination je zweier sich gegenüberstehender Momente. Allgemeine Wachsamkeit und Aufmerksamkeit auf das Besondere erzeugen durch ihre Verknüpfung, wie wir schon gesehen haben, die schnelle, bestimmte Auffassung des Einzelnen in seinem Wechsel und die kräftige und nachhaltige Empfindung in ihrer Dauer, ebenso aber wirken schnelle Auffassung und dauernde Empfindung auf Wachsamkeit und Aufmerksamkeit zurück. Aber wegen ihrer Verschiedenheit treten die einzelnen Momente auch einerseits zu verschiedenen Zeiten und andererseits charakteristisch bei verschiedenen Personen in grösserer Stärke heraus, und können dabei ein solches Uebergewicht erlangen, dass dagegen die anderen als ein Minimum zurücktreten. Wir werden dieses Verhältniss, wie es in der gewöhnlichen Wahrnehmung stets vorkommt, später noch besonders zu betrachten haben, wenden uns aber hier sogleich zu dem Extrem einer solchen Isolirung, auf welcher gewisse abnorme Erscheinungen beruhen, die immer wegen ihrer Räthselhaftigkeit ein vorzügliches Interesse in der Psychologie erregt haben, und, wie es mir scheint, hier ihre vollkommene Erklärung finden, soweit es überhaupt bei den zur Zeit gegebenen Erfahrungen möglich ist.

c. Träumerei, Nachtwandeln, Somnambulismus, Traum.

Wir erkennen das Uebereinstimmende aller dieser Erscheinungen zunächst darin, dass sie Formen unvollständiger Wahrnehmung sind, welche darauf beruhen, dass einzelne der zu einer vollkommenen Aneignung der Aussenwelt nothwendigen Momente fast gänzlich zurücktreten und zu abnormen Zuständen führen, die aber auch in der gewöhnlichen Wahrnehmung ihre Analogien haben, und so durch diese Mittelzustände und Uebergänge mit eine Erläuterung erhalten. Die Träumerei, die wir auf das Bestimmteste von dem Traum im engern Sinne scheiden, findet in dem Zustande des Wachens bei vollkommen geöffneten Sinnen Statt, und beruht auf dem Mangel der Aufmerksamkeit. Die häufig vorkommende Zerstreutheit ist dazu das Mittelglied, in welcher die Aufmerksamkeit nicht ganz fehlt, sondern nur zu sehr von einem Gegenstande zum andern abspringt und es nicht zu einer bestimmten und vollständigen Auffassung aller Eindrücke kommen lässt. Je mehr aber die Spannung der Aufmerksamkeit nachlässt, desto unvollkommener wird die Wahrnehmung und geht über zu einer gänzlichen Nichtachtung der Aussenwelt. Es bleibt dann die isolirte Thätigkeit des Bewusstseins zurück, welche entweder in ihrer Gedankenwelt völlig klar und deutlich sich bewegen kann, oder auch da einem untergeordneten Spiel der Vorstellungen und der Einbildungskraft sich überlässt. Dies gehört der Sphäre des Bewusstseins an, und ist deshalb auch hier noch nicht zu betrachten, es macht aber auch für den Zustand der Träumerei selbst gar kein wesentliches Merkmal aus, indem es für ihn als solchen sich vollständig gleich bleibt, ob überhaupt ein Denken sich damit verknüpft, da wir uns ja auch in einzelnen Momenten gänzlicher Gedankenlosigkeit überraschen, oder ob wir uns klareren oder undeutlicheren Vorstellungen in diesem Zustande hingeben. Das wesentliche Merkmal der Träumerei bleibt immer nur, dass wir bei geöffneten Sinnen und vollkommen zur Wahrnehmung fähig, doch nicht wirklich wahrnehmen, und so also das Bewusstsein, wenn es auch wirklich thätig ist, seine Reflexionen nicht an die momentanen Eindrücke der Aussenwelt anknüpft, sondern auf sich selbst zurückzieht.

Die Träumerei ist eine der gewöhnlichsten Erscheinungen, und bietet gar keine Schwierigkeiten für die Erklärung dar, sie ist aber um so wichtiger für die Betrachtung der andern räthselhafteren Zustände, weil sie den Schlüssel für die richtige Auffassung derselben an die Hand giebt. Denn ebenso wie hier das Wachen als ein isolirtes auftritt und wegen fehlender Aufmerksamkeit keine bestimmte Auffassung der Eindrücke zu Stande kommt, so können ja auch die andern Momente der Wahrnehmung sich in gleicher Weise isoliren und so trotz des fehlenden Wachens ein gewisser Verkehr mit der Aussenwelt Statt finden, was der wesentliche Charakter der übrigen abnormen Zustände ist. Das ganze Wunderbare derselben liegt nur darin, dass man bei ihnen allen einen mehr oder weniger festen Schlaf vor sich sieht und nicht begreifen kann, wie in diesem noch Eindrücke von der Aussenwelt möglich sind, ohne welche ein solcher äusserer Verkehr mit ihr nicht Statt haben könnte. Das Wachen besteht aber in der vollständigen Reactionsfähigkeit aller Sinne und in der Möglichkeit, die ganze Mannigfaltigkeit der Eindrücke aufzunehmen, und weil das Auge vorzüglich für die Auffassung des Nebeneinander in der ganzen Ferne organisirt ist, und daher am meisten nothwendig ist für die schnelle Wahrnehmung aller Gegenstände, so ist auch das Wachen vorzüglich an das Geöffnetsein des Auges gebunden, und wo wir aus den sonstigen Umständen voraussetzen dürfen, dass es nicht freiwillig geschlossen ist, sind wir geneigt und vollkommen berechtigt, den Zustand des Schlafs anzunehmen. Dies hindert aber nicht, dass nicht noch einer oder der andere Sinn theilweise seine Reaction behalten habe, wie wir ja dies vielfach beim tiefsten Schlafe beobachten und durch einzelne Versuche noch mehr constatiren können. Namentlich ist es das Gefühl und theilweise auch das Gehör und der Geruch, welche noch vielfach auf die Reize reagiren, während das Auge völlig geschlossen bleibt, und so also auch geeignet sind, einen unvollkommenen Verkehr mit der Aussenwelt zu unterhalten. Hieraus erklärt sich nun zuvörderst, wie es uns scheint, vollkommen der Zustand, welchen wir gewöhnlich mit dem Ausdruck des Nachtwandelns bezeichnen. Wir sehen ihn an als eine isolirte und gesteigerte Aufmerksamkeit auf die geringe Sphäre der Eindrücke, welche in dem Schlafe bei geschlossenem Auge noch übrig bleibt und namentlich geknüpft an das Gefühl. Damit verbindet sich ganz ähnlich, wie bei der Träumerei, eine Thätigkeit des Bewusstseins, welche mehr oder weniger geordnet sein kann und, an die vereinzelten durch die gesteigerte Aufmerksamkeit sich bildenden Wahrnehmungen anknüpfend, eine fast dem wachen Zustande ähnliche geregelte Handlungsweise erzeugt. Der Unterschied besteht nur darin, dass, weil nicht alle Gegenstände der Aussenwelt in die Wahrnehmung fallen, die Aufmerksamkeit sich mehr an die im Bewusstsein liegenden Impulse zu den Handlungen anschliesst und dem Faden des Gedankenganges folgt, und dass sie dabei fast gänzlich an das Gefühl gewiesen ist, aber auch durch keine Eindrücke, welche die andern Sinne bringen könnten, gestört und zerstreut wird. Der Zustand hat daher grosse Aehnlichkeit mit dem eines im Finstern Umhertappenden, nur dass alles das abgezogen werden muss, was hier durch das Bewusstsein des Nichtsehenkönnens hervorgebracht wird und eine grössere Unsicherheit erzeugt, als sie in dem Zustande des Nachtwandelns vorkommt, weshalb wir ihn auch richtiger mit dem eines wirklich Blinden vergleichen können, welcher, an den Mangel des Gesichts gewöhnt, in allen seinen Bewegungen eine ähnliche Sicherheit zeigt. So begreifen wir es nun leicht, wie ein Nachtwandler sein Bett verlässt, in den gewohnten Umgebungen seines Zimmers sich beschäftigt, wie es grade das Spiel seiner Vorstellungen mit sich bringt, und auch sonst gefährliche Unternehmungen auszuführen im Stande ist, indem seine ganze Aufmerksamkeit nur auf die momentane Handlung sich richtet und die Gefahr ihm nicht zum Bewusstsein kommt. Ein Dach zu erklettern wird nur gefährlich durch den Anblick der Schwindel erregenden Höhe, während es auf der Erde einem Jeden ein Leichtes sein würde; der Nachtwandler aber sieht diese nicht und entgeht so der Gefahr, wenn er nicht aus seinem Zustande erweckt und seine Aufmerksamkeit auf das, was er thut, plötzlich unterbrochen wird. Dies aber sind die wichtigsten und wesentlichsten Erscheinungen beim Nachtwandeln, und was nicht unter sie unterzuordnen ist, gehört gewiss in das Gebiet der Fabel, welche überall da am geschäftigsten ist, wo es sich um die Verbreitung unbegriffener Erscheinungen handelt, und wo, da das Criterium der Wahrheit und Möglichkeit mangelt, es so leicht geschieht, dass das Unbegriffene auch noch durch wirklich Unbegreifbares vermehrt wird. Nur die pathologische Seite daran bedarf noch einer besondern Aufklärung, insofern diese Zustände wirklich als krankhafte anzusehen sind und auf einer Verstimmung des Nervensystems beruhen, und hieher gehört auch das merkwürdige Zusammentreffen der Erscheinungen mit der Zeit um den Vollmond herum, welches doch durch bestimmte Erfahrungen sicher gestellt zu sein scheint, wenngleich es nicht eine immer vorkommende und nothwendige Bedingung ist. Sollte hier das hellere Licht, welches auch durch die Augendecken hindurch einen gewissen Schimmer verbreitet, dazu mitwirken, um ein unvollkommenes Erwachen zu erzeugen und die Aufmerksamkeit wenigstens anzuregen, oder haben jene Zustände, wie dies oft bei Nervenaffectionen vorkommt, etwas Periodisches, welches mehr oder minder aber doch nur zufällig mit dem Wechsel des Mondes zusammenfällt, jedenfalls bleibt hier ein Feld genauerer Untersuchung übrig, welches aber weniger in die Psychologie als in die Physiologie hineinfällt. Als Uebergänge zu diesen im Ganzen selten vorkommenden Erscheinungen eines ausgebildeten Nachtwandelns dürfen wir wohl die häufiger vorkommenden Fälle betrachten, wo Personen sich mitten im Schlaf aufrichten, im Bette herumtasten oder lebhaft gesticuliren, mit geschlossenen oder starren Augen auf einen bestimmten Fleck hinblicken und Töne ausstossen oder längere und verständliche Reden führen, die mit den Einbildungen des erregten Bewusstseins zusammenhangen, wenngleich es bei diesen wenig ausgebildeten Formen schwer ist, die Grenze zwischen ihnen und einem blossen lebhaften Traume zu ziehen, der ja auch leicht in solche dem Nachtwandeln analoge Zustände übergehen kann.

Weit schwieriger sind die Erscheinungen des Somnambulismus, da hier die speciellen Thatsachen selbst weit unsicherer sind und mit weit grösserer Kritik angewendet werden müssen, indem theils der Unverstand und der Aberglaube das Räthselhafte derselben gesteigert, theils offenbarer und erwiesener Betrug häufig die Leichtgläubigkeit ausgebeutet haben. Dazu sind die Thatsachen meist nur von enthusiastischen Verehrern bekannt gemacht und gewöhnlich durch vorgefasste Meinungen und Betrachtungen, die aus Vorliebe für das Geheimnissvolle und Wunderbare auf die Untersuchung der natürlichen Vermittelungen nicht ausgingen, wenn auch ganz bewusstlos, entstellt worden, während auf der andern Seite die Vorurtheilslosen und zu einer nüchternen Untersuchung Geeigneteren meist von vorn herein einen vollkommenen Unglauben an die Sache bewiesen und eine besonnene Beobachtung nicht der Mühe werth erachteten. So sind denn die Erfahrungen in dieser Angelegenheit, welche allein eine sichere Grundlage der Beurtheilung bilden könnten, noch viel zu wenig abgeschlossen, und wir müssen uns bei dem jetzigen Standpunkt der Sache darauf beschränken, eine Erklärung der am meisten begründeten Thatsachen und des aus ihnen sich ergebenden Gesammtbildes zu versuchen, indem schon viel gewonnen ist, wenn durch die Aufstellung begreiflicher Gesichtspunkte der ferneren Untersuchung und Kritik ein Anhalt gegeben wird. Was zunächst unsere Aufmerksamkeit auf sich ziehen muss, ist der somnambüle oder magnetische Schlaf selbst, welcher theils bei den zu solchen Zuständen geneigten Personen ohne äussere Einwirkung von selbst erfolgt, theils durch die sogenannte Magnetisirung, d. h. durch das in gewissen Richtungen ausgeübte Hinstreichen der blossen oder mit magnetisirten Stäben bewaffneten Hand über den Körper oder auch nur in der Nähe desselben, sowie durch das Baquet oder sonstige magnetische Einwirkungen mannigfacher Art hervorgebracht wird, und sich von dem gewöhnlichen Schlaf theils durch die Tiefe und Dauer theils dadurch unterscheidet, dass, während er durch gewöhnliche Erweckungsmittel schwer beendigt werden kann, er der Anwendung ähnlicher magnetischer Mittel eben so schnell weicht, wie er plötzlich dadurch hervorgerufen wurde. Der Zustand ist, was nie vergessen werden muss, ein krankhafter, überwiegend nur beim weiblichen Geschlecht vorkommender, wenn das Nervensystem sehr verstimmt und empfindlich ist, und hier nur wirken die angewandten Mittel, während sie bei andern, nicht disponirten Personen ohne allen Erfolg bleiben. Die Natur des dabei vorausgesetzten wirksamen Princips, welches gewöhnlich thierischer Magnetismus genannt und in die eigenthümliche Kraft des Magnetiseurs gesetzt wird, ist noch nicht auf eine rationelle Weise untersucht, und namentlich das Verhältniss zu dem gewöhnlichen Magnetismus nicht durch ordentliche wissenschaftliche Untersuchung festgestellt, indem im Allgemeinen auch die zu Hülfe genommenen magnetischen Mittel nicht nach den physikalischen Gesetzen derselben in Anwendung kommen, sondern mehr nur die für die magnetischen Wirkungen überhaupt empfänglichen Gegenstände, wie die Metalle und Glas in oft ziemlich verworrener Verbindung benutzt werden. Diese Behandlungsweise ist allerdings nicht geeignet, ein günstiges Vorurtheil zu erwecken, und lässt es unentschieden, wie viel dabei der innern Disposition der Kranken und der Mitwirkung der gläubigen Vorstellung oder der auf die einförmigen und geheimnissvollen Manipulationen gerichteten Aufmerksamkeit zuzuschreiben ist.

Aber dennoch lassen die vielfach wiederholten Thatsachen einer fast plötzlichen Einschläferung und Erweckung an die Kraft der äussern angewandten Mittel nicht zweifeln, und es wird nur einer sorgfältigern Beobachtung und wissenschaftlichen Versuchen überlassen bleiben müssen, hier die Erfahrungen zu lichten und von allem Unwesentlichen und nur Hypothetischen zu sondern. Es ist daher auch schwer und unnütz, Vermuthungen darüber zu wagen, wenngleich im Allgemeinen wohl angenommen werden darf, dass die einschläfernde Kraft in einer Wirkung auf die sensiblen Nerven der Haut liegen muss. Das eigentlich Merkwürdige besteht nun aber zunächst darin, dass in diesem Zustande des tiefen Schlafes doch Wahrnehmungen mancherlei Art Statt finden, die zum Theil sich in der oben angegebenen Weise erklären lassen, zum Theil aber allerdings über alles Begreifliche hinausgehen. Zu den erstern gehört, dass die Somnambülen auf Fragen, welche von dem Magnetiseur oder bekannten Personen an sie gerichtet werden, in einer Weise antworten, welche ein vollkommenes Verständniss voraussetzen. Diese am häufigsten vorkommenden und am meisten beglaubigten Thatsachen finden auch am leichtesten ihre Erklärung, wenn man voraussetzt, dass das Gehör partiell geöffnet sein kann und, wie dies natürlich ist, am meisten auf bekannte Stimmen reagirt. In dieser Hinsicht lässt sich als Analogie dazu aufstellen, was man bei Kindern namentlich häufig beobachtet, dass sie im Schlafe die Stimme der Mutter verstehen und auf Fragen richtig antworten. Ebenso lässt sich begreifen, dass durch das Gefühl ihnen gewisse Eindrücke zukommen, wie sie denn namentlich gegen metallische Gegenstände, selbst wenn sie nicht unmittelbar mit ihnen in Berührung kommen, sehr empfindlich sein sollen. Weit unerklärlicher ist dann freilich das vielfach behauptete Lesen von Geschriebenem, welches auf die Herzgrube gelegt wird. Wären wir auch geneigt, nach dem, was wir oben entwickelt haben, anzunehmen, dass die Gefühlsnerven durch eine besondere Umstimmung im Stande wären, Lichteindrücke zu empfangen, indem ja der Uebergang von Wärme in Licht als ein quantitativer angesehen werden muss, so liesse sich doch höchstens nur ein allgemeiner Lichtschein begreifen, indem das Auge immer erst durch seinen dioptrischen Apparat zur Sonderung der Farbenunterschiede fähig gemacht wird, wenn man nicht annehmen will, was freilich über alle Wahrscheinlichkeit hinausgeht, dass die unmittelbare Nähe durch das Auflegen auf die Hautnerven einen solchen Apparat unnöthig machen könnte. Hier also ist die Grenze unseres Begreifens, und was von einem Sehen in die meilenweite Ferne und einem Durchdringen aller materiellen Hindernisse behauptet wird, geht vollends über dieselbe weit hinaus, indem wir uns nicht zu der aller besonnenen Erklärung freilich von vorn herein Hohn sprechenden Auffassung bekennen können, dass für die Hellsehenden alle Grenzen des Raumes und der materiellen Körperwelt verschwänden, und der Geist, von den Schranken des Leibes befreit, die Dinge unmittelbar und nach ganz andern als irdischen Gesetzen schaue. Hier ist dann auch von einem durch den Körper irgendwie vermittelten Sehen gar nicht mehr die Rede, und es beginnt vielmehr das Gebiet der blossen freien Thätigkeit des Bewusstseins, welches in diesen Zuständen lebhaft erregt und über die normale Entwickelung hinaus ungemein gesteigert ist, und sich oft zu einem hoch poetischen Schwunge und einer extravaganten Phantasie erhebt. Dies hat an sich gar keine Schwierigkeit, und was dabei von Prophezeiungen überhaupt, vom Vorhersagen der Krisen, Beurtheilung der eigenen oder fremder Krankheit und Angaben von Arzeneimitteln vorkommt, hat eben nur den Werth, den man solchen Phantasien des Bewusstseins beizulegen berechtigt ist, wobei einerseits in Anschlag gebracht werden muss, dass es bei dem wunderbaren Zutreffen mit den Einzelheiten nicht so genau genommen wird, sondern diese hinterher sich vielfach accommodiren müssen, von dem vielfach nicht Eintreffenden aber gar nicht weiter gesprochen wird, andererseits aber das erhöhte und durch die Eindrücke der Aussenwelt nicht gestörte Bewusstsein allerdings oft einer reineren und schärferen Combination fähig ist.

Für unsere Betrachtung ist diese Thätigkeit des Bewusstseins nur ein Untergeordnetes und Begleitendes, das eigentlich Wesentliche liegt in der partiellen wirklichen Wahrnehmung trotz des Schlafes im Allgemeinen, und insofern reihen sich die Erscheinungen an das Nachtwandeln an, wenn auch in dem äussern Bilde ein grosser Unterschied zwischen beiden Zuständen Statt findet. Das Hervortretendste in diesem ist die Bewegung und das Handeln im Schlafe, während der Somnambüle ohne alle Bewegung, regungslos ausgestreckt ist, und nur durch die Sprache seine innere Thätigkeit kund giebt. Während bei dem Nachtwandler durch die in seinem Bewusstsein sich entwickelnden Vorstellungen die Aufmerksamkeit grade immer nur auf die Gegenstände gerichtet wird, mit welchen er selbst diesen innern Impulsen gemäss handelnd zusammentrifft, und der Verkehr mit einer bekannten und gewohnten Aussenwelt ihm durch das Gefühl vermittelt wird, so findet bei dem Somnambülen ein wirkliches Eingehen auf die wechselnden und zufällig sich verändernden Eindrücke der Umgebungen Statt, die ihm namentlich durch das Gehör zugeführt werden, und wir müssen daher das Charakteristische des Zustandes in das wirkliche partielle Auffassen setzen, dessen Schärfe vielleicht in der gegebenen Richtung, eben wegen der Isolirung, noch in einem besondern Grade erhöht ist. Während sonst ein vollständiger Schlaf herrscht, und dieser vorzüglich durch das geschlossene und, wenn geöffnete, doch nichts fixirende und schauende Auge und durch die mangelnde Bewegung der Gliedmassen und des Körpers sich kund giebt, so bewirkt die partielle Reactionsfähigkeit der andern Sinne, namentlich des Gehörs, dass wenigstens in dieser Sphäre aufgefasst wird, wenn die grade durch Töne am leichtesten erregte Aufmerksamkeit hinzukommt und das durch die Bekanntschaft mit ihnen gesteigerte Interesse mitwirkt, daran knüpfen sich dann die Combinationen des Bewusstseins an, und machen so mitten im Schlaf eine Unterhaltung mit der Aussenwelt möglich, die für den Theilnehmenden in allen ihren Umständen etwas höchst Auffallendes und Räthselhaftes haben und allerdings den Eindruck zurücklassen muss, als ob der von dem starr daliegenden Körper geschiedene Geist aus einer andern Welt zu uns herüberspräche.

Es bleibt endlich noch der gewöhnliche Traum übrig, welcher vornehmlich bei unvollkommenem Schlafe Statt findet und daher besonders beim verzögerten Einschlafen oder in der Zeit vor dem Erwachen vorkommt. Es ist fast, als wenn man sich daran gewöhnen könnte, denn es giebt Perioden, wo man ohne eine sonstige Veranlassung fast täglich träumt, und gewisse Personen werden fast immer davon belästigt, während andere beinahe stets davon befreit sind, doch disponirt bekanntlich dazu eine erregte Phantasie und eine gesteigerte Thätigkeit des Bewusstseins im Allgemeinen. Oft scheint der Traum weiter nichts als ein freies Spiel der Vorstellungen ohne alle Verknüpfung mit Eindrücken der Aussenwelt, und es hat auch die einseitige Annahme einer solchen innern Thätigkeit im Schlafe keine Schwierigkeit, aber freilich ist es ausserordentlich schwer zu entscheiden, ob nicht auch hier ein gewisser Anstoss zu derselben durch vereinzelte Reize gegeben wird. Wenigstens findet dies in vielen Fällen bestimmt Statt, und diese Eindrücke können von der mannigfaltigsten Art und schlechthin vereinzelt sein, worin grade das eigentliche Wesen des

Traumes besteht. Eine plötzliche starke Empfindung, häufig veranlasst durch ein Stechen oder Prickeln der Haut, durch Druck auf einen Theil des Körpers während des Schlafs, durch den Andrang des Bluts oder eine Stockung desselben, durch ein zufälliges Geräusch oder einen Lichtschimmer, dient als Anknüpfung für eine Reihe von Vorstellungen, welche meistentheils sich wunderlich und phantastisch entwickeln, weil die Verbindung unter ihnen gewissermassen immer nur durch einen dünnen Faden unterhalten bleibt, und jedes neue Bild, das durch die Ideenassociation sich lose anheftet, das frühere verdrängt, ohne dass das Gedächtniss sie bewahrt und die Production mit sich selbst im Einklang erhält. Wegen der reinen Vereinzelung der sinnlichen Empfindung kommt es zu keiner wirklichen Auffassung, indem nichts da ist, wovon sie unterschieden oder womit sie verknüpft werden könnte; dauert sie daher auch fort, so bringt sie im Bewusstsein doch keine wirkliche Vorstellung von dem erregenden Gegenstande hervor, und so können sich auch die verschiedensten Reihen von Bildern und Combinationen daran anknüpfen. Zu diesen Traumgebilden gehören auch gewisse übereinstimmend wiederkehrende Formen wie der sogenannte Alpdruck, das Gefühl des Fallens im Bett, eine allgemeine Fesselung oder Erstarrung der Glieder, Beklemmungen aller Art u. s. w., die offenbar in inneren Reizen auf die Nerven ihren Ursprung haben.

f. Das Verhältniss der Sinne zu den Momenten der Wahrnehmung.

Wir haben bisher in Beziehung auf die Wahrnehmung keinen Unterschied gemacht zwischen den einzelnen Sinnen, und nur im Allgemeinen die sinnlichen Eindrücke als Grundlage der Wahrnehmung vorausgesetzt. Bei näherer Betrachtung ergiebt sich aber, dass hier noch eine genauere Beziehung zwischen den einzelnen Sinnen und den verschiedenen Momenten der Wahrnehmung Statt findet, die freilich bei dem Menschen weit weniger hervortritt, weil das in hohem Grade entwickelte Bewusstsein sich immer sogleich mit den sinnlichen Eindrücken verbindet, und dadurch auch bei den Wahrnehmungen eines Sinnes schon die der andern gewissermassen supplirt werden. So kommt es, dass für uns der Sinn des Gesichts der hervortretendste ist, und das meiste, was wir auffassen, sich an ihn anknüpft, während die andern untergeordnet bleiben und eigentlich nur begleitende Merkmale abgeben. Bei den Thieren ist es gar nicht so, sondern die verschiedenen Sinne müssen weit mehr zusammenwirken, um vollständige Wahrnehmungen zu veranlassen, und hier entsprechen die speciellen Sinne genau den von uns aufgestellten Formen der Wahrnehmung. Das Gesicht weckt die allgemeine Wachsamkeit, aber die Unterschiede, die es giebt in Beziehung auf Hell und Dunkel oder Färbung, sind gar nicht von der Art, dass sie so leicht die Aufmerksamkeit anzuregen im Stande wären und bestimmte Auffassungen im Einzelnen hervorbrächten. Dazu gehört schon ein bedeutend entwickeltes Bewusstsein, welches aus der unendlichen Mannigfaltigkeit dieser Farbentöne und dem chaotischen Nebeneinander aller dieser Lichteindrücke die Gegenstände aussondert, sie in dem verschiedenen Wechsel ihrer Formen unter veränderten Standpunkten wiedererkennt und ihre Identität an der Bestimmtheit der Farbe im Gedächtniss festhält. Da ist es vielmehr das Geräusch, welches die Aufmerksamkeit erst in höherm Grade auf sich zieht, und das Gehör ist für die Thiere überwiegend der Sinn, womit sie den Wechsel und die Veränderungen der Aussenwelt beachten. Da spitzen sie die Ohren und wenden sich nach der Gegend hin, woher das Geräusch kommt, da erkennen sie das Nahen des

Freundes und Feindes an den Tönen, die ihnen die Natur beigelegt hat, und rufen sich und moduliren die Töne, so weit es angeht, um sich gegenseitig mitzutheilen. Und auch für den Menschen ist es die Tonsprache, welche durch Zeichen nicht ersetzt werden kann, indem sie die Aufmerksamkeit auf die Mittheilung richtet und in dem schnellen Wechsel, der sich in die Veränderung der Töne und Tonzeichen hineinlegen und der gespannten Aufmerksamkeit wahrnehmbar machen lässt, einen ungleich raschern Verkehr und Austausch der Gedanken hervorbringt, als es bei einer andern noch so sehr ausgebildeten Zeichensprache möglich wäre. Wie dies in der unterschiedenen Natur des Gesichts und Gehörs als der Sinne des Neben- und Nacheinander begründet ist, so gilt ein Aehnliches für den Geruch und Geschmack, welche für die Thiere von weit grösserer Wichtigkeit sind als für den Menschen. Während dieser mit seinem ausgebildeten Bewusstsein leicht die Masse der Eindrücke bewältigt, welche die Sinne der Ferne ihm in jedem Momente zuführen, verwirren sich dieselben für die Thiere vielmehr, und bilden überwiegend ein chaotisches Durcheinander und einen allgemeinen unbestimmten Hintergrund, von welchem sich die nähern Gegenstände nur in grösserer Deutlichkeit loslösen. Leidet dies auch bei einigen Thiergattungen, welche selbst in ungeheurer Entfernung einzelne Gegenstände, die sie besonders interessiren, durch das Gesicht zu unterscheiden vermögen, eine Ausnahme, so gilt es doch im Ganzen und Allgemeinen durchaus, und wir müssen nur immer bedenken, dass auch wiederum in der Thierwelt alle diese besondern Formen der Wahrnehmung ebenso charakteristisch vertheilt sind, wie die Sinne selbst bei den verschiedenen Thieren so ungleich entwickelt sind. Welcher Unterschied in dieser Beziehung zwischen dem wachsamen Hunde, der Aufmerksamkeit der scheuen Thiere des Waldes und den wiederkäuenden Hausthieren!

Je weniger daher die Thiere schon in der Ferne die Gegenstände unterscheiden, desto mehr sind sie für die Auffassung des Einzelnen an den Geruch gewiesen, der vermöge seiner eigenthümlichen Natur ganz zum Spüren eingerichtet ist, und ihnen am meisten dazu dient, ihre Nahrung aufzusuchen und das Zuträgliche von dem Schädlichen auf das Bestimmteste zu unterscheiden. Deshalb beschnüffeln die Thiere alle Gegenstände, und es lässt sich wohl mit grosser Wahrscheinlichkeit annehmen, dass, wo es ihnen auf Bestimmtheit der Auffassung ankommt, der Geruch sie ihnen allein zu geben im Stande ist; und so schwierig es ist, namentlich bei den niederen Thieren den Geruchssinn zu verfolgen, so müssen wir jedenfalls voraussetzen, dass er weit mehr verbreitet ist, als wir es ahnen, wie ja die neuere Zoologie auch mit vielem Rechte vermuthet, dass die sogenannten Fühlhörner nicht, wie man sonst fälschlich meinte, als Tastorgane, sondern zum Riechen dienen. Durch den Geschmackssinn endlich gelangen die Thiere erst zur dauernden Empfindung, wie er es denn ist, der ihnen erst den wahren Genuss giebt und deshalb auch von der Natur so gestellt ist, dass die Speisen, ehe sie zu dem Organ der Ernährung gelangen, über ihn hinfort müssen. Er dient weit weniger zur Unterscheidung desjenigen, was zur Nahrung zuträglich ist, denn diese ist meist schon vorher erfolgt, wenn die Speise in den Mund aufgenommen wird, aber er giebt die Bestätigung und vollendet die Wahrnehmung, indem er den Genuss befriedigt, in welchem bei dem Thiere daher auch das höchste Interesse an der Aussenwelt liegt. Hier wird bei der gewöhnlichen Betrachtungsweise der Genuss, der in dem Geschmack liegt, zu wenig geschieden von dem rein organischen Nahrungsprocess, und die Bedeutung des Sinnes, als eines Productes der Seele und der darin vollendeten Wahrnehmung ganz verkannt, indem dieser, so niedrig er auch dem entwickelten

Bewusstsein des Menschen gegenüberstehen mag, doch im Vergleich mit dem blossen Lebensprocess als ein weit höheres Moment geltend gemacht werden muss. Deshalb folgen hierbei auch die Thiere nicht bloss dem reinen Triebe nach der Nahrung, sondern unterscheiden den bessern Geschmack von dem schlechtern, und sie wählen danach die Speise nicht allein nach dem grössern oder geringern Nahrungsstoff, der für sie darin enthalten ist, sondern auch nach der grössern oder geringern Befriedigung, den sie ihrer Zunge gewährt. Daher wälzen sie die Speise auch vielfach im Munde umher, um den Genuss zu verlängern, und belecken sie vorher, ehe sie sie in den Mund aufnehmen, und so sehen wir dieselben auch vielfach andere Gegenstände, welche gar nicht zu ihrer Nahrung dienen, auf dieselbe Weise untersuchen und namentlich ihre Liebkosungen durch das Belecken mit der Zunge ausdrücken, in welchem sich offenbar ihre Befriedigung an der Wahrnehmung des Gegenstandes darstellt. Sollte vielleicht nicht selbst der menschliche Kuss als das höchste Symbol inniger Zuneigung hierin die Erklärung seiner sinnlichen Seite und seiner vergeistigten Analogie finden? Auch in übertragener höherer Bedeutung bezeichnet der Ausdruck Geschmack für den Menschen die höchste Vollendung der Wahrnehmung, und das Geschmackvolle ist das Product der vollkommenen Kunstdarstellung in jedem Gebiet, und doch gewiss hat der Ausdruck in diesem figürlichen Sinne sich nicht gebildet, ohne eine besondere und innige Beziehung zu der sinnlichen Bedeutung, und so mag sich auch der Mensch der Verfeinerung seines Geschmacks selbst in diesem Sinne nicht schämen, sondern auch ihn als zur Entwickelung des Geistes im Ganzen mitgehörig betrachten, wie es denn selbst als eine ethische Forderung anzusehen ist, die Ernährung nicht bloss als eine natürliche Nothwendigkeit und so gewissermassen als einen indifferenten Punkt oder gar ein nicht zu vermeidendes Uebel zu behandeln, sondern sie in den gesammten sittlichen Organismus als ein vergeistigtes Moment aufzunehmen.

Während nun so die vier speciellen Sinne entschieden eine bestimmtere Beziehung zu den vier besondern Formen der Wahrnehmung haben, so zeigt sich auch hier der Sinn des Gefühls wieder als der allgemeine Sinn, welcher in einem gleichen Verhältnisse zu allen steht. Er reizt eben so sehr die Wachsamkeit, indem nichts uns so sehr zu erwecken im Stande ist, als ein rüttelnder Stoss, ein Schlag oder sonst irgend eine Affection der Haut, wie die Aufmerksamkeit, indem nichts so sehr unsere Wahrnehmung von allem andern ablenkt, als ein plötzlicher Schmerz, ein Jucken oder Stechen in der Haut, ebenso fassen wir mit ihm tastend sehr bestimmt das Einzelne in seinem Unterschiede auf, und empfinden kräftig und anhaltend die Eindrücke, welche uns durch ihn dauernd zugeführt werden. Eben deshalb haben wir das Gefühl auch noch fortwährend der Reaction fähig gefunden in den Zuständen, in welchen die übrigen Sinne geschlossen und wir Schlaf zu setzen berechtigt sind, und so bestätigt es sich als der Sinn der allgemeinsten Wahrnehmungsfähigkeit gegenüber den besondern Sinnen, welche ihrer eigenthümlichen Sphäre dienen.

5) Die besondern Momente des Affects.

Der allgemeine Affect der Lust und Unlust, wie er durch die sinnliche Empfindung hervorgebracht wird, indem sie den Lebensprocess fördert oder hemmt, zerfällt zunächst in die beiden Gegensätze von Freude oder Schmerz und von Hoffnung oder Furcht. Man bestimmt die Freude gewöhnlich als die Lust an der Gegenwart, die Hoffnung als eine zukünftige Lust, aber dabei wird von vorn herein das

Bewusstsein hineingespielt und der richtige Standpunkt der Betrachtung verrückt. Denn dann erscheint die Freude leicht als die eigentliche reelle Lust, während die Hoffnung nur die Vorstellung einer zukünftigen Lust ist und so jener gegenüber als eine bloss ideelle gefasst wird, die vielleicht niemals zu einer wahren Realität gelangt und deshalb immer mit der Furcht begleitet sein müsste, dass sie ein leeres Spiel der Phantasie bleiben könnte. Dabei wäre sie aber auch eigentlich gar kein Affect und der Unterschied von Freude und Hoffnung fiele nicht als eine wahre Theilung in das eigentliche Wesen der Lust hinein, sondern auch die Hoffnung wäre als Affect nur die Freude, die wir über eine vorgestellte zukünftige Lust empfinden, und die Furcht nichts anderes als der Schmerz, den uns die Vorstellung einer zukünftigen Unlust bereitet. Dies ist aber offenbar nicht richtig, sondern wir fühlen die Hoffnung selbst als eine gegenwärtige reelle Lust specifisch verschieden von der Freude, und die Furcht als einen besonderen Zustand der Unlust gegenüber dem Schmerz. Dies muss uns auffordern, auch hier, wie bisher, das Bewusstsein so scharf wie möglich zu trennen und bei der Behandlung der Affecte als ein nur Begleitendes zu betrachten, welches mit der Freude wie mit der Hoffnung sich in gleicher Weise verknüpft und in Wechselwirkung mit ihnen tritt, so dass die Affecte Vorstellungen über die Gegenstände der Lust und Unlust erzeugen und die Vorstellungen wiederum Affecte hervorrufen, aber doch der eigentliche Affect durch die sinnliche Erregung bedingt bleibt, und daher auch unabhängig von jenen abgehandelt werden muss, wenn nicht eine grosse Verwirrung der Begriffe eintreten soll.

Wir erkennen das Wesen der Freude und des Schmerzes in dem Nebeneinander der Eindrücke, welche gleichzeitig die Seele mit Lust oder Unlust afficiren, und das Wesen der Hoffnung und der Furcht in dem Nacheinander derselben, wie sie continuirlich oder abwechselnd auseinander entstehen. Hiebei kommt es, wie beim Wahrnehmen und der sinnlichen Affection überhaupt, auf zwei Factoren an, einmal auf den objectiven Reiz und sodann auf die Reaction des Nerven, welche erst zusammen die Lust oder Unlust bestimmen, indem dasselbe in diesem Momente oder in dieser Folge Lust hervorbringt, was unter andern Bedingungen Unlust erzeugt. So bewirkt eine grelle Zusammenstellung von Farben oder eine Folge disharmonischer und unmelodischer Töne ein unangenehmes Gefühl, während dieselben Farben oder Töne in anderer Verbindung angenehm erscheinen, und ebenso ist es mit Geruch und Geschmack, wo das an sich Unangenehme, wie z. B. das Bittere oder Saure, durch die Art der Verbindung zu einem Angenehmen werden kann, wobei die wechselnde Reaction der Sinnesnerven ganz vorzüglich in Betracht kommt. Hier liegt nun die Freude in dem allgemeinen Zusammenstimmen aller momentanen Sinneseindrücke mit der Reactionsfähigkeit der Sinne, während die Hoffnung begründet ist, in der Art und Weise wie in der continuirlichen Folge der unterschiedenen Eindrücke der gegenwärtige den zukünftigen in sich schliesst oder fordert, und der momentane Reiz in den Nerven sie für einen folgenden empfänglich macht oder disponirt. So ist daher die Hoffnung oder die Furcht als Affect wirklich gebunden an die gegenwärtige sinnliche Empfindung, und selbst wenn die Vorstellung die Hoffnung auf eine Lust in ferner Zukunft erregt, so kann sie es doch nur, inwiefern durch das Bewusstsein die ganze Continuität der Momente von den gegenwärtigen Umständen, welche die Bedingungen des künftigen Moments in sich schliessen, bis zu seiner wirklichen Realisirung supplirt und in der Anschauung vergegenwärtigt wird, so dass doch die Hoffnung nur ihre Realität in der Wahrnehmung der gegenwärtigen Eindrücke hat, inwiefern in ihnen die Zukunft schon vorgebildet ist.

Freude und Hoffnung in ihrer Verbindung geben erst die vollkommene Lust, indem nur sie die Dauer derselben verbürgt. Die Freude an der Gegenwart wird zum Schmerz, wenn die Furcht sich damit verknüpft, dass sie vorübergeht, und so den Keim der Unlust in sich trägt, die Hoffnung wird eine eitele, wenn sie sich bloss auf die Zukunft richtet und nicht in der Gegenwart die Freude geniesst an dem, was die Mittel für die Lust der Zukunft enthalten soll. Diese wechselseitige Verbindung von Freude und Hoffnung stellt sich in zwei andern Momenten des Affects dar, die in gleicher Weise sich gegenüberstehen und in ihrer Zusammengehörigkeit die Zusammengehörigkeit jener ausdrücken und bestätigen. Diese sind der Reiz und die Befriedigung, welchen Abscheu und Ekel, die Verknüpfungen von Schmerz und Furcht, als die entsprechenden Formen der Unlust zur Seite treten. Der Reiz, im engern Sinne des Wortes als Affect, ist die Freude über einen Eindruck, inwiefern er die Hoffnung auf eine folgende Lust in sich schliesst, die Befriedigung folgt aus der Hoffnung continuirlicher Lust, inwiefern sie die Freude an dem gegenwärtigen Moment, der alle Bedingungen zu ihr enthält, hervorbringt. Es ist daher ganz falsch, den Reiz nach neuer Lust in Widerspruch zu bringen mit der Freude an der Gegenwart oder der Befriedigung in derselben, denn auch diese kann nur eine wahrhafte sein, wenn sie ihre Grundlage hat in der Hoffnung neuer Lust, die aus der Freude der Gegenwart entspringt, und an der Gegenwart sich nur erfreut, inwieweit sie die Mittel bietet für die zukünftige Lust. So ergänzen sich beide zur vollkommenen Lust, indem der nach neuer Freude strebende Reiz sonst sich mit dem Ekel an den gegenwärtigen und die Befriedigung an der Gegenwart mit einem Abscheu vor neuen Eindrücken verbindet, und so die theilweise Lust durch eine theilweise Unlust aufgehoben wird. Die wahre Befriedigung liegt vielmehr in der Gewissheit, dass die Gegenwart alle Mittel an die Hand giebt, um den Reiz zu stillen, und der Reiz zu neuer Lust macht erst die dauernde Befriedigung möglich, indem er das Streben hervorbringt, die Mittel zur Lust, welche die Gegenwart bietet, anzuwenden, um auch für die Zukunft Lust zu erzeugen. Die recht gefasste Befriedigung ist daher so wenig geeignet, eine schlaffe Unthätigkeit zu erzeugen, dass sie vielmehr ohne den Reiz, der in ihr selbst liegt, nothwendig in Ekel umschlagen muss, der sogleich entsteht, wenn die Lust ihren Reiz verliert, und ebenso verkehrt sich der Reiz in Abscheu, wenn ihm die Befriedigung fehlt. Wie aber Reiz und Befriedigung aus der Verbindung von Freude und Hoffnung entstehen, so erzeugen auch Schmerz und Furcht in ihrer Verbindung Abscheu und Ekel, indem jener der Affect der Unlust ist, welche der Schmerz hervorbringt, insofern sich daran die Furcht vor dem Unangenehmen, welches er verursachen wird, anschliesst, während der Ekel sich auf der Furcht gründet vor einer Sache, welche uns Schmerz bereitet, den wir schon in dem gegenwärtigen Eindruck empfinden. So ist die Wechselbeziehung in allen diesen Momenten eine sehr innige, Freude und Hoffnung erzeugen Reiz und Befriedigung, diese dagegen in ihrer Verknüpfung rufen wieder Freude und Hoffnung hervor, und erst in ihrer gegenseitigen Durchdringung ist die vollkommene Lust, wie in der Verbindung und Wechselwirkung der entsprechenden Momente von Schmerz und Furcht, Abscheu und Ekel erst die vollendete Unlust zu suchen ist.

Die vier entwickelten Momente des Affects müssen nach der gegebenen Ableitung alle Gemüthsbewegungen umfassen, und es ist in der That keine aufzufinden, welche nicht als eine Modification von ihnen anzusehen wäre und ihnen untergeordnet werden müsste. Aber allerdings herrscht in diesem Gebiete bei der gewöhnlichen Behandlung noch eine grosse Unsicherheit, indem die einzelnen Affecte nur gewissermassen aus der Erfahrung aufgerafft und in ihren oft ziemlich zufälligen Merkmalen beschrieben werden, ohne dass ein das Wesen treffender Eintheilungsgrund zum Grunde gelegt würde, wobei es dann nicht anders geschehen kann, als dass das Verschiedenartigste untereinander gebracht wird und keine Ueberzeugung entsteht, die Totalität wirklich erreicht zu haben. Dabei tritt dann gewöhnlich noch ein Hauptmangel ein, welcher namentlich die berühmte Ableitung der Affecte in der Ethik Spinozas trifft, dass sittliche Momente eingemischt werden, was nicht nur einerseits die Betrachtung der natürlichen Affecte vollkommen verwirrt, sondern auch andererseits vorzüglich in die ethische Behandlung, welche allein auf dem Principe der Freiheit ruhen soll, den ganz unangemessenen Gesichtspunkt der Lust und Unlust hineinbringt und die sittlichen Bestimmungen zu einer blossen Wirkung und Gegenwirkung natürlicher Kräfte herabsetzt, deren nothwendiges Resultat sich aus Stoss und Gegenstoss mechanisch berechnen lässt. Dahin gehören Begriffe, wie Liebe und Hass, Neid und Rache, Eitelkeit und Selbstzufriedenheit, Hochmuth und Bescheidenheit, Grausamkeit, Wohlwollen, Dankbarkeit u. s. w., die alle ihrem Wesen nach in das Gebiet des Ethischen gehören und dort ihre Ableitung finden müssen, und noch mehr wird das ganze Gebiet in Verwirrung gebracht, wenn man selbst das Object hineinzieht und auch Geiz, Habsucht, Wollust, Ehrsucht, Schwelgerei, Trunkenheit u. s. w. unter den Affecten abhandelt, wo dann gar nicht ein Ende abzusehen ist von dem bunten Chaos, das als Gemüthsbewegung beschrieben werden soll. Hier ist der Name Gemüthsbewegung dann wegen seiner Unbestimmtheit, in welcher er jede Regung der Seele, welcher Art sie auch sonst sein möge, bezeichnen kann, sehr verführerisch, und wir enthalten uns deshalb gern dieses Wortes und ziehen den von uns gewählten und in der Wissenschaft eingebürgerten Ausdruck Affect für das scharf abgegrenzte Gebiet, das wir hier behandeln, vor, um jedes Schwanken und jede Unklarheit, die in der Wissenschaft immer von dem schlimmsten Einfluss sind, so viel als möglich auch durch eine feste Terminologie zu vermeiden.

Dagegen wollen wir versuchen, von den gegebenen vier Hauptformen aus, einige speciellere Modificationen der Affecte abzuleiten und zu bestimmen, wobei sich aber der merkwürdige Umstand herausstellt, dass die Sprache weit mehr synonyme Ausdrücke für die Unlust entwickelt hat als für die Lust, ein Zeichen, dass der Mensch die verschiedenen Formen der Unlust weit mehr und sorgfältiger beachtet als die entsprechenden Formen der Lust, weshalb wir uns denn auch bei dieser Untersuchung vorzugsweise auf sie beschränken. Hier unterscheiden wir denn zunächst in dem Schmerz die Affecte des Kummers und der Betrübniss, von denen jener überwiegend die objective, auf den Gegenstand bezogene, diese die subjective Seite desselben bezeichnet. Ein unangenehmes Ereigniss verursacht uns Kummer und versetzt uns in den Zustand der Betrübniss, wir sind betrübt, ohne dass wir zu wissen brauchen, woher die Betrübniss rührt, während wir den Kummer immer in Verbindung setzen mit dem Gegenstand, der ihn uns bereitet. Hieran schliesst sich dann das Gefühl der Wehmuth, inwiefern der Zustand der Betrübniss selbst den Eindruck mit bestimmt, welchen ein Gegenstand auf uns macht, und selbst das an sich Angenehme und sonst Freude Erzeugende in ihm Schmerz hervorruft. Deshalb sprechen wir selbst von wehmüthiger Freude, inwiefern die mit Schmerz erfüllte Seele die Lust nicht rein geniessen kann, oder der Gegenstand selbst mit der Freude zugleich den Schmerz in sich schliesst. So betrachten wir den Sohn eines verstorbenen Freundes mit Wehmuth, oder gedenken im Unglück mit Wehmuth an die Tage eines vergangenen Glücks. Diesen drei Arten des Schmerzes treten parallel gegenüber drei andere Formen, Gram, Traurigkeit und Schwermuth, die sich nur dadurch von den vorigen unterscheiden, dass sie die Dauer des Schmerzes ausdrücken; denn was uns fortgesetzt Kummer bereitet, verursacht Gram, welcher zehrend an dem Leben nagt, und die sich ausdehnende Betrübniss wird zur Traurigkeit, bis wir uns in der Schwermuth aus dem Gefühl der Unlust nicht mehr erheben können, und alle Gegenstände, die Andern Freude bereiten, von uns immer nur mit dem bittern Gefühl des Schmerzes betrachtet werden, der noch dadurch erhöht wird, dass wir uns selbst zur Lust unfähig fühlen und so das Angenehmste uns selbst zu einem Unangenehmen machen.

Gehen wir über zur Furcht, so tritt uns zunächst ein ähnlicher Gegensatz des Objectiven und Subjectiven entgegen in den Begriffen des Schreckens und der Besorgniss. Ein plötzlich eintretendes Uebel flösst uns Schrecken ein und erfüllt uns mit Besorgniss über die Folgen, welche es nach sich ziehen wird, so sind wir in Sorgen um einen zu lange Ausbleibenden, und die Nachricht von einem Unglück, das ihn betroffen, erschreckt uns. Diese Besorgniss aber wird zur Verzagtheit, inwiefern der Zustand der Furcht, in welchem wir uns befinden, die ruhige Betrachtung aller Gegenstände hemmt, so dass auch das, was an sich gar nicht ein Uebel ist, doch als solches empfunden wird, und nichts vorgehen kann, was nicht immer gleich Schrecken hervorzubringen im Stande ist. Diesen drei überwiegend momentanen und vorübergehenden Zuständen stehen drei andere parallel, in welchen dieselben Formen als dauernde wiederkehren. Der fortgesetzte Schrecken wird zur Angst, die dauernde Besorgniss zur Bangigkeit und das Verzagen geht über in Verzweifelung, Momente, die nicht bloss in dem unbestimmten Merkmal der Steigerung ihre Erklärung finden, sondern in denen diese Steigerung selbst darauf beruht, dass der andauernde Zustand der Furcht auf die Empfindung jedes Moments einwirkt, und so auch das Gleichgültige und minder Furchtbare zu einem Gegenstande des Schreckens umwandelt. So schweben wir in fortwährender Angst, so lange das gefürchtete Uebel uns droht, und sehen mit Bangigkeit der Entscheidung entgegen, während die vollendete Verzweifelung alle Hoffnung aufgiebt und sich ganz der Gewalt der Umstände überlässt, aus welchen sie keinen Ausweg sieht.

Dem Reize gegenüber, in welchem uns der Gegenstand, welcher Lust hoffen lässt, anzieht, fanden wir den Abscheu als die Unlust, welche uns abstösst von einer Sache, die uns schmerzlich berührt und in welcher wir das Unangenehme fürchten. Fassen wir nun hiebei die gegenständliche Seite mehr ins Auge, so bezeichnen wir den Abscheu als Unwillen über das Object, das uns den Schmerz bereitet und von dem wir zurückgestossen werden, achten wir dagegen auf den Zustand der Seele, in welchen sie durch das Unangenehme versetzt wird und worin sie sich von den üblen Eindrücken abgestossen fühlt, so nennen wir dies Verdruss, der deshalb auch entstehen kann, ohne dass wir den eigentlichen Grund des Unangenehmen auffassen und gegen ihn unsern Unwillen richten können. So macht uns getäuschte Erwartung verdriesslich, und in diesem Verdruss wird der Affect der Unlust auch gegen andere Gegenstände aufgeregt, die gar nicht Schuld an der Unlust sind und vielleicht unter andern Umständen sogar die grösste Lust bereiten würden. Diese Wirkung des Verdrusses, welche uns von allen Gegenständen abstösst und unsern Unwillen gegen sie richtet, erzeugt den Zustand der Wuth, die eben deshalb keinen Unterschied macht zwischen den Objecten, sondern ihre zerstörende Gewalt gegen den ersten besten Gegenstand richtet, der ihr entgegen tritt und an dem sie ihren Unwillen und Verdruss auslassen kann. Dauern diese momentan erregten und vorübergehenden Affecte fort, so geht der Unwille in Zorn, der Verdruss in Aerger über, und die Wuth wird zur vollendeten Erbitterung. Auch hier wird nichts gewonnen für die Erklärung der einzelnen Momente durch die beliebte Annahme einer blossen Steigerung, indem einerseits jedes für sich der höchsten Steigerung fähig ist, ohne in die andere überzugehen, andererseits dieser bloss quantitative Begriff viel zu unbestimmt ist, um die specifischen Unterschiede anzugeben, die in allen diesen starken Affecten liegen. Auch die einfache Dauer an sich genügt nicht, sondern wir müssen den Einfluss hinzunehmen, den der momentane Eindruck auf den folgenden ausübt, so dass hier eine ähnliche Wechselwirkung, wie bei der Wuth, wiederkehrt. Deshalb ist auch der Zorn der Wuth sehr synonym und unterscheidet sich von ihr nur dadurch, dass der in ihr enthaltene Unwille sich ausbreitet auf die Gegenstände, und Alles erfasst, was irgendwie den Eindruck des Unangenehmen hervorzubringen im Stande ist, während der Aerger die sich selbst verzehrende Wuth ist, in welcher der Verdruss immer neuen Verdruss erzeugt, ohne einen Gegenstand zu finden, an dem er sich auslassen könnte. Dies führt dann endlich zur Erbitterung, welche zu aller Lust unfähig macht, indem jeder neue Reiz immer nur Unlust erweckt und Alles als Uebel empfunden wird, das abstösst und abgestossen wird.

Schwieriger erscheinen die Modificationen des letzten Begriffes der Unlust, des Ekels, welcher der Befriedigung gegenübersteht, indem hier die Sprache die entsprechenden Ausdrücke nicht in gleicher Schärfe und Bestimmtheit ausgebildet zu haben scheint, was vielleicht in dem Wesen der Befriedigung selbst seinen Grund hat, welche gewöhnlich nicht recht bestimmt als ein eigenes Moment der Lust, sondern mehr nur als ein blosses, aus den Umständen sich von selbst ergebendes Resultat betrachtet wird, bei welchem die dem Subjecte zukommende Thätigkeit des Affects zurücktritt, was denn nothwendig auch auf die ihr entsprechenden Modificationen der Unlust zurückwirkt. Dennoch versuchen wir eine Ableitung derselben nach Maassgabe der in der Sprache sich darbietenden Bezeichnungen. Die erste Form des Ekels ist der Widerwille gegen den Gegenstand, welcher uns keine Befriedigung gewährt, sondern vielmehr Furcht verursacht vor dem Unangenehmen, das er uns bereiten wird, und dessen Eindruck uns daher schon schmerzlich berührt. So erregt eine Speise, deren üblen Geschmack wir empfinden oder deren nachtheilige Folgen wir erfahren haben, einen Widerwillen gegen ihren fernern Genuss, und mit Widerwillen wenden wir uns ab von dem Anblick einer Sache, die in uns irgendwie den Eindruck des Unangenehmen hervorruft. Wird dagegen weniger auf den Gegenstand als auf den Zustand, in welchem wir uns befinden, Rücksicht genommen, wobei vielleicht das Object, das ihn verursacht hat, gar nicht aufgefasst, sondern der Affect der Unlust rein als solcher empfunden wird, so nennen wir ihn den der Unbehaglichkeit, in welchem uns leicht Alles um uns her unbefriedigt lässt und wir uns auch mit Ekel abwenden von Gegenständen, die unter andern Umständen angenehm sein würden, jetzt aber mit Widerwillen erfüllen. Diese Verknüpfung und Wechselwirkung zwischen Widerwillen und Unbehaglichkeit ist der Missmuth oder der Widerwille gegen Alles, was uns in dem Zustande der Unbehaglichkeit berührt, mag es an sich ein Angenehmes oder Unangenehmes sein. Breitet sich dieser momentane und vorübergehende Zustand des Missmuthes aus und wird zu einer dauernden Kette missmüthiger

Momente, so entsteht daraus das **Missvergnügen**, in welchem wieder überwiegend die Rücksicht auf die Objecte hervortritt, welche es uns bereiten, so dass es als der dauernde und zuständlich gewordene Widerwille erscheint, als die fortdauernde Stimmung der Seele, in welcher sie sich von allem ihr Unangenehmen abwendet. Achten wir dagegen auf die Neigung, welche aus der Unbehaglichkeit entspringt, sich von Allem, was uns auch berühren mag, als einem Unangenehmen abzuwenden und Verzicht auf die Lust zu leisten, welche für einen Andern darin enthalten sein könnte, indem aus Missmuth für uns die Hoffnung auf jeden Genuss verschwindet, so bezeichnen wir diesen Zustand der Seele mit dem Ausdruck der **Gleichgültigkeit**, der also in diesem Sinne nicht bloss eine Indifferenz, sondern ein wahrer Affect der Unlust ist. Dieser Begriff ist um so wichtiger, als er uns klar zeigt, wie falsch die gewöhnliche Auffassung der Befriedigung ist, welche diesem Zustande der Gleichgültigkeit sehr nahe kommt, wenn sie sich im Widerspruch mit dem Reiz setzt und sie zu einer unthätigen Beruhigung bei dem eben gegenwärtigen Genuss herabsinken lässt; denn bei einer solchen Gleichgültigkeit, in welcher Alles seinen Reiz verliert, und in welcher die Seele gegen alle Eindrücke abgestumpft wird, muss nothwendig ein Missvergnügen des Subjectes mit sich selbst entstehen, in welchem es sich missmüthig nicht nur von der ganzen Aussenwelt zurückzieht, sondern auch mit sich selbst zerfällt. Diese höchste Form des Ekels ist der Ueberdruss, bei welchem das Missvergnügen an Allem eine stumpfe Gleichgültigkeit und die Gleichgültigkeit gegen alle äussern Reize ein stetes Missvergnügen über Alles erzeugt, und so alle Freude am Leben, welches für die Lust überhaupt unempfänglich geworden ist, verloren geht. Das ist dann namentlich auch die Folge der Ueberreizung, durch welche der Genuss der Lust unmässig bis zu einem

Grade gesteigert wird, wo die Sinne aufhören gegen die Eindrücke zu reagiren, und die Uebersättigung einen Ueberdruss hervorbringt an alle dem, was sonst als Annehmlichkeit empfunden wurde.

Dies sind die hauptsächlichsten Formen, in welchen die Unlust sich darstellt, und nicht leicht möchten andere gefunden werden, die noch wesentliche Unterschiede hinzubrächten, sondern wenn noch hier oder da Ausdrücke in der Sprache existiren, welche von den hier entwickelten differiren, so sind es fast nur Formunterschiede oder so synonyme Bezeichnungen, dass sie für unsere Zwecke von keiner Bedeutung sind. Wenn übrigens bei diesen Begriffen, nach dem Sinn, welchen wir mit ihnen verbinden, weit mehr das Bewusstsein hineinspielt, und wir sie weit weniger von den Vorstellungen über die Gegenstände trennen können, so liegt dies in der Natur der Sache, inwiefern die feinern Unterschiede in den Affecten überwiegend durch die reichere Entwickelung des Bewusstseins bedingt sein müssen, und wir daher auch sehr wenige von den Thieren gebrauchen könnten. Dessen ungeachtet müssen wir an dem oben aufgestellten Grundsatze festhalten, dass sie als Affecte mit dem Bewusstsein nichts unmittelbar zu thun haben, sondern nur mit diesem sich verknüpfen und in Wechselwirkung treten, aber selbst ganz der sinnlichen Seite der Seele angehören und das Gefühl der Förderung oder Hemmung des Lebens ausdrücken. Die Affecte der Lust sind natürlich gleicher Modificationen fähig und die Sprache hat zum Theil auch einzelne Ausdrücke geschaffen, welche ihnen entsprechen, sie sind aber zu vereinzelt, und es ist uns nicht gelungen, ihnen eine gleiche Bedeutung abzugewinnen und sie systematisch zusammenzustellen, weshalb wir sie lieber übergehen, indem wir für die Wissenschaft keinen Vortheil erwarten können durch die blosse Aufzählung und Erläuterung synonymer Wortformen, die auf keiner realen Unterscheidung der Affecte selbst beruhen.

Die vier Hauptformen der Affecte haben wieder eine nähere Beziehung zu den vier speciellen Sinnen, wie wir ein ähnliches Verhältniss bei den einzelnen Momenten der Wahrnehmung gefunden haben, aber wir müssen auch hier hervorheben, dass dies bei den Thieren weit entschiedener heraustritt, während bei dem Menschen das entwickeltere Bewusstsein diese Beziehung mehr verwischt oder sie wenigstens in einem weit untergeordneteren Sinne wahrnehmen lässt. Am entschiedensten lässt sich diese unmittelbare Wirkung erkennen bei dem Geruch und Geschmack, indem jener am meisten Reiz oder Abscheu, dieser vorzugsweise Befriedigung oder Ekel hervorbringt. Der Geruch der Speise lockt am meisten die Thiere an, und stark und übelriechende Gegenstände sind am meisten geeignet sie zu verscheuchen, der Geschmack aber gewährt erst die volle Befriedigung, und Ekel ist eine Empfindung, die im eigentlichsten Sinne des Wortes fast ganz an den Geschmack gebunden ist. Auch für den Menschen ist diese engere Verwandtschaft beider Affecte mit jenen Sinnen eine offenbare, sobald wir nur auf das unmittelbarste sinnliche Verhältniss recht zurückgehen, und sie liegt so sehr in der aufgezeigten Natur dieser Sinne selbst, dass die Thatsache auch darin ihre vollkommene Erklärung findet. Aehnlich ist es aber auch mit Gesicht und Gehör, von denen jenes überwiegend mehr die Freude oder den Schmerz über die Mannigfaltigkeit der Eindrücke erzeugt, die in dem Momente uns zugleich afficiren, dieses mehr die Hoffnung oder die Furcht spannt auf das, was in dem wechselnden Nacheinander eintritt und in der Folge der Momente sich entwickelt. Deshalb macht ein plötzliches Geräusch die Thiere scheu und erschreckt sie weit mehr, als irgendwie wechselnde Licht- und Farbeneindrücke es vermögen, und nur, wo auch bei den Thieren schon das Bewusstsein hinzukommt und in den auftretenden Gegenständen solche, die ihnen eine bekannte Gefahr bringen, wieder erkannt werden, bewirkt auch der Anblick derselben, wenngleich immer in geringerem Grade, Furcht, während, abgesehen von diesen begleitenden Vorstellungen, die mannigfaltigen Eindrücke des Auges auch bei den Thieren einen ruhigen und freudigen Genuss der Aussenwelt hervorbringen, der als solcher am wenigsten den Trieb anreizt, wenn nicht der Geruch der Beute hinzukommt. Aber natürlich wollen diese engern Beziehungen zwischen den Affecten und den speciellen Sinnen immer nur als ein Mehr und Minder in ihrer Relativität betrachtet sein, während sie falsch werden, wenn man sie presst und eine scharfe Grenze ziehen will, wobei immer in Anschlag zu bringen, dass namentlich bei den höher entwickelten Thieren, wo wir diese Verhältnisse nur mit einiger Sicherheit verfolgen können, auch das Bewusstsein immer schon seinen Einfluss geltend macht und die Wahrnehmungen der verschiedenen Sinne mit einander verknüpft und gegenseitig vermittelt.

Das Gefühl dagegen bewährt sich auch hier als der allgemeine Sinn, welcher selbst gegen die vier Hauptunterschiede der Affecte überwiegend indifferent ist und mehr nur überhaupt der Empfindung der Lust oder Unlust dient. In dieser Beziehung wirkt es aber lebhafter und mächtiger als alle übrigen Sinne und bildet entschieden den dominirenden Hintergrund, auf welchem die andern Eindrücke nur als wechselnde erscheinen und von welchem sie mit bestimmt werden. So ist dieses Gefühl, das freilich nicht bloss in den Fingerspitzen zu suchen ist und deshalb auch Allgemeingefühl genannt wird, aber fälschlich jenem gegenüber als ein besonderer Sinn behandelt worden ist, obgleich es doch nur das Gesammtresultat aller Reize auf die ihrer Natur nach gleichen Empfindungsnerven des ganzen Körpers und vorzüglich der

Haut ist, der Ausdruck der Gesundheit und Krankheit und des allgemeinen Wohl- oder Uebelbefindens, in welcher Hinsicht ganz besonders Wärme und Kälte und alle Temperaturverhältnisse auf dasselbe einwirken, so ist es der Grund der Wollust im engern Sinne des Wortes, wie sie durch die eigentliche geschlechtliche Verbindung oder auch durch Kitzel und blosse Berührung erzeugt wird, so ist es endlich der Sitz des Schmerzes mit allen seinen mannigfaltigen Modificationen, als Reissen, Ziehen, Brennen, Jucken, Prickeln u. s. w., welcher wegen seiner Intensität leicht alle andern Empfindungen der Lust und Unlust übertäubt und auslöscht. Doch wissen wir auch eben so gut auf der andern Seite, dass dieser eigentlich mit Unrecht so genannte körperliche Schmerz vor der Lust, welche die speciellen Sinne erregen können, zurückweicht und darüber vergessen wird, besonders wenn die Eindrücke derselben durch das hinzutretende Bewusstsein eine grössere Lebendigkeit und Mannigfaltigkeit erlangen, welche die Aufmerksamkeit in einem höhern Grade in Anspruch nimmt.

6) Die Temperamente.

Die vier Momente des Affects entsprechen vollkommen denen der Wahrnehmung und stehen mit ihnen in der engsten Beziehung der Wechselwirkung. Je grösser die Wachsamkeit ist für die Eindrücke, die uns treffen, desto lebhafter muss auch die Freude oder der Schmerz sein, die sich daran knüpfen, je geschärfter die Aufmerksamkeit auf einen Gegenstand ist, desto stärker wird auch die Hoffnung oder die Furcht sein, mit welcher wir ihn betrachten. Eben so verhält es sich, wenn wir die Beziehungen umkehren; die Lebhaftigkeit der Freude wie des Schmerzes erhält uns wach und verscheucht den Schlaf auch von dem ermüdeten Körper, Hoffnung und Furcht steigern die Aufmerksamkeit auf alle Veränderungen, welche in unserer Umgebung eintreten. Je deutlicher und bestimmter ferner die Auffassung ist, desto kräftiger wird der Reiz oder der Abscheu, je tiefer die Empfindung, desto dauernder die Befriedigung oder der Ekel. Diese innige Wechselbeziehung zwischen Wahrnehmung und Affect giebt das Temperament, welches seinem innersten Wesen nach daher nichts anderes ist als die Bestimmtheit der Seele, vermöge welcher sie in dem durch die Wahrnehmungen vermittelten Verkehr mit der Aussenwelt zu gewissen Affecten der Lust oder Unlust gestimmt wird, und vermöge welcher andererseits ihre Geneigtheit zu gewissen Affecten die Art und Weise der Wahrnehmung selbst bedingt. Das Temperament ist danach nothwendig ein vierfaches, und die verschiedenen Formen desselben lassen sich nach unserer Ableitung auf eine sehr einfache und scharfe und doch den ganzen Inhalt umfassende Weise charakterisiren.

Das sanguinische Temperament ist das der allgemeinen Wachsamkeit, welches leicht und mit grosser Empfänglichkeit sich allen wechselnden Eindrücken der Aussenwelt hingiebt, ohne dass es durch eine bestimmte Aufmerksamkeit von dem Einzelnen sehr gefesselt wird. Es geht deshalb leicht von einem Reiz zum andern über und haftet nur so lange an demselben, als er nicht durch einen andern verwischt wird. So ist es vorzugsweise erregt von dem Moment und der Mannigfaltigkeit dessen, was er grade bringt, und wird eben so schnell afficirt von Freude oder Schmerz, je nachdem Angenehmes oder Unangenehmes darin überwiegen oder abwechseln. Dass die Lust dabei das Vorherrschende sein sollte, ist eine falsche Ansicht, die durch nichts gerechtfertigt wird, sondern nur darauf beruht, dass allerdings die Freude an der Gegenwart nicht gestört wird durch die Furcht vor dem, was der nächste Moment bringen könnte, und der Genuss der Lust nicht verkümmert wird durch die Sorge um die Zukunft, aber es verbindet sich auch damit die andere, eben so nothwendige Folge, dass der augenblickliche Schmerz in seiner ganzen Heftigkeit empfunden und nicht gemildert wird durch die Hoffnung, und dass Kummer und Gram, wenn sie die Seele eingenommen haben, nicht leicht verscheucht werden durch den Blick in die Zukunft und durch eine angestrengte Thätigkeit, die das Unangenehme überwindet. Fröhlichkeit und Lustigkeit mögen den Charakter des Sanguinikers bezeichnen, so lange in den Eindrücken das Angenehme überwiegt, aber eben so schnell wechseln damit auch Betrübniss und Traurigkeit, wenn die Lust vorüber ist und das Unangenehme sich einstellt, und wo der Ernst des Lebens und die wiederholten Schläge des Schicksals ihn treffen, beschleicht ihn auch Wehmuth und Schwermuth, ohne dass er sich aus denselben aufzuraffen vermöchte.

Das melancholische Temperament charakterisirt sich durch die gespannte Aufmerksamkeit auf die einzelnen Eindrücke, welche das Interesse desselben in einem höhern Grade in Anspruch nehmen, es ist nicht, wie das sanguinische, Allem zugänglich, was der Moment bringt, sondern es achtet nur auf das, wozu es sich innerlich hingezogen fühlt und wozu es, vermöge seiner besondern Bestimmtheit, eine Empfänglichkeit mitbringt, dieses aber hält es mit seiner ganzen Energie fest, und fasst es auf in dem Nacheinander seiner Entwickelung, immer mehr sich vertiefend in das Einzelne, was es in sich birgt, und gerichtet auf die Folgen, die es nach sich zieht. Deshalb ist ihm eigenthümlich der Affect der Hoffnung oder der Furcht, während die Freude oder der Schmerz des Moments es weniger berührt. Wird daher dem melancholischen Temperamente gewöhnlich der vorherrschende Charakter der Unlust zugeschrieben, so beruht das auf demselben Missverständniss, welches dem sanguinischen im Gegensatz dazu überwiegend die Lust zuerkannte. Für den freilich, welcher die Freude an dem Moment für die einzige wahre Lust hält, muss der Melancholiker als ein Träumer erscheinen, der zu aller Lust unfähig ist und in einem eitlen Streben sich abmüht, ohne je einen wirklichen Genuss zu erlangen, aber der Melancholiker fühlt die Lust in der Form der Hoffnung eben so stark, die ja, wie wir oben aufgezeigt haben, gar nicht als eine bloss vorgestellte angesehen werden muss, sondern eben so sehr an die Realität der Gegenwart geknüpft ist, inwiefern sie die Bedingungen der Zukunft in sich enthält, und was an der Ausbreitung der Lust durch die Mannigfaltigkeit der Eindrücke ihm abgeht, wird ihm ersetzt durch die Intensität derselben, indem er mit grosser Kraft an dem Besondern der Eindrücke haftet und sich in sie versenkt. Lebt aber der Melancholiker vorzugsweise in der Hoffnung und hat darin seine Lust, so ist er auf der andern Seite auch eben so leicht zugänglich für die Furcht mit allen ihren Modificationen, und sie ist es dann, die ihn misstrauisch macht gegen die Aussenwelt und ihn veranlasst, sich immer mehr abzusondern und auf sich selbst zurückzuziehen. So bringt er dann wohl seine Tage in Angst und Sorgen hin und schafft sich selbst Noth und Pein, indem er an seinem Glück verzagt und leicht zur Verzweifelung getrieben wird, in welcher ihm das Leben als eine unerträgliche Last erscheint. Und je mehr nun dies bei dem Umgange mit Andern in die Augen fällt, desto mehr wird es als der eigentliche und hervorstechende Charakter des melancholischen Temperaments angesehen und darauf der ganze Nachdruck gelegt, während die Lust, deren es eben so gut fähig ist, mehr in ihm verschlossen bleibt und sich nur dem offenbart, der ein tieferes Verständniss dazu mitbringt oder mit seinen Neigungen und Hoffnungen näher vertraut ist.

Während so das melancholische Temperament den einen

Gegensatz bildet zu dem sanguinischen, ist der andere dazu das cholerische Temperament. Es ist das der schnellen Auffassung, mit welcher sich der starke Affect des Reizes oder des Abscheues verbindet, so dass Alles, was wahrgenommen wird, die Seele heftig erregt und der mächtige Trieb die Gegenstände der Aussenwelt aufsucht, um sie sich anzueignen oder von sich abzustossen. Der Choleriker giebt sich nicht, wie der Sanguiniker, den wechselnden Eindrücken hin und lässt sie auf sich wirken, sondern in rastlosem Streben erfasst er selbstthätig das, was ihn reizt, und mit eigener Kraft wirkt er auf das zurück, was er an den Gegenständen als ihn interessirendes findet. Tritt das Unangenehme ihm entgegen, so erregt es seinen Unwillen und Zorn, erreicht er nicht, was er erstrebt, so erfüllt ihn das Misslingen seiner Absichten mit Verdruss und Aerger, und Wuth und Erbitterung richtet sich gegen die Gegenstände, die ihm entgegentreten. Das sind die Momente der Unlust, die wir oben als die entsprechenden Modificationen des Abscheus gefunden haben, und sie charakterisiren am bestimmtesten und auffallendsten das cholerische Temperament, weshalb sie auch als die gewöhnlichsten Merkmale desselben aufgeführt zu werden pflegen. Aber sie sind doch nur die Erscheinungen der Unlust, und man muss sich auch hier wohl hüten, sie als die durchaus nothwendigen und wesentlichen zu betrachten und darüber die andere Seite der Lust zu vergessen. Denn auch gerade das ist das Eigenthümliche des Cholerikers, dass er den Unwillen rasch bezähmt, und an dem Gegenstande selbst, der seinen Zorn erregt hat, leicht eine andere Seite aufsucht und findet, die ihn wiederum anzieht und mit sich aussöhnt, dass er mit seiner Thatkraft alle Schwierigkeiten beseitigt und alle Unannehmlichkeiten überwindet. Er kann verdriesslich sein über eine getäuschte Erwartung und sich ärgern über einen Gegenstand, der ihm widerstrebt, aber er verfällt nicht in Kummer und

Gram, wenn etwas Widerwärtiges ihn trifft, sondern rafft sich auf aus seinem Gefühl der Unlust und weiss den Dingen immer neue Reize abzugewinnen und die Umstände nach seinem Belieben zu benutzen und zu gestalten, indem er auch in dem Unscheinbarsten neue Mittel und Wege zu entdecken sucht, die seine Zwecke zu fördern im Stande sind.

Dem cholerischen Temperamente zur Seite steht endlich das phlegmatische, welches einerseits an jenem, andererseits an dem melancholischen seinen Gegensatz findet. Es ist das der tiefen Empfindung und dauernden Befriedigung an den Gegenständen, welche auf die Seele einen besondern Eindruck gemacht haben. Dieser Eindruck ist kein schneller, denn nur das reizt den Phlegmatiker in höherm Grade, was ihn zugleich zu befriedigen im Stande ist, und nur das sucht er auf, was mit dem zusammenhängt, worin er seine Befriedigung findet, aber desto tiefer ist die Spur, die davon zurückbleibt, und desto beharrlicher die Thätigkeit, mit welcher er sich anzueignen oder zu bewahren strebt, was ihm angenehm ist. Nicht wie den Melancholiker treibt ihn eine ungestillte Sehnsucht nach einem fernen Ziel, nicht wie der Choleriker jagt er in rastloser Thätigkeit nach immer neuen Reizen, sondern in ruhiger und ausdauernder Arbeit sucht er sich das zu erwerben und zu erhalten, was ihm seiner Eigenthümlichkeit nach Genüge zu leisten vermag. Nicht Unthätigkeit und stumpfe Trägheit ist daher das eigentliche Merkmal des Phlegmatikers, sondern gerade seine Kraft liegt in der besonnenen Ausdauer, mit welcher er nicht eher ruht, als bis das, was er sich vorgesetzt, in vollendeter Tüchtigkeit erreicht ist, und wobei er keine Mühe scheut, um sein Werk trotz aller Schwierigkeiten zu dem Grade der Vollkommenheit zu führen, wo es allen Ansprüchen zu genügen im Stande ist. Nicht die leichte und oberflächliche Befriedigung, sondern die wahre und dauernde zeichnet ihn aus, und nicht der Mangel an Reiz und Streben charakterisirt ihn, sondern was ihm fehlt, ist nur die Flüchtigkeit und Aufregung, mit denen sich seine Ruhe und Besonnenheit nicht verträgt. Aber freilich, was ihn nicht befriedigt, erregt ihm Widerwillen und Ekel, und wo er trotz aller Mühe die Schwierigkeiten nicht überwinden kann, wird er missmuthig und missvergnügt, in unbehaglicher Gleichgültigkeit wendet er sich von dem ab, was ihm nicht genügt, und mit Ueberdruss wirft er das Werk fort, das ihm nicht gelingen will. Das sind dann die Momente der Unlust, die in der Erscheinung des Phlegmatikers so grell hervortreten und gewöhnlich vorzugsweise hervorgehoben werden, während man die Arbeit und die Anstrengung übersieht, die es ihn vorher gekostet hat, um das zu erreichen, was er sich vorgesetzt hatte, und die er nicht aufgab, so lange noch die Hoffnung des Gelingens da war. Und indem nun gerade das, worauf sein Streben gerichtet war, auch seine Seele ganz erfüllte und er darin seine volle Befriedigung suchte, so wird das Misslingen lange gehegter und mit Beharrlichkeit verfolgter Pläne seine Seele leer lassen, er wird unfähig werden neue Entwürfe zu machen und so allerdings in eine stumpfe Trägheit verfallen, in welcher ihm jede Anstrengung Unlust bereitet, und ihn Alles nicht mehr reizt sondern anekelt. Ganz anders dagegen prägt sich die Erscheinung des phlegmatischen Temperaments aus, wenn es ihm gelingt, mit besonnener Klarheit alle seine Verhältnisse zu ordnen, durch ausdauernde Thätigkeit alle Schwierigkeiten zu überwinden, in ruhiger Entwickelung sein Leben harmonisch zu gestalten und seinen Beruf in allen Theilen vollkommen zu erfüllen, so dass er mit Befriedigung und Genugthuung auf sein Werk und die Resultate seiner Arbeit zurückblicken kann.

Auf diese Weise charakterisiren sich die vier Temperamente, indem man sie auf die entsprechenden Momente des Wahrnehmens und der Affecte zurückführt, vollkommen scharf und ihrem ganzen Inhalte nach, versucht man dagegen nur eine Eintheilung, wie dies häufig geschehen ist, so bleibt dieselbe immer eine äusserliche und abstracte, die das wahre Wesen des Temperaments nicht trifft, sondern die concreten Unterschiede nur unter allgemeine Kategorien unterordnet. Ganz ungenügend muss dies werden, wenn man die vierfache Verschiedenheit, der Methode zu Liebe, in eine Dreitheilung einzuzwängen bemüht ist, weit mehr dagegen entspricht dem wahren Verhältnisse die Art, wie Schleiermacher in seinen Vorlesungen über die Psychologie die Eintheilung der Temperamente zu geben pflegte, und die wir hier, obgleich jene noch nicht gedruckt vor uns liegen, anzugeben uns gedrungen fühlen, weil sie einerseits benutzt worden ist, ohne ihren Ursprung anzugeben, und andererseits es für unsere Ableitung wichtig erscheint, den Zusammenhang damit aufzuweisen. Seiner Methode gemäss Alles auf einen doppelten sich kreuzenden Gegensatz zurückzuführen, wendete er auch auf die Temperamente die Gegensätze der Receptivität und Spontaneität, des Wechsels und der Dauer an, so dass das sanguinische und melancholische der Seite der Receptivität, das cholerische und phlegmatische der Seite der Spontaneität angehören, das sanguinische und cholerische aber andererseits als Temperamente des schnelleren Wechsels dem melancholischen und phlegmatischen als Temperamenten der grösseren Dauer der Momente gegenüberstehen. So scharf und frappant nun auch diese Sonderung erscheint, so hat sie doch den Fehler einer jeden solchen Eintheilung, dass sie für den Inhalt des zu theilenden Stoffs zu allgemein ist und keine bestimmte Vorstellung von dem eigentlichen Wesen des Temperaments giebt, was sich auch daran deutlich zu erkennen giebt, dass bei Schleiermacher diese Eintheilung der ganzen Psychologie zum Grunde liegt und auf alle Formen der Seelenthätigkeiten eine gleiche Anwendung findet, also nicht geeignet sein kann, dieselben vollständig zu charakterisiren. Betrachten wir dagegen unsere Ableitung, so liegt die Schleiermachersche Eintheilung vollständig darin, aber wir haben durch die Entwickelung der bisherigen Formen der Seele und namentlich durch Zurückführung auf die entsprechenden Momente der Wahrnehmung und des Affects, die derselben allgemeinen Eintheilung unterliegen würden, erst den concreten Inhalt gewonnen, der das eigentliche Wesen des Temperaments ausmacht.

In den entgegengesetzten Fehler verfällt man, wenn man bei der Behandlung der Temperamente über Wahrnehmung und Affect hinausgeht und zu ihrer Charakterisirung alle andern Seelenthätigkeiten hineinzieht. Dies geschieht bei der gewöhnlichen, beschreibenden Weise, wenn man den ganzen Charakter darzulegen sucht, welchen die Seele auf Grund dieser verschiedenen Temperamente annehmen wird, und die ganze Erscheinung des Menschen zu zeichnen unternimmt, wie sie sich diesem natürlichen Charakter gemäss in den verschiedensten Verhältnissen und Thätigkeiten des Lebens darstellt. Dies kann einerseits doch nur auf eine sehr unvollkommene und ungeordnete Weise geschehen, indem man dabei nur der zufälligen Erfahrung folgt und einzelne grelle und äusserlich stark hervortretende Erscheinungsformen zusammenrafft und herausgreift, andere dagegen ebenso wichtige aber minder in die Augen fallende vernachlässigt, wie wir dies schon oben mehrfach aufgewiesen haben, während die aus jener Naturbeschaffenheit der Seele folgenden Verschiedenheiten in ihrer Entwickelung auf eine geordnete Weise und in ihrem innern Zusammenhange durch den weitern Verlauf unserer Ableitung von selbst hervorgehen werden, andererseits werden dabei, was noch weit schlimmer ist und die grösseste Verwirrung in der Wissenschaft angerichtet hat, auch sittliche Elemente eingemischt und das arge Vorurtheil erweckt, als ob das eine Temperament zu gewissen Tugenden, das andere zu gewissen Lastern prädisponire, und so schon in der Naturbeschaffenheit des Individuums die Ursache und Schuld der Sittlichkeit oder Unsittlichkeit liege. Dieser Anschauung, so vielfach verbreitet sie ist, kann nicht genug entgegengetreten werden, weil sie die ersten Principien der Ethik corrumpirt und die Grundpfeiler aller Sittlichkeit umstürzt. Wenn im Wesen des sanguinischen Temperaments der Leichtsinn läge und in dem des melancholischen der Eigensinn, wenn das cholerische mehr zum Hass wie zur Liebe geneigt machte, und zur Tapferkeit und zur Grossmuth, aber auch zur Herrschaft und Habsucht führte, während das sanguinische zur Gutmüthigkeit, zum Edelmuth und jeder Liebenswürdigkeit, das melancholische zur Finsterkeit und Verschlossenheit, zum Geiz und zur Eifersucht disponirte, so wäre es mit unsern sittlichen Forderungen schlecht bestellt und eine flache und laxe Lebensansicht davon die Folge, die alle sittlichen Erfolge und alle Fehler und sittlichen Entartungen auf die ursprüngliche natürliche Anlage und ein angeborenes Temperament zurückführen möchte. Dagegen müssen wir mit aller Kraft und allem Ernst festhalten, dass jedes Temperament an sich gleich gut und schön ist und für die sittliche Aufgabe auf vollkommen gleiche Weise befähigt, dass keines vor dem andern irgend einen Vorzug voraus hat oder einen Nachtheil oder Makel in sich schliesst, keines die sittliche Thätigkeit fördert oder hemmt. Das Sittliche oder Unsittliche, welches allein auf der Freiheit der Selbstbestimmung beruht, wird, wenn es in die Erscheinung tritt, auch an jene natürlichen Unterschiede der Temperamente sich anheften und an ihnen auf verschiedene Weise sich darstellen, aber diese Verschiedenheit beschränkt sich auch schlechterdings auf das, was wir oben entwickelt haben, und muss aus diesem von selbst klar werden, während alles Andere und namentlich der Grund des Sittlichen oder Unsittlichen durchaus fern davon gehalten werden muss.

Haben wir nun so das Temperament als eine rein natürliche Bestimmtheit der Seele sicher gestellt, so tritt die Frage in den Vordergrund, ob dasselbe ein angeborenes sei, oder ob es erst durch den Verkehr mit der Aussenwelt durch die verschiedenartigen Eindrücke, denen jedes Individuum ausgesetzt ist, sich entwickele. Diese Frage ist Gegenstand eines vielfältigen Streites gewesen, und man ist gewöhnlich geneigt, sie einfach entweder auf die eine oder die andere Weise zu bejahen oder zu verneinen. Dabei liegt aber immer eine unklare Anschauung von dem, warum es sich eigentlich handelt, zum Grunde, und es ist daher nothwendig, erst das Problem in seiner ganzen Schärfe zu fassen, ehe man sich darüber bestimmt entscheidet. Der Anfang des Seelenlebens ist ja gar nicht absolut anzugeben, dem Akte der Geburt geht immer schon lange ein Leben des Foetus vorher, und derselbe ist schon im Mutterleibe den mannigfachsten Eindrücken unmittelbar als relativ selbständiges Individuum und mittelbar durch die Mutter ausgesetzt. Wir werden daher Werden und Dasein, Anfang und Entwickelung, wie überall so auch hier, als relative Begriffe zu behandeln haben, die sich gegenseitig bedingen, und dann verliert die ganze Frage ihren eigentlichen Werth, und wir können mit gleichem Rechte das Temperament als ein angebornes wie als ein gewordenes bezeichnen. Beruht das Temperament, wie wir gesehen haben, auf der Verknüpfung von Wahrnehmung und Affect, so ist es nothwendig abhängig von den sinnlichen Eindrücken, welche sich der Auffassung darbieten und in uns Lust oder Unlust hervorbringen, und mit vollem Recht müssen wir danach behaupten, das Temperament desselben Individuums würde sich unter andern Eindrücken und Verhältnissen anders gestaltet haben, aber ebenso müssen wir auch auf der andern

Seite ein gleiches Gewicht darauf legen, dass die verschiedenen Temperamente auch dieselben Eindrücke auf eine ganz andere Weise aufnehmen, und dass in jedem Falle die sinnlichen Empfindungen selbst immer schon von der Naturbestimmtheit der Seele als Temperament abhängig sind. Hieraus erklärt sich nun leicht, wie einerseits bei gewissen Völkern, in gewissen Familien ein bestimmter Naturtypus vorherrscht, und wie namentlich bei Zwillingsgeschwistern ein sehr ähnliches Temperament sich vorfindet. Aber eben so richtig ist es auf der andern Seite, dass innerhalb dieser Gleichheit doch auch wieder ein grosser Unterschied Statt findet, und dass Kinder derselben Eltern von dem Anfange ihres Lebens an eine grosse Verschiedenheit in ihren Temperamenten zeigen, die sich auf dieselben Gegensätze zurückführen lassen, wie wir sie oben entwickelt haben.

Dies führt uns auf einen andern Fehler in der gewöhnlichen Betrachtungsweise der Temperamente, der mit den oben schon gerügten zusammenhängt. Je mehr man nämlich sich bemüht, die Temperamente durch gewisse bestimmte Merkmale zu beschreiben, desto mehr geht man auch darauf aus, dieselben als starre, in sich abgeschlossene Formen zu betrachten, welche den einzelnen Individuen als solchen von ihrer Geburt an zukommen, ihnen in dem ganzen Verlauf ihres Lebens bleiben und ein bestimmtes unverlöschliches Gepräge aufdrücken. So ist es aber keinesweges, sondern wir müssen die Gegensätze der Temperamente selbst als relative und fliessende betrachten, die ihre Bestimmtheit nur haben innerhalb des Vergleiches, von welchem man ausgeht. So kommen nicht nur den einzelnen Individuen bestimmte Temperamente zu, sondern auch ganzen Völkern, wir erkennen deutlich in dem Franzosen das sanguinische, in dem Engländer das melancholische, in dem Spanier und Italiener das cholerische und in dem Deutschen das phlegmatische Temperament, es müssen also gegen diese allgemeinere Vergleichung die individuellen Unterschiede der diesen Völkern angehörenden Persönlichkeiten verschwinden, grade so wie auch im Gesichtsausdruck der allgemeine Typus der Völker sich ausdrückt und von dem Kenner leicht aufgefasst wird, indem er die unendlichen Unterschiede der einzelnen Individuen untereinander dominirt, von denen keiner dem andern ganz gleicht, und von denen die meisten sich durchaus unähnlich sind. Noch höher hinauf ordnen sich die Völkerunterschiede wieder unter den noch allgemeinern Racencharakter unter, wo die kaukasische Race deutlich das sanguinische, die mongolische das melancholische, die Negerrace das phlegmatische und die malaiische das cholerische Temperament repräsentiren, während die amerikanische, körperlich und geistig betrachtet, nicht so bestimmt in sich abgeschlossen ist, und in den verschiedenen Gegenden bald einen Uebergang zu dieser bald zu jener bildet.

In ähnlicher Weise entsprechen aber auch die vier Lebensalter den vier Temperamenten, und das einzelne Individuum macht daher an sich selbst diese Unterschiede durch, bald in einem allmälichen unmerklichen Uebergange, bald in ziemlich schroffer und stark hervortretender Bestimmtheit. Das kindliche Alter ist sanguinisch, dem Momente und dem Wechselspiel seiner Eindrücke hingegeben, offen für Alles, was ihm entgegentritt, und leicht übergehend aus Freude in Schmerz und umgekehrt, wie es der Augenblick hervorbringt, da tritt dann oft plötzlich der ganz veränderte melancholische Charakter des Jugendalters ein, wo die allgemeine Empfänglichkeit weicht der Aufmerksamkeit auf das Einzelne, das in einem besondern Grade das Interesse in Anspruch nimmt, wo die Eigenthümlichkeiten und besondern Neigungen sich ausbilden, wo der Beruf sich entscheidet, wo das ganze Leben aufgeht in den Hoffnungen, mit denen es sich die Zukunft ausmalt, und in denen es sich die Ideale schafft, in deren Verwirklichung es die Aufgabe seines Daseins erkennt. Diesem folgt das cholerische Temperament des reiferen Alters mit der Schnelligkeit seiner Auffassung, der Raschheit seiner Entschlüsse, der Strebsamkeit seiner Emtwürfe und der Kraft seiner Thätigkeit, bis endlich das Greisenalter den phlegmatischen Charakter ausprägt in dem ruhigen Festhalten an dem Gewohnten und der Befriedigung an dem Erreichten, verbunden mit dem Missbehagen an Allem, was den festgewordenen Neigungen nicht entspricht, und dem Ueberdrusse an allem Neuen, in das es sich nicht mehr zu finden vermag.

Was so von den grossen Perioden und Altersstufen des menschlichen Lebens gilt, lässt sich aber auch in ähnlicher Weise von den einzelnen Momenten desselben sagen; die wechselnden Eindrücke, die veränderten Ereignisse und Umstände rufen momentan oder dauernd Stimmungen der Seele hervor, die den Temperamenten entsprechen. Ein sonst überwiegend sanguinisches Temperament wird dadurch plötzlich cholerisch, ein melancholischer Charakter verwandelt sich in einen phlegmatischen und so in allen andern Weisen des Ueberganges, und wir müssen demgemäss einem jeden Individuum die Fähigkeit zu allen Temperamenten beilegen, nur mit einem Uebergewicht des einen oder des andern. Das ist die richtigere Weise der Betrachtung gegenüber der gewöhnlichen Auffassung von einer Mischung der Temperamente, die eigentlich nur eine Verwischung der Bestimmtheit und Unterschiedenheit ist. Es verhält sich damit ganz ähnlich wie mit den sinnlichen Empfindungen, die doch in dem engsten Zusammenhange mit dem Temperamente stehen; jeder Mensch besitzt naturgemäss alle Sinne, und bald wird dieser bald jener überwiegend von der Aussenwelt afficirt, ohne dass deshalb ihre Bestimmtheit verloren geht und die Eindrücke sich mischen, aber es liegt in dem verschiedenen Charakter der Menschen selbst, dass bei dem Einen der eine, bei dem Andern der andere dominirt, und gewissermassen alle andern Empfindungen nur diesen begleiten und sich ihm unterordnen. Daher ist auch der Zusammenhang zwischen der Entwickelung der Temperamente und dem Vorherrschen des einen oder andern Sinnes nicht ausser Acht zu lassen, wenngleich derselbe bei dem Menschen wegen der Entwickelung des Bewusstseins nicht so stark hervortritt; nur das möge erwähnt werden, dass bei dem Sanguiniker offenbar das Gesicht überwiegt, während wir nicht mit Unrecht dem phlegmatischen Temperament eine Hinneigung zu den Genüssen des Geschmacks zuschreiben, und dass wir bei den bildenden Künstlern, deren Lebensberuf die Anschauungen des Gesichts sind, vorzugsweise ein sanguinisches Temperament finden, während bei den Virtuosen der Tonkunst überwiegend das melancholische Temperament vorherrscht.

Weit mehr tritt diese Verwandtschaft zwischen der vorherrschenden sinnlichen Empfindung und den Temperamenten bei den Thieren hervor, bei welchen noch viel zu wenig Aufmerksamkeit auf diese Grundverschiedenheiten ihrer psychischen Natur verwandt ist, obgleich sie höchst charakteristisch mit den Haupteintheilungen nach ihren organischen Verschiedenheiten zusammenfallen; nur einige näher liegende Verhältnisse mögen hier berührt werden, Unter den Säugethieren treten vornehmlich vier Hauptgruppen hervor, die Affen, die Nagethiere, die Raubthiere und die Wiederkäuer, und welche grosse psychische Verschiedenheit bemerken wir an ihnen, die vollkommen der Charakteristik der vier Temperamente entspricht? Die Affen zeigen ihre sanguinische Natur in ihrer ganzen Erscheinung, in der Gelenkigkeit und Beweglichkeit ihrer Gliedmassen, in der Empfänglichkeit und Wachsamkeit für fremde Eindrücke, in der Nachahmungssucht für Alles, was sie sehen, in der gelehrigen Aneignung von allerlei Künsten und Gewohnheiten, in der wechselnden Veränderlichkeit ihrer Affecte; die Nagethiere dagegen verrathen ihr melancholisches Temperament in der Flüchtigkeit und Scheuheit ihres Wesens, wonach sie bei dem leisesten Geräusch aufschrecken, in der Zurückgezogenheit, in welcher sie leben und sich in Löchern oder selbst gemachten Wohnungen verbergen, in der Kunstfertigkeit, welche sie bei dem Bau derselben meist beweisen, in der Vorsorge, mit welcher sie sich ihre Wintervorräthe sammeln, in der List, mit welcher viele von ihnen ihre Nahrung sich zu verschaffen wissen oder sich vor ihren Feinden sicher stellen, in der besondern Entwickelung und dauerhaften Bewahrung gewisser Eigenthümlichkeiten und Sitten, wodurch sie sich vor allen andern Thieren auszeichnen. Die Raubthiere repräsentiren auf das Bestimmteste das cholerische Temperament, und bei ihnen ist der scharfe, spürende Geruch der leitende Sinn. Die leichte Reizbarkeit zu Zorn und Wuth, die Schnelligkeit und Sicherheit, mit welcher sie die Beute aus ihrem Hinterhalt im Sprunge ergreifen, aber unmuthig oder stolz von ihr lassen, wenn ihnen derselbe nicht gleich beim ersten Male gelingt, die gewaltige Kraft und Anspannung ihrer Muskeln, mit welcher sie den Feind überwältigen und zermalmen, und die Blutgier, mit der sie weit mehr vernichten als zu ihrer Nahrung hinreichend ist, sind die eigenthümlichen Zeichen, in welchen sich ihr Charakter hinlänglich ausprägt. Die Wiederkäuer endlich besitzen das phlegmatische Temperament in einer so entschiedenen und ausgeprägten Weise, dass man es gar nicht verkennen kann, und bei ihnen scheint die Natur gewissermassen dafür gesorgt zu haben, dass sie den Geschmack der Nahrungsmittel, der für andere Thiere nur ein schnell vorübergehender ist, mehrfach hintereinander haben, so dass das Kauen ihre fortdauernde Beschäftigung ist und der Genuss für die Zunge fast ein continuirlicher wird, wozu noch ausserdem hinzukommt, dass sie weit grössere Massen von Nahrungsmitteln zu sich nehmen und fast den ganzen Tag über ihnen nachgehen.

Aehnliche charakteristische Unterschiede finden sich aber in allen Thierklassen bis zu den niedrigsten hinab, und wiederholen sich in den einzelnen Gruppen in ähnlicher Art. Betrachten wir nur innerhalb der so eben charakterisirten Raubthiere die Gattungen der Hunde, Wiesel, Katzen und Bären, in welche sie zerfallen, so zeigt sich dieselbe Verschiedenheit wieder in der frappantesten Weise. Der wachsame, mit dem lebhaftesten Auge begabte, höchst gelehrige, an den Menschen sich leicht anschliessende und für die verschiedenartigsten Beschäftigungen so nützliche Hund stellt das sanguinische Temperament dar, das melancholische dagegen ist ganz eigenthümlich vertreten in dem scheuen, furchtsamen und listigen Geschlecht der wieselartigen Thiere, die ganz gegen die Gewohnheit der übrigen Raubthiere paarweise bei einander leben, mehr Fleiss auf ihre Wohnungen verwenden und für Vorräthe sorgen; das cholerische Temperament bezeichnet das raubgierigste und grausamste, mit dem schärfsten Geruch ausgerüstete Geschlecht der Katzen, in welchem sich der eigentliche Haupttypus der ganzen Gruppe der Raubthiere am bestimmtesten ausprägt, und in dem plumpen, trägen, naschhaften Bären, der allein unter den Raubthieren mit jeder Nahrung vorlieb nimmt, zwar auch Fleisch frisst, aber Honig, Obst und allerlei Süssigkeiten vorzieht, und nur vom Hunger getrieben einen Feind angreift, wird man das phlegmatische Temperament nicht verkennen. Dieses merkwürdige Zusammentreffen der psychischen Verschiedenheiten mit den natürlichen Hauptgruppen der Thiere und ihren Unterabtheilungen bis in die speciellsten Arten hinein, das uns überall entgegentritt, wenn wir auf die Lebensart und die Sitten der Thiere achten, muss unser Interesse im höchsten

Grade auf sich ziehen und uns immer mehr zu der Anschauung führen von dem innern Zusammenhange, der zwischen Seele und Leib besteht, und der Wechselwirkung, welche zwischen der körperlichen Organisation und der Entwickelung der Seele Statt findet, in welcher das eigenthümliche Temperament der Seele auf die ganze Lebensweise und vermöge der dadurch bedingten Thätigkeit auch auf die Bildung der dazu nöthigen Organe einwirken, während umgekehrt das Vorhandensein bestimmter Organe und die Ausbildung derselben wieder den eigenthümlichen Charakter der Lebensweise und der psychischen Entwickelung bedingen. So muss diese allgemeinere Betrachtung unsern Gesichtskreis ausserordentlich erweitern, und auch für den Menschen die Relativität der Temperamentsunterschiede, ʼie wir sie oben entwickelt haben, bestätigen; wir kehren so zu der Anschauung zurück, dass das Temperament eben so sehr ein angeborenes ist, als es sich in der Wechselwirkung mit den Eindrücken der Aussenwelt entwickelt und unter der Potenz des ursprünglich angebornen Charakters dieselben scharf ausgeprägten Unterschiede an den einzelnen Individuen nach einander und in ihrer Gesammtheit neben einander zur Erscheinung bringt.

Die Temperamente charakterisiren eben so sehr die Bestimmtheit der Seele als des Leibes, und in ihnen stellt sich auf das Entschiedenste die Zusammengehörigkeit beider dar. Es ist daher eben so einseitig, die Unterschiede der Seele von der Beschaffenheit des Körpers abhängig zu machen als umgekehrt, sondern beide stehen in inniger Wechselwirkung mit einander; noch unrichtiger aber ist es, die Unterschiede der Temperamente mit einzelnen Flüssigkeiten des Körpers zusammenzustellen, wie dies in der alten Bezeichnung der Temperamente geschieht, oder wie es auch noch jetzt häufig ist, wenn man die Temperamente mit der nervösen, lymphatischen, arteriellen und venösen

Constitution vergleicht. Dass die Unterschiede da sind, kann Niemand läugnen, aber sie treten mehr in dem Gesammtausdruck des Organismus hervor, als dass sie sich so durch das Vorwiegen einzelner bestimmter Theile und Functionen darstellen liessen. Deshalb ist denn auch vielfacher Streit darüber, aber wir können diesen getrost der Physiologie und Pathologie überlassen, wo er allein auszumachen ist, während er das Gebiet der Psychologie eigentlich nicht berührt. Uns interessirt der Leib nur inwiefern er Ausdruck und Organ der Seele ist, durch seine Beweglichkeit, und in dieser Beziehung charakterisirt sich die Verschiedenheit des Temperamentes am meisten an dem Leibe durch die Unterschiede in dem mimischen Ausdrucke und in der Gesammtthätigkeit desselben.

Es ist eine durchaus falsche Ansicht der Sache, wenn man meint, der ursprünglich ruhige Körper werde durch die Seele in Bewegung gesetzt, so dass diese das eigentliche Agens sei und ihre bewussten Zwecke durch eine Einwirkung auf die motorischen Nerven ins Werk richte, indem sie gleichsam die im Gehirne auslaufenden Enden derselben wie eine Klaviatur behandele, nach deren Spiel die Muskeln sich bewegen müssten. Auf diese Weise steht das geistige Ich der Materie immer als ein fremdes gegenüber, und es wird stets ein Räthsel bleiben, auf welche Weise man sich die Kraft vorstellen soll, welche den Mechanismus in Gang bringt. So verhält es sich aber keineswegs, sondern der Körper ist, so lange er ein lebendiger ist, als solcher bewegt, und die Seele eignet sich nur die Bewegungen desselben für ihre Zwecke an, indem sie sie ordnet und beherrscht, und, anstatt Ursache der Bewegung zu sein, kann man mit grösserem Rechte behaupten, dass sie Ruhe in die unbestimmte Beweglichkeit hineinbringt. Der Leib ist ursprünglich ein Spiel reiner Reflexbewegungen, wie sie am einfachsten das neugeborne Kind zeigt, und wie sie am stärksten in den Krämpfen erscheinen, bei welchen die Seele ihre Macht über dieselben verloren hat. Die Herrschaft der Seele über sie entwickelt sich aber sehr allmälich, und der Verlauf unserer Untersuchungen wird die Stadien dieser Entwickelung nach und nach anzugeben haben, so dass wir freilich an dieser Stelle noch nicht das ganze Verhältniss klar darzulegen im Stande sind. Der Anfang dazu ist das Temperament in seinem unmittelbaren Verhältniss zu Wahrnehmung und Affect. Durch die ursprüngliche Reflexbewegung, welche durch die Reize auf die sensiblen Nerven erfolgt, werden ganze Organe und zusammenhangende Muskelpartien in Bewegung gesetzt, die Herrschaft der Seele über sie beruht auf zwei Forderungen, einerseits dass die Bewegungen einzelner Muskeln dem Willen gemäss sich isoliren lassen, so dass alle andern in Ruhe verbleiben, und andererseits, dass die für einen bestimmten Zwek nothwendigen Bewegungen mehrerer Muskeln sich momentan richtig combiniren und nacheinander leicht eintreten. Dies ist eine Sache langer Uebung, wie wir es namentlich bei Klavierspielern sehen, wo alle Fertigkeit einmal darin besteht, dass nur die wirklich in Action befindlichen Finger sich bewegen dürfen, während bei dem Anfänger auch alle andern und selbst die Arme und der ganze Körper mit in die Bewegung hineingerissen werden, und sodann, dass die beabsichtigten Bewegungen ungehindert erfolgen, was allein dadurch möglich wird, dass die zu einer solchen nöthigen Bewegungen anderer Theile auch zugleich Statt finden. Die letztere Schwierigkeit sieht man leicht ein, wenn man bei einer Gliederpuppe irgend eine Bewegung ausführen will, dieselbe wird fortwährend gehemmt durch die andern in Ruhe bleibenden Gelenke, man muss an hundert Orten nachhelfen, und die hier oder da hervorgebrachte Einwirkung stört wieder die bereits ins Werk gerichteten. Bei dem lebendigen Organismus zieht nun freilich eine beabsichtigte Bewegung vermöge der unendlichen Gliederung und des Zusammenhanges derselben die andern Bewegungen von selbst nach sich, aber sie erfolgen doch im ungeübten Zustande zu langsam und mit zu grossem Widerstreben der entfernteren Theile, wie man so recht an einem Kinde wahrnimmt, welches schreiben lernt, wo die Unbeholfenheit der Züge rein eine Folge des Mangels in der Zusammenstimmung der Bewegungen ist.

Diese Sonderung und diese Combination ist nun keinesweges eine That des bewussten Willens, wie schon daraus deutlich hervorgeht, dass wir gar nicht einmal wissen, wie viele und welche Muskelbewegungen zu einer Verrichtung, die wir mit Leichtigkeit auszuführen gewohnt sind, gehören, sondern vielmehr in Staunen gerathen, wenn wir mit Hülfe der anatomischen Wissenschaft ihnen nachspüren, sie ist vielmehr eine reine Wirkung der Wahrnehmung und des hinzutretenden Affects, auf deren gegenseitiger Verknüpfung die Uebung beruht, mit welcher wir gewisse, schon combinirte Thätigkeiten ausüben, die dann als Gesammtakt, wie eine jede andere fremde Gegenständlichkeit, von dem Bewusstsein aufgefasst und angeeignet werden. Der bewusste Wille wirkt dabei immer erst auf den Affect und vermöge dieses mittelbar auf die von diesem abhängigen Bewegungen, weshalb diese eben so gut auch unmittelbar und unwillkürlich erfolgen können, als in Uebereinstimmung mit einer bewussten Absicht. Das Wahrgenommene erregt den Affect der Lust oder Unlust, und bewirkt so ein Aneignen oder Abstossen des reizenden Gegenstandes, welches die ersten ordnenden Factoren in dem Spiel der Reflexbewegungen sind, auf welchen alle weiteren Bewegungen auch der combinirtesten Natur beruhen. Die Lust ist das fesselnde Element, welches den Gegenstand, der die Befriedigung hervorbringt, festzuhalten strebt und daher auch die Beweglichkeit des Organismus hemmt, um ihn in dem bestimmten Verhältniss zu dem Eindruck der Lust zu erhalten. Die Unlust dagegen ist die Ursache der Combination der Bewegungen, indem sie die Hemmungen zu überwinden sucht, und zwar dadurch, dass sie einerseits sich von dem Gegenstande der Unlust abwendet und andererseits wiederum die Einwirkungen der ursprünglichen Bewegung auf die übrigen Glieder, welche hier ebenso als Hemmungen empfunden werden, bis zur Wiederherstellung der Gesammtharmonie aufhebt, wo dann der Zustand völliger Befriedigung hergestellt ist; und beides steht wieder in der lebendigsten Wechselwirkung, denn selbst die Ruhe des Körpers in einer bestimmten Lage, in welcher er sich dem Genusse der Lust an einem gewissen Eindruck hingiebt, ist nothwendig verbunden mit einer Anspannung der Muskeln, die wiederum als solche Unlust hervorbringen muss, welche nur durch eine Bewegung in einem andern Sinne aufgehoben werden kann, und jede Bewegung kann immer nur Statt finden durch ein stätes Aufheben und Wiederherstellen des Gleichgewichts, so dass die Ruhe nicht etwa eine reine Passivität, sondern vielmehr das Resultat entgegengesetzter Bewegungen und Spannungen ist. Auf diese Weise wird die Wahrnehmung des Gegenstandes, welcher Lust erzeugt, mit der Wahrnehmung der Veränderungen und Bewegungen, die in unserm Organismus darauf erfolgen, selbst wieder zu einem Gesammteindruck, welcher den Affect der Lust oder Unlust erregt und in gleicher Weise auf unser Verhalten einwirkt, so dass dadurch allmälich ein immer complicirteres Verhältniss der Bewegungen zu den wahrgenommenen Eindrücken erzeugt wird, auf welchen endlich die Uebung beruht, vermöge welcher ein ganzer Complexus von combinirten Bewegungen dazu gehört, um gegenüber den wahrgenommenen Eindrücken den Zustand der Befriedigung hervorzubringen, und jene auch leicht erfolgen, indem der Affect der Lust und Unlust sie immer sogleich regelt.

Daher beruht die Uebung schlechterdings nicht auf der blossen mechanischen Wiederholung der Bewegungen als solcher, sondern sie ist immer vermittelt durch Wahrnehmung und Affect und die bei jeder Wiederholung gesteigerte Wechselwirkung zwischen beiden.

Hiebei wirken nun aber die einzelnen Momente der Wahrnehmung und des Affects sehr verschieden; die allgemeine Wachsamkeit verknüpft mit der momentanen Freude oder dem Schmerze an den wechselnden Eindrücken erzeugen den Wechsel und die Lebendigkeit in den Bewegungen des Leibes, die Aufmerksamkeit dagegen auf das Einzelne und die dadurch erregte Hoffnung oder Furcht in Beziehung auf dasselbe spannen die Muskelthätigkeit an, das schnelle Erfassen der Gegenstände in ihrer Bestimmtheit und der Affect des Reizes oder des Abscheues erzeugen die Kraft und Schnelligkeit der Bewegungen und die dauernde Empfindung verknüpft mit dem Affect der Befriedigung bringt die Ruhe in sie hinein. Diese vier Momente ergänzen sich gegenseitig auf das Bestimmteste, und nur durch ihre Harmonie kommt Regel und Ordnung in die Bewegungen hinein. Sollen dem Wechsel der Eindrücke gemäss bestimmte entsprechende Bewegungen entstehen, so kann dies nur auf der Grundlage einer allseitigen Anspannung der Muskeln geschehen, die sich gegenseitig das Gleichgewicht halten, so dass nur die Muskelpartien und die von ihnen abhängigen Glieder in Bewegung gerathen, welche dem jedesmaligen Zwecke gemäss ansprechen sollen; wäre dies nicht der Fall, so geriethe der ganze Organismus in eine Mitbewegung, die sich den krankhaften Erscheinungen annähern würde. Ebenso aber müsste die blosse Spannung der Muskeln der Bewegung hinderlich sein und eine Starrheit erzeugen, wenn dieselbe nicht eine gegenseitig so abgewogene wäre, dass die geringste Kraft ein wechselndes Spiel in sie hineinzubringen vermöchte. Wir sehen dieselben Factoren bei jeder mechanischen Bewegung in gleicher Weise wirken; die einzelnen Theile einer Maschine müssen von einer gewissen Schwere sein und eng und genau passend in einander greifen, wenn die Bewegung nicht schlotternd und unregelmässig werden soll, sie dürfen aber eben so wenig sich aneinander reiben, wenn sie sich nicht gegenseitig hemmen und zerstören und dadurch die ganze Bewegung in Unordnung bringen sollen. Aus beiden erzeugt sich dann die Kraft und Sicherheit der Bewegung, gepaart mit der Ruhe und Gleichmässigkeit, die wiederum nur miteinander bestehen können. Denn je grösser die Gewalt ist, mit welcher die Bewegungen wirken, desto genauer und sorgfältiger muss die Maschine gearbeitet sein, damit die einzelnen Theile immer wieder mit Leichtigkeit in die ursprüngliche Lage zurückkehren, und nur den eben hinreichenden Spielraum für ihren Gang behalten, während die kleinste Unregelmässigkeit zerstörend auf das Ganze einwirken würde, da sie die wirkende Kraft mit Theilen in Berührung bringt, die in der Richtung des Stosses nicht auszuweichen vermögen, und daher dieselbe hemmen oder an ihr zerbrechen müssen. In gleichem Maasse können auch alle Muskelbewegungen nur mit Kraft und Sicherheit erfolgen, wenn sie mit vollkommener Ruhe ausgeführt werden, so dass die Bewegung nur in der beabsichtigten Richtung geschieht, und alle nicht dabei betheiligten Gliedmaassen in unverrückter Spannung verbleiben. Dies ist erfahrungsgemäss nur möglich durch eine lange fortgesetzte Uebung, in welcher die Aufmerksamkeit auf die einzelnen Elemente der Bewegungen gerichtet sein muss, um Mitbewegungen allmälich auszuschliessen, die in den ihrem Ursprunge nach in den Centraltheilen nahe aneinander liegenden motorischen Nerven ihren Grund haben. Wir sind gewöhnlich nicht im Stande, einen einzelnen Finger zu bewegen, ohne dass auch die zunächst befindlichen aus ihrer Lage gerathen, bei einem lebhaften

Spiel derselben kommt die ganze Hand, der Arm und selbst der Körper in Mitbewegung, wie sich dies an angehenden Klavierspielern so deutlich zeigt, die Bewegung des einen Arms zieht die des andern nach sich, wenn sie, wie etwa bei dem Kegelspieler, mit einiger Anstrengung geschieht, wenn wir gehen und namentlich in rascher Bewegung fortschreiten, ahmen die Arme in regelmässigen Pendelschwingungen die der Beine nach. Kommt es aber auf Kraft und Sicherheit an, so müssen alle diese unruhigen Mitbewegungen unterbleiben, damit die ganze Stärke der Bewegung sich in der beabsichtigten Richtung concentrire, die Finger des Schreibenden und des Klavierspielers müssen sich gewöhnen, die nothwendigen Bewegungen in vollkommener Ruhe und Isolirung zu vollziehen, geschieht dies nicht, so werden die Bewegungen unregelmässig und unbeholfen, und die früher eintretende Ermattung deutet die Verschwendung der Kraft an, welche auf unnütze und sich störende Bewegungen verwandt werden musste.

Ist es nun auch gewiss, dass die Ordnung und Vollkommenheit in den Bewegungen auf der Harmonie der angegebenen vier Momente beruht, so ist doch eben so gewiss, dass, den Temperamenten gemäss, bald das eine oder das andere hervorragend auftritt und dadurch die ganze Eigenthümlichkeit des äussern Ausdrucks bestimmt wird. Das sanguinische Temperament macht sich bemerkbar durch die Lebhaftigkeit aller Bewegungen, das lebendige Spiel der Mienen, welches dem schnellen Wechsel der Seeleneindrücke und Affecte folgt, die leichte Mitbewegung aller Gliedmassen, durch welche der ganze Körper mit seinen Gesticulationen an dem Ausdruck der Seelenstimmungen Theil nimmt; dagegen offenbart sich das melancholische Temperament in der ernsten Anspannung der Muskeln, welche dem Gesicht einen dauernden Ausdruck verleiht, der dem Grundton der Seelenstimmungen entspricht, in den abgemessenern Bewegungen und in der Concentrirung derselben auf bestimmte Theile, in der feineren und zarteren Ausbildung der Gesichtszüge, in deren geringsten Veränderungen sich die wechselnden Zustände der Seele abspiegeln, weshalb sich denn auch hier der ganze mimische Ausdruck weit mehr auf das eigentliche Mienenspiel beschränkt und der übrige Körper einen geringen Antheil daran hat. Das cholerische Temperament theilt die Schnelligkeit und Lebendigkeit der Bewegungen mit dem sanguinischen, aber es kommt die Markirung der Züge und die Ausprägung eines festen Ausdrucks hinzu, nicht alle Muskeln gerathen in leichten Uebergängen und wechselndem Spiel in Bewegung, sondern dieselben haben sich zu bestimmten Gruppen vereinigt, die in gewohnter Weise zugleich ansprechen, die bestimmten Affecte und Leidenschaften stellen sich in der Anschwellung gewisser Muskelpartien dar, und verrathen in kräftigen, oft ruckweisen Bewegungen nach bestimmten Richtungen, was in der Seele vorgeht. Hier wird die Bewegung den Reizen gemäss zur combinirten That und zum raschen Handeln, in welchem angeeignet oder abgestossen wird, was die Seele mit Lust oder Unlust erfüllt, und die Kraft und Sicherheit in den Bewegungen der Glieder und vornehmlich der Extremitäten bilden das charakteristische Kennzeichen dieses Temperaments. Der phlegmatische Charakter endlich prägt sich aus in der Ruhe und Bedächtigkeit der Bewegungen, die sich grade nur auf die Glieder erstrecken, die für den bestimmten Zweck nothwendig sind, während die übrigen nur in einem geringen Maasse daran Theil nehmen. Deshalb ist hier das Gesicht weit weniger ausdrucksvoll, als bei den übrigen Temperamenten, die langsam wechselnden Seelenzustände lassen wenig Spuren in den Zügen zurück, die Reize und Antriebe zum Handeln sprechen sich weniger in den Mienen aus, sie gehen gewissermassen gleich durch den ganzen Organismus hindurch und werden zur ruhigen und vollendeten That, an der man erst die stattgefundene Erregung des Subjects erkennt und in der sich erst der Charakter des Individuums offenbart. Dies veranlasst oft den Schein der Trägheit, die allerdings vergleichungsweise diesem Temperament am meisten eigenthümlich ist, aber es verbindet sich damit auch recht gut eine grosse Geschicklichkeit, die in aller Ruhe die schwierigsten Dinge vollbringt und durch ein vollendetes Werk überrascht, dessen man sich gar nicht versah, weil es sich so wenig vorher äusserlich ankündigte.

Auf diese Weise stellen sich die vier Temperamente in der ganzen Haltung und Erscheinung des Körpers dar und beurkunden den innigen natürlichen Zusammenhang zwischen Leib und Seele. Was oben von den Temperamenten überhaupt gesagt worden ist, gilt daher auch von dieser Ausprägung derselben in dem Aeussern der Gebehrde und Bewegung. Nicht allein die einzelnen Individuen zeigen untereinander diese charakteristischen Unterschiede, sondern die Lebensalter und Geschlechter, die Völker und Racen haben darin ihren eigenen Typus, der ganz dem ihres Temperaments entspricht. Selbst auf die Thiere findet das Entwickelte seine vollkommene Anwendung, und der eigenthümliche Charakter tritt hier um so schroffer heraus, je weiter die einzelnen verglichenen Gruppen in ihrer leiblichen und psychischen Entwickelung von einander abstehen und je allgemeiner wir die Betrachtung anstellen.

γ) Die Individualität.

Sinnliche Empfindung und Temperament sind die beiden Hauptfactoren, auf welchen die ganze natürliche Entwickelung der Seele und des Leibes beruht. Die Sinne sind die Thore, durch welche die wechselnden Erscheinungen der Aussenwelt in die Seele eingehen, aber das Temperament bestimmt seinerseits, welchen Eindruck diese Erscheinungen auf die Seele machen werden, ja es bedingt wesentlich schon, was überhaupt dieselbe afficiren wird, indem tausende von wirklichen Thatsachen an ihr vorübergehen, ohne einmal eine Empfindung hervorzurufen, und tausende von Sensationen entstehen, die keine Spur weiter hinterlassen. Aber andererseits ist auch das Temperament, wie wir oben gesehen haben, selbst in seiner Entwickelung abhängig von den Eindrücken der sinnlichen Empfindung, und in jedem Augenblick das Resultat der ganzen vorhergegangenen Reihe von Affectionen, denen die Seele im Zusammenhange mit der Aussenwelt ausgesetzt gewesen ist. Es ist daher die fortwährende Wechselwirkung zwischen diesen beiden Factoren, welche die Individualität bestimmt, ein Begriff, welchen wir hier wissenschaftlich fixiren wollen für die eigenthümliche psychische Naturbestimmtheit des Individuums, wie sie einerseits beruht auf dem schon angebornen Temperament, welches die ursprüngliche Zusammengehörigkeit von Seele und Leib ausdrückt, und wie sie andererseits bedingt ist durch die Gesammtheit der sinnlichen Empfindungen, welche auf das Individuum einwirken und es bilden und entwickeln in fortgesetzter Verknüpfung mit dem abhängig davon sich gestaltenden Temperament. Jedes Individuum schaut die Dinge der Aussenwelt nach seiner ursprünglich ihm durch das Temperament eingepflanzten Eigenthümlichkeit anders an und wird durch diese Anschauungen anders entwickelt, darin besteht seine Individualität, und diese drückt sich dann aus in der verschiedenen Art und Weise, wie es durch sie zu den Affecten der Lust oder Unlust erregt wird, und wie es dieselben Dinge, mit denen es in Berührung kommt, anders behandelt, als ein anderes Individuum. In dieser Beziehung herrscht die grösste Mannigfaltigkeit, aber diese unbestimmte Verschiedenheit lässt sich bestimmter abgrenzen und auf einen vierfachen Unterschied zurückführen, den wir in den Begriffen Sinn für Alles, Tiefsinn, Scharfsinn und Sinnigkeit darlegen wollen.

Der Sinn für Alles ist die Wirkung des sanguinischen Temperaments, welches eine offene Empfänglichkeit für alle Eindrücke erzeugt, so dass die Seele dem veränderten Wechsel der Erscheinungen sich hingiebt und von ihnen gerade so afficirt wird, wie sie selbst ihrer Natur nach es fordern. Der stärkere Eindruck erzeugt eine stärkere Empfindung und verdrängt die schwächere, eine neue Wahrnehmung verdunkelt die alte, und eine Mannigfaltigkeit von Contrasten wirkt entschiedener als die Einfachheit und Eintönigkeit in den Verhältnissen. Und wie nun so dieser für Alles empfängliche Sinn ein wachsames Auge mitbringt für die unendliche Verschiedenheit der Gegenstände, so wird derselbe auch wiederum genährt durch die Mannigfaltigkeit und den Wechsel derselben, und je reicher die Eindrücke sind, die sich ihm zur Anschauung darbieten, desto mehr wird er dadurch angeregt und geübt in der Auffassung derselben, so dass nichts seiner Wahrnehmung entgeht. Dies ist der Grund, weshalb dieser Sinn sich vorzugsweise bei dem kindlichen Alter findet, wo das Gemüth noch offen ist für alle Eindrücke und noch keine Vorliebe für diese oder jene Erscheinung sich festgesetzt hat, sondern Alles mit gleich unbefangenem Auge betrachtet wird, dies ist aber auch zugleich der Grund, weshalb er besonders entwickelt wird bei Kindern wohlhabender und gebildeter Eltern, denen durch den grössern Wechsel des Lebens und die ununterbrochene Beschäftigung mit ihnen eine Menge von Eindrücken zugeführt wird, die die Seele fortwährend wach erhalten müssen. Dasselbe muss der Fall sein bei Völkern, die durch die geographische Lage ihrer Länder, durch die Abwechselung von Meer und Land, von Gebirge und Ebene, durch die Verschiedenheiten der Jahreszeiten, die

Berührung mit verschiedenen Völkern und so fort zu einer Empfänglichkeit für die Mannigfaltigkeit der Eindrücke herangebildet werden, welche denen nothwendig abgeht, die in allen diesen Beziehungen nur Einförmigkeit in ihren Umgebungen vorfinden. Indem nun das Auge ganz vorzüglich geeignet ist, in jedem Moment eine Welt der reichsten Mannigfaltigkeit aufzuschliessen und mit einem Blick Alles, was in unsern Umgebungen vorgeht, in weitester Ferne zu erfassen, so wird es auch ganz besonders dieses sein, welches den Sinn für Alles anregt und entwickelt, und umgekehrt muss er wieder den Blick schärfen und das Auge üben für die Betrachtung der Aussenwelt, weshalb es uns nicht Wunder nehmen kann, dass wir bei allen einzelnen Individuen und Nationen, welche dieser Sinn für Alles charakterisirt, ein gewecktes Auge finden, und dass die bildenden Künstler, die mit dem Auge auffassen und für dasselbe schaffen, im Allgemeinen diesen Sinn für Alles als individuellen Charakter an sich tragen. Aeusserlich prägt er sich aus in der Lebendigkeit des Ausdrucks und der Leichtigkeit der Bewegung, in der Lust und Freude an der Gegenwart und dem Genuss dessen, was der Augenblick erzeugt, wobei freilich auch der Schmerz nicht ausgeschlossen ist, wie es der Wechsel der Dinge mit sich bringt, nur dass dieser leicht vorübergehend ist und die allgemeine Heiterkeit nicht lange stört, die durch die Vielheit und Mannigfaltigkeit der Eindrücke hervorgerufen wird, in der das Schmerzliche doch immer nur ein vorübergehendes und verschwindendes Moment ist.

Das gerade Gegentheil dazu bildet der Tiefsinn, die Individualität des melancholischen Temperaments, welches sehr häufig wegen dieses innigen Zusammenhanges mit ihm unmittelbar identificirt wird. Er beruht auf der Aufmerksamkeit, welche das Einzelne in den Erscheinungen vermöge seines eigenthümlichen Charakters in dem Individuum erregt, so dass dieses alles Andere darüber vergisst und unbeachtet lässt, und sich ganz seiner Betrachtung hingiebt; dies erzeugt dann wiederum umgekehrt eine gewisse Vorliebe, gerade solchen Gegenständen vorzugsweise alle Aufmerksamkeit zuzuwenden und die Seele ganz in ihre Anschauung zu versenken. Da wirken die Gegenstände nicht mehr ihrer objectiven Bedeutung gemäss, sondern wie sie das Interesse des Subjects zu fesseln im Stande sind, alles wird Wahl, und selbst das Geringfügigste und Unbedeutendste wird aufgefasst, weil es das Individuum anspricht, während die mächtigsten Eindrücke an ihm vorübergehen, ohne den geringsten Reiz auszuüben. Deshalb vermag auch hier das Subject mit dieser Aufmerksamkeit das Einzelne in allem Wechsel der Erscheinungen festzuhalten und es in seinen schwächsten Spuren noch zu verfolgen, nachdem es Andern längst entschwunden ist, die kein Interesse dafür mitbrachten. Die Anschauung der Dinge wird hier individuell im engern Sinne des Worts, inwiefern darunter verstanden wird, die bestimmte eigenthümliche Ausprägung des Charakters der Seele im Unterschiede von allen andern Individuen, wonach sie die Aussenwelt nur so wiederspiegelt, wie sie sich ihr nach ihrer besondern Auffassungsweise eingebildet hat, wenngleich es Unrecht wäre, zu meinen, dass der Sinn für Alles in geringerem Maasse eine individuelle Bestimmtheit sei, indem hier gerade die Individualität darin besteht, sich unbefangen der Aussenwelt hinzugeben, ein Charakter, der sogar, wie wir noch weiterhin sehen werden, durch die tiefsinnige Aufmerksamkeit auf das Besondere und Einzelne gar nicht ausgeschlossen wird. Ebenso gilt es auch hier, dass dieser Tiefsinn ebensosehr ein angeborner als durch die Eindrücke gewordener und entwickelter ist, und es möchte in jedem einzelnen Falle sehr schwer anzugeben sein, was dabei vorzugsweise mitgewirkt hat. Je einförmiger das Leben sonst ist, desto mehr wirkt irgend ein hervorstechender, wenn auch an sich unbedeutender und oft hernach gar nicht mehr nachweisbarer Eindruck entscheidend für das ganze Leben, er regt zuerst das Interesse an und veranlasst das Individuum, ihm nachzuhängen und an ihm sich zu nähren und zu entwickeln. Daher ist der Tiefsinn so häufig unter ärmlichen und dürftigen Verhältnissen, wo die Zerstreuungen des Lebens weniger die Aufmerksamkeit zersplittern und ablenken, und wo der Mangel in den Anregungen der Aussenwelt die Seele vertiefen muss in sich selbst, um durch den Reichthum des innern Gemüths zu ersetzen, was an äusserer Mannigfaltigkeit abgeht. Aber ebenso ist er der natürliche Begleiter der reiferen Jugend, welche, nachdem das Kindesalter allen Eindrücken offen und unbefangen hingegeben war, nunmehr mit der Wirkung aller dieser, die in einer Resultante gleichsam in bestimmter Richtung zusammengehen, die Welt betrachtet, sich ihre Ideale schafft, ihren Neigungen, mit einer gewissen Eifersucht auf Selbständigkeit, nachhängt und die ganze Tiefe des entwickelten Gemüths in ihre Anschauungen hineinlegt. Das ist die glückliche Zeit, wo die Wahlverwandtschaft der Seelen sich bildet, wo die Freundschaften geschlossen werden, wo die Geschlechtsliebe erwacht, wo der künftige Beruf für das Leben sich entscheidet und so die bestimmte Bahn eingeschlagen wird, die hernach mit unverrückbarem Blick auf das Ziel verfolgt werden muss. Glücklich, wenn da das Richtige getroffen wird, was gerade davon abhängig ist, dass die Individualität sich naturgemäss entwickelt und der mehr oder weniger kräftig und von selbst sich einstellende Tiefsinn nicht zerstreut wird durch falsche Einwirkungen. Tritt er zuweilen doch ganz plötzlich hervor; der bisher noch muntere Knabe und das heitere, unbefangene Mädchen sondern sich ab von ihren Gespielen und werden in sich gekehrt, beschäftigt mit den eigenen Gefühlen und Gedanken und mit den Traumbildern der Phantasie, mit denen sie die Welt sich ausmalen, ernst sich abwendend von dem Spiel der Vergangenheit auf das, was der Beruf der Zukunft ihnen vorhält, in dem Gesicht den offenen Spiegel dessen, was das volle Herz bewegt, und in feinen Zügen das ausprägend, was die Seelenstimmung bedingt und der individuelle Charakter fordert.

Eine enge Beziehung hat der Tiefsinn zu dem Gehör, was in der eigenthümlichen Natur desselben seinen bestimmten Grund hat. Es giebt nicht, wie das Auge, eine mannigfaltige Ausbreitung des Nebeneinander, sondern Alles, was tönt, fällt in dem Moment in einen Eindruck zusammen und lässt achten auf die Entwickelung, die es in dem Nacheinander und der Folge der Klänge zulässt. Daher ist es die Welt der Töne, in welche sich der Tiefsinnige so gern versenkt und in deren Modulationen er die ganze Tiefe seines Gemüths hineinzulegen vermag, darum ist es die Musik und die verwandten tönenden Künste überhaupt, für welche die Jugend ganz vorzüglich schwärmt, darum finden wir vornehmlich, dass die Dichter und die Virtuosen der Tonkunst in ihrer Individualität den Charakter der Tiefsinnigkeit ausprägen. In einen Ton lässt sich eine ganze Welt von Empfindung hineinlegen, und dieselbe Verbindung von Tönen erlaubt die verschiedenste individuelle Auffassung und Darstellung, die Sprache ist das tiefsinnigste Kunstwerk, welches der Geist sich geschaffen hat, und das gesprochene Wort legt die Tiefe der Seele dar, wie kein sichtbares Zeichen es vermag. Dem Tiefsinn entspricht dann der Affect der Hoffnung und der Furcht; denn je mehr sich das Gemüth ganz in einen Gegenstand vertieft, desto mehr erwartet es von ihm seine Lust und ist gespannt auf das, was er ihm leisten wird, und mit ängstlicher Scheu sieht es seiner Entwickelung zu, ob nicht etwa die Hoffnungen, die es darauf gesetzt, durch einen Unfall verloren gehen möchten. Diese Hoffnungen und Befürchtungen aber wirken ihrerseits wieder auf den Tiefsinnigen zurück, sie steigern seine Aufmerksamkeit auf den Inhalt des Gegenstandes, sie lassen ihn immer mehr sich in ihn vertiefen, um immer neue Seiten daran zu entdecken, die ihm Lust gewähren könnten. Je weniger er seine Freude an der Vielheit und Mannigfaltigkeit der Eindrücke hat, die der Moment bringt, desto mehr sucht er sie in der vollständigen Ausbeutung der einzelnen ihm liebgewordenen Gegenstände und in der Fortdauer der Lust, die ihm ein solcher verspricht, nur fürchtend, dass sie ihm genommen werden könnte und misstrauisch gegen Alles, was sie ihm zu stören vermöchte. Und indem diese Furcht nur allzu häufig durch die Erfahrung gerechtfertigt wird, und die schönsten Hoffnungen vereitelt werden, wird er trübsinnig und verzagt, da mit dem Einen ihm Alles geraubt wird und der Wechsel der Ereignisse und des Schicksals ihm das nicht wiederzugeben vermag, woran seine Neigung ihn gefesselt hatte. Deshalb führt der Tiefsinn so leicht zur Schwermuth und Hypochondrie, weil er die Welt nicht nimmt, wie sie ist, weil er gebannt in seinen engen Gesichtskreis und seine Anschauungsweise, sie nicht kennen lernt, und daher in seinen Erwartungen so oft getäuscht wird, dass er am Ende ganz an ihr verzweifelt.

So braucht es aber nicht zu sein, denn dies ist nur die Folge starrer einseitiger Entwickelung des Tiefsinns, er kann sich auch verbinden mit einem Sinn für Alles, indem die Aufmerksamkeit und die Vorliebe für das Einzelne die Empfänglichkeit für die Eindrücke im Allgemeinen nicht gerade aufheben muss. Vielmehr ist diese Verknüpfung beider erst das Vollkommenere, indem der Sinn für Alles leicht zu einer Flüchtigkeit und Zerstreuung führt, die das Einzelne nicht in seiner wahren Bedeutung erkennen lässt und ihm nicht den Antheil zuwendet, den es fordert und verdient. Der Tiefsinn empfängt dagegen von der für

Alles offenen Empfänglichkeit erst seinen wahren Stoff, sowohl um in dem aufgefassten Gegenstande, dem die Neigung sich vorzugsweise zuwendet, alle Seiten seines Inhalts zu ergründen, als in den übrigen Dingen seinen Zusammenhang und seine Analogie mit ihnen zu erkennen. Dies ist es dann, was hinüberleitet zu der dritten Form der Individualität, dem Scharfsinn, der die Wirkung des cholerischen Temperaments ist, und sich charakterisirt durch die schnelle und sichere Auffassung der Dinge in ihrem Zusammenhange wie in ihrer Sonderung, durch die Leichtigkeit der Entdeckung des Verborgenen, die Schärfe der Unterscheidung des Aehnlichen und Verwandten und das rasche Auffinden des Gesuchten. Dazu gehört die Gabe der Vergleichung, die vor Allem beruht auf dem geöffneten Sinn, dem Nichts entgeht, was zur Vergleichung dienen kann, aber zugleich auch auf der Vertiefung in das Einzelne, damit der Eindruck in seiner bestimmten Bedeutung erfasst werde und nicht schon eher verschwinde oder sich verwische durch den neuen Eindruck, ehe die Vergleichung zu Stande gekommen ist. Wo daher der Tiefsinn sich nicht damit verbindet, kommt es mit der blossen Beweglichkeit des Sinnes für Alles nicht zum Scharfsinn, sondern dieser bildet vielmehr zu jenem die andere Seite des Gegensatzes, der sich so steigern kann, dass beide in ihrer Einseitigkeit sich gegenseitig auszuschliessen scheinen, oder wenigstens der eine im Minimum auftritt, wo der andere als Maximum vorhanden ist. Wie der Sinn für Alles dann zerstreut und es zu gar keiner Schärfe der Auffassung kommen lässt, so zerstört und zersplittert der einschneidende Scharfsinn die Gegenstände und gestattet keine offene und unbefangene Betrachtung derselben in ihrem Zusammenhange, indem er verfällt in eine grübelnde Untersuchung, die immer mehr einzelnen Entdeckungen nachjagt, ohne sie in die rechte Verbindung bringen zu können. Haben wir bei den bisher betrachteten Formen der Individualität gesehen, dass sie eine besondere Verwandtschaft zu den speciellen Sinnen des Gesichts und Gehörs zeigen, so bestätigt sich auch hier eine solche Beziehung zu einem besondern Sinn, nur dass sie aus den schon früher angeführten Gründen bei dem Menschen weniger in die Augen fällt. Dies ist der Geruch, der bei allen Thieren mehr oder weniger der Aufspürung und Entdeckung dient, und bei denen, welche in höherm Grade damit ausgestattet sind, auch immer einen höhern Grad des Scharfsinns verräth. Er allein dient seiner oben geschilderten Natur nach unmittelbar dazu, die Fährte eines Eindrucks zu verfolgen und einen nicht sogleich auffälligen oder vermissten Gegenstand aufzusuchen, und wenn sich bestätigt, was jetzt nach den Untersuchungen Erichsons grosse Wahrscheinlichkeit gewinnt und schon allgemein von den Naturforschern angenommen wird, dass die sogenannten Fühler oder Antennen bei den Insecten Riechwerkzeuge seien, so bestätigt sich damit für eine grosse Klasse des Thierreichs, wie der Geruch ganz vorzüglich zur Auffindung geeignet ist und das Tasten gar nicht bloss auf den allgemeinen Sinn des Gefühls beschränkt bleibt, sondern eigentlich mehr oder weniger jedem Sinn zukommt, aber im höchsten Grade doch dem Geruch eigenthümlich ist. Auch bei dem rohen Menschen hat dieser Sinn noch eine grössere Schärfe und nur der Gebildete substituirt für gewöhnlich das Auge, indem er die Combinationen des entwickelten Bewusstseins zu Hülfe nimmt, und doch bedient auch er sich des Geruchs, wo jenes ihn verlässt, zur schärfern Unterscheidung der eigenthümlichen Natur der Stoffe, die oft nur durch ihn unmittelbar erkannt werden kann. Der Affect, in welchem sich der Scharfsinn darstellt, ist der des Reizes, welcher seinerseits nothwendig auf die gesteigerte Entwickelung von jenem zurückwirkt, denn je stärker das Individuum von einem Reize eingenommen wird, desto mehr wird sich in ihm auch der Trieb entwickeln, den Gegenstand der Lust aufzusuchen, und so auch der Scharfsinn angespornt werden, der der Spur desselben überall nachgeht, wo nur irgend die Hoffnung entsteht, ihn zu finden. Und damit verbindet sich auf eine naturgemässe Weise wieder die Energie der Thätigkeit, die Kraft und Bestimmtheit in den Bewegungen, die schnell und sicher zum Ziel führen, indem sie geleitet werden von dem Scharfblick der Auffassung, der den Zweck fest ins Auge fasst und die Mittel abzuwägen und zu berechnen weiss, die ihn zur Erreichung desselben führen werden, wie schon das Raubthier, das in der Thierwelt den Scharfsinn repräsentirt, in einem wohlabgemessenen Sprunge auf seine Beute losfährt und sie mit seinen Krallen fest und sicher packt. Darum ist der Scharfsinn die Individualität des reiferen Mannes, der darauf gewiesen ist, dem Erwerbe nachzugehen, die sich darbietenden Mittel und Wege zu benutzen und zu vervielfältigen, die zur Förderung seines Berufs dienen können, alle Kräfte anzuspannen und in Bewegung zu setzen, um seine Thätigkeit zu erweitern und sich einen angemessenen Wirkungskreis zu schaffen, in welchem er seine gesammten Fähigkeiten zur Geltung bringen kann.

Das vierte, dem vorigen entgegengesetzte und es deshalb ergänzende Moment ist das der Sinnigkeit, die Individualität des phlegmatischen Temperaments, welche in ruhiger Betrachtung die Eindrücke auf sich wirken lässt, mit tiefer und dauernder Empfindung an den Gegenständen festhält und sich in sie hineinlebt, sie so gestaltet und ordnet, wie sie ihrem Gefühl am meisten entsprechen, und nicht eher die Hand von ihrem Werke loslässt, als bis es die Vollendung erreicht hat, die sie ihm zu geben im Stande ist. Die Sinnigkeit stellt sich dar in dem Affecte der Befriedigung, sie lässt sich genügen an dem Geringsten und Einfachsten, aber in dasselbe legt sie die ganze Seele mit ihrer ganzen Empfindung hinein, sie bildet es aus in seinen kleinsten Theilen und Beziehungen und schafft daraus ein harmonisches Ganze, das seiner Eigenthümlichkeit vollkommen zusagt und auch für jeden Andern den Eindruck der Befriedigung hinterlassen muss. Sie sammelt und mehrt in geräuschloser Stille, anknüpfend an das Gegebene, ausbauend und abrundend, nachbessernd und vervollständigend, immer zufrieden mit dem, was sich eben erreichen lässt, aber auch sorgend dafür, dass die gegebenen Mittel in der besten und zweckdienlichsten Weise verwandt werden. So ruht sie auf dem Tiefsinn, zu welchem aber der Sinn für Alles hinzukommen muss, wenn er nicht einseitig das gerade und ausschliessende Gegentheil dazu werden soll; sie hat an jenem zunächst ihren ganzen Inhalt, indem Alles davon abhängt, wie stark die Eindrücke auf sie wirken und wie sie sich in ihren Gegenstand zu versenken vermag, um seinen ganzen Reichthum auszubeuten, aber kommt dann nicht die offene Empfänglichkeit für Alles hinzu, so entsteht nicht die Richtung auf die Ordnung und harmonische Gestaltung, in welcher das Einzelne in die rechte Verbindung miteinander und in die beste Beziehung zu seinen Umgebungen gebracht wird, sondern es entsteht eine Vernachlässigung aller Form und Sitte, ein Gefallen an dem Seltsamen und Bizarren und ein Suchen nach blosser Eigenthümlichkeit und Originalität, welche von der Sinnigkeit weit abführt, während diese ohne Tiefsinn sich verflacht und gehaltlos wird, indem sie sich an einer äusserlichen Ordnung genügen lässt und durch eine sinnreiche Auffindung und Herstellung mannigfaltiger Beziehungen befriedigt fühlt, ohne in das eigentliche Wesen der Dinge einzugehen, sie diesem gemäss zu behandeln, und sie so zu verwenden und zu benutzen, wie ihre Natur es nur immer gestattet. Die Sinnigkeit ist die natürliche Qualität des höhern Alters, welches ruhig die Früchte seiner Thätigkeit sammelt und geniesst, welches sich einen Besitz erworben hat, den es nur strebt zu erhalten, um sich in ihm so gemächlich als möglich einzurichten. Es hat die Leidenschaften des Lebens überwunden, und schliesst mit demselben ab, indem es ordnet und zurecht legt, was es ihm gebracht und die letzte vervollkommnende Hand an das legt, was es geschaffen, damit es befriedigt scheiden könne von dem vollendeten Werk. Es schaut auf die Welt und ihre wechselnden Erscheinungen mit dem gereiften Blick der Erfahrung, in alles Einzelne hineinlegend die Summe seiner Wahrnehmungen und Empfindungen und die Prüfung seines aus allem Erlebten gewonnenen Urtheils, zurückkehrend zu der Objectivität und Unbefangenheit des Kindes, aber nicht mit der offenen und lebendigen Empfänglichkeit, die bei jedem Eindruck von der Neuheit desselben angeregt wird, sondern mit dem geübten Auge, das in allem Neuen immer das Alte und Bekannte wiederfindet, und besonnen und leidenschaftslos den Werth der Dinge abschätzt nach dem Maassstabe, den ihm die lange Erfahrung in die Hand gegeben hat.

Haben wir bei den bisher betrachteten Formen der Individualität einen entschiedenen Zusammenhang zwischen ihnen und einem bestimmten Sinnesorgan kennen gelernt, so sind wir darauf gewiesen, auch bei der Sinnigkeit einen solchen aufzusuchen, und da bietet sich zuletzt nur als specieller Sinn der Geschmack dar. Wird es hier auch schwer bei dem Menschen, wegen der niedrigern Entwickelung dieses Sinnes, eine solche Beziehung nachzuweisen, und steht er in dieser Hinsicht noch dem Geruch nach, so leitet doch andererseits der Gebrauch des Wortes in höherer übertragener Bedeutung bestimmt darauf hin. In diesem Sinn setzt der Geschmack gerade die Sinnigkeit vorzugsweise voraus und beruht wesentlich auf ihr, indem er eine sinnreiche Anordnung der einzelnen Theile, ein Abwägen derselben gegeneinander und eine daraus hervorgehende Vollendung in der Form anstrebt, die nur aus jener entspringen kann. Diese Uebertragung des Ausdrucks lässt aber darauf schliessen, dass eine innige Verwandtschaft zwischen ihm in der eigentlichen und figürlichen Bedeutung Statt finden muss, die in nichts anderm als in der eigenthümlichen Natur des Sinnes gefunden werden kann. Diese liegt offenbar darin, dass jeder Geschmackseindruck abhängig ist von dem vorhergehenden und daher weit mehr eine richtige Zusammenstellung der Eindrücke verlangt, um Lust zu erwecken, und weit leichter eine richtige und unmittelbare Schätzung dessen gestattet, was Unlust hervorbringt. Dabei lassen sich in einem Geschmackseindruck eine Menge von Ingredenzien vereinigen, so dass derselbe ein ausserordentlich zusammengesetzter sein kann und der grössten Modification fähig ist, wobei aber immer das Wohlgefallen daran abhängig ist von der richtigen und harmonischen Zusammenstellung und Abmessung des Einzelnen. Das Kosten ist daher das sinnige Abwägen und ein wohlzubereitetes Mahl die Spitze und der Mittelpunkt des sinnigen Wirkens der Hausfrau, um welchen sich die ganze übrige Ordnung und Einrichtung des Hauswesens gruppirt, und an den sich die freie Geselligkeit anschliesst, welche das wohlbestellte Haus den Freunden öffnet, um im harmlosen Austausch der Gedanken und Empfindungen sich von den Anstrengungen eines geräuschvollen Geschäftslebens zu erholen und an dem individuellen und sinnigen Walten eines harmonisch in sich abgeschlossenen Familienkreises zu erquicken. Gut Essen und Trinken ist zwar nicht das Ziel der menschlichen Thätigkeit, und der Scharfsinn soll nicht darauf gerichtet sein, die Reize desselben zu vervielfältigen und zu verfeinern, aber gerade die Sinnigkeit versteht es auch, das Einfachste zu würzen und schmackhaft zu machen, und die Summe der Bildung stellt sich darin dar, wie der Mensch die nothwendigsten Bedürfnisse des Lebens nicht mehr zum Gegenstand eines thierischen Triebes oder zum Ausgangs- und Endpunkt eines ausgesuchten und raffinirten Strebens macht, sondern in der geordneten und mit Geschmack verbundenen Befriedigung derselben ein gleichsam sich von selbst machendes und aus der ganzen übrigen Thätigkeit sich von selbst ergebendes Resultat seiner Bestrebungen findet, mit dem er ebensowohl immer zufrieden sein soll, wie es Aufgabe ist, es so einzurichten, dass er dadurch wirklich befriedigt werden kann, und eigentlich jeder Sorge deswegen überhoben ist. Darum wird man es auch begreiflich finden, wenn das ruhige Alter sich vorzüglich an der gemüthlichen Sinnigkeit solcher Genüsse erfreut, wenn die freie Geselligkeit ganz besonders bei solchen Völkern entwickelt ist, denen man den Charakter der Sinnigkeit nicht absprechen kann, zeigt es sich doch selbst in der eigenthümlichen Verbreitung der Gewohnheit des Tabackrauchens, die da vorzüglich Eingang gefunden hat, wo ein gemüthliches und geselliges Leben vorherrschend ist.

Die vier entwickelten Arten der Individualität sind die Grundverschiedenheiten, in welchen sich dieselbe ausprägt, sie können sich zu schroffen Gegensätzen ausbilden, aber auch ebenso in einander übergehen, immer liegt die Ausgleichung darin, dass auch die verschiedenartigsten Individualitäten im Zusammensein und Wirken des Lebens sich vereinigen und selbst die Unterschiede der Völker und Racen in der Gesammtheit der Menschheit und der Entwickelung der Weltgeschichte ihren Einigungspunkt finden, in welcher sie gleichsam die verschiedenen Lebensalter darstellen, die auch in einer Persönlichkeit die Unterschiede dieser individuellen Charaktere verknüpfen. So ergänzen sie sich gegenseitig und dadurch werden auch die Mängel, zu welchen ihre einseitige Entwickelung nothwendig hinführt, gemässigt und ausgeglichen. Der Sinn für Alles erzeugt ebenso den Leichtsinn, die Flüchtigkeit und Zerstreutheit, wie der Tiefsinn in Eigensinn ausartet und geistige Beschränktheit, und sich gefällt in einem Streben nach falscher Originalität und Sonderbarkeit, jener sich Allem ohne Wahl hingebend, liebt ein Leben voll Genüsse und Abwechselung, dieser sich von Allem auf sich selbst zurückziehend führt zum Welt- und Menschenhass und zu cynischer Gemeinheit. Der blosse Scharfsinn stellt sich nur allzu häufig dar als kalte selbstsüchtige Berechnung, die nur ihren Vortheil sucht und stolz alles Andere beherrschen möchte, die ihren übermüthigen Witz an Allem übt und mit muthwilligem Spott auch das Tiefste und Erhabenste verfolgt, die Sinnigkeit dagegen wird leicht zur flachen Selbstbespiegelung und Eitelkeit, die mit dem äussern Scheine prunkt und auf das Nichtigste besondern Werth legt, in kleinlicher Pedanterie das Kleine wie das Grosse wägt und in sorgloser Gemächlichkeit das Wichtigste versäumt. Die wahre Vollendung der Individualität liegt daher erst in der rechten Durchdringung ihrer vier Momente, wodurch jedes Einzelne auch erst zu seiner wahren Entwickelung gelangt. Der Sinn für Alles wird erst wahrhafte Empfänglichkeit, wenn der Tiefsinn das Einzelne fixirt und in seiner wahren Bedeutung erkennen lässt, wenn der Scharfsinn es gehörig scheidet und die Sinnigkeit es in die rechte Beziehung bringt, der Tiefsinn kann erst wahrhaft in die Gegenstände sich vertiefen, wenn der Sinn für Alles ihm eine Mannigfaltigkeit von Objecten darbietet und die Sinnigkeit sie in ihrem Zusammenhange auffassen lässt, der Scharfsinn aber darin das Bedeutendere von dem Unbedeutenderen unterscheiden lehrt, so dass er nunmehr weiss, worin er den tiefsten Gehalt zu erwarten hat, der Scharfsinn kann erst ordentlich unterscheiden und Alles auffinden, wenn der Sinn für die ganze Mannigfaltigkeit der Erscheinungen offen ist und die Sinnigkeit durch die gefundene Verknüpfung den Weg ahnen lässt, auf welchem er das Neue und Verborgene zu suchen hat, die Sinnigkeit kann erst recht verknüpfen' wenn der Scharfsinn das Einzelne geschieden und in seinen kleinsten Theilen aufgedeckt hat und sie sich nun in Alles so zu vertiefen weiss, dass sie es in seinem innersten Zusammenhang und in den verborgensten Beziehungen zu verstehen lernt, offen für alle Verhältnisse und Wechsel die in und an ihm zur Erscheinung kommen. So müssen sie sich in dem Individuum vereinigen, wenn sie auch immer wieder auseinander gehen, je nachdem der Moment es erfordert und dazu anregt, aber immer bereit sich gegenseitig zu ergänzen und zu fördern, gleichwie die Sinne nicht immer zu jeder Zeit alle gleichmässig wahrnehmen, sondern abwechselnd afficirt werden, aber sich ebenso wechselseitig unterstützen und zu einem Gesammteindrucke und Bilde vereinigen, in welchem die Gegenstände erst in ihrer vollen Wahrheit und Vollständigkeit erscheinen.

8) Der Instinct.

Auf das innigste verwandt mit der Individualität ist der Instinct; ebenfalls beruhend auf der Wechselwirkung von Temperament und sinnlicher Empfindung, bezeichnet er die leibliche Seite in der Erscheinung des Individuums mit ihrer eigenthümlichen Thätigkeit, wie sie bedingt wird durch den Affect und die individuelle Erregung desselben gegenüber den Eindrücken der Aussenwelt. Wir betreten hiemit ein Gebiet in der Psychologie, welches noch wimmelt von vagen und unklaren Vorstellungen und in welchem daher die Neigung zu dem Mysteriösen und Wunderbaren einen weiten Spielraum und eine reiche Befriedigung findet, je weniger es gelingt, alles Einzelne vollständig zu erklären und alle Räthsel vollkommen zu lösen. Daran ist aber wesentlich Schuld der Mangel an hinreichenden Beobachtungen in dem Leben der Thiere und an unbefangener

Beurtheilung der Thatsachen, die weit leichter in ihrer Vollendung als in ihrer Genesis und Entwickelung aufgefasst werden, wozu noch auf der andern Seite die unkritische Ueberlieferung derselben hinzukommt, die, indem ihr Alles dabei wunderbar erscheint, keinen Maassstab hat für das Erklärliche und Unerklärliche, und daher niemals das Beobachtete rein wiedergiebt, sondern es durch Zusätze verunstaltet und ihr Staunen in die Ausmalung der Erscheinungen hineinträgt. Um so wichtiger ist es hier, sichtend zu Werke zu gehen und die leitenden Gesichtspunkte aufzusuchen, die zur richtigen Würdigung der Sache führen können.

Es ist zunächst eine falsche Betrachtungsweise, wenn man den Instinct als eine angeborne Kraft der Seele bezeichnet, gewisse Bewegungen in zweckmässiger Weise und stets in derselben bestimmten Art zu verrichten, wobei es dann immer so erscheint, als ob die Seele des Thiers hier unter einer ihm fremden Gewalt stehe, welche unmittelbar es zu Thätigkeiten veranlasst, die es ausführen muss, ohne dass es selbst dabei eigentlich betheiligt ist und ohne dass es dieselbe nach eigner Willkühr zu bestimmen und abzuändern im Stande wäre. Es liegt dann nahe dieselbe zu identificiren mit der organisirenden Kraft überhaupt, die dem Thiere seine ganze zweckmässige Gliederung angeschaffen hat und nun auch der Seele gleichsam ihr selbst unbewusst eine Anweisung mitgegeben, wie sie diese Organe auf die beste Weise gebrauchen soll. Das Seltsame und Widersprechende liegt hier darin, dass es nicht organische, nur auf leiblichen Functionen beruhende, unwillkürliche Bewegungen sind, um die es sich handelt, sondern willkürliche, die erst erfolgen vermittelt durch sinnliche Empfindungen und Wahrnehmungen und daher auch eine Mitwirkung der Seele voraussetzen, bei welchen aber doch wieder die Seele passiv bleiben und nur durch einen fremden Einfluss bestimmt werden soll, ohne Beziehung und Zusammenhang mit den sonst in der Seele vorgehenden Thätigkeiten. Es wirkt hiebei mit eine Verwirrung der Begriffe, die in dem Ausdruck willkürlicher Bewegungen einen gewissen Anhalt gewinnt, man macht nur den einfachen Gegensatz zwischen willkürlichen und unwillkürlichen Bewegungen, von denen man jene der Seele, diese dem Leibe zuschreibt, und indem man nach einer alten Verwechselung Seele und Bewusstsein identificirt, erklärt man jene für Wirkungen des bewussten und freien Willens, diese für Resultate des unbewusst in dem leiblichen Organismus wirkenden Gesetzes. Da schwankt der Instinct dann ziemlich unbestimmt und unerklärlich zwischen beiden hin und her, er ist willkürliche Thätigkeit und doch nicht abhängig vom Willen, denn er wirkt unbewusst und unfrei, nach einem bestimmten, ganzen Arten und Gattungen eingeprägten Gesetz. Es bleibt dann nichts anderes übrig als ihn abzuleiten von einer fremden Gewalt, die auf die Seele einwirkt, da in der Seele selbst nichts zu sein scheint, was als hinreichender Grund seiner Wirksamkeit angesehen werden könnte.

In der That aber giebt es in der Seele selbst einen unmittelbar auf die Bewegungen des Leibes wirkenden Factor, der die Ursache aller sogenannten willkürlichen Bewegungen ist, die ohne Bewusstsein vollzogen werden und doch von der Seele abhängig sind, dies ist der Affect. Denn willkürlich bedeutet hier nur das vermittelnde Eintreten der Seele, welche die Bewegungen verursacht, angeregt durch Empfindungen und Wahrnehmungen der Aussenwelt, die in ihr den Affect der Lust oder Unlust hervorrufen und dadurch unmittelbar die Veranlassungen zu Bewegungen werden, die so lange anhalten, bis die Befriedigung wieder eingetreten ist. Von dieser Art sind zunächst die Bewegungen der Gesichtsmuskeln und die Modificationen der Athembewegungen im Weinen, Seufzen, Schluchzen, Lachen, Gähnen, u.s.w. die ihren unmittelbaren Ursprung in den Affekten auf den ersten Blick zu erkennen geben. Aber es gehören dahin nicht allein diejenigen, die mehr einen gewissen Zustand der Seele bezeichnen und in allen ihren mannigfachen Modificationen auf den Affect der Freude oder des Schmerzes, der Hoffnung und der Furcht zurückzuführen sind, sondern der Affect ist ja auch Reiz oder Abscheu, und alle Bewegungen des Aneignens und Abwehrens gehen ebenso unmittelbar, wie jene, aus ihm hervor, und die übrigen Thätigkeiten des Leibes sind doch zuletzt nur wieder Abarten und Complicationen von diesen; und auch der Affect der Befriedigung wirkt dabei wesentlich mit, indem er gerade das regelnde und ordnende Princip ist, welches in die Bewegungen Ruhe und Zusammenhang hineinbringt.

Der Affect kann nun ebensogut erzeugt werden durch die blosse Vorstellung von einem Gegenstande, wie durch die wirkliche Wahrnehmung und Empfindung, und durch seine Vermittelung erregt dann die Vorstellung auch die entsprechenden Bewegungen, nicht aber unmittelbar. Der Gedanke an einen furchtbaren Gegenstand, die Erzählung einer grausenhaften Geschichte kann den Ausdruck des Schreckens und Entsetzens ebensogut hervorrufen, als der wirkliche Anblick, aber der entsprechende Affect muss erregt werden, bleibt das Subject gleichgültig dabei, so erzeugt die blosse Vorstellung nichts. So ist es auch mit dem bewussten Willen, nicht er setzt den Muskel in Bewegung, sondern der ihn begleitende Affect, und das Bewusstsein ist nur ein hinzukommendes Moment, das für die Bewegung keine andre Bedeutung hat, als die, dass in dem bestimmten Fall der Affect nicht unmittelbar durch eine Wahrnehmung erregt ist, sondern durch die im Bewusstsein selbst erzeugte Vorstellung eines Zweckes, die aber an und für sich nicht den kleinsten Finger in Bewegung setzen würde, wenn sie nicht im Stande wäre, den Affect in hinreichender Weise zu reizen, um eine dem entsprechende Thätigkeit des

Leibes hervorzulocken. Deshalb bleibt auch das eigentliche Agens in letzter Instanz immer nur der Affect, und es ist eine vollkommen falsche Vorstellung, wenn man etwa meint, dass der bewusste Wille an seine Stelle tritt und ihn ablöst, indem er sich gleichsam an das Instrument im Gehirn setzt und die Nervenenden nach seinen Intentionen spielen lässt. Der Wille weiss ja auch von dem ganzen Apparat nichts, der dazu gehört, um eine bezweckte Bewegung auszuführen, das Bewusstsein stellt sich nur den Gegenstand und seine gewünschte Veränderung vor, und seine Kraft in Beziehung auf den Leib reicht nur soweit, dass es sich die zum Zweck führende Bewegung im Ganzen vorhält und danach den Affect dirigirt, indem die durch ihn ausgeführte Bewegung entweder der Vorstellung entspricht und dann Befriedigung erzeugt, worin die Bewegung zur Ruhe kommt, oder einen erneuten Reiz hervorbringt, der die Bewegung dahin lenkt, wo der Zweck noch nicht erreicht ist.

Dies wirft nun auch ein helles Licht auf das Verhältniss, in welchem der Instinct der Thiere zu dem Willen der Menschen steht. Ist der Instinct nichts anders als die Gesammtheit der Bewegungen, inwiefern sie durch den Affect bestimmt und geregelt werden, so geht daraus deutlich hervor, dass auch das Bewusstsein bei dem Menschen den Instinct nicht verdrängen kann, sondern dass ihn der Wille sich nur aneignet und seiner Herrschaft unterwirft. Alle Bewegungen, auch des Menschen, als solche sind instinctmässige, darum überraschen wir uns in einer grossen Zahl, wobei das Bewusstsein gar nicht in Thätigkeit kommt, sondern der Eindruck einer Wahrnehmung sie unmittelbar erzeugt, andere werden nur von dem Bewusstsein begleitet, noch andere endlich durch die bewusste Vorstellung eines Zwecks angeregt und dirigirt. Wir lachen und weinen unmittelbar angeregt durch den Affect, den der Eindruck des

Gegenstandes selbst oder die Vorstellung von ihm erzeugen, es geht gar nicht oder sehr langsam von Statten, wenn wir nur wollen und nicht die dazu gehörige Stärke des Affects erzeugen können, weit eher sind wir im Stande durch eine plötzliche Reflexion die Bewegung zu hemmen und zu mässigen und sie so allmälich in die Herrschaft des bewussten Willens zu bringen. Der angehende Klavierspieler will ebenso gut spielen, wie der geübteste, aber die Bewegungen gelingen ihm nicht, weil sie instinctmässig sind und seinem Willen noch nicht gehorchen; freilich entwickelt sich mit dem Instinct auch das Bewusstsein und leitet die Uebung, aber die fortwährende Erfahrung zeigt, dass wir bei einer schlecht ausgeführten Bewegung wohl wissen, wie sie besser gewesen wäre, aber wir sind nicht im Stande, sie der Vorstellung gemäss abzumessen und herzustellen. Ein plötzlicher Eindruck versetzt in Aufregung, wir greifen zu, wir wehren ab, wir gerathen in die lebhafteste Bewegung, das Bewusstsein tritt allmälich hinzu, es begleitet zunächst nur die Bewegungen, ohne schon einen Einfluss auf sie zu gewinnen, dann ordnet und regelt es sie, und endlich gewinnt es die vollständige Herrschaft, und der bewusste Wille dirigirt die instinctartigen Gruppen von Bewegungen nach seinen bestimmten Zwecken.

Nichts ist daher unrichtiger als die Vorstellung, dass dem Thier der Mangel des Bewusstseins und der Vernunft ersetzt werde durch den Instinct und der Mensch desselben mit fortschreitender Entwicklung nicht mehr bedürfe und daher auch die Spuren, die im Kinde noch vorhanden sind und bei dem rohen Menschen noch mehr hervortreten, gänzlich verliere, wenn der vernünftige Wille sich hinlänglich herausgebildet hat. Der Schein wird nur dadurch erweckt, dass das Bewusstsein den Instinct gewissermassen bedeckt und der leitende Wille für den unmittelbaren Erzeuger der Bewegung gehalten wird, ohne die Zwischenstufen und Vermittelungen zu bemerken, deren es bedarf, um seine Einwirkung auf den Leib möglich zu machen. Und andrerseits wird sich schon ahnen lassen, wenn wir es auch hier, wo wir vom Bewusstsein selbst noch nicht ausführlich handeln können, nicht zu beweisen vermögen und es nur als ein Factum aus der allgemeinen Erfahrung aufnehmen müssen, dass der Mangel des Bewusstseins bei den Thieren auch nicht ein vollständiger ist, sondern dass es ebenso, wenn auch in unendlich geringerer Entwickelung, den Instinct begleitet und denselben mitgestaltet und leitet, wie dies namentlich bei den mit den Menschen lebenden Thieren in erhöhterem Maasse sichtbar wird, aber auch bei denen, die für sich in der Wildheit leben, nicht fehlt, indem man überraschende Proben von Ueberlegung findet, die nur auf einer nicht geahnten Lebendigkeit des Vorstellens und verständiger Combination beruhen können und ein deutliches Gedächtniss gemachter Erfahrungen voraussetzen. Was soll ich hier Beispiele aufzählen, die doch erst richtig beurtheilt werden können, wenn wir die Wirkung der Thätigkeiten des Bewusstseins bestimmt erkannt und abgegrenzt haben werden, wo wir dann nothwendig auf diesen Gegenstand zurückkommen müssen! Hier genügt es das zur Ueberzeugung gebracht zu haben, dass der Instinct nicht ein ausschliessliches Vermögen der Thiere, sondern ein auch dem Menschen nicht nur in gleicher Weise sondern vielmehr noch in weit höherem und entwickelterem Maasse zukommendes und bleibendes ist, und dass auch in dieser Beziehung der Unterschied zwischen dem Menschen und dem Thiere nicht als ein specifischer, sondern als ein auf der verschiedenen Entwickelungsstufe begründeter angesehen werden muss.

Hiemit hängt aber ein andrer Irrthum zusammen, indem man meint, der Instinct sei ein angeborner und bestehe in derselben stereotypen Weise unveränderlich durch das ganze Leben und zwar nicht bloss eines Individuums, sondern der ganzen Gattung fort. Er ist ein angeborner vorzüglich deshalb, weil die Organe angeboren sind, mit denen die Bewegungen vollzogen werden müssen, und je einfacher diese sind, so dass sie nur eine Anwendung in sehr bestimmter und beschränkter Weise gestatten, desto leichter wird diese angeeignet, und muss natürlich auch in derselben Weise bleiben, je weniger sie modificirt werden kann und bei der ganzen Organisation ihrem Zwecke entspricht. Die vierfüssigen Thiere lernen sehr bald gehen, weil die dazu nöthigen Bewegungen der Glieder sehr einfach und beschränkt sind und sie durch ihren ganzen Bau weit besser gestützt werden, der Mensch bedarf dazu einer langen Uebung, weil sein ganzer Körper ein beweglicherer ist und seine Glieder eine Menge von Combinationen der Bewegungen zulassen, aus welchen er erst allmälich die zweckmässigsten sich aneignen muss, um den Gesetzen des Gleichgewichts und der Schwerkraft zu genügen, die bei seinem aufrechten Gang so complicirt sind. Aber in dieser Beziehung findet auch bei den Thieren eine grosse Verschiedenheit Statt, die immer davon abhängig sein wird, wie einfach oder mannigfaltig der Gebrauch eines Organs ist und wie künstlich die Combinationen sind, welche für einen bestimmten Zweck nothwendig sind. Darum aber ist das nicht minder instinctartig, was erst durch längere Uebung erreicht wird, als das, was mit leichter Mühe schon bald nach der Geburt ausgeführt wird, es bleibt für den Menschen das Gehen selbst fortwährend ein instinctartiges Thun, er hat kein Bewusstsein darüber, welche Nerven erregt, welche einzelnen Muskeln in Bewegung gesetzt werden müssen, welche Kraft dabei für einen jeden nöthig sei, er vollzieht sie, und der bewusste Wille eignet sich die instinctartig erworbene Geschicklichkeit nur an für seine bestimmten Zwecke.

Der Affect aber, der dabei das anregende und regelnde ist, ist ebenso schon ein angeborner bei verschiedenen Thieren verschiedener, was dem einen Lust gewährt, lässt das andere gleichgültig und erregt ihm Unlust, und danach richtet sich dann auch natürlich die Entwickelung des Instincts. Je einfacher die Bedürfnisse sind, die das Thier hat, desto einfacher ist auch der Instinct, mit dem es die Befriedigung derselben erreicht, und desto gleichmässiger auch die Thätigkeit, die die Thiere derselben Gattung dabei entwikkeln. Es beschränkt sich daher allgemein der Instinct der Thiere auf das Suchen der Nahrung, den Bau der Wohnungen, die Befriedigung des Geschlechtstriebes und die Zucht der Jungen, die einfachsten Thätigkeiten, die auch im menschlichen Leben die Grundlage bilden, und über welche der Wilde kaum hinauskommt. Sie bilden das gesammte Gebiet, um welche sich die Affecte der Lust und Unlust drehen, alles andere lässt gleichgültig und regt zu keiner Thätigkeit an, so entwickeln sich den individuellen Reizen gemäss die instinctartigen Verrichtungen nach Maassgabe der Fähigkeit der Organe, wie sie durch den Organismus in engen Grenzen bestimmt ist, und nach dem Verhältniss der Mittel, welche die Umgebungen, in denen sie leben, für ihre Zwecke darbieten, da ist sehr bald erreicht, was unter den gegebenen Umständen möglich ist, und dies pflanzt sich dann gewohnheitsgemäss ganz stereotyp fort, so lange die Verhältnisse dieselben bleiben und nicht eine Aenderung in ihnen auch eine Aenderung der Lebensweise nothwendig nach sich zieht. Auch der Mensch findet überall, wo er sich niederlässt, instinctartig die dort vorkommenden ihm zuträglichen Nahrungsmittel heraus und hält an ihnen fest, und selbst wo das Bewusstsein ihm sagt, dass er auch andre Dinge geniessen könnte, hält ihn ein natürlicher Ekel instinctmässig von denselben zurück. Er baut sich seine Wohnungen aus dem vorhandenen Material mit den einfachsten Werkzeugen auf, und der einfache Handwerker bleibt Jahrtausende lang bei denselben Gewohnheiten und Kunstgriffen stehen, die ihm der Gebrauch bewährt hat. Die Jungen ahmen den Alten nach, und die ganze Kunst der Erziehung besteht darin, sie in die Nothwendigkeit zu versetzen, wo sie die in ihrer Organisation angelegten Fähigkeiten anwenden müssen, wie die Vögel ihre Jungen, die nicht fliegen wollen, aus dem Nest werfen, damit sie, durch die Gefahr getrieben, ihre Kraft gebrauchen lernen.

Erst die Reflexion vermannigfacht die Vorstellungen über die Möglichkeit der Gestaltung der Aussenwelt, und über den Gebrauch der Mittel, die sie für selbsterdachte Zwecke darbietet, dadurch vermehren sich die Bedürfnisse und die Affecte der Lust und Unlust, und mit ihnen entwickelt sich der Instinct, der die Thätigkeiten complicirt und combinirt, die zur Erreichung derselben nothwendig sind. Aber selbst das, was bei der ersten Erfindung Sache der Ueberlegung und des Nachdenkens war, wird im weitern Verfolg rein Gewohnheit und instinctmässiges Thun, indem das Bewusstsein, wie man dazu gelangt ist und warum man es so gemacht hat, wieder verloren geht, und nur die unbewusste und gedankenlose Bewegung als Instinct übrig bleibt und nachgeahmt wird. So erklärt es sich auch, wie wir, ganz in andere Gedanken vertieft, eine angefangene Bewegung fortsetzen, so sind wahrscheinlich auch die Bewegungen des Nachtwandlers oft rein instinctmässige und deshalb gewöhnlich auch immer in derselben Weise erfolgende; so geht das Instinctmässige durch alle unsere Handlungen hindurch, selbst durch die bewusstesten, und bildet darin ein Moment, das ursprünglich mit Bewusstsein vollzogen wurde, hernach aber nur instinctartige Ausführung in einem höhern bewussten Zwecke wird. Selbst unsere Sprache wird beim Gebrauch nur ein instinctartig angewandtes Mittel, bei welchem dem Gedanken sich das rechte Wort einstellt, ohne dass das Bewusstsein darauf gelenkt wird, ganz wie die Muskeln der Organe sich instinctmässig in Bewegung setzen, um es richtig auszusprechen, kann doch in dieser Beziehung sogar eine Incongruenz eintreten, indem wir bestimmt wissen, was wir aussprechen wollen, und doch das verkehrte sagen, es fühlen und doch nicht im Stande sind die instinctartige Bewegung dem Willen zu unterwerfen, wie dies eine bekannte, bei krankhaften Affectionen des Gehirns vorkommende traurige Erscheinung ist.

Endlich ist noch zu berücksichtigen, wie das Variiren innerhalb eines allgemeinen Typus ein sehr relatives ist, und danach bedarf es einer nähern Bekanntschaft und einer schärfern Beobachtung, um es herauszufinden. Viele Menschen finden oft Zwillingsbrüder zum Verwechseln ähnlich, und es gelingt ihnen nicht, sie zu unterscheiden, während die, die mit ihnen genauer bekannt sind, nicht begreifen können, wie man sie zu verwechseln vermöge, indem ihnen über den Unterschied die Aehnlichkeit fast verloren geht, für uns erscheint die Physiognomie der Thiere gewöhnlich ganz gleich, während der Schäfer aus seiner Heerde alle einzelnen Individuen erkennt, warum sollte sich nicht die Ansicht, dass die Lebensweise und das Thun der Thiere ganz dieselben seien, auch ändern, sobald wir uns näher damit bekannt machen und sie in ihren Eigenthümlichkeiten belauschen. Und so ist es allerdings auch der Fall, je mehr wir uns mit den Thieren beschäftigen und auf ihre Verrichtungen achten, desto mehr werden wir auch auf die Variationen aufmerksam, die dabei Statt finden, wie sie den Verhältnissen Rechnung tragen, sich nach ihren Mitteln einrichten, Gefahren vermeiden, denen sie ausgesetzt gewesen sind, und dadurch lernen, weshalb die älteren Generationen immer geschickter sind, als die jüngeren, nur dass diese Unterschiede bei einer oberflächlichen Betrachtung weniger hervortreten, weil der Exponent der Veränderung ein geringerer ist, und die Beurtheilung einen andern Maassstab fordert, als der ist, den wir in den menschlichen Verhältnissen gewöhnlich anlegen.

Dies führt uns zuletzt auf die Zweckmässigkeit der instinctartigen Thätigkeiten, die zuweilen eine bewundernswürdige Kunstfertigkeit zeigen und grade dadurch zu schiefen Urtheilen Veranlassung geben. Wir sind gewohnt die Zweckmässigkeit nur für das Resultat des berechnenden Verstandes und vernünftiger Ueberlegung und Einsicht zu halten, wenn wir nun also Zweckmässigkeit in den instinctartigen Verrichtungen der Thiere anerkennen müssen und ihnen doch nicht das dazu nöthige vernünftige Bewusstsein zuschreiben möchten, so begünstigt das gar sehr die gewöhnliche Ansicht, nach welcher man den Instinct für eine unmittelbare Einwirkung einer höhern schaffenden Vernunft auf die Seele der Thiere anzusehen geneigt ist. Aber Zweckmässigkeit ist auch schon überall in der todten Natur, soweit die organisirende Kraft in derselben reicht, sie beruht in letzter Instanz immer auf der Wechselwirkung der Dinge untereinander, welche, indem sie die Dinge gestaltet, sie adäquat macht der Gesammtheit der Ursachen, die in den vorhandenen Umgebungen zu ihrer Entstehung zusammenwirken, die die Theile in dem Organismus so vereinigt, dass sie nach dem Gesetze ihrer von einander abhängigen Bildung auch zur harmonischen Erhaltung des Ganzen beitragen müssen, die bei entstehender Veränderung der Verhältnisse entweder das Ding zwingt, sich auch so zu verwandeln, dass es in seiner wesentlichen Gestalt erhalten wird, oder wenn es dies nicht vermag, seine Vernichtung herbeiführt. Darauf kommt auch die Geschichte der Veränderungen hinaus, die das Thier durch den Einfluss des Klimas, den Wechsel der Nahrung und überhaupt aller der Verhältnisse erleidet unter denen es zu leben gezwungen ist; die Kälte, unter der das Thier erfrieren würde, macht auch, dass sein

Pelz dicker wird und es nunmehr dieselbe zu ertragen vermag, die Räthsel verschwinden, sobald wir diesen Zusammenhang zwischen Ursach und Wirkung auffinden, wenngleich derselbe bei complicirten Verhältnissen allerdings gewöhnlich sehr tief verborgen ist. Das Kind bedarf im Fötuszustande nicht des Athmens, weil es noch mit dem Blutumlauf der Mutter verbunden ist, getrennt von derselben durch die Geburt muss es die dazu nothwendigen Bewegungen sogleich machen, wenn es nicht untergehen soll, die Physiologie löst das Räthsel, indem sie nachweist, dass die in die Lungen einströmende Luft das Blut in denselben oxydirt, das dadurch arteriell geworden, als Reiz auf die medulla oblongata einwirkt, von welcher die Athembewegungen abhangen, und so der Process eingeleitet wird, ohne welchen das Leben unter so veränderten Umständen nicht bestehen könnte.

Die willkührlichen Bewegungen schliessen sich an die einfachen Reflexbewegungen an, in welchen unmittelbar ein Reiz auf die Nerven der Empfindung eine Wirkung auf die entsprechenden Bewegungsnerven ausübt. Die Willkühr besteht nur in der Modification und Beherrschung derselben, wie der Einfluss beweist, den wir auch auf die überwiegend der Willkühr entzogenen Respirationsbewegungen und Sphinkteren ausüben, indem wir die einzelnen Athemzüge innerhalb gewisser Grenzen verkürzen und verlängern und die Athembewegungen auf einzelne mit dabei betheiligte Gruppen von Muskeln beschränken können, indem wir bald mit den Brustwänden, bald mit dem Zwerchfelle, bald mit beiden zugleich die Respirationsbewegung machen, oder die Sphinkteren des Afters und der Urinblase geschlossen erhalten, wenn auch ein Reiz zur Oeffnung derselben vorhanden ist. Das regelnde und wirkende Princip dabei ist stets der Affect, indem auch hier die Willkühr nur so lange fortdauert, als die durch den Eingriff bewirkte Unlust überwunden wird durch einen stärkern Reiz nach einer andern Richtung, und der bewusste Wille verliert seinen Einfluss, wenn er den mächtiger werdenden Trieb der Unlust nicht mehr zu beherrschen im Stande ist. Deshalb wirkt auch der wechselnde Affect unmittelbar auf die respiratorischen Bewegungen und die Palpitationen des Herzens, sie werden beschleunigt und gehemmt bis zur vollständigen Lähmung; aber auch alle übrigen willkürlichen Bewegungen hangen von ihm ab, schon die ersten Anfänge derselben im Leben des Fötus sind auf ihn zurückzuführen und die complicirtesten und geübtesten in dem Erwachsenen werden durch ihn geordnet und gelenkt. Er ist es, der die Mitbewegungen zur Ruhe bringt und die richtige Association der Bewegungen erzeugt, indem der Reiz und die Befriedigung die leitenden Momente abgeben, durch welche die Actionen der Muskeln beherrscht werden; er bildet die Vermittelung zwischen der Aussenwelt und dem Leibe, indem er erregt wird durch die Eindrücke und Wahrnehmungen, gemäss der eigenthümlichen und ursprünglichen angebornen Empfänglichkeit der leiblichen Organisation für sie, und dann seinerseits die leiblichen Bewegungen so verrichtet und dirigirt, dass sie den veränderten Eindrücken entsprechen und die leibliche Organisation immer in Harmonie mit der Aussenwelt erhalten wird.

Die Zweckmässigkeit der instinctartigen Bewegungen wird daher ihren Grund nur haben können einerseits in der Zweckmässigkeit der Organisation selbst und andrerseits in der Richtigkeit, mit welcher der Affect die Thätigkeit des Individuums, gegenüber der Aussenwelt, bis zu seiner vollkommenen Befriedigung gestaltet. Das Thier wie der Mensch bildet die Fähigkeiten aus, die in seinem Organismus angelegt sind, und seine Lebensweise richtet sich nach den Mitteln, die ihm der beschränkte Gebrauch seiner Glieder gewährt, seine Triebe können nicht hinausgehen über das, was er vermittelst derselben zu erreichen im Stande ist. Der

Maulwurf wühlt in der Erde, weil seine wie Schaufeln gebildeten Vorderfüsse ganz zum Graben organisirt sind und er, bei der eigenthümlichen Stellung derselben, kaum gehen kann, ohne von selbst schon zu wühlen. Die Spinne macht sich ihr Netz, weil sie das Material zu den auszuspannenden Fäden mit sich führt, ihre Beine sind so eingerichtet, dass sie mit Leichtigkeit an dem dünnen Faden entlang läuft, sie braucht nur zu laufen und die klebrige schnell sich verdickende Flüssigkeit aus den Warzen am Hintertheil ihres Leibes zu entlassen, um den Faden zu ziehen und einen an den andern zu heften, bis das Netz vollendet ist; die Biene findet bei dem Suchen ihrer Nahrung in den Blüthentheilen der Pflanzen den Saft vor, der sich durch einen eigenthümlichen organischen Process im Innern des Thieres zu Honig und Wachs umbildet und nun die Grundlage wird für den kunstvollen Bau, den sie damit zu Stande bringt. Die meisten andern Thiere müssen sich die Materialien dazu mühsamer zusammen suchen, aber sie finden sie doch in ihren Umgebungen, und die Einrichtung ihrer Organe bedingt die Art und Weise, wie sie sie bewältigen und zu ihrem Nutzen umgestalten und verwenden. Das Raubthier geht auf Beute aus, weil nur frisches Fleisch es reizt, und dieser Reiz selbst entsteht ihm vielleicht nur, weil es die Kraft in seinen Gliedern findet, um andre Thiere zu überwinden, treibt es die Noth und der Hunger, so nimmt es auch zum Aase und zu andern Nahrungsmitteln seine Zuflucht, wie der Bär zeigt, der auch schon in seiner phlegmatischen Natur weniger den Trieb zum Angriff in sich verspürt. Besonders bei den Vögeln ist die Abhängigkeit ihrer Lebensweise und die Ausbildung ihrer Instincte von dem Bau ihrer Füsse und Flügel recht anschaulich, sie sind dadurch darauf angewiesen im Wasser, in Sümpfen, auf dem Lande, im Walde zu leben und dort ihre Nahrung zu suchen, und danach richtet sich wieder die mannigfaltige

Art in dem Bau ihrer Nester, zu welchem sie durch die Nothwendigkeit ihres Brütgeschäftes veranlasst werden, indem sie das benutzen müssen, was sie in ihren Umgebungen vorfinden. Daran reiht sich der eigenthümliche Trieb, regelmässig die bestimmten Wohnsitze zu gewissen Jahreszeiten zu verlassen, indem die Empfindlichkeit gegen die Kälte und der eintretende Mangel der Nahrung, besonders bei den Insektenfressern, sie nöthigt wärmere Himmelsstriche aufzusuchen.

Ist nun so einerseits der ganze Organismus und besonders der äussere Gliederbau das Bestimmende für den Instinct, so wirkt andrerseits ebenso entschieden der Affect, um ihn innerhalb der festgezogenen Grenzen und des darin gegebenen Spielraums zu modificiren und im Besondern festzustellen. Er bedingt es vorzüglich, ob die Thiere vereinzelt oder in Gesellschaften leben, wie sie sich als Männchen und Weibchen zu einander verhalten, was auf die ganze Gestaltung ihrer Lebensweise und die Ausbildung ihrer Instincte einen gewaltigen Einfluss ausüben muss. Denn davon hängt es ab, wie sie sich gegenseitig in ihren Verrichtungen unterstützen, wie sie die Gesellschaft förmlich organisiren, jedem einen Theil der Arbeit zukommen lassen und alle der Führung eines Einzelnen folgen, wie sie mit grösserer oder geringerer Neigung sich ihren Jungen zuwenden, sie sich selbst überlassen oder sie pflegen und anleiten und schon in dem Bau ihrer Wohnungen auf sie Rücksicht nehmen. Die besondere Bestimmtheit des Affectes ist der Grund, ob sie nur dem Momente der Gegenwart leben oder für die Zukunft sorgen, denn dies vorzüglich ist es, was zu einem kunstvolleren Bau der Wohnungen und zur Sammlung von Vorräthen anreizt, weshalb auch die Thiere, in denen der Charakter der Furcht überwiegend ist, ihre Instincte weit künstlicher ausbilden, wogegen die starken, auf ihre Kraft vertrauenden Raubthiere am meisten zurückbleiben. Die Furcht vor der Gefahr führt instinctmässig zu der Anwendung von Mitteln, um sie zu vermeiden, und der kunstvolle Bau der Nester und Wohnungen erklärt sich meist aus der Bemühung, den Nachstellungen bestimmter Feinde zu entgehen, die sie ganz vorzüglich zu scheuen haben. Sie verbergen sich in Schlupfwinkeln und Höhlen, die sie vorfinden, sie graben sich selbst geräumige und bequeme Wohnungen und verschliessen ihren Eingang sorgfältig, sie stellen selbst Wachen aus, welche den nahenden Feind ankündigen müssen, und für dies Alles ist die Furcht der völlig zureichende Grund. Dabei berücksichtige man ausserdem, dass alle diese Instincte, um so mehr, je künstlicher sie sind, eine gewisse Zeit gebraucht haben werden, um sich zu entwickeln, wenn diese auch nicht in die Zeit unserer Beobachtung fällt, dass diese Entwickelung aber lange gleichförmige Perioden durchläuft und, auf einem bestimmten Punkte angekommen, nunmehr nur in der gewohnten Weise stereotyp fortgepflanzt wird. Und wie wir bei unbefangener und sorgfältiger Betrachtung nicht läugnen können, dass auch die Thiere ihr, wenn auch immer geringes, Bewusstsein und eine in höherm oder geringerem Grade hervortretende Ueberlegung anwenden, um die instinctartigen Verrichtungen nach Umständen abzuändern, so werden wir auch befugt sein, dies bei der ursprünglichen Entwickelung mit in Anschlag zu bringen, was nicht hindert, doch die nachherige zur Gewohnheit gewordene Ausübung als eine bloss instinctartige Wiederholung und Nachahmung zu fassen, bei welcher das anfangs mitwirkende Bewusstsein wieder verloren gegangen ist. Auch mögen zuerst besondere bestimmende Verhältnisse vorhanden gewesen sein, welche grade diese eigenthümliche Entwickelung des Instincts bedingten, die hernach auch unter veränderten Umständen beibehalten wurde, so dass nunmehr das Zwingende derselben nicht mehr so einleuchtet. Dies erklärt namentlich das bestimmte Festhalten der Thiere an gewissen Nahrungsmitteln, sie waren wahrscheinlich ursprünglich die einzigen, auf welche sie an dem Ort ihres Aufenthalts gewiesen waren, und wir wissen aus eigner Erfahrung sehr wohl, wie die einmal darin angenommene Gewohnheit sehr schwer und nur bei der dringendsten Noth verlassen wird.

Endlich dringt sich uns aber noch eine Betrachtung auf, die unsere ganze Untersuchung erst völlig abzuschliessen geeignet ist. Wir sind bisher immer davon ausgegangen, dass die Grundlage des Instinctes in der angebornen Bestimmtheit der Gliedmassen zu suchen sei und diese den Affect mit bedinge, aber überall findet Wechselwirkung Statt, und wir müssen es schon desshalb für wahrscheinlich halten, dass auch umgekehrt der Affect auf die leibliche Ausbildung der Glieder zurückwirke. Ich weiss wohl, dass dem die in der Wissenschaft immer noch mächtig vertretene Ansicht von der festen Abgrenzung der Artunterschiede entgegensteht, aber ich bin auch ebenso fest überzeugt, dass dieses Vorurtheil allmälich verschwinden wird, so sehr ich das sichere Festhalten an den Thatsachen der Erfahrung ehre und jeder unbefugten Hypothesensucht abhold bin. Aber allgemeinen Gesetzen des Denkens kann sich dieselbe auch nicht entziehen, sondern diese müssen sie vielmehr bei ihren Beobachtungen leiten, und namentlich, wo es darauf ankommt den Ursprung der Dinge zu begreifen, der sich der unmittelbaren Erfahrung entzieht. Dazu gehört aber der Begriff der Entwickelung und des Zusammenhangs aller Erscheinungen, welcher der Quellpunkt aller wissenschaftlichen Untersuchungen ist und den sich das Denken an keinem Punkte rauben lassen kann, indem es überall genetischen Fortschritt anerkennen muss. Damit streitet aber entschieden die Annahme fest bestimmter Arten und die Läugnung der Uebergänge in denselben, indem diese nur zwischen unvermitteltem Schaffen oder plötzlichem Entstehen der entwickeltsten

Gestalten aus den Urelementen wählen kann. Die aus der Erfahrung stammende Polemik beruht aber nur auf einer falschen Fassung der entgegenstehenden Ansicht, und alle ihre Angriffe sind nur gegen diese gerichtet und berühren das Richtige in der Grundanschauung auf keine Weise. Es ist freilich eine ganz verkehrte Wendung der Sache, wenn man die Entwickelung als in grader Linie fortschreitend annimmt und meint, dass die Thierwelt eine einzige Reihe von dem einfachsten bis zum vollendetsten darstellt, in welche jede Art neben der andern in einem ununterbrochenen Uebergange eingestellt werden könnte, sondern es geschieht dies, um in demselben Bilde zu bleiben, vielmehr von einem Mittelpunkt aus strahlen- und netzförmig, so dass die Klassen, Ordnungen und Gattungen bestimmte in sich selbst zusammenhangende und relativ abgeschlossene Gruppen bilden, die ihren Einheitspunkt nicht in dem peripherisch neben einander liegenden, sondern in dem zurück liegenden dem Mittelpunkt des Ganzen sich nähernden finden, von welchem aus sie durch Modification entstanden sind und von dem sie sich abzweigen, unter einander nur dadurch verwandt, dass sie von diesem gemeinschaftlichen Ursprunge ausgehen. Er verschwindet in der Zeit der Entwickelung und wird in der Gegenwart nur noch ideal erkannt durch die richtige systematisirende Erkenntniss, als Resultate aber bleiben in der Wirklichkeit nur übrig die letzten Modificationen in den Gruppen der Arten, die ebenso relativ in sich abgegrenzt sind und an den Grenzen keinen Uebergang in einander zulassen. Für die Erfahrung können nur die in den übereinander gelagerten Erdschichten begrabenen Reste früherer Organisation eine erwünschte Auskunft geben, in welchen das, was wir in der gegenwärtigen Zeit nur ideal in der Classification der Thiere anschauen, in wirklichen Gestalten vor uns liegt, und diese bestätigen die eben entwickelte Ansicht vollkommen. Denn nach ihr werden Repräsentanten der allgemeinsten Abtheilungen der Thierwelt schon in den ersten Schichten vorkommen müssen, und so ist es in der That, indem die Fische als Vertreter der Wirbelthiere so weit hinaufreichen, als wir überhaupt thierisches Leben in der Erde eingeschlossen vorfinden, wenngleich wir uns wohl hüten müssen, diese uns noch jetzt zugänglichen Formen nun auch wirklich für die ersten lebenden Geschöpfe halten zu wollen, indem offenbar vulkanische und plutonische Einflüsse die erste Organisation verschlungen und unserer Nachforschung für immer entzogen haben. Je mehr wir aber die weiteren Schichten verfolgen, desto mehr vervielfältigen sich die Ordnungen, Gattungen und Arten, während ursprünglich eine auffallende Einförmigkeit herrschte und die auftretenden Gestaltungen noch gegen die Unterschiede indifferent sind, welche nachher sich ausbilden, und als Mittelgattung die Charaktere verschmelzen, die später gesondert erscheinen, bis zuletzt erst sich die Formen, bis zur vollständigen Gleichheit, den noch jetzt lebenden annähern.

Damit hängt ferner auch die Frage der allmälichen Vervollkommnung zusammen. Auch hier wäre es durchaus verkehrt, einen ununterbrochenen Fortschritt zu denken, der schon mit dem Aufgeben der in grader Linie fortgehenden Entwickelung von selbst fortfällt. Wir sehen vielmehr, dass die am höchsten entwickelten Arten einer niedern Gattung in der Stufe ihrer Vollkommenheit die niedrigsten der zunächst höhern Gattung bedeutend überragen, und auch dies folgt aus unserer Ansicht mit Nothwendigkeit, indem der gemeinsame Urtypus, indem er sich in einer Reichhaltigkeit modificirter Formen ausbreitet, nicht nur in der Entwickelung der Gestalten fortschreitet, sondern ebenso gut auch verkümmert, und so unter den Grad der Entwikkelung wieder herabsinkt, den die Gattung schon erreicht hatte. Aber dennoch besteht im Ganzen und Grossen der Fortschritt der Reihe unwiderleglich, und dies könnte scheinbar einen Einwurf gegen unsre Ansicht begründen, die vielmehr auf eine gleichmässig sich erweiternde Entwickelung in den Verzweigungen, und auf eine gleiche Dignität in den Arten zu deuten scheint. Aber auch dies beruht auf einem in aller Entwicklung sich findenden, sehr begreiflichen Gesetz. Die Modificationen erfolgen ja immer nur theilweise, die grosse Masse nimmt nicht daran Theil, und daher erreichen auch nur Einzelne den mit diesen Modificationen verbundnen höhern Grad der Entwickelung, der mit den reicher gewordenen Mitteln auch in immer höhern Potenzen fortschreitet und so der Masse die Mittel entzieht, durch die sie sich fortentwickeln könnten und sie so selbst unter den früheren Indifferenzpunkt herabdrückt. Darum bilden auch in dem Thierreich die niedern Entwickelungsstufen die sich gleich bleibende unzählbare Masse, die durch die ganze Geschichte der Erdbildung in den allergeringsten Modificationen hindurchläuft, und wir können mit Recht daraus schliessen, dass die niedrigsten Arten einer Gattung den Typus derselben am treusten festhalten, wie ja eben deshalb die Repräsentanten der Wirbelthiere in der Urwelt die Fische sind, und die Reptilien und Vögel erst nachher auftreten, bis die Entwickelung mit den Säugethieren und dem Menschen abschliesst. Aber eben deswegen zeigen auch die jetzigen Reptilien lange nicht die Verwandtschaft mit den Fischen, die in den urweltlichen Uebergangsformen sich darstellt, wie wiederum die jetzigen Schildkröten, Eidechsen und Krokodile in ihren ausgeprägteren Charakteren nicht den Zusammenhang vermuthen lassen, der in den ursprünglich sich vorfindenden Mittelformen so handgreiflich ist.

Achten wir nun ferner darauf, wie die Artunterschiede gewöhnlich durch die Modification der äussern Organe, namentlich der Kauwerkzeuge und der Glieder der Bewegung, charakterisirt werden, während mit dem Hinaufschreiten zu den allgemeinen Gattungen, Ordnungen, Klassen auch der freilich in geringen Spuren überall vorhandene Unterschied der innern Organisation bis zum embryonalen Zustande zunehmend wächst, so muss dies unsere Theorie der Entwickelung auf das Bestimmteste bestätigen und zu der Ueberzeugung führen, dass es der Einfluss äusserer Umstände war, der modificirend auf die Gestaltung der Thiere einwirkte und durch die Wechselwirkung aller Theile des Organismus von Aussen nach Innen vordrang. Hier ist denn auch der Punkt, wo die Rückwirkung des Affects und des davon abhängigen Instincts auf die Formation der Glieder ebenfalls eingreift, indem er ja gerade die Aussenwelt mit dem lebendigen Individuum in innere Verbindung bringt. Wir kennen sehr wohl den Einfluss, welchen die Uebung auf die Entwickelung der Glieder hat, wie der Gebrauch sie kräftigt, der Nichtgebrauch ihre Verkümmerung herbeiführt, wie athletische Künstler Kraftproductionen und Körperverrenkungen zeigen, die ganz im Widerspruch mit der Organisation zu sein scheinen, wir wissen wohl, wie die Ausübung gewisser Handwerke sich in Gang und Haltung ausprägt, und wirkt hier eine kurze Dauer der Thätigkeit schon sichtbar, warum sollte eine kaum zu berechnende Zeit langer Uebung und Gewohnheit nicht Grösseres zu wirken im Stande sein. Macht doch die vergleichende Anatomie den umfassendsten Gebrauch von dem Begriff der Entwickelung und Verkümmerung, lehrt sie doch überall das rudimentäre Vorhandensein organischer Theile, die in den verwandten Thieren ausgebildet sind und denselben dienen, während sie unter den veränderten Umständen nicht mehr angewendet werden und deshalb allmälich verschwinden, warum sträubt man sich denn, in dem nothwendigen Gebrauch derselben den wahren und wirklichen Grund ihrer Entstehung und Entwickelung anzuerkennen? Kann dagegen der Einwand aufkommen, der die Arten auch rückwärts für immer stereotyp machen will, weil wir in unsern

Zeiten eine Veränderung derselben nicht wahrnehmen, während wir doch an dem Spiel der Varietäten das Analoge vor uns sehen, wie auch hier bei dauernden gleichartigen Einflüssen sich bestimmte Formen festsetzen, die zum Theil noch grössere Unterschiede zeigen, als wir sie für nöthig halten, um Arten abzugrenzen, vorausgesetzt, dass jene Einflüsse bedeutend genug sind, wie dies namentlich bei den Hausthieren der Fall ist, auf deren Lebensweise der Mensch einwirkt, ganz übereinstimmend mit den Culturpflanzen, wo auch die Varietäten, die der Mensch erzielt, eine grössere Abweichung von dem Typus der Art zeigen, als diese selbst in der natürlichen Entwickelung im Vergleich zu ihren verwandten Arten darbietet. Andererseits müssen wir auch bedenken, dass, um grössere Unterschiede zu begründen, auch grössere Veränderungen in den Umgebungen nöthig waren, wie sie jetzt nicht vorkommen und wie sie vielleicht eben nur in den grossen Erdrevolutionen gegeben waren, nach denen wir die neuen Gattungen und Arten auftreten sehen, jenen furchtbaren Katastrophen, die plötzlich zum Theil die alten Geschlechter begruben und sie uns so erhielten, während sie die übrig gebliebenen zwangen, sich den ganz neuen Verhältnissen gemäss umzuwandeln und von einer ganz neuen Pflanzenwelt zu nähren, so dass sie nunmehr wieder eine geraume Zeit lebten und sich entwickelten, aber für uns untergingen, weil ihre Ueberreste durch den zerstörenden Einfluss der Atmosphäre vernichtet wurden, bis wieder eine neue plötzliche Revolution, nach Jahrtausende langer Zwischenzeit, die vorhandene Organisation in ähnlicher Weise der Nachwelt überlieferte.

Haben wir so die Ursachen des Instincts und seine Beziehung zur leiblichen Organisation und zum Affect im Allgemeinen kennen gelernt, so ist es nur noch nothwendig, auf die besondern Momente zu achten, in denen er sich entwickelt, was dann ein noch helleres Licht auf den ganzen Gegenstand werfen wird. Sie müssen den vier Formen des Affects entsprechen und sich in ganz ähnlicher Weise, wie jene, zu einander verhalten, wir bezeichnen sie als Sympathie, Idiosynkrasie, Trieb und Gewohnheit. Die Sympathie beruht auf der offenen Empfänglichkeit für die wechselnden Eindrücke der Gegenwart und auf der Lust und Freude an ihnen, aus welchen die unbefangene Hinneigung zu ihnen hervorgeht; sie ist verwandt mit dem Sinn für Alles und dem sanguinischen Temperament, und daher, wie diese, vorzüglich den Kindern eigen, die sich auch, so lange sie nicht die Erfahrung des Uebels gemacht haben und durch die Furcht vor der Gefahr abgeschreckt werden, allen Eindrücken hingeben und an dem Wechsel derselben ihre Freude finden. Sie ist für den Instinct die Hauptlehrmeisterin, indem sie den Gesichtssinn vorzüglich entwickelt, zu allerlei Versuchen anregt und vorzüglich die Nachahmung fördert, sie ist zugleich die Ursache der Geselligkeit, und dies Alles vereint bewirkt natürlich, dass, wo sie sich überwiegend bei den Thieren findet, vergleichungsweise eine grosse Anlage für die Entwickelung des Instincts gegeben ist, wozu dann freilich die zwingenden Einflüsse hinzukommen müssen, die zur Ausbildung derselben nöthigen. Deshalb sind es auch diese Thiere vorzüglich, und zwar in den verschiedensten Klassen und Ordnungen, die sich dem Menschen leicht anschliessen, die er durch seine Zucht zu nützlichen Zwecken und allerhand Kunstfertigkeiten abzurichten im Stande ist, welche ihnen den Charakter einer höhern Entwickelung einprägen, der sich dann auch instinctmässig in den folgenden Generationen fortpflanzt und sie leichter befähigt, sich dieselben Kunstfertigkeiten anzueignen, wie der Affe, der Hund, das Pferd, der Elephant u. s. w. beweisen, während dieselben Thiere ohne jene Zucht gerade nicht hervorragende Eigenschaften zeigen. Denn dieselbe Sympathie macht sie auch geneigt, sich überall den Verhältnissen anzubequemen, mit Allem vorlieb zu nehmen, den Instinct zu wechseln und zu verlernen und daher auch nicht ihn zu grösserer Bestimmtheit auszubilden. Die Hausthiere gewöhnen sich mehr oder weniger leicht an allerlei Nahrung, selbst der verschiedensten Art, die ihnen gereicht wird, und der Affe und den Hund, die den bezeichneten Charakter am meisten an sich tragen, gehen darin allen andern voran, die Kanarienvögel, so wie andere Singvögel eignen sich in der Gefangenschaft den Gesang derer an, mit denen sie zusammen aufgehängt sind, und verlernen den ihnen eigenthümlichen, die Pferde erhalten andere Gangarten als diejenigen sind, die sie in der Freiheit gewöhnlich anwenden. Aber auch in dem wilden Zustande variirt die Lebensweise solcher Thiere in den verwandten Arten weit mehr als bei andern, ihre geographische Verbreitung ist ungleich grösser, und was das Merkwürdigste ist, sie verzweigen sich weit mehr schon in den Ordnungen, Familien und Gattungen, die eine grosse Verschiedenheit zeigen, indem nur der Körperbau im Ganzen derselbe bleibt, während Kopf und Extremitäten ausserordentlich wechseln, wie die Affen der alten und neuen Welt, die Makis, die Fledermäuse, die Beutelthiere und die Faulthiere beweisen, was dann ihre Zusammengehörigkeit leicht verkennen lässt, aber unsere oben aufgestellte Ansicht von der Entwickelung der Thiere und dem Einfluss des Affects und der Lebensweise auf die äussere Gestaltung ganz besonders zu bestätigen geeignet ist.

Der Sympathie steht gegenüber die Idiosynkrasie, womit wir die eigenthümliche Form des Instincts bezeichnen, nach welcher eine ganz individuelle Neigung oder Abneigung für bestimmte Eindrücke hervortritt, je nachdem sie Lust oder Unlust verursachen. Sie beruht auf dem Affect der Hoffnung und der Furcht, welcher zusammenhängt mit der gespannten Aufmerksamkeit auf die Gegenstände der Aussenwelt, und so das melancholische Temperament und den individuellen Charakter des Tiefsinns begründet. Die Idiosynkrasie hat daher ihrer Natur nach immer etwas Seltsames, von dem Gewöhnlichen abweichendes, was ihr zugleich das Gepräge des Dunkeln und Geheimnissvollen giebt, aber doch eben nur darin liegt, dass die Ursachen, die der ursprünglichen Entstehung zum Grunde liegen, ganz vereinzelte und zufällige sind, die sich der Beobachtung entziehen, und hernach, wenn die Idiosynkrasie sich festgesetzt hat, längst verschwunden und vergessen sind und nicht mehr constatirt werden können. Andererseits lassen sie auch in der leiblichen Constitution ganz bestimmte, wenn auch noch so geringe Modificationen voraussetzen, die zum Theil Ursache zum Theil Wirkung sind und oft so tief liegen, dass sie der Beobachtung gänzlich entgehen. Im Allgemeinen ist es zunächst das Ungewohnte und Unbekannte, was Abneigung gegen sich hervorruft, weil wir die Wirkungen desselben nicht zu beurtheilen im Stande sind, so dass die Furcht entsteht, dass es uns schaden könnte. Ganz junge Kinder scheuen nicht die Dunkelheit und gehen zu Jedermann, aber sobald sie der Furcht zugänglich geworden sind, und namentlich sobald ihnen dieselbe für irgend etwas eingeflösst wird, fliehen sie die unheimliche Finsterniss und werden auf ganz seltsame Weise wählerisch gegen unbekannte Personen, die mit ihnen zusammentreffen, an denen irgend Etwas ist, was sie anzieht oder abstösst. Das ist der Grund, weshalb ungewöhnliche Thiere, namentlich seltsam gestaltete und schnell und plötzlich sich bewegende, eine Idiosynkrasie erzeugen, weshalb ein unerwarteter schneidender und gellender Ton so unangenehm den ganzen Organismus durchdringt. Furcht und Aufmerksamkeit steigern sich gegenseitig, und der Eindruck wird dadurch ein so gewaltiger, dass er das ganze Nervensystem erschüttert und oft die heftigsten Krämpfe erzeugt, was dann die Seltsamkeit noch vermehrt, indem andere dagegen gleichgültige Individuen kaum von demselben berührt werden. Je mehr die Aufmerksamkeit auf das Ungewöhnliche auch durch begleitende Umstände gespannt wird, desto bedeutender ist die Erregung, alle Kinder nehmen Arzenei nur mit dem heftigsten Widerwillen, und Applicationen von Blutegeln, ja das Anlegen der einfachsten Verbände gestatten sie nur mit dem gewaltigsten Sträuben, die Vorstellung, dass es mit der Krankheit in Verbindung steht, trägt dazu das Wesentlichste mit bei, die ungewöhnlichen Vorbereitungen und das unwillkürlich veränderte Verhalten der Eltern wirken mit, während die Sache weit leichter von Statten geht, wenn gar kein Nachdruck darauf gelegt, in allen Nebenumständen das Auffällige vermieden und sie vielmehr unvermerkt im Zusammenhang mit dem Alltäglichen ausgeführt wird.

Die Idiosynkrasie ist ein ungemein wichtiges Moment in der Bildung der Instincte, sie bewirkt jene oft auffallenden und sonderbaren Eigenthümlichkeiten, von denen wir weniger Rechenschaft zu geben vermögen, weil wir die speciellen Ursachen nicht kennen, die Veranlassung dazu gegeben haben. Sie führt zu einer mehr isolirten Lebensweise oder einem engern Aneinanderschliessen der zunächst verwandten, zu einer innigern Verbindung zwischen Männchen und Weibchen, zwischen Alten und Jungen, zu einer localeren Beschränkung ihrer Wohnplätze an solchen Orten, wo sie die ihnen speciell zusagenden Nahrungsmittel finden, zu einer mehr festen häuslichen Einrichtung in besondern Bauten, wo sie zugleich gegen die Nachstellungen ihrer Feinde gesichert sind, zu der vorsorglichen Sammlung von Vorräthen und zu der sorgfältigeren Anleitung und Zucht der Jungen. Das Gehör wird verhältnissmässig weit mehr entwickelt, und daher auch die Bildung von Tönen möglich gemacht, wodurch sie sich anlocken und sich gegenseitige Mittheilungen machen. Der Tiefsinn unterstützt hier sehr die

Auffindung des Zweckmässigen und Passenden, und die Thiere, in welchen dieses Moment der Idiosynkrasie vorherrschend ist, zeigen daher in der bestimmten Richtung, in welcher sie thätig sind, eine überraschende und wunderbare Kunstfertigkeit, während sie durchaus nicht geschickt sind in der Aneignung fremder und keinen grossen Scharfsinn verrathen in der Ueberwindung ausserordentlicher und ungewohnter Hindernisse, sondern lieber die Wohnstätte verlassen, die ihnen unsicher geworden ist und sich anderwärts in gewohnter Weise anbauen, als sich den Verhältnissen anbequemen. Sie sind leicht zu täuschen und leicht zu fangen, wenn man auf ihre stereotypen Sitten eingeht und alles vermeidet was ihre Furcht und ihr Misstrauen erregen könnte, sie gehen zwar nicht in dieselbe Falle, die ihnen einmal Gefahr gebracht hat, aber eine geringe Modification derselben genügt schon, um sie aufs neue zu täuschen.

Auch die grosse auffallende Vermehrung derselben scheint mit der ganzen Eigenthümlichkeit zusammen zu hangen, sowie die damit immer erfahrungsgemäss verbundene relative Kleinheit ihrer Gestalt und die ungemeine Beweglichkeit ihrer Glieder, die mit der Emsigkeit ihrer Verrichtungen und der Furchtsamkeit und Flüchtigkeit ihres ganzen Wesens harmonirt. Die Kleinheit, die sie den grössern zum Raube werden lässt, ist aber auch wahrscheinlich der Grund ihrer Furchtsamkeit und so ihrer ganzen eigenthümlichen Lebensweise. Sie zeigen ebenfalls eine grosse geographische Verbreitung, die aber wesentlich von der oben erwähnten derer verschieden ist, die den ganz entgegengesetzten Charakter der Sympathie an sich tragen und auf ganz andern Gründen beruht. Nicht weil sie sich leicht in alle Verhältnisse finden und sich überall acclimatisiren können, breiten sie sich aus, sondern grade umgekehrt, weil sie nur unter den bestimmten ihnen allein zusagenden Umständen leben können, sind sie gezwungen sich dieselben aufzusuchen, wenn sie durch die eigne Vermehrung oder durch die Nachstellung ihrer Feinde aus den alten Wohnsitzen verscheucht werden, sie müssen dann oft weite Wanderungen unternehmen, bis sie wieder eine entsprechende Wohnstätte finden, und so bevölkern sie allmälich ungeheure Strecken der Erde, indem sie sich nach und nach allerdings auch an Verschiedenheiten gewöhnen und, durch die Noth getrieben, ihre eigenthümlichen Instincte den neuen Verhältnissen anbequemen. Deshalb finden wir bei ihnen eine grosse, ja vielleicht die grösste Verzweigung in eine Mannigfaltigkeit von Familien, Gattungen und Arten, aber sie zeigen die sonst fehlende Eigenthümlichkeit, dass sie weit schärfer begrenzt und durch einen bestimmten Typus in sich abgeschlossen sind, der seine individuelle Lebensweise und Instincte fest beibehält und dem sich auch der äussere Gliederbau in irgend einer Bestimmtheit genau anschliesst. Damit hängt denn auch, gemäss der Ursach der Verbreitung, wesentlich zusammen, dass, während die früher geschilderten Thiere in ihren verschiedenen Gattungen und Arten mehr neben einander leben, so dass jedes Land seine besondere Art hat, die in ihm den allgemeinen Charakter der Familie und Gattung repräsentirt, so hier die unterschiedenen Species vielmehr in denselben Länderstrichen zusammenleben, weil sie wegen ihrer ganz speciellen Instincte sich nicht gegenseitig hemmen, und dieselben Thiere, die früher wegen übermässiger Vermehrung den Wohnsitz verlassen mussten, nunmehr, nachdem sie an einem fremden sich mit der Zeit umgewandelt haben, auch allmälich aus derselben Ursache in den früheren zurückkehren können, und friedlich neben ihren Stammesgenossen, von denen sie ausgeartet sind, zu leben vermögen, indem sie jetzt hier die Verhältnisse wiederfinden, die ihnen damals nicht zusagten, an die sie sich aber in einer fremden Gegend nach und nach gewöhnen mussten, das vollkommene Gegenbild der Menschen, die, mit der Heimath unzufrieden, voller Hoffnung in die Fremde ziehen und dort umgewandelt und geheilt zurückkehren, um sich nun an dem genügen zu lassen, was das Vaterland ihnen darzubieten im Stande ist.

Obgleich die Sympathie und Idiosynkrasie entgegengesetzter Natur sind, so verknüpfen sie sich doch eben so gut mit einander, und es entsteht daraus als eine neue Form des Instincts der Trieb, der nicht mehr gleich empfänglich ist für alle Eindrücke der Aussenwelt, aber auch nicht ausschliesslich einzelnen bestimmten hingegeben ist, sondern unter denselben wählt, indem er von den verschiedenen Gegenständen mit verschiedener Kraft angezogen wird, die im Verhältniss steht zu der Stärke der Eindrücke selbst, aber auch ebenso abhängig ist von dem Verhältniss, in welchem sie zu seiner überwiegenden Neigung stehen, wobei viel darauf ankommt, ob in demselben die Sympathie oder die Idiosynkrasie vorherrscht. Der Trieb beruht daher ganz auf dem entsprechenden Affecte des Reizes, wird besonders geweckt durch den Geruchssinn und ist verwandt mit dem cholerischen Temperamente und dem Scharfsinn im Auffassen und Unterscheiden der Dinge, Momente die sich alle gegenseitig voraussetzen und unterstützen und zugleich die Kraft und Sicherheit bedingen, mit welcher der reizende Gegenstand angeeignet wird, wenn er Lust erweckt, oder abgestossen und vernichtet, wenn er Abscheu und Wuth einflösst. Der Trieb wird sich aber ganz anders äussern, wenn er in Verbindung mit den bisher betrachteten Formen des Instincts auftritt und ihnen dient, oder wenn er selbst den Instinct dominirt und sich ausschliesslicher geltend macht. In jenem Fall entwickelt er die harmlose Lebensweise der Thiere zu grösserer Vollkommenheit und Geschicklichkeit, in diesem erzeugt er in allen Klassen, Ordnungen, Familien bis zur speciellen Art und Varietät herab den Raubthiertypus, der sich überall gleich charakteristisch ausprägt, aber natürlich da am stärksten sich offenbart, wo er schon den allgemeinern Charakter der Ordnung bestimmt, und nun in den besondern Familien, Gattungen und Arten immer stärker hervortritt. Deshalb ist die Familie der Katzen und in ihr wieder der Tiger das allgemein bekannte, am schärfsten ausgeführte Bild, in dem sich alle Züge des Charakters am deutlichsten erkennen lassen.

Der Trieb führt überall zur Wahl des Besten und dem Verschmähen des Geringeren, wo irgend wie die Mittel vorhanden sind um zu demselben zu gelangen, und beides weiss der Scharfsinn leicht herauszufinden. Er steigert einerseits die Kraft und Schnelligkeit im Gebrauch der Glieder und erzeugt andrerseits die List und Tücke, wo jene nicht ausreichen. Darum ist es nicht wunderbar, dass alle Raubthiere der thierischen Nahrung nachtrachten, das junge Fleisch dem alten, das lebende dem todten vorziehen und zuletzt rein nach dem Blute dürsten und das Uebrige verschmähen, dass die kleineren den Vogeleiern nachstellen und sie aussaugen, und wenn sie zu anderer Nahrung greifen, leckerhaft werden und an Honig und Früchten sich laben. Ihre Beute aber fangen sie aus dem Hinterhalt heraus, indem sie mit einem oder mehreren grossen wohl berechneten Sprüngen auf sie losstürzen oder, wie die Raubvögel, aus unabsehbarer Höhe auf sie herabstossen, oder sie beschleichen sie mit aller Vorsicht und Geräuschlosigkeit und wenden die verschiedensten und von überraschendem Scharfsinn zeugenden Mittel an, um die Hindernisse zu überwinden, die ihrem Triebe sich entgegenstellen, wie der listige Fuchs ja in dieser Beziehung sprüchwörtlich geworden ist, und wie selbst die Katze zeigt, wenn sie den Milchtopf, zu dem sie nicht gelangen kann, umzukehren oder sogar den Vogel im Bauer endlich zu erhaschen weiss.

Der Trieb erzeugt ferner eine selbstsüchtige Isolirung und daher ein einsiedlerisches Leben, weshalb die Raubthiere nie in Gemeinschaft leben. Weil sie selber herrschen und keine Feinde zu fürchten haben, wenden sie keine grosse Kunst auf ihre Wohnungen, sondern eignen sich lieber die andrer Thiere an oder wählen den besten Aufenhalt, den ihnen die Natur bietet, aber indem sie von allen andern gefürchtet werden, müssen sie des Nachts auf Raub ausgehen und werden so meist zu nächtlichen Thieren. Ihre Verbreitung ist immer nur eine locale und beschränkte und die Verzweigung in Gattungen und Arten eine verhältnissmässig ausserordentlich geringe, aber grade die letzteren sind scharf begrenzt und in sich abgeschlossen, jedes Land, jede Stelle in ihm hat seine besondere Art, die darin herrscht und keine andre neben sich aufkommen lässt, so dass sie allein die allgemeine Ordnung repräsentirt und sich auch hier in ihrer individuellen Bestimmtheit erhält.

Die letzte Form des Instincts, welche dem Triebe grade gegenübersteht, ist die Gewohnheit. Sie ist in sofern das wichtigste Moment, weil sie die instinctmässige Thätigkeit, die sich durch die besonderen Umstände entwickelt hat, abschliesst und nun in einer mehr oder weniger bestimmten einförmigen Weise erhält. Sie erzeugt Uebung und Fertigkeit in den dazu nöthigen Verrichtungen und bringt in dieselben Zusammenhang und Harmonie hinein, indem sie die widerstreitenden Elemente allmälich gegen einander ausgleicht. Denn der Affect, auf welchem sie beruht, ist der der Befriedigung, welcher eben sowohl veranlasst, dass der Trieb überhaupt zur Ruhe kommt, das einmal Angeeignete unverändert erhalten und die erlangte Thätigkeit, auch ohne neuen Reiz, fortgesetzt wird, als sie bewirkt, dass die unregelmässig wechselnden Triebe und Neigungen sich regeln und die ihnen entsprechenden Thätigkeiten sich ordnen und vervollkommnen. Aber in der Gewohnheit an und für sich liegt kein besonders bildendes Moment, sie setzt die frühern Formen des Instincts voraus, die ihr das Material liefern, das sie nur zur Vollendung bringen kann; wo daher durch den Trieb die Kunstfertigkeiten schon bis auf einen gewissen Punkt entwickelt sind, da bringt sie jene Regelmässigkeit und Uebung hinein, die oft in Bewunderung versetzen, wo der Trieb aber zu früh in Gewohnheit überging, da zeigt sich ein grosser Mangel an aller Bildung und ein Zurückbleiben auf der niedrigsten Stufe der Entwickelung.

Die Gewohnheit hängt zusammen mit dem phlegmatischen Temperament und dem individuellen Charakter der Sinnigkeit, sie erzeugt eine gemächliche und sorglose Lebensweise, die sich mit dem einfachsten und schlechtesten begnügt, allein der Nahrung lebt, wenig für den Bau der Wohnungen und die Zucht der Jungen thut, aber sich sehr der Geselligkeit zuneigt, und hier oft, wenn eine höhere Entwickelung hinzukommt, ein geordnetes Gemeinwesen hervorbringt, das der Leitung eines Einzelnen sich hingiebt, jedem seine Arbeit zutheilt und Wachen ausstellt, die die geordneten Verrichtungen sichern. Im Allgemeinen aber sind die Thiere mit diesem Charakter grösser von Gestalt und von plumperem ungelenkigen Körperbau, wie ihn z. B. die Hufthiere als die Repräsentanten desselben unter den Säugethieren, darstellen, die Grösse macht, dass sie weniger von Feinden zu leiden haben, und daher furchtlos und ohne Sorge leben können und der Mangel an Thätigkeit lässt die Glieder unentwickelt. Der Mensch hat sie sich meist dienstbar gemacht und verwendet sie zum Tragen der Lasten oder hält und mästet sie zu seiner Nahrung, wie namentlich neben den Wiederkäuern auch die Hühnervögel, die Enten und Gänse beweisen, die unter den Vögeln am meisten diesen Typus an sich tragen.*) Die Gewohnheit führt ferner zu festen Wohnsitzen, daher breiten sie sich weniger aus

*) Die Wasserthiere sind deshalb am wenigsten entwickelt, weil das Element, in dem sie leben, die grösste Einförmigkeit darbietet und sie am meisten zur Gewohnheit führt.

und sind local beschränkt, wenn nicht der Mensch für ihre Verbreitung gesorgt hat, und da ihre Organe weniger entwickelt sind, so sind auch die Veränderungen, die sie erleiden, weniger eingreifend und beziehen sich weit mehr auf äusserliche Merkmale, die von den klimatischen Verhältnissen abhangen, wie die Farbe und die Bedeckung der Haut, oder auf Grösse und Körpergestalt, die auf die Nahrung zurückgeführt werden müssen. Die Verzweigung derselben nach Gattungen und Arten ist demgemäss nur sehr unbedeutend, und dieselben zeigen weit mehr Uebergänge, indem die Veränderungen selbst nur sehr allmälich haben entstehen können.

Betrachten wir diese vier Formen des Instincts mit den daraus abgeleiteten charakteristischen Eigenthümlichkeiten in der Lebensweise der Thiere und vergleichen damit die jetzt gebräuchliche rein aus der Organisation gewonnene zoologische Classification, so tritt uns ein überraschender Zusammenhang entgegen, der vielleicht bei der fortschreitenden Untersuchung noch deutlicher sich herausstellen wird, ja wir sind der festen Ueberzeugung, dass eine Berücksichtigung der Lebensweise nach den von uns aufgestellten Principien von wesentlichem Nutzen für die richtige Vertheilung sein würde, indem sie in der angedeuteten Weise einen Maassstab für die geographische Verbreitung und die grössere oder geringere Verzweigung in Ordnungen, Familien, Gattungen und Arten an die Hand giebt, die für die Schätzung der relativen Verwandtschaft von grosser Wichtigkeit ist. Wer könnte zunächst die vier geschilderten Formen verkennen bei der Eintheilung der Wirbelthiere in Säugethiere, Vögel, Amphibien und Fische, wie bei der der Gliederthiere in Spinnen, Insekten, Krustenthiere und Würmer. Aber dieselbe Unterscheidung kehrt auch wieder in den Ordnungen, wenn wir bei den Säugethieren die Affen, die Nagethiere, die Raubthiere und Hufthiere, bei den

Vögeln die Klettervögel, die Singvögel, die Raubvögel und Hühnervögel,*) bei den Amphibien die Eidechsen, Lurche, Krokodile und Schildkröten mit einander vergleichen. Die grösste geistige Entwickelung überhaupt ist überall da wo die grössere Sympathie und Empfänglichkeit für die Eindrücke der Aussenwelt herrscht, aber die grössere Künstlichkeit in der Ausbildung der Instincte findet sich da, wo die Idiosynkrasie das Bestimmende ist. Zu den ersten gehören vor allen die Säugethiere und unter ihnen die Affen, unter den Vögeln die Klettervögel, unter den Amphibien die Eidechsen, unter den Gliederthieren die Spinnen, wobei es merkwürdig ist, dass hier überall ein gewisser Sinn für das Klettern entwickelt ist, wozu offenbar eine grössere Ausbildung und eine grosse Gewandtheit in dem Gebrauch der Extremitäten nothwendig ist, zu den andern gehören vorzüglich die Vögel und Insekten, unter den Säugethieren aber die Nagethiere, unter den Vögeln die Singvögel, unter den Amphibien die Lurche, unter den Insecten selbst die Hautflügler mit den Wespen, Bienen, Ameisen u. s. w., welche überall das scheue flüchtige Wesen und daher die grösste Beweglichkeit, die Betriebsamkeit, den kunstvollen Bau ihrer Wohnungen, das feinere Gehör und die darauf gegründete Entwickelung einer Tonsprache zeigen, die sogar bei den Insecten auf die allermannigfaltigste Weise bald durch diesen bald durch jenen Theil des Körpers hervorgebracht wird und ganz offenbar zum Anlocken und zu Mittheilungen dient, wenngleich es, wegen der grossen Schwierigkeit, erst bei einigen gelungen ist, ein wahres Gehörorgan zu entdecken. Sie wenden alle eine grosse

---

*) Der Unterschied zwischen Land- und Wasserthieren ist nur ein gradweiser der Entwicklung, indem die letzteren überall die niedrigsten sind und in sich die Unterschiede der höheren, an die sie sich anschliessen, wiederholen, weshalb sie auch hier nicht weiter berücksichtigt sind, wie die Robben und Walle unter den Säugethieren, die Sumpf- und Schwimmvögel unter den Vögeln.

Sorgfalt auf die Pflege und Erziehung der Jungen, wobei das merkwürdig ist, dass dieselben hier auch weit unvollkommener zur Welt kommen, woraus auf die Verwandlungen bei den Lurchen und Insecten ein unerwartetes Licht fällt, wie denn überhaupt die Gliederthiere, welche unter den grossen Abtheilungen diesem Typus entsprechen, auch schon in den übrigen Klassen eine ähnliche, wenn auch bei weitem geringere Metamorphose durchmachen. Das räuberische Leben derjenigen Thiere, bei welchen der Trieb vorwaltet, ist am deutlichsten ausgeprägt; es wird repräsentirt unter den Wirbelthieren durch die Amphibien, die mit Ausnahme einiger Schildkröten alle Raubthiere sind und zwar am stärksten durch die Krokodile, während alle übrigen Klassen auch in einer bestimmten Ordnung denselben Charakter zeigen, und wie ihn die Gliederthiere in den Crustaceen ausgebildet haben. Der phlegmatische Charakter der Gewohnheit endlich tritt am entschiedensten heraus bei den Wirbelthieren in den Fischen und bei den Gliederthieren in den Würmern, während die Säugethiere ihn besitzen an den Hufthieren, die Vögel an den Hühnern, die Amphibien an den Schildkröten, die sogar in dieser Klasse die einzigen sind die zum Theil Pflanzennahrung zu sich nehmen, selbst aber den Menschen zur Speise dienen.

Aber auch weiter hinein in die Familien und Arten lässt sich diese Unterscheidung mit gleichem Erfolge durchführen, ich erwähne etwa unter den reissenden Thieren die Hunde, die wieselartigen Thiere, die Katzen und Bären, und wiederum in der Familie der Hunde die eigentlichen Hunde, Füchse, Wölfe und Hyänen, von welchen die letzteren die feigsten und trägsten sind, die, obgleich ungemein gefrässig, doch sich fast nur an Aas wagen und Leichen ausgraben, indem die Erzählungen von ihrer Raubgier und Grausamkeit nur auf falscher Tradition beruhen. Welcher charakteristische Unterschied zeigt sich ferner in der Ordnung der

Wiederkäuer zwischen den Giraffen, den Hornthieren, den Hirschen und Kameelen und wiederum, in der Familie der Hornthiere zwischen den Antilopen, Ziegen, Rindern und Schaafen. Ebenso scheinen, wie wir schon oben bemerkt haben, die Affen, Fledermäuse, Beutelthiere und Faulthiere ungeachtet ihrer grösseren Verschiedenheit in einem genauern Zusammenhang zu stehen, indem sie freilich im System vielfach herumgeworfen sind, aber sich sonst nirgend recht anschliessen und hier manche Uebereinstimmung zeigen, wie zum Theil in der Handbildung, in dem Tragen der Zitzen an der Brust, in dem runden affenähnlichen Gesicht der Faulthiere, und in der Neigung zum Klettern, während ihre Verschiedenheit auffallend mit unsern vier Formen zusammenfällt, die Affen die höchste Entwickelung darstellen, die an den Menschen hinanreicht, die Flatterer an die Vögel erinnern, die Beutelthiere zum Theil ein den Raubthieren ähnliches Gebiss haben, und die Faulthiere in ihrem ganzen Wesen den trägen Charakter zur Schau tragen.

Der Mensch besitzt die grösste Bildung des Instincts, weil er alle vier Formen desselben in der vollendetsten Harmonie verbindet, aber dessen ungeachtet zeigt sich auch bei ihm die eine oder die andere vorherrschend und bestimmt seine Entwickelung und seine Lebensweise. Nicht allein werden dadurch die vier Altersstufen charakterisirt, sondern auch die individuellen, nationalen und Racenunterschiede lassen sich darauf zurückführen. Das Kindesalter zeigt die offene Sympathie für alle Eindrücke, es ist die Zeit des Lernens und der allgemeinen Vorbereitung für den Beruf, und die geistige Bildung, die da erlangt wird, bestimmt die ganze fernere Lebensweise, die reifere Jugend ist das Alter, wo die Idiosynkrasie überwiegt, die Neigung den Beruf bestimmt, die individuelle Eigenthümlichkeit sich festsetzt, die Freundschaften für das Leben sich anknüpfen und die

Wahlanziehung der Geschlechter Statt findet, das Mannesalter ist die Zeit des Triebes, wo der Beruf geübt wird, das Hauswesen sich bildet, das Streben nach Ehre, Besitz und Eigenthum sich geltend macht, und die Stellung im Leben erworben wird, die das Ziel der menschlichen Thätigkeit ist, das höhere Alter endlich stellt die Zeit der Gewohnheit dar, in welchem die Thätigkeit nur in den alten Geleisen fortgesetzt wird, so weit die Kräfte und die erlangte Uebung es zulassen, und dagegen die Bequemlichkeit und behagliche Gemächlichkeit Platz greifen. Wer erkennt ferner nicht in dem lebendigen an allem Neuen und allem Wechsel sich erfreuenden Franzosen die Sympathie, an dem Spleen, an dem an seiner Eigenthümlichkeit und am Gesetz festhaltenden, auf seine Freiheit und Nationalität eifersüchtigen und in jeder gewerblichen Thätigkeit betriebsamen Charakter der Engländer die Idiosynkrasie, an dem stolzen, leidenschaftlichen, herrschsüchtigen, das Räuberleben am meisten in sich beherbergenden Wesen der Spanier und Italiener, den Trieb, an der Gemüthlichkeit, Bequemlichkeit, Ordnungsliebe und Ausdauer der Deutschen und Holländer die Gewohnheit. Ebenso charakterisiren sich die Racen, die kaukasische hat es durch ihre lebendige Empfänglichkeit zur höchsten Entwickelung und zur mannigfaltigsten Gestaltung ihrer Kräfte, zur umfassendsten Organisation ihrer Staaten und ihrer Geschichte gebracht, die mongolische hat sich in ihrer Eigenthümlichkeit am meisten abgeschlossen und in ihrer auf sich selbst beschränkten Betriebsamkeit schon früh Bewunderungswürdiges geleistet, die malaische offenbart die leidenschaftlichste, roheste und wildeste Natur und die Negerrace den gemächlichsten, stumpfsinnigsten, ausdauerndsten und mit dem Schlechtesten sich zufriedenstellenden Charakter, der sie zum Sklavendienst für andere Racen erniedrigt hat. So ist es der Instinct, der in seinen speciellen Formen auch das Leben des Menschen, wie das der Thiere, beherrscht, und an den erst das höhere Bewusstsein anknüpft, das ihn zum Herrn der Welt gemacht hat. Er besitzt die grösste Sympathie für alle Dinge der Aussenwelt und für die ganze wechselnde Mannigfaltigkeit in den Erscheinungen, aber er hat sich auch mit allem Tiefsinn der Idiosynkrasie in das Einzelne versenkt, um es auszubeuten für seine Zwecke und ein jedes nach seinem speciellen Nutzen zu verwenden, er hat den Trieb zu einer angestrengten und ausgebreiteten Thätigkeit in sich genährt und mit Scharfsinn entwickelt, um Alles sich anzueignen und seiner Herrschaft zu unterwerfen, und endlich die Ausdauer in der Uebung und Gewöhnung hinzugebracht, die seine Fähigkeiten zur höchsten Vollendung und Fertigkeit gesteigert und seine Thätigkeiten durch geselliges Zusammenwirken, Theilung der Arbeit und Organisation aller Kräfte zur vollkommensten Ordnung und Sicherung des Erfolges geregelt und ausgebildet hat. So sind die in den Thieren zerstreuten und vereinzelten Richtungen des Instincts in seiner Hand vereinigt, und er ist das Haupt derselben geworden, das die ganze Oekonomie der Thierwelt leitet und sich dienstbar macht.

9) Das Genie.

Alle bisher entwickelten Momente vereinigen sich in einem letzten Begriff, welcher die ganze Naturseite der Seele umfasst und den wir mit dem Ausdruck Genie bezeichnen wollen. Wir verstehen darunter, ganz abgesehen von der höhern oder geringern Dignität derselben, nur im Allgemeinen die natürliche Bestimmtheit der Seele, wie sie einerseits schon angeboren ist, und wie sie andrerseits sich entwickelt durch ihre eigene Thätigkeit in den Wechselbeziehungen mit der Aussenwelt, indem auch die engere Bedeutung des Worts ganz auf dieser ruht. Wir haben oben gesehen, wie in dieser Beziehung sinnliche Empfindung und Temperament sich gegenseitig bedingen, wie, vermöge des angeborenen Temperaments, sowohl die Seele als der Leib in ihrer besondern Eigenthümlichkeit schon ursprünglich bestimmt sind, und davon auch die Organisation der Sinne und die sinnliche Empfindung abhangen, wie aber ebenso auch die Sinneseindrücke auf die Wahrnehmung und den Affect einwirken und dadurch das Temperament gestalten und entwickeln; die natürliche Beschaffenheit der Seele oder das Genie wird demgemäss vollständig abhängig sein von den sinnlichen Eindrücken und dem Temperament, wobei Seele und Leib, Wahrnehmung und Affect zusammenwirken. Dasselbe gilt nun auch von den zuletzt betrachteten Momenten der Individualität und dem Instinct, welche ja ihrerseits ganz auf denselben Voraussetzungen beruhen und so recht die Wechselwirkung zwischen sinnlicher Empfindung und Temperament zur Anschauung bringen, auch sie bedingen sich gegenseitig, indem die sowohl ursprünglich angeborne als durch die Eindrücke gewordene Individualität die instinctmässige Thätigkeit beherrscht, aber auch ebensogut die durch die wechselseitige Wirksamkeit des Leibes und der aus den sinnlichen Eindrücken stammenden Affecte fortwährend gebildeten und entwickelten Instincte wieder auf die Individualität zurückwirken. Das Genie ist daher diese innige Verknüpfung von Individualität und Instinct, ebensosehr angeboren als geworden, und zwar einerseits durch die Gesammtheit aller Einwirkungen der Aussenwelt auf die ursprünglich individuell bestimmte Seele; als andererseits durch die rückwirkende Thätigkeit der so sich entwickelnden Seele auf sich selbst und durch den Leib auf die Verhältnisse der Aussenwelt. Dieser Zusammenhang ist ein so inniger, dass es immer schwer ja unmöglich sein wird, einen einzelnen Factor aus dem Product besonders hervorzuheben, indem ihre unterschiedenen Wirkungen stets ineinander fliessen; spricht man auch noch so bestimmt von einem angebornen Genie, so ist es doch selbst nur das Resultat einer instinctmässigen Thätigkeit bestimmter Individualitäten in dem Acte der Zeugung, und die Naturanlage der spätern Generation hängt zusammen mit der der frühern und den Fortschritten, die sie gemacht hat, und kann nur in einem beschränkten Maasse selbst fortschreitend über sie hinausgehen, und ebenso verkümmert das grösste angeborne Genie, wenn es nicht entwickelt und geübt wird durch fortwährende Thätigkeit.

Das Genie zerfällt, der bisherigen Entwickelung entsprechend, ebenfalls in vier Formen, die wir als Anlage, Talent, Fähigkeit und Geschmack näher zu charakterisiren haben werden. Die Anlage geht hervor aus dem für Alles offenen und empfänglichen Sinn und aus der allgemeinen Sympathie für die Eindrücke der Aussenwelt, welche dazu führt, dass sich ein wachsames Auge entwickelt für die Mannigfaltigkeit der Dinge und für den Wechsel der Erscheinungen und eine Freude und Lust an ihnen, so dass nichts gleichgültig lässt und nichts unbeachtet bleibt, sondern Alles mit grosser Lebendigkeit aufgefasst wird. Sie ist die Grundlage des Genies, von welcher alles weitere abhängig ist, und bezieht sich eigentlich nicht auf etwas Bestimmtes, sondern auf die allgemeine Entwickelungsfähigkeit zu jeder Geschicklichkeit, weshalb wir auch, um dies zu bezeichnen, mit Recht von Jemanden sagen, er sei ein Mensch von vortrefflichen Anlagen, der Alles, was er angreift, mit Leichtigkeit sich aneignet. Und selbst da, wo von einer Anlage für einen besondern Gegenstand die Rede ist, wird dieser nur gefasst als eine relative Einheit und als eine Totalität von mannigfaltigen Einzelnheiten, die in ihrem Zusammenhange die Lust reizen, wo es aber doch erst von der weiteren Entwickelung abhängig ist, von welcher Seite der Gegenstand aufgefasst und wie die darauf gerichtete

Thätigkeit sich im Besondern gestalten wird. Die grössern Anlagen kommen besonders dem sanguinischen Temperament zu und charakterisiren das kindliche Alter, welches die Zeit des Lernens und der allgemeinen Vorbereitung ist, in welcher alle Kräfte gleichmässig gebildet und geübt werden sollen, um hernach dem bestimmten Lebensberufe zu dienen.

Aber die besten Anlagen, welche in dem Kinde zu den grössten Erwartungen berechtigten, gehen verloren oder führen nur zu sehr unbedeutenden Erfolgen, wenn nicht später ein entschiedenes Talent für eine besondere Richtung der Thätigkeit sich entwickelt, das alle Kraft auf einen bestimmten Punkt concentrirt, die gespannte Aufmerksamkeit auf ihn allein richtet und ihm die ungetheilte Neigung zuwendet. Das Talent beruht daher auf einer eigenthümlichen Idiosynkrasie für den bestimmten Gegenstand und auf der festen Hoffnung in ihm eine genügende Ausbeute und bedeutende Erfolge zu erreichen, es geht deshalb in die Tiefe und erfreut sich an dem Reichthum des Inhalts, den es darin findet, und an der Unerschöpflichkeit des Genusses, den er verspricht. Indem der Gegenstand so die Seele ganz erfüllt, lebt sie sich auch ganz in ihn hinein und wird mit ihm eins, sie bildet ihm ihre Eigenthümlichkeit ein und wird durch ihn gebildet, das ganze Leben steht in Beziehung zu ihm und erlangt durch ihn seine Bestimmtheit. Während daher die Anlagen sehr abhängig sind von den glücklichen Verhältnissen, welche die Entwickelung erleichtern, und so immer überwiegend von aussenher bestimmt werden, so dass, wenn das Talent nicht hinzukommt, auch die entscheidende Lebensrichtung nur durch die Umstände gegeben wird, so geht das Talent seinen eignen Weg und verfolgt ihn trotz aller Hindernisse und Schwierigkeiten, die sich demselben entgegenstellen mögen, ja es entsteht am meisten unter Hemmungen und Widerwärtigkeiten, die seine Entwickelung erschweren, so dass das, wozu es wird, ganz seine eigene That ist, wenn auch nicht eine freie, sondern eine solche, zu welcher es hingerissen wird durch das innere Feuer der Begeisterung, das der Gegenstand entzündet hat. Und diese Schwierigkeiten, die es zu überwinden hat, liegen gar nicht in den äussern Verhältnissen allein, sondern auch in der Individualität selbst; dem mit guten Anlagen Begabten wird Alles leicht und er macht sich auch Alles leicht, aber das Talent gelangt oft nur sehr mühsam und durch angestrengten Fleiss zu den Erfolgen, mit denen es plötzlich hervortritt und die es in der Stille vorbereitet hat, ohne dass man die schlaflosen Nächte und die Sorgen und Mühen ahnt, die es gekostet hat. Es wird nicht leicht befriedigt, es kämpft und ringt mit sich selber und hat sich nie genuggethan, indem es immer noch hinter dem Ideale zurückbleibt, für welches es schwärmt. Selten zeigt sich das Talent schon früh, sondern es wird dann gewöhnlich mit einer Anlage für einen besondern Gegenstand verwechselt, vielmehr zeigen talentvolle Leute sehr häufig ursprünglich gar keine besondere Befähigung, und schon mancher nachher ausgezeichnete Mann galt auf der Schule für einen trägen und bornirten Menschen, dem zu voreilig das Prognostikon gestellt wurde, dass nie etwas aus ihm werden könnte, während solche, die mit den besten Zeugnissen von der Schule entlassen sind, hernach nichts hervorragendes leisten, und sogenannte Wunderkinder zu ganz alltäglichen Menschen werden. Ganz unerwartet tritt erst dann das Talent mit aller Entschiedenheit heraus, während es früher ganz im Verborgenen sich bildete und nur von denjenigen vielleicht geahnt wurde, die eine genauere Bekanntschaft mit ihm hatten und ihre Aufmerksamkeit darauf richteten, ja gewöhnlich werden erst hinterher, wenn es schon mit mächtigem Erfolge plötzlich heraustritt, die frühern Anzeichen zusammengelesen und darauf gedeutet.

Das Talent ist mit dem melancholischen Temperamente verwandt und der eigentlichen Jugend eigen, womit freilich nicht ausgeschlossen ist, dass es ausnahmsweise und in ausgezeichneten Individuen schon früher hervortreten kann, wobei die Bemerkung wohl am Orte ist, dass namentlich das für die Musik sich am frühesten offenbart, was entschieden auf dem oft schon angedeuteten Zusammenhang zwischen dem Gehör und den entsprechenden Momenten beruht, weshalb auch das musikalische Talent bei weitem allgemeiner ist, und es nur selten Jemanden giebt, bei dem es sich nicht irgendwie, bald mehr bald weniger, in der Jugend entwickelte, und weshalb es auch da, wo es in höherer Virtuosität auftritt, in weit höherem Grade den eigenthümlichen, von uns geschilderten Charakter des Talents zeigt. Aber auch für alle anderen Dinge soll es sich in der Jugend aussprechen, denn so allein kann es die richtige Wahl des Berufs bedingen, während die Bestimmung durch äussere Verhältnisse immer gefährlich bleibt, indem dieselben sich leicht ändern, und dann der innere Antrieb fehlt, der die Lust an demselben erhält und die Hindernisse überwältigt. Deshalb ist es so wichtig, auf diesen innern Beruf recht zu achten und das Talent zu pflegen, weshalb nichts verkehrter ist, als wenn Eltern aus äussern Rücksichten gar ihm entgegentreten, was freilich da von geringerem Einfluss ist, wo jenes mit aller Macht sich ankündigt, indem es dann auch nicht so leicht zurückgedrängt werden kann, sondern sich durch alle Schwierigkeiten Bahn bricht, aber am schädlichsten da wirkt, wo es nur in schwächern Spuren sich zu erkennen giebt, die aufgesucht und sorgfältig gefördert sein wollen, wenngleich nicht geläugnet werden kann, dass in dieser Beziehung sehr leicht Selbsttäuschungen möglich sind, wo dann das Individuum sich auf die unglücklichste Weise abquält, um ein Ziel zu erreichen, für welches es doch nicht geschaffen ist, und dann die ganze Lebensrichtung als eine verfehlte erscheint. Wie so das Talent in der Jugend sich entwickelt, so überdauert es auch sehr selten die Blüthe der Jugendzeit, seine Produktivität nimmt sehr bald ab, sobald die Spannung aufhört, die alle Thätigkeit der Seele auf den einen Punkt gerichtet hatte, oder der Leib selbst erliegt in dem äussern und innern Kampfe, der die Kräfte frühzeitig aufreibt.

Indem das Talent seine eignen Wege wandelt, wird es leicht einsiedlerisch und abgeschlossen, in sich gekehrt und gegen fremde Sitte gleichgültig, es kümmert sich um die ganze übrige Welt nicht und fragt nichts nach ihren Bedürfnissen und Anforderungen. Darum bildet es häufig eigensinnige Sonderlinge, die nur sich selber leben wollen, zumal wenn sie nicht die Anerkennung finden, die sie gehofft hatten, und dies trägt sich dann auch über auf die Productionen, die sie hervorbringen. Die wahre Originalität, die in dem Talente liegt, wird zu einem krankhaften Streben nach Abweichung von dem Gewöhnlichen, die in das Barocke ausartet und allen Regeln eines reinen und edlen Geschmacks Hohn spricht. Das ist der Punkt, worin der Gegensatz in seiner ganzen Schroffheit heraustritt, der das Talent von der Anlage unterscheidet, und worin die Einseitigkeit begründet ist, die es, losgerissen von jener, erzeugt. Denn sie, die offen ist gegen alle Eindrücke und allen Verhältnissen Rechnung trägt, lehrt auch das richtige Maass und lässt die rechte Harmonie finden, in der das Individuelle sich anschliesst an das Allgemeine, und auch das Originelle ein wohlgefälliges wird für Andre, das der Anerkennung gewiss sein kann.

Beziehen sich Anlage und Talent überwiegend auf die Receptivität der Seele, so dass die Thätigkeit bestimmt wird durch die Natur der Gegenstände, so betreten wir mit der Fähigkeit das Gebiet der Spontaneität, vermöge welcher sie sich selbstthätig ihren Wirkungskreis in der Aussenwelt gestaltet. Wir bezeichnen damit die Geschicklichkeit des Individuums, seine Thätigkeit den Verhältnissen gemäss einzurichten und diese zu seinem Vortheil auf das zweckmässigste zu benutzen, indem es schnell die Mittel zu finden weiss, die am sichersten zum Ziele führen. Die Fähigkeit beruht daher einerseits auf dem Scharfsinn, der die Umstände leicht übersicht, rasch auffasst, was sich aus ihnen machen lässt, und in denselben sofort das Einzelne bestimmt und genau unterscheidet und das Brauchbare herausfindet, andrerseits auf dem Triebe, der die ganze Kraft fest auf den Gegenstand richtet und nicht eher ablässt, als bis das, was zur Thätigkeit reizte, erreicht ist. Je mehr alle diese Momente sich verbinden, desto grösser ist die Fähigkeit, aber es liegt auch schon darin, dass das eine oder andre mehr hervor- oder zurücktreten kann, wonach sie sich dann auch verschieden manifestirt und einen geringern Grad der Vollkommenheit zeigt. Sie wird so entweder zu einem blossen Geschick zu Allerlei, welches sich sehr brauchbar macht, indem es eine grosse Gewandtheit entwickelt, sich in allen Verhältnissen zurecht zu finden und jede Thätigkeit sich ohne Mühe anzueignen, aber es doch nicht zu etwas Bedeütendem bringt, weil es bei keiner lange aushält und nicht die Kraft besitzt einem bestimmten Zwecke alles andere unterzuordnen und eine entschiedene Lebensrichtung mit Energie zu verfolgen, oder sie führt zu einer grossen Fertigkeit in einer besondern abgeschlossenen Sphäre, auf welche der Trieb sich ganz vorzüglich richtet und auf welche er alle Kräfte concentrirt, wenngleich dieselbe vielleicht an sich eine unbedeutende und untergeordnete ist, und eine richtige Schätzung der Verhältnisse und eine umfassendere Benutzung aller Umstände zu einer höhern und ausgebreiteteren Wirksamkeit geführt haben würde. Sie macht in beiden Richtungen erfinderisch, indem sie sowohl in den Formen wechselt, als die Mittel vereinfacht und verbessert, ohne dass es doch zu grossartigern Entdeckungen kommt, die neue Schachte aufschliessen und neue Bahnen brechen, oder sie verirrt sich in dem Sinnen und Grübeln nach neuen Entdeckungen in den labyrinthischen Pfaden, die sie sich selber angelegt hat, ohne den Ausweg zu finden, wo sie den Lohn findet für die Mühen und Anstrengungen, die sie darauf verwandt hat.

Man erkennt in diesen Einseitigkeiten leicht die Momente der Anlage und des Talents wieder, auf deren richtiger Verbindung die Fähigkeit beruht, indem jene die Leichtigkeit und Beweglichkeit hergiebt, die den Scharfsinn und den Trieb leitet, aber auch schnell von dem Gegenstande abspringen lässt, wenn die Verhältnisse sich ändern und der flüchtige Reiz aufhört, während dieses zwar die Spannung erzeugt, die den Scharfsinn und den Trieb an den bestimmten Gegenstand fesselt, aber auch leicht einen Mangel an Umsicht herbeiführt, bei welchem eine richtige Schätzung der Umstände und das sichere Erreichen eines bedeutenden Zieles nicht möglich ist. Verknüpfen sich aber beide auf die rechte Weise, so entwickelt sich daraus der wahre Charakter der Fähigkeit, die das Grösste und Bedeutendste erstrebt, worauf die Verhältnisse in ihrer Gesammtheit hinweisen, daraus sich eine Sphäre der Wirksamkeit schafft, alle Kräfte und Mittel dem einen grossen Zweck dienstbar macht, und so alle Umstände beherrscht, indem sie mit Kraft und Ausdauer alle Hindernisse und Schwierigkeiten überwindet und sich neue Bahnen bricht, wo die bereits geebneten Wege nicht zum Ziele führen.

Deshalb ist die Fähigkeit das, was der Mann bedarf, um zu wirken in seinem Beruf, was er sich aber auch erwirbt in der tüchtigen Ausübung desselben. Denn wenn die Anlagen gegeben sein müssen, so werden die Fähigkeiten erworben, indem sie sich durch die Thätigkeit selbst entwickeln, wo die Anlagen vorhanden sind und das Talent sie auf den rechten Punkt leitet. Das hindert aber nicht, anzuerkennen, dass auch die Fähigkeit eben so gut angeboren sein kann, und sich als solche schon früh in dem Kinde zu erkennen giebt. Da zeigt sie sich als eigner Trieb, der nicht der Anregung von aussen her bedarf, sondern selbstthätig sich aneignet, was ihm geboten wird, der eigne Wege wandelt und nicht befriedigt ist durch das, was ihm mitgetheilt werden kann, der tausend Zweifel hat und tausend Fragen aufwirft, die vielleicht Keiner zu beantworten im Stande ist. So dient er dann schon früh dazu, um die glücklichen Anlagen zu unterstützen, ja er vermag sogar dieselben zu ersetzen, wo sie nur in geringerem Maasse vorhanden sind, indem der eigne Eifer für die offene Empfänglichkeit eintritt, und entweder der Scharfsinn selber findet, was ihm, wenn es mitgetheilt wird, unklar blieb, oder der Fleiss und die Anstrengung sich aneignen, was Andern durch die leichtere Auffassungsgabe von selbst zufällt. Dies wird vorzüglich da der Fall sein, wo die Fähigkeit für einen besonderen Gegenstand hervortritt, und ein schlummerndes Talent zum Grunde liegt, das sich hindurcharbeiten will und den Reiz abgiebt für die innern Antriebe, oder der Drang der Umstände und der Blick auf ein vorgestecktes Ziel die Thätigkeit anspornen und so auch wirklich das Individuum befähigen Grösseres zu leisten, als das, wofür es durch seine Anlagen berufen scheint. Immer aber bleibt es das Natürliche und Gewöhnliche, dass die Fähigkeiten den Anlagen entsprechen, weshalb auch beide Ausdrücke oft so synonym gebraucht werden, dass man darüber den Unterschied vergisst und sie völlig mit einander verwechselt. Sagt man, es sei Jemand ein Mensch von vielen und grossen Fähigkeiten, so bezeichnet man allerdings damit die Anlagen, die ihn zu Allem befähigen, aber immer liegt doch darin die Beziehung auf die Thätigkeiten, zu welchen er geschickt ist, und fügt man hinzu, er wisse sie nur nicht anzuwenden, so drückt das nur jenen Mangel an Energie aus, der ihn unfähig macht, seine Kräfte auf einen Punkt zu concentriren, und ihn verleitet, von einem Gegenstande leicht zu dem andern überzuspringen, indem die wechselnden Reize von Aussen her stärker sind als der innere Trieb.

Die Fähigkeit findet ihre Ergänzung in dem Geschmack, welcher die Virtuosität des Individuums bezeichnet in der harmonischen Anordnung und Gestaltung der einzelnen Theile zu einem abgerundeten Ganzen, so dass dieses in seinem Gesammteindruck der Bedeutung des Einzelnen entspricht. Denn die Geschmacklosigkeit besteht nicht nur in dem Widerstreit, in welchem das Einzelne zu einander steht, so dass es sich nicht zu einer Einheit verbinden lässt, sondern eben so sehr auch in dem Missverhältniss, in welchem die Mittel sich befinden zu dem Ganzen des Zwecks, sodass entweder eine Ueberladung entsteht durch den Reichthum der Mittel, die durch die geringe Bedeutung des Zweckes nicht gerechtfertigt ist, oder eine Armuth und Kargheit in den Mitteln, die die Bedeutung des Zwecks nicht zur Anschauung bringt und den Ansprüchen, die man daran zu machen berechtigt ist, nicht genügt. Daher gehört vor allem zum Geschmack die Sinnigkeit, welche das Einzelne unter einander und im Verhältniss zum Ganzen abwägt, Jedes an die Stelle setzt, wo es sowohl für sich als im Sinne des Ganzen am wirksamsten ist, sinnreiche Beziehungen anzubringen weiss, wodurch die Empfindung angeregt wird, und so selbst mit den einfachsten Mitteln der Sache ein Interesse abzugewinnen im Stande ist, das den Eindruck zu einem dauernden und nachhaltigen macht. Deshalb zeigt sich der Geschmack nicht nur in der eignen selbstthätigen Gestaltung der einzelnen Dinge und der ganzen Umgebung, mit welchen das

Individuum in Berührung steht, sondern er macht sich auch ebenso geltend in der Auffassung der ganzen Aussenwelt überhaupt, indem man Allem einen gewissen Geschmack abzugewinnen und jeden Gegenstand nach seinem Werthe richtig zu schätzen versteht, was freilich, genauer betrachtet, ebenso als eine Selbstthätigkeit angesehen werden muss. Denn immer kommt es auch dabei darauf an, sich die Dinge zu gestalten und das Einzelne in die rechte Beziehung zu einander zu bringen, um es in seinem Zusammenhange aufzufassen und durch sorgsame Vergleichung und Abwägung der Theile das Ganze in seiner Bedeutung zu würdigen.

Die andere eben so wichtige Seite in dem Geschmack ist die Gewohnheit, denn er beruht auf der Befriedigung, welche ein Gegenstand uns gewährt, und diese ist wiederum abhängig von den Anforderungen, die wir an ihn machen, und von den Bedürfnissen, an welche wir gewöhnt sind. Darum hat jedes Individuum, jedes Volk seinen eignen Geschmack und findet das abscheulich, was einem Andern schön erscheint, darum sagen wir mit Recht, es sei über den Geschmack nicht zu streiten, und vermögen es nicht, unser Urtheil darüber dem Andern aufzudringen, indem die Sitte allein entscheidet. Den besten Beleg dafür giebt der Wechsel des Geschmacks in der Mode, wo fast immer der erste Eindruck einer neuen Erscheinung Missfallen erregt, bis wir uns allmälich daran gewöhnt haben und nun umgekehrt das Veraltete verschmähen und nicht begreifen, wie wir früher Wohlgefallen daran haben finden können. Aber dennoch giebt es eine Entwickelung des Geschmacks, und durch allen Wechsel desselben geht eine höhere Einheit hindurch, deren Anerkennung wir von einem gebildeten Urtheil verlangen, und in deren Schätzung eine allgemeine Uebereinstimmung Aller derer, die auf wahren Geschmack Anspruch machen, zu erzielen ist, so dass sich die Andern dann einem solchen Urtheil mehr oder minder bereitwillig unterordnen. Auch hier ist das Entscheidende wieder die Gewohnheit, denn einmal ist das bleibend schön, was bei allem Wechsel der Sitte fortdauernd Befriedigung und Wohlgefallen erzeugt, während das durchaus geschmacklos ist, woran wir uns gar nicht gewöhnen können, und andrerseits dürfen wir mit Recht auf ein höheres Urtheil in einer Sache Anspruch machen, wenn wir uns bewusst sind, dass wir die frühern Stufen der Geschmacksbildung durchgemacht haben und nicht wiederum durch Gewöhnung zu ihnen zurückkehren können. Hier ist es daher allein die Erfahrung und Uebung, die den Geschmack entwickelt, man muss viel beobachtet haben und sich hineinleben in die Gegenstände, die man beurtheilen will, dann erlangt man allmälich den richtigen Takt, dem man vertrauen kann und dem auch Andere ihre Anerkennung nicht versagen, wenn sie sich gestehen müssen, dass sie nicht dieselbe Erfahrung besitzen.

Sind nun Sinnigkeit und Gewohnheit die bildenden Momente des Geschmacks, so ist er auch vorzüglich das Eigenthum des phlegmatischen Temperaments, welches die nothwendige Ruhe zur Betrachtung und die nothwendige Ausdauer zur Vollendung der Gegenstände mitbringt, während die Fähigkeit dem cholerischen Temperamente zukommt. Dies soll nicht so verstanden werden, als ob dort gerade immer die höchste Stufe in der Entwickelung desselben sich fände, denn in dem phlegmatischen Temperamente liegt nicht das Element rascher Förderung und schnell fortschreitender Bildung, aber wohl das des vollendenden Abschlusses, an dem sich erst der wahre Geschmack bewährt. Die Franzosen gelten zwar allgemein für die Beherrscher des Geschmacks, sie sind die Erfinder der Mode, der alle Welt gehorcht, und in allen ihren Productionen zeigen sie einen lebendigen Sinn für geschmackvolle Formen, aber sie sind es eigentlich nur, die das neue anregen und den Wechsel hineinbringen, aber Vieles kommt zu uns herüber, woran wir uns nicht zu gewöhnen vermögen und was wir erst umgestalten und ummodeln müssen, ehe es uns gefällt, das Meiste geht unter in dem schnellen Wechsel und kann keine dauernde Befriedigung gewähren. In dem edleren und reinern Geschmack thun wir es ihnen doch zuvor, und in Bezug auf das wahrhaft Schöne haben wir ein unbefangeneres und höheres Urtheil, das sich durch den äusseren Glanz und die Neuheit nicht so leicht bestechen lässt, sondern das Solide und Gediegene vorzieht und sich von dem leeren Prunk und Luxus abwendet. Und nicht nur ist der Geschmack ein edlerer, sondern auch in der Masse mehr verbreiteter, wenn er sich auch hier nicht in höhern Geistesproductionen manifestiren kann, aber er offenbart sich in dem Sinn für Ordnung und Reinlichkeit, wie er den Niederländer in so ausgezeichnetem Grade charakterisirt, dem doch unter den europäischen Völkern das phlegmatische Temperament am meisten eigenthümlich ist. Selbst da, wo die geistige Entwickelung sonst am beschränktesten ist, wie z. B. bei der Negerrace, findet sich ein uns oft in Erstaunen setzender Geschmack in der Anfertigung aller ihrer Geräthschaften und Bedürfnisse, vornehmlich der Geflechte und Gewebe, die an Zierlichkeit und Nettigkeit oft bei weitem das übertreffen, was wir in ähnlicher Gattung produciren, was um so überraschender ist, wenn wir die Einfachheit der Mittel und Werkzeuge berücksichtigen, mit welchen sie in seiner Art so Ausgezeichnetes leisten.

Die vier geschilderten Formen ergänzen sich gegenseitig und bilden in ihrer Gesammtheit das Genie; als Momente desselben betrachtet, haben sie gleichen Werth und tragen das Gleiche zur Vollkommenheit der geistigen Entwickelung bei. Aber es liegt in der Natur der Sache, dass bald die eine bald die andre Form überwiegend hervortritt, und dass ganze Individuen durch dies Uebergewicht ebenso charakterisirt werden, wie wir gesehen haben, dass die verschiedenen Lebensalter damit übereinstimmen. Ja der relative Gegensatz kann eine Steigerung desselben bis zur höchsten Einseitigkeit veranlassen, wie die Erfahrung fortwährend zeigt, aber doch nie so, dass ein gänzlicher Mangel der andern eintrete, indem sie sich doch immer in gewisser Weise gegenseitig voraussetzen und die eine aus der andern ihre Nahrung zieht. Es können Anlagen in hohem Grade vorhanden sein, und doch nicht ein entschiedenes Talent für einen besondren Gegenstand sich herausstellen und daher auch nicht die Fähigkeit zu bedeutenden Leistungen sich entwickeln, aber dennoch wird dies immer zu jenem Geschick führen, das sich allerlei anzueignen vermag, wenn es auch nicht diese Intensität erreicht, welche die gesammten Kräfte auf einen Punkt concentrirt, wie wir ja doch auch von einem solchen Menschen, der zu Allem geschickt ist, zu sagen pflegen, er sei ein wahres Genie, und die Vielseitigkeit desselben preisen. Ebenso kann das Talent in einer bestimmten Richtung sich zu einer grossen Virtuosität entwickeln, während der Sinn für alles Andre fehlt und die originellen Produktionen desselben sich vom wahren und edlen Geschmack fast bis zur völligen Geschmacklosigkeit verirren, aber immer ist doch das, was wir dann Geschmacklosigkeit nennen, auch in seiner Verirrung noch Geschmack, wenn auch ein absonderlicher und seltsamer, der keine allgemeine und vollkommene Befriedigung erzeugen kann, den wir aber doch anerkennen müssen, wenn wir uns recht in die Individualität des Talents hinein versetzen, und den wir nur dann verschmähen, wenn er sich, wie es so häufig geschieht, durch verkehrte Nachahmung, auch ohne das Vorhandensein des Talents, allgemeiner geltend machen will.

Dasselbe Verhältniss findet Statt zwischen der Fähigkeit und dem Geschmack, sei es dass jene sich offenbart in der Gewandtheit, die überall zwar die momentan dem Zweck entsprechenden Mittel findet, ohne dass das Nützliche zugleich das in seinem Zusammenhange Harmonische wäre, sei es dass sie sich darstellt als geniale Entdeckung neuer Gegenstände und neuer Wege und Richtungen der Production, ohne dass diese gehörig geregelt und geordnet sind und einem gebildeten und edlen Geschmacke zusagen. Auf der andern Seite mag eine grosse Vollendung in den Erzeugnissen des Geschmacks vorhanden sein, aber es fehlt an der Tiefe des Talents und an genialer schöpferischer Erfindung, die das Interesse in höherem Grade reizt. Immer wird jedoch auch hier das Eine nicht ganz ohne das Andere sein können, indem die sinnvolle Anordnung des Einzelnen nicht möglich ist, ohne dass die mannigfaltigen Beziehungen aufgesucht und aufgefunden werden, welche die Theile untereinander und zum Ganzen haben. Genau genommen wird sich immer herausstellen, dass die wahre Vollkommenheit des Genies in der vollständigen Durchdringung und Wechselwirkung aller vier Formen besteht, und dass selbst jede einzelne für sich nur in dem Maasse zur Vollendung gelangen kann, als sie die andern nicht ausschliesst, was einerseits dadurch geschicht, dass sie in einer ausgezeichneten Persönlichkeit sich zusammen finden oder dass sie sich durch das Zusammenwirken Vieler ergänzen.

Hiernach beantwortet sich nun auch sehr leicht die so oft aufgestellte, aber gewöhnlich höchst einseitig und unbestimmt beantwortete Frage nach dem Unterschiede von Talent und Genie. Es ergiebt sich nämlich aus unserer Entwickelung deutlich, dass eine jede solche Auffassung der Sache falsch sein muss, die beides neben einander stellen und gegen einander abgrenzen will. Vielmehr wird dabei das Genie selbst nur wieder verwechselt mit einer andern ebenso einseitigen und für sich nicht grade höhern Form, nämlich der, die wir mit dem Ausdruck der Fähigkeit bezeichnet haben, und aus der der Charakter des Schöpferischen folgt, den man dem Genie im Unterschiede von dem Talent vindiciren will. So betrachtet reicht dies ebenso wenig hin, da ja auch die Anlagen und der Geschmack gleiche Berechtigung dazu haben, mit in den Begriff des Genies aufgenommen zu werden. Das Genie ist eben das Ganze, von welchem das Talent wie die andern Momente nur Theile sind, die zusammenwirken müssen, um es zu bilden, in dem Maasse, als irgend eines von dem andern sich losreisst, hat es auch nicht mehr Anspruch auf die höhere Dignität des Genies, und auch die schöpferische Kraft, wenn sie auf talentvolle Ausbildung und geschmackvolle Ausführung verzichtet, ist ebensowenig werth, als Talent und Geschmack ohne Erfindungsgabe und schöpferische Kraft, und wird nur missbräuchlich mit dem wahren Namen des Genies belegt, indem wir wohl wissen, zu welcher Nachlässigkeit und Liederlichkeit es dann ausarten kann, und wie gering die Erfolge sind, die es dann erreicht.

Zweiter Theil.

Die bewusste Seele.

Gehen schon in der Behandlung der Seele überhaupt die verschiedenen Anschauungsweisen scharf auseinander, so betreten wir mit dem Bewusstsein ein Gebiet, wo die gewöhnlichen Ansichten sich diametral gegenüberstehen. Die materialistische Betrachtung sucht den Unterschied zwischen der blossen sinnlichen Empfindung und der bewussten Vorstellung soviel wie möglich zu verwischen, indem sie sich bemüht, ihn nur als einen gradweisen darzustellen, wobei die bewusste Vorstellung nur den Vorzug der grössern Klarheit vor der dunkeln Empfindung haben soll. Aber damit wird das Verhältniss nur noch nebelhafter, bei dem man sich nichts bestimmtes vorstellt. Denn gerade der Ausdruck Klarheit in diesem Sinne setzt schon den ganzen Begriff des Bewusstseins voraus und ist nur ein Prädicat an ihm, wie ja die Vorstellungen selbst alle Grade der Klarheit bis zur tiefsten Dunkelheit durchlaufen können, ohne dadurch zu Empfindungen zu werden, und ebenso die Empfindungen stark und bestimmt sein können, ohne deshalb schon bewusste zu werden, während grade die schwächsten Eindrücke Veranlassung zu den klarsten Vorstellungen geben. Der wesentlichste und hervorstechendste Unterschied zeigt sich doch immer darin, dass eine Empfindung nur möglich ist durch einen momentan gegenwärtigen Reiz, während die bewusste Vorstellung auch den abwesenden Gegenstand vor die Seele führt und frei und selbstthätig ihre Gedanken producirt, ohne an die Eindrücke der Aussenwelt gebunden zu sein. Zwar beruft sich dem gegenüber jene Ansicht immer darauf, dass es kein Bewusstsein gebe von Dingen, die wir nicht erst durch eine sinnliche Empfindung aufgefasst hätten, dass der Blinde keine Vorstellung von der Farbe, der Taube keine Vorstellung von den Tönen haben könne, und man glaubt dann jener Anfoderung vollständig dadurch Genüge zu leisten, dass man annimmt, es vereinigten sich die verschiedenen Eindrücke der Sinnesnerven im Gehirn und hinterliessen dort bleibende Spuren, welche sich zu gemeinsamen Bildern verbänden und bei Gelegenheit wieder auftauchten, um so auch unabhängig von den momentan gegebenen Eindrücken Vorstellungen von abwesenden Gegenständen hervorzurufen. Aber dann müssten doch auch diese Bilder wieder aus sinnlichen Empfindungen bestehen, während wir einen in der Erinnerung vorgestellten Gegenstand auf das Bestimmteste von dem wirklichen sinnlichen Eindruck unterscheiden. Auch hier hilft man sich freilich dadurch, dass man das Ganze auf einen Unterschied der Deutlichkeit zurückführt, und nun in entgegengesetzter Weise meint, dass die zurückbleibenden Spuren sich allmälich abschwächen und daher auch nur die Fähigkeit zur Reproduction in einem beschränkten Grade zulassen, so dass sie nicht wieder den ursprünglichen Bildern an Stärke und Klarheit gleich kommen. Aber es ist schon in dem nächsten Moment, nachdem der objective Reiz verschwunden ist, nicht mehr möglich, durch das Bewusstsein den sinnlichen Eindruck wieder hervorzuzaubern, wenn auch die Vorstellung davon noch so lebhaft und klar fortdauert, ja diese kann sogar erst nach dem Verlöschen des

Eindrucks an Lebhaftigkeit und Deutlichkeit gewinnen, indem erst das Verständniss durch die Thätigkeit des Bewusstseins hinzukommt, ohne dass deshalb die sinnliche Empfindung noch einmal wieder auftauchte. Und so liegt es auch ganz in der Macht des Bewusstseins, sich die Vorstellung des Gegenstandes in ihrer ganzen Kraft und Lebendigkeit zu erhalten, und es ist dabei gar nicht abhängig von dem Wechsel der objectiven Eindrücke, wie es nothwendig der Fall sein müsste, wenn die Vorstellung nichts anders sein sollte, als die Fixirung eines Eindrucks an irgend einer Stelle im Gehirn. Die ganze Erklärung aber wird zu einer völlig unmöglichen, wenn man darauf achtet, wie das Wesen der sinnlichen Empfindung, in wie fern sie durch die sensiblen Nerven bedingt ist, auf dem Wechsel der Eindrücke beruht, da wir ja nichts andres empfinden können, als die Veränderung, welche durch den Reiz in unsern Nerven hervorgebracht wird; wie weit daher auch dieselbe im Gehirn fortgeflanzt werden mag, es kann doch immer nur hinauskommen auf die Fortpflanzung der angeregten Thätigkeit im Verhältniss zu dem ursprünglichen Zustand des Nerven, so dass mit dem eintretenden Moment der Ruhe auch die Empfindung aufhören muss. Die Fixirung der Eindrücke hat daher entweder gar keinen Sinn, wenn man dabei etwa nur ganz roh an das Fortleiten eines sinnlichen Eindrucks an einen bestimmten Ort im Gehirn denkt, und da einen Abdruck des Bildes entstehen lässt, oder sie bedeutet die Fortdauer der Thätigkeit oder der bestimmten Schwingung an diesem vermeintlichen Orte, wo sie dann aber, in dem Maasse als die Thätigkeit in Zustand übergeht, auch mit dem eignen Zustande des Nerven zusammen fallen würde, und nicht mehr als Veränderung dieser gegenüber d. h. als Empfindung aufgefasst werden könnte. Da würde also nothwendig dasselbe eintreten müssen, was wir z. B. an den Geruchsnerven gesehen haben, dass nämlich nach kurzer Zeit die Empfindung auch der stärksten Eindrücke aufhört, wenn die Nerven immer dem gleichen Reize ausgesetzt sind, indem die erzeugte Schwingung in ihm zu einer zuständlichen wird, während die Dauer derselben Eindrücke in andern Sinnen, wie dem Gesicht und Geschmack nur dadurch möglich wird, dass bei ihrer flächenhaften Ausbreitung immer neue Nerven von den Reizen getroffen werden und die vorher angeregten wieder in ihren ursprünglichen Zustand zurückkehren. Ferner beruht die ganze Wahrheit und Bestimmtheit der Empfindung gegenüber den objectiven Reizen darauf, dass sie eine momentane ist, und jede Nervenfaser im nächsten Momente bereit ist, einen andern Eindruck aufzufassen, während eine Vermischung der Empfindungen und damit Undeutlichkeit eintritt, wenn die Reize noch nachwirken, wie dies zum geringen Theil beim Gesicht und noch mehr beim Geschmack Statt findet. Dies schliesst gänzlich ein Fixiren der Eindrücke im Gehirn aus, denn es leuchtet ein, dass dieselben Nervenfasern ihre Empfindungen nur zu denselben Punkten fortpflanzen können, und es müsste daher hier durch das Zusammentreffen verschiedener Eindrücke nothwendig eine Vermischung entstehen, welche den ganzen Zweck des in den isolirten Nervenfasern so fein verzweigten Apparates der sinnlichen Empfindung völlig aufheben würde.

Und was wäre mit der ganzen Vorstellung gewonnen? Selbst wenn sie an sich möglich wäre und nicht einen innern Widerspruch in sich trüge, so kämen wir damit doch über den Sinn nicht hinaus, wir hätten nur neben den andern Sinnen noch einen sechsten Sinn, wie die Alten auch anerkannten, die das Herz als Vereinigungspunkt aller sinnlichen Empfindung ansahen und es den übrigen Sinnen coordinirten, an die Stelle desselben wäre nur das Gehirn getreten, welches der Sammelplatz aller Eindrücke sein soll, und als Sinn doch die der Natur der sinnlichen Empfindung widerstreitende Funktion übernehmen muss, die Empfindungen zu vereinigen und festzuhalten. während die Vollkommenheit der Sinne gerade darin besteht, die Empfindungen recht zu isoliren und sie nicht über den Moment des Reizes hinaus fortdauern zu lassen. Woher aber nun die Fähigkeit kommen soll, die fixirten Eindrücke wieder flüssig zu machen und aus dem gesammelten Vorrathe mit der Schnelligkeit des Gedankens bald diesen bald jenen Eindruck als Vorstellung hervorzuholen, bleibt doch immer völlig unbegreiflich, und damit stehen wir gerade wieder am Anfang des ganzen Problems, und der ganze Versuch der Erklärung mit allen jenen Widersprüchen, über welche man sich vielleicht nur mit dem Geständniss des Nichtwissens über den dabei im Besondern Statt findenden Vorgang hinweghilft, trägt nicht das Geringste dazu bei die Thätigkeit des Bewusstseins aufzuklären. Wir müssen demgemäss ohne Zweifel anerkennen, dass die Vorstellung nichts mit der Empfindung zu thun hat und nicht als ein Produkt derselben angesehen werden kann, sondern dass sie vielmehr, vermöge ihres ganz entgegengesetzten Zweckes, auch auf entgegengesetzten Bedingungen beruhen wird.

Diese Betrachtung führt gewöhnlich zu der andern Einseitigkeit; man begnügt sich damit, die Verschiedenheit hervorzuheben und mit der Vorstellung ein ganz neues Gebiet zu beginnen, indem man sie als das eigentliche und wesentlichste Grundprodukt der Thätigkeit des Geistes ansieht und sich nicht weiter um ihre Entstehung, um ihre Beziehung zur sinnlichen Empfindung und damit auch zur Leiblichkeit und zur materiellen Aussenwelt bekümmert. Zufrieden damit, sie als Thatsachen aufzunehmen, geht man entweder über jenen Zusammenhang als etwas Unbegreifliches hinweg, oder verweist die Speculationen darüber, als nicht zur Psychologie gehörig, in die Metaphysik, wo sie dann in allgemeinen Raisonnements abgemacht werden, die gar nicht in die Sache selbst eindringen und das Problem doch völlig im Unklaren lassen. So ist es gegangen durch alle idealistischen Auffassungen hindurch von den angebornen Begriffen an bis zur neusten schöpferischen Construction derselben aus der Natur des denkenden Geistes selbst. Die Metaphysik hat es durchaus mit andern Gegenständen zu thun, in ihren allgemeinsten Kategorien wird die Aufgabe nur verflüchtigt, während die Psychologie, wenn sie ihren Gegenstand in seinem ganzen Umfange umfasst und ihn wahrhaft wissenschaftlich zu begreifen bezweckt, der eigentliche Ort ist, wo die betreffenden Fragen entschieden werden müssen. Sie muss die Genesis der Vorstellungen erklären, und darf sie nicht als thatsächlich vorhanden voraussetzen und sie als die gegebenen einfachsten Elemente betrachten, aus denen nur alle weiteren Funktionen der Seele abgeleitet werden sollen, und um deswillen darf sie die sinnliche Seite daran nicht vernachlässigen, sondern muss Rechenschaft davon geben, wie aus der sinnlichen Wahrnehmung die Vorstellung entspringt, und wie das geistige Bewusstsein mit der materiellen Aussenwelt in Verbindung steht.

Die ganze Verwirrung auf diesem Gebiet beruht aber auf einem grossen Fehler, den wir recht ins Licht setzen müssen, um eine bessere Lösung der streitigen Fragen anzubahnen. Man verwechselt stets den Gegensatz zwischen Geist und Materie mit dem zwischen Bewusstsein und sinnlicher Empfindung und stellt beide insofern gleich, dass man die ganze Vermittelung der Materie mit der Seele in die sinnliche Empfindung hineinlegt, das Bewusstsein aber an dieser Vermittelung gar keinen Theil nehmen lässt, sondern es schon gewissermassen als den reinen Geist betrachtet, der mit dem Leibe und dem Materiellen gar nichts zu thun hat. So kommt es, dass man meint, wenn man mit der Vorstellung beginnt, den Leib und das Materielle hinter sich zu haben, und die Schwierigkeiten, die da entstehen, Andern zur Lösung überlassen zu können. So müssen denn auch die Sinne das ganze Verhältniss zur Aussenwelt übernehmen, und es werden ihnen Leistungen aufgebürdet, die sie ihrer ganzen Natur nach nicht zu erfüllen im Stande sind, wie wir ja oben bei der Behandlung derselben hinreichend nachgewiesen haben, und wie es sogleich in dem weitern Verfolg unserer Untersuchungen noch deutlicher hervorgehen wird. Es wird sich aber herausstellen, dass das Bewusstsein gerade eben so und in demselben Maasse mit der Aussenwelt in Verbindung steht, wie die sinnliche Empfindung, und dass es dazu auch in gleicher Weise der Vermittelung des leiblichen Organismus bedarf, wie jene. Schon dies, dass seine Aufgabe gegenüber der Aussenwelt, wie wir so eben gefunden haben, eine entgegengesetzte ist von der der sinnlichen Wahrnehmung, lässt darauf schliessen, dass dieser Gegensatz eine identische Grundlage haben müsse, in welcher sich die wechselseitigen Beziehungen nur umkehren, und es genügt nicht, die Verschiedenheit nur im Allgemeinen aufzufassen, um dann das andere Moment gänzlich fallen zu lassen und nicht weiter zu berücksichtigen. Erst dadurch gelangen wir zu einer Bestimmung, dass wir, von dem Identischen ausgehend, danach fragen, wie darin ein Gegensatz angelegt ist, und wie unsre entgegengesetzten Momente diesem entsprechen. Nun lag alle sinnliche Empfindung in den Veränderungen, welche die Aussenwelt durch ihre Bewegung in unserm lebendigen Organismus vermöge der sensiblen Nerven hervorbringt, unser Leben zeigt sich aber umgekehrt auch in den Veränderungen, die wir vermöge unserer eignen von den motorischen Nerven ausgehenden Bewegungen in der Aussenwelt hervorzubringen im Stande sind. Da nun die Seele überhaupt in der Wechselbeziehung zwischen der Aussenwelt und unserem lebendigen Organismus zur Erscheinung kommt, so liegt die

Ansicht nahe, dass das Bewusstsein seinerseits, gegenüber der sinnlichen Empfindung, die uns die wechselnde Aussenwelt näher bringt, durch die eigene Bewegung des lebendigen Individuums vermittelt sei, und dies wird sich auf das Vollkommenste bestätigen, wenn wir nachzuweisen im Stande sind, dass wir nur eine Vorstellung von dem haben, was wir selbst thun, und dass wir uns der Aussenwelt nur in dem Maasse bewusst werden, als wir an derselben thätig sind. Auf diese Weise hat dann das Bewusstsein ebenso sein Organ in den motorischen Nerven, wie die sinnliche Empfindung in den sensibeln, die Beziehung beider zum Leibe und durch ihn zur Aussenwelt ist dieselbe, nur dass hiebei eine entgegengesetzte Richtung sich darstellt, auf welche der ganze Unterschied zurückgeführt werden muss. Versuchen wir, ob es damit gelingt, das ganze Verhältniss aufzuklären, die einzelnen Funktionen des Bewusstseins zu begreifen und alle Schwierigkeiten aufzulösen.

1) Das Selbstbewusstsein.

Der Grund unseres Bewusstseins überhaupt ist das Selbstbewusstsein, wir fühlen uns als ein Ich gegenüber der Aussenwelt. Dies kann nur darauf beruhen, dass wir uns zu trennen vermögen von ihr, dass unsere lebendige Organisation uns befähigt, uns unsern Ort selbst zu wählen in unseren Umgebungen, und dass wir bei ihrem fortwährenden Wechsel dieselben bleiben. Deshalb setzt das Bewusstsein auch zunächst das Ich identisch mit dem ganzen in sich abgeschlossenen lebendigen Leibe und der freiwilligen Bewegung desselben, und schliesst alles von sich aus, was der Beweglichkeit desselben nicht folgt und nicht organisch mit ihm verknüpft ist. Sehen wir hernach, dass wir ganze Theile und Glieder von diesem Organismus, unbeschadet des Lebens in dem zurückbleibenden, lostrennen können, so zieht sich auch die Vorstellung des Ichs immer mehr von diesen zurück und veranlasst uns einen Unterschied zu machen zwischen dem, was wesentlicher oder unwesentlicher zu ihm gehört, und dies geht so lange fort, bis das Leben selber dadurch gefährdet wird. Deshalb erscheint das Centralorgam des Lebens auch vorzugsweise als der Sitz des Bewusstseins, und das Gehirn oder vielleicht noch mehr das verlängerte Mark darf mit Recht als das Centrum desselben angesehen werden, aber keineswegs muss man damit den Sinn verbinden, als ob es dort gewissermassen selbständig und allein wohne, sondern wie in dem ganzen Organismus alle Glieder mit zur Vollkommenheit des lebendigen Individuums gehören, und die Organe darin nur einen verschiedenen Werth für die Erhaltung und Bethätigung des Lebens haben, so gehört auch der ganze Leib zur Vollkommenheit des bewussten Ich, und das Bewusstsein hat in allen Theilen desselben seinen Sitz, freilich mit einer sehr verschiedenen Bedeutung für seine Thätigkeit. Druck auf das Gehirn, Alles was das Nervensystem stark oder plötzlich afficirt, stört das Bewusstsein oder erzeugt Bewusstlosigkeit, denselben Effekt hat Blutleere und Blutüberfüllung, und oft ist schon der schwächste Affekt eines ganz geringen Ekels, der blosse Anblick oder die Vorstellung von etwas Widrigem im Stande Ohnmacht hervorzurufen, so dass Manche nicht einen Tropfen Blut zu sehen vermögen, ohne darüber bewusstlos zu werden. Andrerseits kann man ganze Theile des Gehirns entfernen, ohne dass dadurch das Bewusstsein vernichtet, ja zuweilen auch nur beeinträchtigt wird, wie Versuche an Thieren und pathologische Thatsachen erweisen. Das allmälige Fortnehmen des kleinen Gehirns vermindert nur die Kraft der Muskelbewegungen und hebt allmälig die Fähigkeit zu zusammenhängenden Ortsbewegungen auf, die Entfernung der Hemisphären des grossen Gehirns erzeugt zwar Betäubung, aber es bleibt noch die Fähigkeit zu willkürlichen Bewegungen, Magendie sah*), dass Igel und Meerschweinchen, denen er das grosse und auch das kleine Gehirn weggenommen hatte, sich noch die Nase mit den Vorderpfoten rieben, wenn man ihnen Essig unter dieselbe hielt, und man hat Fälle von bedeutender Atrophie einer Hemisphäre bei Menschen ohne Störung des Geistesvermögens.

Der lebendige Leib aber ändert nicht allein sein Verhältniss zur Aussenwelt und wird ein wandelnder Punkt, der sich als Ich von seinen Umgebungen lostrennt, sondern er ist auch in sich selbst beweglich, und grade diese Bewegungen sind es, welche die Entwickelung des Selbstbewusstseins bedingen. Von allen unsern eignen Bewegungen haben wir ein unmittelbares Bewusstsein und bedürfen dazu gar keiner sinnlichen Empfindung, wir wissen, dass wir den Arm ausstrecken und die Füsse bewegen unmittelbar durch die Bewegung selbst, und Bewusstsein und Bewegung fallen schlechterdings zusammen. Freilich hat man, einmal von der irrthümlichen Voraussetzung ausgehend, dass überall die Sinnesaktion dem Bewusstsein vorhergehen müsse, auch sogar hier das Bewusstwerden der eignen Bewegungen auf Gefühlsempfindungen zurückführen wollen, die in den Muskeln Statt fänden, aber wenngleich wir das Vorhandensein solcher begleitenden Empfindungen keinesweges in Abrede stellen wollen, indem ja bei der Bewegung nothwendig auch Zerrungen der sensiblen Nervenfasern eintreten müssen, so sind doch diese geringen Empfindungen entschieden nicht die Ursache des Bewusstseins, sondern wir unterscheiden sie bei einiger Aufmerksamkeit deutlich als nebenhergehende. Bei krampfhaften Muskelbewegungen steigern sie sich oft sehr, aber sie fallen dabei häufig gar nicht mit der Bewegung zusammen, sondern treten erst nach Vollendung derselben in grösserer Heftigkeit hervor.

*) Müller Physiol. I, 725, 730.

Andrerseits möchte man vielleicht mit einem grössern Schein uns einwerfen, dass wir das Verhältniss umkehren, indem der Vorgang eigentlich der sei, dass wir ein Bewusstsein von der vorgenommenen Bewegung haben, weil sie auf die Intention des bewussten Willens erfolgt, und so also nicht die Bewegung bewusst wird, sondern vielmehr nur die Intention dazu. Aber einerseits ist klar, dass wir sehr wohl den bewussten Willen zu einer Bewegung haben können, ohne dass sie darum doch schon wirklich vollzogen wird, es wäre also danach keine Unterscheidung der bloss gewollten und ausgeführten Bewegung möglich, wie sie doch offenbar gegeben ist. In diesem Willen ist schon weit mehr Reflexion, als in dem einfachen Akte des Selbstbewusstseins, mit welchem wir uns unseres eignen wirklichen Thuns bewusst werden. Andrerseits, denkt man dabei nur an die unmittelbare Intention, wie sie von den Centraltheilen ausgeht und die Bewegungen selbst veranlasst, so ist der Streit ein leerer, weil dann doch beides wesentlich zusammenfällt und immer zur Unterscheidung der einzelnen Muskelbewegungen die Leitung durch die isolirten Nervenfasern nothwendig ist. In dieser Beziehung besteht hier bei den motorischen Nervenfasern ganz dasselbe Verhältniss wie bei den sensiblen, ebensowenig wie wir behaupten werden die Empfindung finde nur in den Centraltheilen Statt, ebensowenig dürfen wir hier sagen, das Bewusstsein habe nur seinen Sitz im Gehirn, von welchem die Intentionen zu den Bewegungen ausgehen. Centrum und peripherische Theile bilden ein Ganzes, in welchem das Eine nur mit dem Andern besteht, und wir müssen uns von dem allerdings dem Bewusstsein gewöhnlich beigelegten Prädicat einer ungetheilten Einheit völlig losmachen, die an sich schon ein ganz unmöglicher Begriff ist. Denn immer sind Vielheit und Einheit, Ganzes und Theil relative Verhältnisse, die nur eine irrthümliche Auffassung von einander reissen kann, und auch der Geist ist keine Einheit, die die Vielheit und Getheiltheit ausschliesst, ohne welche kein Inhalt und keine Mannigfaltigkeit in der Thätigkeit denkbar ist. Das Ich des Selbstbewusstseins ist ein Ganzes, das ebensosehr ein Mannigfaltiges als eine Verknüpfung desselben zu einem Einfachen ist, und diesem entspricht die Verzweigung der Muskelnerven von den Centraltheilen aus, die in ihrem ganzen Organismus dem Bewusstsein dient und ebensosehr in seiner Entwickelung Quelle wie Organ seiner Bethätigung ist.

Diese Entwickelung des Selbstbewusstseins ist aber ganz besonders nicht ausser Acht zu lassen, und bei ihr gerade zeigt sich dieses Wechselverhältniss zwischen Einfachheit und Mannigfaltigkeit in voller Klarheit, indem beide mit einander sich herausbilden. Es tritt zuerst nur in sehr unbestimmter und dunkeler Weise auf, und erst allmälich gestaltet es sich zu immer vollkommner Deutlichkeit und zu immer grösserem Umfange. Deshalb ist auch die so häufig aufgestellte Frage, wann es eintrete, eine ganz müssige, indem es eins ist mit dem Leben und der Beseelung überhaupt, und die Ansicht, die es erst später erwachen lässt, verwechselt dasselbe immer mit dem reflectirten Selbstbewusstsein, wie wenn man sogar das Erwachen desselben mit dem Eintritt des Ichs in der Sprache identificiren will. In dem Maasse als das Kind seinen Leib und seine Glieder gebrauchen lernt, bildet sich das Selbstbewusstsein aus, indem es eins ist mit der Herrschaft über den Körper. Was ihm gehorcht, gehört ihm und ist ein Theil seines Selbst, durch die Herrschaft über den Leib bildet es sich allmälich die Aussenwelt als Organ für seine Thätigkeit an, und erweitert so immer mehr sein Selbstbewusstsein, indem es seine Herrschaft in der Aussenwelt ausdehnt. So hat die Bildung desselben zwei Factoren indem es einerseits in der Mannigfaltigkeit seiner Thätigkeit immer mehr sich der Identität seines eignen Ichs, von welchem alle diese Thätigkeit ausgeht bewusst wird, und andrerseits sein Ich in die Mannigfaltigkeit der Dinge hineinlegt, auf welche es seine gestaltende Thätigkeit ausübt, und die es als weitere Organe für seine Thätigkeit sich dienstbar macht, so dass es darin den Umfang seiner Wirkungssphäre erkennt. Dies aber wird erst recht begriffen werden, wenn wir das objective Bewusstsein als die andre sich immer gleichzeitig mit entwickelnde Seite hinzunehmen.

2) Das objective Bewusstsein.

Von einer Aussenwelt wissen wir nur als Schranke unsrer Bewegung, indem sie der Fortsetzung derselben einen bestimmten Widerstand entgegensetzt, für welchen die eigene Kraftanstrengung, deren wir uns unmittelbar bewusst sind, das Maass abgiebt. Kein Sinn ist im Stande, uns die Aussenwelt aufzuschliessen, wir empfinden schlechterdings nur die Affectionen unserer eigenen Nerven, woher der Reiz komme, ist dem Sinn völlig unbekannt, denn der Eindruck ist derselbe, ob der Nerv von Aussen oder Innen afficirt wird, und selbst in dem Verlauf des Nerven wissen wir nicht den Ort zu bestimmen, wo die Reizung Statt findet. Wir haben die Empfindung mit ihren zeitlichen Wechseln und ihren specifischen Unterschieden, aber wir wissen dadurch weder von unserm eigenen Leibe noch von seinen Umgebungen. Nur die eigne Bewegung ist die Quelle des ganzen objectiven Bewusstseins, durch welche unser Leib sich von den Umgebungen trennt und die Aussenwelt sich mit Gegenständen erfüllt. Dass wir dies gewöhnlich verkennen, liegt vorzugsweise nur in der falschen Auffassung des sogenannten Tastsinnes und des Gesichts, von denen man allgemein behauptet, dass sie uns Gegenstände darstellten, während die übrigen Sinne keinen Anspruch darauf machen und hier das wahre Verhältniss weit einfacher zu Tage liegt. Es bedarf daher einer tiefer eingehenden Analyse dieser Sinne, um uns zu überzeugen, dass das ganze Missverständniss nur auf einer Vermischung der sinnlichen Empfindung mit der Bewegung beruht, welche die Natur bei dem Menschen in diesen Organen so eng mit einander verbunden hat. Am einfachsten lässt sich die Sache bei dem Gefühl auffassen, welches als sinnliche Empfindung über die ganze Haut verbreitet ist, aber nur in der Hand mit den Fingern zum Tastsinn wird, weil sie das gegliedertste und beweglichste Organ des Leibes ist. Als Sinn giebt es überall nur dasselbe, die allgemeine Empfindung in ihren bekannten Modificationen und die der Wärme und Kälte, das Solide aber als die Grundlage des Gegenständlichen empfinden wir nicht, sondern wir werden uns dessen bewusst als Widerstand gegen unsere eigene Bewegung. Wir strecken die Hand aus und finden eine Schranke, welche die weitere Bewegung hemmt, das nöthigt uns einen festen Gegenstand vorauszusetzen, giebt dann die Masse einem grösseren Drucke nach, so erscheint sie weich, können wir ohne bedeutenden Widerstand in ihr herumfahren, so ist sie flüssig, und wir unterscheiden so durch die Bewegung die verschiedenen Grade der Flüssigkeit, wie des Wassers des Oel's u. s. w., wobei allerdings noch manche andere Modificationen des Widerstands hinzukommen, die wir hier übersehen können. Ebenso ist es, wenn wir eine Last aufheben und mit der Hand und dem Arm wägen, das Gefühl ist dabei völlig unbetheiligt, es ist allein der Widerstand, den sie der Muskelanstrengung entgegensetzt, den wir dabei mit dem Bewusstsein auffassen. Auch das Rauhe oder Glatte wird nicht gefühlt, sondern indem wir mit der Hand leise über die Fläche hinfahren, werden wir uns der grössern oder geringern Hemmungen bewusst, die unsere gleichmässige Bewegung erfährt. Freilich findet dabei auch gleichzeitig Gefühlsaffection Statt, inwiefern fast immer auch die sensiblen Nerven afficirt werden, aber wir können bei einiger Aufmerksamkeit sehr wohl beides unterscheiden, und die Empfindung trägt unmittelbar nichts dazu bei, um uns eine Vorstellung von dem Gegenständlichen zu geben. Wir stossen mit dem Kopf gegen etwas Festes, so werden wir uns einerseits des Widerstandes bewusst, und schliessen daraus dass ein Object da ist, andrerseits empfinden wir den Schmerz, beides aber verbindet sich nur ebenso, als wenn wir bei dem Stoss zugleich fühlen, dass der Gegenstand warm oder kalt ist. Wie wenig das Gefühl als sinnliche Empfindung dabei in Betracht kommt, sehen wir daraus, dass wir auch mit einem Stocke oder einem andern geeigneten Instrumente in derselben Weise, ja in mancher Beziehung bei besondern Verrichtungen noch besser zu tasten vermögen, wobei doch alles auf die blosse Bewegung reducirt wird, und die Empfindung gänzlich ausser Spiel bleibt. Und geben wir auch endlich wirklich zu, dass der Sinn des Gefühls dabei mitwirken kann, wie schon daraus hervorgeht, dass die vorzüglich mit sensiblen Nervenpapillen ausgestatteten Fingerspitzen am meisten zum Tasten geeignet sind, so tritt hier eine weit complicirtere Reflection und eine Reihe von Urtheilen und Schlüssen ein, die wir jetzt noch nicht weiter untersuchen können, aber keineswegs geben die Empfindungen unmittelbar uns eine Kenntniss von der Natur des Gegenständlichen, wie aus der bisherigen Entwickelung vollständig klar geworden sein muss. Wir machen durch mannigfaltige Versuche die Erfahrung, dass ein so oder so beschaffener Gegenstand, dessen Natur wir auf dem andern Wege ermittelt haben, beim Anfühlen gerade diese Empfindungen verursache, während sie bei anders gestalteten nicht so vorkommt, und urtheilen nun aus der gehabten Empfindung, dass ein solcher Gegenstand da sein müsse, grade wie wir etwa aus der bestimmten Art des Stichs auf ein Insekt schliessen oder aus dem Vorhandensein eines bestimmten Geruchs von dem Dasein einer Blume überzeugt sind und uns mit der Empfindung zugleich die ganze Gestalt des betreffenden Gegenstandes vorstellen, aber nicht durch eine unmittelbare Auffassung, sondern durch eine Combination, die dann auch häufig ganz unrichtig ist, indem z. B. der ganz frappante Insektenstich sich in einen einfachen Hautreiz auflöst, von dem man eine andere Ursache nicht entdecken kann, sondern der rein in dem Blute seinen Grund hat.

Etwas anders erscheint allerdings die Sache bei dem Gesichte, wo wir des Lichteindruckes nicht entbehren können, aber durch die blosse Empfindung desselben wären wir nie im Stande, Gegenstände zu sehen, wenn nicht die unendlich feine Beweglichkeit des Auges hinzukäme, die dann noch durch die Drehung des Kopfes und die Wendungen des ganzen Körpers unterstützt wird, vermöge welcher wir, zwischen den Gegenständen einhergehend, aus den Verschiebungen der Bilder uns der wirklichen Gegenstände bewusst werden. Wie dies im Besonderen geschieht, werden wir erst weiterhin näher zu untersuchen haben, aber schon hier wird es deutlich sein, wie der Lichtstrahl nur das vermittelnde Werkzeug ist, welches uns mit den entfernten Gegenständen in Verbindung bringt, gleichsam der Stab, mit dem wir das betasten, was wir mit den Händen nicht zu erreichen vermögen, während unsere Bewegungen das eigentliche Tasten bewerkstelligen, wobei die Undurchsichtigkeit der Gegenstände, die sich gegenseitig bedecken, den Widerstand abgiebt, der uns die Vorstellung von Gegenständen abnöthigt. So ist daher die Lichtempfindung allerdings ein nothwendiges Mittel für die Entwickelung des Bewusstseins entfernter Objecte, aber wir können die Gegenständlichkeit in der Vorstellung ganz ablösen von den gesehenen Farbeneindrücken und sie rein reduciren auf das, was wir mit der Hand ertasten können, wo dann die Lichtempfindung den Gegenstand nur colorirt und ihm so eine blosse Eigenschaft mittheilt, die ganz analog der Wärme, dem Geschmack und Geruch ist, wie sie andere Sinne gewähren, die für sich keine Gegenstände offenbaren. Diese Verbindung zwischen der Bewegung, die allein die Quelle des objectiven Bewusstseins ist, und der sinnlichen Empfindung, die uns die Gegenstände nur nahe bringt, ist daher an sich eine ganz zufällige, und andere Sinne können etwas Aehnliches leisten, wenn ihre Organe zur Bewegung vorzugsweise eingerichtet sind. Die Insekten, welche keine bewegliche Augen haben, können nur sehr unvollkommen im Stande sein, damit Gegenstände zu erkennen, sie sind dafür mit beweglichen Fühlern ausgerüstet, die ihnen als Tastorgane dienen und nach neuern Untersuchungen der Sitz des Geruchs sind. Sehr viele Thiere bedienen sich desselben Sinnes, um die Gegenstände aufzusuchen, und das Aufspüren ist nichts andres als ein Tasten, indem sie durch die Bewegungen des Kopfes den mit den Riechstoffen verschieden geschwängerten Luftschichten nachgehen.

Der Ausdruck Tastsinn ist daher ein übelgewählter, der das Missverständniss ausserordentlich begünstigt, indem er stets den Schein erweckt, als ob die sinnliche Empfindung dabei die Hauptrolle spiele, während doch alles eigentlich auf die Bewegung hinausläuft. Jedes bewegliche Organ kann ein Mittel des Tastens werden, ganz unabhängig von der Empfindung, wie wir in der Thierwelt ganz hornige, alles Gefühls entbehrende Werkzeuge, dazu verwendet sehen, wie wir selber mit den Nägeln sehr feine Unterschiede in der Gestaltung der Oberfläche auffassen, wie die Vögel sich des Schnabels fortwährend zu demselben Zwecke bedienen. Die Vollkommenheit liegt in der Gliederung und Beweglichkeit derselben, so dass immer die zu jeder Thätigkeit geschicktesten Gliedmassen auch gewöhnlich die geschicktesten Tastorgane abgeben. Diese Tastwerkzeuge aber sind die leiblichen Organe des Bewusstseins, mit welchen es sich allmählich der Aussenwelt bemächtigt und sie sich zu Objecten gestaltet, wie die Sinne die Werkzeuge der Empfindung abgeben. Dass dabei auch eine innige Wechselwirkung Statt findet, wie wir unten noch genauer sehen werden, darf uns nicht abhalten, hier auf das Allerstrengste zu unterscheiden, denn nur dadurch wird es möglich, klar die Wirkung der Mittel zu erkennen, auf welchen unsere Wissenschaft von den Dingen beruht. Die Vorstellung von einer Aussenwelt wird uns erst gegeben durch die Unterscheidung eines örtlichen Aussereinander, und diese kann uns die sinnliche Empfindung auf keine Weise geben, die es nur mit momentanen zeitlich wechselnden Gefühlszuständen zu thun hat, selbst das Auge, obgleich es der Sinn für das Nebeneinander ist, kann seine Bilder nicht an einem bestimmten Ort fixiren, sondern muss abwarten, bis das Zugleich seiner Empfindungen durch das Bewusstsein an die rechte Stelle versetzt wird, und so seine Lichtpunkte objectiv sich zu Gegenständen ordnen. Wir bezeichnen daher auf eine sehr einfache Weise die Funktion des Bewusstseins dadurch, dass es die Aufgabe hat die örtlichen Unterschiede und Verhältnisse festzustellen und so sich der Gegenstände zu bemächtigen, indem es jeden an den ihm zukommenden Ort stellt. Das Selbstbewusstsein erkennt sich selbst zunächst als einen wandelnden Punkt, und die Objecte sind auch vorläufig nichts anderes als Ortpunkte, die dem Ich in wechselnden Ortsbeziehungen entgegentreten und durch ihren Widerstand die Stelle zu behaupten suchen, die sie einnehmen. Das ist das Grundfactum des Bewusstseins, und darauf erbauen sich alle übrigen Gestaltungen desselben, die wir im weitern Verlauf unserer Untersuchungen zu entwickeln haben werden. Die wechselnden Empfindungen, welche wir mit diesen Gegenständen verknüpfen, weil sie zugleich mit ihnen eintreten, und die wir daher nothwendig als von ihnen herrührend betrachten müssen, zeigen nur wechselnde Beziehungen in ihnen zu uns an, weshalb wir sie ihnen wohl als Eigenschaften beilegen, aber sie nicht selbst zu Gegenständen machen und ein Object deshalb nicht für ein anderes halten, weil es bald kalt bald warm, bald so oder so gefärbt, bald mit diesem oder jenem Geruch oder Geschmack behaftet erscheint. Dass freilich noch eine innigere Beziehung dabei obwaltet, werden wir erst weiter unten sehen, anfänglich aber ist sie immer nur eine solche des Verschmelzens zwischen dem gleichzeitig eintretenden Bewusstsein von dem vorhandenen Gegenstande und der Statt gehabten Empfindung.

3) Die Reflexion.

Zwischen dem Selbstbewusstsein und dem objectiven Bewusstsein tritt von Anfang an die innigste Wechselbeziehung ein, und man könnte kaum behaupten, dass das eine früher als das andre vorhanden ist, wenn nicht nothwendig das Object nur ein Reflex der eignen Thätigkeit wäre; aber so wie das eine gesetzt wird, ist das andere die unmittelbare Folge, und man möchte sagen, dass sie mit einem Schlage entstehen, wenn nicht die Entwickelung eine so allmäliche wäre aus der ursprünglichen Indifferenz heraus, dass erst nach und nach mit dem Fortschreiten derselben der Gegensatz sich spannt, während ebenso andererseits zugleich damit auch das Bewusstsein der Zusammengehörigkeit und der Vermittelung wächst. Diese Verknüpfung giebt die Reflexion, durch welche ebensowohl das subjective wie das objektive Bewusstsein gefördert wird, indem einerseits das Ich zu einem völligen Object und das Object zu einer reinen That des Subjects wird, andrerseits aber beide auch ebensosehr immer reiner geschieden werden. Anfänglich tritt unser Leib als Subject der Aussenwelt als dem reinen Object gegenüber, er gehorcht in allen seinen Bewegungen dem innern Impulse, jene ist nichts als Widerstand gegen diese Bewegungen. Aber wir betasten auch unsern eigenen Leib mit der Hand und mit den Augen, und so wird er selbst Object, das wir allmälich zergliedern und in unser gegenständliches Bewusstsein aufnehmen. Aber nicht dieses allein, wir können keine Bewegung vollziehen, ohne uns dabei auch des Widerstandes unseres eigenen Körpers bewusst zu werden, wir heben den Arm hoch und bemerken seine Schwere, wir beugen die Gliedmassen und erkennen den Widerstand in den Gelenkverbindungen, die in Ruhe verbleiben und den Angelpunkt der Bewegungen bilden. Auf diese Weise entstehen eine Menge von Punkten, aus denen wir uns die Gestalt unseres eigenen Leibes zusammensetzen und vervollständigen, und die so gleichsam das Gerüst bilden für die Vorstellung der eigenen Ausdehnung im Raume, indem wir das Dazwischenliegende linear verbinden und so den Zusammenhang ergänzen. Keineswegs ist es aber die sinnliche Empfindung, die uns einen Aufschluss darüber zu geben vermag, sondern diese schliesst sich selbst nur an die durch die Bewegung erlangten Anschauungen, wir fühlen eben so wenig die Ausbreitung der Haut, als wir die der Netzhaut des Auges durch das Gesicht auffassen, sondern wir verknüpfen diese Empfindungen in der Weise des Urtheils und des Schlusses mit der durch die Bewegung erhaltenen Vorstellung von der Ausdehnung und Gliederung unseres Körpers, und es erklärt sich daraus auf das Einfachste das allgemeine Gesetz, dass wir alle Empfindungen, sie mögen ihren eigentlichen Ursprung an irgend einer beliebigen Stelle in dem Verlauf des gereizten Nerven haben, immer auf die Peripherie unseres Leibes beziehen und dort ihre Veranlassung vermuthen, und zwar so sehr, dass Amputirte noch den Schmerz in den entfernten Gliedern zu haben vermeinen, indem sie sich daran gewöhnt haben, die Affection gewisser Nerven mit den entsprechenden Gliedern in Verbindung zu setzen, von welchen aus ihre Reizung gewöhnlich erfolgte. Darum haben wir auch von den mehr gegliederten Theilen des Leibes eine weit bestimmtere örtliche Vorstellung, während die grösserer ununterbrochener Flächen sehr unvollkommen ist und immer nur vage nach der Entfernung der Gelenke geschätzt wird. Haben wir z. B. auf dem Rücken zwei von einander entfernte Eindrücke, so ist es sehr schwer nur die ungefähre Entfernung anzugeben, berühren wir, bei geschlossenem Auge, mit dem Finger eine beliebige Stelle etwa des Oberschenkels, so haben wir kein rechtes Bewusstsein von der genauen Oertlichkeit, das uns sogleich mit weit grösserer Bestimmtheit entgegenspringt, sobald wir das Knie und Hüftgelenk beugen und nun von da an die Entfernung messen. Von unserm Auge haben wir eine so deutliche Vorstellung nicht durch die Empfindung der Netzhaut sondern durch die Beweglichkeit des Augapfels und vorzüglich der Augenlieder, weshalb wir auch bei geschlossenem Auge die Ausbreitung desselben festhalten, während bei geöffnetem Auge das Sehfeld ebenso wandelbar ist, als die Projection der gesehenen Bilder in die Ferne und die Beschränkung des Seeraums es gestatten.

Haben wir auf diese Weise ein Bewusstsein von der Ausdehnung unseres eignen Leibes und seiner Glieder gewonnen, so übertragen wir dieses auf die äussern Gegenstände, die wir damit betasten, und dabei findet eine fortwährende Correction unserer Vorstellungen durch die verschiedenen Mittel, die uns dazu gegeben sind, Statt, so dass man erst eine richtige Anschauung von dem complicirten Prozesse gewinnt, wenn man auf das lebendige Zusammenwirken dieser mannigfaltigen Wechselbeziehungen achtet. Wenn wir mit der Hand einen Gegenstand betasten, so berühren wir zunächst etwa einen Grenzpunkt, wo wir zuerst durch den eintretenden Widerstand von dem Dasein des Gegenstandes Kenntniss erhalten, dann gehen wir weiter an den Grenzen desselben entlang, die eigene Bewegung, die wir dabei machen und deren wir uns unmittelbar bewusst werden, giebt uns die entsprechende Vorstellung von den Grenzen des Gegenstandes, der uns durch seinen Widerstand veranlasst, gerade diese Bewegung zu machen, wir setzen dieselben in verschiedenen Richtungen fort, die Beugung der Finger, die vielfältige Gliederung derselben erleichtert das Werk gar sehr, und so setzt sich uns das Bild des ganzen Objects aus unsren eignen an ihm vollzogenen Bewegungen zusammen. Die Ausdehnung messen wir an der unserer Körpertheile, weshalb sie auch überall als die ursprünglichsten Maasse erscheinen, der Finger, die Hand, die Spanne sind die ersten Messinstrumente für die kleinern Dimensionen, der Fuss, der Schritt für die grössern, die wir unmittelbar anwenden, indem wir die Objecte mit der Hand betasten oder unter ihnen umhergehen. Ein ganz ähnliches Verhältniss findet Statt bei dem Auge, wir fixiren einen Grenzpunkt, gehen an den Grenzen des Gegenstandes entlang, fixiren einen neuen Punkt, setzen die Bewegung in andrer Richtung fort und fassen so die Gestalt desselben allmälich auf, indem wir die Hauptpunkte festhalten, sie durch die Verbindungslinien verknüpfen und so den Gegenstand nach allen Richtungen hin ausmessen vermöge der eigenen Bewegungen, die erforderlich sind, um von einem Punkte zum andern zu gelangen. Deshalb übersehen wir auch zunächst immer nur sehr oberflächlich die Grenzen, ohne uns der dazwischen liegenden feinern Unterschiede bewusst zu werden. Ein Kind zeichnet einen Baum mit groben Umrissen, gerade so wie es ihn oberflächlich sieht, und in seinem Bewusstsein ist wenig mehr vorhanden, als es in dem Abbilde wiedergiebt. Selbst bei weit entwickelterem Bewusstsein, wo wir die Gegenstände recht gut unterscheiden und die Bilder klar und deutlich im Gedächtniss festzuhalten glauben, gerathen wir in grosse Verlegenheit, wenn wir nur die oberflächlichsten Grenzen näher schildern sollen, wie z. B. bei Blättern, Blumen u. s. w., die wir tausendmal gesehen und immer wieder erkennen und von andern unterscheiden, ohne dass wir anzugeben wüssten, ob sie ganzwandig, gekerbt, gezähnt, gewimpert sind, wie die Blätter zu einander gestellt sind, aus wie vielen die Blüthen bestehen, wie die Staubfäden beschaffen sind u. s. w., Dinge, die dem, der sie zu zeichnen versucht oder der sich genauer mit ihnen beschäftigt, ganz geläufig sind. Erst nachdem wir die allgemeinen Umrisse aufgefasst haben, setzen wir das Fixiren auf die dazwischen liegenden Punkte fort und trennen und verknüpfen hier in gleicher Weise, wie der Zeichner thut, der allmälich das Bild auf dem Papier entstehen lässt, indem er Umrisse skizzirt, sie hernach im Einzelnen genauer auszeichnet und Punkt für Punkt in seinen Richtungen und Entfernungen mit den früher festgestellten Punkten vergleicht und abmisst; auch wir zeichnen nothwendig mit den Bewegungen unseres Auges den ganzen Gegenstand auf ihn selber hin und fassen den objectiven Körper durch die ihn deckende Gestalt unseres darauf entworfenen Bildes auf, indem wir nicht mehr in unsere Kenntniss von ihm aufnehmen, als wir selbst auf ihn hinzeichneten.

Das Auge ist daher als Tastsinn völlig analog der Hand, mit dem unendlichen Vorzug der schnellern und feinern Beweglichkeit und der grössern Fähigkeit, die feinsten Unterschiede zu fixiren und zum Bewusstsein zu bringen; dabei ist es gar nicht, wie man gewöhnlich meint, nur im Stande seine Bilder nebeneinander in der Fläche zu entwerfen, sondern es tastet auch in gewisser Entfernung ausserordentlich genau das Hintereinander und giebt so Aufschluss über die Entfernung der Objecte. Dies hängt vorzüglich zusammen mit der Einrichtung zweier Augen, ihrer Stellung am Kopfe und dem darauf beruhenden Einfach- oder Doppelt-Sehen, so dass wir nicht umhin können, dieses so oft schon besprochene Problem zum Gegenstande einer nähern Untersuchung zu machen, vorzüglich da es auf das Innigste mit unserer Unterscheidung der sinnlichen Empfindung und des Bewusstseins zusammenhängt. Betrachten wir eine Fläche mit einem Auge und bringen zwischen beide einen schmalen Gegenstand, wie etwa den Finger, so projicirt sich dieser an einem bestimmten Punkte auf der Fläche, der gegeben ist durch die verlängerte Verbindungslinie zwischen dem Auge und dem Finger; schliessen wir nun dieses Auge und betrachten das Ganze mit dem andern Auge, so rückt der Gegenstand an eine ganz andere Stelle, die wiederum bedingt ist durch eine von diesem Auge durch den Finger nach der Fläche gezogene Linie, die Gegenstände sind in beiden Fällen scharf begrenzt und deutlich unterschieden, aber der Finger scheint auf der Fläche zu ruhen, die verschiedene Entfernung derselben von dem Auge wird nicht unmittelbar sondern nur unbestimmt durch Schlüsse gemessen. Das Auge sieht nur in einer bestimmten Entfernung deutlich, weil nur in dieser die von einem Punkte ausgehenden Lichtstrahlen vermittelst der Linse auf der Netzhaut wieder in einem Punkte vereinigt werden, es hat aber die Fähigkeit durch eine Einwirkung auf die Gestalt der Linse sich in einem gewissen Spielraume verschiedenen Entfernungen anzupassen. Indem es nun jeden fixirten Gegenstand so klar als möglich zu sehen sucht und danach sich jedesmal accommodirt, erscheinen nothwendig die Gegenstände in andern Abständen undeutlicher und veranlassen so ein Urtheil über ihre verschiedene Entfernung. Hiezu kommen die Schlüsse, die aus der Perspective und der Vertheilung von Schatten und Licht gezogen werden, so wie die sogenannte Luftperspective, die daraus entsteht, dass die entfernteren Gegenstände durch die grössere dazwischen liegende und nicht vollkommen durchsichtige Luftschicht mehr getrübt werden. Hätten wir daher nur ein Auge, so würden wir uns den wirklichen Gegenständen gegenüber nur eben so verhalten, wie vor einem Bilde, in welchem der Künstler alle diese Verhältnisse benutzt, um auf einer Fläche die verschiedenen Entfernungen so täuschend als möglich darzustellen. Wir würden die Gegenstände alle auf eine Fläche projiciren, die unregelmässig begränzt wäre durch den eignen undurchsichtigen, nicht überall gleich hervortretenden Rahmen der Umgebungen des Auges, deren Entfernung aber nur sehr undeutlich bestimmt wäre. Nur durch die in der Erinnerung liegende Bekanntschaft mit dem deutlichen Eindruck der Gegenstände in der Nähe würden wir die Entfernung derselben beurtheilen, indem das Auge nacheinander den verschiedenen Abständen sich accommodirt, oder der ganze Körper sich den Gegenständen nähert oder von ihnen entfernt. Das Versetzen der Bilder nach Aussen ist also hier nur ein Schluss, der mit auf der verschiednen Deutlichkeit beruht, welcher dieselben Gegenstände in verschiednen Entfernungen erscheinen, und der daher durchaus abhängig ist von unsern Bewegungen, ganz ebenso, wie wir uns, freilich in noch weit unbestimmterer Weise, der Entfernung eines Geräusches bewusst werden durch die Abnahme seiner Intensität und Deutlichkeit, unter Voraussetzung der objectiv identischen Stärke desselben, weshalb uns der Bauchredner so leicht täuscht, wenn er die allmäliche Abnahme desselben durch die Tonerzeugung selbst nachzuahmen im Stande ist, weshalb der Maler seinerseits die Hintergründe angemessen abdämpft. Das nach Aussen Versetzen überhaupt ist dann nur die Abstraction von der *verschiedenen* Entfernung, und je bestimmter diese erkannt wird, desto bestimmter ist auch das Bewusstsein des Ausser uns, so dass es keinen Sinn hat von einer angebornen Fähigkeit oder unerklärlichen Gewohnheit der Vorstellung zu sprechen, die Bilder herauszuversetzen, ohne Beziehung auf die verschiedenen Abstände, in denen uns die Objecte durch unsere Entfernung von ihnen entgegentreten.

Weit sicherer und unmittelbarer aber wird unsere Vorstellung von der Entfernung durch den Gebrauch der beiden Augen, indem wir damit wirklich, wenigstens in den zunächstliegenden Regionen, auf eine sehr genaue Weise das Hintereinander der Gegenstände ertasten. Gehen wir noch einmal auf das oben angenommene Beispiel zurück und projiciren zunächst nur mit dem einen Auge den vorgehaltnen Finger auf die hintere Fläche, und hernach auch ebenso mit dem andern, so wird nothwendig, wenn wir beide Augen zugleich öffnen und damit die hintere Fläche betrachten, ein Doppelbild des Fingers entstehen, von denen das eine der Projection des einen, das andere der des anderen angehört, wie wir sehr leicht finden, wenn wir wieder die Augen abwechselnd schliessen, indem sie gerade die durch die Projectionslinien bestimmten Stellen einnehmen. Aber die Bilder sind sehr undeutlich, weil zugleich die mit dem andern Auge frei gesehene Stelle des Hintergrundes mitwirkt und ein Mischeindruck entsteht, indem die Farbe des einen gewissermaassen durch das andere hindurchscheint oder eins dem andern den Vorrang streitig macht. Fixiren wir dagegen den Finger, so entstehen umgekehrt Doppelbilder von dem Hintergrunde, indem alle Punkte desselben projicirt werden auf eine durch den Finger hindurch gehende Ebene, wo sie nun für jedes der beiden Augen auf verschiedene Stellen treffen, weshalb natürlich durch das Ueberragen der Bilder wieder Undeutlichkeit entstehen muss. Diese Versuche erfordern allerdings einige Uebung, indem es sehr schwer hält, mit den Augen die bestimmten Distanzen festzuhalten, und die dazu nöthige Anstrengung der Muskeln sehr bald schmerzhaft empfunden wird. Am leichtesten gelingen dieselben, wenn man auf einer dunkeln Fläche zwei weisse Papierstückchen von gleicher, etwa quadratischer Gestalt, in einiger Entfernung neben einander legt und dieselben durch ein mit einem ähnlichen aber kleineren Ausschnitt versehenes Kartenblatt betrachtet; hält man das letztere in angemessenem Abstande zwischen den Augen und der Fläche und rückt die Papierstückchen so, dass das eine beim Visiren mit dem einen Auge, das andere beim Visiren mit dem andern Auge durch die Oeffnung des Kartenblattes gesehen wird, so erscheinen dieselben, wenn man nun mit beiden Augen das Kartenblatt betrachtet, in der Oeffnung desselben vereinigt, und die etwa darauf gezeichneten verschiedenen Figuren verbinden sich mit einander zu einem Gesammtbilde, während man ausserdem die beiden Papierstückchen einzeln zu beiden Seiten des Kartenblatts, wenn es nicht zu gross ist, aus dem Hintergrunde obgleich etwas undeutlich erblickt, so dass also von den beiden Objecten eigentlich vier Bilder entstehen, von denen sich zwei decken, die aber auch auseinander treten, wenn man nicht genau visirt, und das Auge oder das Kartenblatt etwas verrückt. Umgekehrt dagegen, strengt man sich an, durch die Oeffnung des Kartenblattes die dahinter liegende dunkele Fläche zu betrachten, besonders wenn man ein kleines Object darauf fixirt, so erscheinen deutlich auf dem Kartenblatt zwei Ausschnitte in einiger Entfernung nebeneinander, welche vollständig den Projectionen des Ausschnittes von beiden Augen aus auf die dahinterliegende Fläche entsprechen.

Alle Erscheinungen erklären sich daher vollständig aus der Beweglichkeit der Augenaxen, indem wir durch die Veränderung des Convergenzwinkels uns der Entfernung des

Objects bewusst werden. Alle übrigen Gegenstände werden auf die durch das gerade fixirte Object gelegte Fläche projicirt, und da sie hier Doppelbilder erzeugen, die sich gegenseitig decken, so werden sie wegen der daraus entstehenden Undeutlichkeit vernachlässigt, während nur die in derselben Fläche liegenden einfach und daher auch deutlich erscheinen. Wenn wir daher mit beiden Augen die Dinge der Aussenwelt in verschiedenen Entfernungen betrachten, so sind wir genöthigt, um einfach und klar zu sehen, die Axenstellung der Augen in jedem Momente zu ändern, und tasten also vollständig durch die Bewegung der Augen die Entfernung. Sehen wir dagegen nur mit einem Auge, so fallen die Doppelbilder weg, und wir sehen in verschiedenen Entfernungen gleich deutlich, wie wir sogleich bemerken, wenn wir das eine Auge schliessen, wir sind daher auch nicht im Stande, so auf die Entfernung zu schliessen, wenngleich die oben angeführten Ursachen und viele andere aus der Bekanntschaft mit den Objecten herrührende Indicien auch hier das Urtheil ergänzen, so dass wir uns einbilden, wirklich zu sehen, was wir doch nur zu dem Gesehenen als eine schnell und unbewusst vollzogene Reihe gewohnter Schlüsse hinzubringen.

Wie genau wir übrigens auf diese Weise mit beiden Augen die Entfernung messen, begreifen wir am klarsten vermittelst des Stereoskops, dessen ganze Construction darauf beruht, dass man zwei verschiedene für jedes der beiden Augen gezeichnete Projectionen eines Körpers in ein Bild zusammenfallen lässt, sei es vermittelst zweier in einem rechten Winkel zusammengefügter Spiegel, die die seitlich angebrachten richtig eingestellten Bilder im Hintergrunde vereinigen, wenn man mit je einem Auge in die beiden Spiegel hineinsieht, sei es durch die von Dove neuerdings vorgeschlagene sinnreiche Einrichtung, wo man das für ein Auge projicirte Bild durch die Anwendung eines Prismas für das andre Auge umkehrt, und bei der Betrachtung mit beiden Augen durch die richtige Stellung die beiden entstehenden Bilder vereinigt, was den besondern Vortheil gewährt, dass sowohl die nicht zu vermeidende Ungleichheit in der symmetrischen Construction der Bilder als die Doppelspiegelung durch die vordere und hintere Fläche des Spiegelglases vermieden wird, was der vollständigen Deckung und daher auch der Deutlichkeit der Erscheinung Eintrag thut. Hat man auf diese Weise die beiden schiefen Projectionen in ein Bild vereinigt, so tritt der Körper reliefartig aus der Ebene des Papiers hervor, kehrt man dieselben um, so erscheinen sie ebenso vertieft, indem sie nunmehr für jedes Auge die schrägen Projectionen eines Hohlkörpers bilden. Die ganze Erscheinung erklärt sich vollkommen, unserer frühern Entwickelung gemäss. Haben wir z. B. die schrägen Projectionen einer vierseitigen abgestumpften Pyramide, so werden sich zunächst nur die quadratischen Grundflächen derselben decken, und wenn alle Linien in der Ebene des Papiers gesehen werden, so müssen die beiden Schnittflächen mit den pyramidalen Kanten sich neben einander befinden, wie sie auch zunächst für ein ungeübtes Auge gewöhnlich erscheinen. Die leitenden Kanten aber veranlassen das Auge, auch hier die Vereinigung zu suchen, was nur möglich ist, wenn die Augen, indem sie an ihnen lang gehen, allmälich stärker convergiren und so also die Schnittfläche in einem geringern Abstande fixiren, wobei sich die Doppelbilder in einem verbinden. Nunmehr würden allerdings wieder die Grundflächen doppelt erscheinen, wie es, wenn man recht genau beobachtet, auch der Fall ist, aber die Augen oscilliren hin und her und bringen so die verschiedene Entfernung zum Bewusstsein, so dass nun ein erhabenes Bild erscheint, bei welchem abwechselnd die Grundfläche oder die Schnittfläche etwas undeutlicher gesehen wird. Dasselbe findet in umgekehrter Weise Statt, wenn man die Projectionen umwendet, und nun in eine hohle Pyramide hineinsieht, wo sich die Schnittfläche von der Grundfläche in der Ebene des Papiers entfernen muss, indem die Augen mehr divergiren, um die Doppelbilder derselben zur Deckung zu bringen. Zugleich sieht man den Grund ein, weshalb die hohle Pyramide tiefer erscheint als die Höhe der convexen, da die Schnittfläche dieselbe bleibt, sie aber, bei der weiteren Entfernung von dem Auge in der hohlen Pyramide als bei der erhabenen, unter einem kleinern Sehwinkel sich zeigen müsste, und daher bei gleichem um so viel weiter entfernt gesetzt werden muss, weshalb auch die Seitenflächen der hohlen Pyramide steiler auf der Grundfläche zu stehen scheinen, als die der erhabenen. Hat man auf diese Weise einige Uebung erlangt, so gelingt es auch bei Verschiebung der Bilder, dieselben dennoch für die Augen vereinigt zu erhalten, ja sogar, was freilich bei weitem schwieriger ist, die einmal auseinander getretenen Bilder wieder zur Deckung zu bringen, indem man die Augen demgemäss mehr oder weniger convergiren lässt und die Doppelbilder durch Projicirung auf eine nähere oder entferntere Fläche vereinigt, wobei sie dann kleiner oder grösser erscheinen und sich mehr oder weniger erheben und vertiefen.

Dieselben Erscheinungen des Stereoskops lassen sich auch auf eine einfachere, wenngleich etwas unvollkommene Weise herstellen, wenn man, wie oben beschrieben, die für die beiden Augen entworfenen Projectionen, durch den Ausschnitt eines Kartenblatts betrachtet, indem man mit einem jeden Auge durch die Oeffnung desselben genau nach der entsprechenden Projection hin visirt, worauf dann, mit beiden Augen angesehen, sie sich in dem Ausschnitt vereinigen und hier ebenso ein erhabenes oder vertieftes Bild zeigen, aber nur durch grosse Ruhe und Uebung gelingt es hier, Augen und Kartenblatt in derselben Lage zu erhalten und so eine vollständige Vereinigung der Bilder zu gewinnen, wovon natürlich die Deutlichkeit der Erscheinung abhängig ist. Doch hat dieses Verfahren den Vorzug, dass man dabei weit einfacher den ganzen Vorgang verfolgen und genauer die Versetzung der Bilder in die verschiedenen Entfernungen beobachten kann. Interessant ist es aber, als Gegenstück zu diesen stereoskopischen Versuchen, sich klar zu machen, wie wir bei dem gewöhnlichen Sehen ganz ebenso verfahren, und das stereoskopische Sehen eigentlich nur eine Analyse desselben ist. Betrachten wir nämlich einen auf einer Fläche liegenden Körper abwechselnd mit dem einen oder dem andern Auge, so erhalten wir verschiedene Projectionen desselben auf der Fläche, und der Gegenstand erscheint gar nicht körperlich erhaben, sondern wie ein gemaltes Bild, in welchem nur die verschiedene Beleuchtung der Flächen veranlasst, es als das Bild eines Körpers vorzustellen, ohne dass wir es wirklich so sehen, so wie wir es dagegen mit beiden Augen anschauen, hebt es sich aus der Fläche hervor, indem wir nunmehr wirklich die verschiedene Entfernung tasten. Es ist aber begreiflich, wie bei grössern Abständen dieses Maass der Augen allmälich abnimmt, indem dann der Unterschied in der Convergenz der Achsen zu gering wird, um noch ins Bewusstsein aufgenommen zu werden, und die Projectionen der Objecte auf Flächen in verschiedener Entfernung auf dieselben Stellen treffen und keine Doppelbilder mehr erzeugen. Hier sind wir daher auf Perspective und Licht und Schatten beschränkt, und daher machen auch gut gemalte Bilder ganz denselben Eindruck, wie die wirklichen Gegenstände, und wir glauben in Dioramen und Panoramen mit vollkommener Täuschung die Gegenden selbst zu schauen, indem die dem Standpunkt des Beobachters zunächst gelegenen Objecte, die ein Maass für die Entfernung abgeben könnten, künstlich von dem Bilde ausgeschlossen werden, während das bestgemalte Bild eines Gegenstandes in der Nähe immer nur als Bild erscheinen wird, da die tastenden Augen keine Gelegenheit finden, die Axen zu verändern, und daher dasselbe immer nur den Eindruck einer starren Fläche hervorbringen kann.*)

Unser Sehen ist daher keinesweges ein Empfinden der afficirten ausgebreiteten Netzhaut, noch ein Betrachten der darauf erzeugten Bilder durch das Sensorium oder Bewusstsein, da die Empfindung ihrer Natur nach schlechterdings nichts von einer Oertlichkeit weiss, sondern das Bewusstsein von den Bewegungen unserer Augen, die nöthig sind um die Gegenstände einfach und deutlich zu sehen, veranlasst uns, dieselben in verschiedene Enfernungen und damit also auch überhaupt ausser uns zu versetzen, ganz ebenso, wie wir vermittelst unseres Gehens und des Ausstreckens der Hände den Abstand der Dinge auffassen.**)

---

*) Für die Vollkommenheit eines gut gemalten Bildes, das für die Anschauung in der Nähe berechnet ist, erscheint es daher unumgänglich nöthig, dass der Künstler grade auf die durch das Entstehen der Doppelbilder erzeugte Undeutlichkeit der hinter einander gesehenen Gegenständlichkeiten achte, was von geschickten Künstlern durch die verschiedene Abtönung in der Deutlichkeit der Contouren und der geringeren Sorgfalt in der Behandlung der Nebensachen erreicht wird, indem ja nur die Hauptsachen fixirt und deutlich und scharf gesehen werden, während unerfahrene Maler alles gleich scharf darstellen, wie sie es selbst nach einander fixiren und allmälich in das Bild eintragen. Die Luftperspective, der diese Abtönung fälschlich zugeschrieben wird, könnte bei so geringen Differenzen der Abstände nichts bewirken.

**) Wir wissen durch die Empfindung nicht einmal, mit welchem Auge wir sehen, sondern erfahren dies erst, wenn wir das eine oder andre schliessen, durch das Bewusstsein dieser Bewegung, weshalb z. B. Personen, die auf einem Auge erblinden, dies oft lange gar nicht erkennen, bis der Zufall sie darauf führt, das sehende Auge zuzumachen, und sie nun mit Schrecken die Dunkelheit gewahr werden. Ebenso haben Schielende, die immer doppelt sehen, aber das schwächere Doppelbild, das zuweilen je nach der wechselnden Stellung der Augen, bald dem einen bald dem andern angehört, kein Bewusstsein darüber, mit welchem sie den Gegenstand fixiren. Ja wir können dies jederzeit an uns selbst beobachten, wenn wir Doppelbilder erzeugen, wo erst getrennte Versuche mit dem einen oder andern Auge uns überzeugen, welchem ein jedes angehört.

Wenn daher die Frage häufig aufgeworfen wird, weshalb wir mit zwei Augen nur einfach sehen, so liegt diesem immer die falsche Voraussetzung zum Grunde, als ob unser Bewusstsein ohne weiteres die Empfindung beider Augen wahrnehmen könnte, und man denkt nicht daran, dass das Bewusstwerden zugleich ein Versetzen derselben an einen bestimmten Ort sein muss. Die bestimmte Oertlichkeit aber wird erst gewonnen durch die relative Beziehung der verschiedenen Oertlichkeiten aufeinander oder durch das Netz der Linien, das wir zwischen den Ortpunkten uns vorstellen. Jedes einzelne Auge versetzt nun sein Bild in die Richtung, in welcher es alle in gerader Linie dahinter liegenden verdeckt, dadurch erhalten wir aber noch keine bestimmten Ortpunkte, sondern nur Richtungslinien der Gegenstände in Beziehung auf unser Auge als Ausgangspunkt derselben, erst dadurch dass wir, mit beiden Augen sehend, diese Richtungslinien sich durchschneiden lassen, fixiren wir auch die Entfernung, indem wir gewissermassen trigonometrisch aus der gleichbleibenden Entfernung der beiden Augen als der Grundlinie des Dreiecks und den Winkeln, die die Augenaxen damit bilden, die Entfernung der Spitze berechnen, freilich auf die allerunbewussteste Weise durch rein mechanische Uebung. So entsteht uns die Vorstellung von der Gestalt der Gegenstände, indem wir mit der Spitze dieses wechselnden Dreiecks zwischen den Objecten nach allen Richtungen hin herumtasten und uns so des Nebeneinander und Hintereinander der Ortpunkte bewusst werden. Und wo nun diese Bewegungen der Augen nicht hinreichen, da kommen wir durch die Bewegung unsers Körpers zu Hülfe, wie wenn wir mit der tastenden Hand den Gegenstand nicht zu erreichen vermögen, die Bewegung des ganzen Körpers ergänzend hinzutreten muss.

Hieran lässt sich das anreihen, was über die physikalische Umkehrung der Bilder in unserm Auge zu sagen ist. Zunächst muss auch hier festgehalten werden, dass die Beziehungen der Oerter unter einander relative sind, dass es kein Oben und Unten, kein Rechts und Links anders giebt, als im Verhältniss zu einem bestimmten Ausgangspunkt, kehrt sich also alles um, so bleibt die Beziehung vollständig dieselbe, und es kommt nur darauf an, was man als Oben oder Unten feststellen will. Dieses Maass haben wir am eignen Körper, und da auch dieser vom Auge betrachtet und gleichfalls umgekehrt wird, so ordnen wir alle Verhältnisse nach dem Oben und Unten von diesem. Sind wir dagegen im Stande ein aufrechtes Bild von einem Gegenstande auf der Netzhaut zu erzeugen, so kehrt sich dieses mit um, wie folgender schöne Versuch einleuchtend darstellt. Halten wir ein fein durchstochenes Kartenblatt ziemlich dicht vors Auge, und betrachten durch dasselbe hellbeleuchtete Objecte, namentlich eine Lampenglocke, schieben sodann eine Stecknadel genau zwischen die Oeffnung und die Pupille, so erscheint das Bild derselben umgekehrt und vergrössert jenseit das Kartenblatt, denn das durch die feine Oeffnung fallende Licht wird von der Nadel aufgefangen, und so ein aufrechter Schatten auf die Netzhaut geworfen, welcher mit den übrigen Objecten umgekehrt und auf den Hintergrund projicirt wird, während wir die Nadel selbst, die dem Auge zu nah ist, nicht sehen.

Bei der Anwendung des Auges sind also zwei Dinge wohl zu unterscheiden, wir empfinden einmal die Differenz der Farbe durch den sensiblen in der Netzhaut sich ausbreitenden Augennerven, dadurch würden wir noch keine Vorstellung von Gegenständen erhalten, das Empfundene wird aber dadurch, dass es uns mit den Gegenständen der Ferne in Verbindung bringt, vermöge der Bewegung der Augen, die unmittelbar ins Bewusstsein fällt, ein Mittel, die Gestalten d. h. die Combination von Ortpunkten aufzufassen, die uns die Vorstellung von Gegenständen ausser uns geben, inwiefern sie für die freie Bewegung des empfindenden Auges Schranken bilden. Beides combinirt sich dann mit einander, die gegenständliche Gestalt, welche die Grundlage für das Bewusstsein bildet, wird durch die Empfindung der Farbe ausgemalt, und das Bild des Objects ist zugleich ein gefärbtes, während wir auch hinterdrein von der Farbe abstrahiren und den Gegenstand in seinen Umrissen festhalten können, wie es offenbar sogleich geschieht, wenn wir nach der Auffassung das Auge schliessen und so des unmittelbaren Lichteindruckes beraubt werden. Zwar behalten wir auch eine Erinnerung der Farbe, worüber wir später noch zu sprechen haben werden, aber die Gegenständlichkeit haftet an der Gestalt, und so viel wird wenigstens hier schon vorläufig zugegeben werden, dass sie weit lebendiger in der Vorstellung bleibt als die Farbe, weshalb denn auch erfahrungsgemäss ganz junge Kinder von den Gegenständen weit leichter die Gestalt festhalten und diese von andern unterscheiden, während sie erst weit später die Farben festzuhalten und zu unterscheiden lernen.

Man sagt oft, der eigentliche Tastsinn sei die Grundlage für das Auffassen des Gegenständlichen, und das Auge mit seinen Bildern lerne erst durch die Verknüpfung mit jenem seine Eindrücke den Gegenständen anpassen. Dies kann aber nach dem bisher Entwickelten nicht richtig sein, und die Erfahrung selbst spricht offenbar dagegen. Das Auge tastet in vollständiger Analogie mit der Hand, und ist in dieser Beziehung, vermöge seiner grösseren Beweglichkeit und der Fähigkeit feinere Unterschiede zu fixiren, ein weit sichreres Werkzeug als diese. In dem Auge als Tastwerkzeug, nicht als Sinnesorgan, besteht die gerühmte Virtuosität desselben, wodurch es über alle andern Sinne den unendlichen Vorrang behauptet, und der Gebrauch desselben in dieser Hinsicht entwickelt sich schon sehr früh bei dem Kinde. Schon in den ersten Wochen fängt es an die Gegenstände zu fixiren, und damit beginnt die Uebung desselben; bald vermag es die nahe tretenden Gegenstände in den verschiedensten Stellungen zu erkennen und zu unterscheiden, wenn es auch in dem Maasse der Entfernungen noch so ungeübt ist, dass es nach dem Monde, wie nach der Mutter, hascht, doch gerade in den näher liegenden bildet sich, wie wir oben gesehen haben, das Bewusstsein für die Unterschiede der Entfernung weit leichter aus. So besitzt es schon eine Welt von Gegenständen in seinem Bewusstsein, während es noch herumgetragen wird und nicht die Gelegenheit hat, die Dinge mit der Hand zu betasten. Es findet daher eher das Umgekehrte Statt, dass die durch das Auge gewonnenen Vorstellungen von der Gestalt der Gegenstände sich hernach mit denen, die wir durch die unmittelbare Berührung von ihnen gewinnen, combiniren, und so durch die Verknüpfung und Wechselwirkung beider das objective Bewusstsein sich klarer und bestimmter entwickelt.

Die übrigen Sinne sind keiner Auffassung des Gegenständlichen fähig, und gerade dies giebt den deutlichsten Aufschluss darüber, was für uns die Ursache des objectiven Bewusstseins ist, und wie wenig wir durch die Sinne allein von der Aussenwelt wissen würden. Selbst die geringen Spuren, die hier übrig bleiben, weisen immer wieder auf die Bewegung zurück. Die Entfernung des Schalls messen wir ohngefähr nach der zu- oder abnehmenden Stärke desselben, je nachdem wir uns demselben mehr oder weniger nähern, die Richtung beurtheilen wir ebenfalls nach der Intensität, welche grösser oder geringer wird, je nachdem wir den Kopf nach verschiedenen Seiten wenden, indem die Schallwellen bald gerade bald schief in das Ohr fallen, wobei allein die Verschiedenheit in der Stärke der Empfindung entscheidet, weil die festen Theile des Kopfes selbst den Schall für das Ohr dämpfen. Im Allgemeinen geht uns alle schärfere und genauere Unterscheidung der Richtung durch die Natur des Tons verloren, der nicht immer nur in gerader Linie in unser Organ dringt, sondern von allen Seiten durch die Gegenstände reflectirt wird, so dass wir uns ihm gegenüber fortwährend in der Lage befinden, in welcher auch unser Auge sein würde, wenn wir von lauter Spiegeln umgeben wären. Alle diese reflectirten Schallstrahlen fallen für gewöhnlich gleichzeitig zusammen und geben, indem sie das Ohr treffen, einen Gesammteindruck, oder wenn der Weg, den sie zurücklegen, eine verschiedene Weite hat, treten sie nacheinander auf und vereinen sich gegenseitig zu einem mehr oder minder confusen Geräusch, oder sie bilden ein deutlich unterschiedenes Echo. Die Richtung kann dabei nur danach abgemessen werden, von woher zuletzt der Schall mit der grössern Intensität ins Ohr dringt, und der Ort der ursprünglichen Entstehung bleibt unklar. In einem Zimmer hören wir das Gerassel eines sich annähernden Wagens durch das Fenster, aber wir sind nicht im Stande zu unterscheiden, ob er von rechts oder links herkommt, befindet sich das Fenster nach dem Hofe hinaus, so wissen wir nicht ob ein Geräusch sich auf diesem oder auf der Strasse befindet. Sind wir im Freien, so scheinen alle Töne aus den Richtungen zu kommen, in welchen sich Gegenstände befinden, die den Schall am stärksten reflectiren. Für uns selbst aber liegt die Unterscheidung der Richtung, in welcher die Schallstrahlen zuletzt uns zukommen, nur in dem Vorhandensein zweier Ohren und in ihrer Stellung an den entgegengesetzten Seiten des Kopfes. Hätten wir nur ein Ohr, so kämen auch alle Töne zuletzt nur in einer Richtung in dieses, und indem sie immer nur in dieser gehört würden, wäre eine Unterscheidung nicht möglich, wie wir uns auch leicht überzeugen, wenn wir das eine Ohr zuhalten, indem dann höchstens die Dämpfung durch die äussere Ohrmuschel eine sehr unbestimmte Auffassung des Vorn und Hinten zulässt. Sind aber beide Ohren geöffnet, und der Ton kommt von der einen Seite, so wird die Empfindung desselben für das auf der andern Seite liegende Ohr durch den Kopf abgeschwächt, und wir erkennen somit die Richtung, in welcher der Schall Statt findet, an dem stärkern Eindruck in dem ihm zugewendeten Gehörorgan. Um daher den Ort der Entstehung eines Geräusches zu finden, giebt es kein anderes Mittel, als dass wir zunächst die Richtung bestimmen durch ein Umwenden des Kopfes nach verschiedenen Seiten und dabei darauf achten, bei welcher Stellung die Empfindung in dem einen Ohr am stärksten wird, und sodann in dieser Richtung uns dem tönenden Gegenstande nähern oder uns von ihm entfernen. Auch hier ist also das Versetzen des Schalls nach Aussen ein Resultat der Reflexion, welches gewonnen wird aus dem wenn auch weit unbestimmteren Erkennen der Entfernung und Richtung, wozu die eigene Bewegung des Organs allein verhilft, und der ganze Process kann auf das Vollständigste mit dem Tasten verglichen werden, mit dem er auch im Wesentlichen vollkommen analog ist.

Ganz ebenso steht es mit dem Spüren vermittelst des Geruchs, denn auch hier ist die grössere Intensität des Eindrucks das allein leitende. An der zunehmenden Stärke der Empfindung erkennnen wir, dass wir uns dem Orte seines Ursprungs nähern, wir bringen verschiedene Gegenstände, in denen wir denselben vermuthen, an die Nase und versichern uns so über die eigentliche Quelle. Die Schichten der Luft, welche die Riechstoffe forträgt, sind nicht gleichmässig von ihnen erfüllt, wir sehen daher die Thiere, welche besonders auf das Spüren geübt sind, den Kopf so lange bewegen, bis sie die Region aufgefunden haben, in welcher der Eindruck am stärksten ist, und nunmehr folgen sie der Richtung, die sich daraus ergiebt. Auch dies ist ein wirkliches Tasten, in welchem sie den Spuren nachgehen und danach Richtung und Entfernung abmessen. Am schwächsten ist das Auffassen des Gegenständlichen bei dem Geschmack. Wir erkennen dasselbe nur dadurch, dass derselbe eintritt, wenn wir etwas auf die Zunge bringen und wieder aufhört, wenn wir es entfernen. Aber die ganze Erkenntniss dabei beschränkt sich darauf, dass es überhaupt ein äusserer Gegenstand ist, der den Geschmack reizt, wie derselbe sonst beschaffen ist, hat gar keine Beziehung zu dem Sinn. Zwar schätzt die Zunge auch wohl ungefähr die Grösse und die Gestalt des Gegenstandes, aber dabei wirkt die sinnliche Empfindung nicht im Entferntesten mit, sondern dies beruht allein auf ihrer Beweglichkeit, indem sie wie eine Hand gebraucht wird, die den Gegenstand nach allen Richtungen umwendet und an der angewandten Kraft der Muskeln den Widerstand desselben abmisst, so dass die Zunge gleich der Hand hier als ein Tastorgan im eigentlichsten Sinne des Worts wirkt, das nur unvollkommner ist, weil es ihr an der Gliederung der Finger fehlt.

Aus allem bisher Entwickelten geht nun zur Genüge hervor, dass das Bewusstwerden eines Gegenstandes das Versetzen desselben an einen bestimmten Ort ist, und dass das Bewusstsein zunächst auf der Feststellung örtlicher Verhältnisse und Beziehungen begründet ist. Das bewusste Subject bildet dabei den Ausgangspunkt der ganzen Construction, indem es sich in seinem Selbstbewusstsein als den ersten Ortpunkt setzt, auf den es die ganze übrige Welt zurückführt und sie als Aussenwelt von sich unterscheidet. Was der Herrschaft des Ich gehorcht, gehört ihm an, was ihr Widerstand leistet, ist Object, und diese Herrschaft hat ihre Quelle in der eignen Bewegung. Dieser Gegensatz zeigt sich zunächst am eignen Leibe, der einerseits dem Ich dient, und dessen Bewegungen unmittelbar durch das Selbstbewusstsein aufgefasst werden, der aber auch andrerseits durch seine Gliederung der Bewegung Punkte des Widerstandes darbietet, woraus sich das objective Bewusstsein seiner räumlichen Ausdehnung und Gestaltung zusammensetzt. Er bildet das erste Netz von Punkten, an welches sich die ganze übrige Objectivität anknüpft, und das Gebiet der Reflexion ist eröffnet, welches diese Beziehungen von Ortpunkten auffasst, sie zu Gestalten verknüpft, die Entfernungen misst, Oben und Unten, Neben- und Hintereinander feststellt, die Grösse bestimmt und überall dabei zunächst den eignen Leib als Ausgangspunkt und Maassstab benutzt. Die Sinne dienen bei diesem ganzen Geschäft nur als Mittel, um den Leib mit den Gegenständen ausser ihm in Verbindung zu bringen, aber sie selbst sind nicht im Stande uns die Vorstellung einer Gegenständlichkeit zu geben, weil die Empfindung den Gegensatz des Ich und der Aussenwelt nicht kennt, und die Trennung des örtlichen Aussereinander für sie verschwindet, indem ihr Wesen gerade darauf beruht, das Subject mit der Objectivität auf's engste zu verknüpfen und die ganze Mannigfaltigkeit der von allen Seiten auf den Leib reizend wirkenden Eindrücke durch das ausgespannte Netz der sensiblen Nerven in die ungetheilte Einheit einer momentanen Empfindung zu vereinigen, indem sie nicht einmal eine Kenntniss davon haben kann, an welchem Ort des eignen Leibes ein Eindruck erfolgt, weil es für die Empfindung ganz gleich ist, an welcher Stelle im Verlauf des leitenden Nerven die Reizung geschieht. Bei den motorischen Nerven dagegen geht die Bewegung von dem Centralpunkte aus nach den peripherischen Theilen des Leibes hin und sondert sich so in die örtliche Trennung einer mannigfaltigen leiblichen Gliederung, welche die Quelle für die Auffassung der getrennten Gliederung in der objectiven Aussenwelt wird. Gegenstände lassen sich nicht empfinden, sondern nur tasten, und Tasten ist Bewusstwerden der örtlichen Verhältnisse an dem Widerstande, den die Objecte der eignen Bewegung entgegenstellen. Daher ist die Grundlage aller Gegenständlichkeit die Gestalt, die sich aus Ortpunkten zusammensetzt, und unsere Empfindungen, welche wir bei Gelegenheit dieses Tastens, zugleich mit ihm, wahrnehmen, übertragen wir auf die Gegenstände nur als Qualitäten derselben, indem wir ihnen Farbe, Ton, Geschmack, Geruch und Wärme beilegen, womit wir nichts anderes aussagen, als dass, weil die Empfindung zeitlich mit dem getasteten Ort zusammenfällt, sich mit Recht schliessen lässt, dass sie von demselben herrührt, und dort die wenn auch noch unbekannte Ursache derselben zu finden ist.

Indem das reflectirende Bewusstsein die Beziehungen in diesem Netz von Ortpunkten auffasst, ist sie zusammengesetzt aus zwei verschiedenen aber in enger Wechselwirkung stehenden Thätigkeiten, einer sondernden und einer verknüpfenden, jene ist die Wirkung des Selbstbewusstseins, diese die des objectiven Bewusstseins. Wenn das Subject Punkte fixirt und sie in dem Zusammenhange der Gegenstände aussondert, so versetzt es sich an diese Orte und ist dort gegenwärtig, wenn es dagegen dieselben zu einer Gestalt verknüpft, so geschieht dies nur, weil es an den Grenzen derselben Widerstand findet und gezwungen wird, an denselben entlang zu gehen, so dass sich ihm der Zusammenhang der Gegenständlichkeit aufdringt. Daher entstehen uns die einzelnen Objecte zunächst einfach so, dass wir das im Bewusstsein scheiden, was sich leicht durch unsere angewandte Kraft von seinen Umgebungen trennen lässt, und das für ein zusammenhangendes Object halten, was unserer Anstrengung in seinen Theilen einen unüberwindlichen Widerstand entgegensetzt. Aber unsere eigne Kraft ist selbst sehr relativ, und damit wird auch die Vorstellung von dem Zusammenhang eine relative, und der ursprünglich einfache Gegenstand sondert sich wiederum in einzelne

Theile, so dass uns allmälich die Relation von Ganzen und Theilen in's Bewusstsein tritt. Wir setzen ein Ganzes, inwiefern der Widerstand darin uns zunächst als ein continuirlicher und gleichmässiger erscheint, so wie aber darin Unterschiede sich darstellen, welche an irgend einer Stelle eine neue Trennung möglich machen, so zerfällt er in jene Theile, die nur wiederum zu einem Ganzen sich verbinden, inwiefern die Trennung eine untergeordnete ist, und sie im Vergleich mit dem Ganzen eine grössere Kraftanstrengung zu ihrer Sonderung erfodern. Wo die eigene Kraft nicht mehr ausreicht, nehmen wir Werkzeuge zur Hülfe, die von uns gehandhabt und unsrer Herrschaft unterworfen nur als erweiterte Organe unseres Leibes zu betrachten sind, und als solche ebenso dem Selbstbewusstsein dienen. Auf diese Weise entsteht die allmäliche Gliederung der ganzen Aussenwelt, in welcher wir uns ebenso der unendlichen Verknüpfung aller Gegenständlichkeit wie der unendlichen Sonderung derselben in den kleinsten Theilen bewusst werden. Das ist der Gang der Thätigkeit des Bewusstseins, für welches dieses Wechselspiel der sondernden und verknüpfenden Reflexion die fortschreitende Entwickelung darstellt, indem dadurch einerseits ein immer erweitertes objectives Bewusstsein über die Welt der Gegenstände in ihrer Relativität von Zusammenhang und Trennung gewonnen wird, andrerseits die Herrschaft des Selbstbewusstseins dadurch fortwährend wächst, dass das Subject immer mehr den Widerstand der Aussenwelt überwindet und sich auch an solche Orte versetzt, die ursprünglich seiner freien Bewegung unübersteigliche Hindernisse bereiteten, worauf es dann auch, durch die gewonnene Herrschaft über die Objecte, die Widerstandsfähigkeit derselben als Werkzeuge benutzt, um den Widerstand noch Anderer damit zu brechen und neue Maasse zu erlangen für die Unterscheidung der Dinge.

4) Der Verstand.

Wenn in der Reflexion sich die trennende und verknüpfende Thätigkeit stets mit einander vereinigen, so wird es eine doppelte Richtung in der Vermittelung dieser Bewegungen geben, indem die eine von den einfachsten und gewöhnlichsten Trennungen ausgeht und diese zu grösseren Ganzen verbindet, die ihrerseits wieder zu mannigfachen Verbindungen höherer Art Veranlassung geben, während die andere in entgegengesetzter Weise das Geschäft immer tiefer eingehender Sonderungen fortsetzt; jene Richtung der reflectirenden Thätigkeit nennen wir den Verstand, diese die Einbildungskraft oder Phantasie. Der Verstand ist daher das Vermögen des Bewusstseins, immer allgemeinere Verknüpfungen machen zu können, oder wie man wohl kurzweg sagt, das Vermögen des Allgemeinen überhaupt. Mit diesem Begriff des Allgemeinen tritt aber gewöhnlich ein ganzes Heer von Missverständnissen auf, welche auch auf die richtige Auffassung des Verstandes einen grossen Einfluss ausüben, so dass wir nicht umhin können, hier einige Worte über die wahre Beziehung desselben zum Besondern und Einzelnen einzufügen, indem wir zugleich auf die ausführliche Auseinandersetzung in unserem System der Metaphysik*) verweisen. Der Grundirrthum in den falschen Auffassungen dieser Verhältnisse ist die gewöhnliche Ansicht, als ob eine gewisse Stufenleiter zwischen ihnen Statt fände, so dass das Einzelne auf der niedrigsten, das Allgemeine auf der höchsten Stufe sich befände, das Besondere dagegen die Mitte einnähme. Das Einzelne wird dann angesehen als das eigentlich allein Wirkliche, welches durch die Sinne wahrgenommen wird, während schon das Besondere eine Zusammenfassung des Einzelnen durch den Verstand ist,

*) Seite 339 und folgd.

bei welcher von dem eigenthümlichen unterscheidenden Inhalte abgesehen wird, das Allgemeine aber noch in einem höhern Grade auf der Abstraction des Verstandes beruht und noch mehr von der wahren Wirklichkeit entfernt ist. So wurzelt denn in diesen Beziehungen eine ganze Anzahl von Problemen, welche die Philosophie zu allen Zeiten beschäftigt und zu den verschiedensten Auflösungen Veranlassung gegeben haben.

Allgemeines und Besonderes sind aber in der That rein relative Gegensätze, wie Ganzes und Theil, auf denen sie beruhen. Die Allgemeinheit bezeichnet die Identität des Zusammenhanges in dem Inhalt des Ganzen bei der Veränderlichkeit in den Theilen, das Besondere die Trennung des Zusammenhanges in seine unterschiedenen und der Form nach wechselnden Theile. Wie nun jedes noch so grosse Ganze immer wieder ein Theil eines höhern Ganzen ist, und jeder noch so kleine Theil wieder als ein Ganzes von unendlichen Theilen angesehen werden muss, indem nirgend der Zusammenhang oder die Theilung erschöpft ist, so ist auch jedes Allgemeine wieder ein Besonderes und jedes Besondere ein Allgemeines, und es ist geradezu eine Verkehrung dieser relativen Verhältnisse von einem höchsten Allgemeinen oder einem niedrigsten Besonderen sprechen zu wollen.

Das Einzelne dagegen verbindet beide Begriffe in sich und wird gerade durch diese gegenseitige Beziehung beider ein in sich Bestimmtes und Abgeschlossenes. Es ist daher nicht nur jedes Einzelne ein Allgemeines, inwiefern es eine Verknüpfung von besonderen Theilen zu einem zusammenhangenden Ganzen ist, welches als solches ein und dasselbe bleibt, wenn auch die Theile noch so sehr wechseln, und das daher in jedem Momente nur eine besondere Gestaltung zeigt, sondern auch das Allgemeinste ist stets ein Einzelnes, inwiefern es sich als ein Besonderes gegen ein anderes Besondere abgrenzt und dadurch eine individuelle Bestimmtheit erhält, wodurch es sich von Anderem unterscheidet. Dieses Allgemeine bezieht sich nun ebensogut auf örtliche wie auf zeitliche Verhältnisse, und die Realität desselben läugnen, hiesse die Wahrheit des Zusammenhanges und der Trennung in der Wirklichkeit aufgeben, was Niemand im Ernste thun kann, so dass das ganze Missverständniss nur auf einer oberflächlichen Betrachtungsweise und einer Verwirrung in den einfachsten und klarsten Begriffen beruhen kann. Die Wurzeln, Stamm, Zweige, Blätter, Blüthen u. s. w. bilden diesen Baum, er ist insofern ein Allgemeines und doch ein einzelner Baum; viele Bäume bilden diesen Wald, der sonach ein Allgemeines ist und doch auch ein Einzelnes bleibt, aus Wald, Bach, Wiesen, Feldern, Häusern u. s. w. besteht dieses Dorf u. s. f., alles auf der Erde hängt zusammen und bildet mit ihr diesen einzelnen Weltkörper, er gehört mit den andern Planeten zu diesem Sonnensystem, und wo ist hier die Grenze? Wir steigen immer mehr zu einem allgemeinern Zusammenhange hinauf und bleiben doch stets in dem Einzelnen stehn, dem Niemand die reale Wirklichkeit abstreiten wird. Alles dies wechselt in der Zeit seine Gestalt und zeigt so seine Besonderheit, die uns nicht hindert, es in dem Zusammenhang als dasselbe allgemeine Individuum zu behandeln. Dieser einzelne Baum ist einmal ein Saamenkorn gewesen und hat die grösste Veränderung durchgemacht, in diesem Walde wechseln die Bäume fort und fort, die Erde hat die gewaltigsten Umwälzungen erlitten, und doch ist sie in diesem Werden ein Einzelwesen, welches nur durch den allgemeinen Zusammenhang, der durch alle diese Veränderungen hindurchgeht, zu der Einheit des Individuums zusammengehalten wird.

Wenn nun der Verstand diesen Verknüpfungen nachgeht und den allgemeinen Zusammenhang in den mannigfaltigen Beziehungen der Gegenstände unter einander zu erforschen sucht, so wird Niemand um deshalb behaupten wollen, dass dem die Realität nicht entspräche. Freilich liegt in der freien und scheinbar willkürlichen Weise, wie der Verstand dabei verfährt, noch eine hinlängliche Veranlassung zum Zweifel. Denn allerdings hängt es ganz von der Thätigkeit des Bewusstseins ab, welche Punkte fixirt und in Beziehung zu einander gesetzt werden, wobei es sehr häufig auf ein reines Spiel des Zufalls ankommt, wie der Verstand gerade auf diese oder die andre Verknüpfung kommt, aber sobald die verständige Thätigkeit des Bewusstseins an den wirklichen Gegenständen selbst geübt wird, so bieten sie doch immer die Veranlassung zu den Trennungen und Verknüpfungen, und die Willkühr liegt zunächst nur in dem häufig regellosen Aneignen der wirklich vorhandenen Beziehungen durch den Verstand, so dass die engsten oft übersehen und weit losere und fernerliegende früher gemacht werden, die man hernach wieder aufgiebt, aber im Verlauf der Betrachtung gleicht sich dies aus, je mehr Beziehungen aufgefunden werden, desto mehr bedingen dieselben sich gegenseitig und weisen den Verstand zurecht in der wahren Verknüpfung der Gegenstände, so dass gerade der Fortschritt in der Richtigkeit der Auffassung die Ueberzeugung gewähren muss, dass den gemachten Verknüpfungen der wirkliche Zusammenhang entspricht, und der Zweifel schwinden muss, als ob die allgemeinen Gegenstände nur im Verstande und nicht in der Wirklichkeit vorhanden wären.

In allen bisher entwickelten Verhältnissen wird aber der Zweifel gewöhnlich auch gar nicht so rege, weil die Einzelnheit des Gegenstandes, trotz der Allgemeinheit, zu sehr hervorleuchtet und gewahrt bleibt, so dass man vielmehr weit leichter die Allgemeinheit daran übersieht; dieser Hund ist eben ein einzelner Hund, und wenn er auch in seinen Zuständen wechselt und darum ebensogut ein Allgemeines ist, so tritt dieses nur zu leicht zurück. Man fällt daher leicht in den entgegengesetzten Fehler, bei der Auffassung eines solchen Gegenstandes, die Thätigkeit des Verstandes ganz zu vernachlässigen und dieselbe auf Rechnung der sinnlichen Wahrnehmung zu setzen, die doch ihrerseits nur den Stoff liefert, aus welchem der Verstand erst den Gegenstand heraus erkennt, indem er die dazu nothwendigen Verknüpfungen anstellt. Ganz anders dagegen verhält es sich mit den eigentlichen Art- und Gattungsbegriffen, wo der Verstand durch Zusammenfassung der Einzelwesen zu höheren Ganzen Gegenstände bildet, die weit weniger ihre reale Existenz bekunden, indem sie die Natur von Einzelwesen zu verlieren scheinen, weshalb man denn auch oft es ausspricht, dieser Hund existire wohl, aber nicht der Hund an sich, oder gar das Säugethier und das Thier überhaupt. Obwohl nun hier eigentlich noch nicht der Ort ist, über die Bildung solcher Begriffe genauer zu reden, indem erst weiter unten die dahin gehörige Untersuchung anzustellen sein wird, so lässt sich doch auch jetzt schon einsehen, dass die Thätigkeit des Verstandes dabei dieselbe ist, und auch das Verhältniss zur Wirklichkeit ein ganz gleiches bleibt, indem der ganze Unterschied nur ein relativer ist, und der reale Zusammenhang nur weniger in die Augen fällt, wobei noch das hinzukommt, dass die gewöhnliche Art, wie man sich die Bildung solcher Allgemeinbegriffe durch Abstraction vorstellt, ziemlich willkürlich erscheint und den wahren Zusammenhang mit der Wirklichkeit noch mehr zu verdunkeln geeignet ist. In der That, wäre es so, dass man um zu ihnen zu gelangen, nur eine gewisse Anzahl ähnlicher Einzelwesen mit einander vergleichen und von den unterscheidenden Merkmalen absehen müsste, um die übrigbleibenden zu einem neuen Ganzen zusammenzufassen, so sieht man nicht ein, mit welchem Recht der Verstand eine solche Operation vornehmen könnte, und man kommt nicht ohne Grund zu der Ansicht, dass ein so rein vom Verstande gebildetes Wesen nicht existirt. Aber ganz anders erscheint die Sache, wenn man sich denkt, dass das, was in eine allgemeine Klasse zusammengebracht wird, auch wirklich durch die gemeinsame Abstammung zusammengehört. Pflanzt sich ein Baum, durch seinen Saamen oder auf welche Art sonst, weiter fort, so gehören alle daraus neu entstehenden Einzelwesen enge mit ihrem Ursprunge zusammen und bilden nur die Fortsetzung desselben, ganz so wie die einzelnen Zweige an dem Baum selbst zu ihm gehören, indem die Trennung nur eine relative ist und die Einheit dadurch nicht gestört wird. Die Natur des Einzelwesens bleibt also auch hier in der Gattung, indem die verschiedenen Individuen nur die wirkliche Verzweigung des ursprünglichen Einzelwesens bilden, von dem sie abstammen, und die allgemeine Gattung das Fortleben desselben als eine Einheit darstellt, gegenüber den andern Gattungen, die nicht auf dasselbe zurückzuführen sind, sondern jede für sich in ähnlicher Weise eine Besonderheit repräsentiren. Lassen auch sie wieder in höherem Sinne die Anschauung einer noch weiter zurückliegenden Abstammung von einem gemeinsamen Ursprunge zu, so würde dadurch auch die fernere Zusammenfassung derselben zu einer allgemeineren Gattung gerechtfertigt sein, indem dann alle Individuen als allmälich entstandene Modificationen und Umgestaltungen des Gesammtindividuums erscheinen müssen, das in ihnen sich darstellt. Jede andere Zusammenfassung, die sich nicht auf diese Weise durch den realen Zusammenhang der Abstammung legitimirte, würde als eine willkürliche Combination von der Hand gewiesen werden müssen und nur auf Rechnung des freien Spiels des reflectirenden Verstandes gesetzt werden, welcher allerdings, wie wir schon oben gesehen haben, Verknüpfungen zu machen im Stande ist, die dem realen Zusammenhange nicht entsprechen und bei tieferer Einsicht wieder zurückgenommen werden müssen, ohne dass deshalb folgte, dass wegen der häufig falschen Verknüpfungen des Verstandes, alle Verbindungen desselben, gerade wegen ihrer Allgemeinheit, keine Realität hätten. Wie wir darüber zur Gewissheit kommen und die Wahrheit unterscheiden, wird die Sache einer spätern Betrachtung sein, hier genügt es zunächst die Möglichkeit aufgefasst und die Thätigkeit des Verstandes in seinem Verhältniss zum Allgemeinen und zur Wirklichkeit in's rechte Licht gesetzt zu haben. Es ist dieselbe Thätigkeit des Verstandes, welche zuerst die einzelnen Sterne noch ziemlich willkürlich zu einzelnen Sternbildern verbindet, und die hernach die richtigen Beziehungen der Trabanten zu ihren Planeten, der Planeten zu ihrem Centralkörper u. s. f. einsieht und ihre Bahnen und gegenseitigen Störungen auf das Genaueste berechnet.

Aber diese weitere Entwickelung des Verstandes beschäftigt uns hier noch nicht, die einfachsten Verknüpfungen desselben gehen zuerst aus von örtlichen Beziehungen, welche die Grundlage für die weitern Combinationen bilden. Das erste Auffassen einer Gestalt, die nächste Beziehung von Ortpunkten und Linien aufeinander, setzt schon die Thätigkeit des Verstandes voraus, indem das Bewusstsein, gestützt auf die Bewegungen der leiblichen Organe, von einem Punkte zum andern übergeht und sie durch Linien verbindet. So entstehen zuerst die einfachsten Bilder der Gegenstände, die durch dieselbe Operation in ähnlicher Weise wieder zusammengesetzt werden zu andern umfassenderen. Unter diesen Bildern gehen wir umher, jede Veränderung des Standpunktes erzeugt ein neues ganz verschiedenes Bild von dem Gegenstand, der Verstand ist es der diese wechselnden Bilder auf denselben einen Gegenstand bezieht, von dem sie herrühren, indem er den allmälichen Uebergang aus dem einen in das andere, die Verschiebung der Linien, die Beziehung derselben auf den einen Ort und damit die Identität des Objects erkennt, und so das allgemeine Bild aus den verschiedenen besonderen Formen und Ansichten herausnimmt. Ebenso verhält es sich mit den Bewegungen und Veränderungen, welche an der Sache selbst vorgehen; die geöffnete Thür zeigt ein anderes Bild, als die geschlossene, die Verschiebbarkeit der einzelnen Theile gegenüber der Continuität des Ganzen lässt den Verstand die allgemeine Einheit des Gegenstandes in der Veränderlichkeit festhalten, derselbe Mensch wird herauserkannt aus den verschiedensten Stellungen und Bekleidungen, und je mehr man bedenkt, wie ausserordentlich die dadurch entstehenden Bilder differiren, desto mehr wird man die bedeutende Thätigkeit des Verstandes schätzen, welcher das in seine Theile zerlegte Ganze, immer wieder zu einer neuen Einheit verknüpfen muss, um in ihr, trotz der Modification der Verknüpfung, die Identität des Gegenstandes wieder zu erkennen. So leitet sich das Geschäft der Vergleichung ein, auf welcher in ähnlicher Weise die ganze weitere Entwickelung des Verstandes beruht.

Diese reflectirende Thätigkeit des Verstandes wird in ihren ersten Anfängen schon von den Kindern in dem zartesten Alter geübt, sie beginnen sehr bald Vater und Mutter und die nächsten Umgebungen zu erkennen, die sich ihnen unter wechselnden Gestalten darbieten. Dazu hilft aber gerade mit, dass die Bilder immer schon in einer gewissen Allgemeinheit aufgefasst werden. Denn die verknüpfende Thätigkeit ist in ihrer Relativität gebunden an das, was durch das Fixiren ausgesondert worden war. Dies ist anfänglich nur gering, nur die Umrisse der Gestalt und die besonders hervortretenden Unterschiede werden aufgefasst und zu dem Gesammtbilde vereinigt. Daher genügen dem Kinde ein Paar charakteristische Striche, um darin den Gegenstand zu erkennen, sie lernen sehr bald in dem rohesten Bilderbuche die Dinge unterscheiden, sie fassen in dem unähnlichsten Portrait schon die Aehnlichkeit auf, weil sie durch die besondere Gestaltung im Einzelnen nicht gestört werden. So bilden sich auch gewisse allgemeinere Vorstellungen eher als die besondern, sie kennen früher den Baum, das Haus, gewisse Thierklassen u. s. w., als die einzelnen Arten derselben. An diese knüpft dann die fernere Reflexion an, indem sie entweder weiter in ihren Verknüpfungen fortschreitet oder neue Sonderungen anstellt, die zu einer Mannigfaltigkeit neuer Verbindungen Anlass geben.

Auf diese Weise liegt in dem Verstande der Bildungsprocess des objectiven Bewusstseins. Die Gegenstände sind zuerst in ihren Beziehungen nur vage und unbestimmt gefasst, und so bleiben sie oft in dem gewöhnlichen Bewusstsein lange Zeit bestehen, bis die Wissenschaft die Verknüpfungen genauer betrachtet und die Gegenstände schärfer abgrenzt, wobei aber der Verstand doch immer in derselben Weise thätig ist, indem er nur nach und nach die ursprünglich ferner liegenden Beziehungen auffindet und danach die Objecte umbildet. Der auf dem Acker liegende Feldstein wird zunächst mit dem Orte, wo er sich vorfindet, eng verknüpft, wie der Name selbst es beweist, bis erkannt wird, dass er Granit ist und mit dem fernen Gebirge verbunden werden muss, indem man die Kraft erkennt, durch welche er von dort losgerissen und an diese für ihn zufällige Stelle geführt worden ist. Die Objecte von Baum, Strauch, Kraut, unter welche das gewöhnliche Bewusstsein alle Pflanzen unterordnet, verschwinden allmälich fast ganz und verlieren in der Wissenschaft ihre ganze frühere Bedeutung, sobald der Verstand erkennt, dass dieselbe Pflanze unter verschiedenen Umständen und an verschiedenen Standorten bald als winziges Kraut bald als gewaltiger Baum erscheint, und so die Modificirbarkeit der Grössen und Structurverhältnisse gegenüber der allgemeinen Identität des sich entwickelnden Gegenstandes aufgefasst wird.

Man wird daher nach dieser Auseinandersetzung kein Bedenken tragen, anzuerkennen, dass die sinnliche Wahrnehmung nicht im Stande ist, irgend ein Object ausser uns zu erfassen, sondern dass dazu jederzeit der Verstand thätig sein muss, welcher auf Grundlage der vom Selbstbewusstsein zuerst fixirten Punkte und Linien seine Gestalten und Bilder, auf Veranlassung der gegebenen Wahrnehmungen, gleichsam darüber hinwirft und so sich der Gegenstände allmälich bemächtigt, indem er in seiner Thätigkeit geleitet wird durch den relativen Widerstand, den die Objecte selbst den Verknüpfungen und Trennungen des Bewusstseins entgegensetzen. Der Versuch und der innere Antrieb dazu geht von ihm aus, indem ihm die Möglichkeit dazu vor das Bewusstsein tritt; das Auge, das einen Gegenstand wahrnimmt, hat immer dasselbe Bild davon im Auge, aber wenn der Verstand nicht darauf kommt, eine gewisse Verbindung zu machen, so wird nichts davon aufgefasst, so oft wir auch den Gegenstand beschauen mögen. Daher kommt es, dass so vieles erst nach Jahrtausenden erkannt wird, obgleich es vor aller Blicken stets frei dalag und sinnlich von allen Augen geschaut wurde, weil die Combination fehlte, welche die Verknüpfung zu machen im Stande war. Man sieht Blüthen tausendmal an und erkennt sie auch mit der oberflächlichen Betrachtungsweise wieder, aber die Wenigsten bemerken dabei auch nur die Zahl der Blätter, die Stellung der Staubfäden, des Pistills, des Fruchtknotens zu einander und wissen hernach davon Rechenschaft zu geben. Ein rechter Beweis sind dafür die bekannten zum Scherz erfundenen Bilder, wo durch die Umrisse des Baumschlages zugleich das Gesicht oder die Gestalt bekannter Persönlichkeiten abgegrenzt wird, man kann, wenn man die Sache nicht kennt, lange suchen, und findet doch gewöhnlich trotz der grössten Aufmerksamkeit das Bild nicht heraus, weil man immer nur die Zeichnung des Laubwerks zu Bäumen verknüpft und nicht darauf kommt, die Grenzen des dazwischen liegenden weissen Zwischenraums aufeinander zu beziehen; aber einmal darauf gebracht, verliert man das Bild nicht wieder aus dem Auge und begreift hinterher nicht, wie man es nicht hat bemerken können. So ist es selbst der Verstand, der das Auge richtet und seine Bewegungen lenkt, damit es an den Umrissen und Linien der Gegenstände einhergehen kann, der die Hand führt, welche an den Dingen herumtastet, um sich die Gestalt daraus zusammenzusetzen und wieder dem Verstande die Mittel zu neuen Verknüpfungen darzureichen. Der Verstand ist es, der sieht und fühlt, und sich der leiblichen Organe als seiner nächsten Werkzeuge bedient, wie er hernach alle übrigen Dinge der Welt sich anbildet, um mit ihnen die Gegenstände sich anzueignen und ihre gegenseitigen Beziehungen zu einander zu erfassen.

5) Die Einbildungskraft.

Dem Verstande gegenüber steht die Einbildungskraft als die andere Richtung der reflectirenden Thätigkeit, welche mit den schon im Bewusstsein gebildeten Objecten beginnt und durch neue Sonderungen immer mehr in den besondern Inhalt derselben einzudringen strebt. Wir haben hier zunächst eine ganz ähnliche Bemerkung zu machen, wie bei dem Verstande, die Thätigkeit ist allerdings eine freie von dem bewussten Subject ausgehende, und darin liegt der Grund, dass sie auch ganz willkürlich geübt werden kann, ohne Beziehung auf einen wirklichen Gegenstand und ohne den in der Realität gegebenen Unterschieden zu entsprechen. Aber selbst in diesem Fall ist sie gebunden an die Bestimmtheit des ursprünglichen Gegenstandes, von welchem ausgegangen wird und an die Möglichkeit der Sonderungen, die in ihm angelegt ist, von hier erst beginnt die freie Bewegung, welche das Bild im Einzelnen ausmalt, indem neue Punkte fixirt und neue Linien darüber hingeworfen werden. So verschiebt sich das Bild in seinen Theilen und nimmt unter der formenden Thätigkeit der Einbildungskraft neue wechselnde Gestalten an. In dieser Weise dient sie dem schaffenden Künstler, der das in allgemeinen Umrissen vorschwebende Bild allmälich im Einzelnen durchführt und in immer bestimmterer Gestaltung ausprägt, wie der Maler, der zuerst mit der Reisskohle leichte Contoure hinwirft und die leicht verschiebbaren Formen und Linien allmälich fixirt und bis in das kleinste Detail auszeichnet.

Weit wichtiger aber ist es, hervorzuheben, wie dieselbe Thätigkeit erforderlich ist, um an einem wirklichen Gegenstande das Einzelne auszusondern und die Gestaltung desselben seinem besonderen Inhalte nach aufzufassen. Es ist eine reine Täuschung, wenn man glaubt, dass hier die sinnliche Wahrnehmung allein oder auch nur vorzugsweise wirke. Das Auge muss von der Einbildungskraft geleitet werden, und der Sehende verfährt ganz in der oben beschriebenen Weise, wie der Zeichner, indem er sein Bild über das wahrgenommene hinzeichnet und es allmälich ausführt, nur dass er dabei darauf ausgeht, beide zur Deckung zu bringen. Die Thätigkeit ist dabei auch eine freie, indem es auf das Subject ankommt, von welchen Punkten es beginnen will und wie es seine Linien führt, um das Einzelne von einander zu scheiden, aber die wahrgenommenen Unterschiede geben das Material an die Hand, aus denen es die Gestalten zusammensetzt, und so entsteht eine Wechselwirkung zwischen der freien Thätigkeit der Einbildung und den Schranken, die das wirkliche Object aufstellt, innerhalb deren jene nur geübt werden kann. Gerade dadurch, dass die Einbildungskraft ihr Netz über den Gegenstand ausbreitet, treten die dazwischen liegenden Unterschiede hervor und zeigen die Möglichkeit neuer Sonderungen und Gestaltungen. Es ist, wie wenn ein Zeichner einen wirklichen Gegenstand aufnimmt und, nachdem er zuerst die Umrisse entworfen, nach und nach immer mehr Linien einträgt, und mit der fortschreitenden Ausarbeitung immer mehr Punkte gewinnt, die ihm einen Anhalt gewähren, um die Entfernungen daran zu messen, die gegenseitige Lage der Linien und ihre Abweichungen von der geraden zu bestimmen und durch nachträgliche Aenderungen und Verbesserungen das Bild mit dem Gegenstande in Einklang zu bringen.

Wenn uns diese Thätigkeit der Einbildungskraft meistentheils gar nicht zum Bewusstsein kommt, so liegt das nur darin, weil bei den alltäglichen Gegenständen diese freilich nur allmälich entstehenden Sonderungen, bis zu einem gewissen Punkt, bei welchem das gewöhnliche Bewusstsein überhaupt stehen bleibt, längst gemacht sind, ehe wir über unsere eigne Thätigkeit reflectiren, und die vorhergegangene Uebung dieselben bei dem jedesmaligen Anblick eines Gegenstandes mit solcher Schnelligkeit machen lässt, dass wir die Anstrengung unserer Thätigkeit dabei gar nicht erkennen, indem die früher gemachten Reflexionen durch das Gedächtniss leicht reproducirt werden. Weit deutlicher aber wird die Sache, wenn wir ausgedehntere Gegenstände betrachten, welche die verschiedensten Combinationen zulassen, und in welchen daher auch die einzelnen Aussonderungen weit allmälicher erfolgen und so entschiedener in's Bewusstsein fallen. Da ergiebt sich denn auch, wie verschieden die Auffassungen bei verschiedenen Subjecten sind, und wie der Reichthum des Aufgefassten mit der Lebendigkeit der Einbildungskraft wächst. Ein Landschaftsmaler sieht eine Gegend mit ganz andern Augen an, als ein Anderer, nicht weil das Bild in seiner Wahrnehmung ein anderes ist, sondern weil seine Phantasie alles gleich ganz anders gruppirt und im Einzelnen schärfer sondert. Da fühlen wir erst, wie es auf unsere eigne Thätigkeit dabei ankommt und wie wir erst sehen lernen müssen, um alles, was in der Wirklichkeit vorhanden ist, auch wirklich zu bemerken. Angeleitet durch ihn werden wir erst aufmerksam auf die Führung der Linien, auf die Vertheilung der Farben, auf Licht und Schatten, auf die Anordnung der Vorder- und Hintergründe, die Gestaltung der einzelnen Gruppen, die Staffage und alles Nebenwerk, und das ganze Bild belebt sich erst durch die thätige Einbildungskraft, während wir vorher in dem Ganzen nur Berge, Wald, Häuser, Felder erblickten und von den besonderen Beziehungen darin keine Ahnung hatten. Der gestirnte Himmel ist und bleibt ein Chaos, den wir tausendmal anschauen, ohne darin mehr als ein Heer flimmernder Sterne zu sehen, von denen wir keinen einzigen festhalten, wenn wir nicht unsere Linien darüber hinziehen und ihn in Gruppen glänzender Bilder sondern, die uns jetzt bei dem jedesmaligen Anblick plötzlich entgegenleuchten, so dass wir kaum noch die Mühe begreifen, die wir ursprünglich hatten, als wir sie zum ersten Male aufsuchten. Ein ganz besonders schlagendes Beispiel bietet aber die Handhabung des Mikroskops, bei welchem jeder Anfänger die ungeheuren Schwierigkeiten kennen lernt, die es hat, richtig zu sehen und das Gesehene richtig zu deuten und zu schätzen, und wo selbst der Geübteste oft noch den grössten Täuschungen unterworfen ist. Hier sieht man recht die Thätigkeit der Einbildungskraft, die auf dem ungewohnten Felde zuerst mit ganz falschen und willkürlichen Combinationen beginnt und erst allmälig sich so in die Sache hineinfindet, dass sie die wahren Beziehungen aufzufassen im Stande ist. Glaube man nur ja nicht, dass allein diese oft wunderlichen Erklärungen auf Rechnung der Phantasie überhaupt fallen, die sich widerrechtlich dabei einmische, und die man so viel wie möglich abwehren müsse, sondern auch die spätere richtige Deutung ist rein die Sache der Einbildungskraft, die nur nach den ersten verfehlten Versuchen, durch das Ineinandergreifen der verschiedenen Combinationen und die dadurch bewirkte gegenseitige Correction, dahin gelangt, das Wahre von dem Falschen zu unterscheiden und sich ein richtiges Bild aus den einzelnen abgerissenen Theilen zusammenzusetzen. Die Schwierigkeiten liegen ja hauptsächlich darin, dass wir gezwungen sind, aus den einzelnen Schnitten in den verschiedenen Richtungen und aus den kleinen Partikelchen, die von dem Ganzen immer nur zur Erscheinung kommen, ein Gesammtbild zu entwerfen, in welchem die einzelnen Formunterschiede sich gehörig gruppiren und in ihrem richtigen Verhältniss mit einander vereinigt werden, indem man sich die Verschiebung der einzelnen Gestalten in den verschiedenen Lagen und Richtungen lebendig vorhält.

Aus der bisherigen Betrachtung wird schon deutlich geworden sein, wie Verstand und Einbildungskraft trotz ihrer entgegengesetzten Richtung, darauf angewiesen sind, immer mit einander zu wirken und sich auf das Innigste zu durchdringen. Sie beginnen aus einer kaum zu scheidenden Indifferenz heraus, indem bei den ersten Auffassungen der Gegenstände die Trennung derselben aus ihren Umgebungen und die Verknüpfung zu der Einheit des Objects wie in einem Acte zusammenfallen. Dieselbe Grenzlinie, die wir an dem Dinge herumziehen, trennt es ab nach Aussen und schliesst es zu einem Innern zusammen. Aber je mehr nun der Gegenstand Veranlassung zu neuen Sonderungen giebt, desto mehr findet auch der Verstand Gelegenheit zu neuen Beziehungen und Verknüpfungen, und je mehr diese an Ausdehnung wachsen, desto reicher und mannigfaltiger wird wieder das Feld für neue Sonderungen und Gestaltungen im Einzelnen durch die Einbildungskraft. In dieser Weise gehen sie dann immer weiter auseinander, um auch immer wieder zu einander zurückzukehren und sich gegenseitig zu ergänzen. Auf Momente verliert sich die verständige Reflexion in immer grössere Verallgemeinerungen und erweitert so das Gesichtsfeld, indem sie die engen Schranken der Objecte überfliegt, oder sie kehrt als Einbildungskraft in die Einzelverhältnisse zurück und bereichert die allgemeinen Beziehungen durch den mannigfaltigen Inhalt der besonderen Gestaltungen, aber selbst da, bei dem Ueberwiegen der einen oder andern Richtung, bleiben sie doch eng an einander geknüpft, denn selbst der in die Weite enteilende Verstand bedarf der Schranke der Einbildungskraft, wenn er nicht in's Ungemessene ausschweifen und darüber allen Inhalt verlieren soll, und die in das Besondere eindringende Einbildungskraft kann des Verstandes nicht entbehren, der auch die kleinsten Gestaltungen wieder verknüpft und in Beziehung bringt.

Hieraus ergiebt sich, wie bei verschiedenen Subjecten allerdings, wegen der entgegengesetzten Richtung, beide sich in verschiedenem Verhältniss entwickeln können, so dass wir bei dem Einen vergleichungsweise den Verstand bei dem Andern die Phantasie in hervortretender Weise sich herausbilden sehen, aber immer ist die Differenz doch nur eine sehr relative, bei welcher wir uns hüten müssen, das andere Moment ganz zu übersehen. Ganz besonders tritt sie erfahrungsgemäss heraus bei den verschiedenen Geschlechtern, indem den Männern überwiegend der Verstand und den Frauen die grössere Einbildungskraft zukommt, aber auch hier will die Sache nur sehr im Allgemeinen gefasst sein, denn im Einzelnen übertreffen die Frauen vielfach die Männer an Verstand und umgekehrt. Wie viel dabei schon der ursprünglichen Naturbestimmtheit beizumessen sein mag, ist schwer zu bestimmen, aber es ist nicht zu verkennen, dass Temperament und verschiedene Anlage schon den bedeutendsten Einfluss ausüben müssen, obgleich auch die sich anschliessende Erziehung und hernach der verschiedene Beruf ihren grossen Antheil daran haben. In dem Kinde tritt der Unterschied nicht so augenscheinlich hervor, und Knaben und Mädchen zeigen, so lange die Bildungselemente ähnlicher Art sind, vielleicht ziemlich dasselbe Verhältniss in der verschiedenen Entwickelung beider Kräfte. Aber je mehr die Beziehungen des Lebens nach Aussen bei dem Jünglinge sich erweitern, und die Kenntnisse und wissenschaftliche Ausbildung die Welt eröffnen, desto mehr muss auch die verständige Reflexion sich entwickeln, während das Mädchen von dem kleinern Kreise der Familie umschlossen bleibt, und die Frau in ihrem engern Wirkungskreis darauf gewiesen ist, ihr reicheres geistiges Leben nach Innen zu kehren und der Einbildungskraft in den besondern Beziehungen und Gestaltungen einen freieren Spielraum zu gewähren. Da aber zeigt sich auch ihr Verstand nicht minder wirksam, wie umgekehrt bei den Männern in den ihnen zugehörigen Sphären der Speculationsgeist erwacht, und die Einbildungskraft oft in noch höherem Grade lebendig wird, und in den umfassendsten und glücklichsten Combinationen, wie in den wunderlichsten und seltsamsten Hirngespinnsten zu Tage kommt.

So gehören Verstand und Einbildungskraft, als die beiden Seiten des reflectirenden Bewusstseins, immer auf das Innigste zusammen und ergänzen sich bei der Auffassung der objectiven Verhältnisse gegenseitig auf das Vollkommenste. Spricht man von dem Ueberwiegen des einen oder der andern, so bildet dabei die gewöhnliche durchschnittliche Betrachtungsweise der Gegenstände das leitende Maass, bewegt sich Jemand vorzugsweise in allgemeineren Verknüpfungen, und vernachlässigt dabei die Rücksicht auf den besondern Inhalt und die einzelnen individuellen Beziehungen, so schreiben wir ihm, bei hervorragendem Verstande, einen Mangel an Einbildungskraft zu, ergeht er sich umgekehrt in der Combination der besonderen Verhältnisse und wird es ihm leicht den reichen Inhalt eines Gegenstandes individuell zu gestalten und Beziehungen darin aufzufinden, die man gewöhnlich nicht auffasst, so heben wir seine Einbildungskraft hervor, wobei wieder andrerseits der Verstand zurücktritt. Immer aber bleibt das Verhältniss ein rein relatives, welches in jedem besondern Fall sein Maass findet in der individuellen Beziehung zu dem besondern Gegenstand und dem dabei gewöhnlichen Standpunkt der Auffassungsweise, so dass etwa der Maler, der in seinem Beruf eine ausserordentlich entwickelte Einbildungskraft besitzt, gerade in allen andern Lebensverhältnissen überwiegend verständig sein kann, indem die Uebung in einer bestimmten Sphäre gar nicht nothwendig die gleichmässige Entwickelung in andern Beziehungen einschliesst.

6) Das Gedächtniss.

Wir haben bis jetzt das Bewusstsein nur in seinem Verhalten gegenüber den wirklichen Gegenständen betrachtet, inwiefern seine Thätigkeit bedingt war durch die Organe der leiblichen Bewegung, von denen ein unmittelbares Bewusstsein vorhanden ist, während alle Objecte sich nur als Schranken dieser Bewegung erwiesen. Die Reflexion war nur eine Combination von beiden, indem das Trennen und Verknüpfen, aus welchem die gegliederte und gestaltete Aussenwelt entstand, nur auf der wirklich trennenden Kraft des Subjects und dem Widerstande des Objects beruht, vermöge welcher das Ich in die Gegenstände eindringt und sie soweit in das Bewusstsein aufnimmt, als es selbst gestaltend an ihnen thätig ist. So entstand ein Netz von Ortpunkten mit den verknüpfenden Linien, aus denen sich die Begrenzung der Gestalten ergab, und das ganze Bewusstsein bestand in dieser örtlichen Anordnung der Gegenstände in ihrem Neben- und Hintereinander nach allen Richtungen, so dass eben das Bewusstwerden der sinnlichen Eindrücke und Wahrnehmungen ganz zusammenfiel mit dem Versetzen derselben an bestimmte Oerter und Entfernungen ausser uns, und die sinnlichen Empfindungen, als zeitlich damit zusammenfallend, sich ihnen als Eigenschaften zugesellten. Auch der Verstand und die Einbildungskraft bezeichnen für uns bis jetzt nur eben diese in der Reflexion liegende Thätigkeit des Sonderns und Verknüpfens, ausgeübt an den wirklichen Gegenständen und ebenso vermittelt durch die Bewegungen der leiblichen Organe, je nachdem wir mit denselben tastend an den Gegenständen weiter gehen oder die Trennungen im Einzelnen weiter fortsetzen. Das Tasten mit dem eigentlichen Tastorgane der Hand und das eigentliche Trennen durch die Muskelkraft würde nur eine sehr beschränkte Entwickelung des Verstandes und der Einbildungskraft zulassen, die Beweglichkeit des in die Ferne reichenden Auges erweitert dieselbe ausserordentlich, indem das Tasten desselben zu einem Fixiren und Fortwandeln an den Farbenunterschieden wird, durch welche die Aussenwelt in einem weiten Umfange sich gliedert und ordnet, so dass dadurch ebensowohl die feinsten Unterschiede sich sondern als die grössesten Massen sich verknüpfen, und so ein reicheres Feld für den Verstand und die Einbildungskraft gewonnen wird. Immer aber noch ist es ein System von Ortpunkten, erst das Gedächtniss bringt das zeitliche Moment hinein, wodurch für das Bewusstsein ein ganz neues Gebiet des Wirkens sich entwickelt. Hiemit aber tritt auch eine ganz neue Aufgabe uns entgegen, an der sich die Richtigkeit unsrer bisherigen Ableitung bewähren muss, indem dieselbe mit die schwierigsten Probleme für die Psychologie in sich schliesst.

Die Zeit ist nur aufzufassen vermittelst der Bewegung, indem die allmäliche Ortsveränderung selbst Gegenstand der Betrachtung wird, und dies ist nur möglich, inwiefern der frühere Ort eines Gegenstandes im Gedächtniss festgehalten und mit dem veränderten verglichen wird. Das ganze Zeitverhältniss beruht daher auf der Continuität des Bewusstseins gegenüber den veränderlichen Gegenständen, und diese ist gebunden an das Gedächtniss, welches das Vorher und Nachher mit einander verknüpft, indem es das Frühere reproducirt oder das Bewusstsein an irgend einer Gegenständlichkeit festhält, so dass es auf diese Weise die Zeit selbst beherrscht, indem es jeden Moment derselben sich wieder zu vergegenwärtigen im Stande ist. Schon hieraus geht hervor, dass das Auffassen objectiver Veränderungen in der Zeit an die eigne Fixirung des Bewusstseins und die eignen Veränderungen desselben gebunden ist, weshalb es ohne die Thätigkeit dieses Bewusstseins in dem Gedächtniss gar keine Zeitlichkeit für uns geben würde, indem das letzte Maass für dieselbe nur in unserm eignen Ich gesucht werden kann, welchem gegenüber ein Object um deshalb veränderlicher scheint, weil jenes in seinem Selbstbewusstsein sich als eines gleichbleibenden bewusst ist, und sich im Gedächtniss immer wieder auf sich selbst zu besinnen und so seine frühere Auffassung mit der neu sich aufdringenden zu vergleichen im Stande ist. Die ganze Kraft des Gedächtnisses liegt daher in dieser freien Thätigkeit des Bewusstseins, in welcher es auf jeden frühern Moment seiner selbst und die in demselben gebildeten Vorstellungen von den Gegenständen der Aussenwelt wieder zurückkommen und so sich und die Dinge beherrschen kann, so dass es nicht an sie gebunden ist, sondern ebensogut alles um sich herum zu vergessen als alles wieder zu erzeugen vermag.

Schon dies genügt um die Ueberzeugung hervorzubringen, dass das Gedächtniss nicht durch die sinnliche Wahrnehmung hervorgebracht oder auch nur durch sie bedingt werden kann, und dass es nicht wie eine Vorrathskammer angesehen werden darf, in welcher die frühern Eindrücke niedergelegt und aufbewahrt werden, um sie bei Gelegenheit wieder einmal daraus hervorzuholen; und damit fällt auch die Theorie gänzlich weg, welche das Gedächtniss in Impressionen sucht, welche die bis zum Gehirn fortgepflanzten Sinnesreize in diesem hinterlassen sollen. Denn eine solche Ansicht würde es höchstens begreiflich machen, wie die Seele im Besitz der Eindrücke bleibt, aber damit wäre schlechterdings gar nichts gewonnen, da der blosse Besitz nicht hinreicht, sondern gerade alles darauf ankommt, wie die Dinge flüssig gemacht werden, so dass der Hauptnachdruck auf die Thätigkeit des Bewusstseins gelegt werden muss, durch welche es in jedem Moment eine beliebige Vorstellung reproducirt. Der Besitz ist auch nicht einmal das erste, woran sich etwa hernach nur die Thätigkeit als Gebrauch des Besitzes anschliesst, sondern vielmehr das aus der Thätigkeit resultirende Vermögen, jeden beliebigen Gegenstand in's Bewusstsein wieder zurück zu bringen und so die Herrschaft über ihn auszuüben. Aber auch andrerseits wird diese Ansicht zu einer ganz unmöglichen, indem durch die Fixirung der fortgeleiteten Eindrücke an einem bestimmten Orte des Gehirns die nach einander eintretenden Sinnesempfindungen sich hier völlig vermischen würden und so das durch die gesonderte Empfindung der einzelnen Sinnesorgane in verschiedenen Momenten Gewonnene wieder gänzlich geopfert werden müsste, da aus der Vermischung nur ein unbestimmtes Chaos hervorgehen könnte, aus dem es nicht möglich wäre, hinterher das Einzelne wieder heraus zu sondern. Die Sinne können nur das momentan Gegebene empfinden, darauf beruht ihre ganze Bedeutung; sobald sie verschiedenen Momenten Angehöriges, wie bei den Nachbildern, festhalten, so ist dies durchaus ein Mangelhaftes, indem es die Eindrücke verunreinigt, und dies würde in gleicher Weise von dem Ort oder den Stellen des Gehirns gelten, wohin die Eindrücke der Sinne fortgepflanzt werden, die dann doch immer auch nur empfindende sein könnten. Der dadurch erlangte Besitz, wenn er überhaupt vorgestellt werden könnte, würde also ein theuer erkaufter sein und geradezu das aufheben, was durch ihn erreicht werden sollte. Das Gedächtniss wäre nur eine Aufsammlung von Nachempfindungen, die, da sie durch dieselben Empfindungsnerven bis zu ihren Endpunkten im Gehirn geleitet würden, auch an demselben Orte sich vermischen und zerstören würden, so dass mit dem Besitz das Object desselben nothwendig verloren gehen müsste. Und gelänge es auch selbst, begreiflich zu machen, wie die Empfindungen als gesonderte verharren, und hinterher auch noch zu erklären, wie die dann zu Vorstellungen gewordenen Eindrücke durch gegenseitige Einwirkung und Hemmung wieder in der Seele auftauchen und so in's Bewusstsein zurückkehren, so würde doch damit immer das Bewusstsein in der Gewalt der Eindrücke bleiben, indem die jedesmalige Vorstellung nur das Gesammtresultat aller vorhergegangenen Empfindungen sein könnte, in denen die Seele sich findet, anstatt sie zu beherrschen. Dies ist der wunde Fleck, der auch bei der Herbartschen Theorie, die in andrer Hinsicht so viel Vortreffliches für das Auffassen der Seelenerscheinungen und des Bewusstseins in's Besondere geleistet hat, zurückbleibt, und zuletzt darauf beruht, dass die Vorstellung unmittelbar auf die Empfindung gegründet und eigentlich damit identificirt wird. Die freie Thätigkeit des Bewusstseins, welche im Gedächtniss unabhängig von den Eindrücken sich der Gegenstände beliebig erinnert und so die Vorstellung beherrscht, wird dadurch schlechterdings unmöglich gemacht und muss als gar nicht vorhanden geläugnet werden, während sie doch gerade die eigentliche Hauptsache ist, die wir nicht aufopfern dürfen; sie wird zu einem Schein, der aus der unendlichen Mannigfaltigkeit der sich mit ausserordentlicher Schnelligkeit gegenseitig hemmenden und hervordrängenden Vorstellungen entsteht, wodurch allerdings eine Zufälligkeit der unendlich wechselnden Vorstellungen und damit ein Schein von Unabhängigkeit, aber niemals eine selbstbewusste Beherrschung der Gedanken durch die Seele erzielt werden könnte. Das Gedächtniss muss daher auf einer von der Empfindung ganz verschiedenen Thätigkeit der Seele beruhen, deren Function gerade darin der sinnlichen Wahrnehmung entgegengesetzt ist, dass sie nicht an den momentanen Eindruck gebunden ist, sondern ihn zu jeder Zeit im Bewusstsein selbstständig erzeugt, und dass sie überhaupt nicht von den sinnlichen Reizen der Aussenwelt abhängig ist und sich in einem gewissen durch die Einwirkungen von Aussen hervorgebrachten Zustande vorfindet, sondern vielmehr von Innen heraus frei die Vorstellung von ihm reproducirt und so durch eine eigne freie Thätigkeit den Gedankengang bestimmt.

Diese Thätigkeit ist nun das bisher geschilderte Bewusstsein selbst, welches von Anfang an sich als ein freies und selbstständiges gegenüber den Sinnesempfindungen erwiesen hat. Hiezu kommt als schlagendster Beweis, dass das Gedächtniss sich nur dessen erinnern kann, was von den Eindrücken ins Bewusstsein gekommen ist, d. h. was es an den Gegenständen ausgesondert und verknüpft und so zu Bildern von den Gegenständen gestaltet hat, während Vieles von den Dingen empfunden wird, was nicht in's Bewusstsein kommt und dann auch niemals vom Gedächtniss reproducirt werden kann. Zwei verschiedene Personen, die einen Gegenstand betrachten, haben gerade dasselbe Bild oder vielmehr denselben Eindruck mit den kleinsten Details auf der Netzhaut, hinge das Gedächtniss von diesem ab, so trügen sie beide auch denselben Vorrath von Eindrücken mit davon, und es müsste Jedem hernach möglich sein, auch noch nachher aus diesen zurückgebliebenen Impressionen die Züge des Bildes zu vervollständigen, an die er im Augenblick des Sehens nicht gedacht, aber Jeder erinnert sich nur der Vorstellungen, die er sich gebildet bei der Betrachtung des Gegenstandes. Wenn in dieser Beziehung in unsrer Erfahrung scheinbar Nachwirkungen von Eindrücken vorkommen, die im Augenblick der Empfindung unbeachtet vorüber gingen und hernach erst mit grösserer Macht wieder auftauchen, so waltet dabei entschieden eine Täuschung ob. Sind sie gar nicht in's Bewusstsein getreten, so werden sie auch nie reproducirt, aber sie wurden nur schwach und unklar gefasst, die einzelnen Elemente gingen nicht im Bewusstsein zu einer Einheit zusammen, und diese verknüpfende Thätigkeit wird nachgeholt und dadurch der Gegenstand zu einer klaren Vorstellung erhoben. Wir hören zum Beispiel gewisse Laute, aber so mangelhaft, dass wir den Sinn derselben nicht verstehen, hinterher combiniren wir aber das Einzelne und ergänzen durch die Vermuthung das Fehlende, und so stimmt alles zusammen und das Bild tritt lebhaft vor uns. Dies geschieht oft mit einer solchen Schnelligkeit, dass wir kaum die Antwort auf das unwillkürliche Was abwarten und schon vorher selbst das Ganze gefunden haben, oft aber tritt das Verständniss erst später ein, und so erinnern wir uns erst lange nachher des Gegenstandes, der ursprünglich wie bewusstlos an uns vorüber gegangen schien, während wir doch die vielleicht unscheinbaren Elemente gefasst hatten, die hernach zu der klaren Vorstellung führten. So reproducirt das Gedächtniss daher auch immer nur die Vorstellungen, zu deren Combination die sinnlichen Empfindungen Veranlassung gegeben haben, nie die sinnlichen Empfindungen selbst, und es fällt daher jeder Grund fort, das Gedächtniss mit ihnen in Verbindung zu bringen und von ihnen abzuleiten. Damit muss auch jeder Gedanke an einen Besitz im eigentlichen und gewöhnlichen

Sinne des Worts schwinden, das Bewusstsein vielmehr producirt in dem Momente, wo es sich eines Gegenstandes erinnert, denselben für sich ganz so auf's neue, wie es ihn ursprünglich an dem Gegenstande selber producirte, und der wahre Besitz besteht nur in der durch die Uebung gewonnenen Leichtigkeit, mit welcher diese Production in jedem Momente beliebig vorgenommen werden kann.

Die ganze Schwierigkeit liegt daher nur darin, begreiflich zu machen, wie das Bewusstsein im Stande ist, die an den wirklichen Gegenständen gemachten Reflexionen hernach auch unabhängig von diesen zu erzeugen und von jeder das Bewusstsein in einem Moment erfüllenden Vorstellung zu einer beliebigen andern überzugehen, deren man sich gerade erinnern will, so dass man im Gedächtniss die Gegenstände beherrscht, die den Moment erfüllen sollen, nicht aber an die Reflexionen gebunden ist, zu welchen die von den umgebenden Gegenständen herkommenden Eindrücke zufällig Veranlassung geben. Wäre das Gedächtniss die letzte Wirkung solcher von den Umgebungen abgeleiteten Einflüsse, so könnte man nie von Jemandem die Erinnerung an bestimmte Dinge verlangen, sondern Jeder fände eine vollgültige Entschuldigung darin, dass der in seinem Innern durch die Eindrücke der Aussenwelt bewirkte Gedankengang nicht auf diese geführt hätte. Wir fordern aber von einem Jeden diese Gewalt über seine Gedanken, und darin gerade besteht das eigentliche Problem des Gedächtnisses, dass es die Leiter wird zu einer rein innern, dem Ich allein angehörigen und von dem Zwange der äussern Gegenstände befreiten Bildung von Gedankenreihen und Reflexionen.

Die Prämissen zur Lösung unseres Problemes müssen in der bisherigen Entwickelung des Bewusstseins gegeben sein, das Gedächtniss kann auf nichts Anderem als auf der Reflexion selbst beruhen, da es sich durchaus nur als eine bestimmte Art der Richtung und der Leitung des Reflectirens darstellt, wodurch das Bewusstsein auf einen bestimmten Gegenstand gelenkt und dort festgehalten wird. Wir kommen hiemit auf einen Punkt, der gewöhnlich bei der Betrachtung des Gedächtnisses ganz ausser Acht gelassen wird, aber doch den wahren Kern der Sache bildet, von dem recht eigentlich bei der Entwickelung ausgegangen werden muss. Soll das Gedächtniss den ganzen Gedankengang beherrschen, so muss es zuförderst das bewegliche Spiel der Reflexion überhaupt zu fixiren und zur Ruhe zu bringen im Stande sein. Die Reflexion ist das Bewusstsein in der fortwährenden Unruhe und Bewegung des Verknüpfens und Trennens, wodurch es unter den Gegenständen umherschweift und bald mit dem Fluge des Verstandes in die ungemessene Weite der Abstraction enteilt, bald auf den Schwingen der Einbildungskraft in die unendliche Mannigfaltigkeit des Besondern sich vertieft. Aber gerade hierin sind auch schon die Elemente gegeben, die die Ruhe des Besinnens hineinbringen und dem Bewusstsein die Herrschaft über seine lebendige Thätigkeit verleihen. Dieser Gegensatz von Verstand und Einbildungskraft hemmt sich gegenseitig, und das Produkt von dem Zusammenwirken beider ist das Gedächtniss; aus der Verschmelzung der in beiden Richtungen zugleich thätigen Reflexion, wodurch das Allgemeine und Besondere entsteht, wird das Verharren bei dem Einzelnen, indem das Bewusstsein bei der Verknüpfung des Besondern zu einem allgemeinen Gegenstande immer wieder zu den Reflexionen über den besondern Inhalt, aus dem das Ganze geworden ist, zurückkehrt und so in den Grenzen des bestimmten einzelnen Gegenstandes festgehalten wird. So zeigt sich die Wirkung des Gedächtnisses schon dem wirklichen Gegenstande gegenüber, indem es sowohl diesen in seiner Begrenztheit aussondert und fixirt, als sich selber mit seiner Betrachtung auf diesen bestimmten Ort beschränkt und an ihm zur Besinnung kommt.

Hier zeigt sich nun die Möglichkeit von dem Auffassen einer Veränderung in der Zeit. Wird das Gesammtbild eines Gegenstandes festgehalten, so wird ein beweglicher Punkt darin in seiner Beziehung zu den übrigen mit festgehalten werden, er entzieht sich aber fortwährend einer solchen Fixirung und nöthigt das Bewusstsein ihm zu folgen, wodurch die Reflexion von Neuem angeregt wird, um in jedem Moment wiederum sein Verhältniss zu den übrigen festgestellten Punkten zu fixiren. So setzt sich einerseits die Linie fest, die er im Fortrücken beschrieben hat, andrerseits reihen sich die Momente des fortgesetzten Fixirens für das Bewusstsein an einander und geben ihm die Vorstellung einer zeitlichen Folge. Diese Folge aber kann das Bewusstsein auch ebenso wieder rückwärts reproduciren, indem die Einbildungskraft die durchlaufenen neuen Punkte in ihren bestimmten Verhältnissen wieder fixirt, und so ist die Erinnerung an den zurückgelegten Weg vollendet und kann in derselben Weise immer von Neuem erzeugt werden. Die Vergleichung wird nur möglich durch das Festhalten des allgemeinen Bildes im Verstande, welcher von dem beweglichen Punkte darin abstrahirt, während die Einbildungskraft in jedem Moment genöthigt wird, neue Combinationen zu machen, um die jedesmalige Stellung desselben in das allgemeine Bild einzureihen, und so ist auch die Reproduction des frühern Standpunktes im Gedächtniss nur eine Reproduction der Einbildungskraft in Verbindung mit der fixirenden Thätigkeit des Verstandes. Aenderten sich alle Punkte des ursprünglich fixirten Bildes zu gleicher Zeit und in demselben Sinn, so dass das Verhältniss derselben unter einander nicht verschoben wird, so könnte die Bewegung auf keine Weise in's Bewusstsein fallen, der so ganz fortbewegte Gegenstand kann nur dadurch aufgefasst werden, dass die Reflexion des Verstandes sich verallgemeinert und der ursprünglich fixirte Gegenstand als Theil eines grösseren Ganzen erscheint, welches nunmehr in seinen allgemeineren Verhältnissen fixirt wird, in denen in ähnlicher Weise der bewegte Gegenstand als ein wandelnder Punkt auftritt.

Die gegebene Entwickelung veranlasst zunächst einige Bemerkungen, die zur Aufhellung der gedachten Verhältnisse dienen können. Zuerst geht daraus hervor, weshalb, wenn wir selbst uns fortbewegen, die Bewegung von uns auf die zunächst liegenden Gegenstände übertragen werden muss, während wir von unserer eigenen Ortsveränderung kein Bewusstsein erhalten. Durch unsere Bewegung nämlich ändern sich am meisten die Linien, die das Verhältniss zu den nähern Umgebungen ausdrücken, während in dem entferntern Hintergrund die Verhältnisse dieselben bleiben oder nur unmerklich sich verschieben, der Hintergrund bleibt daher auch das im Bewusstsein festgehaltene allgemeine Bild, vor welchem die nähern Gegenstände vorbeizueilen scheinen, indem sie sich von unserm Standpunkt angesehen gegen diese festen Punkte fortwährend verändern. Wäre nicht jener feste Hintergrund, so würden wir weit leichter zu der Reflexion auf unsere eigne Bewegung gelangen, so aber erzeugt er gerade trotz unseres bessern Wissens einen so starken Schein unsrer eigenen Ruhe, dass unser Bewusstsein gezwungen wird, die Bewegung den naheliegenden Gegenständen zuzuschreiben, die auf demselben vorübereilen, und dies um so mehr, je gleichmässiger die Bewegung unsrerseits ist, so dass wir durch keine Hemmung derselben auf sie aufmerksam gemacht werden. So fliegen die Ufer des Flusses an uns vorüber, auf dem wir fortgleiten, so auf der Eisenbahn die zunächst liegenden Bäume und Häuser, so beschreiben die Sterne ihre Bahnen auf dem festen durch den Horizont begrenzten Himmelsgrunde.

Eine zweite Bemerkung betrifft das Auffassen der Zeit;

sie wird gemessen an der Bewegung und diese an dem durchlaufenen Raum. Deshalb sind alle Zeitmaasse hergenommen von der gleichmässigen Bewegung, und sie werden reducirt auf örtliche Entfernung, aber immer bleibt dabei unser eigner Gedanke und die Erinnerung an die Momente, die wir im Bewusstsein fixiren, das, wodurch aus diesen örtlichen Beziehungen ein zeitliches Nacheinander erwächst. Deshalb wird uns die Zeit um so länger, je öfter wir nach der Uhr sehen, darum empfinden wir die Langeweile niemals mehr, als wenn wir unruhig auf etwas warten; denn die Gedanken folgen sich in unendlich raschen Intervallen, und das Gedächtniss reproducirt unendlich viele Momente, die die Zwischenzeit ausfüllen, während der Zeiger der Uhr selbst nur um ein Geringes weiter vorrückt. Je mehr wir dagegen in unsern Gedanken mit den wechselnden Momenten selber fortschreiten, je mehr ein vorliegender Zweck uns in die mannigfaltigste Thätigkeit hineinreisst, so dass wir nicht dazu kommen, im Gedächtnisse die einzelnen Momente zu fixiren, desto mehr enteilt auch die Zeit, und wir sind überrascht von ihrem geflügelten Laufe. In der beweglichen Reflexion verschwindet die Zeit gänzlich für uns, das Gedächtniss setzt sie zusammen aus den Momenten des Besinnens, dem Taucher werden die wenigen Augenblicke, die er unter dem Wasser zubringt, zu einer kleinen Ewigkeit, in lebhaftem Gespräche verplaudern wir Stunden, ohne etwas davon zu bemerken.

Endlich aber ist es unmittelbar für unsren Gegenstand wichtig, aufzufassen, dass das Gedächtniss die Dinge nur in dem Maasse wieder reproducirt, als es selbst bei ihrer Betrachtung in einem Momente der Besinnung gewesen ist, d. h. je enger bei der Betrachtung der Sache die Verbindung zwischen dem verknüpfenden Verstande und der sondernden Einbildungskraft war, jemehr Beziehungen zwischen den einzelnen Momenten unter einander gemacht wurden, je mehr das Ganze mit allen seinen Besonderheiten in eins verwachsen ist, und so erinnern wir uns auch eigentlich nur dieser Momente des Gedächtnisses selbst. Das ist das Wesen des Einprägens, bei welchem sich die Züge des Bildes dadurch befestigen, dass mit der Reproduction des einen auch durch die enge Verknüpfung die andern wieder mit auftauchen und der eine durch den andern regulirt wird. Wollte etwa in der Erinnerung die Einbildungskraft ein fremdes Moment mit aufnehmen, so wird es wieder ausgestossen, indem es sich mit den andern, die aus den übrigen Verbindungen erzeugt werden, nicht vereinigen lässt. Es ist gleichsam ein Netz, welches über den Gegenstand hingeworfen ist, wo Masche an Masche sich fest anreiht, so dass von allen Seiten die Fäden zu den bestimmten Verbindungsknoten führen und eine andere Verknüpfung unmöglich wird, weil sie eine ganz andere Gestaltung in dem Uebrigen nach sich ziehen würde. Je weniger wir dagegen solche Momente der Besinnung gehabt haben, desto weniger sind wir nachher im Stande, die Reflexionen uns wieder ins Gedächtniss zurückzurufen, die wir den Gegenständen gegenüber gemacht haben, und deshalb bewirkt Zerstreuung einen solchen Mangel an Gedächtniss, indem sich die Anhaltspunkte verlieren, durch welche das Einzelne mit einander in Verbindung zu setzen ist. Darum verwischen sich die Eindrücke einer Reise so leicht, weil wir den wechselnden Gestalten mit unserer Reflexion folgen und nicht Zeit gewinnen, sie in die mannigfaltigste Verbindung zu bringen, durch welche das Einzelne an einander geheftet und mit dem Frühern wieder in Beziehung gesetzt wird. Nicht die Masse des Gesehenen an sich ist es, durch welche etwa das Gedächtniss zu sehr belastet würde, sondern der Mangel an Besinnung, indem wir an den Gegenständen vorübereilen und es vernachlässigen, den Stoff zu gliedern und zu ordnen, das Einzelne auf einander zu beziehen, zu vergleichen und mit dem Ganzen in Zusammenhang zu bringen. So sind die einzelnen Momente nur durch einzelne dünne Fäden verknüpft, und gelingt es nicht zufällig, diese wiederherzustellen, so verschwindet damit das Ganze aus der Erinnerung, während auch eine unglaubliche Masse von Eindrücken festgehalten werden kann, wenn sie nur in vielfachen Verbindungen aufgefasst sind, so dass man von den verschiedensten Seiten auf dasselbe Einzelne zurückkommt, und von diesem aus wieder zu dem Uebrigen gelangen kann, ohne von dem Zufalle abzuhangen, der uns etwa auf den einzelnen Verbindungsweg leitet, wo wir irgend einen bestimmten Gegenstand zu suchen haben.

Auf diese Weise ist das Bewusstsein zunächst an den wirklich gegenwärtigen Gegenständen thätig, welche uns durch die Wahrnehmung gegeben sind. Nicht der neue sinnliche Eindruck frischt etwa die früher verbleichten wieder auf, sondern er giebt nur die Veranlassung zu der erneuten Thätigkeit der Reflexion, die an ihm schon in gewohnter Weise geübt wird. Mögen wir den gestirnten Himmel noch so oft betrachten, wir erinnern uns nicht der einzelnen Sterne, haben wir dieselben aber durch Linien mit einander verbunden, so springen uns die Sternbilder bei jeder neuen Betrachtung leicht entgegen, indem wir im Gedächtniss dieselben Linien reproduciren, die wir darüber hingezogen. Und so geschieht es mit jedem andern Gegenstande in gleicher Weise. Wir erinnern uns, dass wir denselben schon einmal gesehen nur dadurch, dass wir durch ihn veranlasst werden, dieselben Verbindungen und Trennungen an ihm zu machen, die wir schon einmal gemacht haben, und indem wir dann bei demselben irgendwo anfangen mit unsern Combinationen, reihen sich die andern, die zur Gesammtauffassung desselben gehören, durch ihren Zusammenhang so schnell daran an, dass wir mit dem Gegenstande selbst zugleich alles das reproduciren, was mit ihm in irgend einer Verbindung steht oder gestanden hat. Das Gedächtniss schreitet hier fort an dem Faden der Reflexion, wie sie sich durch die Ideenassociation leicht und fast zufällig gestaltet, wenn sie sich gehen lässt und nicht ein besonderes Bestreben hat, bei einem Gegenstande zu verharren und sich bestimmter Momente desselben zu erinnern. Wir gehen an einem Hause vorüber, in welchem wir früher gewohnt, eine Menge von Einzelnheiten beschäftigen sogleich die Einbildungskraft, welche dieselben in den bestimmten Verbindungen auffasst und so eine Menge von Erinnerungen wieder hervorruft, die sich in unserm Leben daran knüpften, obgleich sie vorher unserm Gedächtniss gänzlich verschwunden schienen. Alles beruht hier auf den Combinationen, zu welchen die erneuten Eindrücke nur die Veranlassung geben, das Bewusstsein steigt von dem Einzelnen zu allgemeineren Verbindungen auf und unterscheidet in diesen wieder neues Einzelnes, so dass abwechselnd die Thätigkeit des Verstandes und der Einbildungskraft angeregt wird und so in diesem fortwährenden Spiel die Gestalten sich reproduciren.

Hier ist das Gedächtniss überwiegend durch die wirklichen Gegenstände und was sich weiter daran knüpft bestimmt und bedingt, es wird von ihnen fortgetragen, ohne selbständig und willkürlich den Gedankengang zu beherrschen, und so ist es meist, wenn wir ohne bestimmten Zweck und ohne rechte Besinnung unter den Gegenständen umhergehen; immer jedoch ist es die Thätigkeit des Bewusstseins, auf der das ganze, wenn auch noch so zufällige Spiel solcher Reflexionen beruht, zu welchen die sinnlichen Eindrücke nur den Stoff und die entfernte Veranlassung liefern Aber von hier aus ist der Schritt nicht weit zu der besonnenen und angestrengten Thätigkeit des Gedächtnisses, wenn es sich bestimmter Gegenstände und des sich daran knüpfenden Inhaltes erinnern will. Auch hier beruht alles auf dem engen Zusammenhange, in welchem die einzelnen Dinge im Allgemeinen und Besondern zu einander stehen, und auf der geregelten Thätigkeit des Verstandes und der Einbildungskraft, die sie in dem rechten Verhältnisse reproducirt. Je mehr der Gegenstand an sich in solchen natürlichen Verbindungen mit andern verwandten steht, je mehr er im Einzelnen gegliedert ist, so dass die einzelnen Momente seines Inhaltes auf einander hinweisen und eins immer durch eine Menge anderer bestimmt und abgegrenzt ist, desto leichter ist es für das Gedächtniss, alle diese Verbindungen, gewissermassen mit einem Schlage und ohne alle Mühe zu reproduciren. Wollen wir uns einen bestimmten Moment aus diesem Zusammenhange vergegenwärtigen, so giebt es von jedem Punkt aus so viel Brücken, die zu ihm hinüber leiten, und so viel gegenseitig sich bedingende Merkmale, dass es kaum einer Anstrengung bedarf, um das Gesuchte zu finden, ja dass es kaum ins Bewusstsein kommt, wie wir es machen, um den gewollten Gegenstand im Gedächtnisse zu reproduciren. Mit der Intention auf denselben erzeugt der Verstand schon das allgemeine Bild und den ungefähren Ort, den es in dem Zusammenhange einnimmt, die Einbildungskraft producirt schnell die verschiedenen Möglichkeiten seiner Gestaltung im Einzelnen und die besondern Merkmale die sich daran knüpfen, und verwirft ebenso schnell alle die, welche zu den aus andern Verknüpfungen reproducirten nicht passen, während aus den zusammenstimmenden der Verstand den intendirten Gegenstand mit gleicher Schnelligkeit zusammenreimt. Müssen wir uns dagegen länger besinnen, so geschieht die Operation ganz in derselben Weise und wir können die einzelnen Momente vollkommen in der angeführten Richtung verfolgen. Wir strengen uns dann an, alle möglichen Beziehungen, in welchen der Gegenstand stehen kann, durchzugehen, reproduciren so einzelne Merkmale, diese leiten zu neuen Verknüpfungen, die dann wieder neue Momente reproduciren, bis alles zusammenstimmt und der bezweckte Gegenstand sich vollkommen daraus zusammensetzen lässt, aber oft müssen wir auch alle schon für gefunden gehaltenen einzelnen Momente wieder aufgeben, weil sie zu einem neuen nicht passen, bis endlich dann aus ein Paar wirklich zusammenstimmenden plötzlich der ganze Gegenstand in voller Deutlichkeit ins Bewusstsein springt, weil nunmehr alle andern sich durch den Zusammenhang wie von selbst reproduciren.

In dieser Beziehung verhält es sich mit dem Gedächtniss überhaupt ganz ebenso, wie mit der oben schon berührten Erfahrung, dass wir scheinbar einen sinnlichen Eindruck während der unmittelbaren momentanen Empfindung unbeachtet vorübergehen lassen und erst nachher bei geschärfter Aufmerksamkeit uns desselben wieder erinnern. Wir bemerkten schon oben, dass allerdings unmittelbar mit der Empfindung auch schon das Bewusstsein thätig gewesen sein muss, wenn das Gedächtniss ihn hernach reproduciren soll, aber der Act war nicht vollendet, die Besinnung nicht eine vollständige, die einzelnen disparaten, zum Theil vielleicht falsch aufgefassten Elemente gingen nicht zu einer Einheit zusammen, erst nachher tritt die Reflexion ergänzend hinzu, eliminirt die unpassenden Merkmale, bringt sie mit den andern in einen bestimmtern Zusammenhang und erräth aus demselben die fehlenden, bis das Einzelne vollständig zusammenstimmt, weshalb denn auch natürlich ebensogut eine falsche Combination zu Stande kommen kann, wenn die einzelnen Momente sich nicht mit einer gewissen Nothwendigkeit aus dem Zusammenhange ergeben, ganz ebenso wie das auch bei der Erinnerung fernliegender Gegenstände in derselben Weise vorzukommen pflegt und dann die Treue des Gedächtnisses beeinträchtigt. Sie hat ihren einzigen Grund darin, dass die Besonderheit und Bestimmtheit des

Gegenstandes hinlänglich durch die Mannichfaltigkeit der Anknüpfungspunkte an andere besondere Beziehungen geschützt ist. Wo das Bewusstsein nicht darauf ausgeht, solche sich gegenseitig bedingende Verhältnisse aufzusuchen, die den Gegenstand gehörig abgrenzen, führt die Einbildungskraft unbewusst neue Elemente ein, der besondere Inhalt verwischt sich, und das ganze Bild modificirt sich unvermerkt, wie dies namentlich bei dem Wiedererzählen so häufig vorkommt, wo wir durch öftere Reproduction zuletzt gar kein Bewusstsein mehr über den Mangel der Treue des Gedächtnisses behalten, weil immer das Streben darauf geht, den Zusammenhang im Einzelnen wieder zu ergänzen, und wir so das Bewusstsein des ursprünglichen wahren Zusammenhanges allmälich verlieren, weil nichts dazu auffordert, die fremden sich einmischenden Elemente zu eliminiren.

Bei dieser vollkommenen Aehnlichkeit in den Vorgängen ergiebt sich auch, dass es für das Gedächtniss selbst vollkommen gleichgültig ist, wie fern oder wie nahe der Gegenstand liegt, dessen wir uns erinnern wollen. Es ist dieselbe Operation des Bewusstseins, die wir bei dem unmittelbar gegenwärtigen Gegenstande vornehmen, wie bei der gleich darauf oder erst lange nachher erfolgenden Wiedererinnerung. Wir müssen dieselben Combinationen der Verknüpfung und Sonderung des Gegenstandes mit andern und der einzelnen Theile des Gegenstandes untereinander anstellen, um denselben als einen einzelnen im Bewusstsein momentan zu fixiren, wie wir sie hernach machen, um ihn nach langer Zeit wieder zu reproduciren. Einen eben gehörten Satz oder auch nur ein einziges Wort nachzusprechen, erfordert dieselbe Thätigkeit der Reflexion und ist ebensogut ein Act des Gedächtnisses, wie wenn wir ihn lange nachher reproduciren, und wenn wir uns später darauf besinnen müssen, so ist es nur die Wiederholung der Besinnung, die wir im Momente selbst ausgeübt haben; der ganze Unterschied beruht nur auf den dazwischen liegenden weiteren Reflexionen, durch welche die Kette der Verbindungen unterbrochen und die Anknüpfung erschwert wird. Werden die neuen Gedankenbeziehungen nicht mit den ersten wieder in Beziehung gesetzt, so verliert der Verstand den allgemeinen Zusammenhang, und die besondern Anknüpfungspunkte gehen für die Einbildungskraft verloren, so dass gar nicht mehr die Intention entsteht, zu denselben zurückzukehren, und es auf die vielgestaltige Möglichkeit des Zufalles ankommt, ob wir wieder zu dem frühern zurückgeführt werden oder nicht. Daher erzeugen sich auf die Länge der Zeit nur die Erinnerungen wieder, die entweder durch zufällige Anknüpfungspunkte, wie etwa bei den erneuten Eindrücken und bei dem unwillkürlichen Spiel der Reflexion, gegeben werden, oder durch die fortwährend bewusste Rückkehr und durch die fortgesetzte Combination der einzelnen Momente erlangt und befestigt werden.

Dies ist das eigentliche Geheimniss des Auswendiglernens. Die blosse gedankenlose Wiederholung führt nicht zum Ziel, sondern bei derselben machen wir fortgesetzt neue Verknüpfungen, der Verstand und die Einbildungskraft sind fortwährend thätig, um Beziehungen zwischen dem Einzelnen zu entdecken und so das Netz von Gedankenverbindungen zusammen zu weben, in welchem jedes an seinem bestimmten Ort festgehalten wird. Je mehr natürliche und nothwendige Beziehungen und Unterschiede in der Sache selbst enthalten sind, desto leichter treten sie dem Bewusstsein entgegen, und desto eher prägen sie sich dem Gedächtnisse ein und werden auch in derselben Weise reproducirt, je weniger sie sich von selbst ergeben, desto mehr muss sie die Reflexion künstlich hinzuthun, aber desto leichter entschwinden sie auch wegen ihrer Zufälligkeit dem Gedächtniss wieder. Dies ist am meisten der Fall bei Zahlen und

Namen, die für den Verstand und die Einbildungskraft gleich wenig Inhalt darbieten, die Combinationen müssen hier willkürlich gemacht werden, die Aehnlichkeit und Verschiedenheit des Lauts, der Ort, wo wir sie finden, tausend kleine kaum bewusste Combinationen machen, dass wir sie endlich im Gedächtniss fixiren und so lange reproduciren, als diese gemachten Beziehungen uns gegenwärtig bleiben. Daher hilft hier ein gewisses System, in welchem sie unter ein gewisses Gesetz gebracht werden, ausserordentlich, und es ist bekannt, wie weit es eine Mnemotechnik, die sich darauf speciell legt, bringen kann, so dass die unglaublichsten Kunststücke gelingen. Sie sind ein rechter Beweis für die von uns aufgestellte Theorie des Gedächtnisses, indem sie alle darauf beruhen, dass vereinzelte und darum schwer zu behaltende Gegenstände in bestimmte Beziehungen zu einander gebracht und mit einem vorher festgestellten Netz in Verbindung gesetzt werden, mit Hülfe dessen sie sehr leicht reproducirt werden können. Es ist wie eine wohl eingerichtete Registratur, in welcher auch die einzelnen Aktenstücke leicht sich auffinden lassen, weil sie gehörig bezeichnet sind und in den Zeichen eine bestimmte Ordnung besteht, nach der man das Einzelne aufsuchen kann und bei der man von dem Inhalt derselben grade so viel weiss, als in den bestimmten Zeichen und ihrer Ordnung sich ausdrücken lässt. Wenn bei einem solchen Auswendiglernen häufig auf das laute Vorsprechen ein besonderer Nachdruck gelegt wird, indem allerdings manche Personen nicht anders zum Ziel gelangen, und dies wieder einen Beweis für die Nothwendigkeit des sinnlichen Eindrucks abgeben könnte, so liegt der Grund auch hier keinesweges in dem sinnlichen Reize, sondern theils darin, dass dadurch die Selbstthätigkeit mehr angespannt und auf den bestimmten Gegenstand gerichtet und so die Zerstreuung abgewehrt wird, weshalb denn auch das laute Vorsprechen Anderer gar nichts hilft, theils darin, dass das gehörte Wort die Einbildungskraft mehr auf die Vergleichung der Lautunterschiede hinweist, und hier zu Combinationen auffordert, während das still gelesene mehr den Sinn und die Bedeutung vergegenwärtigt, die vielleicht bei dem bestimmten Individuum weniger zu Combinationen Veranlassung giebt, weshalb denn auch die Erfahrung eine rein individuelle ist. Die Kinder neigen am meisten dazu hin, und grade bei ihnen ist der verschiedene Klang der Wörter und überhaupt die äusserlichen Beziehungen weit mehr anregend und die Quelle ihres Gedächtnisses, als die Beziehungen des Sinns, zu welchen ihre Combinationsgabe noch nicht hinreicht.

Dies führt uns zu einer andern Beobachtung, die sich hier am unmittelbarsten anknüpft und scheinbar einen Einwurf gegen unsere Betrachtungsweise einschliesst. Die tägliche Erfahrung zeigt, dass Kinder ein weit stärkeres und leichteres Gedächtniss besitzen als Erwachsene, und Frauen beziehungsweise mehr als die Männer. Ist nun das Gedächtniss eine Wirkung der Reflexion, so müsste es gerade um so stärker werden bei fortschreitender Reflexion, und ebensowohl mit dem fortgerückten Alter zunehmen, wie bei denen am stärksten sich finden, die am meisten Gewandtheit in dem Reflectiren besitzen. Aber jene Erfahrung beschränkt sich eigentlich nur auf das sogenannte mechanische Gedächtniss, welches oft fälschlich überhaupt nur als Gedächtniss betrachtet und so der Reflexion gegenüber gestellt wird. Dieser Schein kommt daher, weil hier die Thätigkeit und die besondere Anstrengung, die bei diesem bestimmten Auswendiglernen erfordert und ausgeübt wird, mehr in das Bewusstsein fällt, während sie sonst kaum bemerkt oder gänzlich übersehen wird. Wenn wir mit der entschiedenen Absicht daran gehen, uns etwas einzuprägen, so können wir hier die dazu nöthige Thätigkeit unmittelbar verfolgen, und das Resultat liegt zuletzt in bestimmter Gestalt vor uns, wir halten eine Anzahl Wörter in bestimmter Gestalt fest und können sie ausser und in der Reihe wiedergeben. Wenn hinterher der Lehrer etwa noch die Kinder examinirt und allerlei Querfragen macht, so leitet er sie nur an, das Netz der Beziehungen zu erweitern, und auch in diesen fernerliegenden den Gegenstand zu reproduciren, in welchen der Schüler sie nicht gefasst hat und in welchen es ihm daher auch schwer wird, sie mit derselben Leichtigkeit wieder zu finden. Darüber geht vielleicht die erste Verbindungsweise, wenn nicht immer darauf zurückgegangen wird, wieder gänzlich verloren, aber darum hat er sie nun in andern und vielleicht wichtigern gefasst, welche ihm für die praktische Anwendung weit nützlicher sind als die ersten. Dies aber ist ebensogut eine Thätigkeit des Gedächtnisses gewesen, wie bei dem ersten Auswendiglernen, es ist sogar ein unendlich erweitertes Gedächtniss, in welchem die Gegenstände nun in weit vielfaltigeren Verknüpfungen und darum nur um so fester behalten werden. In den Genusregeln werden einzelne Wörter in bestimmter Ordnung auswendig gelernt, man bemüht sich, in dem Laut allerlei Combinationen aufzufassen, sie in Reime zu bringen, nach den Anfangsbuchstaben zu ordnen, und sie werden so leicht dem Gedächtniss eingeprägt, hernach werden dieselben Wörter in den verschiedensten Verbindungen angewandt, aus denen ihr Geschlecht hervorgeht, diese prägen sich nicht minder dem Gedächtniss ein und werden hernach stets festgehalten, während die ursprüngliche Folge, in der sie gefasst wurden, vielleicht bald in der Erinnerung verloren geht. Geschichtsfacta werden mit Namen und Zahlen mechanisch auswendig gelernt, sie bilden die feste Grundlage, an die der Zusammenhang der geschichtlichen Erscheinungen angelehnt wird, ein tieferes Studium der Geschichte bringt hernach die Thatsachen in eine Menge von Beziehungen, in welchen sie weit dauernder festgehalten werden, wenn jene Facta in ihrer bestimmten Folge längst dem Gedächtniss entschwunden sind. Die Anatomie bietet für den Anfänger eine Masse von Einzelnheiten an Namen von Knochen, Muskeln, Nerven u. s. w., die in dieser Vereinzelung dem Gedächtniss grosse Schwierigkeiten bereiten und doch gelernt werden müssen, hernach werden sie in eine ,innere Verbindung gebracht, Physiologie, Chirurgie, Pathologie und Therapie weisen fortwährend darauf zurück, und so prägen sie sich nun in ganz anderer Weise dem Gedächtniss ein, und doch beruht diese praktische Handhabung derselben Gegenstände auf denselben Grundregeln des Gedächtnisses, wie jene ersten äusserlichen Verknüpfungen, die nur auf den Lauten der Wörter basirt waren und die ebensoleicht wieder vergessen werden, weil die Beziehungen weniger in dem Wesen der Sache lagen und der Anknüpfungspunkte weit wenigere darboten. Das Gedächtniss ist hier also in ganz gleicher Weise thätig, an die Stelle der ersten Combinationen sind nur andere getreten, aber weil das Einprägen sich allmälicher macht, die Thätigkeit nicht so bestimmt immer auf denselben Gegenstand gerichtet ist und das Resultat sich nicht unmittelbar so deutlich herausstellt, wird die Thätigkeit des Gedächtnisses übersehen und das Ganze mehr als Reflexion aufgefasst, während bei dem mechanischen Auswendiglernen gerade umgekehrt die Reflexion weit mehr unbewusst geübt wird und das blosse mechanische Wiederholen, als wenn es die Hauptsache wäre, sichtbar in den Vordergrund tritt.

Dies giebt nun auch vollkommenen Aufschluss darüber, weshalb Kinder und Frauen scheinbar ein grösseres Gedächtniss besitzen. Für sie ist alles, was sie behalten, mehr ein Vereinzeltes, nicht organisch Verbundenes, so sind sie darauf gewiesen, dieses in künstliche Verknüpfungen zu bringen, wobei die gestaltende Einbildungskraft besonders unentbehrlich ist, welche auch bei dem scheinbar Beziehungslosesten Verbindungen ganz äusserlicher Art zu machen versteht. So wird das Gedächtniss gerade in dieser Beziehung besonders geübt, die Kinder sind auf den Wortklang angewiesen, von den ersten Jahren, wo sie zuerst zu sprechen anfangen, wird ihre Einbildungskraft angestrengt, zwischen den Lauten Aehnlichkeit und Verschiedenheit aufzusuchen, sie sprechen die Laute nach, ohne ihren Sinn zu verstehen, sie prägen sie so ihrem Gedächtniss ein, ohne die mannigfaltigen Verknüpfungen zu kennen, zu welchen ihre Bedeutung führt, das Auswendiglernen einzelner Wörter und Sätze bewegt sich ganz in diesen Combinationen der Laute, und es kann uns nicht wundern, wenn sie in dieser Beziehung ausserordentliches leisten. Bei reifer sich entwickelndem Verstande tritt der Sinn und seine Verbindungen in den Vordergrund, der Laut verschwindet dagegen weit mehr, die Einbildungskraft achtet nicht wie sonst auf die Unterschiede des Tones, sondern auf die durch die verschiedenen Töne bezeichneten Gegenstände, und darauf richtet sie ihre sondernde und gestaltende Thätigkeit, und so verliert sich allmälich das Gedächtniss für solche äusserlichen Combinationen. Dazu kommt noch ein anderes wichtiges Moment. Je mehr in der Kindheit die Dinge in ihrer Vereinzelung für sich abgeschlossen dastehen, je geringer überhaupt der Reichthum der Begriffe ist, desto mehr muss das Gedächtniss auch darauf ausgehen, sie in dieser Weise zu fixiren, und je weniger sie zu behalten haben, desto mehr merkt man, ob sie es behalten oder nicht. In fortschreitendem Alter vermehren sich die Beziehungen und der Reichthum der Gegenstände, es wird nur das behalten, was in diesen Beziehungen durch fortdauerndes Vorkommen derselben sich befestigt, aber darin eine unendliche Masse von Stoff, in welchem vieles Einzelne, auf welches das Interesse nicht gerichtet ist, auch wieder verschwindet. Für Kinder und Frauen hat dagegen dieses Einzelne einen besonderen

Reiz, was Erwachsene und Männer in ihrem Gedankenkreise und Beruf sehr wenig beschäftigt, und so treten solche Erinnerungen dann als Beweise stärkeren Gedächtnisses hervor, während man bei jenen nicht auf die Masse dessen achtet, was sie als Eigenthum des Gedächtnisses fortwährend mit sich herumtragen. Dies ist auch der Grund, weshalb gewisse hervorragende Ereignisse der ersten Kinderjahre sich mit so ausserordentlicher Festigkeit dem Gedächtnisse einprägen, während die spätern Lebensmomente weit mehr verschwinden, und dass Greise oft noch ihrer Kinderjahre sich lebhaft erinnern, während das ganze spätere Leben mit allen, auch den bedeutendsten Ereignissen, in dem abnehmenden Gedächtnisse wie verwischt ist. Der Reiz der Neuheit prägt die Gegenstände dem Bewusstsein der Kinder ein, die Einbildungskraft wird dadurch auf das Lebhafteste beschäftigt; die einzelnen Gegenstände stehen ihnen als bestimmt geschiedene feste Säulen da, die sie mit dem freien Spiel ihrer Combinationen in die willkürlichsten Verbindungen bringen, und daran werden sie auch von ihnen festgehalten. Um sie herum reihen sich dann allmälich die übrigen Beziehungen, aber immer bleiben sie noch als Grundpfeiler stehen, die spätere Reflexion giebt immer noch hinreichende Veranlassung, um sich ihrer wieder zu erinnern, sollte es auch nur beiläufig und bei besondern Gelegenheiten sein. Im reichern Leben überwuchern sie die neuen Reflexionen und der Wechsel der Ereignisse, und sie gerathen mehr und mehr in Vergessenheit, das Gedächtniss dreht sich allein um die Mannigfaltigkeit der wichtigern Dinge und wird von ihnen ganz eingenommen, aber es hält auch nur an dem fest, was gerade in fortwährender Beziehung mit den nächsten Interessen des Lebens steht, sobald diese sich verändern, wird auch die ganze Masse dessen, was nicht mehr in Verbindung mit denselben gebracht wird, völliger Vergessenheit übergeben, weil der ganze Reichthum der Gegenstände nur durch die lebendigen Wechselbeziehungen derselben unter einander festgehalten wurde; hören diese auf, so gehen auch gleich ganze Massen verloren und damit die Anknüpfungspunkte, durch die sie allein festgehalten wurden. Nimmt nun im Greisenalter die Geschäftigkeit wieder ab, geht das Interesse allmälich an den Dingen verloren, die das Leben erfüllten, so nimmt auch das Gedächtniss allmälich ab, indem die Lebhaftigkeit der Reflexion überhaupt nachlässt, neue Combinationen gar nicht mehr gemacht werden und daher auch die Kraft des Gedächtnisses geschwächt werden muss. Da tauchen denn jene Bilder der ersten Lebensjahre mit aller Lebhaftigkeit wieder auf, ganz vergessen waren sie niemals, sie traten immer bei Gelegenheit wieder hervor, sie waren nur überwuchert durch die Masse des andern Stoffes, der das reifere Alter beschäftigte, das Alter kehrt zu den einfachen kindlichen Interessen zurück, und jene Marksteine, um die sich alles Spätere gewissermassen herumgerankt hat, treten wieder in ihrer ganzen Lebendigkeit hervor, nachdem die Ranken verdorrt sind, die sie bedeckten. Die Oerter, an welche sich jene ersten einfachen Ereignisse der Kinderjahre knüpften, sind dieselben geblieben, sie rufen auch die Erinnerung wieder wach, wie, wenn wir in die längst verlassene Heimath zurückkehren, jeder Stein uns an die verlebten Tage erinnert und längst vergessene Einzelnheiten wieder zurückruft, oder wie ein wieder aufgefundenes Papier, auf dem wir einmal längst vergangene und vergessene Begebenheiten unseres Lebens aufgezeichnet, alles Einzelne jener Zeit wieder mit den lebendigsten Farben auffrischt und uns ganze abgerissene Stücke unseres eigenen Lebens wiedergiebt.

Hiezu kommt aber noch ein andres sehr wichtiges Moment, welches uns erst das wahre Verhältniss des Gedächtnisses zur Reflexion ins rechte Licht stellt. Das Gedächtniss beruht allerdings vollständig auf der Thätigkeit der Reflexion, und es ist ein reiner Schein, wenn man glaubt, dass dasselbe mit der fortschreitenden Entwickelung derselben abnehme und so in einem umgekehrten Verhältnisse zu ihr stehe, ein Schein, der nach der eben gegebenen Darstellung sich vollkommen erklärt und dadurch wohl auf das richtige Maass zurückgeführt ist. Dessenungeachtet aber ist es ebenso wahr, und es liegt gerade in diesem Zusammenhange, dass das Gedächtniss eine bestimmte Selbständigkeit der Reflexion gegenüber behauptet und dadurch in einen vollkommenen Gegensatz zu ihr treten kann und zwar in einer solchen Spannung, dass ein Maximum von Reflexion mit einem Minimum von Gedächtniss verbunden sein kann und ebenso umgekehrt. Das Gedächtniss nämlich beruht auf einem Zusammenwirken von Verstand und Einbildungskraft, und daher auf einer gleichmässigen Entwickelung von beiden. Wo der eine oder die andere einseitig auf Kosten der andern vorherrscht, kann die Reflexion in dieser Richtung ausserordentlich lebendig sein, aber es wird dadurch ein entschiedener Mangel an Gedächtniss heraustreten. Ist der Verstand überwiegend, so wird die Reflexion von einem Gedanken zum andern fortgehen und immer neue Verbindungen erzeugen, aber gewissermassen nur in einer dünnen Linie, die sich nicht im Besondern verzweigt und zur Besinnung auf den einzelnen Inhalt führt, es wird also auch keine besondern Anknüpfungspunkte geben für das Gedächtniss, sondern um zu demselben Gegenstande zu gelangen, muss man immer wieder denselben langen Weg gehen, und man ist einmal ungewiss, ob man ihn wieder findet, und hat man ihn auch gefunden, so muss man ihn bis zu dem gewünschten Gegenstande zurücklegen, ohne Richtwege zu besitzen, die den Weg abkürzen. Ist dagegen die Phantasie vorherrschend, so wird es dem Gedächtnisse durchaus an Treue mangeln, indem dieselbe den Gegenstand immer anders gestaltet und fortwährend in ihren eignen Bildern umherschweift, und nicht das Vermögen hat, das gesuchte zu reproduciren, indem die Verknüpfungen des Verstandes mangeln, durch welche das Einzelne aneinander befestigt wird. Die Haupterfordernisse des Gedächtnisses aber bestehen in der Schnelligkeit und in der Treue, womit die Gegenstände in ihm immer gegenwärtig erhalten werden. Der Verstand bahnt die Wege, und man geht auf ihnen sicher, aber langsam, die Einbildungskraft muss sie vervielfältigen, sie entdeckt die Punkte, wo die Brücken gebaut werden können und die Wege sich kreuzen, durch welche man auf die kürzeste Weise zum Ziele gelangt, die Einbildungskraft macht tausend Bilder in einem Moment, aber ob sie das gesuchte decken, liegt nicht in ihrem Ermessen, wenn nicht der Verstand fortwährend vergleicht und leitet. Wenn ich das Einmaleins auswendig weiss, so habe ich in jedem Moment die für die Multiplication nothwendige Zahl gegenwärtig, ich kann sie freilich auch in jedem Moment auf dem Wege des Verstandes durch die Addition finden, aber der Weg ist lang und ich würde schwer zum Ziele gelangen, es ist ein Unterschied, ob ich eine trigonometrische Formel, einen mathematischen Satz erst lang und breit auf dem Wege des Verstandes ableite, und ihn hernach gleich wieder vergesse und bei dem jedesmaligen Gebrauch immer wieder auf's neue finden muss, oder ob ich ihn durch Beziehungen, die in dem Resultat selber liegen und vielleicht hier durch äusserliche Combinationen der Einbildungskraft gefunden werden, stets präsent habe. Freilich, werde ich unsicher und zweifle an der Richtigkeit der Combination, die mir die Einbildungskraft an die Hand giebt, so muss ich schnell den Verstand zu Hülfe nehmen, der den Zusammenhang aus den nächsten sichern Beziehungen ergänzt.

Man sieht hieraus, welche grosse Bedeutung die Uebung des Gedächtnisses für die Entwickelung des Bewusstseins hat, indem sie die gleichmässige Ausbildung von Verstand und Einbildungskraft befördert, und durch die schnelle Vergegenwärtigung aller Gegenstände gerade der Reflexion fortwährend neuen Nahrungsstoff für ihre Combinationen an die Hand giebt. Deshalb ist es eine zum Theil überschätzte und in vielen Fällen gänzlich verkehrte Richtung in den neuern Unterrichtsmethoden, welche in Missachtung des eigenthümlichen Werthes des Gedächtnisses und des in ihm liegenden Mechanischen, überall auf genetische Entwickelung des Verstandes dringt, und dadurch eine grosse Einseitigkeit in der Ausbildung von diesem auf Kosten der Einbildungskraft erzeugt. Der Reichthum vereinzelten Stoffes, den das Kind zuerst sich rein auf dem Wege des Gedächtnisses aneignen soll, und den es gerade in recht prägnanter Weise in seinen scharf geschiedenen Umrissen der kindlichen Fassungsgabe gemäss einprägt, um daran hernach seinen Verstand durch eigne Versuche zu bilden und die Reflexion durch Verarbeitung des Stoffes selbständig zu üben, wird ihm hier karg in einzelnen festgebahnten Wegen zugemessen, in denen es sich nun an der Hand des Lehrers oder der Lehrbücher ohne eigne Kraftanstrengung leicht bewegen lernt, wodurch aber gerade nur eine Aneignung des Gegebenen erreicht und die freie schöpferische Production und das Bahnen eigner Wege vollständig gehemmt und alle selbständige Kraftentwickelung frühzeitig erstickt wird. Freilich soll diese genetische Entwickelung des Verstandes nicht verabsäumt werden, aber sie soll das Ziel des fortschreitenden Bewusstseins sein, wie sie das Ziel des wissenschaftlichen Denkens überhaupt ist, und wenn sie auch von Anfang an mit bezweckt und geübt werden soll, so muss doch das daneben stehende Element der Einbildungskraft nicht methodisch unterdrückt, sondern in gleicher Weise gefördert werden. Unsre ganze Ableitung führt dahin, dass die vollkommenste Entwickelung des Gedächtnisses erst dann erreicht ist, wenn die Dinge nicht in zufälligen und äusserlichen Combinationen festgehalten, sondern in ihren wahren und innerlichsten Beziehungen, und dies sind gerade die genetischen, aufgefasst und durch das Gedächtniss reproducirt werden, aber dazu gehört auch die Ausbreitung des Stoffes in der Mannigfaltigkeit seiner Unterschiede und Verzweigungen, und keinesweges nur in den einzelnen dünnen Fäden der verständigen Verknüpfungen, was dann der Einbildungskraft gleiche Nahrung giebt, wie dem Verstande, und jene Herrschaft des Geistes über den Stoff herbeiführt, durch welche er ebenso schnell in den einzelnen Verbindungen des Netzes einhergehen, als die gesammte Organisation in einem Ueberblick übersehen, und ebensowohl alles Einzelne ableiten, als jedes Einzelne in dem vollständigen System des Ganzen vollkommen gegenwärtig haben kann.

Das Gedächtniss steht daher der Reflexion gegenüber als der ergänzende Gegensatz in der Entwickelung des Bewusstseins, eben so sehr auf ihm beruhend und mit ihm in der innigsten Wechselwirkung, wie andrerseits selbstständig und in verschiedenem Grade sich entwickelnd, jenachdem Verstand und Einbildungskraft sich gleichmässig und innig mit einander verbinden oder einseitig heraustreten und streckenweise ganz isolirt verlaufen. Ueberwiegt der eine oder die andre, so kann auch das Gedächtniss überwiegend an dem einen oder der andern sich bilden und den Charakter eines mehr verständigen oder mehr der Einbildung sich überlassenden, d. h. mechanischen Gedächtnisses annehmen. Immer aber und selbst bei dem stärksten Uebergewicht des einen oder andern bleibt die Wechselbeziehung zwischen Reflexion und Gedächtniss vorhanden, die Reflexionen werden durch das Gedächtniss festgehalten, und so die Grundlage neuer Reflexionen, während ohne die Erinnerung dieselben immer von neuem gemacht werden müssten, und die Continuität zwischen ihnen fehlen würde. Deshalb hat auch das Gedächtniss eine besonders innige

Beziehung zu den beiden Momenten der Reflexion, dem Selbstbewusstsein und dem objectiven Bewusstsein. Es hält einerseits die Objecte fest mit allem, was die Reflexion an ihnen ausgesondert und verknüpft hat, sowohl in örtlicher Gestaltung als zeitlicher Entwickelung, es zieht andrerseits das Ich heraus aus diesen fortwährenden Gestaltungen an den Objecten, indem es sich auf sich besinnt und sich immer deutlicher bewusst wird, dass es selbst das eigentliche Subject ist, das diese Combinationen vornimmt, nur geleitet und bestimmt durch den relativen Widerstand der Aussenwelt, und dass es selbst die Continuität hineinbringt in diese Mannigfaltigkeit von Beziehungen. Hier ist es wieder das Uebergewicht des Verstandes oder der Einbildungskraft, von dem es abhängig ist, ob das Gedächtniss mehr das Selbstbewusstsein schärft oder sich in den Objecten verliert. Herrscht der Verstand vor, so wird er sich dessen bewusst werden, wie die Fäden der Verknüpfung alle in dem Ich zusammenlaufen und dasselbe der fundamentale Ortpunkt ist, auf den alle andern Verhältnisse bezogen werden, dass es das Ich ist, welches alle diese Beziehungen gemacht hat und von den Objecten nichts weiter besitzt als seine eignen Reflexionen, dass es aus dem Wechsel der Dinge und seiner Thätigkeit an ihnen sich herausziehen kann und in dieser vollendeten Abstraction sich als eine continuirliche Einheit findet, sich als die Kraft erkennt, die alle diese Beziehungen beherrscht. Aber immer ist auch zu dieser Besinnung auf sich selbst die Einbildungskraft nöthig, um diesen Ausgangspunkt aller Beziehungen im Unterschiede von diesen selbst zu fixiren und zu objectiviren, und so das Ich zu einem Subject-Object zu machen, das sich seiner bewusst ist als Kraft und Thätigkeit, aber auch zugleich als realen Punkt in dieser Welt der Gegenstände, der durch diese Kraft auf seinem Standpunkte die Dinge in Bewegung setzt, sie gebraucht und beherrscht, indem er ihrem Widerstande seinen mächtigern Widerstand entgegensetzt. Das eben ist der Unterschied des unmittelbaren Selbstbewusstseins, welches zuerst diese Thätigkeit an den Objecten beginnt, ohne sich auf sich selbst zu besinnen und sich so im Unterschiede von jenen wahrhaft zu besitzen. Erst durch das Gedächtniss vollzieht es diese Reflexion an sich selber und wird zum reflektirten Selbstbewusstsein, indem es die ganze Geschichte seiner Thätigkeit in sich trägt und sich selbst als ein eben solches Object allen andern und ihrer Geschichte gegenüberstellt.

Ueberwiegt dagegen die Einbildungskraft, so verliert sich das Bewusstsein in der Mannigfaltigkeit der besonderen Gegenstände, und setzt sich aus sich heraus in die Welt der Aeusserlichkeit mit ihren scharf gezogenen Grenzen und ihrem reich gestalteten Inhalte. Die Reflexionen sind nicht Reflexionen des Ichs, sondern Reflexionen an den Dingen, und das Bewusstsein kommt gar nicht zu der Betrachtung, dass es selber sie gemacht hat, sondern vielmehr, dass es sie machen muss, dass sie da sind und sich ihm aufdringen, so dass es sich darüber ganz vergisst und in den Reflexionen über die Dinge die realen Dinge selbst vor sich hat. Und dies ist nicht etwa eine Täuschung, von der man wieder zurückkommen müsste, sobald man sich wieder auf sich selbst besinnt, sondern es ist in der That so, es ist der reale Widerstand der Dinge, der die Einbildungskraft zwingt, ihre Reflexionen dem wirklichen Unterschiede der Objecte anzupassen, und von dem wir uns nöthigenfalls wieder überzeugen, wenn wir mit der ausgestreckten Hand die Gegenstände anfassen, oder das Auge schliessen und die Welt verschwinden sehen, um es dann wieder zu öffnen und mit ihm an den Linien der wirklichen Gestalten herumzugehen. Aber immer, wie sehr auch die Einbildungskraft dabei vorherrsche, ist der Verstand dabei mit thätig, indem er die nothwendigen Verknüpfungen anstellt und das Einzelne ordnet und vergleicht, so dass nun im Gedächtniss die gewohnten Combinationen bei der Betrachtung der Gegenstände augenblicklich in's Bewusstsein treten, und alle je an dem Object gemachten Bemerkungen und alles, was örtlich und zeitlich, jetzt oder früher, mit ihm in Verbindung stand, als zu ihm gehörig angesehen wird und das Object constituirt. Gerade die Schnelligkeit und Unwillkürlichkeit, mit welcher diese Operationen des Gedächtnisses vor sich gehen, lässt die Anstrengung und Thätigkeit des Subjects übersehen, durch welche das Selbstbewusstsein wach erhalten würde, und wir beachten daher nur die Objecte und versenken uns ganz in sie hinein, so dass es selbst den Schein gewinnt, als ob die sinnliche Wahrnehmung, die doch nur die erste Veranlassung dazu hergiebt und uns nur mit den Objecten in Verbindung bringt, ganz allein die Dinge, mit allem was wir dabei denken, vor uns hinstelle und uns zwinge, ihre Realität anzuerkennen. Sobald dagegen das Gedächtniss uns im Stich lässt, sobald wir uns erst langsam orientiren müssen, um eine chaotische Mannigfaltigkeit von Eindrücken zu entwirren, die Erinnerungen erst nach und nach und mit einiger Anstrengung im Gedächtnisse auftauchen und lebendig werden, tritt auch sogleich die Reflexion auf das Ich mit hervor, und wir werden uns dessen hinlänglich bewusst, dass die Gegenstände erst mit unserer reflectirenden Thätigkeit entstehen, und das objective Bewusstsein, welches rein in den Gegenständen aufging, wird zu einem reflectirten Bewusstsein über die Objecte und ihre Beziehungen.

6) Die Vorstellung.

Die innige Wechselwirkung, welche zwischen Reflexion und Gedächtniss besteht, giebt Veranlassung zu zwei neuen Formen des Bewusstseins, die Reflexionen werden einerseits festgehalten von dem Gedächtniss, andrerseits liefert das

Gedächtniss Stoff zu neuen Reflexionen, und in dieser Gegenseitigkeit der Einwirkung und dem abwechselnden Aufnehmen und Ineinandergreifen dieser verschiedenen Thätigkeiten liegt die ganze Entwickelung desselben. Die erstere Art der Verknüpfung, die wir hier zunächst zu betrachten haben werden, erzeugt die Vorstellung. Sie hat ihren Inhalt an den gemachten Reflexionen, aber das hinzutretende Gedächtniss fixirt dieselben, fasst sie zu einer Einheit zusammen und schliesst sie in dieser als ein für sich bestehendes Ganze ab. Der Inhalt derselben hängt daher principaliter von der Lebendigkeit der Reflexion ab, wir können nur das in sie aufnehmen, was wir in Beziehung auf den Gegenstand ausgesondert und verknüpft haben, sowohl in seinem örtlichen Nebeneinander, als in seinem zeitlichen Nacheinander, seine innere Gestaltung und seine Beziehungen zu allem Andern ausser ihm, und deshalb ist die Vorstellung eines fortgeschrittenen Bewusstseins von einem Gegenstande reicher, als die eines Kindes, welches nur die einfachsten Reflexionen an ihm vorgenommen hat, aber andrerseits hängt doch secundär auch alles von dem Gedächtniss ab, wie viel es von diesen Reflexionen in der Erinnerung bewahrt oder wie viel von ihnen wieder durch neue Reflexionen verwischt wird, so dass die Vorstellung immer das Endresultat bleibt von dem, was im Bewusstsein jedesmal übrig ist von Gedankenbeziehungen. Die Vorstellung ist daher einerseits überwiegend ein fester und in sich abgegrenzter Kreis von Reflexionen, fixirt durch das Gedächtniss, indem das Bewusstsein in gewohnter Weise immer dieselben Beziehungen an ihm unterscheidet und verbindet, und sobald es von irgend einer Seite her durch eine einzelne Gedankenverknüpfung zu ihr geführt wird, durch den Zusammenhang auch gleich die andern mit Leichtigkeit in die Erinnerung zurücktreten. Die Vorstellung ist daher ein Stück aus dem grossen Netz der Reflexion, das sich selbst als ein Ganzes durch seinen stärkern innern Zusammenhang aus dem Uebrigen ausscheidet, wobei das Gedächtniss momentan sich in demselben vertieft, die Fäden in der bestimmten Umgrenzung verfolgt, und so sich eine Zeit lang, sei es auch noch so kurz oder vorübergehend, in dem Besitz derselben festsetzt. Aber andrerseits hat doch auch die Vorstellung ihr fliessendes Moment; je nachdem das Bewusstsein, von dieser oder jener Seite, auf diesem oder jenem Faden des grossen Netzes der Reflexion her, auf dieselbe geführt wird, treten mehr oder weniger auch verschiedene Elemente derselben in der Erinnerung hervor, und durch das schnelle Verlassen der Vorstellung haben die andern nicht Zeit und Gelegenheit, zur Reproduction zu gelangen, und es setzt sich im Verlaufe des Denkens eine gewisse durchschnittliche Uebung fest, die bei dem Gelangen zu einem Vorstellungskreise immer nur bestimmte Beziehungen auffasst und die andern allmälich vergessen lässt.

In jedem solchen Momente der Besinnung, in dem das Gedächtniss sich in einem Vorstellungskreise festsetzt, ist es das Selbstbewusstsein, welches angeregt werden muss, indem es in dem Akt des Fixirens, sei es mehr oder minder deutlich, dessen inne wird, dass es selbst ihn vollzieht, indem es sich auf die bestimmte Vorstellung beschränkt, sie an ihren Grenzen aussondert aus den übrigen Verbindungen und sich so gewissermassen im Gedanken hinversetzt an den besondern Ort, den es sich in der Erinnerung vergegenwärtigt. Dazu kommt denn der Verstand hinzu, welcher in der abgegrenzten Vorstellung die Verbindungen verfolgt und sie zu einer Gesammteinheit verknüpft, so dass das kleine Netz mit seinen einzelnen Maschen vor die Seele tritt, und die Fäden in einem Hauptpunkte sich vereinigen, den der Verstand als das eigentliche Centrum der Vorstellung bezeichnet, um den sich die übrigen herumgruppiren, und der daher auch als der wesentliche Kern im Gedächtniss festgehalten wird, dem sich alles Andre unterordnet, und der das allgemeine Bild constituirt, welches die Vorstellung im Wechsel der übrigen Merkmale festhält. Selbstbewusstsein und Verstand sind daher auch in ihrer engen Beziehung, als Momente der Reflexion und des Gedächtnisses, das Hervortretende und Bestimmende in der Vorstellung, wogegen objectives Bewusstsein und Einbildungskraft, als mehr sekundär mitwirkende, in dem Hintergrunde sich verlieren. Wir erinnern uns bei der Vorstellung immer, dass wir es sind, die sie bilden, und wir tragen sie in uns auch fern von den Objecten, wenngleich wir sie nicht hätten, wenn nicht früher die Reflexionen durch sie bestimmt, und so das Gedächtniss zum Festhalten derselben veranlasst worden wäre, wir tragen sie in uns als Erinnerung an sie, aber mit dem Bewusstsein, dass wir sie reproduciren. Darum ist sie denn auch stets allgemein, weil wir sie nur haben als Produkt unserer Verknüpfung und mit der fortdauernden Ahnung, dass noch vieles andere ihren ursprünglichen besondern Inhalt bildete, von dem das Gedächtniss gerade nur dieses momentan mit Deutlichkeit reproducirt, während die weitere Besinnung mit angestrengterer Einbildungskraft neue Besonderheiten an derselben in's Bewusstsein zurückbringen würde. So wirken objectives Bewusstsein und Einbildungskraft nach, aber sie treten nicht den Moment bestimmend hervor. Es bleibt immer im Bewusstsein gegenwärtig die Freiheit des Selbstbewusstseins, mit welcher es aus dem ganzen Eigenthum des Gedächtnisses sich beliebig seine Vorstellungen wählen und so viel es von dem ganzen Inhalte derselben will momentan reproduciren kann, nur in dem Widerstande, mit welchem bei der auftretenden Vorstellung der Inhalt derselben sich nur zu gewissen Verbindungen hergeben will, und andre als unmögliche zurückgedrängt werden, latitirt die Kraft der Objecte, die zu der Bildung der ursprünglichen Vorstellung die Veranlassung gaben, und in der Gewalt, mit welcher bei der Verknüpfung des Verstandes eine Menge von Einzelnheiten und untergeordneten Beziehungen durch ihre gegenseitige Verbindung in der Erinnerung unwillkürlich hervortreten, offenbart sich die schlummernde Thätigkeit der Einbildungskraft. Daher verknüpft sich auch bei der grössten Abstraction der Vorstellung immer im Hintergrunde mit ihr die Erinnerung an den Ort, wo wir zuerst sie gebildet, oder an die Objecte, wo wir am häufigsten zu ihrer Bildung veranlasst wurden, und die Vorstellung verflüchtigt sich ganz, wenn nicht immer die Einbildungskraft den besondern Inhalt im Gedächtniss wieder mit auffrischt und so der verknüpfenden Thätigkeit des Verstandes hinreichenden Stoff für dieselbe darreicht.

Auf diese Weise entwickelt sich die Vorstellung schon sehr früh und gleichzeitig mit der Reflexion, und das Bewusstsein wird zu einem fortgesetzten reflectirenden Vorstellen. Das grosse gleichmässige Netz der Reflexion zerreisst gewissermassen in einzelne mehr und mehr sich gestaltende Theile, in welchen die Fäden sich dichter aneinander legen und vielgestaltig sich durchkreuzen und anordnen, so dass nun die einzelnen Vorstellungen selber wie einzelne Ortpunkte erscheinen, die untereinander durch Fäden verknüpft sind, und unter sich wieder mannigfach verbunden und gesondert werden, und an denen die Reflexion entlang läuft, bald ausruhend in den abgeschlossenen Kreisen des Vorstellens, bald fortschreitend zu andern, bald die einzelnen Vorstellungen zu grössern Ganzen verknüpfend, bald sie weiter zerlegend in ihre einzelnen Theile. Das erste sind auch hier wieder die festen Gestalten in ihren bestimmten in sich abgeschlossenen Grenzen. Das Kind zieht sich seine Linie um den Baum herum und trägt diese Linie im Gedächtniss fort, und wenn es den Baum hinzeichnet, so ist ihm dieselbe Linie der ganze Inhalt seiner Vorstellung von ihm. Wo es dieselben Umrisse sieht, verknüpft es mit denselben dieselbe Vorstellung. Erst allmälich unterscheidet es an demselben Dinge Stamm, Zweige, Blätter u. s. w., ebenso in ihren allgemeinen Umrissen, oder es verbindet die Bäume mit ihren Umgebungen zu einem Walde, zu Gärten, Landschaften u. s. w. Die Vorstellung ist von vorn herein immer eine allgemeine, und findet daher sogleich ihre Anwendung auf alle die besondern Dinge, die sich unter die allgemeinen unterordnen. Es dauert lange, ehe der Baum sich in die Vorstellung einer Eiche, Buche umwandelt, ehe die allgemeine Gestalt des Blattes in die feineren Contoure der einzelnen Blattarten unterschieden wird. So bilden sich die ersten Vorstellungen von den Umgebungen mit allen weitern Beziehungen, die die Erinnerung daran knüpft. Das Kind verknüpft die Vorstellung des Brennens mit dem Lichte, an dem es sich verbrannt, des Stosses mit dem Stein, an dem es ihn erlitten u. s. w., und beides reproducirt sich im Gedächtniss gleichzeitig, wie es ursprünglich miteinander sich verband. Von derselben Art ist auch die Verbindung der sinnlichen Eindrücke mit den Gegenständen, an welchen sie Statt gefunden, und dies ist ein schlagender Beweis dafür, dass das Bewusstsein der Dinge auf ganz andern Gründen beruht, als auf der sinnlichen Wahrnehmung. Wäre diese die erste Ursache der sich bildenden Reflexionen und Vorstellungen, und nicht vielmehr die Bewegung der eignen Organe und der Widerstand, den sie dabei erleiden, so würden nicht die Gestalten der Gegenstände, sondern Farbeneindrücke, Geschmacks- und Geruchsempfindungen die Elemente sein, aus denen die Vorstellungen hervorgehen. So aber prägen sich die Gestalten zuerst ein, und wie die Empfindung zuerst nur gleichzeitig mit dem Gegenstande gemacht wird und deshalb mit ihm verknüpft wird, so wird sie auch im Gedächtniss und in der Vorstellung nur als eine gleichzeitige festgehalten und mit reproducirt. Es dauert sehr lange, wie eine sorgsame Beobachtung bei Kindern ergiebt, ehe dieselben die Vorstellung von der Farbe forttragen und ihre Identität an einem andern Gegenstande erkennen, aber hat man ihnen gesagt, dass dies oder jenes Kleid roth, blau u. s. w. sei, so reproducirt sich dies ihnen im Gedächtniss mit jenem, und sie geben die Farbe richtig an, während sie selbst ein Stück Zeug von derselben Farbe, welches daneben liegt, und noch weniger irgend einen andern Gegenstand von derselben Färbung richtig zu bezeichnen im Stande sind, sondern gewöhnlich auf eine ganz andere rathen. Bei gewissen Sinnen bleibt diese Art der Auffassung für das ganze Leben, und die Vorstellung von den einzelnen Unterschieden der Eindrücke selbst und ihrem Verhältniss zu einander entwickelt sich nur zu einer sehr geringen Klarheit und Deutlichkeit. Wollen wir einen Geschmackseindruck bezeichnen, so sagen wir, er schmecke so wie dieser oder jener Gegenstand, sprechen wir von einer Geruchsempfindung, so vergleichen wir sie mit der von dieser oder jener Blume, selbst der Schall wird nach den tönenden Gegenständen bestimmt, und nur in der Scala der musikalischen Töne erhebt sich die Vorstellung zu einer bestimmten Unterscheidung und Bezeichnung der einzelnen Töne fast ohne alle Beziehung zu dem tönenden Gegenstande, aber wie wenige sind doch im Stande, die Bestimmtheit eines solchen Tones im Gedächtnisse fortzutragen und ihn hernach in derselben Weise zu reproduciren, und ein Maass für Höhe und Tiefe festzuhalten, während die meisten nur in der unmittelbaren Verbindung, durch die nächste Vergleichung, die Unterscheidung machen, und so die Melodie aufzufassen vermögen. Und hieran hängt gerade für das Reich der Töne das, was der eigentlichen Form und Figur entspricht und mit eben so gutem Recht als die Gestaltung der Tonwelt bezeichnet werden kann. Es ist der Rhythmus und die Melodie, die wesentlich auf dem Auffassen der Zeitintervalle beruhen, wie sie allein durch das Gedächtniss und ganz unabhängig von dem eigentlichen Sinnlichen der Töne gegeben sind, und so also auch Anknüpfungspunkte für die Vorstellung darbieten. Denn dieses Bewusstsein des Rhythmus entwickelt sich aus unsern eignen Bewegungen, und wird von da aus erst übertragen auf die Töne, wie wir denn mit Händen und Füssen den Takt dazu schlagen, wenn das Hören des Musikstücks unmittelbar den Reiz dazu in uns anregt. Weit mehr objectivirt sich die Farbe für uns, und bildet eine Mannichfaltigkeit von Vorstellungen, die mit einer gewissen Bestimmtheit im Gedächtnisse für sich festgehalten, und daher auch in der Sprache durch bestimmte Wörter bezeichnet werden. Aber auch hier liegt der Grund in der engen Verknüpfung mit den Gestalten der Dinge und die Farbenausdrücke verrathen gleichfalls ihren Ursprung in der Beziehung auf die Gegenstände, mit denen sie am gewöhnlichsten verknüpft sind. Vorstellungen können diese Empfindungen erst werden in dem Maasse als sie untereinander verglichen, der allmäliche Uebergang und die Verknüpfung in ihnen durch den Verstand aufgefasst, die Unterschiede durch die Einbildungskraft eingeprägt und so ein Stoff für das Gedächtniss hervorgebracht wird, an welchem es die Eindrücke festhalten, wieder miteinander vergleichen und so in allgemeinen Vorstellungen reproduciren kann, denen sich die besondern Arten der Eindrücke unterordnen. So ist die Vorstellung Gelb erst da, wenn die verschiedenen Nüancen desselben, wie sie sich an den Gegenständen finden und als strohgelb, orange, schwefelgelb, goldgelb u. s. w. bezeichnet werden, als Uebergänge erweisen und nun unter dem gemeinsamen Namen Gelb festgehalten werden, mit welchem zugleich auch im Gedächtniss diese Reflexionen sich verbinden und so den ganzen Stoff abgeben, der den Inhalt der Vorstellung bildet, wobei man sich deutlich bewusst ist, dass das Andenken an die gelbe Farbe dieses oder eines andern Gegenstandes keinesweges den sinnlichen Eindruck selber wieder hervorzaubert, ja auch nicht im Entferntesten eine Analogie mit ihm hat, so dass man etwa die Erinnerung, wie es freilich oft, aber ganz mit Unrecht, geschieht, als ein sehr schwaches Nachbild bezeichnen müsste. Dass die Farbenempfindungen aber weit mehr zu wirklichen Vorstellungen werden, liegt einzig darin, dass das Auge, welches durch seine Beweglichkeit, wie oben gezeigt ist, ein so vorzügliches Organ des Bewusstseins ist, zugleich damit auch immer sensible Eindrücke empfängt und diese auch nothwendig für das Auffassen seiner Gestalten bedarf, indem darin die nöthigen Unterschiede liegen, welche die Bewegungen des Auges zum Fixiren der Ortpunkte und dem Ziehen der Verbindungslinien anleiten. Aber das Bewusstsein achtet nur auf diese Unterschiede, von welcher Qualität die Farben sind, welche diese Unterschiede bedingen, tritt keinesweges in's Bewusstsein, und so sieht das Kind fortwährend die Gestalten der Gegenstände und lernt diese unterscheiden und dem Gedächtnisse einprägen, während es die Bestimmtheit der Farbenunterschiede gar nicht beachtet und daher auch von der Farbe selbst gar keine Vorstellung gewinnt. Aber indem nun doch die Farben sich immer mit den gegebenen Gegenständen verbinden, so verknüpft das Kind auch in der Erinnerung sie allmälich mit ihnen, fast ebenso, wie wenn es bei dem Stein des Stosses gedenkt, und allmälich bildet sich auch durch die Vergleichung, wozu das stäte Nebeneinander der mannichfaltigen Farbeneindrücke auffordert, eine für sich bestehende Vorstellung von ihnen. Wie wenig aber doch es möglich ist, sie im Gedächtniss fortzutragen und in ihrer Bestimmtheit zu reproduciren, beweist auch hier die tägliche Erfahrung, dass Gegenstände, die wir entfernt von einander für gleich gefärbt hielten, hernach bei genauerer Vergleichung nebeneinander sehr verschieden erscheinen, was hinreichend zeigt,

flexion gleichen Schritt hält. Durch die Wechselbeziehung mit der Lautsprache wird allmälich, wenn die Modification der Bilder zur Darstellung der immer mehr sich gliedernden und reicher werdenden Vorstellungen nicht mehr hinreicht, die eigentliche Schriftsprache, in der sich zuerst die Wörter in Silben und diese hernach erst in einzelne Buchstaben zerlegen, indem die Laute zuerst durch mehrfache, den ursprünglichen Bildern entlehnte Zeichen, ausgedrückt werden, welche den Gegenständen entlehnt sind, die durch ähnliche Wurzellaute bezeichnet werden, bis endlich für denselben ein bestimmtes Zeichen den Vorrang gewinnt und zum festen Gebrauch gestempelt wird, das aber nun auch allmälich mit dem Vergessen der ursprünglichen Bedeutung seine ursprüngliche Form verliert, und durch den Gebrauch immer mehr der bequemern abgekürzten Schreibung angepasst wird, so dass es nur noch für das Gedächtniss die Bedeutung eines Schriftzeichens behält, mit welchem die Reflexion den Laut eng verknüpft. Die ägyptische Hieroglyphik und ihr Uebergang in die phonetische Schrift, sowie die Geschichte der Schriftentwickelung bei den Phöniciern und Semiten giebt hiefür die vollkommensten Belege. Die semitischen Schriften haben noch keine Vocale, die Reflexion ist hier noch nicht gemacht, dass der Laut aus einem consonantischen und vocalischen Element besteht, weil weder der Consonant ohne den Vocal, noch der Vocal für sich ohne ein consonantisches Element, das sich in den Gutturalen darstellt, ausgesprochen werden kann, und die Modulation der Vocale in den Lauten für die Darstellung der verschiedenen Vorstellungen noch ein sehr untergeordnetes Moment bildet. Erst bei dem Uebergange derselben Schriftzeichen zu den Griechen wird diese letzte Abstraction vollzogen bei dem grössern Bedürfniss der in dem vocalischen Element sich bildenden Modification der Laute bei der Flection und Abwandlung der Stammwörter, die Hauchlaute werden zu rein willkür-

welche erscheinen, wenn in farbigem Lichte ein schmaler Körper einen Schatten wirft und dieser Schatten durch weisses Licht beleuchtet ist, wo er dann in der complementären Farbe sich zeigt. Die gewöhnliche physikalische Erklärung ist die, dass die Netzhaut durch den Lichtreiz gegen die bestimmte Farbe abgestumpft wird und nunmehr auf dem weissen Grunde, der bekanntlich das Gemisch aller Farben ist, nur die complementäre, d. h. diejenige, welche nach Abzug der erstern übrig bleibt, empfindet, und dass bei den durch den Contrast hervorgebrachten farbigen Nebenbildern dieser Reiz des Lichtes auch auf die benachbarten Stellen der Netzhaut in derselben Weise reagirt, so dass sie in einen dem primitiven Eindrucke complementären Zustand versetzt werden. Um das Abklingen der Farben im Nachbild eines weissen Gegenstandes zu begreifen, muss man annehmen, dass der Eindruck des Gelben am ersten verlischt, dann Roth und endlich Blau, dass aber das Gelb anfangs langsam, dann rascher, das Blau aber umgekehrt anfangs rasch und später langsam an Intensität abnimmt. Die Erklärung ist hienach eine sehr complicirte und beruht auf mannigfaltigen Annahmen, die zunächst durch nichts begründet sind, und bei jeder neuen Erscheinung immer wieder durch neue vervielfältigt werden. Aber auch das Princip der ganzen Erklärung lässt einen bedeutenden Einwand zu; denn würde die Netzhaut durch den Farbeneindruck abgestumpft, so würde die Wirkung nicht erst sich zeigen, wenn man das Auge abwendet auf eine weisse Fläche, sondern es müsste bei dem längern Betrachten selbst schon das Farbenbild auf der Netzhaut verschwinden, was doch niemals der Fall ist. Auch die Erfahrung spricht dagegen, dass man die complementären Nachbilder auch dann wahrnimmt, wenn man das Auge nicht auf eine weisse, sondern auf eine dunkle Fläche richtet, wenn auch die Erscheinung hier eine minder hervortretende ist. Jedenfalls wäre die physiologische Erklärungsweise befriedigender, welche das Ganze mehr in der Thätigkeit der Nerven begründet findet, indem die Netzhaut bei dem Maximum der Irritirung durch einen bestimmten Farbeneindruck eine Tendenz besitze zu dem entgegengesetzten Zustande der Reizung, der dann der complementären Farbe entspricht.

Aber beide Erklärungen lassen ausser Acht, dass das Auffassen der Farbenunterschiede eine Sache der Vergleichung und damit ein Akt des Bewusstseins ist, und dass daher für diese subjectiven Farben eine psychologische Erklärung weit näher liegt, die noch dazu alle vorerwähnten Erscheinungen aus demselben Princip in der einfachsten Weise, analog mit andern Thatsachen des Bewusstseins, zu begreifen im Stande ist. In allen Fällen handelt es sich um Vergleichung, sei es wie in dem einen um ein Nebeneinander oder wie in dem andern um ein Nacheinander verschiedener Eindrücke, und wo bei einer solchen nicht der bestimmte Grad der Differenz gemessen wird, muss dieselbe nothwendig zu einer relativen werden. Dasselbe Ding erscheint gross neben einem kleinern und klein neben einem grössern, und eben daher auch dasselbe dunkler neben einem hellern und hell neben einem dunklern, indem das vergleichende Bewusstsein in Ermangelung eines festen Maasstabes nur die Differenz überhaupt sich vergegenwärtigt und daher jedes an seinem Gegensatz misst und so den Contrast auffasst. In ähnlicher Weise erscheint dasselbe Orange neben Gelb röther, während es neben Roth wieder gelber sich darstellt. Grau aber ist das Ineinander aller Farben, es wird also jeder einzelnen Farbe gegenüber, für das vergleichende Bewusstsein in dem Contrast zu ihm erscheinen, und daher in die complementäre Farbe übergehen, die nichts anders als die am meisten entgegengesetzte in der Farbenscala ist. Die Maler z. B. pflegen bei der Abfärbung verschiedener Zimmer die Farbe des Fusses aus den übrig gebliebenen Farben zu mischen und so ein Grau zu erzeugen, das im Wesentlichen aus Gelb, Blau und Roth besteht. Streichen sie nun mit derselben grauen Farbe, wie dies gewöhnlich geschieht, den Fuss der verschiedenen Zimmer, so würde man sich durch den Anblick schwer überzeugen, dass es die gleiche Farbe ist, wenn man nicht selber gesehen hätte, dass sie aus demselben Topfe hervorgegangen. Das Bewusstsein hält die bestimmte Färbung nicht isolirt im Gedächtniss fest, es bedarf der Vergleichung in dem unmittelbaren Nebeneinander. Daher verliert das Grau in der gelben Stube an seinem Gelb und erscheint durch den Contrast röthlich blauer, d. h. violetter, während es in der rothen schmutzig grünlich, in der blauen gelblich grau sich darstellt. Je reiner die Farben und je farbloser das Grau ist, desto mehr wird der Gegensatz in seiner ganzen Schärfe hervortreten und so auch die complementäre Farbe in grösserer Intensität sich dem Bewusstsein aufdrängen.

Ganz dasselbe findet bei den Nachbildern Statt, nur dass es sich hier nicht um ein Vergleichen ruhig nebeneinander befindlicher Eindrücke, sondern um die Beurtheilung einer schnellen Folge nacheinander auftretender Reize derselben Stellen der Netzhaut handelt. Schliesst man das Auge schnell so hat man nur das einfache Nachbild, welches zunächst dieselbe Helligkeit und Färbung behält, und nur allmälich sich verdunkelt und gegenüber der dunkeln Umgebung in der gewöhnlichen Farbenscala abklingt. Wendet man dagegen das Auge auf eine weisse oder graue Wand, so wird jetzt der neue Eindruck im Bewusstsein mit dem Nachbilde im Auge verglichen; die Stellen derselben, welche z. B. dem dunklern Fensterkreuz entsprechen, erscheinen diesem gegenüber heller, die den hellern Zwischenräumen der Scheiben correspondirenden Stellen der Wand dagegen, die selbst bei einer weissen Färbung derselben immer dunkler sind, als die intensiver durch den hellen Himmelsgrund beleuchteten Scheiben, treten dagegen im Contrast dazu dunkler hervor, weshalb denn auch das Experiment am leichtesten gelingt, wenn der Hintergrund der Scheiben ein mit lichtem weissem Gewölk bedeckter Himmel und die Wand ein minder helles und nicht zu dunkles Grau ist, so dass sie ein Mittelglied zwischen dem dunklern Fensterkreuz und den hellern Scheiben abgiebt. Ganz in derselben Weise, wie oben, begreift sich dann hier auch das Erscheinen der complementären Farben, indem das Grau der Wand an derselben Stelle durch die Reflexion mit der Farbe des Nachbildes verglichen wird, und auch das Abklingen der Farben ist nur dasselbe vergleichende Durchgehen des Bewusstseins durch alle Nüancen der Farbenscala, wie das allmäliche Durchgehen durch alle Nüancen des Hell und Dunkel in dem allmälich verschwindenden Nachbilde bis zum vollkommnen Hervortreten der betrachteten Wand.

Wie hier die psychologische Erklärung durch das reflectirende Bewusstsein und die vergleichende Vorstellung Platz greift, so können wir noch einen Schritt weiter gehen und dieselbe Erklärungsweise auch anwenden auf ein verwandtes Gebiet von Erscheinungen, das gleichfalls in der physikalischen und physiologischen Darstellung nicht eine hinreichende Begründung findet. Es ist eine bekannte Thatsache, dass gewisse Personen nur eine sehr unvollkommene Fähigkeit in der Unterscheidung der Farbennüancen besitzen, und bei näherer Untersuchung ist die Differenz in dieser Hinsicht weit allgemeiner verbreitet als man gewöhnlich meint. Ganz dasselbe findet Statt in Beziehung auf das musikalische Gehör, und in beiden Fällen wird die Sache gewöhnlich einem Mangel in den Organen zugeschrieben. Aber dagegen spricht schon die Möglichkeit der Uebung, und die Ueberwindung der Schwierigkeit durch dieselbe, die nur dadurch vergrössert wird, dass, sobald der Mangel in's Bewusstsein tritt, die Anstrengung gescheut wird, und die Unlust an der Sache die weitern Fortschritte hemmt und von fernern Versuchen abstehen lässt. Um die Unterschiede in ihrer vollen Schärfe aufzufassen, ist eine fortwährende Vergleichung nöthig, und indem diese nur Sache der Reflexion sein kann, so gehört damit das Ganze wiederum zu der Sphäre des Bewusstseins, so dass alles darauf ankommt, wie treu dasselbe die verschiedenen Eindrücke im Gedächtniss festhält, das Gleichartige in ihnen verknüpft und den Grad der Verschiedenheit in der Einbildungskraft auseinander hält. Dies ist das Resultat einer fortgesetzten Beschäftigung mit der Sache und anhaltender Uebung, wobei dieselben Differenzen zwischen den verschiedenen Personen obwalten, wie bei allen andern dergleichen Combinationen der Reflexion, indem dem Einen schwer wird, was der Andre mit Leichtigkeit auffasst, je nachdem das Bewusstsein in dieser oder einer andern Richtung den Verstand und die Einbildungskraft schärft, und an diesen oder andern Objecten beide entwickelt. Schon in früher Kindheit steht oft ganz bewusstlos, durch die Erziehung, durch den Umgang mit den Dingen der Aussenwelt, durch ursprüngliche Anlage und Talent und damit zusammenhangende Lust oder Unlust bedingt, ohne dass man den bestimmten Antheil aller dieser einzelnen Faktoren daran genau anzugeben vermöchte, eine solche Verschiedenheit in der Befähigung der einzelnen Individuen, die man zuletzt ganz allein auf das angeborene Genie zurückführt, die aber doch am Ende nur der verschiedenen Richtung des Reflectirens zuzuschreiben ist, und sich hier durch Uebung, festen Willen und beharrlichen Fleiss in gleichmässiger Entwickelung wieder ausgleichen lässt. So hat Einer eine leichtere Auffassung für Sprachen, der Andre für Mathematik, und die Leichtigkeit erzeugt wieder eine grössere Lust zu der Beschäftigung mit ihnen, wenn nicht durch zwingende Einflüsse von Aussen oder durch die Energie eigner Willenskraft die Lücken ausgefüllt werden. Ganz so ist es aber auch in der Unterscheidung der Farben und Töne. Ein Jeder bringt in einem gewissen Alter durch die bewusstlose Uebung der ersten Kinderjahre in der Reflexion eine gewisse Fähigkeit für die Vergleichung mit, die sich bei der grossen Masse in einem bestimmten Niveau befindet, das im gewöhnlichen Leben hinreicht, über welches sich nur Einzelne mehr oder weniger erheben, und hinter welchem Andre ebenso wieder zurückbleiben. Dasselbe ist der Fall bei einem ganz verwandten Gebiet, das sich auf den ersten Anblick gleich als ein Product der Reflexion herausstellt, dem Augenmaass für die schärfere oder geringere Unterscheidung der Grössenverhältnisse, wie sie namentlich durch das Zeichnen geübt wird. Gegenüber dem Tonkünstler, der den bestimmten Ton in seiner ganzen Schärfe in der Vorstellung mit sich forträgt und bei jedem gehörten Ton sogleich anzugeben weiss, welcher in der Scala es ist, erscheint die grosse Masse als völlig ungeübt, die nur bei einer Folge von Tönen sich bewusst wird, dass der eine höher oder tiefer ist als der andre, und allenfalls die nahe liegenden Intervalle mit einiger Schärfe zu schätzen lernt, während Andre es nicht einmal so weit bringen, und bei näher liegenden Tönen nicht einmal das Höher und Tiefer unterscheiden, sondern weit crasserer Unterschiede bedürfen, um daran überhaupt die Differenz aufzufassen, weil ihnen die Schärfe der Einbildungskraft dafür abgeht. Ganz so geht es uns gegenüber dem Maler, wir wundern uns, wenn wir bei dem Malen von Fleischtönen die Palette desselben mit allen Farben angefüllt sehen, während uns das Ganze nur aus einer und derselben Tinte zu bestehen scheint, und der angehende Maler beginnt auch damit, wie das Kind, das ganze Gesicht mit derselben Farbe anzustreichen und höchstens die groben Unterschiede von Licht und Schatten einzutragen, für welche selbst oft der gebildete Laie nicht einmal den rechten Sinn mitbringt. Er muss erst allmälich sehen lernen, wie der Laie, darauf aufmerksam gemacht, allmälich sehen lernt, aber dieses Lernen ist nichts anderes als eine Uebung in der Unterscheidung des unendlichen Farbenspiels, das nebeneinander in der vorher für gleichmässig gehaltenen Fläche Statt hat, durch die Reflexion, ganz ebenso, wie er lernen muss, die gekerbten, gezähnten, sägeförmigen, gewimperten Blattränder, die unendlich mannigfaltigen Unterschiede der Blattflächen, der Blüthentheile und ihren bestimmten Stand zu einander zu sehen, d. h. durch die Reflexion auszusondern und zu verknüpfen, und so in seine Vorstellung aufzunehmen, während er sonst tausendmal dieselben Gegenstände ansehen kann und sich gar nicht oder höchstens sehr dunkel gewisser Unterschiede bewusst wird, für welche ihm ganz und gar das rechte Maass fehlt. Die Farben bilden eine ganz allmälich ineinander übergehende Scala, in welcher es nothwendig ist, die Stellung einer jeden Nüance in ihrer gradweisen Entfernung von den andern in dem Gedächtniss festzuhalten und dabei sich der Aehnlichkeit und Unähnlichkeit bewusst zu werden. Es müssen sich daher in der Vorstellung gewisse Typen für die einzelnen Hauptfarbenunterschiede, diesen Graden in gleichmässigen Abständen entsprechend, bilden, die dann die Vergleichungspunkte und den Maassstab für die dazwischenliegenden Nüancen abgeben, ganz so wie es das Thermometer für die Wärmegrade thut, bei welchem sich die unbestimmten Gefühlseindrücke in gleich gemessene und mit dem Auge abzulesende Grössenverhältnisse umgestalten. Nur wenn in dieser Weise diese Typen im Gedächtniss treu festgehalten und immer wieder an der gleichmässigen Scala corrigirt werden, wie es der Maler thut, erlangt das Bewusstsein eine scharfe Unterscheidungsfähigkeit für die einzelnen Abstufungen. Im gemeinen Leben aber fehlt für die Masse diese Scala, sie lernt die Hauptunterschiede an den am meisten in der Natur vorkommenden und sich so dem Gedächtniss einprägenden ziemlich rohen Farbendifferenzen kennen, die alle mehr oder weniger unrein sind und keinesweges den aus einer gleichmässigen Theilung der Farbenscala sich ergebenden Hauptgraden der Farbenunterschiede entsprechen, und so werden sie dann mit den in der Sprache gewöhnlichen Ausdrücken in der Vorstellung befestigt, wobei es nicht auffallen kann, dass jeder nunmehr bei der Betrachtung ein ganz andres Maass mitbringt, und dass dem Einen ganz gleich erscheint, was dem Andern als ausserordentlich verschieden sich aufdringt, weil beide ein sehr verschiedenes Maass für die Verknüpfung oder Sonderung der einzelnen Farbenabstände anwenden, und die Einbildungskraft bei dem Einen in der Sonderung ganz anders thätig gewesen ist, als bei dem Andern. Diesem ist Ziegelroth der Typus des Rothen, und deshalb erscheint ihm Rosenroth vielmehr als Violett, Jenem ist umgekehrt Rosenroth der Typus des Rothen und Ziegelfarbe erscheint ihm als Orange oder Gelb. Ausserdem findet auch keine gleichmässige Abstufung in der Reihe selbst Statt, derselbe, der Schwefelgelb, Orange und Ziegelroth unter der gemeinsamen Vorstellung Gelb zusammenbringt, und auf die Nüancen darin vielleicht kaum achtet, unterscheidet dagegen umgekehrt eine Menge Nüancen in dem Blau als ganz verschiedene Farbentinten, wie man z. B. schon in den prismatischen Farben Hellblau und Dunkelblau als zwei gesonderte Unterschiede bezeichnet hat, während ein Anderer umgekehrt Blaugrün, Blau und Violett noch für dieselbe Farbe erklärt, und dagegen Schwefelfarbe schon für Grün, Strohgelb, Goldgelb, Orange, als weit von einander abstehende Farben betrachtet. Kein Wunder also, wenn selbst bei unmittelbarer Vergleichung nebeneinander gehaltene Farben dem Einen als gleich erscheinen, die der Andre als weit von einander verschiedene ansicht, und dass es in dieser Beziehung einzelne Individuen giebt, die das, was bei allen in geringerm Grade vorkommt, in weit auffallenderer Weise zeigen, weil ihre Reflexion, sei es überhaupt in allen Farbenunterschieden oder in bestimmten Theilen der Farbenscala, wenig geübt ist, ohne dass deshalb irgendwie ein Mangel in dem eigentlichen Sinnesorgan vorläge.

Mit der Vorstellung in der engsten Verbindung steht die Entwickelung der Sprache, welche keinesweges, wie man gewöhnlich meint, allein aus dem Bedürfniss der Mittheilung entsteht, und zu diesem Behufe willkürlich geschaffen wird, sondern weit mehr unbewusst und unwillkürlich mit der Vorstellung zugleich sich bildet und zum eignen Fixiren und Festhalten des Vorgestellten dient, weshalb man nur das wahrhaft klar und deutlich vorstellt, was man in bestimmte Worte gefasst hat. Die Sprache ist Schrift- und Lautsprache für Auge und Ohr, und beide dienen, den charakteristischen Unterschieden beider Organe gemäss, entweder für das dauernde Festhalten oder für den schnellen Wechsel der Vorstellungen, und sind daher auch wahrscheinlich gleich ursprünglich, weil sie gleich nothwendig sind, und entwickeln sich mit einer gewissen Wechselwirkung untereinander, wie die Sprachforschung hinreichende Belege dafür an die Hand giebt, wenngleich wohl die Lautsprache in dem Reichthum ihrer Bildungen immer der andern voraus ist. Die Schriftsprache beginnt mit der rohen Darstellung der Gestalten in ihren unterscheidenden Umrissen den ersten Vorstellungen gemäss, und ist so zuerst Bilderschrift, die sich vorzugsweise für das Festhalten von Gegenständen eignet, und so zuerst monumental wird; das Darstellen von Thätigkeiten gelingt dabei nur in geringem Grade durch mehr und mehr bewusste und willkürliche Modification der Gestalten, und die Bildung abstracter Vorstellungen bringt eine Symbolik hinein, die mit dem Gange der Reflexion gleichen Schritt hält. Durch die Wechselbeziehung mit der Lautsprache wird allmälich, wenn die Modification der Bilder zur Darstellung der immer mehr sich gliedernden und reicher werdenden Vorstellungen nicht mehr hinreicht, die eigentliche Schriftsprache, in der sich zuerst die Wörter in Silben und diese hernach erst in einzelne Buchstaben zerlegen, indem die Laute zuerst durch mehrfache, den ursprünglichen Bildern entlehnte Zeichen, ausgedrückt werden, welche den Gegenständen entlehnt sind, die durch ähnliche Wurzellaute bezeichnet werden, bis endlich für denselben ein bestimmtes Zeichen den Vorrang gewinnt und zum festen Gebrauch gestempelt wird, das aber nun auch allmälich mit dem Vergessen der ursprünglichen Bedeutung seine ursprüngliche Form verliert, und durch den Gebrauch immer mehr der bequemern abgekürzten Schreibung angepasst wird, so dass es nur noch für das Gedächtniss die Bedeutung eines Schriftzeichens behält, mit welchem die Reflexion den Laut eng verknüpft. Die ägyptische Hieroglyphik und ihr Uebergang in die phonetische Schrift, sowie die Geschichte der Schriftentwickelung bei den Phöniciern und Semiten giebt hiefür die vollkommensten Belege. Die semitischen Schriften haben noch keine Vocale, die Reflexion ist hier noch nicht gemacht, dass der Laut aus einem consonantischen und vocalischen Element besteht, weil weder der Consonant ohne den Vocal, noch der Vocal für sich ohne ein consonantisches Element, das sich in den Gutturalen darstellt, ausgesprochen werden kann, und die Modulation der Vocale in den Lauten für die Darstellung der verschiedenen Vorstellungen noch ein sehr untergeordnetes Moment bildet. Erst bei dem Uebergange derselben Schriftzeichen zu den Griechen wird diese letzte Abstraction vollzogen bei dem grössern Bedürfniss der in dem vocalischen Element sich bildenden Modification der Laute bei der Flection und Abwandlung der Stammwörter, die Hauchlaute werden zu rein willkürlichen Zeichen, und die dafür bisher gebräuchlichen Buchstaben werden zur Bezeichnung der Vocale verwendet. So ist das Alphabet mit dem ganzen Vorrath der elementarischen Zeichen, aus denen die Lautsprache sich zusammensetzt, fertig, und das Zusammensetzen derselben im Buchstabiren und Lesen und das Verbinden in der Vorstellung mit den Tönen und den Gegenständen, die durch sie bezeichnet werden, ist ein Produkt und zugleich ein vollständiges Abbild der Reflexion, wie sie zergliedernd und zusammensetzend an den realen Gegenständen selber thätig ist. Das lesenlernende Kind muss zuerst die einzelnen Zeichen durch verständiges Vergleichen und sondernde Einbildungskraft dem Gedächtniss einprägen und sie mit den Lauten verknüpfen, bei einiger Uebung werden die ganzen Silben zu Einheiten, die mit einem Male aufgefasst und in der Vorstellung mit dem entsprechenden Laut verbunden werden, dasselbe geschieht hernach mit den ganzen Wörtern, der verknüpfende Sinn kommt hinzu, ein blosser Blick auf einen Theil desselben lässt das ganze Wort errathen, und der Blick gleitet über die einzelnen Zeilen fort, ohne noch nöthig zu haben, sie in ihre Bestandtheile zu zerlegen, oder wenigstens ohne alles Bewusstsein davon, bis endlich sogar das Mittelglied des Lautes fast verschwindet, und mit den Schriftzeichen selbst unmittelbar der Gegenstand und der Gedanke in die Seele tritt, als wären jene noch, wie ursprünglich in der Bilderschrift, die unmittelbaren Abbilder der Objecte.

In gleichem Schritt mit der sich entwickelnden Reflexion, und gewissermassen auch in Wechselwirkung mit der sich bildenden Schrift, gestaltet sich auch die Lautsprache. Sie beginnt mit dem Laut in der einfachen Silbe, und ist ursprünglich gleich unbewusst, wie die Mimik der Gesichtszüge und Glieder, Ausdruck des Affekts, der die Wahrnehmung der Gegenstände, die Triebe und die daraus hervorgehenden Thätigkeiten begleitet. Will man die allmäliche Bildung derselben recht verfolgen, so muss man das Vorurtheil von dem specifischen Unterschiede der artikulirten menschlichen Sprache und den unartikulirten Lauten der Thiere aufgeben. Auch die letzteren sind schon in gewisser Weise artikulirt, was man besonders leicht herausfühlt, wenn man sie mit dem Geräusch andrer todter Naturgegenstände, dem Sausen, Brausen und Pfeifen des Windes, dem Rauschen der Bäume, dem Rieseln der Quelle vergleicht, obgleich auch darin schon eine hinreichende Gestaltung liegt, die die Phantasie wohl heraus zu finden weiss, aber in den thierischen Lauten ist Seele und Affekt und eine ausserordentliche Modulation für den, der sie aufzufassen versteht. Beim Menschen dagegen nimmt diese Modulation und diese Gliederung mit der steigenden Reflexion fortwährend zu, obgleich sie bei der Beschaffenheit der den Ton bildenden Organe an die einfachen Begrenzungen des Kanals von dem Kehlkopfe bis zur Lippe, an die Beweglichkeit der Bänder des Kehlkopfs, der Zunge gegen Gaumen und Zähne, an die verschiedene Oeffnung der Lippen, die dadurch hervorgebrachte Verengung und Erweiterung des Kanals in seinen verschiedenen Theilen und das veränderte Durchströmen der Luft gebunden ist. Aber welcher Reichthum von Modulationen und Artikulationen der Laute entwickelt sich daraus im Fortschritt der Reflexion auf rein unbewusste und unwillkürliche Weise. Der die Thätigkeit zuerst als reine Interjection, als Ausdruck des Affekts begleitende Laut wird von Andern aufgefasst und dient zur Bezeichnung der Thätigkeit selbst, welche von ihnen verlangt wird. Die zunächst belegenen Gegenstände, die im gewöhnlichen Leben interessiren, lassen sich zur Noth aufweisen und durch Zeichen darstellen, aber die Thätigkeit verlangt einen Ausdruck durch den Laut, und daher sind die Wurzellaute in den Sprachen überwiegend

Bezeichnungen für die Verbalvorstellungen. Aber auch das Interesse an den Gegenständen begleitet ihren Anblick und ihre Thätigkeit an ihnen mit Lauten des Affekts, die dann gleichzeitig mit der fortschreitenden Reflexion Modulation in den Lauten, mannigfache Zusammensetzung und Abwandelung erheischen, so dass allmälich daraus eine immer vollkommnere Sprache sich entwickelt, in welcher jede neue Unterscheidung in der Reflexion neue Modification in den Lauten, jede neue Verknüpfung neue Zusammensetzungen, jede Vergleichung dem entsprechende Amalgamirung in den Ausdrücken erzeugt. Der Wortreichthum einer Sprache ist daher das Abbild von der Reflexion eines Volks, was es unterschieden hat an den Dingen, hat es auch unterschieden in der Sprache, was es verknüpft hat in der Vorstellung, ist ihm auch verknüpft in der Ableitung aus den Wurzeln, und dies Uebergewicht der Verständigkeit oder der Phantasie prägt sich aus in dem Ueberwiegen der Umwandlungen bei der Ableitung aus einfachern Wurzelstämmen oder der grössern Reichhaltigkeit und Differenzirung in den Wurzelstämmen selbst bei mangelnder Flection, wie dies bei der Vergleichung der indogermanischen mit den semitischen Sprachen in die Augen fällt. Satz und Periodenbildung vollenden die Sprache und geben zuletzt den grossartigen Gliederbau des ganzen Reflectirens eines Volkes wieder, während die analysirende Sprachforschung zurückgeht in die ganze Geschichte der Bildung seiner Vorstellungen, und in den sich darin abspiegelnden Gedankengang eindringt.

Das ist daher auch die ungeheure bildende Kraft, die in der Aneignung fremder Sprachen liegt und die um so grösser ist, je grösser der Reichthum ihrer Formenunterschiede und grammatischen Structur ist und je mehr dieselben von der eignen Muttersprache abweichen, weshalb denn auch dem Studium der klassischen Sprachen mit Recht ein so hoher, durch nichts anderes zu ersetzender Werth beigelegt wird, selbst schon, wenn sich das Erlernen derselben nur auf die Elemente beschränkt. In der Sprache liegt das gesammte Denken eines Volkes, und folglich muss mit dem Aneignen desselben die Reflexion sehr geübt werden, und durch die Vergleichung mit der eignen Sprache in ihrer Aehnlichkeit und Differenz erst das Bewusstsein über das eigne Denken aufgehen, das sich auf dem Wege des allmälichen Bedürfnisses fast ganz unbewusst und unwillkürlich entwickelt hat. Verstand und Einbildungskraft werden in gleicher Weise gebildet durch das fortwährende Vergleichen und Aufsuchen der Unterschiede und das Festhalten derselben im Gedächtnisse, und zwar in so unendlicher Reichhaltigkeit, dass man die bildende Kraft dabei kaum zu ermessen im Stande ist. Die Vorstellungen decken sich fast nirgends, da zerlegt sich in der einen Sprache derselbe Begriff in eine Menge synonymer Ausdrücke, die zu scharfer Unterscheidung auffordern, während die andre auf diese Unterschiede nicht reflectirt, da führt andrerseits die Bezeichnung verschiedener Gegenstände durch ein und dasselbe Wort zu dem Aufsuchen der Aehnlichkeit, die zu einer solchen Verknüpfung Veranlassung geben konnte, während die Trennung der Ausdrücke in der andern auf die Gleichheit der Beziehungen gar nicht achten lässt, da greifen die Begriffe zum Theil über und decken sich zum Theil, so dass die Reflexion fortwährend auf die Bestimmung der Grenzen aufmerksam sein muss. Es würde zu weit führen, hier in ein näheres Detail einzugehen, aber die Bemerkung möge noch ihre Stelle finden, dass auch das Studium der neuern Sprachen in andrer, ja entgegengesetzter Weise seine Bedeutung erhält. Liegt der Reiz der alten Sprachen in ihrem Reichthum und der durchgängigen Differenz von der Muttersprache, so wird dabei der Verstand überwiegend in Anspruch genommen, der die Differenz ausgleicht, und das Denken in beiden Sprachen vermittelt; die neuern

Sprachen dagegen haben wegen des unmittelbaren Verkehrs und der durch die gleichen Bildungselemente hervorgebrachten Aehnlichkeit der Anschauung weit mehr Gleichheit in dem geistigen Elemente des Vorstellens, und die Differenz liegt im Ganzen weit mehr in dem Unterschiede des sinnlichen Lautes. Erst bei fortgeschrittener Bekanntschaft mit ihnen tritt die Differenz in den feinern Beziehungen der Ausdrücke so wie in der feinern Kenntniss des Sprachgebrauchs und der Wendungen hervor, und reizt so die Einbildungskraft zu tiefer eingehenden Unterscheidungen, wie sie schon gleich Anfangs durch das Festhalten der Unterschiede des Lauts und der feinern Auffassung der Aussprache geübt wird, was bei dem Erlernen der alten Sprachen fast gänzlich fortfällt oder wenigstens ausserordentlich zurücktritt. Deshalb bilden denn auch die alten Sprachen weit mehr die verständige Reflexion, während die neuern mehr die Phantasie beschäftigen und entwickeln, jene erzeugen mehr Allseitigkeit und umfassendes Denken, diese mehr feinere Durchbildung, aber eben deshalb haben auch jene ihre ausserordentliche Einwirkung auf den Verstand schon, wenn auch das Studium nicht bis zu einer ganz vollständigen Kenntniss und Handhabung derselben fortgeleitet wird, während der wahre bildende Einfluss dieser erst mit dem vollkommneren Verständniss und dem gewandten Gebrauch derselben beginnt. Darin liegt auch zugleich der Grund, weshalb die alten Sprachen die Grundlage für die Bildung der Männer ausmachen, während die überwiegende Einbildungskraft der Frauen sich mit Leichtigkeit die modernen Sprachen aneignet, an ihnen Interesse und feine Geschmacksbildung gewinnt, und deshalb mag man den praktischen Männern für den gewöhnlichen Verkehr des Lebens auch den vorwiegenden Unterricht in den neuern Sprachen lassen, während die höhere und umfassende Bildung für die Wissenschaft des Studiums der alten klassischen Sprachen nicht entbehren kann und sie als Fundament benutzen muss, um das sich alles Andre, so schätzenswerth es auch an sich ist, nur als untergeordnetes Beiwerk anbauen darf, so weit es ohne Nachtheil für jenen Grundbau geschehen kann.

Wie die Sprachen der Völker sich entwickelt haben, entwickelt sich in den Hauptzügen auch noch jetzt die Sprache der Kinder, und eine aufmerksame Beobachtung der dabei obwaltenden Gesetze kann für das Sprachstudium treffende Winke an die Hand geben. Es ist keinesweges ein reines Ueberliefern und Nachahmen der in dem ältern Geschlecht fertigen Sprachformen, bei welchen das Bedürfniss der Mittheilung der einzig wahre oder auch nur vorzugsweise wirkende Antrieb wäre, sondern es beginnt jedes Kind mehr oder weniger hervortretend seine eigne individuelle Sprache selbstthätig und von Innen heraus in Lauten, die nur ein Ausdruck sind für die seine Bewegungen und den Anblick der Gegenstände begleitenden Affecte, und es übt diese Laute in den mannigfachsten Modulationen und lebhaftesten Articulationen in diesem fast spielenden Umgange mit den Objecten ganz unwillkürlich eben so gut für sich selber, wie gegenüber den ältern Personen, diese müssen zunächst eine Verständigung herbeiführen, in die Sprache der Kinder eingehen, und erst ganz allmälich bildet sich mit der stufenweisen Entwickelung der Reflexion und dem dadurch bedingten fortschreitenden Modificiren der ursprünglichen Laute von Innen heraus auch eine Umbildung derselben durch Annäherung und Anbequemung an die Muttersprache, wobei gerade ebenso erst mehr die einfachern Stammsilben der Zeitwörter und Hauptwörter beachtet und nachgesprochen werden, und erst allmälich die Flexionen und Verbindungen hineinkommen, aus denen dann die reichern Gestaltungen der Sätze und Perioden hervorgehen, immer gemäss dem Entwickelungsgrade des Bewusstseins, so dass sich auch zuletzt die gewonnene Bildung in dem richtigen und gewandten Gebrauch der Muttersprache vorzugsweise herausstellt.

Die Sprache ist Tausch- und Verständigungsmittel für die Gesammtheit des Volkes, und damit zugleich von ungemeiner Wichtigkeit für die Feststellung und Ausgleichung der Reflexion. Wie wir es an den Sprachen verschiedener Völker sehen, decken sich die Begriffe keineswegcs, und dies ist ein sicheres Zeichen, dass auch die Reflexionen nicht dieselben Wege der Verknüpfung und Trennung verfolgen und dass die Vorstellungen von den Gegenständen und ihren Beziehungen keineswegcs dieselben sein können. Jeder aber denkt in den Ausdrücken und damit auch in den bestimmt abgegrenzten Vorstellungskreisen seiner Sprache, und ahnt kaum, dass es auch andre Verbindungsweisen geben könne; erst der Verkehr mit andern Völkern und Sprachen hebt diese Einseitigkeit auf, und die über die Differenzen individueller Anschauung hinausgehende Wissenschaft erschafft sich eine technische Sprache, in welcher die Unterschiede der Vorstellungen der Gelehrten unter sich und auch mit den Gegenständen allmälich ausgeglichen werden. Dazu sind die einzelnen Sprachen der Völker aber die vermittelnden Glieder, indem sie, wenn auch noch in untergeordneter Weise, die Differenz vermitteln, welche zwischen der Reflexion der Einzelnen bestehen würde. Dieselbe ist dennoch gross genug und weit bedeutender, als man gewöhnlich ahnt, in dem Maasse als sie noch der Einwirkung der Wissenschaft fern steht, und wenn auch dieselben Wörter und Ausdrücke gebraucht werden, so verbindet doch Jeder mehr oder weniger damit einen andern Sinn, ganz besonders bei den abstractern Vorstellungen, aber nicht minder auch bei den concreten, sowohl was den Inhalt als die Abgrenzung derselben gegen einander betrifft, wie ein jedes Gespräch hinlängliche Belege an die Hand giebt und wie der Streit namentlich beweist, der zum grössten Theil auf diese Differenz zurückzuführen ist. Aber ohne die Sprache wären diese Unterschiede unendlich grösser, und dies würde nicht nur jede Verständigung mit Andern unmöglich machen, sondern es würde geradezu auch die Continuität für das eigne Denken aufheben. Die Veränderungen in dem Reflectiren und Vorstellen gegenüber den Objecten, würden so schnell vor sich gehen, dass dabei alle Ordnung und Gesetzmässigkeit in den Verbindungen und damit die ganze Vorstellung zu Grunde gehen müsste. Erst die Sprache bringt in das Reflectiren eine gewisse Stabilität hinein, indem der mit den Ausdrücken zu verbindende Sinn immer wieder an dem gemeinsamen Sprachgebrauche der Andern geregelt wird, wenngleich auch dieser umgekehrt durch den Fortschritt der Reflexion in bestimmten hervorragenden Individuen durch ihren Einfluss auf die Uebrigen unwillkürlich im Laufe der Zeit gänzlich umgewandelt wird.

So ist die Sprache ein ausserordentlich wichtiges Mittel für die Thätigkeit des Gedächtnisses, was gewöhnlich gar nicht in seiner ganzen Wahrheit zum Bewusstsein kommt. Jeder wahrgenommene Gegenstand wird mit der Vorstellung zugleich zu dem bestimmten ihr entsprechenden Ausdruck, die verständige Verknüpfung geschieht fast fortwährend und überwiegend an der Hand dieses Zeichens, die Phantasie hängt eben so sehr an den Unterschieden der Laute, als an denen der Gegenstände, und so ist denn auch das Gedächtniss wesentlich an diese Verknüpfungen und Sonderungen gebunden und reproducirt die Gegenstände fast noch mehr nach den Ideenassociationen, die sich an die Worte und ihre zur Gewohnheit gewordene Verbindung heften, als nach der eigentlichen Verknüpfung und Sonderung der Gestalten und ihrer Objecte. Das Wort ist eben das Zeichen der Einheit, an welches die Vorstellung die ganze Mannigfaltigkeit des Inhalts gefesselt hat, von dem es durch die Reflexion in einer Ideenverknüpfung diesen, in einer andern jenen Theil reproducirt. Aber dieses Wort besteht selbst aus einer Mannigfaltigkeit von Lauten, die dem Verstande und der Einbildungskraft reichliche Nahrung für ihre Vergleichungen an die Hand geben, und die ganz unabhängig von ihrem Sinn im Gedächtnisse eingeprägt und in gewissen Verbindungen leicht reproducirt werden, wie dies das mechanische Auswendiglernen der Kinder beweist, wie es aber auch in jedem freien Denken in ähnlicher Weise vorkommt. Dies ist einerseits, in dieser rein mechanischen dem Sinnlichen zugekehrten Richtung betrachtet, eine schlechte Beimischung, welche die freie und willkürliche Beherrschung des Gedächtnisses und der Vorstellung von Seiten des denkenden Subjects hemmt, aber es ist auch in anderer Beziehung ein noch bei weitem wichtigeres Hülfsmittel für das Gedächtniss. Wie wir einen Knoten in's Schnupftuch machen, um uns bei dem Gebrauch desselben an irgend einen Gegenstand wieder zu erinnern, an den wir bei der Schürzung desselben dachten, so ist das Wort sowohl in der Schrift- wie in der Lautsprache ein solches Zeichen, bei dem wir die Vorstellung des entsprechenden Gegenstandes reproduciren, und wie nun die Gesammtheit der Sprache ein Abbild ist von dem Netze der Vorstellungen, das wir über die Gegenstände hinwerfen, um uns ihres Inhaltes zu bemächtigen, so werfen wir auch mit gleicher Bedeutung gewissermassen das Netz der Sprache über die Objecte hin, fangen sie in dasselbe ein und tragen sie darin fort, und der sprachliche Verkehr und die Litteratur eines Volkes deuten zuletzt das Eigenthum an, das der Geist in seiner Arbeit an den Gegenständen errungen hat.

8) Die Anschauung.

Die andere Seite der aus dem Wechselverhältnisse zwischen Reflexion und Gedächtniss hervorgehenden Thätigkeit des Bewusstseins bildet die Anschauung, die dadurch gerade eine entgegengesetzte Stellung zur Vorstellung einnimmt. Sie beruht darauf, dass das, was das Gedächtniss von Reflexionen über einen Gegenstand mitbringt, nunmehr selbst Veranlassung zu neuen Reflexionen wird, mit deren Fortschreiten derselbe immer anschaulicher wird. Das Gedächtniss ist dabei der Ausgangspunkt, mit ihm trete ich an das wirkliche Object heran, und der ganze Inhalt, den ich in der Erinnerung mitbringe, springt mir bei der Betrachtung des Dinges sogleich entgegen; aber jetzt gehe ich mit der Einbildungskraft an ein neues Aussondern und Verknüpfen, nach Anleitung der Unterschiede, die der Gegenstand mir darbietet, und vertiefe mich so immer mehr in den reichen besondern Inhalt desselben. Das Anschauen ist daher ebenfalls eine reine Thätigkeit des Bewusstseins, aber es überwiegt darin das objective Bewusstsein und die Einbildungskraft, während das Selbstbewusstsein und der Verstand zurücktreten. Ohne die wirklichen Objecte würde der Antrieb zu dem Aussondern fehlen oder die Einbildungskraft würde phantastisch in dem freien Spiel ihrer Fictionen verkehren. Dies erweckt dann den falschen Schein, als ob die Anschauung auf der sinnlichen Wahrnehmung selbst beruhte, wie der Name denn auch von dem Sinn des Gesichts entlehnt ist, und als ob der Gegensatz zwischen Vorstellung und Anschauung, der doch nur innerhalb des Bewusstseins selber besteht, mit dem von Denken und sinnlicher Empfindung zusammenfiele. Man muss den Gegenstand selbst sehen, sagt man, wenn man eine lebendige Anschauung von ihm gewinnen will, jede Beschreibung von ihm gewährt nur eine matte und unvollkommene Vorstellung, hat man sich eine solche aus Büchern noch so sehr zu bilden gesucht, so genügt der einfache Anblick der Sache, um sogleich eine ganz andre Anschauung zu gewinnen und zugleich einzusehen, wie viel Verkehrtes man aufgenommen hat, das man zu berichtigen gezwungen ist. Aber zweierlei verkennt man dabei durchaus, einmal, dass der reine Anblick als solcher ganz und gar nicht hinreicht, um zu einer Anschauung des Inhaltes zu gelangen, sondern dass die reflectirende Einbildungskraft daran ihre lebendige Thätigkeit entwickeln, neue Punkte fixiren, ihre Linien hinziehen, Grösse, Entfernung, Abweichung in der Richtung bestimmen, vergleichen und aussondern muss, und dass dies um so besser gelingt, wenn wir von einem Andern darin angeleitet werden, der die Combinationen schon gemacht hat und sie uns nun in bestimmter Ordnung und Gliederung wiederholen lässt, andrerseits, dass wir schon eine Menge Inhalt mitbringen, der die Anknüpfungspunkte gewährt, an welche die neue Thätigkeit sich anlehnt, und dass auch die matteste und verkehrteste Vorstellung, die wir aus der Beschreibung und aus Büchern gewonnen haben, schon die verbindenden Linien an die Hand giebt, die wir nur dem wirklichen Gegenstande gegenüber zu berichtigen haben, so dass wir mit einer vorläufigen Kenntniss von demselben ausgerüstet, schon die Thätigkeit unseres Bewusstseins auf die Punkte richten, auf die es ankommt, und die Rectificirung mit einer solchen Schnelligkeit durch die Einbildungskraft vornehmen, dass die Mitwirkung derselben kaum zum Bewusstsein kommt. Nicht also das Sehen als sinnliche Empfindung ist der Grund der Anschauung, sondern es giebt nur den Stoff und die Elemente dazu her, erst die Anordnung und Gestaltung desselben nach Anleitung der schon gemachten Reflexionen erzeugt dieselbe, und der Grad dieser Thätigkeit ist auch das Maass für die fortschreitende Anschauung. Komme ich nicht darauf, gewisse Beziehungen aufzufinden, so hilft alles Anstarren der Objecte mit geöffneten Augen nichts, jenes hängt aber allein von dem Erkennen ihrer Möglichkeit ab, das ich schon in der Form der Vorstellung dazu mitbringe. Darum muss man sehen lernen, um Anschauungen von den Dingen zu gewinnen, und Phantasie haben, um aus dem Dargebotenen etwas machen zu können. Deshalb hat der Maler bei der Betrachtung einer Gegend eine ganz andre Anschauung von ihr, als der Laie, und der durch Reisen Gebildete sieht sie mit einem ganz andern Auge an, als der Ungeübte, der Botaniker gewinnt ein ganz anderes Bild von den Pflanzen, die eine Wiese bedecken, als jeder Andre, der ohne Kenntniss von ihnen auf ihr dahinschreitet.

Ist aber so das sinnliche Sehen für die Anschauung selbst nur Nebensache und untergeordnetes Hülfsmittel, das keinesweges das Maass für dieselbe abgiebt, so kann es auch gänzlich fehlen, und die reine Beschreibung kann ebenso anschaulich werden, wenn sie nur gerade den angedeuteten Weg verfolgt. Daher dient eine vor unsern Augen entworfene Zeichnung, welche die Formen des Gegenstandes nach einander entstehen lässt, oft weit mehr zur Veranschaulichung des Gegenstandes als der Anblick der Sache selbst, indem sie das Bewusstsein gerade auf die Punkte hinleitet, auf welche es ankommt, während die Phantasie bei der Betrachtung des wirklichen Gegenstandes durch eine Menge anderer gleichfalls möglicher Combinationen abgezogen und so die Klarheit des Bildes wieder verwischt und verwirrt wird. Und selbst von diesem sinnlichen Rest des Bildes, wie es in der linearen Zeichnung übrig bleibt, kann man noch absehen und das Bild rein im Gedanken aufbauen, wenn nur die Phantasie und das Gedächtniss lebhaft und treu genug sind, um die Züge desselben unverändert festzuhalten. Denn der Geübte rechnet eben so gut im Kopfe und hält hier ganze Zahlenreihen eben so anschaulich fest, als wenn er sie auf der Tafel fixirt hat, und der rechte Mathematiker trägt die Figuren mit allen Verhältnissen, die sich daran knüpfen, eben so anschaulich im Gedanken mit sich, als wenn er sie auf dem

Papier vorgezeichnet hätte. Die Anschaulichkeit liegt hier rein darin, dass er, von den allgemeinen Umrissen ausgehend, immer mehr Beziehungen hineinbringt und dieselben immer wieder durch das Gedächtniss im Zusammenhange mit dem Ganzen festhält, so dass der fortwährend in den Gegenstand hineingelegte besondere Inhalt unter sich verknüpft gegenwärtig erhalten wird. In dieser Gegenwärtigkeit liegt der ganze Nerv der Anschauung, in der lebendigen Reflexion der Einbildungskraft, die den ganzen reichen Inhalt des Gegenstandes flüssig macht und fortwährend dem Bewusstsein vorführt; ist daher das Gedächtniss so stark, dass es auch den fernen Gegenstand immer gegenwärtig behält, so ist es eine eben so reichhaltige Quelle der Anschauung, wie wenn derselbe real gegenwärtig wäre durch die eigentliche Betrachtung, und selbst in diesem Fall ist, wie wir oben gesehen, das Gedächtniss eben so gut thätig, indem es der Grund der Besinnung des Subjects ist, in welcher es allein das Object fixiren und die Reflexion in den Grenzen desselben festhalten kann, aus welcher erst die Anschauung hervorgeht.

Die Anschauung ist das wesentliche Erforderniss des Künstlers, der den Gegenstand aus dem gestaltlosen Chaos seines Stoffes hervorgehen lässt, der ihn zuerst in leichten Contouren skizzenhaft hinstellt, und ihn hernach mit schaffender Phantasie immer mehr im Einzelnen durchführt und die verschiebbaren Umrisse allmälich in feste Formen bringt. Aber nicht etwa bloss die bildende Kunst bedarf ihrer, sondern auch die tönende und mimische Kunst lebt in demselben Elemente. Die Musik gestaltet in gleicher Weise ihre Töne und die Poesie ihre Worte, mag sie mehr die Gegenstände malen oder geistige Empfindungen abspiegeln. Die Rhetorik kann sie eben so wenig entbehren, und selbst die Darstellung der verständigsten und trockensten Wissenschaft muss, wenn sie vollkommen sein soll, ein Kunstwerk sein, das den Gedanken in möglichst plastischer Weise veranschaulicht. Und gerade je weiter sie in ihrer überwiegend verständigen und abstracten Richtung abliegt von der Lebendigkeit der Gestaltung und der gliedernden Phantasie im Einzelnen, desto mehr muss sie, wenn sie sich selbst und Andern verständlich werden will, sich darauf einlassen, wieder von den hohen Spitzen der Verknüpfungen hinabzusteigen in die breite Ebene, und das ganze Netz der Fäden sich zu vergegenwärtigen, durch welches sie hindurch gegangen ist und welches sie beherrschen muss, wenn die Gegenstände in ihrem wahren Zusammenhange und in ihren geordneten Verhältnissen erkannt werden sollen.

So muss denn auch die Sprache, trotz ihrem mehr verständigen Charakter, durch welchen sie vorzugsweise der Vorstellung dient, eine Seite an sich haben, durch welche sie die Anschaulichkeit erleichtert und erzeugt. Dieses liegt allerdings zunächst in dem Laut und seinen mannigfaltigen Differenzen, wie er unmittelbarer Ausdruck des Affekts ist und wie er oft onomatopoietisch die Objecte malt. Aber es beruht auch andererseits auf der Correctheit des Ausdrucks und auf der rechten Verbindung der Worte, auf dem Prägnanten und Charakteristischen gegenüber den darzustellenden Gedanken, auf der Ausprägung der allgemeinen Begriffe in ihren besondern untergeordneten Arten und der Verbindung mit bezeichnenden, gerade die Hauptsache hervorhebenden Beiwörtern. Ein Wort für sich allein ist nichts anderes als das Zeichen für eine abstracte Vorstellung, aber in der Verknüpfung derselben zu einer wohlgeordneten fliessenden Rede liegt die Möglichkeit der Anschauung, nicht etwa, dass die Breite und der Wortschwall sie vermehrte, sondern, gerade im Gegentheil, das in kurzen Worten Treffende, die rechte Gruppirung und Gliederung der Darstellung, der geregelte und abgerundete Periodenbau, die feste und gleichmässige Anordnung und Disposition der Gedanken bringt sie hervor, so dass immer der Ueberblick über das Ganze bleibt und die Verhältnisse im Einzelnen klar und deutlich hervortreten.

In dieser Anschaulichkeit, welche die Mittheilung und Darstellung in der Sprache verlangt und in gewisser Hinsicht durch eine innere Nöthigung mehr oder weniger von selber herbeiführt, liegt auch die eigentliche Wahrheit des docendo discimus. Die eignen, für sich betriebenen Reflexionen gehen immer mehr auf die Verknüpfung der mannigfaltigen Erscheinungen, die uns im Leben entgegentreten, und auf die Bildung von zusammenfassenden Vorstellungen, die in die ungeordnete Masse der verschiedenartigen isolirten Objecte Einheit und Zusammenhang hineinbringen, aber sie werden auch dadurch immer abstracter und inhaltsloser und verlieren allmälich die Anschaulichkeit selbst für den, der alle die Dinge gesehen und beobachtet hat, auf denen die Vorstellungen beruhen. Dagegen die fortgesetzte Nöthigung, auf die Gedanken Anderer einzugehen, an das schon Bekannte das neu zu Erlernende anzuknüpfen, den Stoff gehörig zu zerlegen und zu vertheilen, das Einzelne aus einander abzuleiten und zu einem Ganzen zu gestalten, immer wieder auf dasselbe von andern Seiten aus zurückzukommen, bis es gehörig begriffen ist, führen mit dem Streben, Andern anschaulich zu werden, zur eignen Anschauung, und halten den ganzen reichen Inhalt einer Wissenschaft fortwährend in der Erinnerung gegenwärtig. Dasselbe findet Statt, wenn wir die Reflexionen des Verstandes niederschreiben, und uns so bemühen müssen, die Vorstellungen in klare und bestimmte Worte zu fassen und im Besondern anzuwenden und durchzuführen, weshalb denn auch das zu frühe Extemporiren bei Vorträgen, Reden und Predigten fast immer auf Kosten der Anschaulichkeit geschieht. Die momentane Production beschäftigt den Redenden zu sehr mit sich selbst, verhindert ihn an der Objectivirung des Gegenstandes und lässt ihn zu wenig aus sich heraustreten und auf das Bedürfniss der Zuhörer Rücksicht nehmen, die Durchführung wird ungleichmässig, bald zu sehr in die Breite gehend, bald durch Nebenbemerkungen, die sich unwillkürlich aufdrängen, abgezogen, so dass man nach weiten Abschweifungen wieder auf den Gegenstand zurückkommt, vorher Berührtes noch einmal vornimmt, und dagegen Anderes unverhältnissmässig kurz abmacht, wodurch der Ueberblick ausserordentlich erschwert, die Anordnung gänzlich verwischt und der Eindruck völlig vernichtet wird. Das Aufschreiben dagegen bewahrt vor diesen Mängeln, indem es die Gedanken fixirt und vor den Denkenden hinstellt, das Ganze übersehen lässt, das Einzelne gliedert und gleichmässig ordnet, und eine letzte Feile erlaubt, wodurch allen Theilen ihr Recht wird, wenn dann auch nicht ein eigentliches Memoriren hinzukommt, was leicht zu dem entgegengesetzten Fehler führt, der der Anschaulichkeit eben so gut Eintrag thut. Denn da wird die Reproduction eine mechanische, an dem Laut der Worte und andern Aeusserlichkeiten festhaltende, was den Sinn und Gedanken beeinträchtigt, die Freiheit der Reflexion hemmt, sehr leicht bei plötzlichem Mangel des Gedächtnisses ein Stocken hervorbringt, dem Ausdruck und der unmittelbaren Mimik schadet und die nothwendige Herrschaft über den Stoff vernichtet. Uebt man sich dagegen die zuerst aufgeschriebene Rede nachher frei zu halten, so bildet dieselbe in der Erinnerung immer noch eine hinreichend feste Grundlage, welche die im Moment sich daran knüpfende Reflexion frei lässt und doch in den gehörigen Schranken erhält, so dass daraus eine vollständige Anschaulichkeit hervorgehen muss. Erst bei fortgesetzter Uebung mag man es wagen, das Aufgeschriebene immer mehr abzukürzen, aber immer muss die vorhergehende Meditation dies in derselben Weise ersetzen, indem sie es sich nicht gestattet, nur oberflächlich den Gedankengang festzustellen und in einzelnen Vorstellungen die Disposition des Ganzen zu gewinnen, sondern ernste Anstrengungen macht, dieselbe auch im Besondern durchzuführen und der Einbildungskraft das gebührende Recht für die Gestaltung des Einzelnen einzuräumen.

Nach der bisherigen Entwickelung ist es begreiflich, wie Vorstellung und Anschauung in ihrer verschiedenen Richtung einen Gegensatz bilden, der sich zu einer Schärfe steigern kann, in welcher sie sich fast auszuschliessen scheinen, so dass sie in dieser Weise bei bestimmten Individuen habituell werden und den Charakter ihres Denkens bestimmen. Aber eben so sehr wechseln sie auch in ein und demselben Bewusstsein ab, und vertheilen sich auf verschiedene Momente seines Reflectirens, oder knüpfen sich an verschiedene Gegenstände und Richtungen des Lebens. Der Eine bewegt sich fortwährend in den abstracten Vorstellungen der Wissenschaft und verliert auch so für alle anderen Verhältnisse die rechte Anschauung und den darauf beruhenden praktischen Blick, der Andre wird durch seine praktische Thätigkeit weit mehr in den besondern Anschauungen festgehalten, und verliert dadurch die Fähigkeit und das Interesse für allgemeinere Reflexionen und Vorstellungen, der Eine besitzt in diesem Gebiet seiner Berufsthätigkeit eine vollkommene Anschauung alles Einzelnen, während er in allen andern nur allgemeine und oberflächliche Vorstellungen gewonnen hat, der Andere ist gerade in seiner Wissenschaft an allgemeine Abstraction und reflectirende Vorstellung gewöhnt und scheint hier aller Einbildungskraft und Anschauung zu ermangeln, während er gerade für die Gebiete der Kunst viel Phantasie mitbringt und in dem gewöhnlichen Leben ausserordentlich viel praktische Anschauung bewährt. Es ist daher ein durchaus verkehrtes Bestreben, hier immer gleich generalisiren zu wollen und von dem Einen auf das Andre unberechtigte Schlüsse zu ziehen, als wenn die Seele und das Bewusstsein ein so schlechthin Einfaches wären, dass das, was in der einen Beziehung gilt, eben so auch für alle andern ein Bestimmendes wäre.

Eben darin liegt aber auch schon das Anerkenntniss, dass die vollkommene Entwickelung des Bewusstseins stets einen gleichmässigen Fortschritt in beiden Richtungen erfordert, und dass dieselben sich fortwährend ergänzen, so dass ein Mangel in der einen Beziehung auch immer auf die Dauer einen Mangel und eine Einseitigkeit in der andern hervorbringen muss. Die Vorstellung geht, wie der Verstand, auf dem sie beruht, auf das Allgemeine, aber sie unterscheidet sich von diesem darin, dass sie mit der besinnenden Kraft des Selbstbewusstseins ihn in den Grenzen des einzelnen Gegenstandes festhält, die Anschauung geht wie die Einbildungskraft, aus der sie hervorgeht, auf das Besondere, aber sie unterscheidet sich von dieser eben so sehr dadurch, dass sie ihren freien und phantastischen Ausschweifungen Zügel anlegt und sie auf die bestimmten einzelnen Objecte verweist, und darin liegt schon das bindende Glied, das Vorstellung und Anschauung miteinander verknüpft. Derselbe einzelne Gegenstand wird Veranlassung für die Thätigkeit beider; je mehr die Vorstellung überwiegt, desto mehr wird der Inhalt, den die Anschauung mitbringt, zur Einheit verknüpft und in seinem innern Zusammenhange erfasst, aber dies hindert nicht, dass er ebenso in seinem ganzen Reichthum festgehalten wird, während, wenn dieser sich verliert, auch der Stoff verloren geht für die verknüpfende Vorstellung, die nur an ihm thätig sein kann. Je mehr dagegen die Anschauung vorherrscht, desto mehr wird das Bestreben darauf gerichtet sein, den besondern Inhalt in seinen Unterschieden auseinander zu halten, aber dies hindert nicht, dass auch das Getrennte wieder vereinigt und in seiner Beziehung zum Ganzen festgehalten wird, denn sonst zerfällt mit der Betrachtung des Besondern der ganze einzelne Gegenstand in seine Theile, und mit der Orientirung an dem Ganzen geht auch die Vergleichung des Besondern und damit auch die Anschauung des ganzen Inhalts verloren. Und was so von dem einzelnen Gegenstande gilt, gilt in erweitertem Sinne auch eben so sehr von der Verbindung der Gegenstände zu grössern Gruppen, wo doch immer auch diese wieder Einheiten bilden, die von den übrigen in ihren bestimmten Grenzen gesondert werden müssen, so dass die Vorstellung erst eine klare und deutliche wird in dem Maasse, als ihr Inhalt durch die Anschauung im Unterschiede von den andern festgehalten wird, und der besondere Inhalt sich gerade dadurch um so mehr befestigt, je lebendiger er in seinem vielfältigen Zusammenhange unter sich und in seinen Anknüpfungspunkten mit den Gegenständen ausser ihm aufgefasst und im Gedächtniss eingeprägt wird. Das ist die unendliche Wechselwirkung der einzelnen Momente des Bewusstseins, auf welchen seine Entwickelung beruht, vermöge deren abwechselnd bald das eine bald das andre vorherrscht und sich in seiner ganzen Schärfe und Entschiedenheit fortschreitend gestaltet, aber immer so, dass dann auch die andern wieder nachgeholt werden müssen, wenn nicht eine Einseitigkeit entstehen soll, die immer zum Nachtheil des Ganzen, und in Folge dessen auch immer zum Schaden des Einzelnen ausschlägt.

9) Das Denken.

Alle bisher entwickelten Momente des Bewusstseins gehören so eng zusammen und bilden in ihrer Wechselbeziehung eine so geschlossene Einheit, dass es wesentlich ist, auch diese in einem bestimmten Begriff aufzufassen und daran sich derselben immer wieder zu erinnern. Dieser

Begriff ist das Denken, der somit als das Ziel des ganzen Bewusstwerdens sich ergiebt, aber auch so sehr seinen vollständigen Inhalt an jenen Momenten hat, dass es nicht möglich ist, etwas hinzuzuthun oder wegzunehmen, sondern eben nur alle in einer wahren Einheit zu verbinden und in der Anschauung zusammenzufassen. Daher ist denn auch Denken und Bewusstsein eins, und wenn wir sie unterscheiden, so unterscheiden wir sie nur wie Entwickelung und Resultat. Der erste Akt des Bewusstseins ist der erste Akt des beginnenden Denkens, das Bewusstwerden ist der Process des Denkens und der reine Gedanke das Produkt des Bewusstseins. Das Denken ist Vorstellen und Anschauen zugleich, und besteht in einem vollkommenen Aufgehen beider in einem und demselben Akt des Bewusstseins, und eben deshalb sind Vorstellen und Anschauen gleich berechtigte Momente desselben, aber wir nennen auch mit Recht Vorstellen wie Anschauen für sich, selbst wenn sie weit auseinandergehen, Denken, indem wir dann nur das Werden desselben betrachten. Ebenso ist Reflexion wie Gedächtniss dasselbe Denken, je nachdem es mehr in dem fortschreitenden Fluss oder in der Aufstauung desselben aufgefasst wird, und die Sprache berücksichtigt besser diesen Zusammenhang des Gedächtnisses mit dem Gedachten, als die gewöhnliche Erklärung desselben aus der sinnlichen Empfindung. Wir stellen daher noch einmal das ganze kleine System von Begriffen zusammen und knüpfen daran noch einige Bemerkungen:

Selbstbewusstsein,	objectives Bewusstsein,	Reflexion,
Verstand,	Einbildungskraft,	Gedächtniss.
Vorstellung,	Anschauung,	Denken.

Schon das beginnende Selbstbewusstsein, das zuerst sich von den Objecten unterscheidet, ist Denken, aber gerade, je mehr das objective Bewusstsein sich entwickelt und die Reflexionen über die Gegenstände entstehen, reflectirt auch das bewusste Ich über sich selber, und je mehr es im Gedächtniss die Gedanken von den Dingen festhält, desto mehr besinnt es sich auch über sich selbst und begreift, dass es eben die Welt der Dinge nur im eignen Denken besitzt, dass es damit aber auch die vollendetste Herrschaft über dieselben gewonnen hat. Denn in demselben Maasse, als das Denken in sie eindringt, und ihr Zusammenhang und ihr gegenseitiges Verhältniss richtig erkannt wird, schwindet ihr Widerstand, und sie werden selbst Mittel und Werkzeuge für das denkende Bewusstsein. Zugleich wird nun auch begreiflich, wie es möglich ist, dass das Denken die Glieder des Leibes in Bewegung setze und die Vorstellungen sich umwandeln in Handlungen. Denn haben wir oben gesehen, wie die ersten Anfänge des Bewusstseins hervorgehen aus den noch unbewussten und unwillkürlichen Bewegungen, und wie die motorischen Nerven gewissermassen die ersten Organe für das Bewusstsein sind, so kehrt sich nun auch das Verhältniss um, und das vollendete Denken gewinnt mit der fortschreitenden Entwickelung ebenso unmittelbar die Herrschaft über die Bewegungen des Leibes, als des nächsten Objects der Aussenwelt, und mit ihr die über die übrigen Dinge als ebenso viele Verlängerungen und Fortsetzungen seiner Gliederung, die von dem richtigen Denken geleitet derselben Kraft gehorchen und als Werkzeuge zu dem ausgedehntesten und mannigfaltigsten Gebrauche den Zwecken des Ichs dienen müssen. Denn regt der unwillkürlich ausgestreckte Arm unmittelbar durch die Reizung der motorischen Nerven mein Bewusstsein an, so dass ich ohne alle sinnliche Empfindung dieses Ausstrecken gewahr werde, so ist es auch nicht mehr schwer, sich vorzustellen, ohne bis jetzt noch eine vollkommene Kenntniss von dem physiologischen Vorgange dabei zu besitzen, wie ein von dem blossen Gedanken an die Bewegung ausgehender Reiz auch seinerseits die Bewegung des Armes einleiten könne, indem, um mich eines freilich rohen Vergleichs zu bedienen, der Stock, mit dem mich Jemand stösst, in dem Momente der Empfindung auch sogleich das Instrument werden kann, um den Andern wieder zu stossen. So hängt allerdings das Denken durch den ganzen motorischen Apparat ebenso gut mit dem lebendigen Leibe zusammen, wie die sinnliche Seite der Seele durch die sensiblen Nerven an ihn gebunden ist, aber das Denken ist der Herr über diese ganze Bewegung des Leibes und der durch ihn weiter in Bewegung gesetzten Aussenwelt, während die sinnliche Seele in der Gewalt der Aussenwelt bleibt und die schwingenden Bewegungen derselben als Reize empfängt, denen sie ausgesetzt ist und bleibt, und denen sie sich auf keine andre Weise entziehen kann, als dadurch, dass sie, in der Verbindung mit dem Bewusstsein, den Ort wechselt und sie so durch eine veränderte Aussenwelt modificirt.

Hangen nun alle Momente des Denkens in der entwickelten Weise auf das Engste zusammen, so schlichtet sich auch damit der alte Streit, ob sie als Thätigkeiten oder als Vermögen anzusehen seien, ja er löst sich eigentlich als ein gar nicht vorhandener auf. Denn einerseits ist vollkommen klar, wie Verstand, Einbildungskraft, Gedächtniss u. s. w. immer nur die reflectirende Thätigkeit des Denkens selber in verschiedenen Richtungen und Combinationen darstellen, aber darin liegt doch auch andrerseits ebenso entschieden, dass mit der fortschreitenden Uebung dieser Thätigkeiten sich auch ebenso ein bestimmtes Vermögen dazu herausstellt, von welchem der Grad der Thätigkeit abhängig ist, den sie sich nicht augenblicklich zu geben vermag. Dieses tritt am besten heraus, wenn sie in ihrer entgegengesetzten Wirksamkeit habituell werden und ein Uebergewicht nach der einen oder der andern Seite erzeugen. Wird die Reflexion überwiegend geübt auf Kosten des Gedächtnisses oder der Verstand vorherrschend entwickelt zum Nachtheil der Einbildungskraft, so macht sich der Mangel sehr wohl fühlbar als ein Unvermögen. Selbst der Streit darüber ist ein unfruchtbarer, ob sie angeborne Vermögen seien oder nicht, denn das hat Keiner je behauptet, dass sie sich nicht entwickeln müssten, und wer will je die Grenze bestimmen, wo diese Entwickelung beginnt, und wie Viel für den nachherigen Grad dieser Entwickelung in bestimmten Richtungen schon in Angebornem seinen Grund hat. Nur darin liegt der Fehler, wenn man sie jedes für sich isolirt, und eine Entwickelung nur innerhalb des bestimmten Vermögens selbst zugeben will, ohne den Zusammenhang aller untereinander und ihre gegenseitige Einwirkung zu beachten. Wie die Reflexion in die des Verstandes und der Einbildungskraft auseinander geht und durch ihre Verknüpfung wieder das Gedächtniss erzeugt, das in der Verbindung mit der fortgesetzten Reflexion Vorstellungen und Anschauungen hervorbringt, so bilden auch die ersten Fixirungen des Selbstbewusstseins durch hinzutretende verständige Verknüpfungen Vorstellungen, die die Objecte in ihren ersten allgemeinen Grenzen gestalten und durch fortgesetzte Fixirungen des Selbstbewusstseins zu gesonderten Einbildungen werden, die in ihrer Verbindung mit den Objecten die Anschauungen erzeugen, aus deren Wechselwirkung mit der Vorstellung wieder Reflexion und Gedächtniss hervorgehen. So ist das Denken ein Produkt aus ihnen, das von den verschiedensten Seiten her entsteht und seinerseits wieder alle zusammenhält und an einander fesselt, so dass keines sich isoliren und ungebührlich für sich allein heraustreten kann, selbst wenn es in seiner relativen Selbstständigkeit die Neigung dazu hätte.

Aber noch eine andre und bei weitem wichtigere Frage fordert hier ihre Erledigung, die aber auch zu ihrer Lösung nunmehr völlig vorbereitet ist. Wir haben bisher mit Absicht in der Entwickelung des Bewusstseins jede

Rücksicht auf die Thierwelt unterdrückt, um nicht Entscheidungen herbeizuführen, die für das Problem ein Präjudiz werden konnten, ohne doch eine vollkommene Ueberzeugung zu bewirken. An der jetzigen Stelle lässt sich aber die Frage nicht mehr abweisen, wie die Thiere sich zu diesem Bewusstsein und seinen einzelnen Momenten verhalten und die Antwort kann kaum noch zweifelhaft sein. Denn so steht wenigstens jetzt die Sache, dass man ihnen entweder alles Bewusstsein absprechen oder alle Momente desselben zuerkennen muss. Es hiesse die ganze Entwickelung umstossen und den innigen Zusammenhang aller wieder in Zweifel ziehen, wenn man ihnen etwa Gedächtniss zuschreiben, aber Reflexion versagen, Anschauung zutheilen, aber Vorstellungen läugnen wollte. Eine Betrachtung der Sache, die Gedächtniss und Anschauung mit der sinnlichen Empfindung in die nächste Beziehung bringt, oder isolirte sich in sich selbst entwickelnde Vermögen statuirt, mag eine solche Trennung vornehmen, für uns ist dieser Weg versperrt. Wir müssen uns entschliessen, alles objective Bewusstsein bei den Thieren consequent mit auszuschliessen oder auch Selbstbewusstsein und Verstand mit aufnehmen, und da kann die Entscheidung nicht mehr zweifelhaft sein. Ueber das Maass kann man streiten, aber der Streit ist ein untergeordneter und fast unnützer, aber man wird anerkennen müssen, dass auch die Thiere, wenn auch in einem noch so geringen Grade, an allen diesen Thätigkeiten des Bewusstseins Theil haben, und diese Ueberzeugung ist für den Abschluss unserer ganzen Untersuchung von dem entschiedensten Gewinn und von der umfassendsten Tragweite. Der Mensch strebt in einer gewissen Eitelkeit danach, etwas Bestimmtes und Specifisches vor dem Thiere voraushaben zu wollen und eine feste Grenze zwischen sich und jenem zu ziehen, aber die Wissenschaft vereitelt dieses Streben, indem es die Unterschiede zu gradweisen herabsetzt und dem Menschen als Herrn der Schöpfung auf der Erde auch nur das Uebergewicht der Kraft zuertheilt.

Hat man oft den Verstand als das charakteristische Kennzeichen des Menschen ausgesprochen und ihm als das höchste nicht zu bestreitende Vorrecht eingeräumt, dass er Ich sagen und so sich der ganzen Welt denkend gegenüber stellen kann, so muss diese specifische Abläugnung bei den Thieren aufgegeben werden, wenn man bedenkt, dass es kein Gedächtniss ohne Verstand und keine Objecte ohne Selbstbewusstsein geben kann. Das ganze Problem wird erst recht gefasst, wenn man sich stets gegenwärtig erhält, wie wenig die blosse sinnliche Empfindung von der Aussenwelt zu geben vermag, wie sie vielmehr ein verwirrendes Chaos erzeugt, in welches erst das Bewusstsein Gliederung und Ordnung hineinbringt. Die geringste Sonderung und Verknüpfung ist schon eine That des Bewusstseins, zu welcher Verstand und Einbildungskraft gehören, das geringste Festhalten eines früheren Moments im Gedächtniss ist ein Produkt aus ihnen, das geringste Wiedererkennen eines Gegenstandes und das Unterscheiden von andern setzt sie voraus. Der Hund, der seinen Herrn in verschiedenen Kleidern wieder herausfindet, hat Abstraction anwenden müssen, und wenn er die verschiedenen Stellungen von den verschiedensten Seiten her, in denen er ihn sieht, zu einem Bilde combinirt und aus ihnen immer wieder denselben Gegenstand sich gestaltet, trotz der fortwährenden gewaltigen Verschiebung aller Linien, wie gross muss die verständige Combination sein, die dazu allein schon nöthig ist. Man bedarf dann gar nicht aller der constatirten Erzählungen von der Klugheit der Thiere in ihren Verrichtungen, von der Zweckmässigkeit in der Abänderung ihrer Instinkte, von der oft überraschenden Combinationsgabe, die sich nicht allein bei den höhern Säugethieren findet, sondern bis in die weit niedrigern Thierklassen hinabreicht und sich namentlich bei den Insekten in bewunderungswürdigem Grade vorfindet, um sich zu der Anerkennung ihres verständigen Vorstellens zwingen zu lassen.

Auf der andern Seite genügt die aufmerksame Beobachtung der allmälichen Entwickelung des menschlichen Bewusstseins in den ersten Kinderjahren, die Vergleichung des Standpunktes roher barbarischer Völker mit gebildeten Nationen, die Differenzen in diesen selbst zwischen den höchst begabtesten und entwickeltsten und den stupidesten und rohsten, um die grosse Kluft auszufüllen, die zuerst dem Nachdenken entgegentritt, ohne dass man deshalb den Unterschied völlig zu nivelliren braucht. Er wird kaum grösser sein, als der physische Unterschied der leiblichen Organisation, in welcher der Mensch ebenso sehr das Vorrecht der höchsten Vollkommenheit an sich trägt, wenn er auch in der ganzen Reihe der Thiere nur das letzte Glied bildet, welches für unsere Anschauung den Endzweck darstellt, zu welchem die ganze Entwickelung hinstrebt. Selbst die Sprache, die immer als ein so entschiedenes Vorrecht des Menschen gerühmt wird und die auch in der That ein so bewunderungswürdiges Kunstwerk und Abbild seines Denkens ist, darf nicht als ein so ausschliessliches betrachtet werden, dass man dem Thiere alle Analogie dazu abspricht. Sie steht nur da als ein Zeugniss seiner hervorragenden Stellung, in leiblicher und geistiger Hinsicht. Aus zwei Factoren zusammengesetzt, beruht sie ebenso sehr auf der eigenthümlichen Bildung der Organe seines Mundes, welche diese ausserordentliche Articulation möglich macht, wie auf der unendlichen Entwickelungsfähigkeit seines Bewusstseins, die diese mögliche Modulation verwirklicht, aber auf ihrem Standpunkte haben auch die Thiere eine Sprache und nicht minder eine articulirte, wenn sie auch nur geringe Modificationen für unser Auffassen zulässt und im Vergleich mit der unsrigen als unarticulirt erscheint. Aber wie modulirt ist doch für den aufmerksamen Beobachter dieses Bellen, Winseln, Heulen des Hundes, dieses Hin- und Herlaufen, Springen, Belecken u. s. w., mit welchem er alle seine Wünsche und Affekte verständlich genug ausdrückt, und hätte ihm die Natur Organe dazu gegeben, so würde er, wie er in gewisser Hinsicht die menschliche Sprache versteht, auch mit mehr Sinn menschliche Worte nachsprechen lernen, als der Papagei, der mit dem physischen Organismus zwar genug Verstand und Einbildungskraft besitzt, um den Laut aufzufassen und nachzuahmen, aber nicht um in den Sinn einzudringen und ihn zweckmässig anzuwenden. Und wenn wir so viele Thiere scheinbar ganz ohne ein äusserlich hervortretendes Mittel der Verständigung sehen, so wissen wir nicht, wie ihre anders organisirten Sinne und Glieder eine solche möglich machen, die für uns nur unverständlich ist, wie denn nachgewiesener Massen bei den Insekten der Flügelschlag und das Aneinanderreiben anderer Körpertheile Töne erzeugen, die zu gegenseitigen Mittheilungen dienen, was um so wahrscheinlicher wird, je mehr wir in dem Leben solcher Thiere auf Beobachtungen und Wahrnehmungen stossen, die nur unter der Voraussetzung von Verständigung und Mittheilung erklärlich sind.

Handelt es sich aber endlich darum, den Grad dieser Entwickelung des Bewusstseins bestimmen zu wollen, so ist eigentlich aller Streit darüber ein nichtssagender und eitler, über den schwer auch nur eine annähernde Entscheidung möglich ist. Denn einerseits ist ja diese in der Thierwelt selber eine so unendlich verschiedene, dass gewiss die Kluft zwischen dem klügsten Thier und dem dümmsten Menschen nicht so gross als die zwischen verschiedenen Thiergattungen selber ist. Andrerseits ermangeln wir jedes zuverlässigen Anhalts, da die Möglichkeit der Verständigung zwischen dem Menschen und selbst den Thieren, die seinen fortwährenden Umgang bilden, im Ganzen immer nur eine verhältnissmässig geringe bleibt. Aber das ist ganz gewiss und muss aus den vorangegangenen Betrachtungen vollständig deutlich geworden sein, dass sie nicht, wie es meist geschieht, nach der einfachen Scala des Einzelnen, Besondern und Allgemeinen gemessen werden kann, so dass man förmlich herausrechnet, wie weit es das Thier in der Abstraction des Allgemeinen allenfalls bringen könne. Eine Vorstellung von diesem Menschen, diesem Hause u. s. w. soll es erlangen können, aber nicht von dem Menschen, von dem Hause überhaupt, als wenn nicht zu der Auffassung des Besondern ebenso eine weit ausgebildete und bei den Thieren nur in beschränktem Grade zu erreichende Reflexion gehörte. Das muss wohl nach gerade einleuchtend geworden sein, dass dieser Gegensatz des Allgemeinen und Besondern ein rein relativer ist, und dass das Einzelne an beiden einen gleichen Theil hat, so dass auch das allerallgemeinste immer wieder noch ein Einzelnes ist, weil es als ein Besonderes Anderes neben sich hat, gegen welches es sich abgrenzen lässt. Darum sind ja gerade die unbestimmten Umrisse, mit welchen das Bewusstsein anfängt, grössere Allgemeinheiten als die schärfer unterschiedenen Gestalten, in welche erst allmälich der besondere Inhalt und die charakteristischen Merkmale hinein getragen werden. Wie also das Kind zuerst lange noch alle Bäume für gleiche Gegenstände ansieht, muss auch das Thier die Vorstellung Mensch weit eher gewinnen als die des bestimmten, besonders, wenn sein Interesse und seine Gewohnheit ihn nicht vorzugsweise an den Umgang eines einzelnen Menschen bindet. Nicht also dieser fliessende Unterschied des Allgemeinen und Besondern ist es, der hier einen Maassstab an die Hand giebt, sondern das, was wir bei unserer Entwickelung als die erste Hauptsache aufgezeigt haben, die Bewegung. Je weniger es selbst durch die Unbeholfenheit seiner Organe im Stande ist, die Dinge von einander zu trennen und so ihre Gliederung aufzufassen, desto mehr ist es an die eigne Trennung der Dinge gewiesen, und an die Trennungen und Bewegungen, welche der Mensch an sich und den Dingen vornimmt. Was hier von selber beweglich ist und sich von seinen Umgebungen lostrennt, oder was hinreichend geschieden ist, so dass es von allen Seiten einen freien Anblick gewährt und so Veranlassung dazu giebt, von verschiedenen Seiten her ein anderes Bild einzuprägen, aus welchem der Gegenstand sich als ein abgeschlossener combiniren lässt, werden die Erfordernisse sein, die am meisten die Aussonderung der Objecte und die Bildung von Reflexionen und allgemeinern Vorstellungen mit einem gewissen reichern Inhalte erzeugen. Hiezu kommt dann vor Allem das Interesse an diesen Dingen, der Zusammenhang mit den Bedürfnissen des Lebens, Nahrung, Wohnung, Bequemlichkeit und dergleichen der verschiedensten Art, die Furcht vor Gefahren und Nachstellungen, und endlich bei den Hausthieren Anhänglichkeit an den Menschen und Abrichtung für seine Zwecke, welche die Entwickelung des Bewusstseins in hohem Grade fördern und daher auch die Richtung, in der es sich entwickelt, bestimmen und bedingen. Der Maassstab für den Grad der Bildung liegt dann nicht in dem mehr oder minder Allgemeinen, sondern vielmehr darin, wie sie das Allgemeine mit mehr oder weniger Inhalt anfüllen und doch in demselben den allgemeinen Gegenstand immer wieder herauserkennen und trotz des Wechsels der besondern Merkmale doch die Identität des Objectes festzuhalten vermögen, wie lange und wie treu sich das Gedächtniss an bestimmte Gegenstände und Thatsachen erhält und wie schnell sie wiederum unter veränderten Umständen ihre Combinationen denselben gemäss zu verändern verstehen, oder wie leicht sie durch einen bestimmten Grad von Aehnlichkeit oder Unähnlichkeit getäuscht werden. Dazu gehört längere und aufmerksame Beobachtung, wie sie die mit solchen Thieren vielfach umgehenden allerdings anzustellen mannigfache Veranlassung haben, und man könnte von ihnen in dieser Beziehung ausserordentlich viel lernen, wenn sie genug wissenschaftlichen Sinn und Kritik für die Auffassung der Thatsachen mitbrächten, aber man wird es schon als einen hinreichenden Beweis auch für die erfahrungsmässige Richtigkeit unserer Betrachtungen gelten lassen, dass der Zweifel an dem Verstande der Thiere niemals von solchen erhoben wird, die im unmittelbaren Umgange mit ihnen leben, als vielmehr von denen, welche ihnen fern stehend nur ein Auge haben für den unendlichen Reichthum und Vorzug menschlicher Bildung.

Anhang.

Das kranke Bewusstsein.

Wie die Vollkommenheit des Bewusstseins auf der vollständigen Durchdringung aller seiner einzelnen Momente beruht, so charakterisiren sich alle Abnormitäten desselben, welches auch ihr entfernterer Grund sein möge, stets durch den Mangel an einer solchen und lassen sich in allen ihren Erscheinungen auf dieses einfache Princip zurückführen. Dies ist sogleich für die richtige Auffassung und Beantwortung aller in dies räthselhafte Gebiet einschlagenden Fragen von der entschiedensten Wichtigkeit, und wenn auch eine vollständige Behandlung dieses Gegenstandes hier nicht erwartet werden kann, da er reichhaltig genug ist, um eine eigne Wissenschaft zu begründen, so können wir doch nicht umhin, auf die Hauptpunkte einzugehen, da offenbar die wahre Würdigung desselben von der rechten Betrachtung des gesunden Bewusstseins abhängig sein muss, und nur in der Psychologie die eigentliche Grundlage für die Lösung aller betreffenden Probleme gefunden werden kann, andrerseits aber die Richtigkeit der von uns aufgestellten Entwickelung sich um so mehr bewähren wird, wenn sie hinreicht, um auch alle krankhaften Erscheinungen vollständig zu begreifen. Denn, wie überall, so zeigt es sich auch hier, dass die Ausnahmen und Abweichungen von der Regel dieselbe, anstatt sie zu vernichten, vielmehr bestätigen, und dass das Gesetz einer Erscheinung erst recht erkannt ist, wenn auch alle scheinbaren Unregelmässigkeiten sich auf dasselbe zurückführen lassen, indem sie nur besondere Modificationen desselben sein können.

Um daher erst den rechten Gesichtspunkt für die Betrachtung zu gewinnen, gehen wir davon aus, dass alle abnormen Erscheinungen des Bewusstseins ihre Erklärung innerhalb desselben finden müssen, dass durch die Krankheit nicht etwas specifisch Neues an die Stelle des gesunden Denkens gesetzt wird, sondern dass es sich überall nur um eine Alteration und Verkümmerung derselben Grundthätigkeiten handelt, die das Bewusstsein überhaupt constituiren. Das führt dann weiter zu der Anerkennung, dass die eigentlichen Geisteskrankheiten nur der höchste Grad von Abnormitäten sein können, die ihre Anknüpfungspunkte in ganz gewöhnlichen Mängeln des gesunden Bewusstseins finden, so dass, hätte man alle Mittelstufen in der Erfahrung zusammen, leicht eine vollständige continuirliche Reihe von dem besonnensten Denken bis zum entwickeltsten Wahnsinn sich herausstellen würde. Schon die einfachste Beobachtung zeigt, wie gross die Differenzen im gewöhnlichen Leben in der That sind und wie viel Verkehrtheiten hier vorkommen, so dass man oft schon die Grenze des gesunden Bewusstseins überschritten findet, und nicht nur vorübergehend in Momenten besonderer Aufregung und bei einzelnen Veranlassungen, sondern habituell in mangelhafter und einseitig schroffer Entwickelung. Diejenigen aber, welche mit unglücklichen Irren näher umzugehen Gelegenheit haben oder in Irrenhäusern die verschiedenen Abstufungen der Krankheit genauer kennen lernen, wissen nur zu gut, wie schwer hier die Grenze zu ziehen ist und wie es in vielen Fällen ganz unmöglich erscheint, mit Bestimmtheit zu behaupten, ob ein Individuum wirklich als krank anzusehen ist, oder ob man einen Kranken als geheilt mit gutem Gewissen der menschlichen Gesellschaft wieder zurückgeben kann, ein Umstand, der so sehr in die socialen Interessen eingreift und dem schweren Beruf des Irrenarztes nach den verschiedensten Seiten hin eine so furchtbare Verantwortlichkeit auflegt.

Dazu kommt noch die Analogie, welche die eigentlichen Geisteskrankheiten mit ähnlichen Symptomen in andern leiblichen Krankheiten zeigen, mit den Delirien des Fiebers und des Säuferwahnsinns, mit den Wirkungen der Aetherisation und der Narkose, mit den mannigfaltigen Zuständen des Rausches, endlich sogar mit den einfachen Träumen und ihren Modificationen im Nachtwandeln und Somnambulismus. Die hieher gehörigen Erscheinungen haben eine so grosse Verwandtschaft mit den wahren Gemüthskrankheiten, dass sich dadurch das Bild der gesammten Störungen des Geistes erst recht erweitert, was um so mehr für uns eine Veranlassung werden muss, diese zunächst an und für sich zu betrachten, und die Ursachen und Veranlassungen dazu als secundäre Fragen zu behandeln, die erst hernach ihre befriedigende Beantwortung finden können, wenn wir das Gemeinsame und Wesentliche von dem Zufälligen und Wechselnden geschieden haben. Zu dem Letzteren aber gehört es auch, ob diese Zustände momentane und vorübergehende sind oder dauernde und habituelle werden, was mit dem auch bei allen leiblichen Krankheiten durchgehenden Unterschiede acuter und chronischer Formen zusammenfällt, die ebenso häufig in einander übergehen und für die Sache selbst keine specifische Differenz begründen. Dennoch aber wird es für die Behandlung selbst von grossem Nutzen sein, wenn wir gerade mit den recht ausgeprägten Abnormitäten beginnen, wie sie in den entschiedenen Geistesstörungen vorliegen, und uns dadurch in den minder scharf hervortretenden analogen Formen orientiren, indem wir den Zusammenhang und den Uebergang nachweisen.

Bleiben wir nun rein bei dem Bewusstsein selber stehen, so können wir alle krankhaften Erscheinungen desselben nur in einem Mangel an Harmonie in den Grundthätigkeiten desselben finden, und alle Störungen sind nur Störungen des Gleichgewichts, die auf dem relativen Gegensatz derselben beruhen, welcher eine Steigerung bis zur schroffsten Einseitigkeit zulässt. Haben wir nun gesehen, wie das vollendete Denken auf der Wechselwirkung von Reflexion und Gedächtniss, von Vorstellung und Anschauung beruht, so haben wir in ihnen die Grundfactoren des gesunden Bewusstseins, und damit springt uns auch sogleich der Zusammenhang in die Augen, welchen die vier Hauptformen der Gemüthskrankheiten mit ihnen haben, wie sie ganz gewöhnlich aus der reinen Beobachtung der am meisten hervortretenden Erscheinungen aufgestellt werden. Wir bezeichnen sie, um eine bestimmte Terminologie zu gewinnen, mit den auch sonst schon gebräuchlichsten Ausdrücken der Narrheit, des Blödsinns, der fixen Idee und des Wahnsinns, indem wir andre Bezeichnungen nur als Abarten und unwesentliche Nüancen ansehen müssen.

Der Charakter der Narrheit besteht in dem excentrischen Ueberwiegen der Reflexion, die nicht durch das Gedächtniss gefesselt wird. Wir müssen uns dabei wieder erinnern, dass das Gedächtniss keineswegès in dem längeren und dauernden Festhalten von Eindrücken und der Wiedererinnerung fernliegender Thatsachen besteht, sondern dass das Wesentliche desselben in dem Fixiren des reflectirenden Denkens selber liegt, von welchem jenes selbst nur eine weitere Folge ist. Wo daher diese Kraft fehlt, die Gedanken festzuhalten, sie gegeneinander abzugrenzen und in ihrem Unterschiede scharf aufzufassen, um sie dann immer wieder in ihrem Zusammenhange zu reproduciren und so im Verlauf des Denkens auf sie zurückzukommen, sie gegeneinander abzuwägen und zu reguliren, muss die Reflexion nach allen Seiten ausschweifen, hastig von einer Vorstellung zu der entferntliegendsten übergehen, die nur durch einen dünnen Faden der Ideenassociation, der von Andern gewöhnlich gar nicht bemerkt wird, mit jener verknüpft ist. Dies ist das allgemeinste Bild, welches uns zunächst entgegentritt, die Reflexion kann aber dabei entweder mehr einen verständigen Charakter an sich tragen oder mehr in der Richtung einer wilden Einbildungskraft fortgehen, wenngleich sie auch ebenso oft mit einander abwechseln. Bei dem Einen tritt die Narrheit in der Form einer harmlosen gutmüthigen und geschwätzigen Faselei auf, die oft eine Zeitlang sich ganz verständig ausnimmt, sogar überraschende Combinationen macht, in treffenden Witzen sich ergeht, dann aber wieder in den wunderlichsten Sprüngen umherfährt und sich und Andern lächerlich wird, bei dem Andern zeigt sie sich in oft wilden Ausbrüchen der Verrücktheit, in welchen die Phantasie sich eines Gegenstandes bemächtigt und denselben in freier der Wirklichkeit ganz und gar nicht entsprechenden Weise gestaltet und ausmalt. Beide Formen können zu fester charakteristischer Gewohnheit werden, aber ebensosehr auch in einander übergehen und verschiedene Momente erfüllen oder sich auch ganz und gar durchdringen. Damit hängt es denn auch zusammen, dass Selbstbewusstsein und objectives Bewusstsein sich mehr oder minder verwischen, und ebensowenig das Ich sich von den Objecten bewusst trennt, noch diese in ihren wirklichen Verhältnissen aufgefasst werden. Das Gedächtniss ist, wie wir gesehen haben, die Quelle für die Entwickelung des Selbstbewusstseins wie des objectiven Bewusstseins, wo es mangelt, müssen sich beide gegenseitig verwirren. Der Narr hält sich mehr oder minder für etwas anderes als er ist, und wechselt damit entweder in der seltsamsten Weise, oder er geht dazu fort sich für irgend etwas bestimmtes zu halten und alles andre damit in Beziehung zu bringen, oder sich Dinge anzudichten, die mit der Wirklichkeit auf das wunderlichste contrastiren, ebenso verwechselt er die Dinge unter sich und bringt sie in die sonderbarsten Beziehungen zu einander, wie gerade dies oder jenes Merkmal, welches das Ding mit andern gemein hat, seine Reflexion beschäftigt und seine Gedanken fortleitet, die, weil sie sich rein zufällig bilden, jede Berechnung unmöglich machen und daher auch alle Zurechnungsfähigkeit aufheben. Der Mangel des Gedächtnisses, der die Narrheit constituirt und sich zunächst in dem Mangel einer momentanen Fixirung der Gedanken zeigt, führt natürlich auch die weitern Folgen, die sich daran knüpfen, als ebenso charakteristische Kennzeichen dieser Krankheitsform mit sich. Es geht fast das ganze Andenken an das frühere Leben verloren und nur sehr schwache Fäden verbinden den Moment mit der Vergangenheit, wenn gerade die Reflexion zufällig darauf kommt oder absichtlich darauf geleitet wird, steigen dunkle Schattenbilder auf, die aber ebenso schnell wieder sich verwischen und neuen Reflexionen weichen, so dass man den Kranken nicht dabei festhalten kann. Dasselbe gilt denn auch von den Gedanken und Vorstellungen selber, die in ihrer Verkehrtheit ebenso wenig festgehalten werden, so dass die Erinnerung daran bald wieder verschwindet, wenn nicht hernach in einer ähnlichen Ideenverbindung die Reflexion wieder darauf geführt wird und dann oft plötzlich die Erinnerung wieder auftaucht, um ebenso plötzlich wieder zu verschwinden. Das Gedächtniss mangelt daher keineswegs ganz, aber es fehlt an der Continuität und Treue, wodurch die Herrschaft darüber verloren geht. Dies zeigt so recht, wie die Erinnerung im Moment producirt wird, und dies Minimum in der Thätigkeit desselben ist ein rechter Fingerzeig für die rechte Auffassung desselben im gesunden Zustande. So darf es denn auch nicht Wunder nehmen, wie bei vollkommener Herstellung des Kranken, wenn nicht eine gewisse Schwäche zurückbleibt, das Gedächtniss des frühern Lebens wieder erwacht, und gerade so an das alte wieder anknüpft, als wäre der kranke Theil desselben herausgeschnitten, von dem, weil die Gedanken selber momentan nicht fixirt waren, auch nachher keine Erinnerung bleiben kann.

Das eben geschilderte Bild findet sich im gewöhnlichen Leben in milderer Form wieder in der Zerstreutheit und Zerfahrenheit, wie in dem phantastischen Wesen und der Ueberspanntheit vieler Personen, die oft einen so hohen Grad annehmen, dass man ohne genauere Bekanntschaft mit ihnen es leicht für wirkliche Geistesabwesenheit und Zerrüttung halten könnte. Es zeigt sich auch hier in den verschiedensten Abstufungen derselbe Mangel an scharfer Fixirung der Gedanken und dieselbe Vergesslichkeit, so dass die ungezügelte Reflexion ausschweift und von Einem zum Andern abspringt, die seltsamsten Combinationen zu Stande bringt, die wirklichen Verhältnisse auf das wunderlichste verkehrt, und zu einer ernsten und besonnenen Betrachtung ganz unfähig wird. Weit übereinstimmender noch ist aber das gaukelnde Spiel der Träume, in welchen die ungehemmte Reflexion Vorstellungen zu Tage fördert, die sich in nichts von den abenteuerlichsten Combinationen der Narren und Verrückten unterscheiden. Der Mangel aller Orientirung durch den Gesichtssinn und das halbe unkräftige Bewusstsein erzeugen dieselbe an dünnen Fäden sich fortspinnende Reflexion, die nicht Energie genug hat, um das momentan Producirte festzuhalten und von neuem zu reproduciren, die Vorstellungen gehörig zu sondern und zu verknüpfen. So entwickelt sich dasselbe Abspringen der Gedanken, dieselben Nebelbilder, die sich plötzlich in ganz andere auflösen und verwandeln, dieselben wunderlichen Combinationen, in welchen der Träumende sich selbst in die seltsamsten Zustände versetzt findet und Subject und Objecte auf das verworrenste durcheinander gehen. Vereinzelte Eindrücke, die bei der nicht ganz ruhenden Thätigkeit der sensiblen Nerven durch äussere und innere Reize erzeugt werden, namentlich auch unbestimmte Affectionen des Gehörs erregen die Reflexion, werden aber sogleich falsch gedeutet und ebensosehr durch verständige Verknüpfungen wie durch ausschweifende Einbildungskraft umgebildet und zu den phantastischsten Bildern ausgesponnen. Dabei fluctuirt das Bewusstsein oft hin und her, bald trennt sich Selbstbewusstsein und objectives Bewusstsein zu einer gewissen Klarheit, so dass man sich selbst deutlich bewusst wird, dass man nur träumt, bald glaubt man sich völlig in die wirkliche Anschauung der vorgespiegelten Situation versetzt, so dass man dieselbe mit der ganzen Lebendigkeit der Einbildungskraft bis in die einzelnsten Details ausmalt und sie von wirklichen Objecten nicht zu unterscheiden vermag. Davon hängt es denn auch ab, ob wir hernach eine Erinnerung von dem Geträumten bewahren oder nicht. Zuweilen sind alle Bilder mit dem Erwachen vollkommen verschwunden und wir erinnern uns kaum noch, dass wir überhaupt geträumt haben, woraus sich leicht abnehmen lässt, dass wir oft auch träumen können, ohne es hernach zu wissen, wie dies dadurch bestätigt wird, dass wir oft Personen im Schlaf reden hören und Bewegungen machen sehen, die auf lebhafte Träume schliessen lassen, während sie hernach nicht das Geringste davon wissen, ebenso aber steht uns beim Erwachen der Traum auch oft noch in seiner ganzen Lebhaftigkeit da, und wir können uns kaum überreden, dass wir nur geträumt haben, indem wir die Bilder der Gegenstände noch sinnlich vor uns zu haben glauben und nur durch den Contrast der wirklichen Objecte von dem Wahne zurückkommen. Ob in diesen Hallucinationen wirklich Erregungen der sensiblen Nerven vorkommen, die nicht gerade für unmöglich gehalten werden dürfen, sondern aus dem Reflex der Thätigkeit des Bewusstseins mit den Sinnesnerven erklärt werden könnten, ist freilich eine schwer auszumachende Sache, weil schwerlich behauptet werden kann, dass bei dem Erwachen das klare Bewusstsein schon in dem Grade eingetreten sei, dass es das nur lebhaft Vorgestellte von dem wirklich Wahrgenommenen zu unterscheiden vermöchte. Denn dies würde nicht nur erfordern, dass wir uns unserer vollkommen bewusst wären, dass wir über unser eigenes Bewusstsein zu reflectiren vermöchten, sondern wir müssten auch selbst mit den Organen und den wahrgenommenen Bildern zu experimentiren im Stande sein, wozu bei der Vergänglichkeit derselben kaum Zeit übrig bleiben möchte.

An die Traumbilder reihen sich in ähnlicher Weise die bei der unvollständigen Aetherisation und dem Rausche eintretenden Erscheinungen an, so wie in stärkerem Grade die Delirien der Fieberkranken und des Säuferwahnsinns, die vollkommen denselben Typus an sich tragen und in den wechselndsten Formen auf dieselben Grundphänomene gesteigerter und ungeregelter Reflexion mit mangelnder Fixirung der Gedanken und damit verbundener Verwirrung des Selbstbewusstseins und des objectiven Bewusstseins zurückzuführen sind. Einer meiner Freunde hatte sich eine Luxation des Oberarms zugezogen, die Operation des Einrenkens musste, da die grössesten Kraftanstrengungen die Reposition in gewöhnlicher Weise nicht zu Wege bringen konnten, unter Aetherisation geschehen; hiebei blieb ein unbestimmtes Bewusstsein von den vorgenommenen Manipulationen und dem damit verbundenen Schmerze übrig, und dieses setzte sich alsbald in die seltsame Vorstellung um, als ob er zu der unfreiwilligen Unterschrift eines Contrakts gezwungen werden sollte und tausend Hände sich anstrengten, trotz seiner energischen Weigerung, den Arm gewaltsam zu führen und so das Verlangte zu erpressen, und dies Alles mit einer solchen Lebhaftigkeit in dem einzelnen Detail, dass die ganze Situation sich zu der objectivsten Anschaulichkeit steigerte. Welchen Gang hiebei die Reflexionen nehmen, ist meistentheils schwer zu entdecken, indem sie ganz zufälligen Ideenassociationen zu folgen scheinen, aber oft auch kann man im Traum den Zusammenhang wahrnehmen und sich denselben aus bestimmten Veranlassungen in Verbindung mit gewohnten Vorstellungskreisen, die uns im wachen Zustande gerade beschäftigten und besonders interessirten, ziemlich erklären, wie sich denn häufig im Schlaf die Gedankenreihen fortsetzen und sogar in einer gewissen Regelmässigkeit erfolgen können, so dass man Beispiele hat, dass Probleme, deren Lösung im wachen Zustande nicht gelingen wollte, durch eine plötzliche, ganz zufällige Combination im Traum gelöst wurden, was sehr begreiflich wird, wenn man bedenkt, wie oft die Anstrengung gerade daran scheitert, dass man an einer bestimmten Form festhält und die Gedanken fortwährend in einer falschen Richtung fixirt, während das Ganze sich leicht aufhellt, wenn wir aus dem Bann eines solchen Zauberkreises herauskommen.

Der Narrheit gerade gegenüber steht der Blödsinn, welcher daher auch in einer ebenso entgegengesetzten Einseitigkeit des Bewusstseins gegründet ist, bei welcher es an Reflexion mangelt, während das Gedächtniss überwiegend thätig ist. Die Gedanken fixiren einen bestimmten Gegenstand und können nicht loskommen von demselben, indem sie sich träge zwischen den Grenzen und ihrem Inhalte einherbewegen, es dauert lange, ehe sie von ihm zu dem allernächsten übergehen, es fehlt an aller Lebendigkeit der Reflexion, die schnell die nöthigen Combinationen zu machen und auch zu ferneren und umfassenderen Verknüpfungen überzugehen vermöchte, es fehlt an Verstand und Einbildungskraft und einer schnellen Abwechselung und Wechselwirkung zwischen ihnen. Daher ist der Kreis der Vorstellungen ein sehr beschränkter, sie beziehen sich nur auf das unmittelbar Gegenwärtige und das Gewohnte, aber hier entwickeln sie sich in bestimmter Regelmässigkeit, und nie findet sich bei aller Beschränktheit eine eigentliche Verwirrung von Selbstbewusstsein und objectivem Bewusstsein und ein Verkennen der gewöhnlichen Gegenstände, wenn nicht etwa der Blödsinn, wie es häufig der Fall ist, aus der Narrheit entstanden und das Ende ihrer fortschreitenden Entwickelung ist. Deshalb ist auch der Blödsinnige zu mannigfaltigen Beschäftigungen gewöhnlicher Art, die keiner grossen Reflexion bedürfen, wohl zu gebrauchen und keinesweges in seinen Handlungen so unzurechnungsfähig, wie der Verrückte. Er führt Aufträge mit einer gewissen Besonnenheit und Pünktlichkeit aus, er macht Bestellungen in denselben Worten mit oft komischer Treue, aber er ist träge, furchtsam und auch wohl heimtückisch und rachsüchtig, indem er wirklich oder vermeintlich ihm widerfahrenes Unrecht lange festhält und darüber nachgrübelt. Ebenso reicht seine beschränkte Reflexion auch zu Possen und dummen Streichen hin, deren Bedeutung und Folgen er nicht gehörig übersieht, aber er sitzt auch stumpfsinnig, stundenlang vor sich hinbrütend oder die Gegenstände anstarrend auf einem Punkte da, ohne einen Trieb zur Thätigkeit zu erhalten, wenn er nicht zur Beschäftigung angehalten wird. Je mehr dieser Stumpfsinn zunimmt und alle Kraft des Bewusstseins zerstört, nimmt freilich auch das Gedächtniss ab, das ja ganz von der Thätigkeit der Reflexion abhängig ist, es wird beschränkter in dem Maass, wie diese beschränkter wird, es zieht sich von der Vergangenheit immer mehr zurück in die Gegenwart, indem die Erinnerung sich verschleiert und verblasst, von der Mannigfaltigkeit der Begebenheiten nur vereinzelte und nebelhafte Spuren zurückbleiben, früher bekannte Personen und Gegenstände nicht mehr erkannt, die innigsten Verhältnisse und wichtigsten Interessen mit Gleichgültigkeit betrachtet werden, aber dennoch geht in dieser Beschränktheit das Gedächtniss selbst nicht verloren, es bleibt die Besinnung in dem Moment und die richtige Auffassung des Gegenwärtigen und Alltäglichen in seiner Vereinzelung mit klarer Unterscheidungsfähigkeit seiner örtlichen Begrenzung, seines einfachen Inhalts, seiner äusserlichen Bedeutung und seines nächsten Zweckes.

Der Blödsinn zeigt die allmählichsten Uebergänge aus einem Zustande, den man noch als einen gesunden bezeichnen muss, in den krankhaften, so dass es in der That schwer ist, die Grenze zu bezeichnen. Denn einmal finden wir schon bei Kindern individuell die verschiedensten Grade angeborner Beschränktheit von der einfachen Dummheit an, durch alle Mittelstufen der Stupidität hindurch, bis zum vollendeten Cretinismus, sodann sind die geistigen Gaben selbst ganzen Familien, Völkern und Menschenracen so spärlich zugetheilt, dass sie sich thierischer Rohheit und Bornirtheit annähern, endlich findet sich im Alter zuweilen eine solche Abnahme der geistigen Kräfte, dass sie nach und nach in förmlichen Blödsinn übergeht. Ebenso hat derselbe seine Analoga im Rausch und in den soporösen

Zuständen anderer Krankheiten, in dem gewöhnlichen Schwindel, der blossen Eingenommenheit des Kopfes bis zu den verschiedensten Graden der Betäubung. Hält man damit zusammen, dass in dem Blödsinn das menschliche Bewusstsein sich dem thierischen annähert, ja vielleicht zuweilen unter dasselbe herabsinkt, so scheint sich damit aller eigentlich qualitative Unterschied zwischen dem gesunden und kranken Zustande zu verwischen und auf einen rein quantitativen der grössern oder geringern Kraft des reflectirenden Bewusstseins, der höhern oder niedern Entwickelung des Verstandes und der Einbildungskraft zu reduciren.

Die dritte Form der Geisteskrankheit die fixe Idee unterscheidet sich auf das Bestimmteste von den beiden vorhergehenden dadurch, dass ebensowohl dabei eine lebendige Reflexion wie ein starkes Gedächtniss bestehen kann, so dass das Bewusstsein in den gewöhnlichen Beziehungen zu den Dingen sich vollkommen regelmässig und normal entwickelt und keine Spur von Krankheit zeigt. Nur in gewissen Kreisen des Vorstellens offenbart sich eine vollkommene Verwirrung, sobald diese berührt werden, erscheint der Faden der Reflexion gleichsam abgerissen, der Zusammenhang mit den übrigen unterbrochen, das Verhältniss des Subjects zur Objectivität verkannt und durch die wunderlichsten Einbildungen verschoben und verkehrt. Dieser Zustand der Seele beruht auf einem Missverhältniss zwischen Vorstellung und Anschauung, auf einer Disharmonie zwischen dem Gedankennetz, welches der Vorstellende sich selber macht und der wirklichen Anschauung des objectiven Zusammenhanges. Wir wundern uns oft, dass gerade Personen mit dem nüchternsten und kältesten Verstande auf solche fixe Ideen verfallen, aber gleichwohl liegt darin der wahre Erklärungsgrund. Selbstbewusstsein und Verstand sind in hohem Grade entwickelt, aber es fehlt an Klarheit des objectiven Bewusstseins und an lebendiger Einbildungskraft, und damit an der rechten Anschauung des wahren Zusammenhanges und der hinlänglichen Würdigung der concreten Verhältnisse. Die Vorstellungen bewegen sich in leeren Abstractionen und selbstgemachten Ideenassociationen, in hochfliegenden Idealen und verkehrten Problemen und endigen in dem Schmerz, dieselben nicht erreichen oder lösen zu können. Darum verfallen gerade die Gebildeten und die Gelehrten am meisten in solche fixe Ideen, und die Veranlassung liegt so häufig in Eitelkeit und Hochmuth, in verletztem Ehrgefühl und in dem Scheitern lange gehegter Pläne und Erwartungen, oder in einseitigem Grübeln über Schwierigkeiten, Räthsel und Widersprüche, zu deren Lösung die vorhandenen Thatsachen und Daten nicht hinreichen. Deshalb ist in den gewöhnlichen Verhältnissen und gegenüber den einfachen Gegenständen, welche von der fixen Idee nicht berührt werden, ein vollkommen klares Bewusstsein, und die Personen haben mehr oder weniger eine gewisse Herrschaft über sich, so dass sie den gestörten Zustand ihrer Seele nicht vor Jedem verrathen, sondern die verworrenen Vorstellungen in sich verschliessen, aber um so mehr dreht sich ihr eigenes Denken fortwährend um sie, als um den Mittelpunkt ihres Sehnens und Strebens, sie wollen sich selber klar werden und durch immer schärferes Raisonnement den Knoten entwirren, aber je mehr alle Gedanken damit in Verbindung gesetzt werden, schürzt er sich immer mehr und zieht auch das gesammte übrige Denken mit in die Verworrenheit hinein. Werden sie nun auf den Gegenstand geführt und können sie hoffen in dem Andern ein Interesse für denselben zu finden, so gehen sie gern auf die Discussion ein, aber sie fühlen sich überlegen in dem Wahn ihrer Ueberzeugung, sie haben alle Einwürfe längst überlegt und nach allen Richtungen hin durchdacht, und daher ist mit Gründen bei ihnen auch gar nichts auszurichten, man kommt vielmehr selbst oft in Verlegenheit ihren consequenten, auf falschen Prämissen und verborgenen Verwechselungen beruhenden Trugschlüssen und Beweisen gegenüber, indem man nur die Evidenz der Wirklichkeit und den objectiven Zusammenhang ihnen entgegenhalten kann, der für sie nicht existirt.

Die fixe Idee wurzelt entweder überwiegend in dem Selbstbewusstsein oder dem Verstande, und nimmt dadurch sehr verschiedene Formen an, die aber auch eben so leicht in einander übergehen. Die Kranken verkennen ihr Verhältniss zur Aussenwelt, sie bilden sich ein, zu einer besondren Stellung und Thätigkeit berufen zu sein, oder sie sehen sich von allen Seiten befeindet und verfolgt und in ihrem Glücke und dem Gelingen ihrer Pläne gestört. So wird ihr eignes Ich der Mittelpunkt alles ihres Denkens, und sie meinen, dass dies auch für alle Andern ebenso sei, so dass sie sich fortwährend für den Gegenstand ihrer Bewunderung oder für die Zielscheibe ihrer Angriffe halten. Aber ebenso finden sie sich auch in sich selbst unbefriedigt, sie genügen sich selbst und den strengen Anforderungen nicht, die sie an sich machen oder von Andern gemacht glauben, sie verzweifeln an sich und ihrer ewigen Seligkeit, weshalb denn die gewöhnlichen Formen des religiösen Wahnsinns hier vornehmlich ihren Anknüpfungspunkt finden. Aber wie hier die ganze verständige Thätigkeit in den Dienst des von der fixen Idee erfassten Selbstbewusstseins gezogen wird, so kann auch umgekehrt der Verstand die Reflexion ganz von dem Ich abziehen und rein auf die Verkehrung der objectiven Verhältnisse hinrichten. Es entsteht dann ein Grübeln über selbstgeschaffene Probleme, ein Aufsuchen immer neuer Widersprüche, ein einseitiges Theoretisiren und Schematisiren, ein Abmühen an vermeintlichen Entdeckungen und Verbesserungen, in welchem der wahre Zusammenhang der Dinge bis zur Unkenntlichkeit verschoben und verwirrt wird. Beide Formen der fixen

Idee haben ihre Analogien in dem gewöhnlichen Leben und auch hier erscheint der Uebergang von dem gesunden Zustande bis zur ausgebildetsten Krankheit als ein allmählicher, sowohl wenn man auf den Unterschied verschiedener Individuen als wenn man auf die Steigerung der Verwirrung in einem Einzelnen achtet. Wer wollte sich ganz lossprechen von vorgefassten Meinungen und eingewurzelten Vorurtheilen, von Selbstüberschätzung oder Unzufriedenheit mit den bestehenden Verhältnissen, von leeren Einbildungen und thörichter Verblendung, wer hat nicht gewisse fixe Ideen, um die sich seine übrigen Vorstellungen, wie um einen Mittelpunkt, lagern, der doch nicht das Centrum wahrer Weltanschauung ist und durch den sich die richtige und unbefangene Betrachtung der Dinge verwirrt. Aber dies steigert sich dann zu Melancholie und Hypochondrie, zu falscher Grübelei und abenteuerlichem excentrischen Wesen, und alle diese Wege führen zuletzt in vollendeter Abnormität zu wahrhaft krankhafter Ausbildung fixer Ideen.

Dieselben Analogien finden sich, momentan und vorübergehend, wieder in der Traumwelt, im Rausch und den Delirien. Wir finden uns in den gewöhnlichen Träumen häufig in Zuständen, die ganz den fixen Ideen entsprechen, namentlich aber scheinen die Modificationen derselben im Schlafwachen, Nachtwandeln und Somnambulismus noch eine grössere Verwandtschaft damit zu haben, indem hier, im Unterschiede von den gewöhnlichen Träumen, die Gedanken sich mehr sammeln und zu wirklichen verständigen Vorstellungsreihen führen, die ganz richtige Combinationen zeigen, aber auch ebenso in abenteuerliche Handlungen und exstatische und excentrische Visionen ausgehen, die gewaltig mit der Wirklichkeit contrastiren und mit Unrecht für höhere Inspirationen angesehen werden. Nur zu häufig drehen sich auch hier die fixen Ideen um das eigene Ich, das mit hochmüthiger Eitelkeit sich geltend machen will und die geheimen Gedanken in naiver Unbefangenheit verräth, oder sie bewegen sich schwärmerisch in phantastischer Ausmalung überirdischer Verhältnisse und Zustände, in Vorhersagung ferner und zukünftiger Ereignisse, die halb und halb der Wirklichkeit entsprechen oder von den gläubigen Zuhörern danach umgewandelt werden. Wir haben schon oben diese räthselhaften Zustände von ihrer sinnlichen Seite her behandelt, indem wir darauf aufmerksam machten, dass sie auf einem unvollkommenen Schlafe beruhten, indem, bei völligem Geschlossensein des Gesichtssinns, die übrigen Sinne nicht in gleicher Weise für die Eindrücke der Aussenwelt unempfänglich geworden sind, sondern sogar durch gesteigerte Aufmerksamkeit Einzelnes hinlänglich scharf und sicher auffassen, woraus sich die Möglichkeit eines förmlichen Gesprächs zwischen den Somnambulen und andern Personen erklärte; hiemit verknüpft sich nun die sich in bestimmten Grenzen entwickelnde und um gewisse feste Punkte sich gruppirende Vorstellung, die wir aus der Analogie mit den fixen Ideen glauben vollständig erklären zu können. Es ist dieselbe Abwechselung von klarer Verständigkeit und verworrener phantastischer Combination, wobei es zu gewissen Lieblingsideen kommt, die bei der Wiederholung der Zustände in bestimmter Weise wiederkehren, so dass sie durch diese Wiederholung für den Beobachter noch den Schein der Wahrheit vermehren und zu dem Glauben veranlassen, als ständen die somnambülen Exstasen in einem tiefern Zusammenhange und bildeten eine abgesonderte höhere geistige Welt für sich, die von dem gewohnten Erdenleben sich loslöste. Findet doch bei den krankhaften fixen Ideen etwas ganz Aehnliches Statt, indem zwischen den Momenten, wo sie auftauchen, ganz verständige in der Mitte liegen, die mit jenen gar nicht im Zusammenhange stehen, während die kranken gerade die innigste Verbindung unter einander zeigen und ein abgeschlossenes

Netz von eng verschlungenen Gedankenfäden bilden. Bei genauerer Kenntniss des Seelenzustandes und der Geistesthätigkeit solcher Personen möchten sich, auch im wachen Zustande, wohl die zarten und feinen Grundfäden desselben Netzes vorfinden, nur dass sie durch die Herrschaft des wachen Bewusstseins unterdrückt und zurückgedrängt werden, während sie im Schlafe ungestört und unbewacht auftauchen und sich frei und maasslos entwickeln können. Für uns bleibt es daher ein krankhafter Zustand, der in demselben Verhältniss zu der fixen Idee steht und alle Eigenthümlichkeiten dieser theilt, wie der gewöhnliche Traum in seinen sonderbaren und abgerissenen Abschweifungen sich der Narrheit verwandt zeigt, so dass durch diese Vergleichung untereinander das räthselhafte Wesen dieser Zustände eine rechte Erläuterung und überzeugende Aufklärung für den Unbefangenen findet, und man nicht nöthig hat die Thatsachen ganz und gar ungläubig abzuweisen oder für leere Betrügereien zu erklären.

Die letzte Form der Gemüthskrankheiten ist die, welche wir mit dem Ausdruck Wahnsinn bezeichnen, obgleich hier gewöhnlich die Terminologie eine schwankende ist, indem einerseits der Ausdruck Wahnsinn in einer allgemeinern Bedeutung genommen wird, andrerseits die specielle Form, die wir damit bezeichnen wollen, auch Manie, Tollheit, Tobsucht und Raserei genannt wird, welche aber nur verschiedene Grade oder Nüancen in der äussern Erscheinung ausdrücken, während sie auf denselben Typus des gestörten Bewusstseins zurückgeführt werden müssen. Der eigenthümliche Charakter des Wahnsinns besteht in der Isolirung und dem mächtigen Vorherrschen der Anschauung bei dem Mangel eines besonnenen und verständigen Vorstellens. Es fehlt hier das klare Selbstbewusstsein, indem der Kranke sich selbst in der Anschauung der Objecte verliert, so dass er, anstatt sie zu beherrschen, völlig in ihre Gewalt geräth und sich von ihnen überwältigt fühlt, und ebenso tritt an die Stelle verständiger Verknüpfung das wüste Spiel einer ungebändigten Einbildungskraft, welche die reine Auffassung der Objectivität hindert, sie durch eine fremde vorgespiegelte Welt verwirrt und sie mit den verzerrten Bildern der eignen Phantasie erfüllt und ausmalt. Der Wahnsinn kann sich hiernach in zwei verschiedenen Formen darstellen. Einerseits kann die Anschauung der Objectivität an und für sich überwiegen, indem sie sich nicht in die einzelnen Gegenstände sondert und gliedert, sondern in ihrer Massenhaftigkeit das Bewusstsein überwältigt und auf den Kranken gewissermassen vernichtend einzudringen scheint, dann entsteht in ihm die Angst der Verzweifelung und er sucht sich entweder vor ihr durch die Flucht zu retten und legt wohl gar, bei der Vergeblichkeit seiner Anstrengung, Hand an sich selbst, oder den Kampf mit ihr beginnend, zertrümmert er, ohne zu wissen was er thut, in wilder Tobsucht und Raserei, alles ohne Unterschied. Andrerseits können die Ausbrüche des Wahnsinns erregt werden durch die Betrachtung eines einzelnen Gegenstandes, in den sich die Anschauung versenkt, weil die Phantasie an ihm irgend etwas entdeckt, was das weitere Spiel derselben anregt, dadurch wird derselbe losgerissen aus seinem natürlichen Zusammenhange, auf das wunderlichste verkehrt und verzerrt und mit einem eingebildeten Inhalte erfüllt, der aller verständigen Betrachtung der wirklichen Verhältnisse Hohn spricht, und so entsteht natürlich nun auch ein ganz verkehrtes Handeln ihm gegenüber, das, theils der phantastischen Betrachtung folgend, sich in den seltsamsten und tollsten Einfällen darstellt, oder, wenn der Gegenstand als ein feindlicher gefasst wird, in zerstörende Wuth gegen ihn ausbricht. Der Unterschied von der Narrheit und Verrücktheit besteht hier besonders in dem Festhalten des vereinzelten Objects und der Beharrlichkeit und gesteigerten Wuth, mit welcher dasselbe durch tolle Handlungen verfolgt wird, während bei jener das Bewusstsein ebenso schnell von dem Gegenstande zu einem andern abspringt und nach einer andern Richtung geleitet wird. Daher kann man den närrischen Streichen eines Verrückten sich leicht entziehen, und dieselben behalten immer mehr oder weniger einen gutartigen und harmlosen Charakter, der Lachen erregt, während der Wahnsinnige das Opfer seiner Tollheit festhält und nicht eher ruht, als bis er sein Ziel vollständig erreicht hat, wobei selbst die physischen Kräfte durch die gewaltige Anspannung ins Unglaubliche gesteigert sind und so die Gefahr eine um so grössere wird. Damit hängt andrerseits zusammen, dass der Wahnsinn meistentheils ein plötzlich auftretender und ebenso schnell vorübergehender ist, sobald der Gegenstand, der ihn erregte, verschwunden oder der tolle Zweck erreicht ist, so dass man die Ausbrüche desselben gar nicht vorhersehen kann, weil sie mit ganz vernünftigen Zuständen abwechseln, in welchen man die Gestörtheit auf keine Weise vermuthen würde, wenn sie sich nicht äusserlich in den gesunden Momenten durch die Stierheit des Blicks und eine gewisse Unheimlichkeit in dem ganzen Wesen offenbarte, während die Verrücktheit sich mehr habituell zeigt und alle Gegenstände gleichmässig umfasst. Wer kann das wunderliche Spiel der Einbildungskraft des Wahnsinnigen berechnen, mit welchem er gerade diesen Gegenstand erfasst, der ihm gar nichts zu Leide gethan hat, nur weil er etwas an ihm findet, was ihn reizt und seiner Thätigkeit eine bestimmte wunderliche Richtung giebt, in welcher er mechanisch, ohne verständige Ueberlegung der Folgen, mit der ganzen Energie seines wüthenden Strebens und einer mit gewaltiger physischen Kraft ausgerüsteten Beharrlichkeit oft wider sein besseres Bewusstsein und seinen eignen Willen fortgerissen wird. Denn das

Selbstbewusstsein kann im Hintergrunde in einer gewissen Schwäche latitiren und so den Wuthanfall begleiten, während der Kranke sich unwiderstehlich von dem Gegenstande und seinen eigenen Phantasien beherrscht und getrieben fühlt und keine Kraft hat dem unmittelbaren und überwältigenden Eindrucke und Antriebe zu widerstehen, wogegen er hinterher wieder zum klaren Selbstbewusstsein und zur verständigen ruhigen Ueberlegung zurückkehrt und das Gethane auf das Tiefste bereut.

Beide geschilderte Formen des Wahnsinns kommen momentan oder habituell isolirt vor, aber verbinden sich auch ebenso gut mit einander und gehen schnell in einander über. Die erste allgemeine Art der Tobsucht, in welcher die Gegenstände durch einander wirbeln und die mit einer innern Unruhe und Angst beginnt und sich zur blinden alles zerstörenden Wuth steigert, sucht sich einen Ausgang, indem sie sich auf einen einzelnen Gegenstand wirft und an demselben sich abkühlt, oder in Ermangelung desselben sich gegen den eigenen Leib richtet und in wilder Grausamkeit ihn zerfleischt, so dass der Kranke in der Ausübung seiner Herrschaft an der Objectivität wieder zum ruhigen Selbstbewusstsein zurückkehrt, die zweite Art dagegen, welche ursprünglich durch die Betrachtung eines einzelnen Gegenstandes erregt wird, schlägt auch ebenso in eine allgemeine Zerstörungswuth um, wenn jener ihr entzogen und der vorgesetzte Zweck nicht erreicht wird, indem die Raserei sich dann gegen die Hindernisse selbst wendet, und durch die ungezügelte Einbildungskraft alles Andre mit hineingezogen wird, um an ihm in einem blinden Vertilgungskampfe sich auszutoben. Auf diese Weise wird denn auch der Wahnsinn, der zuerst nur in vereinzelten Ausbrüchen plötzlich auftritt, sich so periodisch wiederholt und mit vollkommen ruhigen und vernünftigen Zuständen abwechselt, allmälich ein andauernder und habitueller, der bald die physischen Kräfte aufzehrt und dem Leben der Unglücklichen ein Ende macht, wenn sie nicht schon vorher in einem momentanen Raptus Mittel finden, Hand an sich selbst zu legen und das verzweiflungsvolle Dasein abzukürzen.

Man braucht nur die eben gegebene Entwickelung noch einmal zu überschauen, um die beschriebenen Züge des Wahnsinns auch im gewöhnlichen Leben in allen Graden wiederzufinden, und sich von dem ganz allmälichen Uebergange des normalen, in der alltäglichen Erfahrung vorkommenden Bewusstseins bis zu den höchsten und gesteigertsten Formen wahrer Krankheit völlig zu überzeugen. Wie oft kommen hier die Zustände allgemeiner Muthlosigkeit und Verzweifelung vor, wo unglückliche Individuen durch das Scheitern aller Hoffnungen, durch gehäufte Schläge des Schicksals, durch äussere und innere Noth, bei dem Mangel eines höhern Haltes, alles Selbstvertrauen und alle Kraft verlieren, die Aussenwelt vernichtend auf sich eindringen sehen und den Ausweg nur in der Flucht aus ihr oder in der eignen Gewaltsamkeit sehen, indem die Einbildungskraft ihnen die Schrecken der Zukunft bis zum Wahnsinn ausmalt und alle verständige Ueberlegung der Folgen aufhebt. Wie oft finden wir selbst, bei den sonst vernünftigsten und gebildetsten Personen, in den äusserlich glücklichsten und geordnetsten Verhältnissen, einzelne Ausbrüche roher und blinder Wuth, in welchen die Gewalt des Zorns sie gelegentlich übermannt und sie sich und alles Andere um sich her in ihren Handlungen gänzlich vergessen, und wie oft bildet sich dies zu einem hitzigen, bei der geringsten Veranlassung reizbaren Charakter aus, der alle selbstbewusste verständige Ueberlegung vernichtet und ganz das Spiel seiner thörichten und tollen Leidenschaften wird, so dass man schwerlich noch eine Grenze zwischen ihm und dem Treiben eines Wahnsinnigen festhalten kann. Analoga anderer Art sind aber auch in gewisser Beziehung der Schwindel und noch mehr die Wuthausbrüche des Rausches und der Delirien. Schon der gewöhnliche Schwindel bei schneller ungewohnter Umdrehung des Körpers oder bei dem Herabblicken von hohen Gegenständen zeigt dasselbe Durcheinanderwirbeln und das scheinbare Eindringen der Gegenstände der Aussenwelt, wobei das Selbstbewusstsein schwindet und jede verständige Ueberlegung unmöglich wird. Der Mangel der Sonderung in den Objecten lässt uns unsern eignen Standpunkt verlieren und wir sinken zusammen, indem in der Vorstellung der Boden unter unsern Füssen verschwindet; die Anschauung der Gefahr, in der wir uns auf einem hohen Gegenstande befinden, und die Gewalt der Einbildungskraft, die alle möglichen Umstände und Eventualitäten ausmalt und in einen Moment zusammendrängt, macht, dass wir das Selbstbewusstsein und die Besonnenheit verständiger Combination verlieren, und die Gegenstände drehen sich vor unsern Augen in chaotischer Unbestimmtheit und Massenhaftigkeit. Dasselbe findet Statt bei eintretenden Ohnmachten, wo die Schwäche des Bewusstseins die Dinge verwirrt und alles um uns herum schwanken und tanzen macht, wenn ein plötzlicher Schrecken, ein starkes Mitgefühl oder die Gewalt erschütternder Ereignisse das Bewusstsein umnebeln und die Kraft des Selbstbewusstseins brechen. Dieselben Phänomene zeigen sich in gesteigerter und andauernder Form in dem Rausche, der Narkose, der allmälichen Aetherisation und den Delirien, und gehen hier sehr leicht in Anfälle von Tobsucht und Raserei über, die mit denen des Wahnsinns vollkommen zusammenfallen. Selbst in den einfachen Träumen kommen ganz analoge Erscheinungen vor, wie denn wahrscheinlich völlig hierher die Empfindungen des Versinkens und Herabfallens gehören, die von demselben Mangel des Selbstbewusstseins und der verworrenen

Vorstellung über den Ort, wo wir uns befinden, herrühren und gewissermassen die Reaction desselben sind, indem wir wieder eine feste Grundlage gewinnen wollen und nun so lange schweben, bis das Bewusstsein über sich selbst ins Klare kommt und wir erwachen, weshalb denn diese Empfindungen auch fast immer einem momentanen Erwachen vorhergehen und in demselben endigen.

Aber auch Anfälle von Toben, dem Fieberwahnsinn nicht unähnlich, sind im Traume, namentlich bei gewissen Personen, nicht selten, und finden bei manchen Individuen regelmässig Statt, wenn sie plötzlich und gewaltsam aus dem Schlafe aufgeweckt werden, sie dauern dann kürzere oder längere Zeit bis zur vollkommenen Kräftigkeit des Selbstbewusstseins an, oder gehen erst allmälich durch ein Schwanken und Taumeln in das vollständige Erwachen über, während bei Andern auch das plötzlichste und gewaltsamste Aufgewecktwerden aus tiefem Schlafe sogleich mit dem Eintritt des vollsten und klarsten Bewusstseins von sich und den Umgebungen abwechselt. So zeigt denn auch die Erfahrung, dass es überhaupt ein Kennzeichen von kräftiger Entwickelung des Selbstbewusstseins und klarer Verständigkeit ist, wo die Grenze zwischen Schlaf und Wachen in dieser Weise scharf gezogen ist, und wo das Bewusstsein selbst eine solche Herrschaft über den Schlaf ausübt, dass man sich fest vornehmen kann, zu einer bestimmten, sonst ganz ungewöhnlichen Zeit aufzuwachen, indem diese Macht meist nur bei gebildeten Leuten gefunden wird, dagegen ungebildete und stumpfsinnige Personen verschlafen sind und auch aufgeweckt schlaftrunken bleiben.

Die vier Formen der Geisteskrankheiten zeigen in der entwickelten Weise scharfe charakteristische Unterschiede und kommen so vollkommen ausgeprägt in der Erfahrung vor; aber es bestehen auch Verbindungen unter ihnen und allmäliche Uebergänge, sowohl in den momentanen Erscheinungen wie namentlich in dem Verlauf der Entwickelung, ganz so wie dies auch bei den entsprechenden Momenten des klaren und gesunden Bewusstseins aufgezeigt worden ist, was ebensosehr auf dem Gegensatz, wie auf dem Zusammenhange und der Wechselwirkung der Gegensätze beruht.

Die Narrheit zeigt einzelne mehr oder weniger dauernde Zustände blödsinniger Versunkenheit in sich selbst und stumpfen Hinstarrens in die Aussenwelt, und nimmt sogar ganz gewöhnlich ihren Ausgang in vollkommenen Blödsinn, der Blödsinn seinerseits geht momentan in närrische Ausgelassenheit und verrückte Streiche über, die fixe Idee verbindet sich zuweilen mit Ausbrüchen des Wahnsinns und endigt auch häufig mit vollkommener Raserei, während umgekehrt der Wahnsinn sich zu fixen Ideen umbildet über die Gegenstände, die seine Wuth ursprünglich zufällig reizten. Ganz ebenso ist ein inniger Zusammenhang zwischen fixer Idee und Narrheit, zwischen Wahnsinn und Blödsinn. Denn nicht nur sammeln sich die närrischen Einfälle um gewisse Mittelpunkte und bilden so fixe Ideen, sondern die fixen Ideen zeigen auch zuerst in ihren bestimmten Grenzen ebenso närrische Verworrenheit und bilden sich allmälich, indem sie von dem besondern Punkte aus das ganze Bewusstsein ergreifen, zu allgemeiner Geistesabwesenheit, Narrheit und Verrücktheit aus, der Blödsinn schlägt gereizt in Ausbrüche von Wahnsinn um, und die Raserei nimmt, wenn das Leben erhalten wird und die physischen Kräfte nicht eher erliegen, einen regelmässigen Ausgang in Blödsinn, indem die zwischen den Anfällen liegenden lichten Momente nach und nach immer stumpfer werden und dadurch der starke Reiz zu wildern Ausbrüchen abgeschnitten wird.

Durch die bisherige Betrachtung sind wir nunmehr in den Stand gesetzt, eine klare Einsicht in diese räthselhaften Erscheinungen des gestörten Bewusstseins, ihr Wesen und ihren Zusammenhang, ihre Entwickelung und ihre Ursachen zu gewinnen und alle Probleme zu lösen, welche sich weiter an die Sache knüpfen. Es geht zunächst deutlich hervor, dass ein vollkommener Uebergang zwischen dem gesunden und kranken Bewusstsein Statt findet, bei welchem zuletzt alles auf den Grad der Störung und die Continuität derselben ankommt. Wir werden da nicht mehr zweifeln, dass wirkliche Krankheit vorhanden ist, wo das Bewusstsein nicht mehr die Kraft hat, die momentanen Störungen zu überwinden und wieder in den gesunden Zustand zurückzukehren, oder wo selbst in kürzeren Anfällen die Verkehrung so weit gediehen ist, dass sie die gewöhnlichsten Dinge und alltäglichsten Verhältnisse verkehrt. Dahin führen nun allerdings Uebergänge, in welchen die Grenze nicht mehr fest gezogen werden kann, aber das ist etwas, was diese Erscheinungen mit allen andern gemein haben, wo die Relativität des Uebergangs doch nicht die Bestimmtheit ausschliesst. Die Farben gehen ganz allmälich in einander über, und wenn wir die an allen Gegenständen vorkommenden im Bewusstsein zusammennehmen oder die künstliche Farbenscala betrachten, ist es nicht möglich die Grenze anzugeben, wir müssten denn streng wissenschaftlich die Zahl der Schwingungen bestimmen und danach regelmässig die Scala eintheilen, aber dennoch hat ein Jeder eine bestimmte Vorstellung von den einzelnen Farben und ihren Unterschieden, was darauf beruht, dass in der Wirklichkeit einerseits dieselben in ihrem gewöhnlichen Nebeneinander an den bestimmten Gegenständen lokal schärfer geschieden sind, und andrerseits gewisse Farbennüancen weit häufiger wiederkehren, die dann als das Durchschnittliche ein Maass abgeben für die bestimmte Auffassung und Bezeichnung. Ebenso ist es auch mit den Störungen des Bewusstseins, denn einmal macht sich der Uebergang von dem gesunden zum kranken Bewusstsein, sobald das letztere wirklich eintritt, rapider, während er, so lange noch die Gesundheit Statt findet, weit allmälicher ist, und damit setzt sich ein gewisses Niveau fest, welches das gesunde Bewusstsein bezeichnet, wie viel Verkehrtes und Abnormes auch in demselben vorkommen möge, was bei näherer Betrachtung eine vollkommene, wenn auch noch so entfernte, Analogie mit dem kranken zeigt, andrerseits sind die Individuen, die, wenn man sie zusammensucht, allerdings die Reihe vervollständigen, doch gegenüber der grossen Masse derer, welche das Niveau innehalten, vereinzelte und verschwindende, während die, welche weit über dasselbe hinausgehen und deren sich die menschliche Gesellschaft zu ihrer Sicherheit entledigen muss, in den Irrenhäusern wieder einen bestimmten Durchschnitt in den abnormen Erscheinungen zeigen, der von jenem sich bedeutend entfernt. Daher kommt es auch, dass bei den Formen der Verrücktheit und des Wahnsinns der Unterschied zwischen der Gesundheit und Krankheit weit stärker hervortritt, weil die ihnen erliegenden Personen der Gesellschaft weit gefährlicher werden und daher weit eher Anstalten übergeben werden müssen, während die minder gefährlichen Formen des Blödsinns und der fixen Idee mehr in dem gewöhnlichen Verkehr bleiben und daher für die Erfahrung den Uebergang sichtbarer darstellen. Für den Arzt dagegen bilden die mittleren Fälle, die gerade seine Entscheidung am meisten in Anspruch nehmen, die grösste Schwierigkeit, sowohl wenn es sich um Aufnahme in die Behandlung oder um Entlassung aus derselben handelt, und sie halten daher in ihm die Ueberzeugung von dem allmälichen Uebergange wach, die der gewöhnlichen Erfahrung mehr verloren geht, wenn gleich auch hier wiederum dem geübten Arzte ein schärferer Blick und ein gewisser Takt in dem Ueberblick der Gesammterscheinungen zur genauern Unterscheidung hinlänglich zu Statten kommt.

Bildet nun hier, was die Erscheinung selbst betrifft, die Stärke und die Continuität der Störung den entscheidenden Maassstab, so sind wir doch schon durch die bisherige Entwickelung angewiesen, noch einen andern schärfern und bestimmtern hinzuzufügen, welcher wissenschaftlich und practisch sich als der wichtigste ergiebt, dies ist das Verhältniss zur Sittlichkeit. Ist die Continuität der Störung eine so anhaltende, dass sie die ganze Kraft der Sittlichkeit überwindet und alle Zurechnung aufhebt, indem keine freien Momente übrig bleiben oder die Störung so plötzlich und unerwartet einbricht, dass die Macht des sittlichen Willens dabei gänzlich vernichtet wird, so ist die feste Grenze der Krankheit gegeben, oder ist die Stärke der Störung so bedeutend, dass sie in ihren vereinzelten, wiederholten Anfällen unbewusst und daher ohne Zurechnung Handlungen veranlasst, welche die menschliche Gesellschaft gefährden, so hat diese ein Recht sie für Krankheit zu halten und sich gegen sie sicher zu stellen. Dies führt aber wiederum zu einer neuen Relativität, die auf der Wechselwirkung zwischen dem natürlichen und sittlichen Gebiet begründet ist und die Streitfrage erzeugt, ob die Geisteskrankheiten rein als physische oder als moralische Abnormitäten angesehen werden müssen. Denn ist die sittliche Kraft das Maass, so ist einerseits nicht zu leugnen, dass der Mangel derselben nicht nur die natürliche Abnormität bis zu dem Grade, wo sie Krankheit wird, zu steigern im Stande ist, sondern auch die Ursache der ganzen Abnormität sein kann, wie die Fälle beweisen, wo sie aus sittlichen Fehlern, wie Eitelkeit, Stolz, Hochmuth und andern Leidenschaften oder aus einem lasterhaften Leben entspringt, aber andrerseits ist auch nicht zu verkennen, wie das Vorhandensein der rein natürlichen Störungen die sittliche Kraft vermindert und die nothwendigen Grundbedingungen für die sittliche Freiheit und Zurechnungsfähigkeit abschneidet. Bei dieser Wechselwirkung ist es daher für unsre Beurtheilung in den meisten Fällen unmöglich, die eigentliche Grundursache sicher aufzufinden, und es ist ein verkehrtes Beginnen, das sittliche Moment in den Vordergrund zu stellen, und eine Lieblosigkeit, bei jeder Geisteskrankheit die moralische Schuld schroff hervorzuheben, wenngleich unter allen Umständen für die Behandlung die religiöse und sittliche Einwirkung ein nicht zu vernachlässigendes und nicht hoch genug anzuschlagendes Erziehungsmittel bilden wird.

Fassen wir ferner auf, wie die Störungen des Bewusstseins im Traum, im Rausch, in den Delirien ganz den Erscheinungen in den wahren Geisteskrankheiten entsprechen und auch an Stärke ihnen vollkommen gleichkommen, so haben wir hier denselben Unterschied, der auch bei allen physischen Krankheitsformen mehr oder weniger in gleicher Weise sich vorfindet, zwischen acuten und chronischen Formen, wobei denn auch dasselbe Verhältniss obwaltet, dass die acuten zuweilen in chronische übergehen. Selbst die eigentlichen Geisteskrankheiten zeigen diesen verschiedenen Typus, so dass wir auch, wenn es sich um die Veranlassung handelt, denselben Uebergang von grösserer und geringerer Intensität, von längerer oder kürzerer Dauer haben. Anhaltende und wiederholte Trunkenheit erzeugt im delirium tremens eine wirkliche Geisteskrankheit, oder sie endigt in wahrem Blödsinn, Nervenfieber hinterlassen sehr häufig habituelle Geistesstörungen. Hieher gehören auch die oft regelmässig im Wochenbett auftretenden Gemüthskrankheiten, die zum Theil ganz vorübergehend sind, aber ebenso auch Nachwirkungen zurücklassen und dauernde Krankheit des Geistes hervorbringen. Das Resultat unsrer Betrachtungen in dieser Hinsicht muss also dies sein, dass die Geisteskrankheiten in jeder Beziehung den leiblichen Krankheiten analog sind. Wie überhaupt der Unterschied zwischen Gesundheit und Krankheit ein fliessender ist, da auch leiblich Keiner sich vollkommen gesund nennen kann, sondern unter den Gesunden allerlei Abnormitäten vorkommen, die nicht weiter beachtet werden, indem sie den gewöhnlichen Verkehr des Lebens nur mehr oder weniger hemmen, aber nicht vollkommen aufheben, so ist es auch ebenso mit den Störungen des Geistes, und wie im Gebiete der leiblichen Krankheiten stärkere und schwächere Formen und acute und chronische auftreten, so ist es auch ganz so im Gebiete der Seelenkrankheiten.

Dies muss auch ein helles Licht werfen auf die streitige Frage in Beziehung auf die Ursachen und die Entstehung der Geisteskrankheiten. Empirisch lässt sich dieselbe kaum lösen; denn geht man einmal mit einer vorgefassten einseitigen Meinung an die Beantwortung, so kann man immer gegenüber den Thatsachen ausweichen. Zeigt sich auch noch so frappant, dass die Geisteskrankheiten sehr häufig rein aus leiblichen Veranlassungen entstehen und mit ihnen vergehen, so lässt sich immer hinterdrein behaupten, dass man die Disposition dazu in der Seele selbst nicht kenne aber voraussetzen müsse, zeigt sich in andern Fällen umgekehrt, dass sie rein aus geistigen Ursachen entstehen, so lässt sich immer streiten, ob diese ohne die leibliche Disposition würden die Krankheit hervorgebracht haben, und zeigt selbst bei tödtlichem Ausgange der Leichenbefund eine vollkommene leibliche Gesundheit, so bleibt immer der Ausweg offen, dass unsre Kenntniss des Gehirns noch viel zu unbestimmt ist, um durch das Messer des Anatomen alle möglichen Abnormitäten desselben zu constatiren. Dazu kommt, dass, wegen der Wechselwirkung von Seele und Leib, es ebenso schwer ist, zu ermitteln, ob in einem bestimmten Falle, die leiblichen Störungen die Ursache oder die Folge der Geisteskrankheiten gewesen seien. Wo nun die Differenz in den Ansichten auf einer absoluten Trennung von Geist und Leib beruht, so dass man entweder behauptet, der Geist könne gar nicht leiden und krank sein, so dass die Krankheit in dem Leibe versiren müsse, oder der Geist könne nicht von dem Leibe afficirt werden, so dass die Ursache der Störung immer in ihm selbst zu suchen sei, da ist jeder Streit überflüssig und das Vorurtheil kann nur verschwinden durch eine richtige Betrachtung der psychischen Thatsachen überhaupt. Giebt man aber die Wechselwirkung zwischen Seele und Leib einmal zu, so scheint die Lösung auch sogleich gegeben, sobald man die Frage überhaupt nur richtig stellt. Unsre ganze Entwickelung ist darauf hinausgegangen, dass wir das Wesen der Geisteskrankheiten als in der Störung der Functionen des Bewusstseins begründet nachgewiesen haben, die Frage kann also nur die sein, welches dazu die Veranlassungen sein können. Das Bewusstsein steht in der Mitte zwischen dem leiblichen Organismus, dessen gesunder Zustand, namentlich in Hinsicht auf das Gehirn und das Entspringen der motorischen Nerven in ihm, Bedingung für die normale Entwickelung desselben ist, und der sittlichen Thätigkeit, die auf der Grundlage eines entwickelten Bewusstseins erst entstehen kann. Wir können also das Bewusstsein einmal für sich betrachten, rein in seiner natürlichen Qualität, als ein selbstständig für sich bestehendes Gebiet von Thätigkeiten, und diese dann andrerseits wieder in ihrer Wechselwirkung mit der leiblichen Organisation und dem sittlichen Character. Daraus ergiebt sich sogleich die Möglichkeit, dass die Ursache der Störung ebensogut allein in dem Bewusstsein selbst liegen kann, als dass sie ihre entferntere Veranlassung entweder in der leiblichen Organisation oder in sittlichen Ursachen, wie auch in beiden zugleich haben könne. Dabei leuchtet ein, dass die leiblichen wie die sittlichen Ursachen immer nur als secundäre wirken, indem sie durch ihre enge Verknüpfung mit dem Bewusstsein wohl darauf influiren, der eigentliche Heerd der Krankheit aber doch das Bewusstsein bleibt. Findet doch bei den leiblichen Krankheiten selbst ein ganz ähnliches Verhältniss Statt, indem wir einerseits die Krankheit als ein selbstständiges Leiden bestimmter Organe und organischer Processe betrachten, aber die letzte entferntere Veranlassung in andern materiellen Einflüssen zu suchen haben, andrerseits aber ebensosehr auch in sittlichen Gründen die wirkliche Ursache derselben anerkennen müssen. Das Bewusstsein ist Organ des sittlichen Geistes, er beherrscht es und kann es corrumpiren, wie er durch es wieder den Leib in seine Corruption hineinziehen kann, aber das Bewusstsein beruht auch vermöge seiner Zusammengehörigkeit mit dem Leibe auf der Integrität des Gehirns und des übrigen leiblichen Organismus und hängt dadurch wesentlich von ihm ab. Nur wer diese relative Selbstständigkeit des Bewusstseins einerseits und seine Abhängigkeit andrerseits von Leib und Sittlichkeit verkennt, kann dazu kommen, die Krankheit immer auf physische oder sittliche Einflüsse zurückführen zu wollen und auch selbst da, wo sie sich nicht natürlich aus unbefangener Beobachtung ergeben, doch immer zu supponiren. Damit stimmt denn auch die gewöhnliche Erfahrung durchaus überein. Wir finden in ihr bestätigt, dass die Ursache zunächst rein in der verkehrten Entwickelung der verschiedenen Thätigkeiten des Bewusstseins selbst liegen kann. Hieher rechnen wir die Abnormitäten, wie sie individuell und in geringem Grade im gewöhnlichen Leben vorkommen, bei gesundem Leibe und ohne nachweisbaren bestimmten Zusammenhang mit sittlichen Fehlern, und wie sie hier selbst bis zu krankhaften Symptomen und habitueller Störung sich steigern können, namentlich bei einem einseitigen Grübeln über wissenschaftliche Probleme. Daran würden sich als ein Mittelglied die Fälle anschliessen, wo plötzliche oder dauernde Affecte, wie Freude und Schreck, Sehnsucht und Kummer, die Störungen erzeugen, indem wir es hier zwar nicht unmittelbar mit Functionen des Bewusstseins zu thun haben, aber doch mit Seelenzuständen, welche dem Bewusstsein am nächsten stehen und so also auch am leichtesten auf dasselbe einwirken müssen. Hieran erst würden sich anknüpfen die Störungen, die im Gehirn und in entfernterer Beziehung in den übrigen dem vegetativen Prozess dienenden Organen des Leibes ihren Grund haben, in wiefern diese auf das Gehirn einwirken.

Wie starke Eingriffe auf die Centralorgane des Nervensystems Bewusstlosigkeit erzeugen, so können sie auch Störungen in der Thätigkeit desselben hervorbringen, und wenn man die Uebergänge betrachtet, so möchte es fast scheinen, als ob alle Abnormitäten in Hinsicht auf ihre leibliche Veranlassung nur auf Schwächung der Gehirnthätigkeit und des Bewusstseins hindeuteten, so dass die leibliche Ursache in dieser Beziehung immer nur eine allgemein wirkende ist, und die bestimmte Richtung, welche die Störung erhält, mehr nur in dem Bewusstsein selbst und seiner eigenthümlichen Entwickelung begründet ist, wenigstens in sehr vielen Fällen begründet sein kann. Wir sehen dies zunächst in dem Traum, in dem Rausch, der Aetherisation, der beginnenden Ohnmacht, dem Schwindel u. s. w. in allen den Fällen, wo durch Druck auf das Gehirn, Erschütterung des Rückenmarks, Blutandrang, Fieberhitze, die Delirien entstehen, so dass man schliessen möchte, dass jede Reizung und Alteration des Nervensystems, welche Bewusstlosigkeit zu erzeugen vermag, auch Störungen desselben nach sich ziehen könne. In derselben Weise würde dann auch jede Desorganisation des Gehirns selbst und die damit zusammenhangenden dauernden Gemüthskrankheiten nur als habituelle Abschwächung der Gehirnthätigkeit und des Bewusstseins zu betrachten sein, wodurch wir von der etwas wunderlichen Anschauung befreit würden, welche die bestimmten fixen Ideen oder den besondern Inhalt der Geistesstörungen auf die bestimmte Krankheit gewisser Theile des Gehirns zurückführen möchte. Gerade unsre Ableitung der verschiedenen Formen der Gemüthskrankheiten aus dem blossen Mangel der Thätigkeit des Bewusstseins nach einer bestimmten Richtung hin, der Narrheit aus mangelndem Gedächtniss, des Blödsinns aus mangelnder Reflexion, der fixen Idee aus fehlender Anschauung, des Wahnsinns aus fehlender Vorstellungskraft, bedarf nur als leiblicher Veranlassung der Verdunkelung des Bewusstseins und der Abschwächung der Gehirnthätigkeit überhaupt, um daraus alle Erscheinungen vollkommen zu begreifen. Dafür spricht denn auch das diverse Vorkommen der mit den eigentlichen Geisteskrankheiten analogen verschiedenartigen Störungen des Bewusstseins bei den eben erwähnten gleichen Veranlassungen blosser Abschwächung und das sowohl momentane wie dauernde Uebergehen der Formen in diesen Zuständen wie in den Seelenkrankheiten.

Können aber die Störungen rein im Bewusstsein ihren Grund haben, so ist auch auf der andern Seite klar, dass rein sittliche Einflüsse ohne alle leibliche Einwirkungen, Geisteskrankheiten zu erzeugen vermögen, und die Erfahrung spricht hinlänglich dafür. Wir wissen, wie oft Selbstsucht, Eitelkeit, Hochmuth, Stolz, Herrschsucht, Hass, Rachsucht das Bewusstsein verrücken, und ebenso, wie sie momentan dasselbe verblenden und umdunkeln, können sie auch dauernd Gemüthsstörungen hervorbringen. Hier ist es ja doch nur derselbe Unterschied augenblicklicher Einwirkung und dauernder Besitzergreifung, und wie Keiner bei solchen plötzlichen Eingriffen in das gesunde Bewusstsein leibliche Störungen als die eigentliche Ursache supponiren wird, wird er sich auch nicht der Consequenz zu entziehen vermögen, dass die dauernde Corruption der sittlichen Gesinnung eine solche dauernde Herrschaft auf das Bewusstsein zu behaupten vermöge, so dass dieselbe fortwirkende Ursache auch die Gedanken in eine bleibende Verwirrung versetzt. Giebt die Selbstsucht dem Selbstbewusstsein den ersten Anstoss, dass es das Ich in eine verkehrte Beziehung zu den Objecten und den wirklichen Verhältnissen hineindrängt, warum sollen die weitern Gedanken nicht der Bewegung folgen und fixe Ideen hervorgehen, die allmälich die ganze Reflexion verwirren, wie die Herrschsucht, der Hass und die Rachsucht momentan blinde Wuthausbrüche erzeugen, warum sollen sie nicht auch dauernd die Seele zu solchen Ausbrüchen geneigt machen, und grausame und tückische Ausgeburten von Wahnsinn hervorbringen, ohne dass leibliche Einflüsse hinzukommen müssten, um daraus die habituellen Seelenstörungen zu erklären. Auch hier ist wiederum die sittliche Corruption oft nur die allgemeine Veranlassung, die überhaupt nur die Verblendung und Verwirrung des Bewusstseins zur Folge hat, welche Richtung aber dieselbe nimmt, hängt ab von der Thätigkeit von diesem, von den Objecten, die sich ihm darbieten, von den Verhältnissen, in denen es sich befindet, so dass man die entferntere Veranlassung der Seelenstörung in dem sittlichen Einfluss von der eigentlichen Begründung und Entwickelung im Bewusstsein selbst unterscheiden muss. Und nun, nachdem wir alle Begründungen recht auseinander gehalten haben und dadurch die vollständige Möglichkeit einer reinen isolirten Entwickelung in den verschiedenen Richtungen zur vollen Ueberzeugung gebracht zu haben glauben, geben wir zuletzt noch durchaus zu, dass in den bestimmten Fällen die Ursachen sich compliciren und durch die Wechselwirkung eine vielfache Verknüpfung derselben eintritt, so dass es schwer zu entscheiden sein kann, was die eigentliche Veranlassung gewesen sein mag, was primitiv oder secundär aufgetreten ist, was als Ursache oder Folge angesehen werden muss, aber dies beeinträchtigt die wissenschaftliche Auffassung keineswegs, sondern gehört der Beobachtung und dem praktischen Blicke an, für welche gerade die richtige theoretische Erkenntniss das nothwendige Mittel der Orientirung darbietet. Wir halten uns daher auch nicht weiter bei der Behandlung der Geisteskrankheiten auf, welche ausserhalb des Gebietes psychologischer Untersuchungen liegt, und für welche sich die Hauptprincipien aus der bisherigen Betrachtung von selbst ergeben. Wir müssen jede von vornherein überwiegende nur medicinische oder sittliche Einwirkung für einseitig halten, welche ohne Rücksicht auf die bestimmt vorliegende, deutlich ausgesprochene Veranlassung die Heilung nach einseitig vorgefassten Ansichten versuchen will, denn es kann Fälle geben, wo die medicinische Behandlung mit der Entfernung der Ursache alles leistet, und andre, wo sie bei fehlender leiblicher Krankheit, gar nichts vermag, und religiöse und sittliche Einwirkung allein zum Ziele führen, aber in beiden Fällen wird immer der Hauptaugenmerk auf die Regelung des Bewusstseins als des eigentlichen Heerdes der Krankheit selbst gerichtet werden müssen, und hier wird von einer Kräftigung der mangelnden Function durch verständige und angemessene Beschäftigung des Geistes in der bestimmten Richtung das meiste für die Heilung zu erwarten sein, während Unthätigkeit oder verkehrte Leitung in dieser Beziehung, wie sie so leicht aus falschem Vertrauen zu den leiblichen Mitteln oder aus unzweckmässiger und unweiser Anwendung von religiösem und sittlichem Zuspruch und Strafen hervorgehen, alles verderben müssen.

Eine Frage, die sich in diesem Zusammenhange noch aufdrängt, ist die, wie sich die Thiere zu diesen Störungen des Bewusstseins verhalten mögen, und ob bei ihnen etwas den Geisteskrankheiten Analoges vorkomme. Wenn wir den Thieren keine von den entwickelten Functionen des Bewusstseins absprechen können, so werden wir auch von vornherein die Möglichkeit, ja die Wahrscheinlichkeit von dem Vorhandensein solcher Störungen bei ihnen anzunehmen geneigt sein, und die Erfahrung spricht vollständig dafür. Freilich müssen wir dabei gleich berücksichtigen, dass je geringer die Entwickelung des Bewusstseins bei den Thieren überhaupt ist, desto weniger auch die Differenz zwischen dem normalen Zustande und der krankhaften Störung hervortreten kann, und daher finden wir denn auch etwas Aehnliches nur bei den höhern Thieren, wenigstens lässt es sich bei den niedrigern, wo uns der Maassstab für die Kenntniss ihrer Seelenthätigkeit immer mehr abgeht, nicht nachweisen. Aber wir können vielleicht noch einen Schritt weiter gehen und sogar behaupten, dass die normale Entwickelung bei den Thieren durchschnittlich eine gewisse Analogie mit den Erscheinungen hat, wie sie bei dem Menschen als krankhafte auftreten, so dass dadurch für die Relativität der Sache noch ein neuer Gesichtspunkt gewonnen würde. Denn fassen wir nur den Blödsinn auf, so werden wir gleich geneigt sein, das, was bei dem Menschen als Krankheit erscheint, auf der Stufe der thierischen Entwickelung als das gewöhnliche Maass anzunehmen, und ebenso ist es auch mit der Raserei, die bei vielen wilden Thieren als ein ihnen eigenthümlicher, ganz habitueller Zustand vorkommt. Aber auch die übrigen Formen zeigen in gleicher Weise Aehnlichkeit mit dem normalen Grade geistiger Entwickelungsfähigkeit bei den Thieren; wenn man die Erzählung von den tollen Streichen der Affen liest und überhaupt ihre ganze Erscheinung in ihrer Thätigkeit beobachtet, so wird man eine frappante Aehnlichkeit mit der menschlichen Narrheit darin wieder finden, und man wird namentlich anerkennen müssen, dass wenn ihre geistigen Fähigkeiten durch den Umgang mit den Menschen in gewissen Richtungen über das gewöhnliche Maass sich steigern und sie sich zu der Nachahmung menschlicher Thätigkeit erheben wollen, dies immer einen gewissen Anstrich von närrischem Wesen erzeugt. Aber wie dem auch sein möge, so werden wir doch auch andrerseits zugeben müssen, dass wenn man den gewöhnlichen durchschnittlichen Grad der Entwickelung bei den Thieren als den normalen ansieht, hier auch wiederum dieselben Störungen als krankhafte vorkommen. Man spricht von der Dummheit bei den Pferden als einem krankhaften Zustande, und die Tollwuth ist eine bei sehr vielen Thieren vorkommende Krankheit. Wie weit die Differenzen zwischen dem gesunden und kranken Zustande dabei gehen, ist schwer zu ermitteln, aber die Thatsache bleibt als ein festes Resultat stehen, dass der durchschnittliche Grad der Entwickelungsfähigkeit des Bewusstseins die Norm bildet für das gesunde Bewusstsein, und dass, was merklich hinter diesem Maasse zurückbleibt, als krankhaftes gelten muss, wofür dann die einzelnen Functionen des Bewusstseins, in welchem der Mangel sich vorfindet, die Form der Störung bedingen.

Dritter Theil.

Die Vernunft.

Die sinnliche Seele und das Bewusstsein bilden nach unsrer Entwickelung einen Gegensatz, der auf dem verschiedenen Verhältniss des lebendigen Individuums zur Aussenwelt begründet ist und, was die leibliche Seite anlangt, auf der bestimmten physiologischen Differenz der sensiblen und motorischen Nerven beruht, die nur durch die Centraltheile des Nervensystems vermittelt sind. Durch die sensiblen Nerven empfinden wir die Aussenwelt, sie wirkt auf uns ein durch die verschiedenen Reize, die alle auf die schwingende Bewegung zurückzuführen sind, und wir sind dadurch mit ihr verknüpft und in ihren Zusammenhang hineingezogen, trotz der relativen Selbstständigkeit, in welcher der lebendige Organismus für sich besteht. Wir können uns an dem Orte, wo wir uns momentan befinden, den Eindrücken der Umgebungen nicht entziehen, wir müssen sie erleiden, wenngleich dieses Leiden selber eine thätige Reaction bedingt, mit welcher dies lebendige Individuum den reizenden Eindrücken sich entgegenstellt und in der Empfindung dieses Zusammenwirken der äussern Reize mit der lebendigen Reaction des Nerven erfährt. Mit dem Bewusstsein dagegen tritt das lebendige Individuum der Aussenwelt gegenüber, es sondert sich selbstbewusst in freier Thätigkeit von den Umgebungen ab, und erfährt umgekehrt die Reaction der Objecte, als Widerstand gegen seine Bewegungen. So ist die ganze Entwickelung des Bewusstseins gegenüber der Aussenwelt ein Sondern und Verknüpfen, ein Gestalten und Beherrschen derselben, in welchem es nur soviel von ihr erfährt, als es selbst an ihr thätig ist und sie sich von ihm gestalten lässt, indem die eigne Thätigkeit des bewussten Individuums und die Gestaltungsfähigkeit der Dinge sich gegenseitig bedingen, wobei aber immer doch zuletzt alles davon abhängt, ob das Bewusstsein darauf kommt, die möglichen Sonderungen und Verknüpfungen wirklich anzustellen oder nicht, in welchem letzteren Falle die vorhandenen Beziehungen dem Bewusstsein stets verborgen bleiben.

So findet eine stäte Wechselwirkung zwischen der sinnlichen Empfindung und dem Bewusstsein Statt, jene bietet dem Bewusstsein den Stoff dar, indem sie ihm die Aussenwelt nahe bringt, aber er ist ein chaotischer, in welchen erst das Bewusstsein, durch die Organe der leiblichen Bewegung und durch die darauf begründete freie Thätigkeit, Ordnung und Gestalt hineinbringt. Es ist eine Bewegung und Gegenbewegung von entgegengesetzten Richtungen her, in der sinnlichen Empfindung dringt die Aussenwelt auf das Individuum ein, mit der gestaltenden Kraft des Bewusstseins tritt es ihr entgegen und beherrscht sie. Nicht die sinnlichen Eindrücke werden von selbst bewusste, indem sie zum Gehirn fortgepflanzt werden und dort bleiben, und die Thätigkeit des Vorstellens und Denkens ist nicht ein Product der äussern Reize, sondern das bewusste Ich, das sich aus der Thätigkeit an den Objecten immer mehr und immer freier entwickelt, macht die sinnlichen Eindrücke selbst zu bewussten, indem es sich der von ihm beherrschten Organe der leiblichen Bewegung bedient, um jene zu sondern, zu ordnen und zu gestalten, und will man sich den rein physiologischen Vorgang dabei vorstellen, so muss man an eine Reaction der motorischen Nerven gegen die sinnlichen Eindrücke im Gehirn denken. Die Grundlage dieses ganzen Gestaltungsprozesses bildet das örtliche Nebeneinander; wie die Möglichkeit des Selbstbewusstseins darauf beruht, dass das bewusste Ich ein wandelnder Punkt ist, der sein Verhältniss zur Objectivität in jedem Momente frei ändern kann, so ist das ganze Bewusstwerden der Gegenstände zuletzt ein Feststellen ihres Ortes und ihrer Gestalt in ihrem Verhältniss zu dem denkenden Subject und zu den Objecten untereinander, und die ganze Thätigkeit des Bewusstseins gegenüber der sinnlichen Empfindung reducirt sich zuletzt darauf, die Eindrücke auf Gegenstände zu beziehen, sie aus sich heraus an einen bestimmten Ort zu versetzen, sie dort zu verknüpfen und ihre Entstehung an demselben in ihrem Zusammenhange begreiflich zu machen. Die sinnliche Empfindung ist gebunden an den zeitlichen Moment, das empfindende Individuum empfängt an seinem bestimmten Orte die gesammten Eindrücke dieses Moments als ein Durcheinander, ohne alle Kenntniss des Orts, von dem sie ausgehen, denn der empfindende Nerv unterscheidet die Reize nicht einmal an dem eignen Körper als locale, und daher wissen wir durch die Empfindung nur, dass wir in diesem bestimmten Augenblick der Zeit diese bestimmten Empfindungen haben, aber erst das Bewusstsein bringt die örtliche Beziehung hinein, es unterscheidet erst die Theile des Körpers, welche von den Reizen getroffen werden, es versetzt erst die Eindrücke nach Aussen, und fasst die Quelle ihrer Entstehung auf, indem sie die Orte aussondert, von welchen sie ausgegangen sind. Bewusstwerden und Localisiren ist daher im Grunde ein und dasselbe, aber ebendadurch wird das Bewusstsein indifferent gegen die Zeit. Es kann den Gegenstand zu aller Zeit durch das Gedächtniss reproduciren, wie es ihn ursprünglich aus den sinnlichen Eindrücken gestaltet hat, es kann ihn zu jeder Zeit sich vorstellen, auch wenn er nicht mehr zeitlich gegenwärtig ist. Die sinnliche Empfindung kennt den Inhalt des zeitlichen Moments, aber sie vermag ihn nicht örtlich auseinander zu legen und zu Gegenständen zu gestalten, das Bewusstsein vollzieht diese örtliche Anordnung, aber es weiss nicht ob der vorgestellte Gegenstand in dem zeitlichen Momente vorhanden ist oder nicht. Die Eindrücke zu deuten, was sie sind und woher sie stammen, ist Sache des denkenden Bewusstseins, anzugeben ob ein Gegenstand zeitlich in der Aussenwelt vorhanden ist, ist reine Sache der sinnlichen Empfindung.

Schon hieraus ergiebt sich klar und deutlich die Zusammengehörigkeit beider Thätigkeiten der Seele. Die Welt hat ebenso gut ihr zeitliches Nacheinander, wie ihr örtliches Nebeneinander, und da diese in einer bestimmten Wechselwirkung unter sich stehen, so wird auch dieselbe Wechselwirkung für die Empfindung und das Bewusstsein erforderlich sein, und es ist deshalb ebenso einseitig, unser ganzes Wissen von den sinnlichen Eindrücken als von dem reinen Denken ableiten zu wollen, oder auch nur dem einen oder dem andern die Priorität dabei einzuräumen. Wir nehmen schlechterdings nichts wahr, ohne die sondernde Thätigkeit des Bewusstseins, aber wir denken auch schlechterdings nichts, ohne durch die sinnliche Empfindung mit der Aussenwelt verknüpft zu sein und durch sie den Stoff für die gestaltende Thätigkeit des Bewusstseins zu erlangen; denn schon der erste Akt des Selbstbewusstseins, in welchem das Ich sich von der Aussenwelt unterscheidet, setzt voraus, dass ihm diese durch die Empfindung nahe gebracht sei. Gegen diejenigen, welche alles Wissen aus den sinnlichen Eindrücken ableiten, müssen wir mit aller Entschiedenheit die freie selbstständige Thätigkeit des Bewusstseins geltend machen, vermöge deren wir nur das auffassen, was uns durch eigne Combination zu sondern gelingt, so dass hier nichts von aussen her aufgedrungen wird, sondern nur das combinirt wird, was das denkende Subject selbst für combinirbar hält. Gegen diejenigen, welche alles Wissen von dem reinen Denken ableiten, halten wir mit aller Entschiedenheit daran fest, dass die zeitliche Entwickelung des Bewusstseins selbst der Gegenstände bedarf, die ihm durch die sinnliche Wahrnehmung vermittelt werden, und dass es an dem Widerstande der Objecte den leitenden Factor hat, durch den es als ein vereinzelter Punkt im Weltall sich erst seines Verhältnisses zu ihnen bewusst wird und durch ihn lernt, dieselben zu beherrschen. Am besten begreift sich die Wechselwirkung zwischen sinnlicher Wahrnehmung und denkendem Bewusstsein durch die ganz analoge Beziehung zwischen Lehren und Lernen. Der Lehrende leitet das Denken des Lernenden, indem er ihn veranlasst, gewisse Combinationen zu machen, aber dieser muss sie durchaus selbst anstellen und kann nichts aufnehmen, was er sich nicht selbst gestaltet. So lernt auch das Bewusstsein durch die sinnliche Empfindung von der Aussenwelt, indem ihm zeitlich nach den bestimmten Gesetzen der Welt die Dinge vorgeführt werden, an denen es seine Combinationen machen kann; diese Gesetzlichkeit in dem Nacheinander der Erscheinungen ist das Belehrende, durch sie werden die einzelnen Gegenstände als bestimmte für sich seiende Gestalten in bestimmter Ordnung und dadurch fassbar dem bewussten Geiste vorgeführt, aber das Bewusstsein lernt an ihnen nur, inwiefern es selbstthätig darauf kommt, sie zu combiniren und das zeitliche Nacheinander mit dem örtlichen Nebeneinander in Verbindung zu bringen. Daher geht so vieles, was wir an den Erscheinungen lernen könnten, verloren, weil wir durch unsre bisherige Entwickelung des Bewusstseins noch nicht genug vorbereitet sind, um es aufzufassen und zu combiniren, gleichwie vieles bei dem Unterricht nebenbeifällt, was von dem Lernenden nicht begriffen wird. Nur der Unterschied ist bei dem Gleichniss, dass der Lehrende als ein Bewusster selbst Rücksicht nimmt auf die Fassungsgabe des Lernenden und ihm nichts mittheilt, von dem er nicht glaubt, dass dieser es mit dem schon Erlernten verknüpfen könne, die sinnlich sich darbietende Welt ist ein grosses Buch voller Räthsel, aufgeschlagen für die ganze Menschheit, aus welchem sich alle Zeiten und alle Stufen des Bewusstseins ihren Unterricht herausnehmen sollen nach dem Maasse ihrer Fähigkeit. Wäre das einzelne Ich ein absolutes, nicht an die Grenzen von Zeit und Ort gebunden, so möchte es in seinem Denken das All umfassen und der sinnlichen Wahrnehmung entrathen können, um die Welt aus sich selbst zu construiren, wie der göttliche Urheber das Weltall schafft und beherrscht, der Mensch bedarf der sinnlichen Wahrnehmung, um in dem Buch zu studiren, in welchem Gott sich und alle Wahrheit geoffenbart hat.

Hieraus erwächst für den menschlichen Geist die Aufgabe, die sinnlichen Eindrücke mit dem Bewusstsein zu durchdringen und den chaotischen sinnlichen Stoff, in welchem die Welt in den zeitlichen Momenten sich uns nahe bringt, denkend zu deuten, die Erscheinungen auf ihre ewigen Gesetze zurückzuführen und ihren Endzweck in dem göttlichen Urheber zu begreifen; damit erhebt sich die Seele zur Vernünftigkeit, deren Entwickelung den Process darstellt, in welchem sich die sinnliche Seele mit dem Bewusstsein vermittelt. In ihr streift sie das sinnliche Moment allmälich ab, welches nur dazu dient, uns mit der Aussenwelt zu verknüpfen, und dessen eigenthümliche Bestimmtheit eben darin besteht, so lange es nicht von dem Bewusstsein durchdrungen ist, verworren und unklar, und deshalb undurchdringlich zu erscheinen. Sobald es dagegen durch die Vernunft erklärt ist, lichtet es sich von selbst und verliert allen sinnlichen Gehalt, indem die forschende Seele in ihm nur die Vernunft erkennt, die es geordnet und gestaltet hat. Von diesem Standpunkt aus mag denn der vernünftige Geist hinterher sich seiner Kraft und seines göttlichen Ebenbildes bewusst werden, indem er erkennt, dass die sinnliche Schranke nur ein Schein ist, und dass er berufen ist, sie zu überwinden, indem er immer mehr inne wird, dass er überall in der Welt nur Vernunft zu begreifen hat, aber er wird auch demüthig sich dessen bewusst bleiben, dass er, um zu der vernünftigen Einsicht zu gelangen, dieses Widerstandes für seine Thätigkeit bedurfte, und dass es nicht seine eigne Vernunft ist, die er in der Welt wiederfindet, sondern die göttliche, welche die menschliche Vernunft an den sinnlichen Gestalten erzieht, und dass trotz aller Fortschritte der Erkenntniss immer noch unendlich viel Sinnliches übrig bleibt, in welchem die ewigen Geheimnisse der göttlichen Vernunft verborgen sind, aber so, dass sie immer mehr für die Menschheit offenbar werden sollen.

1) Der Glaube.

Die Vernunft ist eine sich entwickelnde, die beiden Factoren, auf welchen diese Entwickelung beruht, sind zunächst die sinnliche Wahrnehmung, die uns die Welt der Erscheinungen nahe bringt und das denkende Bewusstsein, welches sich dieselben aneignet und ausdeutet, indem das geordnete Nacheinander in ein geordnetes Nebeneinander umgesetzt wird. Dadurch ist schon eine doppelte Möglichkeit in diesem Processe der Entwickelung gegeben; denn entweder beginnen wir mit den sinnlichen Eindrücken und gestalten sie durch das Bewusstsein, indem wir uns allmälich des Wahrgenommenen bemächtigen und es denkend durchdringen, oder wir treten umgekehrt mit den eignen Combinationen des Denkens an den sinnlich gegebenen Stoff heran, und erfassen ihn nach Maassgabe der Einsicht, die wir schon in unserm geordneten System von Gedanken besitzen. Das erste ist der Glaube, das andre das Erkennen, und obgleich beide sich fortwährend durchdringen, ist es doch für die wissenschaftliche Darstellung von der grössten Wichtigkeit, sie recht auseinander zu halten und jedem seine wahre Bedeutung für das Wissen beizulegen. Gerade hier ist noch am wenigsten geschehen, um das richtige Verhältniss klar auseinander zu setzen und wir dürfen hoffen, durch eine folgerechte Durchführung des bisher Entwickelten, für die scharfe und befriedigende Lösung der Probleme des Wissens eine feste Grundlage zu gewinnen.

Wenn das Denken sich die sinnlichen Eindrücke aneignet, über sie reflectirt und sie in Vorstellungen von Gegenständen umwandelt, um in ihnen den richtigen Zusammenhang der Dinge anzuschauen, so ist das Ziel für das Bewusstsein die Wahrheit oder die Uebereinstimmung des Denkens mit der wirklichen Welt, die sich uns in den Wahrnehmungen darstellt. Dieses Bewusstsein von der Wahrheit unsres Denkens, das wir in dem fortschreitenden Verkehr mit den Gegenständen erlangen, ist der Glaube, der selbst ein Ineinander von Wahrnehmung und Denken ist und sich stufenweise in der Vermittelung von beiden erzeugt. Er ist die erste Form der Vernunftthätigkeit, indem sie als Wahrheit sich selbst in den Gegenständen wiederfindet, und die starre Sprödigkeit des sinnlichen Stoffs in die Geistigkeit des reinen Gedankens auflöst. Was ist Wahrheit und wie gelangt man zu ihr, das sind die grossen Fragen, die sich hier aufdringen und eine Antwort verlangen, die aber offenbar nur gegeben werden kann, indem wir die verschiedenen Momente erwägen, die den Prozess der Entwickelung des Glaubens bilden.

a. Die Meinung.

Gehen wir von den sinnlichen Eindrücken eines Moments aus, so ist die erste Thätigkeit des denkenden Bewusstseins die, dass es dieselben nach Aussen versetzt und auf bestimmte Ortpunkte bezieht, danach die Gegenstände absondert und sie mit dem an ihnen Wahrgenommenen als Inhalt erfüllt, ganz in der oben von uns in Beziehung auf die reflectirende Thätigkeit des Bewusstseins entwickelten Weise und nach Maassgabe der an den Gegenständen schon geübten und entwickelten Fähigkeit im Denken, nach welcher das momentan Wahrgenommene augenblicklich in Vorstellungen und Anschauungen von Gegenständen umgesetzt wird. Setzen wir nun ein solches erstes Aussondern und Fixiren eines bestimmten Gegenstandes mit seinem Inhalte in der Vorstellung, so bezeichnen wir diesen Standpunkt des Denkens als den der Meinung, und verstehen darunter zunächst nichts weiter als das Festhalten eines einzelnen Objectes für das Bewusstsein, damit es einer ferneren Betrachtung zum Grunde gelegt werde. So sage ich daher, wenn ich mir auf diese Weise erst den Gegenstand aneigne und ihn als solchen etwa aufzeige, ich meine dieses, indem ich mit diesem gemeinten Gegenstande eine Vorstellung verknüpfe und sie durch einen bestimmten Ausdruck bezeichne; aber dabei muss ich mir zugleich bewusst bleiben, dass dasselbe Ding, inwiefern es eine Mannigfaltigkeit von Beziehungen in sich trägt und viele verschiedene Merkmale hat, auch von jedem Andern anders vorgestellt werden kann, weil Jeder mehr oder weniger von dem Inhalt in seine Vorstellung aufnimmt und das Einzelne so oder so combinirt, weshalb denn die Meinung keinen Anspruch darauf machen kann, mehr zu sein, als meine subjective momentane Auffassung des Objects. Ich weiss, was ich meine, aber ich darf meine Meinung nicht auch einem Andern unterschieben, und selbst, wenn dieser Andre denselben Ausdruck gebraucht und wirklich denselben Gegenstand meint, so ist doch von vornherein vorauszusetzen, dass er damit ganz etwas Anderes meint als ich, indem er einen andern Inhalt hineinlegt. Aber selbst die Uebereinstimmung in der Setzung des einfachen Gegenstandes ist schwer zu erreichen, denn wenn ich auch den Gegenstand aufzeige, den ich meine, so ist es nicht einmal gewiss, ob der Andre denselben Gegenstand auffasst, indem die Umgrenzung und Aussonderung, von welcher zuerst die Fixirung des Gegenstandes abhängig ist, von dem Andern auf ganz andere Weise vorgenommen werden kann. Deshalb ist über die gewöhnlichsten Dinge, trotz der gleichen Bezeichnung in der Sprache, die Meinung immer eine sehr verschiedene, aber für den gewöhnlichen Verkehr genügt es schon, wenn das Bewusstsein nur mit demselben Ausdruck ungefähr denselben Gegenstand in ziemlich unbestimmten Grenzen bezeichnet, wenn auch dabei die Vorstellung von seinem Inhalt ausserordentlich differirt, und je reicher dieser Inhalt ist, je mannigfaltigere Beziehungen er zulässt, je weniger er sich bestimmt von seinen Umgebungen aussondern und aufzeigen lässt, desto grösser wird die Differenz. Wir sagen alle, dies ist ein Hund, dies ist eine Rose, aber wie verschieden ist die Vorstellung, die ein Jeder damit verknüpft, und trotz des Bewusstseins, welches alle besitzen, dass sie diese Gegenstände wohl von allen andern zu unterscheiden vermögen, wie arm und unbestimmt ist die Anschauung, welche die durchschnittliche gemeine Ansicht davon hat, verglichen mit der des Naturforschers, und wie verschiedenes denkt sich dabei ein Jeder. Gerade daher entsteht der meiste Irrthum und Streit, dass diese Subjectivität der Meinung nicht recht beachtet wird und Jeder viel zu sehr geneigt ist, die seinige als eine allgemeine zu setzen und bei dem Verkehr mit Andern zu supponiren, erst im Verlauf des Streits kommen wir zu der Vorstellung, dass wir verschiedenes meinten und damit löst sich derselbe gemeinhin auf. Die Meinung also ist zunächst nur das Denken eines Einzelnen über desen bestimmten einzelnen Gegenstand, den er momentan vor sich hat, und der ihm Veranlassung wird, sich einen bestimmten Inhalt vorzustellen, den er an ihm wahrnimmt.

b. Das Vertrauen.

Der Gegenstand, den ich soeben fixirt habe, kann sich im nächsten Momente verändern, und es gilt, diese Veränderungen im Denken richtig aufzufassen. Wir übergehen hier die metaphysische Erörterung, welche aufzuzeigen hat, wie der Begriff der Veränderung an den der Identität gebunden ist, indem man gar nicht von den Veränderungen eines Dinges sprechen könnte, wenn es nicht dabei doch dasselbe Ding bliebe. Es entsteht für uns nur die Aufgabe, nachzuweisen, wie das Denken zu dem Glauben an die wirkliche Veränderung kommt, und da wird sich ein neuer Standpunkt ergeben, den wir mit dem Ausdruck Vertrauen bezeichnen, indem wir entwickeln müssen, dass alles richtige Auffassen der Veränderungen eine Sache des Vertrauens ist, welches darauf beruht, dass wir ein Recht haben zu glauben, dass es eben dieser Gegenstand ist, der sich so verändert. Im ersten Moment könnte es scheinen, als ob dazu nichts weiter nöthig wäre, als die Sinne offen zu haben und auf die Veränderungen, die vorgehen, recht Achtung zu geben, aber bei einigem Nachdenken wird es sogleich klar, dass dabei das Denken eine sehr wichtige Rolle spielt. Denn um der Identität des Gegenstandes gewiss zu sein, müssen wir den Ort, wo er sich befindet, fortwährend im Auge behalten und unverwandt fixiren, dies aber setzt vor Allem voraus die Continuität des Selbstbewusstseins, vermöge dessen ich sicher bin, dass ich mein Verhältniss zu dem fixirten Orte nicht ändere und den dort befindlichen Gegenstand vollkommen im Bewusstsein festhalte, so dass die Veränderungen, die etwa eintreten, nicht in mir, sondern in dem Gegenstande selbst begründet sind. Nehme ich nun die Veränderungen wirklich wahr mit meinen Sinnen, so erfordert die richtige Auffassung derselben wiederum die volle Thätigkeit des Bewusstseins und des Denkens. Denn es handelt sich dabei um eine Vergleichung des neuen Eindrucks mit dem früheren, dieser aber existirt nicht mehr in der Wahrnehmung, sondern nur noch in der Vorstellung, und Alles kommt darauf an, dass das Gedächtniss treu reproducirt und dass die Reflexion die Fähigkeit besitzt den Unterschied in seiner ganzen Schärfe zu erkennen. Es concurriren daher sinnliche Wahrnehmung und das Denken in dem Akte der Auffassung, und das Vertrauen in die Richtigkeit derselben entspringt nicht allein aus dem Glauben an die Integrität der Sinne, sondern es ist ebensosehr und vorzugsweise begründet auf dem Glauben an die Identität meines Denkens, welches für den ganzen Akt der Vergleichung die Grundlage bildet und an die Treue des Gedächtnisses, wodurch die Reflexion auf die Verschiedenheit der Wahrnehmung erst möglich wird.

Der Gegenstand ist aber nicht ein einfacher Ortpunkt an welchem ich nur die nacheinander eintretenden Veränderungen aufzufassen hätte, sondern er ist eine Verknüpfung von Punkten und Linien, die das Nebeneinander seiner Gestaltung bilden und an welche sich seine weiteren Merkmale knüpfen. Wegen dieser Mannigfaltigkeit lässt er eine Verschiedenheit von Sonderungen und Verknüpfungen zu, die ich nicht gleich bei der ersten Fixirung alle gemacht haben kann. Bei fortgesetzter Betrachtung bemerke ich daher Vieles an ihm, was mir vorher gar nicht aufgefallen war, und dies bedingt, gegenüber der ursprünglichen Meinung, die ich gefasst hatte, eine fortwährende Veränderung meiner Vorstellung von ihm. Das Bewusstsein wird demgemäss die Aufgabe haben, diese von den wirklichen Veränderungen des Gegenstandes genau zu scheiden, woraus sich ergiebt, dass das Vertrauen in die richtige objective Auffassung stets abhängig bleibt von der Meinung und dass die fortschreitende Erkenntniss der wirklichen Veränderungen in stäter Wechselwirkung steht mit der fortschreitenden Veränderung der Meinung von dem Objecte. Denn nur das, was ich schon im Bewusstsein fixirt habe, kann mich veranlassen wirkliche Veränderungen anzunehmen, wenn an den bestimmten Stellen ein Wechsel in der Wahrnehmung eintritt, je mehr ich daher in der Aussonderung und Verknüpfung an dem Gegenstande fortfahre und das Netz der Ortpunkte, auf welches sich mein Bewusstsein richtet, vervollständige, desto mehr werde ich auch die Veränderungen, die darin vorgehen, in dasselbe aufnehmen können und auf diese Weise mit Besonnenheit auseinander halten, was ich selbst erst im Fortschritt der Betrachtung in das Bild aufnehme und was der Wechsel der Wahrnehmung mich nöthigt, als objective Veränderung anzusehen. Die subjective Meinung kann aber selbst nicht fortschreiten ohne das Moment des Vertrauens, denn dieses bringt erst in den Wechsel der Vorstellung die Continuität hinein, welche die einzelnen Akte der Reflexion zur Einheit des Gegenstandes verknüpft. Ich halte das ausgesonderte Object vielleicht ursprünglich nur in seiner äusseren Begrenzung fest, in diese trage ich den weitern Inhalt als ein immer reicheres Netz von Punkten ein, aber um dies zu können, muss ich meinem Gedächtniss vertrauen, dass es das früher Aufgefasste in seiner ganzen Schärfe festhält, damit nicht das neu Hinzukommende das Frühere alterire und so eine Verrückung des ganzen Bildes eintrete. Es gehört daher die volle Besonnenheit des Bewusstseins dazu, um den reichen Inhalt des Gegenstandes fortwährend gegenwärtig zu erhalten, die einzelnen Punkte mit den früher fixirten in die richtige Beziehung zu bringen und so das Ding mit allen seinen Merkmalen fortwährend treu zu reproduciren. Die Operation des Denkens wird dadurch eine ungemein complicirte, sobald das Object aus einer Mannigfaltigkeit von Theilen besteht, in denen die Veränderungen erfolgen, und das Vertrauen, sie alle richtig aufgefasst zu haben, ist abhängig von der Schnelligkeit des Denkens, mit welcher es alle möglichen Combinationen sogleich erfasst und von der Treue, mit welcher es dieselben festhält, um daran die eintretenden Veränderungen zu messen.

Das Vertrauen hat aber noch eine andre wichtige Seite, nach welcher es sich auf die Vorstellung anderer Denkenden gegenüber dem Gegenstande bezieht, indem ich allmälich dahinter komme, was diese eigentlich für ein Object meinen, und was sie sich bei dem gemeinten Objecte denken. So bald der Gegenstand ein Vielfältiges von Merkmalen ist, lässt er viele Combinationen zu, es kommt daher darauf an, das verschiedenartige Denken nach und nach zu vermitteln, und dazu ist die Möglichkeit allein gegeben durch die Veränderung des Objectes in seinen einzelnen Theilen und durch die Fixirung der Aufmerksamkeit auf dieses Einzelne. Bleibt der Gegenstand im Ganzen derselbe, es wechselt aber an ihm ein einzelnes Merkmal, so muss dasselbe von allen, die ihn aufmerksam betrachten, auf gleiche Weise aufgefasst werden, nimmt daher der Andre die Veränderung wahr, so kann ich mit Sicherheit annehmen, dass er die dazu nöthige Combination des Denkens gemacht hat, und dass er sowohl den Punkt fixirt, an dem der Wechsel vorging, wie dass er die Veränderung in der Wahrnehmung aufgefasst hat. Ich kann mich daher mit ihm über den veränderten Eindruck verständigen und nunmehr das Vertrauen hegen, dass er die Sache in Beziehung auf diese Veränderung ganz ebenso sich vorstellt, wie ich.

Daher beruht alle Ausgleichung der Vorstellungen über einen Gegenstand auf den theilweisen Veränderungen, die an ihm eintreten, und geht es an, so werde ich den Process beschleunigen, wenn ich sie selbst an ihm vornehme. So ist schon das Aufzeigen eines Dinges, durch welches ich es aus seinem örtlichen Zusammenhange herausnehme und so den Andern veranlasse, diesen fortbewegten Gegenstand im Unterschiede von seinen unverändert bleibenden Umgebungen zu fixiren, der Anfang der Verständigung, hernach zerlege ich ihn weiter in seine Theile oder deute auf dieselben hin, zeichne die Linien vor, und nachdem ich ihn so in seine Bestandtheile gesondert habe, werde ich das Vertrauen hegen können, dass der Andere mit seinen Vorstellungen den meinigen gefolgt ist, und dass unsre Ansichten über den Gegenstand, so weit diese Veränderungen, die wir mit ihm vorgenommen, reichen, identisch geworden sind.

Hier ist nun auch der Punkt, wo die Subjectivität, die dem Denken bisher immer noch anklebte, vollständig verschwindet. Ich kann, so lange ich allein den Veränderungen des Gegenstandes folge, ungewiss sein, ob nicht meine sinnliche Wahrnehmung, die doch nur die Einwirkung des Gegenstandes auf meine Sinne ist, vielleicht nur ein besonderes Verhältniss desselben zu mir darstellt, sehe ich aber, dass auch Andre dieselben Veränderungen an ihm wahrnehmen, so verliert sich dieser subjective Charakter und meine Vorstellung von dem Gegenstande objectivirt sich in dem Maasse, als ich gewiss werde, dass auch Andre dieselben Eindrücke von ihm erhalten. Deshalb schwindet denn auch der Zweifel, ob die Andern wirklich dieselben sinnlichen Eindrücke haben, wie ich. So lange zwei zugleich nur eine momentane Empfindung haben, weiss ich nicht, ob sie wirklich dieselbe ist, selbst wenn dieselbe mit einem gleichen Ausdruck bezeichnet wird, ich kann grün sehen, während der Andre denselben Eindruck hat, den ich blau nennen würde. Um dahinter zu kommen, muss ich die Eindrücke wechseln lassen, und stimmen nun alle in dem Auffassen der Veränderung überein, so ist der Zweifel gehoben, denn die Objectivität des ganzen Auffassens durch die Sinne beruht darauf, dass alle Differenzen, die in der Wahrnehmung vorkommen, wirklich als Unterschiede mit demselben Maasse gemessen werden, und nichts von dem Einen gleich gesetzt werde, was für den Andern verschieden ist. Dies ist ja auch wirklich die Methode, wie man hinter die sogenannten Sinnestäuschungen gekommen ist, von welchen wir oben gesprochen haben, und bei denen es uns nur zweifelhaft blieb, ob sie wirklich auf Differenzen der Sinnesnerven beruhen, oder vielmehr nur auf einem Mangel an Unterscheidungsfähigkeit in dem Bewusstsein, der sich bei fortgesetzter Uebung verliert.

Ist aber erst das Vertrauen gegeben in die richtige objective Auffassung aller Veränderungen an den Dingen und die Möglichkeit der Verständigung unter verschiedenen Denkenden darüber, so ist damit auch das Mittel gegeben, die Differenzen auszugleichen, welche darauf beruhen, dass ein Einzelner die nöthigen Combinationen in dem Nebeneinander der Gestaltung gemacht haben muss, durch welche die wirklichen Veränderungen erst constatirt werden können. Denn was der Eine nicht aufgefasst hat, wird der Andre bemerkt haben, und so wird das Vertrauen wachsen, dass man die Sache richtig und vollständig beobachtet habe, wenn die Auffassungen sich gegenseitig ergänzen und durch ihre Zusammenstimmung sich einander bestätigen. Hat ferner der Eine den Zustand der Sache im Einzelnen in einem früheren Momente genau gefasst, der andere dagegen nachher etwas wahrgenommen, was mit dem vorher dort Bemerkten nicht übereinstimmt, so dürfen wir vertrauen, dass eine Veränderung Statt gefunden hat, und so kann auch das fortdauernde Fixiren desselben Gegenstandes, auf welchem zunächst das ganze Vertrauen beruhte, wegfallen, indem der eine Denkende sich einen andern Denkenden substituirt, zu dem er das Vertrauen hegt, dass er befähigt sei, den Gegenstand richtig aufzufassen, und mit dem er hoffen darf sich über die gemachten Beobachtungen zu verständigen, wobei freilich noch ganz abzusehen ist von dem sittlichen Zutrauen, welches man zu jenem haben muss, dass er wirklich die Absicht habe, wahrheitsgetreu die Sache nach seiner Auffassung darstellen, ein Moment, welches ganz der Ethik angehört, und das wir hier also nicht weiter zu berücksichtigen haben.

Das von uns ausführlich entwickelte Vertrauen bildet ein ausserordentlich wichtiges Moment in dem Fortschritte des vernünftigen Denkens, es umfasst eine Menge von Elementen, die aber alle darin zusammenkommen, dass es sich handelt um das Identische in dem Anderssein, sei es, dass es darauf ankommt, die wirklichen Veränderungen eines Gegenstandes zu constatiren und von dem subjectiven Wechsel der Vorstellungen zu unterscheiden, sei es, dass es gilt das Verhältniss der Auffassung eines Denkenden zu dem aller Andern zu bestimmen und eine vollkommene Verständigung herbeizuführen. Beides ist und bleibt Sache des Vertrauens, welches durchaus an dieses Moment der Veränderung gebunden ist und darauf beruht, in dem Unterschiedenen das Gemeinsame und Identische herauszufinden und festzuhalten. Hierin liegt aber zugleich, dass wir es mit einem unendlichen Prozess zu thun haben, der selbst ein veränderlicher ist und daher auch dem Vertrauen den Charakter der Veränderlichkeit aufprägt. Denn einmal kann der Gegenstand in dem Nacheinander seiner Entwickelung immer wieder noch neue Veränderungen erleiden und, wenn ich ihn in andere Bedingungen versetze, noch wieder mit andern Merkmalen erscheinen, andrerseits ist die zeitliche und räumliche Ausdehnung eine ins Unendliche theilbare, zwischen zwei Zeitmomenten, die ich aufgefasst habe, können noch Veränderungen in der Mitte liegen, die mir entgangen sind, zwischen zwei Ortpunkten, die ich fixirt habe, können noch andre vorhanden sein, die einen Reichthum von Inhalt darbieten, den ich gar nicht ahne, weil mir die Mittel abgehen, die Unterscheidung weiter fortzusetzen, wie die Vervollkommnung der Mikroskope und aller andern dazu nöthigen Werkzeuge beweist. Dazu kommt, dass, je reicher der Inhalt wird, auch die Möglichkeit der Combinationen sich vervielfältigt, so dass für die Reflexion ein unbegrenztes Feld aufzusuchender Beziehungen geschaffen wird. Auf diese Weise geschieht es, dass einerseits zwar das Vertrauen immer wächst, die Gegenstände in ihren Veränderungen mit grösserer Vollständigkeit aufgefasst zu haben, aber es bleibt auch das Bewusstsein der Schranken, welches mit einem solchen Process ewig verknüpft ist. Dieses liegt aber in der Natur der Sache und ist nicht etwa eine Mangelhaftigkeit des Denkens an sich, vielmehr liegt darin die Eigenthümlichkeit des Vertrauens, welches seinem Gegenstande völlig angemessen ist, der wegen seiner unendlichen Veränderlichkeit nur eine Annäherung zulässt, in der ebensowohl ein negatives wie ein positives Element enthalten ist. Was das letztere betrifft, so vertrauen wir, dass das, was wir von den Veränderungen der Gegenstände erfahren haben, wirklich so ist, und dass wir damit eine wahre Kenntniss von den Gegenständen besitzen, und dies bestärkt uns in dem Vertrauen, dass wir auch das, was wir noch nicht wissen, durch die vereinigte Anstrengung aller Denkenden und durch die Verständigung derselben unter einander immer mehr erreichen werden.

c. Die Gewissheit.

Die Meinung fasste den Gegenstand nur als diesen einzelnen, wie er sich mir momentan darbot, das Vertrauen hat den Blick erweitert und er erscheint nun vielmehr als eine Reihe von Veränderungen, in denen er sein continuirliches Bestehen hat. Sie werden in die Vorstellung des Gegenstandes mit aufgenommen und bereichern so die Kenntniss des Objects. Dadurch aber ist der Gegenstand ein allgemeiner geworden, denn die Allgemeinheit besteht eben darin, dass ich den ganzen Wechsel der Veränderungen doch demselben Gegenstand beilegen muss, und dass jeder momentane Zustand desselben nur eine besondere Art seiner Erscheinung ist, welche die Identität des Gegenstandes nicht beeinträchtigt. So ist dieser Baum, trotz der mannigfaltigen Gestaltungen, die er im Verlauf seines Wachsthums annimmt, immer noch derselbe Baum, und selbst wenn ich ihn an einen andern Ort verpflanze und seine Zweige und Wurzeln beschneide, so dass vielleicht nur ein Stumpf übrig bleibt, der neue Schösslinge treibt, hört er nicht auf derselbe Gegenstand zu sein, so lange noch ein Zusammenhang besteht in diesen Veränderungen. Ebenso sind auch die neuen Bäume, die aus dem Saamen seiner Früchte entstehen, Fortsetzungen seines Daseins, ebenso wie es die Ableger sind, die ich aus seinen Zweigen mache, und wenn sie sich auf dem ganzen Erdboden zerstreuen und dabei durch verschiedene Beschaffenheit des Bodens und durch veränderte klimatische Einflüsse fortwährend modificirt werden, so ist es doch immer derselbe Gegenstand, der sich unserer Betrachtung darbietet und der uns auch in der grössten Verallgemeinerung das Vertrauen abnöthigt, dass wir es nur mit einem veränderten Dasein desselben Objectes zu thun haben.

Wir können aber nunmehr noch einen Schritt weiter

gehen und behaupten, dass wenn ein Gegenstand alle diese Veränderungen erleiden kann und darum doch derselbe bleibt, jeder momentane Zustand desselben in dieser oder einer andern Erscheinungsweise nur ein besonderes Moment in seiner Entwickelungsreihe ist, und dass er unter bestimmten Bedingungen auch die andern Zustände jedesmal wieder müsse annehmen können; darum lässt sich denn auch die Betrachtungsweise umkehren und man darf mit gleichem Rechte sagen, dass wenn ein Gegenstand in seinem Neben- und Nacheinander dieselben Veränderungen an sich trägt als ein andrer, er auch nothwendig derselbe Gegenstand sein müsse. Damit ist die Allgemeinheit des Gegenstandes erst vollständig; ein und dasselbe Ding erleidet eine Reihe von Veränderungen und zeigt in ihnen nur besondere Zustände seines wechselnden Daseins, und wo ich dieselben Veränderungen in verschiedenen Dingen bemerke, darf ich ebenso mit vollem Rechte sie für dasselbe Ding halten, da sie ja nur besondere Zustände seines Daseins sein können. Hiemit sind wir zu einem neuen Moment des vernünftigen Denkens gelangt, welches wir mit dem Ausdruck der Gewissheit bezeichnen, und in dem wir ein vollständiges Aufgehen der beiden früheren Momente, der Meinung und des Vertrauens, anerkennen müssen. Wir sind einerseits gewiss, dass dieser gemeinte Gegenstand alle diese Veränderungen an sich erleidet, weil wir vertrauen dürfen, die Identität desselben in dem Wechsel seiner Momente aufgefasst zu haben, und wir sind andrerseits gewiss, dass wo irgend ein Gegenstand dieselben Veränderungen in dem Verlauf seiner Entwickelung darbietet, er auch derselbe Gegenstand wie der ursprünglich gemeinte sein müsse, weil wir vertrauen dürfen, dass der gemeinte Gegenstand selbst nur ein besonderer Zustand in der Reihe der auftretenden Veränderungen ist. Wollen wir uns daher über die Identität mehrerer Objecte vergewissern, so müssen wir ihr Verhalten unter den verschiedensten Umständen untersuchen und wenn es möglich ist, selbst die verschiedenen Veränderungen herbeiführen d. h. probiren, ob dieselben fortwährend in derselben Weise erfolgen.

Hieraus geht schon hervor, dass die Gewissheit, ebenso wie das Vertrauen, nothwendig eine werdende ist, und dass sie, wie jenes, einen unendlichen Process darstellen wird, der wohl das Bewusstsein eines stäten Fortschrittes zulässt, aber nie als abgeschlossen betrachtet werden kann. Wir sind freilich gewöhnt, an die Gewissheit grössere Ansprüche zu machen und lassen uns leicht zu einem Zweifel an die Möglichkeit der Gewissheit überhaupt hinreissen, wenn wir dahinter kommen, dass unser Wissen von dem Dasein der Dinge ein so relatives ist; deshalb ist es von der grössesten Wichtigkeit, diesen Standpunkt des Glaubens in seiner wahren Bedeutung recht zu erwägen, und das, was wir positives und bleibendes an ihm haben, in ein recht helles Licht zu setzen, damit der Schein fortfalle, als könne die Ungewissheit, welche sich mit der Gewissheit wegen ihrer Relativität stets verbindet, der Wahrheit derselben irgend wie Eintrag thun.

Jeder Gegenstand ist unendlichen Veränderungen unterworfen, und ich kann daher nie gewiss sein, wenn ich sein Verhalten auch in noch so vielen Fällen kenne, ob er nicht unter andern Verhältnissen doch wieder andre Modificationen erleiden mag, und so kann ich denn auch nie gewiss sein, ob zwei Dinge, die bei den jetzt bekannten Prüfungsweisen sich stets als identische herausstellen, nicht unter andern Umständen sich doch anders verhalten würden. Deshalb zeigt sich denn auch in der täglichen Erfahrung, dass bisher für gleich gehaltene Objecte, bei fortgeschrittener Erkenntniss, doch als verschiedenartig erscheinen, und dies giebt der Skepsis Raum, als ob es mit aller Gewissheit schlecht bestellt sei, indem man ja fortwährend gezwungen sei, zurückzunehmen, was bisher für gewiss gegolten habe. Aber dergleichen Einwürfe beruhen auf dem völligen Verkennen des wahren Verhältnisses zwischen der Identität und dem Unterschiede und dem darauf gegründeten Begriffe der Allgemeinheit. Gleich und verschieden sind relative Gegensätze, und dasselbe gilt von der Allgemeinheit in ihrer Beziehung zur Besonderheit, indem die eine immer die andre als Correlat an sich hat. Derselbe allgemeine Gegenstand kann diese und andere Veränderungen erleiden und bleibt darum doch dieser selbige Gegenstand, finden wir daher zwei Gegenstände in allen bisherigen Proben als identisch und sie differiren bei einer neuen Prüfung unter andern Verhältnissen, so hebt dies nicht sofort die ganze vorhergehende Untersuchung auf, so dass wir nunmehr die Identität des Gegenstandes aufgeben müssten, sondern wir erhalten nur die Gewissheit, dass diese im Allgemeinen identischen Gegenstände diese verschiedenen Veränderungen an sich haben können und dadurch sich als besondere Modificationen des allgemeinen Objects erweisen. Dies aber dient gerade, anstatt die Gewissheit aufzuheben zur Förderung derselben, denn diese gründet sich ebensowohl auf dem Auffassen der Identität wie der Verschiedenheit. Je mehr ich kennen lerne an demselben Gegenstande, wie verschieden er erscheinen kann, desto mehr verallgemeinert sich das Bild desselben, und desto mehr werde ich gewiss, auch in diesen grossen Verschiedenheiten denselben Gegenstand wieder zu erkennen, um so mehr aber werde ich auch im Stande sein in der Verschiedenheit der Gegenstände, die sich mir an andern Orten und unter andern Verhältnissen darbieten, dasselbe Object mit aller Gewissheit festzustellen. Die Gewissheit ist daher ihrer Natur nach eine stets fortschreitende, die sich entwickelt in einem fortlaufenden Process, welcher damit beginnt, dass wir den gemeinten Gegenstand in allen auch den weitgreifendsten Veränderungen verfolgen und dann durch die Verallgemeinerung des Bildes, in welches alle Modificationen allmälich aufgenommen sind, einen Maassstab gewinnen, für die Wiedererkennung des Gegenstandes in den örtlich verschiedenen Erscheinungen und Zuständen, in denen er sich als ein unendlich modificirter und trotzdem identischer darstellt.

Die Gewissheit steht und fällt mit der Allgemeinheit, die Wahrheit und Realität des Allgemeinen angreifen heisst auch die Möglichkeit der Gewissheit läugnen, denn nur das Allgemeine ist gewiss und alle Gewissheit hat nur das Allgemeine zu seinem Gegenstande; aber gerade darin besteht der ungeheure Fortschritt des vernünftigen Glaubens, den wir mit dem Ausdruck Gewissheit bezeichnen, dass das Denken sich verallgemeinert und den innigen Zusammenhang in den vereinzelten Erscheinungen auffasst, indem das Vertrauen die Identität des Gegenstandes in den veränderlichen Zuständen der Dinge feststellt. Betrachten wir zuerst die Raupe, die Puppe, den Schmetterling für sich, so sind es ganz verschiedene Objecte, in denen Niemand die Identität errathen würde, aber sehen wir die Raupe allmälich in den Zustand der Puppe und des Schmetterlings übergehen, diesen Eier legen, aus denen wieder Raupen entstehen, so ist damit die Gewissheit gewonnen, dass es nur verschiedene Modificationen desselben Insekts sind, das wir in diesem Process der Entwickelung vor uns sehen und das so gegenüber diesen besondern Zuständen als ein allgemeines erscheint. Dieses Resultat aber ist nur dadurch gewonnen, dass das ursprüngliche Object, das sich zuerst als ein blosses Nebeneinander bestimmter Merkmale und Gestaltung darstellte, nunmehr selbst zu einem Process von Veränderungen geworden ist, an welchem sich der Process der Gewissheit entwickelt hat. Meinten wir erst es seien ganz verschiedene Objecte, so ist diese

Meinung in die Gewissheit verwandelt, dass diese verschiedenen Objecte nur Entwickelungszustände des allgemeinen Objects sind, das sich in diesem Nacheinander wechselnder Gestaltung darstellt. Wie hier nun die Berechtigung dazu auf der Hand liegt, so ist es auch in allen andern Fällen, wo der Prozess der Gewissheit sich in ähnlicher Weise entwickelt, und wir können nun auch die Sache umkehren und behaupten, dass alle anderen Arten zur Allgemeinheit zu gelangen, sich hierauf müssen reduciren lassen, wenn sie auf Gewissheit Anspruch machen wollen. Ohne auf diese hier schon weiter einzugehen, da erst später der passende Ort dazu sein wird, wählen wir nur ein Paar Beispiele, um daran die Sache vorläufig zu erläutern. Wir kennen verschiedene Arten von Parallelogrammen, Rhomboide, Rhomben, Rechtecke und Quadrate, die zuerst als ganz verschiedene Figuren erscheinen, die wir aber doch unter der allgemeinen Vorstellung von Parallelogrammen zusammenfassen. Wie wir dazu kommen, bleibe unerörtert; aber die Gewissheit von der Richtigkeit dieser Vorstellung beruht rein darauf, dass wir sie in einander übergehen sehen und so nur als Modificationen desselben Allgemeinen betrachten dürfen. In dem Rhomboid nämlich haben wir nichts weiter als das reine Parallelogramm, ein Viereck, in welchem die Seiten parallel sind, über die Grösse der Winkel und Seiten ist nichts bestimmt. Es wird zu einem Rhombus, wenn alle Seiten gleich werden, zu einem Rechteck, wenn alle Winkel gleich werden, zu einem Quadrat, wenn beide Bestimmungen sich vereinigen. Hier ist also das Rhomboid das wirkliche Parallelogramm, das in seiner Modificirbarkeit die Bestimmungen der andern Arten aus sich erzeugt, wodurch die allgemeine Vorstellung des Parallelogramms zu einem veränderlichen Process geworden ist, in welchem je zwei parallele Linien sich durchschneidend, zuerst ein Viereck bilden, welches sich zum Rhombus und

Rechteck umbildet und zuletzt zum Quadrat wird, und wobei nun die vollkommene Gewissheit vorliegt, dass Rhombus und Rechteck nur ein modificirtes Rhomboid sind, und dass das Quadrat ebenso nur als eine bestimmte Form des Rhombus und Rechtecks erscheint. So verschwindet völlig der Einwurf, welcher gewöhnlich gegen die Realität des Allgemeinen vorgebracht wird, indem man behauptet dieses existire nicht wirklich, sondern nur im Verstande, denn das allgemeine Parallelogramm fällt wirklich zusammen mit dem besondern Rhomboid. Etwas anders verhält sich die Sache in den grossen Reichen der Natur, wir ordnen hier Mineralien, Pflanzen, Thiere in allgemeine Gruppen von Arten, Gattungen, Klassen zusammen,. aber nach der Weise, wie man gewöhnlich die Sache macht und ansieht, scheint der Einwurf allerdings begründet; aber wäre es möglich nachzuweisen, wie das, was zusammengefasst wird, durch die Abstammung wirklich zusammen gehört, so dass alles, was wir jetzt nebeneinander in seiner Verschiedenheit als Verwandtes erblicken, auf einen gemeinsamen Ursprung zurückweist und von diesem aus sich nur allmälich so modificirt hat, so wäre auch hier die Gewissheit der Realität des Allgemeinen vollständig sicher gestellt und die Wissenschaft ist im geradesten Anlauf darauf begriffen. Wir beginnen die verschiedenen Mineralien zum Theil künstlich herzustellen, und die Bedingungen kennen zu lernen, wodurch sie allmälich auseinander geworden sind, wir sind in der Botanik auf dem Punkte, die einzelnen Pflanzen als einen Entwickelungsprocess zu behandeln, in welchem die Zellenbildung als das eigentliche Wesen derselben erscheint und die Thätigkeit der einfachen Zelle als der allgemeinste Urtypus der ganzen Pflanzenentwickelung begriffen wird, die in den einfachsten Pflanzen sich real darstellt und aus der sich die ganze Pflanzenreihe allmälich durch fortdauernde Umwandlung gestaltet hat, wir sind in der Zoologie wenigstens auf dem Wege, ganz dasselbe zu verlangen und sowohl in der Anschauung der in den Erdschichten verborgenen und aufbehaltenen Thierreste die Entwickelungsreihe immer mehr zu vervollständigen, als in der Auffassung des noch unentwickelten Embryos die gemeinsame Wurzel für die nachher erst in ihre besondern Unterschiede aus einander gehenden Thierformen zu gewinnen. So zeigt sich also auch hier dasselbe Resultat, dass die Gewissheit für die Richtigkeit und Realität des Allgemeinen, mag es auch zuerst auf einem andern Wege erkannt sein, doch erst für den vernünftigen Glauben gewonnen wird durch die reale Anschauung der Genesis von einem wirklichen gemeinsamen Ursprunge aus und durch den vollständigen Nachweis der Continuität in der Entwickelung.

Wie nun so die Gewissheit basirt ist auf der Allgemeinheit des Gegenstandes und mit ihm und an ihm sich entwickelt für das Denken, so entsteht auch damit die Allgemeinheit der Gewissheit für alle Denkenden; denn was mir gewiss ist, muss auch für alle in gleicher Weise gewiss werden können, indem es eine Möglichkeit geben wird, die Differenz des Denkens auszugleichen und die verschiedenen Meinungen nur als verschiedene Ansichten von demselben Gegenstande nachzuweisen, die sich auf das Allgemeine zurückführen lassen. Diese Ausgleichung ist denn auch in dem Bisherigen schon vollständig gegeben; denn finde ich bei dem Andern eine differente Auffassung, die ich selbst schon als eine Modification in das allgemeine Bild aufgenommen habe, so genügt es den Andern einfach darauf zu verweisen, finde ich sie noch nicht darin vor, so verlange ich von dem Andern, dass er ihren Zusammenhang mit dem allgemeinen Gegenstande auffasse und mir denselben darstelle. So übersieht daher der in der Verallgemeinerung des Bildes weiter fortgeschrittene leicht die verschiedenen Meinungen Anderer, indem er sie mit seiner

Vorstellung zu vereinigen weiss, und wo die Ansichten derer, die auf der Höhe der Wissenschaft stehen, noch auseinander gehen, ist die Gewissheit vorhanden, dass sich die differenten Anschauungen durch eine noch grössere Verallgemeinerung ausgleichen werden, indem man vertrauen darf, dass wenn Jeder richtig aufgefasst hat, die verschiedenen Auffassungen sich nur auf verschiedene Zustände desselben Gegenstandes beziehen können, und so zu einer noch allgemeinern Darstellung Veranlassung geben müssen. Hiedurch vervollständigt sich der Process der Gewissheit erst recht, indem der subjective Charakter der Meinung völlig aufgehoben wird und die Gewissheit eben als die allgemeine Meinung sich herausstellt, so dass ich die Einsicht gewinne, dass meine Meinung auch von allen Uebrigen, die darüber eine Gewissheit haben können, getheilt wird, und dass wo dies noch nicht der Fall ist, ich wenigstens in meinem Bewusstsein gewiss bin, Jeden zu meiner Meinung durch die Darlegung des realen Zusammenhangs herüberziehen zu können, wodurch auch hier die Gewissheit in der Masse der Denkenden eine immer allgemeiner fortschreitende wird.

d. Die Vermuthung.

Sehen wir, wie der Gegenstand durch die Veränderung der Umgebungen selbst ein andrer wird, so nehmen wir diese mit in die Vorstellung des Gegenstandes auf, und das sich verallgemeinernde Object veranlasst uns, die ursprüngliche Grenze, die wir demselben beilegten, zu modificiren und so den Gegenstand auch in dieser Beziehung zu verallgemeinern. Wir verstehen zunächst unter diesem Baum den Zusammenhang von Stamm, Zweigen, Wurzeln, Blättern, den ich aus der Erde herausnehmen kann und an eine andre Stelle versetzen; aber bald beobachte ich, dass der so herausgenommene Baum vertrocknet und aufhört zu vegetiren, seine Blätter verliert und zuletzt nur noch ein todtes Stück Holz ist, die Erde gehört also mit zu ihm und ebenso die Luft, die Wärme, die Feuchtigkeit u. s. w. und in dem Maasse als diese sich modificiren, verändert sich auch das Wachsthum und die ganze Gestalt des Baumes. Gerade die Veränderungen, die der Gegenstand unter veränderten Umständen erleidet, macht mich daher darauf aufmerksam, dass derselbe von seinen Umgebungen abhängig ist oder dass in denselben die Ursache der Veränderungen liegen muss. Diese aufzufinden ist nun die Sache der Vermuthung, ein neues Moment des Glaubens, welches offenbar mit den bisher entwickelten auf das innigste zusammenhängt. Was ist der eigentliche Grund der Veränderung, die ich an dem Gegenstand wahrnehme, das ist die Frage, die sich bei derselben sogleich aufdringt; sie kann aber nur liegen in den veränderten Verhältnissen, denn nur durch Verknüpfung mit etwas anderem kann etwas anders werden; aber das Ding selbst mit seinen Umgebungen ist ein unendlich vielfaches, es kommt darauf an, heraus zu finden, welche Verhältnisse für die Erscheinung gleichgültig sind und welche auf sie wirklich einwirken und die thatsächliche Veränderung verursachen. Dies kann allein erreicht werden durch die weitere Modificirung der Verhältnisse, erscheint die Thatsache, deren Grund ich aufsuche auch hier als dieselbe, so kann ich gewiss sein, dass er nur in dem liegt, was in den veränderten Verhältnissen das Gleichbleibende ist, und bin ich so im Stande, die Bedingungen immer mehr zu verändern, so wird sich das Gleichartige in ihnen auf einen immer kleinern Kreis zurückziehen, in welchem der Grund der Erscheinung zu suchen ist. Dieser fortschreitende Process, in welchem ich mich allmälich dem eigentlichen Grunde der Thatsache nähere, aber immer doch nur mit Gewissheit behaupten kann, dass er in dem nach Abscheidung des Indifferenten

Zurückbleibenden enthalten ist, wird nun der der Vermuthung sein.

Dieser neue Standpunkt des Glaubens ist selbst nur eine Seite in dem Process der werdenden Gewissheit und theilt daher mit diesem sowohl die Natur des Processes als auch die relative Sicherheit der Gewissheit in der eigenthümlichen Natur ihres Werdens. Hiemit weichen wir allerdings sehr von der gewöhnlichen Vorstellung ab, welche den Standpunkt der blossen Vermuthung gerade dem der Gewissheit gegenübersetzt und das Vermuthete vielmehr als noch völlig ungewiss hinstellt. Aber bei näherer Betrachtung wird sich diese Abweichung leicht erklären und unsere Auffassung sich als die allein richtige bewähren. Entweder nämlich beruht diese Ansicht auf der falschen Begründung der Vermuthung oder auf dem Verkennen des stets relativen Charakters der Gewissheit selbst. In diesem liegt es, wie wir oben deutlich aufgezeigt zu haben glauben, dass das, was wir als gewiss aussprechen, doch noch in vielen andern Beziehungen steht, die noch völlig ungewiss sind, so dass sich die Gewissheit immer nur auf das anwenden lässt, was wir positiv schon gefunden haben, und was wir sicher sind, nicht wieder aufheben zu dürfen, wenn auch das, was jetzt noch ungewiss ist, später vervollständigend hinzugenommen werden muss und uns selbst zur Modificirung des jetzt Gewissen veranlassen könnte. Diese gleiche Gewissheit liegt aber in dem fortschreitenden Processe der Vermuthung, wenn er richtig angestellt wird, indem wir dabei stets sicher sein können, dass in dem Gefundenen der Grund liegen müsse, wenn wir auch bei dem weiter fortschreitenden Process den Kreis der Bedingungen, in welchem der Grund liegt, immer noch enger ziehen können und so also denselben auch fortdauernd modificiren müssen. Daher ist denn auch die Aufgabe der Vermuthung ganz die der Gewissheit, indem sie forscht nach dem in den veränderlichen Bedingungen Gleichbleibenden und so den eigentlichen Grund der Erscheinung findet in dem Allgemeinen, das sich durch die veränderten Umstände als das Identische hindurchzieht, aber es ist um deshalb nur die eine Seite des ganzen Processes der Gewissheit, weil sie das Veränderliche vernachlässigt und abstreift, nachdem sie gefunden, dass es für die Erscheinung selbst ein gleichgültiges ist, während das ganze Augenmerk fortdauernd auf das Gleichbleibende gerichtet bleibt.

Wir versuchen zunächst an einem Beispiel das Gesagte zu veranschaulichen, um so den ganzen Process in seinem sichern Fortschreiten aufzuklären. Wir sehen und hören ein Klavier spielen und fragen nach dem Grunde des Tönens. Zuerst kann dabei die ganze Umgebung im weitesten Sinne des Worts mitwirkend sein und muss also mit unter die Bedingungen aufgenommen werden. Aber bald werden wir durch die Veränderung des Orts und der weitern Umgebungen gewiss, dass diese nichts zum Tönen beitragen, das Instrument dagegen mit dem Spielenden gehören dazu, um den Ton hervorzubringen. Ich ändere nunmehr das Instrument selbst in seiner Form und in den Stoffen aus denen es gemacht ist, ich ändere die Art des Spielens und komme so dahinter, dass die Saiten die eigentliche Ursache des Tönens sind, inwiefern sie auf irgend eine Weise in Bewegung gesetzt werden; ob die übrigen Umstände, die das Instrument zu einer Harfe, zu einer Guitarre, zu einer Geige gestalten, so oder so vorhanden sind, ist gleichgültig, sie modificiren den Ton allenfalls, aber der Ton als solcher bleibt, ob ferner die Saiten durch Tasten, durch die Finger oder durch den Bogen bewegt werden, ist ebenfalls indifferent, und so erkläre ich mit aller Gewissheit, dass in der Bewegung der Saiten die Ursache des Tönens enthalten ist; aber auch dies ist und bleibt eine Vermuthung, und ich muss noch weiter auf den

Grund gehen, da noch ein Mannigfaltiges zurückbleibt, das sich möglicher Weise modificiren lässt. So mache ich denn die Bemerkung, dass auch Blaseinstrumente Töne erzeugen, wobei die Luft durch das Einblasen in Bewegung gesetzt wird, ich finde weiter, dass jedes Körperliche dadurch, dass es in schwingende Bewegung gesetzt wird, Töne erzeugt und kann also auch von der besondern Natur des Körperlichen absehen. So verallgemeinert sich der Grund immer mehr und ich nähere mich dem wahren Grunde fortwährend, aber ich kann nie sagen ob ich bei dem Ende der Untersuchung angelangt bin. Auf jedem Puncte des Processes bin ich gewiss, in dem Vermutheten den Grund zu besitzen, aber derselbe ist stets modificirbar, bis ich zu dem einfachsten gelangt bin, welches der wahre Grund selbst ist; aber davon erreiche ich auf diesem Wege eine letzte Gewissheit nicht, weil es hier kein Mittel giebt, durch welches ich sicher sein könnte, das äusserste nicht mehr der Veränderung fähige Ziel erreicht zu haben. Die Schranke der Vermuthung ist daher diese Relativität des Processes, die aber der Sache selbst wesentlich ist, und der Fortschritt gegen die Gewissheit, die diese Relativität ganz mit ihr theilt, liegt darin, dass mir die bestimmte Richtung gegeben ist, in welcher ich den letzten Grund zu suchen habe, und dass mit der fortschreitenden Vermuthung die Ungewissheit immer abnimmt, während bei der Gewissheit, die nur die Veränderlichkeit der Thatsachen aufsucht und damit zugleich den Gegenstand verallgemeinert, mit der zunehmenden Gewissheit in dem positiv gefundenen, auch zugleich das Gefühl der Ungewissheit sich vermehrt, indem man sich immer deutlicher bewusst wird, dass eine unendliche Menge von Beziehungen noch unerkannt ist, je mehr sich die Kenntniss des Zusammenhanges erweitert, welcher verändernd auf die Gestaltung des Gegenstandes einwirken kann.

Hiemit haben wir den sichern Weg aufgezeigt, auf welchem sich die Vermuthung ihrem wahren Gegenstande nähert; obgleich wir später noch besonders darauf kommen werden, die Ursachen, welche in die Vermuthung die Unwahrheit hineinbringen können, aufzuweisen, wird es hier schon zur Aufklärung der Sache von Nutzen sein, den richtigen Process der Vermuthung mit der gewöhnlichen Ansicht, wie man zu den Ursachen der Erscheinungen kommt, zu vergleichen. Es ist dies das sogenannte post hoc, propter hoc, welches in seiner Nichtigkeit schon Hume richtig characterisirt hat, und welches doch noch immer als die eigentliche Quelle der Begründung angesehen wird, so misstrauisch man auch dem Princip nach dagegen sein möge, indem man nur meint, dass es doch einmal kein andres Mittel gebe, und dass man sich deshalb dieses, wenn auch unvollkommenen Mittels bedienen müsste. Aber es wäre schlecht um unser Wissen bestellt, wenn es wirklich auf einem so unsichern Fundamente beruhte. Wir sehen eine Thatsache eintreten, sobald eine Veränderung in der Umgebung erfolgt, wir sehen die Thatsache aufhören, sobald jene Veränderung in der Umgebung wieder verschwindet, so glauben wir uns berechtigt, jene Veränderung als die Ursache der andern thatsächlichen Veränderung anzusehen, und wir werden um so gewisser, dass wir das Richtige getroffen haben, je öfter wir dasselbe Phänomen sich wiederholen sehen. Hier fehlt es aber an aller Verknüpfung, und der Zweifel kann mit vollem Recht das gleichzeitige Zusammenfallen beider Veränderungen als ein rein zufälliges betrachten. Die noch so oft erfolgende Wiederkehr hebt diesen Mangel nicht auf, sondern macht nur wahrscheinlich, dass irgendwie ein gewisser Zusammenhang und eine gegenseitige Bedingung Statt findet, aber keineswegs, dass das eine die Ursache des andern ist. Was dabei nämlich nicht berücksichtigt wird, ist, dass der Gegenstand selbst ein Mannigfaltiges ist, in welchem der eigentliche Grund der Thatsache liegen kann, der nur durch jene hinzu kommende Bedingung in diese bestimmte Action versetzt wird, oder dass jene eintretende Veränderung zusammen mit andern schon daseienden Bedingungen Ursache der Erscheinung wird, so dass der Zusammenhang jener Veränderung mit der andern ein sehr entfernter und loser ist, der durch eine grosse Menge von Zwischenursachen vermittelt sein kann. So wenn Jemand bei dem oben gewählten Beispiel die Ursache des Tönens in der Bewegung der Finger suchen wollte, oder in dem Anschlagen der Tasten, ohne von den Saiten etwas zu wissen, in denen doch der eigentliche Sitz des Tönens enthalten ist, während jene nur weitere Bedingungen sind, durch welche jene Ursache zur Thätigkeit angeregt wird. Dies fällt aber bei dem von uns aufgestellten Wege der Vermuthung völlig fort und damit ist die Skepsis, welche gegen das gewisse Auffinden des Zusammenhanges von Ursache und Wirkung gerichtet wird, für uns nicht vorhanden, wie denn auch die wahre Wissenschaft längst diesen Weg verfolgt, ohne sich vielleicht selbst dessen recht bewusst zu sein, indem sie, um zu den Ursachen der Erscheinungen vorzudringen, ganz in der von uns angedeuteten Weise die Verhältnisse fortwährend modificirt, wozu die Experimente die trefflichsten Dienste leisten.

c. Die Wahrscheinlichkeit.

Durch die Kenntniss des Grundes ist man zu der wahren Meinung über den eigentlichen Gegenstand gelangt, denn er ist der Ursprung der Sache selbst, und man kann vertrauen, dass alles Uebrige, was sich an dem Objecte findet, nur Modification desselben ist; der Grund, als Anfang der Sache, ist zugleich auch die wesentliche Substanz, die während ihrer ganzen Existenz in ihr fortbesteht, während jede an ihm vorgehende Veränderung nur accidentell ist und ebenso durch weitere Veränderungen wieder verschwinden kann. Hieraus ergiebt sich eine neue Aufgabe für das Denken, indem zu bestimmen ist, welche Veränderungen der Grund überhaupt erleiden kann durch die besondern Umstände, in die er versetzt wird, und welche Bedingungen modificirend auf ihn einzuwirken vermögen. Erst dadurch wird die Gewissheit über die genaue Kenntniss der thatsächlichen Erscheinung vollständig erreicht, indem sie darin besteht, dass wir den wahren allgemeinen Gegenstand in allen seinen möglichen Veränderungen auffassen; die Operation, durch welche man dazu gelangt, bildet daher die andre die Vermuthung ergänzende Seite der Gewissheit, welche wir mit dem Ausdruck der Wahrscheinlichkeit bezeichnen. So wenig nämlich im gewöhnlichen Leben die beiden Ausdrücke Vermuthung und Wahrscheinlichkeit gegen einander abgegrenzt sind und so häufig sie deshalb verwechselt werden, so lässt sich doch auch aus dem gemeinen Sprachgebrauch die bestimmte Bezeichnung rechtfertigen, die wir bei einer scharfen wissenschaftlichen Festsetzung fordern müssen. Die Vermuthung geht immer auf den Grund der Erscheinung, die Wahrscheinlichkeit bezieht sich auf die Veränderung, die sie erleidet, je nachdem sie in diese oder jene Bedingung versetzt wird; ich vermuthe, dass eine Thatsache so oder so sich entwickelt hat, indem ich die Ursachen für alle eingetretenen Veränderungen zu erkennen glaube, es ist mir wahrscheinlich, dass diese oder jene Veränderung eintreten wird, wenn diese oder jene Bedingung sich erfüllt, von der die Erscheinung abhängig ist, darum geht die Vermuthung gewöhnlich zurück in die Vergangenheit auf das, was geschehen ist, die Wahrscheinlichkeit auf das, was geschehen wird, inwiefern man die Bedingungen der weitern Entwickelung zu kennen glaubt.

Eine Veränderung wird aber nur möglich sein, inwiefern etwas anderes auf die Sache einwirkt, und dieselbe wird um so grösser sein, je mehr die einwirkende Bedingung von dem, worauf sie wirkt, unterschieden ist. Gleiches zu Gleichem hinzukommend lässt es durchaus in demselben Zustande und bringt gar keine Wirkung hervor, nur Differentes wirkt auf einander und zwar gerade nach dem Maassstabe der Differenz. Dies ist der Gedanke, welcher der ganzen Untersuchung zum Grunde liegen wird, und es muss darauf ankommen, die mannigfaltigen Veränderungen auf ein Mehr und Minder und bestimmte messbare Grade desselben zurückzuführen, um danach auch die Bedingungen in eine Reihe zu ordnen, die dem Maasse der verändernden Einwirkung entspricht. Diese Reihe wird sich immer mehr spannen, indem die Endglieder derselben immer weiter auseinander gehen und so einen immer stärkeren Gegensatz zu einander bilden, durch welchen das Minimum und Maximum der Veränderung bestimmt wird, während alle Mittelstufen zwischen ihnen liegen. Ist dies erreicht, so können wir gewiss sein, dass jede mögliche Veränderung in der Reihe enthalten ist, und dass wir die Bedingungen vollständig kennen, durch welche irgend ein bestimmter Grad der Veränderung hervorgebracht wird. Dies aber ist wieder die Sache eines unendlichen Processes, indem wir zwar wohl von einem bestimmten Puncte aus die Reihe nach entgegengesetzten Richtungen immer mehr spannen können, aber weder irgend welche Endpuncte als letzte feststellen dürfen, über welche hinaus es nicht noch weitere wirkende Bedingungen geben könnte, noch auch anzugeben wissen, wo die eigentliche Mitte dieser ganzen Reihe ist, von welcher aus die Spannung der entgegengesetzten Bedingungen bestimmt abgemessen werden könnte. Hierin liegt die Schranke des Processes der Wahrscheinlichkeit, wodurch ihr eigenthümlicher Standpunkt unter den Momenten des vernünftigen Glaubens bedingt wird.

Wir können unter allen Umständen nur wahrscheinlich machen, dass jede mögliche Bedingung in der Richtung der gefundenen Reihe liegen muss, und dass je mehr sie nach der einen oder andern Seite dieser Richtung hin liegt, die Wirkung eine dem entsprechende entgegengesetzte sein wird.

Es ist wohl kaum noch nöthig auseinander zu setzen, wie eng sich hiebei die denkende Thätigkeit mit der sinnlichen Wahrnehmung verknüpft, denn einerseits liefert die letzte dazu allen wirklichen Stoff, andrerseits kann allein das denkende Bewusstsein die nöthige Vergleichung anstellen und in die unbestimmte Mannigfaltigkeit ein genaues Maass hineinbringen. Schon die geringste und unbestimmteste Unterscheidung beruht auf der reflectirenden Vorstellung, jede genauere Vergleichung ist das Werk ihrer Uebung, und alles bestimmte Maass wird zuletzt nur dadurch herbeigeführt, dass wir die Differenzen sinnlicher Wahrnehmung auf wirkliche örtliche Unterschiede und gradweise Entfernung zurückführen, so dass alle Veränderungen in der Zeit durch das örtliche Nebeneinander gemessen werden. Einen rechten Beweis dafür liefert die Wärme, welche nur durch die Grade des Thermometers scharf bestimmt wird, wobei vorausgesetzt wird, dass sie die Ausdehnung des Körperlichen bedingt, eine Voraussetzung, die selbst nur auf der erkannten Wahrscheinlichkeit beruht, dass das Maass der Ausdehnung das Maass der Wärme ist. In ähnlicher Weise werden die verschiedenen Farben erst streng geschieden durch die bekannten Streifen in dem durch das Prisma erzeugten Spectrum, Electricität und Magnetismus durch die Ablenkung der Magnetnadel. So lange sinnliche Wahrnehmungen, ohne diese örtliche Vermittelung, in der das bestimmte Denken sich erst vollendet, nur durch das Bewusstsein geschützt werden, bleibt die Vergleichung eine vage und unzuverlässige. Hiebei concurrirt dann stets die Wahrscheinlichkeit, welche die Veränderungen auf eine Reihe von Bedingungen zurückführt, die in dieser Weise messbar wird und dadurch auch das Maass abgiebt für das, was sie bedingt.

Wir sehen daher auch in allen Wissenschaften das Bestreben darauf gerichtet, die Bedingungen auf solche Gegensätze zurückzuführen. Wir sprechen von Leitern und Nichtleitern des Schalls, der Wärme, der Electricität, von undurchsichtigen und durchsichtigen Körpern, von positiver und negativer Electricität, von positivem und negativem magnetischem Pol, wir bringen in der Chemie die Elemente auf eine Reihe und sprechen von electropositiven und electronegativen Substanzen, von Säuren und Basen, wir finden, dass die Höhe der Töne zunimmt mit der Schnelligkeit der Schwingungen und dass sie im umgekehrten Verhältniss steht zu der Länge der Saiten, dass die Farbenscala gleichfalls abhängig ist von der Zahl der Undulationen und der Breite der Lichtwellen, dass die Anziehungskraft in geradem Verhältniss steht zu den Massen und dass sie abnimmt mit der Entfernung u. s. w. Auf solche Art übersehen wir die Bedingungen der Veränderungen vollkommen und können mit Wahrscheinlichkeit die Erscheinungen vorherbestimmen, welche unter diesen oder jenen Bedingungen erfolgen werden. Aber sobald wir die angeführten Beispiele etwas näher betrachten, werden wir noch einen grossen Unterschied darin wahrnehmen, welcher für den Process der Wahrscheinlichkeit selbst von grosser Bedeutung ist. Anfangs nämlich besteht die Reihe der Bedingungen nur aus Gegenständen, von denen wir zwar gewiss sind, dass sie in verschiedenem Maasse verändernd einwirken, aber diese Objecte sind selbst noch in sich ein vielfaches, und wir wissen daher nicht, was in ihnen das eigentlich Bedingende ist; aber je mehr die Reihe selbst sich vervollständigt und auf einen Gegensatz gebracht wird, desto mehr werden wir auch darauf geführt, an den Gegenständen selbst das wirkende von dem unwirksamen zu unterscheiden, indem man allmälich lernt die einwirkenden Bedingungen zu verändern und die grössere oder geringere Wirksamkeit derselben in den veränderten Zuständen zu beobachten. So nähert sich denn immer mehr die Reihe der Bedingungen in der Vorstellung den durch sie hervorgebrachten Veränderungen selbst, indem die Gegenstände ihrerseits den Character des starr gegenständlichen abstreifen und sich in flüssige und veränderliche Thätigkeiten umwandeln, und erst wenn so die Bedingungen der Veränderungen mit den Veränderungen selbst zusammenfallen, ist das Ziel der Wahrscheinlichkeit erreicht, indem dann die Möglichkeit der Einwirkung für das Denken einleuchtend geworden ist. Ich weiss, dass, wenn ich Feuer unter den Theekessel mache, das Wasser kocht, und dass es schneller kocht je mehr Holz ich anlege, daraus wird entschieden wahrscheinlich, dass das Feuer die Bedingung des Kochens ist, aber diese Wahrscheinlichkeit ist noch eine sehr entfernte, denn ich erkenne keinen Zusammenhang zwischen dem Kochen und dem Feuer; ich frage aber weiter, was bei dem Feuer das eigentlich bedingende ist, das Holz, das Leuchtende oder die Wärme, ich modificire daher dasselbe und finde nur dass das Zunehmen der Wärme das Kochen fördert. Das Kochen aber ist Uebergehen des flüssigen Aggregatzustandes in den gasförmigen durch die Ausdehnung, die Wärme dagegen dehnt die Körper aus. So bin ich in der Wahrscheinlichkeit schon weit vorgeschritten, indem die Anschauung der Veränderung der der Bedingung näher gerückt ist. Aber immer noch fehlt es an einer völligen Uebereinstimmung, jetzt thue ich den letzten Schritt und finde, dass die Wärme selbst schwingende Bewegung ist, ich sehe nun ein, wie eine solche Bewegung die Moleküle, aus denen die Materie besteht, von einander entfernen und so die Ausdehnung hervorbringen muss, und damit ist das Ziel der Wahrscheinlichkeit endlich erreicht.

Nunmehr begreifen wir auch die Wechselwirkung, welche zwischen der Wahrscheinlichkeit und der Vermuthung besteht. Denn die Vermuthung ist es, welche den Grund der Erscheinungen in den Gegenständen aufzufinden weiss, indem sie in dem Veränderlichen das Gemeinsame aufzeigt. Wir haben es bei der Wahrscheinlichkeit mit zwei gegenüberstehenden Reihen von Veränderungen zu thun, einmal derjenigen, deren Bedingungen wir suchen und dann der der Bedingungen selbst. Kommt nun die Vermuthung hinzu, welche in beiden Reihen den eigentlichen Grund der Veränderung auffindet, so wird damit zugleich erkannt, was eigentlich das ist, was sich in ihnen verändert, und auf diese Weise müssen die beiden Reihen der Veränderung selbst auf ein Gemeinsames zurückgeführt werden. Dies zeigt sich deutlich an dem oben angeführten Beispiele. Die Wärme ist die Bedingung des Kochens, aber was ist einerseits der Grund des Kochens und andrerseits der der Wärme, erst nachdem ich gelernt habe, dass jener die Ausdehnung und dieser die schwingende Bewegung ist, fallen beide Reihen zusammen, und Vermuthung und Wahrscheinlichkeit begegnen sich vollkommen im denkenden Bewusstsein. Damit ist aber auch ein neuer Standpunkt des vernünftigen Glaubens erreicht, den wir nunmehr weiter zu betrachten haben werden.

f. Die Ueberzeugung.

Kennt man den Grund einer Erscheinung und übersieht zugleich die ganze Reihe der Bedingungen, welche verändernd auf sie einwirken, so ist sie für das Denken völlig durchsichtig geworden, indem wir nun das Gesetz kennen, nach welchem sie sich entwickelt; dies aber giebt den neuen Standpunct der Ueberzeugung, welcher auf der engen Verknüpfung von Vermuthung und Wahrscheinlichkeit gegründet ist. Auf den ersten Anblick wird es überraschen, wie zwei Factoren, von denen jeder für sich von der Ueberzeugung weit entfernt scheint, durch ihre Verbindung sie hervorbringen sollen; aber gerade hier lässt sich dieses wichtige Moment der speculativen Methode recht anschaulich machen. Vermuthung und Wahrscheinlichkeit sind beide entgegengesetzte Weisen in dem Processe der werdenden Gewissheit, sie fehlt ihnen auf keinem Punkte, aber sie ist ihrer Natur nach eine relative und fortschreitende, mit welcher daher auch immer das Gefühl der noch mangelnden Gewissheit oder der Ungewissheit verknüpft ist; was ihnen aber beiden noch fehlt, ist die Ueberzeugung, welche jenen relativen Character verliert und, sobald sie überhaupt eintritt, auch sogleich vollständig vorhanden ist. Dass sie aber entsteht aus der Wechselwirkung von beiden, liegt darin, dass beide von entgegengesetzten Seiten her auf sie gerichtet sind, es steht daher damit gerade so, wie wenn man einen entfernten Punkt, zu dem man unmittelbar nicht gelangen kann, durch Winkelmessung und Triangulation bestimmt. Ich visire zuerst auf ihn in einer Richtung und weiss nun, dass er in der entsprechenden Linie liegt, aber noch nicht an welchem Punkte derselben, dann visire ich von einem andern Orte aus und bestimme dadurch eine neue Richtung, in der er zu suchen ist, durch die Combination beider aber erkenne ich, dass er genau in dem Durchschnittspunkt beider Linien liegen muss, und damit ist die feste Bestimmung erreicht.

Die Ueberzeugung liegt in der engen Verknüpfung, in welcher der Grund zu den Bedingungen steht. Die Bedingungen nämlich sind selbst gar nichts Anderes als der veränderliche Grund, wir übersehen demgemäss, welche Veränderungen er erleiden kann, und wie gerade durch die veränderten Bedingungen auch die Thätigkeit des Grundes sich verändern muss, so dass Eines das Maass des Andern ist, und damit begreifen wir den vollständigen Zusammenhang, der sich in dem Gesetze ausdrückt. Sprechen wir das Gesetz aus, die Gravitation sei die Attraction der Körper in dem geraden Verhältniss ihrer Massen und dem umgekehrten ihrer Entfernung, so sieht man sogleich den Zusammenhang ein, der zwischen der Attraction und ihren beiden Bedingungen der Entfernung und der Masse besteht. Denn die Bildung der Massen ist selbst das Resultat der Attraction und das Aufheben der Entfernung, so dass das ganze Wesen der Attraction in diesem Gegensatz von Entfernung und Massenbildung versirt, folglich auch beide die Gravitation bedingen müssen; hierin liegt in letzter Instanz erst die Ueberzeugung des Denkens, indem es zu der Einsicht in den vollkommenen Zusammenhang beider gelangt ist, während, so lange dieses nicht erreicht ist, aus dem bloss thatsächlichen Verhalten beider zu einander in den Erscheinungen die Attraction nur als eine Vermuthung gewonnen wird, und ihr Bedingtsein durch Entfernung und Masse, wie es sich aus der thatsächlichen Beobachtung der Weltkörper ergiebt, nur eine Wahrscheinlichkeit begründet, die aus der gegenseitigen Messbarkeit ihrer Veränderungen sich folgern lässt.

Die Ueberzeugung, welche aus der Verknüpfung der Vermuthung und Wahrscheinlichkeit hervorgeht, wirkt nunmehr wieder auf die Meinung und das Vertrauen zurück. Denn indem sie den Process der Vermuthung abschliesst und den Glauben befestigt, dass wir zu dem wahren und letzten Grund der Erscheinung fortgeschritten sind, giebt sie auch der Meinung den Character der Ueberzeugung, dass wir dem gemeinten Gegenstande auf den Grund gekommen sind, ihn von seinen veränderten Zuständen unterscheiden und in diesen trotz der wechselnden äussern Erscheinung immer wieder herausfinden können. Andrerseits wird durch sie auch die Wahrscheinlichkeit fest begründet, dass wir die Bedingungen der Veränderungen wirklich kennen und daher auch mit voller Ueberzeugung vertrauen können, alle Veränderungen vollständig zu übersehen. Die Ueberzeugung wirkt also, inwiefern sie die Momente der Gewissheit bedingt, auch auf diese selbst zurück und vollendet sie für den vernünftigen Glauben, indem die gewisse Thatsache nun vollständig aus Grund und Bedingungen erklärt ist, und wir einsehen, wie und warum sie sich so darstellt und entwickelt. Auf diese Weise wird in dem aufgezeigten Processe der zunächst nur sinnlich gegebene Eindruck durch das reflectirende Bewusstsein angeeignet und in der Ueberzeugung bis zur vollständigen Einsicht für das Denken gebracht. Aber die Welt ist ein Unendliches von Eindrücken, immer neue Gegenstände drängen sich der Vorstellung auf und werden von ihr ausgesondert, unzählige Thatsachen verknüpfen sich mit einander und wirken und verändern sich gegenseitig, der Process, in welchem die gewissen Thatsachen erklärt und zur Ueberzeugung gebracht werden, vermannigfacht sich daher auch ins Unendliche. So findet eine continuirliche Wechselbeziehung Statt zwischen der im stäten Fortschritt begriffenen Gewissheit in der Auffindung neuer Thatsachen und der abschliessenden Ueberzeugung von ihrer gesetzmässigen Entwickelung, wodurch sich das ganze Gebiet der Erscheinungen ausserordentlich complicirt. Dies gilt nicht nur von der uns umgebenden Welt im Ganzen und Grossen, sondern ein jeder Gegenstand ist selbst solch eine Welt im Kleinen, eine Verknüpfung von Thatsachen, die in den mannigfaltigsten Beziehungen unter sich und mit den Umgebungen in weiter Ferne stehen, und so liegt darin ein reiches Feld der Untersuchung und ein unermessliches Material der Erforschung vor. Daher schliesst die Ueberzeugung auch immer nur ein bestimmtes Gebiet von Thatsachen ab, um ein andres neues zu eröffnen; der für diese Erscheinung gefundene Grund muss selbst in andern Thatsachen seinen Grund haben, und diese Bedingungen werden selbst wieder durch andre bedingt, eins reiht sich an das andre, und ein durchforschtes Gebiet grenzt an das andre, das noch unerforscht ist, zu welchem aber der Eintritt durch jenes vorbereitet ist. Die Gewissheit neuer Thatsachen sucht weitere Ueberzeugung, durch die Ueberzeugung gewinnen wir die Gewissheit neuer Thatsachen und erst in diesem Ineinandergreifen beider erzeugt sich die gesuchte Wahrheit.

g. Die Ahnung.

Das eben aufgezeigte Wechselverhältniss zwischen Gewissheit und Ueberzeugung bringt zwei neue Formen des Glaubens hervor, je nachdem man von der einen oder andern Seite ausgeht. Beginnen wir mit der Gewissheit einer Mannigfaltigkeit von Thatsachen, die in enger Beziehung zu einander stehen, und suchen für diese allmälich fortschreitend eine Erklärung und eine Ueberzeugung von ihrem Zusammenhange, so giebt dies den neuen Begriff der Ahnung. Der zuerst ausgesonderte und durch die Meinung fixirte Gegenstand zeigt Veränderungen in seiner Erscheinung, wir suchen nach dem Grunde derselben ausser ihm und gelangen allmälich auf dem Wege der Vermuthung dazu; hiemit aber sind wir gezwungen den gemeinten Gegenstand selbst für die Vorstellung zu erweitern, denn diese verändernd auf ihn einwirkende Ursache gehört mit zu seiner Erscheinung. Der Gegenstand verändert sich ferner in einem andern Merkmal, und derselbe Process wiederholt sich nun auch bei diesem und endigt wieder damit, dass, nach der Auffindung der Ursache, er auch in dieser Richtung erweitert werden muss. Dies geht so oft fort, als wir Veränderungen an ihm wahrnehmen, und dadurch dehnt sich der Zusammenhang immer mehr aus. Dies begründet die Ahnung oder den Glauben an einen unendlichen Zusammenhang in den Thatsachen, der jede Grenze, die man um den Gegenstand zieht, als eine nur vorläufige erkennt, die weiter fortgerückt werden muss, je weiter wir in der Einsicht fortschreiten, dass seine Veränderungen durch einen Causalzusammenhang nach Aussen hin bedingt sind.

Aber derselbe Process dringt auch in das Innere des Gegenstandes ein und zerlegt ihn selbst in eine Menge wirkender Kräfte. Wird er verändert durch eine Reihe von Ursachen ausser ihm, so muss er selbst die Bedingungen für ihre Wirkung in sich tragen, indem wir die Ueberzeugung gewonnen haben, dass Grund und Bedingungen auf das innigste mit einander verknüpft sind. Der Gegenstand ist also selbst ein Zusammenhang von Bedingungen, die wir an ihm auszusondern haben, und so zerfällt er, der ursprünglich als eine untrennbare Einheit gedacht wurde, selbst in eine Vielheit von Gegenständen, die sich örtlich von einander trennen lassen und nur zusammen gehalten werden durch einen eben solchen Zusammenhang gegenseitiger Bedingtheit, wie er zwischen ihm und den Gegenständen ausser ihm besteht. Diese fortschreitende Zerlegung des Gegenstandes, durch welche ein immer reicherer Inhalt desselben zu Tage kommt, ist die andre Seite der Ahnung. Sie modificirt also die ursprüngliche Meinung über den fixirten Gegenstand nach zwei entgegengesetzten Richtungen hin, indem sie einerseits die Verknüpfungen aufsucht, in denen er mit andern Gegenständen ausser ihm steht, und ihn andrerseits selbst in seine Theile zerlegt und diese wiederum als selbstständige Gegenstände ausscheidet. Dieser Process ist nach beiden Seiten hin ein unendlicher; der Gegenstand lässt sich in das Unendliche hin theilen, und eben deshalb steht er in einem unbegrenzten Zusammenhange nach Aussen hin, weil jenes einen unendlichen

Zusammenhang von Grund und Bedingungen involvirt. Die Ahnung ist demgemäss selbst eine unendliche, und gerade das ist ihr eigenthümliches Wesen, dass sie in diese unerschöpfliche Weite und Tiefe des Zusammenhanges eindringt und so das, was wir als das nothwendige Resultat des Processes der fortschreitenden Gewissheit entwickelt, an jedem Punkte dem Denkenden zum Bewusstsein bringt. Die Gewissheit ist objectiv betrachtet ein solcher nie endender Process, aber der Denkende, der immer nur auf die Veränderungen gerichtet ist, die er gerade wahrnimmt, braucht sich dieser Unendlichkeit nicht bewusst zu werden, erst die Ahnung überzeugt ihn davon, dass dieser Zusammenhang von Grund und Bedingungen nirgends aufhört, dass jede Veränderung an dem Dinge einen neuen Zusammenhang vermuthen lässt, und dass jede Bedingung des Gegenstandes von Aussen her, zu der Vermuthung berechtigt, dass Grund zu einer Trennung in seinem Innern vorhanden sei. Die Meinung über die Abgrenzung des Gegenstandes wird daher geregelt durch die Vermuthung über diesen Zusammenhang von Grund und Bedingung; Trennung und Verknüpfung sind relativ auf einander bezogene Begriffe, welche nichts anderes als den Grad des Zusammenhanges ausdrücken, der zwischen den Dingen besteht und durch die wechselseitige Bedingtheit der Theile gemessen wird. Jedes Ding ist ein Ganzes, inwiefern es den Grund seines Bestehens in sich hat, und alle seine Bestandtheile sich nur als Modificationen dieses Grundes erweisen, und so wirkt es auch als Ganzes auf andre Gegenstände als Grund ihrer Veränderungen ein; aber jedes Ding zerfällt auch wieder in Theile, die relativ selbstständig für sich bestehen, inwiefern sie gleichfalls in sich abgeschlossen sind und auf einen eignen Grund zurückgeführt werden können, sie bilden aber dieses Ganze, inwiefern sie sich gegenseitig in ihrem Bestehen bedingen und so die Existenz und Wirksamkeit des Gesammtgrundes an sich zur Erscheinung bringen.

Ein recht schlagendes und anschauliches Beispiel für die hier aufgestellten etwas schwierigen Verhältnisse giebt die Entwickelung der Pflanze. Sie besteht im Ganzen aus einem Zusammenhang von Zellen, welche aus der ursprünglichen Keimzelle hervorgehen und durch den Zufluss nährender Bestandtheile von Aussen, durch den Einfluss des Bodens, durch Licht, Luft, Wärme u. s. w. sich gestalten. Durch das enge Aneinanderschliessen dieser Zellen bilden sich Gewebe, aus denen die Gesammtmasse der Pflanze besteht, die sich in den einzelnen Theilen, den Wurzeln, dem Stamme, den Blättern und Blüthen mannigfaltig umformt und metamorphosirt. Jeder dieser Theile bedingt auf eigenthümliche Weise das Leben der ganzen Pflanze und ihr Verhältniss zu den Umgebungen. Die einzelne Zelle ist mit ihrer Zellenwand und ihrem Zelleninhalt ein relativ in sich abgeschlossenes Ding für sich, das aus dem Zusammenhange mit den andern herausgelöst werden kann, aber die Endosmose, die die Flüssigkeit durch die Zellenwand hindurchtreibt und die Ernährung der ganzen Pflanze, die Umwandlung der Flüssigkeit selbst und die daraus hervorgehende Metamorphose der Zellen bedingt, verbindet sie alle untereinander. Die Wurzeln, welche die Pflanze in der Erde treibt und die dazu dienen die Nahrung aus der Erde aufzusaugen, entstehen aus dem Zufluss der Nahrung selbst, welcher die Bildung der Zellen in der Richtung, wo sie die Nahrung finden, vermittelt, die Luft, die die freie Zelle austrocknen würde, legt um dieselbe gerade durch ihre Einwirkung die festgebildete Oberhaut und die Rinde, welche die eigentliche Substanz der Pflanze vor dem weitern Einflusse der Luft schützt, die Blätter, die die nährenden Bestandtheile aus der Atmosphäre zuführen, sind ein Product der Wechselwirkung zwischen ihr und den

Zellen, aus denen sie hervorwachsen, die Spaltöffnungen der Blätter, die die überflüssigen Bestandtheile der Ernährung, Wasserdunst und Gasarten, an die Luft abgeben, sind ein Resultat eben dieses Processes selbst, der sich den Ausweg durch die sich verdichtende Oberhaut offen erhält, die Gefässe, die das Zellengewebe durchziehen, sind lang gestreckte Zellen, die durch das beständige Zuströmen von neuem Nahrungsstoff sich bilden und durch die Saftbewegung und Secretion, der sie dienen, selber entstehen. Das sind die Resultate der neuen Wissenschaft, welcher Reichthum von Ahnungen über den Zusammenhang, in welchem die Entwickelung des Ganzen durch die bedingenden Einflüsse der Umgebungen herbeigeführt und worin die Bedingungen selber die Gliederung des Ganzen in seinen einzelnen umgestalteten Theilen begründen, durch welche der Zusammenhang und die Wechselwirkung zwischen dem Gegenstande und seinen Bedingungen ermöglicht und erhalten wird.

Hiermit aber sind wir gelangt zu der Anschauung des Zweckes, welcher der eigentliche und wahre Gegenstand der Ahnung ist. Denn er ist dieses Ineinander von Grund und Bedingung, aus welchem der Gegenstand als ein gegliederter Zusammenhang von Ganzen und Theilen hervorwächst. Der Grund ist der erste Punkt, von welchem das Dasein des Gegenstandes an dem bestimmten Orte seines Ursprungs hervorgeht, selbst ein Product aller auf diesen Punkt zusammenwirkenden Bedingungen, aus denen er begriffen werden muss; dieser Grund des Gegenstandes, mit dem die für sich bestehende Existenz desselben beginnt, tritt sogleich in Wechselwirkung mit den umgebenden Bedingungen und wird dadurch fortdauernd modificirt und gestaltet, bis er durch dieselbe Wechselwirkung zwischen seinem Inhalt und der Aussenwelt die in dieser liegenden Bedingungen seines Daseins so modificirt und erschöpft hat, dass er selbst dadurch zu Grunde geht. In diesem ganzen Verlauf liegt sein Zweck, und Gegenstand und Zweck ist für die ahnende Betrachtung dasselbe. Der Grund enthält den Zweck in sich, er erreicht ihn nach Maassgabe der Bedingungen unter denen er sich entwickelt, darum ist die Gestaltung, die der Gegenstand in dem Verlaufe seines Daseins erreicht zweckmässig, weil sein Grund selbst das Product dieser Bedingungen ist, und seine Gestaltung sich nach diesen Bedingungen richtet, und darum ist er selbst in allen seinen Theilen zweckmässig gebildet, weil diese das Product der Wechselwirkung zwischen dem Grunde und den Bedingungen sind, die er vorfindet; nur wenn dieses Verhältniss von Grund und Bedingungen an dem Orte, wo er existirt, sich verändert, kann der Zweck, der in dem Grunde angelegt ist, nicht mehr erreicht werden, und der Gegenstand verzehrt sich, verkümmert und vergeht. Das ist also die grosse Aufgabe der Ahnung, den Gegenstand in seiner Zweckmässigkeit zu begreifen, und ihn so einzuordnen als Glied in den grossen Zusammenhang der Welt, in welcher alles zweckmässig geordnet ist, weil jeder Gegenstand einen Zweck hat in der Verknüpfung der Dinge, und jeder als Theil ebenso dem höhern Zwecke eines grössern Zusammenhangs dient, wie seine eignen Bestandtheile seinem Zwecke sich unterordnen.

h. Der Zweifel.

Die andre Seite in der Wechselwirkung zwischen der Gewissheit und Ueberzeugung ist der Zweifel. Es kann auf den ersten Anblick auffallend sein, ihn unter den Momenten des Glaubens zu finden, durch welche die Wahrheit angestrebt wird, während er doch nur eine Negation der Wahrheit zu sein scheint; aber wenn er sich aus den bisher entwickelten Momenten ergiebt, so werden wir ihn schon aufnehmen müssen, und es wird sich damit auch sogleich die grosse Bedeutung herausstellen, welche er für die Entwickelung der Wahrheit hat. Dies lässt sich auch schon einfach aus der Stellung folgern, die ihm in dem gewöhnlichen Gebrauch des Wortes gegeben wird, denn wenn nur das wahr ist, was über allen Zweifel erhaben ist, so muss der rechte Glaube an die Wahrheit auch durch den Zweifel hindurchgegangen sein, indem er nur so die Einwürfe, welche gegen dieselbe gemacht werden können, kennen lernt und sie zu prüfen und zu überwinden im Stande ist, während er ohne diese Kenntniss leicht durch den ersten aufsteigenden Zweifel erschüttert wird. Um so wichtiger aber ist es den Grund und die Bedeutung des Zweifels für die Aufgabe des Wissens näher kennen zu lernen und den wahren berechtigten Zweifel von dem falschen, die Wahrheit hemmenden recht zu unterscheiden.

Der wahre Zweifel muss zunächst seinen Grund haben in einer wahren Ueberzeugung, und dann auf die Erforschung der Gewissheit gerichtet sein, dies sind die beiden Kriterien, durch welche er sich scharf von der falschen Zweifelsucht absondert. Bin ich überzeugt den Grund und die Bedingungen einer Thatsache genau zu kennen, so habe ich, wenn jene sich nicht darin vorfinden, ein Recht, an der Gewissheit der beobachteten Thatsache zu zweifeln, mag jene von mir selbst wahrgenommen oder von Andern überliefert sein; aber die daraus entstehende Ungewissheit bezieht sich nur auf die Unvollständigkeit der Beobachtung, und der Zweifel hat darum nicht das Recht die Thatsache zu verwerfen, sondern gerade durch die Ueberzeugung von den nothwendig vorhandenen Bedingungen geleitet, geht er an eine fernere Prüfung derselben und ruht nicht eher, als bis er das Fehlende aufgefunden hat. Die falsche Skepsis hebt alle Ueberzeugung auf oder verwirft jede Gewissheit des Thatsächlichen, und endigt so in einem leeren Nihilismus und in einer vollkommenen Verzweifelung an der Wahrheit; der wahre Zweifel beruht auf fester Ueberzeugung und sucht die Gewissheit, und weil er von der Möglichkeit der Wahrheit überzeugt ist, findet er sie auch am Ende, indem er den Weg kennt, auf dem sie gesucht werden muss. Er gründet sich daher einerseits auf dem Vertrauen Wahrheit der Thatsache, dass sich die volle durch eine recht eingehende Beachtung aller Veränderungen, die sich an ihr zugetragen haben, müsse ermitteln lassen, und andrerseits auf der Wahrscheinlichkeit, dass man die Bedingungen vollständig kennt, auf welche die betreffende Thatsache zurückgeführt werden muss. Denn die zu untersuchende Erscheinung ist ein Mannigfaltiges, sowohl in ihrem Nebeneinander wie in dem Nacheinander ihrer Momente, und beide sind ins Unendliche theilbar. Mit welcher Genauigkeit ich daher auch die Veränderungen aufgefasst habe, immer kann zwischen zwei Punkten, die ich beobachtete, noch eine Menge von Inhalt verborgen liegen, der mir entgangen ist, und hier gerade können die Bedingungen sich vorfinden, die zur Erklärung der Thatsache nothwendig sind. Aber auch noch eine andere Möglichkeit ist vorhanden; die Reihe der wahrscheinlichen Bedingungen ist eben so eine unendliche, sie können sich immer noch weiter modificiren, so dass ich sie in den Modificationen nicht wieder erkenne, und gerade in dieser Gestalt können sie bei der beobachteten Thatsache vorhanden gewesen sein, so dass ich sie zwar mit in die Betrachtung aufgenommen habe, aber ihren bedingenden Einfluss nicht erkenne. Beides kann aber auch zusammen wirken, denn in dem Maasse, als ich den bedingenden Einfluss von Umständen nicht ahne, werde ich sie auch nicht mit der Thatsache in Beziehung bringen und daher bei der Beobachtung gänzlich vernachlässigen. Der Zweifel richtet sich demgemäss entweder gegen das Vertrauen oder gegen die Wahrscheinlichkeit, je mehr ich vertrauen darf, alles vollständig beobachtet zu haben, desto mehr wird es wahrscheinlich, dass die Bedingungen in einer andern als der gewöhnlichen, bekannten Gestalt vorhanden gewesen, und ich werde daher untersuchen müssen, ob sich unter den beobachteten Umständen nicht solche finden, die sich durch Modification auf die bekannten Bedingungen zurückführen lassen; umgekehrt, je mehr es mir wahrscheinlich ist, dass ich alle Modificationen der möglichen Bedingungen übersehe, desto mehr muss ich annehmen, dass die Thatsache unvollständig beobachtet ist, und ich werde genauer nachforschen müssen, ob ich jene nicht in den übersehenen Umständen noch auffinde. Dies wird aber weiter Veranlassung werden, dass ich entweder meine Meinung über die aufgefasste Thatsache modificire und dadurch ein Gleichgewicht hineinbringe zwischen der Thatsache und den beobachteten Bedingungen, oder dass ich meine Vermuthung anstrenge, um dahinterzukommen, wo die nothwendigen Bedingungen in dem Verlauf der Thatsache ihre Stelle haben können oder wo die Ursachen vorhanden sind, welche die Bedingungen in der Weise modificirt haben, dass ich sie in der gegebenen Gestalt nicht wieder erkenne.

Damit tritt der Zweifel in die engste Wechselbeziehung zur Ahnung, und beide ergänzen sich fortwährend für das Auffinden der Wahrheit. Zweifele ich an der Vollständigkeit der Thatsache, so werde ich auf die Ahnung verwiesen, welche den Zusammenhang durch Zerlegung des Gegenstandes oder durch Erweiterung seiner Beziehungen nach Aussen ergänzen muss, ahne ich einen weitern Zusammenhang, so regelt der Zweifel das Aufsuchen desselben, indem er das Maass abgiebt für das Vertrauen, mit welchem ich die Veränderungen an dem Gegenstande richtig und vollständig aufgefasst habe, und für die Wahrscheinlichkeit, auf welche ich bei der Aufsuchung der Bedingungen rechnen kann. Die Ahnung verhilft dem Zweifel zu der rechten Gewissheit der Thatsache, der Zweifel giebt der Ahnung die Ueberzeugung von dem richtigen Fortschreiten in der Aufsuchung des Zusammenhanges und von dem, was zu seiner vollständigen Aufklärung noch mangelt. So hält der Zweifel die Ahnung stets wach, damit sie nicht glaube, ihren Zweck schon vollständig erreicht zu haben, und für Gewissheit ausgebe, was nur noch Ahnung ist, indem er ihr die Unendlichkeit des Processes vorhält und sie anhält, bei der Erweiterung des Zusammenhanges auch gleichen Schritt zu halten in der Sonderung des Einzelnen, und so das Ganze immer mehr zu gliedern und nicht eher weiter fortzuschreiten, als bis die Auffindung des Grundes und der Bedingungen, um die es sich zunächst handelt, bis zur vollständigsten Ueberzeugung gediehen ist. Die Ahnung verliert sich, ohne das zügelnde Gegengewicht des Zweifels, gar leicht in die Weite und reiht einen Zusammenhang an den andern, indem sie sich mit der Auffindung der gegenseitigen Bedingtheit begnügt, ohne sich Zeit zu lassen, um die Art und Weise der Bedingung gehörig festzustellen, oder sie geht ebenso mit ihren Sonderungen fortschreitend in die Tiefe des einzelnen Gegenstandes und verliert darüber die Anschauung über die gegenseitige Bedingung des Einzelnen und die Verknüpfung desselben zu einem Ganzen. Der Zweifel ist in beiden Richtungen das beschränkende und begrenzende Element, das die überfliegende Ahnung fixirt und ihr die Mittel an die Hand giebt, um den Zusammenhang im Ganzen und Einzelnen sicher auszubauen, die Veränderungen beharrlich zu beobachten, die Wahrscheinlichkeit der Bedingungen besonnen zu prüfen und so die rechte und zweifellose Ueberzeugung und Gewissheit über die Thatsachen und ihre Erklärung durch einander herbeizuführen. Die Ahnung sieht überall Zweck, und glaubt sie diesen aufgefasst zu haben, so hat sie auch ihren Zweck erreicht und hält diesen für das wahrhaft gewisse; gegen das Abschliessen tritt der Zweifel auf, er erinnert die Ahnung daran, dass jeder Zweck selbst wieder nur Mittel ist für einen weitern Zweck, und in dieser Beziehung übt er eine doppelte regelnde Aufsicht über die Ahnung aus. Will die Ahnung überfliegen und sich in das Weite verlieren, so fixirt er sie und veranlasst sie, die Mittel für den Zweck in der nächsten Nähe zu suchen, vertieft sie sich zu sehr in den Gegenstand und zersplittert ihn in eine Menge kleiner Zwecke, so verweist er sie auf den grössern Zusammenhang, in welchem die kleinern Zwecke selbst als Mittel für einen höhern Zweck dienen. So hält er die Ahnung immer in dem rechten Mittelpunkt fest, um dessen Untersuchung es sich gerade handelt, und bewahrt sie vor dem Abschweifen nach beiden Richtungen. Dem Zweifel sind alle Zwecke Mittel um den rechten Zusammenhang aufzuklären, und sie gelten ihm nur als Wahrheit, inwiefern sie untereinander vermittelt sind, so dass sich der betrachtete Gegenstand als ein gegliederter Organismus erweist, der erst dann vollkommen richtig und vollständig aufgefasst ist, wenn alle Theile sich als zweckmässige Mittel für den Gesammtzweck herausstellen, und der Zusammenhang, in welchem der Gegenstand sich befindet und durch welchen er fortwährend gestaltet wird, sich als zureichendes Mittel für die Organisation desselben zu erkennen giebt; dann ist die Ueberzeugung und die Gewissheit vorhanden, in deren richtiger Verknüpfung die vollständige Wahrheit gegeben ist.

i. Die Wahrheit.

Durch die bisherige Entwickelung haben wir nunmehr alle Momente zusammen, durch welche der vernünftige Glaube die Wahrheit erreicht. Sie liegt in der Einheit von Gewissheit und Ueberzeugung, von Ahnung und Zweifel, und dadurch ist auch ihr Wesen vollkommen bestimmt.

Sie ist einerseits ein unendlicher Process, der sich seinem Ziel immer nur annähert, weil die Gewissheit wie die Ahnung das unendliche Gebiet der Thatsachen und ihres Zusammenhanges umfasst, aber dies hindert nicht, dass sich mit der jedesmal erreichten Wahrheit die vollkommenste Ueberzeugung verbinden könne, indem der Zweifel immer nur ein endlicher zu überwindender ist, welcher gerade das Maass der schon gewonnenen Wahrheit darstellt und nur hinweist auf das, was noch ferner zu erreichen ist. Die Gewissheit von dem Werden der Wahrheit schliesst in sich die Ueberzeugung, dass sie im Einzelnen wirklich vorhanden ist, und dass wir durch das Fortschreiten in derselben nicht gezwungen werden können, den Besitz derselben wiederaufzugeben. Was einmal auf dem entwickelten Wege wahre und feste Ueberzeugung geworden ist, steht damit für alle Zeiten fest, und gerade darauf beruht der über allen Zweifel erhabene Glaube, dass wir auf diesem gewissen Grunde auch sicher weiter fortschreiten werden, indem der Zweifel nur dann ein vernünftiger ist, wenn er selbst von einer wahren Ueberzeugung ausgeht, während es unvernünftig wäre, um der fortschreitenden Gewissheit willen, an der bereits erlangten zu zweifeln. Die Wahrheit ist so eine ewige und absolute und ihr Gegenstand ist Gott, der eben diese ewige und absolute Wahrheit selbst ist, und der sich deshalb in aller werdenden Wahrheit offenbart als Endziel und Endzweck alles unsres Strebens nach ihr. Wir nähern uns in einem unendlichen Process seiner Erkenntniss immer mehr an, aber wir tragen auch als Ueberzeugung den Glauben an sein ewiges Dasein in uns, wir ahnen ihn fortwährend in dem Zusammenhange der Welt und in ihren Gesetzen, aber es ist uns auch über allen Zweifel gewiss, dass nicht dieser Zusammenhang Gott selbst ist, indem der wahre Zweifel gerade die Bedeutung hat jeden endlichen Zweck oder auch den unendlichen Zusammenhang derselben, bei welchem die Ahnung stehen bleiben möchte, um ihn für die letzte und ewige Wahrheit auszugeben, als unzureichend für die Auffassung des Göttlichen darzustellen. Hierin liegt auch die rechte Lösung von der Transcendenz und Immanenz Gottes. Indem wir an die Ewigkeit der Wahrheit glauben, sind wir gewiss und überzeugt, dass Gott über alle zeitliche Entwickelung derselben und damit ebensowohl über die ganze Welt wie über unser Denken transcendent hinausreicht, aber ebenso sind wir gewiss und überzeugt, dass er der Welt und unserm Denken immanent ist, und dass wir die Offenbarung des Ewigen in der Welt anschauen und durch die Immanenz in unserm Glauben befähigt sind, ihn in ihr immer gewisser kennen zu lernen. So ist er ewiger Grund und Bedingung, Endzweck und Vermittelung des ganzen Weltenlaufs, und indem wir an ihn glauben, schöpfen wir aus ihm alles Wissen und werden durch ihn in der Betrachtung der Welt zu ihm geführt, indem wir überzeugt sind, dass alles aus ihm, durch ihn und zu ihm geschaffen ist.

Dieser Glaube ist die wahre Vernunft des Menschen, ein Abglanz und eine Offenbarung der ewigen göttlichen Vernunft in dieser Zeitlichkeit und Oertlichkeit; durch sie sind wir überzeugt, dass die Welt ein Werk der Vernunft und eben deshalb selbst ein vernünftiges ist, und je mehr das denkende Bewusstsein eindringt in die zunächst sich ihm sinnlich darbietende Welt, desto mehr löst sie sich ihm auf in Gedanken, und es sieht in ihr nur die schaffende Kraft des göttlichen Denkens und die ganze Zweckmässigkeit seines ordnenden Geistes. Weit entfernt daher von der gotteslästerlichen Eitelkeit zu meinen, erst in ihm werde Gott sich seiner selbst bewusst, begreift die endliche Vernunft sich nur als einzelne Idee des göttlichen Geistes, der ewig schöpferisch die Welt gedacht hat und in seiner ewigen Vernunft die ganze Zeitlichkeit der Welt stets gegenwärtig hat, indem er den unendlichen Fluss der Zeiten schaut, wie einen Moment, und in seinem Selbstbewusstsein trägt die Unermesslichkeit der objectiven Welt, die sein Gedanke schafft und beherrscht. Das allein ist der vernünftige Glaube, jeder andere ist ein Losreissen von der göttlichen Vernunft und wird zur Unvernunft, unser Denken ist ein Nachdenken über das göttliche Denken, den Zusammenhang der Dinge denken, wie Gott ihn gedacht hat, das ist die Wahrheit; aber deshalb offenbart sich auch die göttliche Vernunft nur der Vernunft und das Band zwischen Glauben und Vernunft zerreissen wollen, ist nur ein Verkennen des wahren Verhältnisses beider, das mit darauf beruht, dass die menschliche Vernunft sich von dem Glauben losreissen will, der sie mit ihrem Urquell verbindet.

So mag es denn erlaubt sein, auch hier noch dieser Verkehrung der Vernunft nachzugehen, wenngleich wir bevorworten müssen, dass wir eigentlich an diesem Orte die wahre Quelle derselben, welche eine religiöse und sittliche ist, nicht begreifen können, sondern nur die thatsächliche Erscheinung der Unwahrheit an den gefundenen Momenten des wahren Glaubens zu prüfen haben. Auf dem Wege der natürlichen Entwickelung des Denkens liegt sie nicht, und darum sind wir auch nicht auf sie gekommen. Sie ist eine Verkehrung der Vernunft, ein Widerspruch zwischen ihren Momenten, woher dieser kommt, geht uns daher hier nicht an, und so ist auch die Frage nach ihrer Entstehung keine psychologische; aber sie ist in unserer Erfahrung gegeben, und daher ist es gerade für die Entwickelung unseres Gegenstandes wichtig, wenigstens in der Kürze darzulegen, wie sie sich zu ihm verhält. Wir können sie zurückführen auf die vier Formen des Irrthums, des Wahns, des Aberglaubens und des Unglaubens, deren Uebereinstimmung mit den entsprechenden Momenten der

Wahrheit, der Gewissheit, dem Wahn, der Ahnung und dem Zweifel sogleich in die Augen springt. Der Irrthum oder die falsche Gewissheit entspringt aus einem Widerspruch zwischen Meinung und Vertrauen, indem dem Gegenstande falsche Merkmale beigelegt oder die richtig wahrgenommenen Veränderungen auf einen falschen Gegenstand bezogen werden. Sage ich, der in das Wasser gehaltene Stab erscheint gebrochen, so kann dies ganz richtig sein, wenn damit weiter nichts behauptet wird als der Eindruck für das Auge, auf dem die Aussage allein gegründet ist, aber genau genommen ist es doch nur der Lichtstrahl, den ich sehe, und dieser ist in der That gebrochen; der Irrthum entsteht nur, wenn ich meine, dass der Zusammenhang desselben an sich aufgehoben sei, und dass er also auch etwa für das Gefühl gebrochen erscheinen würde. Die Berge erscheinen in der Ferne blau, dies ist ganz richtig, irrig wird die Ansicht nur, wenn ich meine, dass sie nun auch in der Nähe blau sein werden, und so also die Veränderung übersehe, welche bei der Anschauung in der Ferne durch die dazwischen liegende gefärbte Luftschicht verursacht wird. Die Täuschungen der Taschenspieler beruhen alle auf diesem Zusammenhange, das unterhaltende Spiel derselben liegt darin, dass man zu der Gewissheit von Thatsachen verleitet wird, die mit der Ueberzeugung von den dazu nöthigen Bedingungen sich nicht zusammenreimen lassen, weshalb fortdauernd der Zweifel rege erhalten wird und wir doch gar keine Ahnung davon haben, welches der wahre Zusammenhang sei und worauf der Irrthum beruhen könne. Das Ganze ist meist darauf berechnet, dass wir dem Spiel aus der Ferne zusehen und daher alle Beobachtungen nur durch den Gesichtssinn vermittelt sind, weitere Prüfungen aber wegfallen; die Möglichkeit der Täuschung liegt in der Schnelligkeit der Manipulationen und in einem complicirten Apparat, der Verwechselungen gestattet, ohne dass sie bemerkt werden, so dass nun entweder in der Geschwindigkeit andre Gegenstände untergeschoben oder vermittelnde Veränderungen damit vorgenommen werden, die nicht in das Auge fallen. So lange alles dies für die Vorstellung offen erhalten wird, entsteht auch kein Irrthum, sondern nur Ungewissheit, erst wenn man sich dieser nicht bewusst bleibt, sondern vertraut, alles aufgefasst zu haben, und so die doch immer nur relative Gewissheit für eine absolute hält, entsteht der Irrthum, weshalb denn auch keineswegés das Nichtwissen und der Mangel an Vollendung des Wissens mit Irrthum zu verwechseln ist. Erst das vorschnelle Fertigwerden mit der Beobachtung und das leichtsinnige Verwechseln der Vorstellungen sind die Quellen desselben.

Der Wahn oder die falsche Ueberzeugung entsteht aus einem Missverhältniss zwischen Vermuthung und Wahrscheinlichkeit, und bezieht sich daher auf das Verkennen des wahren Grundes und der eigentlichen Bedingungen einer Erscheinung. Die Ueberzeugung kann nur da vorhanden sein, wo dieselben in der früher entwickelten Weise gefunden worden sind und beide Processe vollständig übereinstimmen, es ist daher schon Wahn eine Ueberzeugung zu besitzen, wo dieselbe noch nicht vorhanden sein kann, selbst wenn sie zufällig das Richtige träfe. Der Wahn hat deshalb seinen Grund entweder in einer unrichtigen Vermuthung oder in einer falschen Wahrscheinlichkeit, und kann fast immer auf das post hoc propter hoc zurückgeführt werden, aus diesem Grunde steift sich der Wahn auch immer darauf, dass man dies oder jenes selber erfahren habe und verwechselt somit die blosse thatsächliche Veränderung mit dem Grunde und den Bedingungen, und anstatt eine Einsicht in den Zusammenhang zu gewinnen, führt er nur Thatsachen an, die als solche vollkommen gewiss sein können, aber nicht die geringste Ueberzeugung gewähren.

Die Vermuthung erreicht nur auf dem langsamen Wege ihr Ziel, dass sie die Thatsache unter immer neuen, veränderten Umständen auffasst, und darin das Veränderliche abziehend, in dem zurückbleibenden Gemeinsamen den Grund zu finden gewiss ist. Hält sie diesen Rest selbst mit allem, was er noch als Merkmal an sich trägt, oder wohl gar eine hervorstechende Eigenschaft desselben, für den wirklichen Grund, so ist dies schon ein voreiliger Wahn, wie vielmehr, wenn sie ohne allen Grund in dem zeitlichen Zusammentreffen einer Thatsache mit einer Veränderung leichtfertig, ohne alle Berechtigung, den Grund derselben voraussetzt. Die rechte Wahrscheinlichkeit liegt nur in der Einsicht, dass die Veränderungen in den Bedingungen auch das Maass für die Veränderungen der Thatsache abgeben, und dass zuletzt die Bedingungen mit dem, was dadurch bedingt wird, in derselben Reihe der Veränderlichkeit liegen müssen; aber aus einer oberflächlichen Erkenntniss, dass durch das Hinzutreten von Umständen Veränderungen erfolgen, ohne das Maass in ihnen aufzufassen und den Zusammenhang zwischen den Bedingungen und der dadurch hervorgebrachten Veränderung einzusehen, schon die Ueberzeugung gewinnen, dass die Thatsache durch diese Umstände wirklich bedingt sei, ist ein vollkommener Wahn, und so entsteht er im gewöhnlichen Leben, wie auch leider oft genug in der Wissenschaft, durch Voreiligkeit und Leichtsinn, und wird mit zähem Eigensinn festgehalten, während ihm doch alle Kriterien einer festen und sichern Ueberzeugung fehlen.

Der Aberglaube ist die falsche Ahnung und beruht auf der Incongruenz zwischen Meinung und Vermuthung, indem ein Zusammenhang aufgefasst wird, wo in der That keiner vorhanden ist oder wenigstens ein ganz anderer, als der gemeinte. Auch hier spielt wieder der Schluss aus dem blossen zeitlichen Zusammentreffen verschiedener Thatsachen eine grosse Rolle, denn entweder schreibt man dem ersten besten Gegenstande vermeintliche Wirkungen zu, ohne dass man die geringste Vermuthung darüber hat, wie derselbe in dieser Wiese wirken könne, oder man verwechselt die wirkenden Gegenstände, indem man die Wirkung auf ein anderes Object bezieht, welches sich momentan damit verknüpft fand, oder auch habituell und dennoch zufällig mit ihm verbunden ist. Auch er beruft sich fälschlich auf die Thatsächlichkeit und vermeint den Zweifel dadurch abzuweisen, während dieser ja gerade gegen die Vollständigkeit der wahrgenommenen Thatsache und gegen das Unzureichende einer auf solchem Wege entstandenen Vermuthung sich richtet. Die wahre Ahnung scheut den Zweifel nicht, der Aberglaube schlägt ihn mit Gewalt zu Boden, oder lässt ihn gänzlich unbeachtet, indem er sich vielmehr darauf stützt, dass so vieles noch unbekannt und ungewiss sei und in diesem die mächtigsten Kräfte und Wirkungen verborgen lägen. Dies läugnet der Zweifel auch gar nicht, aber er treibt die wahre Ahnung zur besonnenen und beharrlichen Untersuchung, während der Aberglaube es träge vorzieht, einen vermeintlichen Zusammenhang zu supponiren, und auf die oberflächlichste Vermuthung hin, ihm Wirkungen beizulegen, die gänzlich unbegründet sind. Darum findet er es am meisten wahrscheinlich, wenn Wirkungen von ihm ganz unbekannten, ungewöhnlichen und seltsamen Gegenständen ausgesagt werden, indem in diesen wohl das verborgen sein kann, was behauptet wird, während er die wahrscheinlichen Wirkungen der bekannten Gegenstände zu beurtheilen versteht und von ihnen Ausserordentliches nicht erwartet, darum vertraut er Zaubersprüchen und Wundermitteln, wenn ihm nur gesagt wird, dass sie thatsächlich die bestimmten Wirkungen hervorgebracht hätten, und darum erzeugt er Furcht vor dem Unbekannten, weil es geheimnissvolle Kräfte in sich birgt, die er sich nicht zu beherrschen traut. Dies geht endlich dazu fort, dass, wo er gar keine Gegenstände wahrnimmt, er erst recht das Gebiet geheimer Kräfte vermuthet und die Leere mit Gespenstern erfüllt, weshalb die Nacht dem Aberglauben ein so günstiges Terrain darbietet, wo die vernünftige Meinung ganz verschwindet und das Reich vager Vermuthung sich eröffnet.

Der falsche Zweifel ist der Unglaube, welcher auf dem Widerspruch zwischen Vertrauen und Wahrscheinlichkeit gegründet ist, und sich dadurch characterisirt, dass er entweder die Thatsache völlig verwirft, weil er sie mit dem, was ihm wahrscheinlich ist, nicht zu reimen vermag, oder dass er sich nicht bemüht, die wahrscheinlichen Bedingungen aufzufinden, und so bei der blossen Thatsache stehen bleibt, indem er es für unmöglich hält, den eigentlichen Grund und die wahren Bedingungen derselben herauszufinden. Das sind daher auch die beiden Formen, in welchen die Skepsis, die weiter nichts als Unglaube ist, zu allen Zeiten aufgetreten ist; sie läugnet die Möglichkeit des Wissens, indem sie entweder die Thatsachen als wahre und wirkliche aufgiebt und sie für blossen Schein und Sinnestäuschungen erklärt, dagegen sich mit reinen Wahrscheinlichkeiten begnügt, nach denen sich unser subjectives Verhältniss und unsre praktische Thätigkeit in Beziehung auf sie gestalten soll, oder umgekehrt die objectiven Thatsachen in ihren zeitlichen Veränderungen und Gestaltungen als das einzig Wahre darstellt, und die Möglichkeit läugnet, ihren innern Zusammenhang aufzuklären und zu einer vollständigen Ueberzeugung zu bringen. Jene vertrauen allerdings in gewisser Beziehung den Erscheinungen und können so sich nicht ganz der Macht der Objectivität entziehen, aber sie erklären ein solches blosses Vertrauen als unzulänglich für das Wissen und subjectiviren es zu sehr, diese sprechen auch von einer gewissen Wahrscheinlichkeit in unsrer Erkenntniss des Zusammenhangs, aber sie legen ihr nicht die rechte Bedeutung bei, indem ihnen das nur Wahrscheinliche ebenso unzureichend ist für das wahre Wissen; dadurch vernichten sie die Kraft, die in der rechten Verbindung beider liegt, und die sich in dem Vertrauen zu der Wahrscheinlichkeit ausspricht, dass in ihnen das vollkommen genügende Mittel liegt, um zur wahren Ueberzeugung und Gewissheit zu gelangen, und verschmähen übermüthig dieses Mittel durch Verachtung aller Thatsachen oder Verwerfung aller Einsicht in ihren Zusammenhang. Der wahre Zweifel verwirft nichts und hält nichts ohne Untersuchung für unmöglich, aber er vergewissert sich durch besonnene Prüfung der Thatsachen und sucht beharrlich in ihren gesetzmässigen Zusammenhang einzudringen.

Der Aberglaube ist im Allgemeinen der verkehrte und vernunftlose Glaube der urtheilslosen und trägen Menge, der Unglaube das Product eines übermüthigen auf halbem Wege stehen gebliebenen Wissens, welches verwirft, was es nicht begreift, statt es zu untersuchen, in dem eitlen Wahn, dass es die Bedingungen der Thatsachen kenne und ein Urtheil darüber habe, was möglich oder nicht möglich sei. Beide hemmen auf gleiche Weise das fortschreitende Wissen der Wahrheit, jener, indem er es nicht der Mühe werth hält, eine Ueberzeugung zu suchen, dieser, indem er durch die Verwerfung neuer Thatsachen das Mittel abschneidet, weiter und tiefer in die Erklärung derselben einzudringen. Aber hierin liegt auch der enge Zusammenhang von beiden, wie ihre Verknüpfung mit Irrthum und Wahn, wodurch sich die Unwahrheit ebenso in sich abschliesst, wie die Momente der Wahrheit, und in einem Zirkel begriffen ist, aus dem sie nicht herauskommt. Wenn der Abergläubische in seiner Verkehrtheit alles glaubt, so dass nichts so absurd ist, dem er nicht willig Gehör schenkte, so glaubt er doch gerade an das Wahre nicht, indem ihn der Aberglaube von einem Irrthum zum andern verleitet und ihn in seinem Wahne blind macht gegen jede wahre Ueberzeugung, und wenn der Ungläubige in dem Wahne seines Wissens alles verwirft, was nicht mit seiner vermeintlichen Ueberzeugung übereinstimmt, nimmt er sich die Möglichkeit des fortschreitenden Wissens, und verwirrt die objectiven Thatsachen, indem er sie nach seinen Vorurtheilen ummodelt und zurechtlegt. So setzt er an die Stelle der Wirklichkeit eine Welt von Irrthümern und Einbildungen und täuscht sich selbst darüber, indem sie mit seiner kurzsichtigen Ueberzeugung auf das schönste zusammenstimmt, aber gar leicht bricht diese selbstgeschaffene Welt in dem Streit mit der wirklichen zusammen, und die Leere, die dadurch entsteht, erfüllt sich mit abergläubischen Gespenstern, und die Verzweifelung greift nach dem ersten besten Zaubermittel, um sich vor der Nichtigkeit und Vernichtung zu retten. So sind Aberglaube und Unglaube von der Wahrheit und von Gott gleich weit entfernt, sei es dass sie einen Götzen für Gott ausgeben oder sich selbst und ihre Welt zum Abgott machen. Denn auch die Unwahrheit kann ihres Gottes nicht entbehren und giebt so in ihrer Verkehrung selbst ein glänzendes Zeugniss ab für die Ewigkeit des wahren Gottes.

Deshalb aber trägt auch der Glaube in sich die Ueberzeugung, dass die Unwahrheit vorübergehend ist und vergänglich, und dass sie überwunden werden muss durch die Wahrheit. Der Irrthum wird eliminirt durch die wahre Ueberzeugung, welche den Zweifel dagegen rege macht und die Ahnung anregt, dass sie auch noch aus der verworrenen und verfälschten Thatsache die Wahrheit herauszufinden im Stande sein werde, der Wahn wird vernichtet durch die Macht immer neuer gewisser Thatsachen, welche die richtige Ueberzeugung ahnen lassen und so auch endlich den zähesten und eigensinnigsten Glauben an hergebrachte Vorurtheile erschüttern, der Aberglaube wird fort und fort angenagt durch den Zweifel, welcher an die wahren noch vorhandenen Ueberzeugungen anknüpft, und aus ihnen das Streben nach wirklicher Gewissheit über den Zusammenhang der Erscheinungen anregt und das Vertrauen in die Erfolge besonnener und beharrlicher Untersuchungen erweckt, der Unglaube endlich wird besiegt durch die Ahnung eines weitern und tiefern Zusammenhanges in den Erscheinungen, welche immer neue Thatsachen zu Tage fördert, und daraus neue Ueberzeugungen gewinnt, deren Anerkennung sich das denkende Bewusstsein auf die Länge der Zeit nicht entziehen kann. Auf diese Weise wächst im Laufe der Jahrhunderte der Glaube an die fortschreitende Wahrheit durch alle Hemmungen der Unwahrheit hindurch, und das Vertrauen zu ihrem endlichen Sieg kann uns durch keinen Unglauben geraubt oder wankend gemacht werden.

2) Das Erkennen.

Dem Glauben gegenüber als die andere ihn ergänzende Seite steht das Erkennen; jener ging aus von der sinnlichen Wahrnehmung und erhob diese in das Reich des Gedankens, womit sich zugleich fortschreitend das Bewusstsein entwickelt von der Uebereinstimmung des Denkens mit der in den sinnlichen Eindrücken sich uns nahe bringenden realen Welt, das Erkennen geht aus von den Combinationen des eigenen Denkens und wendet diese an auf die sinnlichen Eindrücke, indem es sich bewusst wird, dass es nur in so weit sie zu deuten im Stande ist, als es durch die Vorstellung dazu vorbereitet ist. Wenn wir die Dinge betrachten, so finden wir in ihnen das wieder, was wir selbst schon in freier Denkthätigkeit in uns gestaltet haben, und die sinnlichen Eindrücke ordnen sich für uns nur nach Maassgabe der Vorstellungen, die wir zu ihnen hinzubringen, und nach denen sich uns die Möglichkeit aufdrängt, sie so oder so zu gestalten. In dieser Beziehung gilt es daher mit voller Evidenz, dass unser ganzes Erkennen nur ein Wiedererkennen ist nach den Bildern, die wir schon in uns tragen, wenngleich damit nicht geläugnet werden soll, dass wir sie nur in dem Wechselverkehr mit den Dingen haben erzeugen können und dass wir sie fortwährend im Hinblick auf die reale Wirklichkeit modificiren. Die Thätigkeit geht hier vom Denken aus und ist gegenüber dem Stoff ein aprioristisches, inwiefern dasselbe stets einen Schritt voraus ist, aber es schreitet nur fort, indem das vorher entworfene Bild auf den Gegenstand gelegt und das wirkliche Object damit verglichen wird, wodurch dann das Denken immer neue Veranlassung bekommt, es weiter zu gestalten, um es für den vorliegenden Gegenstand anwendbar zu machen. Das ist das Wahre an der Theorie von den angebornen Begriffen und von ihrer Wiedererinnerung im Verkehr mit den Gegenständen. Freilich das wäre eine ganz falsche Auffassung derselben, wenn man sich die Ideen von vornherein fertig gebildet in dem Bewusstsein vorstellen wollte, so aber hat sich auch in der That Niemand die Sache gedacht, denn das liegt zu klar zu Tage, dass sich ohne die Gegenstände die Vorstellungen von ihnen nicht entwickeln würden. Angeboren ist nur die gestaltende Thätigkeit, diese aber bedarf eines Stoffes, an dem sie thätig ist, und das ist die sinnlich sich darbietende Welt, die als solche Widerstand leistet den freien Combinationen des Denkens, aber dadurch gerade es leitet und zu weitern Combinationen veranlasst. Das nur soll gewahrt werden, dass es, um die Gegenstände zu erkennen, einer Selbstthätigkeit des Denkens bedarf, und dass von ihm als dem eigentlichen Grunde der ganze Process ausgeht, während die sinnlichen Wahrnehmungen nur die Veranlassung darbieten, dass sich das Denken auf sie richtet und sich in dieser bestimmten Richtung ihnen gemäss entwickelt. Die sinnlichen Empfindungen als solche bilden zuerst für das Individuum einen verworrenen chaotischen Stoff, welcher zwar in sich die Unterschiede enthält, aber ohne dass sie erkannt werden, das Denken muss ihn erst ordnen und gestalten, und so klärt er sich ihm allmälich auf, je mehr die Vorstellung darüber klar wird, wie in den schon bisher angestellten Sonderungen und Verknüpfungen die Möglichkeit zu neuen enthalten ist. Darum ist auch das Ziel des Erkennens die Aufklärung des verworrenen Stoffes; während die Aufgabe des Glaubens die Wahrheit oder die Uebereinstimmung des Denkens mit dem sinnlich Wahrgenommenen war, sucht das Erkennen die Klarheit, und diese liegt in der Leichtigkeit, mit welcher es dem Denken gelingt, seine eigenen Vorstellungen in Uebereinstimmung und Ordnung zu bringen, und damit die in den Dingen selbst liegende Sonderung und Gliederung aufzufinden und den ganzen Zusammenhang aller Beziehungen offen darzulegen.

a. Das Subject.

Das, was das Denken zuerst erkennt, ist das eigene Subject, welches sich vor allem Andern aussondert als ein für sich seiendes. Das Selbstbewusstsein ist die Grundvoraussetzung für die weitere Entwickelung des Denkens an den Objecten, es tritt der ganzen Aussenwelt gegenüber, indem das Ich weiss, dass es ein wandelnder Punkt ist, welcher die Macht hat, sich seinen Ort selbstständig zu setzen und so sein Verhältniss zu den Dingen mit einer gewissen Freiheit zu bestimmen, indem diese nur einen relativen Widerstand leisten, den es zu überwinden und zu beherrschen im Stande ist. Das Erkennen der Objectivität überhaupt ist daher erst ein Product von der Erkenntniss des eigenen Subjects, welche eine unmittelbare ist und aller anderen Erkenntniss vorangeht. Die Aussenwelt ist zunächst nichts als Erkennen von Widerstand überhaupt, sie sondert sich erst in einzelne Objecte und Gegenstände, inwiefern das bewusste Subject seine Glieder in Bewegung setzt und dadurch den Widerstand theilweise bricht; so entstehen die ersten Sonderungen in der Aussenwelt, aus denen die Dinge und alle weiteren Vorstellungen von ihnen hervorgehen. Indem das Denken sie fixirt und sie von ihren Umgebungen trennt als für sich seiende Gegenstände, empfängt es gleichzeitig Empfindungen von ihnen vermittelst der Sinne, und diese legt es ihnen als Merkmale und Eigenschaften bei, indem es anzuerkennen gezwungen ist, dass der Reiz zu diesen Empfindungen von dem fixirten Ort ausgeht, den der Gegenstand einnimmt. Hieraus folgt sogleich die Nothwendigkeit, auch weiter anzunehmen, dass die Gegenstände auf uns wirken müssen, wenn wir Empfindungen von ihnen haben sollen, und so werden sie uns gegenüber selbst zu Subjecten, die durch ihre Thätigkeit auf uns die sinnlichen Eindrücke hervorbringen, die wir von ihnen haben. Hiemit beginnt erst die wahre Erkenntniss; denn so lange wir dabei stehen bleiben, sinnliche Empfindungen zu einer Einheit zu verknüpfen und sie auf einen Gegenstand als Vereinigungspunkt zu beziehen, haben wir wohl eine Meinung von dem Dasein eines Gegenstandes, den wir als einen solchen aussondern können, aber eine Erkenntniss von ihm ist noch nicht vorhanden, erst inwiefern die Gegenstände für uns zu Subjecten werden, welche die Empfindung, die wir von ihnen haben, durch ihre Thätigkeit in uns erzeugen, beginnt die Erkenntniss, indem wir damit die Möglichkeit einsehen, wie die Erscheinung, die sich uns darbietet, entstehen konnte.

Von demselben Gegenstand nehmen wir aber zu gleicher Zeit verschiedenes wahr, er reizt unser Auge und unser Ohr, er bringt Geschmacks- und Geruchsempfindungen hervor, die wir alle auf dasselbe Object beziehen müssen, weil sie von demselben Orte gleichzeitig ausgehen, dies zwingt uns anzuerkennen, dass diese Differenz in der Thätigkeit desselben Subjects nur möglich ist, in wiefern unser eigner Leib ein verschieden gegliederter ist, und jenes mit diesen besondern Organen in Wechselwirkung tritt. Denselben Ortpunkt kann ich nicht verschieden gefärbt zu gleicher Zeit sehen, aber wohl kann ich von dem Punkte zugleich einen Gehörs-, einem Geschmackseindruck u. s. w. erhalten. Die Einheit des Subjects bleibt daher gewahrt, wenn ich erkenne, dass dasselbe Ding auf Verschiedenes verschieden wirkt, und damit klärt sich die verworrene Erscheinung auf, indem ich die Möglichkeit der vielen verschiedenen Merkmale an dem einen Subject einsehe.

Das Subject ist aber nicht ein einfacher Punkt, es erweitert sich in meiner Vorstellung zu einem Nebeneinander von Ortpunkten und gestaltet sich zu einem ausgedehnten Gegenstande mit bestimmten Grenzen. Die Umgebungen wechseln vielleicht, während er an seiner Stelle verbleibt, oder ich nehme ihn aus seinen Umgebungen heraus, und er zeigt dabei in seinem Zusammenhange einen gleichmässigen continuirlichen Widerstand, deshalb finde ich mich veranlasst, ihn als ein für sich seiendes Subject auszusondern, welches meiner Kraft die Wirkung seines Widerstandes entgegensetzt. Dieses Subject macht zunächst auf mich möglicher Weise den Eindruck eines gleichartigen Ganzen, wie etwa ein Stoff, der in allen seinen Theilen auf die verschiedenen Sinnesorgane gleich einwirkt, oder aber er zeigt in andern Theilen eine andere Färbung und wirkt auf die Sinne verschieden ein, aber wegen des gleichen Widerstandes muss ich ihn doch als dasselbe Subject anerkennen, das nur als ein verschiedenartig zusammengesetztes erscheint und von dem ich voraussetzen muss, dass irgend eine Grundthätigkeit die verschiedenen Wirkungen, die es auf mich ausübt, zu einer Einheit verbindet. Sollte endlich der Gegenstand auch in seinen einzelnen Theilen eine verschiedene Widerstandsfähigkeit offenbaren und sich so in bestimmtem Sinne zerlegen lassen, so hebt auch dies noch nicht die Einheit des Subjects auf, wenn nur in der dadurch bedingten Zusammensetzung sich ein wirklicher Zusammenhang zu erkennen giebt, der die Theilbarkeit dominirt. Denn Ganzes und Theil sind relativ zusammengehörige Begriffe, und Einheit und Verschiedenheit beziehen sich correlativ auf einander. Erkenne ich, dass der Gegenstand sich als Ganzes leichter von seinen Umgebungen sondern lässt, als er selbst in seine Theile zerfällt, indem diese doch mit einer grössern Kraft zusammenhalten, so muss ich damit die Einheit des Subjects als eines für sich seienden anerkennen, indem ich zu der Annahme einer Thätigkeit geführt werde, welche den Zusammenhang der Theile zu einem Ganzen trotz der Differenz in ihrer besondern Erscheinungsweise bedingt. Dadurch aber erweitert sich die Aufgabe für die Erkenntniss aufs Neue. Die Gegenstände der Aussenwelt drängen sich uns auf als eine Gliederung von Subjecten, die verschieden wirken und deren verschiedene Wirkungsweise doch auf eine Grundthätigkeit zurückgeführt werden muss, welche in diese Mannigfaltigkeit von Erscheinungen einen innern Zusammenhang hineinbringt, und diesen aufzusuchen ist die weitere Bestimmung der Erkenntniss.

b. Das Prädicat.

Das Subject ist der bleibende Ort, von welchem neben- und nacheinander verschiedene Wirkungen ausgehen, die alle dem Subjecte in seiner Einheit beigelegt werden, diese sind die Prädicate desselben. Die Erkenntniss der Prädicate beruht daher darauf, dass es Thätigkeiten sind, die dem Subjecte zukommen, und in ihm eins sind. Wäre dies nicht, so müsste ich das Subject vielmehr auflösen in eine Vielheit von Gegenständen, wie es allerdings auch erscheint, wenn ich das Subject nur als ein Aggregat von Merkmalen und Eigenschaften betrachte, die an ihm haften und daher sich ebenso gut müssen sondern lassen, ja die ich gar kein Recht hätte zu verknüpfen, weil sie in der That nicht verknüpft wären, sondern nur willkürlich von mir zusammengefasst würden. Thätigkeit aber ist Veränderung und setzt voraus ein Object, das verändert wird, und ein Subject, welches Grund der Veränderung ist. Als dieses Object erkenne ich zunächst mich, auf welches in seinen verschiedenen Theilen das erkannte Subject verschieden wirkt. Aber während ich mich gleich zu dem Subject verhalte, verändert sich dies dennoch in seinen Prädicaten, das zwingt mich vorauszusetzen, dass sich sein Verhältniss zu den Umgebungen verändert, und dass auch diese Subjecte sind, welche auf einander verändernd einwirken, so dass nun auch das Verhältniss derselben zu mir dem Beobachtenden verändert wird. Ich mit meinen Sinneswahrnehmungen bin daher nur das vermittelnde Glied in der Kette der gegenseitig sich verändernden Subjecte, an meinen Veränderungen in dem Verhältniss zu einem jeden von ihnen erkenne ich ihr gegenseitiges Verhältniss zu einander, da ich selbst mir bewusst bin, bei diesen Wirkungen dasselbe Subject zu bleiben.

Alle Wirkungen aber sind Wechselwirkungen, in welchen ebensowohl das eine Subject durch das andere, wie dieses durch jenes verändert wird, die Wirkung dagegen ist die Ausgleichung der beiden differenten Thätigkeiten an der Grenze der Subjecte, das Prädicat, welches das Resultat der gegenseitigen Einwirkungen zweier Subjecte ist, gehört daher auch beiden zugleich an und verknüpft sie mit einander. Diese Rose ist roth, das ist eine Wahrnehmung, aber noch keine Erkenntniss, höchstens nur der geringste Anfang derselben, indem die Empfindung des Rothen auf den Ort der Rose bezogen wird, aber das Rothsein ist eine Wirkung der Rose auf mich, und ich suche in ihr den Grund zu dieser Wirkung; nunmehr aber erkenne ich weiter, dass die Rose nicht unter allen Umständen roth ist, bei Nacht verschwindet die Farbe, sie setzt das Licht als vorhanden voraus, bei anders gefärbtem Licht erscheint sie auch anders gefärbt, nur beim Sonnenlicht ist sie roth. Ich erkenne daraus, dass dieses die Rose roth macht, aber das Sonnenlicht an sich ist weiss, es wird erst durch die Rose roth, die Wirkung ist also eine gegenseitige, der Lichtstrahl färbt die Rose roth, die Rose macht den weissen Lichtstrahl roth und erst da, wo beide sich berühren, erfolgt die Wirkung an ihrer beiderseitigen Grenze. Das Roth ist nunmehr Prädicat der Rose wie des Lichtes, das von ihr verändert reflectirt wird, und während ich vorher beide Gegenstände vollständig als ganz verschiedene Subjecte von einander sonderte, muss ich sie jetzt in dem Prädicate vollständig vereinen.

Was von dem einen Prädicate gilt, muss auch von allen übrigen in gleicher Weise gelten, jedes Prädicat ist Verknüpfung des einen Subjects mit einem andern Subjecte, und so viel Prädicate ich an ihm finde, so viel Wechselwirkung und Zusammenhang muss ich erkennen zwischen ihm und den Subjecten ausser ihm. Es ist daher die Aufgabe der fortschreitenden Erkenntniss, alle Prädicate, die sich an dem Subjecte finden, zu beziehen auf die Wechselwirkung mit andern Subjecten. Aendern sich aber die Umgebungen, so ändern sich auch damit die Prädicate, und so erweitert sich das Gebiet der Erkenntniss fortdauernd, je mehr Veränderungen in dem Ort der Subjecte vorgehen, oder je mehr ich den Ort des untersuchten Subjects in seinem Verhältniss zu seinen Umgebungen ändere. Jedes Subject hat diese seine Prädicate nur an diesem bestimmten Ort und in diesen bestimmten Umgebungen; es bekommt alle seine Prädicate nur durch diese bestimmte Stellung zu den übrigen Ortpunkten, indem sie Wirkungen ihrer Thätigkeiten sind auf dieser Stelle in dem Weltall, von diesem Punkt aus geht aber auch eine Wirksamkeit aus auf alle übrigen Subjecte ausser ihm, nach Maassgabe ihres continuirlichen Zusammenhanges, und die Differenz der Wirkung ist nur bedingt durch die Differenz der Subjecte in ihrer gegenseitigen Stellung zu einander. Das Ganze ist daher zu vergleichen mit einem Netz von Linien, die sich gegenseitig mannigfach durchkreuzen und so in einzelnen Punkten vereinigen, diese Punkte bezeichnen die Subjecte, die Verbindungslinien ihre gegenseitige Wirksamkeit auf einander, fassen wir dann die Linien um die Kreuzungspunkte jedesmal als eine Einheit zusammen, so haben wir darin das Bild der Einheit des Subjects mit der Vielheit seiner Prädicate. Die Erkenntniss hat zur Aufgabe dieses Netz von Linien zu entwerfen, durch welches die Subjecte mit einander verknüpft sind, und die Veränderungen aufzufassen, die darin durch die Bewegung der Subjecte veranlasst werden.

c. Das Urtheil.

Jedes Subject hat Prädicate, die seine Wirksamkeit auf die Subjecte ausser ihm darstellen, aber diese Prädicate sind selbst die Wirkungen anderer Subjecte auf jenes, die sich in ihm als einer Einheit vereinigen. Subject und Prädicat ist also nicht von einander zu trennen und diese Verknüpfung beider giebt das Urtheil. Es hat, wie hieraus sogleich erhellt, zwei Seiten. Die Erkenntniss verlangt einerseits alle Prädicate des Subjects kennen zu lernen, die es in der Verknüpfung mit seinen Umgebungen hat, und welche wechseln mit diesen, während es selbst dasselbe bleibt, andrerseits gilt es zu erkennen, wie alle diese Wirkungsweisen sich in ihm zu einer Einheit verknüpfen. Was ist das Subject und wie ist es zu dem geworden, was es ist, das sind die beiden Fragen, die wir von dem Urtheil erwarten, und beide hangen auf das Innigste zusammen. Was das Subject ist, ist es geworden durch das Zusammenwirken anderer Subjecte an dem Ort, wo es sich befindet, so drückt die Gesammtheit seiner Prädicate sein Wesen aus, diese Prädicate vereinigen sich aber in ihm zu einer Gesammtwirkung und mit dieser wirkt es zurück auf alle übrigen, und auf jedes nach Maassgabe seiner Empfänglichkeit. Die Vielheit der Prädicate, die das Subject nur hat durch seine Beziehung zu der Vielheit der Subjecte ausser ihm, muss also sich erkennen lassen als die verschiedene Wirksamkeit eines einzigen Prädicats, welches das Wesen des Subjects ausmacht und in dem es sein ganzes Sein hat. Das Subject ist das, was es wirkt, abgesehen von dieser Wirksamkeit ist es nichts; die Vorstellung von einem Ding an sich wäre nur die von einer todten Substanz, mit welcher die Prädicate ganz äusserlich verknüpft wären, ein leeres Trugbild, das mit der Erkenntniss nichts zu thun hat, und daher stets auch derselben verborgen bleiben muss, weil es dem ganzen Princip derselben entgegen ist, nach welchem das Denken in den Gegenständen nur Subjecte anerkennen kann, und nicht bloss Daseiendes, wie es der erkenntnisslosen Wahrnehmung etwa erscheint. Das Subject ist daher in der Vielheit seiner Prädicate vollständig erkennbar und es handelt sich nur darum, das Gemeinsame in allen diesen Wirkungsweisen herauszufinden. Andrerseits wirkt das Subject in den verschiedenen Prädicaten verschieden und in dieser Hinsicht kommt es darauf an die Grenzen dieser Verschiedenheit aufzufassen und so das Product seiner Thätigkeit in der ganzen Ausdehnung an den andern Subjecten zu erkennen. Das aber ist ein fortschreitender Process, in welchem sich die Urtheile über das Subject immer mehr dem Zwecke der Erkenntniss gemäss entwickeln. Diese nämlich fordert eine vollkommene Einsicht in das Verhältniss von Subject und Prädicat, die erst dann vollkommen erreicht ist, wenn Subject und Prädicat für das Denken schlechthin identisch geworden sind und das Wesen des Subjects in die Thätigkeit des Prädicats ohne Rückstand aufgeht. Anfangs aber beginnt der Process mit einer Mannigfaltigkeit von Urtheilen, in welchen dem Subjecte allerlei Prädicate beigelegt werden, ohne dass man ihren Zusammenhang irgendwie einsieht, erst allmälich gelangt man dazu, diesen zu erkennen und die verschiedenen Prädicate nur als Modificationen eines Grundprädicates aufzufassen, welches dann das Wesen des Subjects selbst ausdrückt, und zugleich die Thätigkeit darstellt, durch die es ursprünglich entstanden ist und nun auch fortdauernd besteht. Wir dürfen uns daher nicht damit begnügen, das Urtheil formal als eine Verknüpfung von Subject und Prädicat zu beschreiben, wobei man voraussetzt, dass die Berechtigung zu derselben in der sinnlichen Wahrnehmung läge, welche den ganzen Inhalt darböte, sondern wir haben vielmehr nachzuweisen, wie dieser fortschreitende Process der Urtheilsbildung durch das Denken auf Veranlassung der sinnlichen Wahrnehmungen zu Stande kommt, und wie darin das aufgestellte Ziel der Erkenntniss wirklich erreicht wird.

d. Die Induction.

Die eine Seite in dem Processe der Urtheilsbildung ist das Verfahren der Induction. Das Subject stellt sich zunächst dar in einer Vielheit von Prädicaten, welche, wenn sie in demselben zu einer wahren Einheit verknüpft sein sollen, sich erweisen müssen als verschiedene Modificationen eines Grundprädicates, in dem das eigentliche Wesen des Subjects sich zu erkennen giebt. Diese Modificationen können nur entstanden sein durch verändernde Einflüsse von aussen her, und es kommt daher darauf an zu untersuchen, ob das Subject sich nicht auch sonst vorfindet in Zuständen, in denen diese Veränderungen noch nicht eingetreten, und das Grundprädicat noch in seinem einfachern ursprünglichen Dasein erscheint. Dies führt zur Vergleichung des Subjects mit andern verwandten Subjecten, welche ganz dieselben Prädicate an sich haben, aber in veränderter Gestalt. Gelingt es hier, diese Modificationen auf einen allmälichen Uebergang zu bringen, durch welchen sich die Entstehung der einen aus der andern erklären lässt, und kann man dieselben bis auf ihren Ursprung hin verfolgen, so wird damit eine vollkommene Einsicht in den Entwickelungsgang des Subjects gewonnen, indem man die neuen Prädicate in allen ihren Veränderungen entstehen sieht und die verschiedenen Subjecte selbst nur für verschiedene Zustände desselben Subjects zu halten gezwungen wird. Durch diesen Inductionsprocess nämlich werden ja die verwandten Subjecte auf Reihen gebracht, in deren allmälichem Uebergange die specifischen Verschiedenheiten gegenüber dem allgemeinen Typus verschwinden und zu besondern Modificationen des Grundprädicats, in dem sie alle vollständig übereinstimmen, herabsinken. Wir erkennen in dem Nebeneinander der verschieden modificirten Subjecte die Entwickelungsstufen ein und desselben allgemeinen Subjects wieder, welche dieses nach einander durchgemacht hat, und erlangen so eine Einsicht in die Entstehung aller dieser Veränderungen.

Das Verfahren der Induction hat eine grosse Aehnlichkeit mit der sogenannten Abstraction, welche offenbar auf ganz ähnlichen Voraussetzungen beruht und denselben Zweck verfolgt, die Mannigfaltigkeit der Subjecte zu allgemeinern Gruppen zusammenzuordnen und so allgemeine Begriffe zu gewinnen. Aber die Art und Weise, wie sie gewöhnlich gefasst wird, ist eine viel zu willkürliche, und hat vorzüglich dazu beigetragen, die wahre Natur der Allgemeinheit zu verkennen und den Glauben an die wirkliche Realität der allgemeinen Begriffe zu vernichten. Man geht nämlich dabei von der ganz oberflächlichen Ansicht aus, dass das Subject nur ein Aggregat von Merkmalen sei, die ihm anhaften und an welchem es erkannt werden kann. Vergleicht man nun mehrere Subjecte mit einander, so findet sich, dass viele in den meisten Merkmalen übereinstimmen und nur im Einzelnen von einander abweichen, dadurch hält man sich für berechtigt, sie als verwandte zusammenzufassen, indem man von den unterschiedenen Prädicaten ohne weiteres absieht und die Summe der übrigen zu einem neuen Begriff verknüpft, welcher die Gesammtheit der Art ausdrückt und als allgemeinerer die besondern Subjecte unter sich befasst. Die Arten bieten sich zu einer ähnlichen Vergleichung dar, und man steigt so durch fortgesetzte Abstraction zu Gattungen, Familien, Ordnungen, Klassen u. s. w. auf, die sich immer mehr verallgemeinern, indem sie immer mehr den besondern Inhalt ihrer Prädicate verlieren und so leerer und leerer werden. Hier aber fragt man mit Recht, wie man zu einem so willkürlichen Verfahren komme, denn man sieht in der That nicht ein, wie es möglich sei, von irgend einem Merkmale, das zum Dasein der Sache gehört, zu abstrahiren, nur zu Gunsten der Vergleichung mit andern verschiedenen Subjecten. Der ganze Process muss erscheinen als eine eigenmächtige Gewaltthat des Denkens, welches seines eignen Vortheils wegen sich die Subjecte zur besseren Uebersicht und zum leichteren Festhalten für das Gedächtniss ordnet und classificirt, ohne dass man die Ueberzeugung gewinnt, dass diesen allgemeinen Begriffen irgend etwas in der Wirklichkeit entspricht, und das führt dann weiter zu der Ansicht, dass die wirklichen Gegenstände als einzelne mit ihren besondern Merkmalen nur durch die sinnliche Wahrnehmung aufgefasst werden, während sie durch das Denken, welches, so wie es hinzutritt, sie verallgemeinert, ihre wahre Natur sogleich verlieren. In dieser Ansicht wird man noch mehr dadurch bestärkt, wenn man sieht, wie jeder Denkende die Zusammenordnung der Subjecte in andrer Weise vornimmt und so zu verschiedenen allgemeinen Begriffen gelangt, wodurch die Willkürlichkeit des ganzen Verfahrens sich nur um so deutlicher herausstellt. Denn hängt alles von der Vergleichung der verschiedenen Subjecte ab, so kommt es darauf an, welche Jeder dazu auswählt, und da gar keine Norm dafür vorhanden zu sein scheint, so muss das Resultat ein sehr verschiedenes werden. Der Eine ordnet zusammen, was der Andre trennt und umgekehrt, und die allgemeinen Begriffe, die dadurch erlangt werden, haben also nur eine ganz untergeordnete subjective Bedeutung, bei welcher wohl eine grössere oder geringere Zweckmässigkeit sich aufdrängt, aber von einer eigentlichen wahren Erkenntniss keine Rede sein kann.

Es wäre aber schlecht um unser Wissen bestellt, wenn es dabei wirklich sein Bewenden haben müsste und man den allgemeinen Begriffen und der darauf gebauten Classification der Subjecte nicht eine grössere Wahrheit abgewinnen könnte. Dies ist nun schon in einer gewissen höchst anerkennenswerthen Weise geschehen durch die Einführung der sogenannten natürlichen Eintheilung, welche überall in den Naturwissenschaften die frühere künstliche Eintheilung verdrängt hat. Diese letztere war gar nichts anderes als ein Ausfluss der gewöhnlichen Abstraction, und zwar in ihrer willkürlichsten Gestalt, indem sie sich für berechtigt hielt, die Producte der Natur nach gewissen übereinstimmenden Merkmalen zusammenzuordnen und darauf ein System zu gründen, in welchem jedes Subject seine bestimmte Stelle einnahm und an dem festgesetzten Merkmal leicht erkannt werden konnte. Aber es stellte sich sehr bald heraus, dass damit der Grad der wahren Verwandtschaft nicht aufgefasst war, es fanden sich Subjecte in einer Klasse zusammen, welche, ungeachtet der Uebereinstimmung in dem bestimmten Gattungsmerkmal, in allen übrigen eine so grosse Verschiedenheit zeigten, dass die Willkürlichkeit der Zusammenfassung in die Augen sprang. Es brach sich nunmehr die Ansicht Bahn, dass man wohl von unwesentlichen Merkmalen abstrahiren könne, dass die zusammengeordneten Subjecte aber im Wesentlichen übereinstimmen müssten. Dies führte zunächst zu einer fortschreitenden Verbesserung der Methoden der künstlichen Eintheilung, indem man zum Princip immer mehr solche Prädicate wählte, die dem wahren Wesen der Gegenstände näher traten, ohne aber dadurch den Zweck völlig zu erreichen, dass die wirkliche Verwandtschaft der auf diese Weise geordneten Subjecte klar in die Augen sprang. Deshalb verliess man zuletzt ganz die frühere Methode, und substituirte dafür die natürliche Eintheilung, welche darauf berechnet ist, eine grössere Uebereinstimmung der Classification mit der Natur herbeizuführen. Gestützt auf einer bis ins kleinste Detail gehenden genauen Kenntniss aller Prädicate der einzelnen Gegenstände findet man bei der Vergleichung derselben, dass einige von ihnen eine so grosse Uebereinstimmung in allen Einzelheiten zeigen, dass im Verhältniss zu andern noch so ähnlichen die Unterschiede verschwindend klein werden und in einander verlaufen. Diese fasst man nun zu besondern Gruppen zusammen und nennt diese natürliche, indem man voraussetzt, dass hier die grösste Verwandtschaft auch in der Wirklichkeit bestehe, und dass die Natur sie selbst in gleicher Weise abgegrenzt habe. Erst dann sucht man hinterdrein nach characteristischen Merkmalen, durch welche man sie leichter auf den ersten Blick erkennen und von andern unterscheiden kann, wobei man sich aber doch stets bewusst bleibt, dass dies nur Kennzeichen sind, die nicht für sich allein die Gruppirung bedingen würden, wenn man nicht der Uebereinstimmung auch in allen andern Prädicaten gewiss wäre, worauf immer der Hauptnachdruck gelegt wird. Ist man damit fertig, so verfährt man mit den so gewonnenen Gruppen in ähnlicher Weise und steigt allmälich durch Arten, Gattungen, Familien, Ordnungen, Klassen bis zum allgemeinsten Zusammenhange auf. Auch hier ist es dasselbe Princip, welches der ganzen weitern Gliederung zum Grunde liegt, die Beachtung der relativen Verwandtschaft, die sich aus der Uebersicht über alle Merkmale ergiebt. Alles hängt dabei freilich ab von einem gewissen durch die Uebung im Bestimmen erlangten Instinkt, der den sicheren Blick verleiht für das richtige Schätzen der Unterschiede und die klare Sonderung des Wesentlichen und Unwesentlichen.

Aber dabei dürfen wir doch noch nicht stehen bleiben, wenn wir auf eine wirkliche Erkenntniss Anspruch machen wollen. Der richtige Instinkt mag selten fehlgreifen, aber die Möglichkeit dazu ist immer vorhanden, und so lange das rechte und klare Bewusstsein über die Nothwendigkeit des ganzen Verfahrens fehlt, sieht man auch die Berechtigung zu demselben nicht ein. Der Mangel, der demselben noch anklebt, ist der, dass man bei der blossen Verwandtschaft stehen bleibt und mit dieser selbst nicht vollkommen Ernst macht. Denn wahre Verwandtschaft ist nur da, wo sie auf einen gleichen Ursprung zurückgeführt werden kann, und so lange man nicht zugeben will, dass das, was zu einer Gruppe gehört, auch entschieden dieselbe Entstehungsweise gehabt haben muss, so dass die daran vorkommenden Verschiedenheiten nicht ursprüngliche, sondern erst durch die Entwickelung gewordene sind, hat man auch für das ganze Verfahren noch nicht die rechte Basis gewonnen. Entwickelungsgeschichte, das ist der grosse Gedanke, durch welchen allein der Inductionsprocess seine volle Wahrheit erlangt und die allgemeinen Begriffe erst ihre wirkliche Geltung in dem realen Zusammenhange der Dinge erhalten. Denn nur dann, wenn wir gewiss sein können, dass das, was in einer Gruppe vereinigt ist, in seinem Ursprunge vollkommen eins war, können wir auch überzeugt sein, dass wir es in den verschiedenen Individuen wirklich nur mit modificirten Zuständen desselben Subjects zu thun haben und in der rechten Gliederung der Gruppen den wirklichen Stammbaum desselben besitzen, der sich in den verschiedenen Ordnungen und Gattungen mannigfach verästelt. Und so sehr man sich auch noch immer dagegen sträubt, so drängt doch die ganze Wissenschaft von selbst darauf hin. Die vergleichende Anatomie und Physiologie bemüht sich nachzuweisen, wie allmälich neue Modificationen entstehen, wie gewisse Organe sich immer kräftiger herausbilden oder verkümmern, wie das, was als Rudiment in der einen Gruppe angelegt ist, noch nicht zur Anwendung kommt oder nicht mehr gebraucht wird, während es in andern vollständig entwickelt ist. Warum zeigt denn, je weiter man in der Entwickelungsgeschichte zurückgeht, der Zustand der Embryonen eine um so grössere Uebereinstimmung, aus der erst die Unterschiede mit dem weiteren Wachsthum immer bestimmter hervortreten, wenn nicht die Entwickelung die Ursache der Differenzen sein soll. Freilich sind die Unterschiede einmal geworden, so sind sie auch schon dem Embryonenzustande so eingeprägt, dass man sich nicht etwa zu der abenteuerlichen Vorstellung verleiten lassen darf, als könnte aus dem Ei des einen Individuums auch hernach die Entwickelung einer andern Art hervorgehen, aber dies hindert nicht anzuerkennen, dass sie auf eine gleiche Abstammung zurückweisen, welche durch die Gleichartigkeit in dem Embryo erkannt wird. Findet man endlich in den fossilen Ueberresten die Entwickelungsgeschichte bestätigt, indem einerseits die einfachern

Gebilde zuerst auftreten und andrerseits die allgemeinern Gattungen und Ordnungen weit mehr in einander übergehen, als es jetzt der Fall ist, so hat man ja hier die Genesis der ganzen Entwickelungsreihen vor Augen, wenn auch die Mittelglieder bei unserer jetzigen Kenntniss noch vielfach fehlen.

Ein hauptsächlicher Grund, dass man sich gegen die entwickelte Ansicht einer solchen wirklichen Abstammung immer noch sträubt, liegt aber vorzugsweise in einer falschen Auffassung derselben, die aus einer früher gebräuchlichen Vorstellung herrührt und durch die Erfahrung nicht bestätigt wird. Man meinte nämlich, dass man die ganze Entwickelung auf eine einfache Reihe bringen müsste, in der der allmäliche Uebergang der einen Art in die andre zur Anschauung gebracht werden könnte. Aber dieses entspricht ebenso wenig der Wirklichkeit, als unserer Vorstellung von dem ganzen Prozesse. Denn es ist offenbar, dass gerade die allgemeinsten Klassenunterschiede zuerst da gewesen sein müssen, und dass aus diesen erst allmälich die untergeordneten Familien, Gattungen und Arten durch fortschreitende Individualisirung entstanden sein können. Darum sind in den fossilen Ueberresten in der That schon die Wirbelthiere durch die einfachste Klasse der Fische vertreten, und die reicheren Ordnungen der niedern Thiere entwickeln sich erst später ebenso aus ihren einfacheren Typen, wie die Amphibien, Vögel und Säugethiere sich aus jenen entwickeln. Der Stammbaum schreitet so weiter, dass er sich immer mehr verästelt in den Klassen, Ordnungen, Familien bis zu den Arten und Varietäten herab, je mehr die äussern Einflüsse verändernd einwirken, und daher schreitet die Entwickelung auch in der Jetztzeit nur weiter an den letzten Enden jener Entwickelungsreihen, und wir dürfen uns nicht wundern, dass ein Uebergang und eine Vermischung der frühern Stufen nicht mehr Statt finden kann.

Aber das, was jetzt nur Varietät ist, und noch schwanken und in den Typus der Art zurückkehren kann, wird im Verlauf des Entwickelungsprocesses selbst zu einer bestimmten abgeschlossenen Art werden, wenn auch dazu grössere Zeiträume nothwendig sind, als sie in der Geschichte unserer wissenschaftlichen Beobachtung vorliegen.

Damit hängt noch ein andres wichtiges Moment zusammen, welches wir nicht übergehen dürfen. Beruht die Entwickelung auf der Einwirkung äusserer Bedingungen, so werden nicht alle Individuen derselben Gattung den Veränderungen in gleicher Weise ausgesetzt sein, sondern, während die einen sich so, die andern anders gestalten unter veränderten Einflüssen, werden auch viele andre in denselben Bedingungen verbleiben und gar keine oder weit geringere Veränderungen erleiden, diese werden den einfachern Gattungstypus weit mehr beibehalten und in ihnen wird man daher auch noch weit später den allgemeinen Character anzuschauen im Stande sein. So zeigt sich denn auch in der That, neben der Verästelung in den besondern Arten, eine Steigerung vom Einfachern zum Zusammengesetzteren, vom Unvollkommneren zum Vollkommneren. Ebenso findet auch andrerseits wieder ein Verkümmern der schon weiter fortgeschrittenen Entwickelung und ein Zurückfallen in den niedern Standpunkt Statt, so dass sich in den Entwickelungsreihen ein Aufsteigen und Herabsinken über und unter das allgemeine Niveau zeigt, aus welchem sich leicht erklärt, wie einzelne besondere Gruppen des niedern Typus sich in vieler Beziehung über die niedrigsten des zunächst höherstehenden erheben können. Die einfacheren Bildungen, welche auf der Entwickelungsstufe der allgemeinen Gattung stehen geblieben sind, erlauben so eine Anschauung der wirklichen Merkmale der Gattung, und geben eine vollkommene Ueberzeugung davon, dass die allgemeine Gattung in der Realität noch wirklich fortbesteht, während sie bei den modificirten Arten aus diesen geschlossen werden muss, weil sie in der Wirklichkeit nur bei ihrem Ursprunge vorhanden war. In dem einfachsten Thier, in der einfachsten Pflanze erkennen wir den ursprünglichen Zustand des Thieres und der Pflanze als ihr eigentliches Wesen, und das allgemeine Subject besteht hier in der Wirklichkeit, während die übrige Entwickelungsreihe nur die allmäliche Entwickelungsgeschichte ihrer Veränderungen nachweist.

Nach diesen Betrachtungen wird es leicht sein, eine vollkommene Einsicht in den wahren Inductionsprocess zu gewinnen und die Berechtigung zu dem Verfahren über allen Zweifel zu erheben. Es handelt sich darum, die wesentlichen Prädicate von den unwesentlichen Modificationen zu sondern, die sie im Laufe der Entwickelung erfahren. Das ursprüngliche Subject hatte das wesentliche Prädicat, alles was im Laufe der Entwickelung hinzukommt, ist nur Modification desselben; können wir nun die allmäliche Entstehung derselben an einem Dinge verfolgen, so genügt es, die Untersuchung darauf zu lenken, aber es gilt hier umgekehrt aus den vorhandenen Modificationen in den verschiedenen Gegenständen auf die Statt gefundene Entwickelung zurückzuschliessen und so aus der Mannigfaltigkeit der Prädicate eine Erkenntniss des Grundprädicats zu gewinnen, aus dem die Vielheit derselben erst entstanden ist. Dies ist nur möglich durch die Vergleichung der ähnlichen Subjecte und ihrer Prädicate. Können wir dieselben so in Gruppen zusammenordnen, dass alle Prädicate übereinstimmen und das Verschiedenartige nur an ihnen sich findet als ein allmälicher Uebergang, in welchem das Veränderliche bis auf seinen einfachsten Ursprung zurückgeführt werden kann, so wird damit die Einsicht gewonnen, dass das Veränderliche nur ein Prädicat an einem andern Prädicat des Gegenstandes, nicht aber ein gleichberechtigtes

Prädicat des Subjectes selbst ist, und damit hat man ein Recht erlangt, von ihm zu abstrahiren. Erkenne ich in der Entwickelungsreihe den Punkt, wo dieses Prädicat zuerst an einem andern auftritt, während dieses andere übereinstimmend schon vorher vorhanden ist, und sehe ich nun weiter, wie es sich in andern Subjecten immer mehr modificirt, so darf ich mit voller Gewissheit behaupten, dass ich seine Entstehung und sein Verhältniss zu dem andern Prädicat, an dem es auftritt, richtig erkannt habe, und nunmehr ist auch die Richtigkeit der Gruppirung der Subjecte über allen Zweifel erhaben. Diesen Process werde ich dann in ähnlicher Weise bei den übrigen Prädicaten fortsetzen und so wird daraus eine wachsende Einsicht in das Verhältniss der mannigfaltigen Prädicate zu einander und zum Subjecte hervorgehen, die mit der Anordnung und Gruppirung der Subjecte gleichen Schritt hält. Jedesmal, sobald ich erkannt habe, dass irgend ein Prädicat nur ein wechselndes Merkmal an einem andern der vorhandenen Prädicate ist, werde ich dasselbe für eine der Entwickelung angehörige Modification ansehen, von der ich abstrahiren muss, wenn ich zu der Erkenntniss des Ursprungs des Subjects vordringen will, bis ich zu einem letzten Prädicat komme, von welchem alle andern abzuleiten sind. Dieses wird das einfachste und ursprünglichste Prädicat des Subjects sein, und sich deshalb auch allein bei dem wirklich einfachsten Subject der ganzen Entwickelungsreihe vorfinden. Auf diese Weise verästeln sich dann die Prädicate des entwickeltsten Subjects ganz ebenso, wie die vorhandenen Reihen der Subjecte sich verästeln, und die Uebereinstimmung in beiden ist die sicherste Gewähr für die Richtigkeit der gewonnenen Erkenntniss. Das Subject mit der Vielheit seiner Prädicate wird sich so ordnen, dass zuerst eine Anzahl von Merkmalen sich als Modificationen von einer Anzahl anderer Prädicate darstellen, um die sie sich wie um einen Mittelpunkt herumgruppiren, diese werden wieder sich um ein höheres Prädicat herumordnen und so fort, bis das letzte Prädicat erreicht ist, welches das Wesen des Subjects vollkommen ausdrückt.

Wir wenden das bisher Entwickelte an, um an einem ganz einfachen Beispiele das ganze Verfahren vielleicht noch deutlicher und übersichtlicher zu machen. Schon oben haben wir von einer andern Seite her das Verhältniss des allgemeinen Gattungsbegriffs Parallelogramm zu seinen besondern Arten als Rhomboid, Rhombus, Rechteck und Quadrat betrachtet, wir sind nun hier im Stande dasselbe noch genauer festzustellen. Vergleichen wir das gewöhnliche Rhomboid mit dem Rhombus, so unterscheidet sich letzteres von jenem durch die Gleichheit der Seiten, diese aber setzt offenbar den Parallelismus derselben voraus und ist also nur eine neue Bestimmung, die zu der allgemeinen Vorstellung einer vierseitigen Figur mit parallelen Seiten hinzukommt. In einer solchen sind zunächst nur die gegenüberliegenden Seiten gleich, es bleibt aber unbestimmt, ob die nebeneinander liegenden ungleich oder gleich sein sollen. Vergleiche ich die vielen Rhomboide, bei denen das Verhältniss dieser Seiten noch gleichgültig ist, mit einander, so lassen sie sich auf eine Reihe bringen, in welcher die ungleichen Seiten sich immer mehr der Gleichheit nähern und endlich, wenn sie wirklich gleich geworden sind, den Rhombus liefern. Es ist daher eine ganz falsche Auffassung, das Rhomboid als ein ungleichseitiges Parallelogramm zu beschreiben, es ist vielmehr selbst das allgemeine Parallelogramm und drückt in der That die einfachste Form desselben aus, welche den Rhombus als eine besondere Modification unter sich befasst. Ganz ebenso ist es mit dem Rechteck gegenüber dem Rhomboid. In diesem, wie in jedem Parallelogramm, sind die gegenüberstehenden Winkel einander gleich, aber über das Verhältniss der an einander liegenden ist nichts bestimmt. Vergleiche ich alle möglichen Formen unter einander, so sehe ich auch darin wieder eine allmäliche Reihe, indem die sich schneidenden parallelen Linien sich so gegen einander verschieben lassen, dass die Differenz dieser Winkel immer mehr abnimmt, bis sie zuletzt ganz gleich werden. Dies giebt das Rechteck mit lauter gleichen d. h. rechten Winkeln, welches ebendeshalb nur eine besondere Modification des Rhomboids ist. Es leuchtet demgemäss ein, wie falsch es ist, das letztere für ein schiefwinkliches zu erklären, es ist vielmehr über die Grösse der Winkel noch nichts bestimmt, und jedes Rechteck ist ein Rhomboid, aber nicht umgekehrt. Das Quadrat endlich verbindet die Eigenthümlichkeiten des Rhombus und des Rechtecks und schliesst so die Möglichkeit der Bestimmungen ab, die in dem Parallelismus der Seiten angelegt sind. Bei dieser Betrachtungsweise sehe ich daher die allmäliche Entstehung der einzelnen Figuren aus einander ein. Setze ich das Verfahren weiter fort, so ist das Parallelogramm wieder nur eine Modification des Trapezes und dieses eine solche des Vierecks. Denn erst muss eine Figur vier Seiten haben, wenn sie zu einem Trapeze werden soll, in welchem zwei Seiten parallel sein müssen, und zu diesem kommt dann als weitere Bestimmung hinzu, dass auch die beiden andern parallel werden können. Ganz ähnlich ist es mit den vier Formen der Kegelschnitte, die als Kreis, Ellipse, Parabel und Hyperbel vollkommen in einander übergehen, wie die analytische Formel am besten beweist, in welche man nur die bestimmten Werthe einführen darf, um eine aus der andern abzuleiten. Diesen Uebergang sieht man aber auch ohne dies ganz einfach ein. Denn geht man von der Ellipse aus, so kann die Excentricität eine sehr verschiedene sein, fallen beide Brennpunkte zusammen, so entsteht der Kreis, entfernt sich der eine Brennpunkt unendlich weit von dem andern, so geht daraus die Parabel hervor, die Hyperbel endlich ist eine umgekehrte Ellipse, in welcher der andre Brennpunkt gewissermassen aus der Unendlichkeit wieder zurückkehrt und negativ wird.

Damit wird nun zugleich klar, wie das Subject sich in eine Reihe von Veränderungen auflöst, und das letzte Prädicat selbst sich als eine Thätigkeit zu erkennen giebt, in der das eigentliche Wesen des Subjects besteht, so dass man die ganze genetische Entwickelung desselben an ihr und ihren Modificationen aufzufassen im Stande ist. So lösen sich in der Physik die verschiedenen Töne in schnellere oder langsamere Schwingungen auf, so wird die Verschiedenheit der Farben in gleicher Weise auf die grössere oder geringere Schnelligkeit der Undulationen zurückgeführt, so wird die Differenz zwischen Schall und Licht überhaupt zu einer Modification der schwingenden Bewegung herabgesetzt und damit der innere Zusammenhang und das wahre Wesen beider Erscheinungen erkannt, während das Licht eine unbegreifliche Substanz bleibt, wenn man daran festhält, es für einen imponderabeln Stoff auszugeben. Die Thierreihe giebt uns ein Abbild des Entwickelungsprocesses, in welchem wir die organisirende Kraft des Lebens erkennen; wir sehen nicht mehr starre Formen und Gestalten, die nur das letzte Product des Gestaltungsprocesses sind, sondern diesen Entwickelungsprocess selbst, der sich in der Entwickelungsgeschichte eines jeden Thiers wiederholt, wir betrachten in der Pflanzenreihe nicht mehr die äussern Formen, in denen eigentlich mehr die todten Ueberreste, als die lebendigen, vegetirenden Pflanzen sich darstellen, sondern wir erkennen in ihnen die Entwickelungsgeschichte der Zelle, aus der dieser ganze Aufbau sich begreifen lässt. So bildet die vergleichende Anatomie das Material vor für die vergleichende Physiologie, die den ganzen Organismus nur im Sinne des Werdens und der

Entwickelung betrachtet und in Allem den Bildungsprocess anschaut, der die Formen erzeugt. Deshalb ist es denn auch gerade die Betrachtung der einfachern Gestaltungen, der sich heut zu Tage das Studium so eifrig und mit so grossem Erfolge hingiebt, indem man da hoffen kann, dem eigentlichen Bildungsprocess am leichtesten auf die Spur zu kommen, um dann hernach auch die entwickelteren Formen in ihrer allmälichen Gestaltung immer klarer zu durchschauen.

Der Inductionsprocess lässt uns also das Wesen des Subjects erkennen durch die Untersuchung seiner Prädicate, indem er dabei zugleich eine Einsicht gewährt in die Entwickelung des Subjects und in die Entstehung und den Zusammenhang aller Prädicate als Modificationen des ursprünglichen und wesentlichen. Er beantwortet die Frage nach dem, was das Subject in Wahrheit ist, dadurch, dass er allmälich abzieht, was es im Laufe der Entwickelung geworden ist und uns zurückführt auf den Urzustand desselben, der auch unter allen folgenden Wechseln und Veränderungen verharrt und die allgemeine Grundlage bildet, auf welcher sich die weitere Gestaltung stützt. So zeigt er uns das Subject in seiner producirenden Wirksamkeit, in welcher es sein eigentliches Dasein hat, und vernichtet jeden Rückstand einer todten Substanz oder eines Dinges an sich, an welchem die verschiedenen Merkmale auf eine unbegreifliche Weise, gleichgültig gegeneinander, nur haften sollen. Aber damit ist die Erkenntniss noch nicht befriedigt, es muss auch eingesehen werden, wodurch alle die Veränderungen hineingekommen sind und wie weit dieselben zu gehen vermögen, und damit werden wir auf den Zusammenhang der Bedingungen verwiesen, welche modificirend auf die Subjecte einwirken und die Gestaltung und Entwickelung derselben beherrschen, was der Gegenstand einer weitern Untersuchung sein muss.

e. Die Deduction.

Das der Induction entgegengesetzte Verfahren ist das der Deduction, welches die Aufgabe hat aus einem Prädicate die möglichen Subjecte abzuleiten, die es durch seine Thätigkeit erzeugt. Dies ist die zweite oben schon bei der Entwickelung des Urtheils berührte Frage nach der Genesis der Dinge, die freilich dann auch in ihrer Weise die andre nach dem Wesen der Subjecte beantwortet, indem sie erkennen lehrt, was die Dinge wirken und wie weit sich ihre Wirksamkeit erstreckt; denn da die Dinge nur das sind, was sie wirken, so erkennen wir auch ihr Wesen mit aus ihrer Wirksamkeit. So ergänzt dieses neue Verfahren das vorige des Inductionsprocesses für das Urtheil, indem es die ganze Totalität der Subjecte übersehen lässt, welche aus dem gemeinsamen Grunde der Thätigkeit des Prädicats hervorgehen. Dieses gewährt die Induction nicht, sie geht von der Vielheit der Subjecte aus, und indem sie ihre Verwandtschaft unter einander aufzeigt, führt sie dieselben auf den gemeinsamen Stammbaum zurück und langt bei dem allgemeinsten Subject an, aus dem sie alle als Modificationen begriffen werden müssen; hier können nur die gegebenen betrachtet und untersucht werden, kommen neue hinzu, so werden wir sie an ihrem bestimmten Ort in die Reihe einordnen können, aber das Verfahren lässt nicht erkennen, ob die Reihe vollständig ist, ja es liegt in ihrer Natur, dass sie nie vollständig werden kann. Denn der Process der Modification schreitet selbst in der Wirklichkeit immer fort, und jede neue Untersuchung an bisher noch unbekannten Fundorten entdeckt neue Arten, Gattungen u. s. w., durch welche die Reihe vervollständigt wird. Ebenso wenig liegt in ihr ein wahres Maass für die Differenz, ihr Ziel ist, den Zusammenhang und die Verwandtschaft zu finden, und deshalb sucht sie den allmälichen

Uebergang, dieser aber schreitet bald langsamer bald schneller vor, wie auch in der Wirklichkeit die Veränderungen bald unmerklicher bald rapider erfolgen, je nachdem die einwirkenden Bedingungen stärker oder schwächer, gleichartiger oder differenter sind, wodurch sich die gewaltigen Veränderungen in gewissen Epochen der Erdrevolutionen erklären, die völlig neue Gattungen und Arten in den entsprechenden Schichten der Erdrinde erkennen lassen. Daher ist der Streit, der häufig über die Abgrenzung der Gruppen bei der natürlichen Eintheilung geführt wird, ein müssiger, denn weitere Entdeckungen nöthigen sehr oft, geschiedene Gruppen zu vereinigen, indem dadurch die Kluft ausgefüllt wird, die zwischen ihnen bestand und nur auf dem Mangel der Kenntniss der verbindenden Mittelglieder beruhte, weshalb denn auch der Ausdruck natürliche Eintheilung ein schlecht gewählter, das Wesen des Processes keinesweges bezeichnender ist und besser mit dem einer natürlichen Classification vertauscht würde. Die wahre Eintheilung beruht auf dem Deductionsprocess, der allein im Stande ist, die Uebersicht über die Totalität und das Maass für die Differenz zu geben.

Hiedurch werden wir zuerst darauf geführt, das Wesen der wahren Eintheilung im Unterschiede von der falschen aufzusuchen. Das Gesagte ergiebt schon, dass die Theilung, wenn sie ihr Ziel erreichen soll, durchaus eine Zweitheilung sein muss, welche die ganze Mannigfaltigkeit des Unterschiedenen auf einen Gegensatz bringt und dadurch die Endglieder der Reihe erreicht, zwischen denen die Totalität des Differenten in der Mitte liegen muss und durch die die Unterschiede selbst gemessen werden. Die Deduction darf nicht eine blosse Umkehrung des Inductionsprocesses sein, so dass man sich der Differenzen etwa nur wieder erinnerte und so vom Allgemeinen zum Besondern hinabstiege, denn damit würde gar keine Erkenntniss gewonnen, man langte wiederum nur da an, wovon man bei jenem ausgegangen war, und das ist gerade das noch unerkannte, rein Chaotische. Beim Inductionsprocess nämlich wird die Mannigfaltigkeit des Gegebenen nur die leitende Veranlassung für das Denken, um vermittelst seiner eignen Combinationen zur Erkenntniss des Zusammenhanges aufzusteigen, also ist auch nur dieser Zusammenhang und diese letzte Einheit, auf die alles Differente zurückgeführt wird, Product und Gewinn des Erkennens; zu dem Mannigfaltigen wieder ebenso hinabsteigen und die zufälligen Unterschiede, die in dem gebrauchten Material sich vorfinden, fixiren, hiesse nur die schon gewonnene Erkenntniss wieder aufgeben. Soll die Deduction etwas neues liefern und ein wahrhaftes Erkennen sein, so muss sie rein durch das Denken aus der allgemeinen Vorstellung die Möglichkeit des Besonderen ableiten, und dies geschicht allein durch das Aufstellen eines Gegensatzes.

Aber dieser Gegensatz muss auch ein wahrer Gegensatz sein; denn zu einem scheinbaren Gegensatz gelangt man auch durch den Rückblick auf die Inductionsreihe, indem man ein Glied aus derselben herausgreift und alle übrigen dadurch zusammenfasst, dass man sie als Negation jenem gegenüberstellt. Dieser falsche Gegensatz offenbart sich zum Theil in der Sprache deutlich als blosse Negation oder Abwesenheit des andern Prädicats, wie in gleich und ungleich, oder er verbirgt sich in einem zwar differenten Ausdruck, der scheinbar einen positiven Gegensatz darstellt, aber doch nichts anderes als jener ist, wie in rechtwinklich und schiefwinklich, weshalb denn die Eintheilung der Parallelogramme in gleichseitige und ungleichseitige, rechtwinkliche und schiefwinkliche eine völlig verfehlte ist, die nur den Inductionsprocess wieder zum Vorschein bringt. Der gleichseitige Rhombus beruht auf einer hinzukommenden Bestimmung, durch welche sich dieses eine Rhomboid von allen andern, die nicht diese Bestimmtheit haben, unterscheidet, und das rechtwinkliche Oblongum ist eine bestimmte Art der Rhomboide, in welchem die Winkel gleich und dadurch rechte werden, während alle übrigen diese Bestimmtheit noch nicht an sich tragen. Wahre Gegensätze beziehen sich aufeinander, scheinbare dagegen schliessen sich aus; aus der richtigen Betrachtung ergiebt sich, dass der Rhombus wie das Oblongum wahre Rhomboide sind, was nicht der Fall ist, sobald man sie durch den scheinbaren Gegensatz von rechtwinklich und schiefwinklich, gleich- und ungleichseitig auseinander hält.

Bei dem gewöhnlichen Verfahren der Eintheilung fragt man vor Allem nach dem Eintheilungsgrunde, aber auch dadurch giebt sich wieder derselbe Character eines blossen Zurückgehens auf den Inductionsprocess kund, der nothwendig zu den eben gerügten Fehlern hinführt. Denn dieser Eintheilungsgrund ist nichts Anderes als ein bestimmtes Merkmal des Gegenstandes, an dem man entweder diese besondere Modification findet oder nicht, wie etwa in dem angeführten Beispiel, wo man entweder die Parallelogramme nach den Winkeln oder nach den Seiten theilt. Solcher Theilungsgründe giebt es natürlich vielfache, besonders je reicher das Subject an Merkmalen ist, und damit ist der Willkühr ein weites Feld eröffnet. Der Eine theilt die Dinge nach seinem speciellen Bedürfniss oder Zweck so ein, der Andere anders, und wir kommen damit nicht zu einer wahren Eintheilung, wie sie in der Sache selbst begründet ist und wie sie den Differenzen der Wirklichkeit entspricht.

Der Grundfehler in dem ganzen Verfahren ist der, dass man Gegenstände eintheilen will, während nach unserer Ableitung sich von vorn herein ergiebt, dass der Deductionsprocess nur auf Prädicate anwendbar ist und zwar auf wirkliche Prädicate, mit denen eine Erkenntniss verbunden ist, d. h. die sich als Thätigkeiten und Wirkungen zweier Subjecte auf einander dargestellt haben. Thätigkeiten aber haben Richtungen, die sich auf einen wahren Gegensatz bringen lassen, nach welchen sie auseinander gehen. Hiefür liegt der Ausgangspunkt in den differenten Subjecten, welche durch ihre gegenseitige Einwirkung das Prädicat erzeugen, das zu der Erkenntniss der Thätigkeit Veranlassung giebt. So geht also auch hier die Anschauung von einem real gegebenen aus, welches für das erkennende Denken die Gelegenheitsursache zur Deduction abgiebt, gleichwie die Vielheit der gelegentlich sich zur Vergleichung darbietenden Subjecte bei dem Inductionsprocess. Aber um die entgegengesetzten Richtungen einer Thätigkeit aufzufassen, bedarf es eines mittleren Punktes zwischen den entgegengesetzten Endpunkten, von welchem aus betrachtet beide nach entgegengesetzten Richtungen hin liegen; dieser liegt in der Wechselwirkung der Thätigkeiten beider Subjecte, die sich in dem Prädicat vereinigen, das danach beiden Subjecten zugleich zukommt, aber für jedes eine verschiedene Bedeutung hat, indem die ursprüngliche Thätigkeit des einen durch die Einwirkung des andern Subjects eine veränderte Richtung erhält. Wir gewinnen daher einen Indifferenzpunkt, in welchem sich die Thätigkeiten beider Subjecte ausgleichen, und durch diesen die Anschauung einer neuen Richtung der Thätigkeit, welche wieder nach entgegengesetzten Seiten auseinandergeht. Wir fassen dieses Verhältniss am leichtesten und deutlichsten auf unter dem Bilde zweier sich unter rechten Winkeln durchschneidenden Linien; durch den Kreuzungspunkt wird jede einzelne Linie getheilt und geht nach entgegengesetzten Richtungen hin auseinander, die sich unendlich verlängern lassen und deren Gegensatz bestimmt wird durch den Kreuzungspunkt, welcher gebildet wird durch die andre darauf senkrecht stehende Linie, auch diese zeigt auf dieselbe Weise entgegengesetzte Richtungen, welche aber in ihrem ganzen Verlauf sich indifferent verhalten gegen den Gegensatz der ersteren. Die auf einander senkrechten Linien bilden daher selbst einen Gegensatz in den Richtungen, welcher den Ausgangspunkt bildet für die Auffassung aller Beziehungen zwischen ihnen, und erst hiedurch wird auch der Gegensatz innerhalb einer jeden von ihnen bestimmt. Legen wir nun durch den Kreuzungspunkt noch eine Menge andrer Linien hindurch, so ist ihre Lage fest bestimmt durch ihre Abweichung von der einen oder der andern, was zugleich der Grund ist, weshalb der rechte Winkel das Maass bildet für alle übrigen, die nichts anderes als die Differenz der Richtung darstellen. In gleicher Weise bestimmen wir die Lage aller Oerter gegen einander durch ihr Verhältniss zu Nord und Süd, zu Ost und West, welche als die entgegengesetzten Endpunkte jener entgegengesetzten Richtungen sich darstellen.

Uebertragen wir das eben Entwickelte auf unsern eigentlichen Gegenstand den Deductionsprocess, so erkennen wir, dass alle Differenzen innerhalb einer Thätigkeit sich müssen zurückführen lassen auf einen solchen Gegensatz in der Richtung der Thätigkeiten. Diesen aufzufinden ist die erste Veranlassung gegeben durch die Wechselwirkung der beiden Subjecte, auf welche die Entstehung des Prädicats zurückgeführt werden muss. Dadurch wird eine Richtung gewonnen als Grundlage für den ganzen Process. Die in dieser Richtung bestimmte Thätigkeit aber wird sich selber wieder modificiren, wenn andre Umstände hinzutreten, und diese Modificationen werden dann in einer Richtung liegen, welche auf der ersten senkrecht steht, denn die erstere Thätigkeit kann nur wahrhaft modificirt werden durch eine andre, welche von ihr verschieden ist und das Maass der Verschiedenheit ist zuletzt der Gegensatz. Auf diese Weise erhalten wir also als Resultat des Deductionsprocesses einen sich durchkreuzenden Gegensatz von Thätigkeiten, der als Product einen doppelten Gegensatz von Subjecten bildet, die in der einen Richtung sich indifferent zu einander verhalten, wenn sie in der andern entgegengesetzt sind und umgekehrt. Ein jedes Subject wirkt auf das andre nur nach dem Maasse seiner Verschiedenheit von ihm, und entwickelt so also ihm gegenüber eine entgegengesetzte Thätigkeit, die sich jedoch in der Wirkung ausgleichen, beide entgegengesetzte Thätigkeiten sind eben deshalb wesentlich ein und dieselbe nur nach entgegengesetzten Richtungen, diese können sie nur erhalten haben durch eine andre Thätigkeit, die selber nach entgegengesetzten Richtungen hin auseinander geht und daher ebenso die Wechselwirkung entgegengesetzter Subjecte darstellt. Es giebt daher ebenso wohl entgegengesetzte Thätigkeiten als entgegengesetzte Producte dieser aufeinander wirkenden Thätigkeiten, und diese sind die überhaupt möglichen Subjecte, welche aus ihrer gegenseitigen Einwirkung hervorgehen, während alle übrigen nur Modificationen sind, die zwischen ihnen in der Mitte liegen und leicht durch ihr Verhältniss zu jenen bestimmt werden, indem sie sich entweder mehr dem einen oder dem andern annähern, ganz so wie alle Oerter auf der Erde durch ihr Verhältniss zu Nord und Süd, zu Ost und West bestimmt werden.

Das Deductionsverfahren ruht ganz auf dem Denken, aber es ist ein allmälicher Process, welcher auf Veranlassung des gegebenen Prädicats und mit Hülfe der demselben zum Grunde liegenden Subjecte geübt wird. Damit wirkt er auf die Erkenntniss dieser Subjecte selbst zurück und veranlasst das Denken immer weitere Modificationen derselben nach beiden Seiten hin aufzusuchen, wodurch die erkannte Thätigkeit sich in entgegengesetzter Richtung immer mehr spannt und nun auch wieder Veranlassung wird, die andere Thätigkeit nach den entgegengesetzten Richtungen hin weiter fortzuführen. Hierin wird der Process fortwährend unterstützt durch die eingreifende Induction, welche ebenso das verknüpfende Prädicat als die Reihen der modificirten Subjecte liefert, welche dem Deductionsprocess zur Orientirung in seinem Verfahren dienen, indem sie das Material liefern, welches er durch die fortschreitende Erkenntniss zu Gegensätzen umzugestalten hat, indem er darauf achtet, wie sie in entgegengesetzter Richtung entgegengesetzt wirken. Hat er auf der einen Seite eine Anzahl von Subjecten, die eine Verwandtschaft zu einander zeigen, so müssen sie durch den Inductionsprocess hindurchgehen, um sie auf eine Reihe zu bringen, in welcher sich der allmäliche Uebergang derselben in einander herausstellt und aus welcher sich das wesentliche Prädicat ergiebt, welches sie alle gemein haben und das sich in ihnen modificirt; hat er auf der andern Seite eine Anzahl von Subjecten, welche verschieden modificirend auf jene einwirken, als Bedingungen ihrer Veränderungen, so müssen auch diese in ähnlicher Weise durch den Inductionsprocess bearbeitet werden, damit aber sind die Mittel gegeben, um zu erkennen, welche Modificationen beider Reihen am meisten verändernd auf einander einwirken und diese bilden die gesuchten Gegensätze, die sich durch eine fortgesetzte Behandlung immer weiter spannen.

Dürfen wir hoffen auf diese Weise das schwierige Verfahren des Deductionsprocesses hinreichend deutlich gemacht zu haben, so verweisen wir auf die von uns selbst befolgte Methode, in welcher es fortwährend zur Anwendung gekommen ist. Aus dem Entwickelten geht hervor, dass die wahre Eintheilung, wenn sie vollständig sein soll, stets eine Viertheilung sein wird, in welcher die Glieder das beschriebene Verhältniss zeigen, dass sie positive Gegensätze sind, die sich aber eben deshalb wieder mit einander verknüpfen lassen und so Prädicate hervorbringen, welche neue Gegensätze erzeugen, so dass in Folge dessen immer je zwei dieser Gegensätze in dem Prädicate vollkommen identisch sind, welches den Unterschied von den andern bedingt. Jedes Glied ist daher ein Product zweier entgegengesetzten Prädicate, und unterscheidet sich von jedem der beiden zur Seite liegenden durch ein entgegengesetztes Prädicat, während das andre identisch ist, und nur die diametral entgegengesetzten Subjecte stehen sich mit ihren zwei entgegengesetzten Prädicaten schlechthin gegenüber. Auf diese Weise ist die Theilung eine Quertheilung, in welcher die Richtungen der entgegengesetzten Prädicate sich gegenseitig durchkreuzen, und in dieser Weise ist sie von uns vielfach angewendet worden, theils für sich, wo es eben nur galt, den mannigfaltigen Stoff auf seine Hauptdifferenzen zurückzuführen, wie oben in dem ganzen Abschnitt von der sinnlichen Seele bei der Entwickelung der Hauptmomente in ihren einzelnen Phasen, theils als Grundlage der ganzen Methode, wie wir weiter unten sogleich noch genauer kennen lernen werden.

Wir wollen hier von dem Entwickelten nur noch eine besondere Anwendung machen auf die Eintheilung des Urtheils selbst. Dieses muss nach unserer Ableitung nicht als eine einzelne Form der Erkenntniss gefasst werden, wie sie sich etwa in einem Satz ausdrückt, der nichts weiter ist, als die Verbindung zweier Begriffe, die erst dadurch selbst zum Subject und Prädicat gestempelt werden, sondern es erscheint als ein Process, durch welchen Subject- und Prädicatvorstellungen, denen wirklich etwas verschiedenes in der Wirklichkeit entspricht, mit einander verbunden werden, weil in der That in der Welt selbst ein inniger Zusammenhang besteht zwischen Gegenstand und Thätigkeit. Unser Urtheil ist daher nicht eine blosse Form, sondern wir sehen ein, wie das erkennende Denken dazu kommt und wie es damit eine wirklich der Objectivität entsprechende Auffassung erreicht, deshalb haben wir nicht die Producte des Urtheilens einzutheilen, sondern das Urtheilen als Thätigkeit selbst. Eine solche Eintheilung besitzen wir in dem Inductions- und Deductionsprocess, von denen der erstere darauf beruht, dass wir aus der Vielheit der Subjecte das ihnen wesentliche Prädicat, und der andere darauf, dass wir aus der Einheit des Prädicats die Totalität der Subjecte gewinnen, die aus der Thätigkeit desselben hervorgehen. Vergleichen wir damit die gewöhnliche Eintheilung, so zeigt sie alle die oben gerügten Mängel, das Wahre in ihr aber lässt sich vollkommen auf unsere Theilung zurückführen, die noch dabei den entschiedenen Vorzug hat, dass sie uns den Weg erkennen lässt, wie man zu solchen Urtheilen gelangt. Sie werden nach alter Weise eingetheilt nach der Quantität des Subjects in allgemeine und besondere, nach der Qualität des Prädicats in positive und negative, nach der Relation zwischen Subject und Prädicat in kategorische und hypothetische und in Beziehung auf die sprachliche Verknüpfung in conjunctive und disjunctive. Schon hierin liegt der Fehler der vielfachen Theilungsgründe, wodurch dasselbe Urtheil verschiedenen Klassen angehört, während, wenn man genauer zusieht, das erste immer auf der Induction, das andre auf der Deduction gegründet ist. Der Inductionsprocess giebt allein die Allgemeinheit des Subjects, er findet die Prädicate, die überhaupt dem Subject beigelegt werden und aus ihnen das wahre wesentliche Prädicat, das am vollständigsten seinem Begriff entspricht. Was dagegen die anderen gegenüberstehenden betrifft, so sind sie in der gewöhnlichen Auffassung eigentlich von jenen gar nicht wesentlich verschieden, sondern zeigen den oben gerügten Fehler eines nur scheinbaren Gegensatzes, der selbst nichts anderes als ein Zurückgehen auf den Inductionsprocess ist, und so entweder gar keine neue Erkenntniss, oder sogar eine falsche giebt; erst dadurch, dass sie aus dem Deductionsprocess herstammen, erhalten sie eine wahre Bedeutung für das Erkennen. Setze ich die Form des besondern Urtheils in den Satz: Einige a sind b, so ist dies keine Erkenntniss, sondern nur eine Wahrnehmung, die für den Inductionsprocess als Mittel einen Werth hatte, aber für die Erkenntniss ist der Begriff Einige ein vager, mit dem nichts gewonnen ist, lautet es aber, die Einen sind a, die Andern sind der Gegensatz von a, so ist das eine sehr wichtige Erkenntniss, welche den ganzen Umfang des Begriffs darstellt. Daher ist die Umkehrung des allgemeinen Urtheils in ein besonderes kein Zuwachs an Erkenntniss, sondern nur eine andere Ausdrucksweise, die vielmehr von dem höhern Standpunkt der Induction wieder auf einen tiefern zurückfällt. Aehnlich ist es mit den negativen Urtheilen, welche ebenso nur eine Rückerinnerung dessen sind, was der Inductionsprocess als Stoff für seine Erkenntniss gebrauchte, und die so betrachtet nicht nur diese wiederaufheben, sondern geradezu etwas Falsches hineinbringen würden. Denn ist es wahr, dass die Induction darauf ausgeht, zu zeigen, wie das different erscheinende wirklich nicht schlechthin different ist, sondern nur Modification eines Gemeinsamen, so dass das Eine im Verlauf der Entwickelung in das Andre übergehen kann, so ist es falsch, jenes differente Prädicat aus dem Subjectbegriff auszuschliessen. Stelle ich z. B. den Satz auf, die Seiten des Rechtecks sind nicht gleich, so ist das geradezu falsch, denn auch das Quadrat, welches gleiche Seiten hat, ist ein Rechteck. Nur durch den Deductionsprocess gewinnt das negative Urtheil eine wahre Bedeutung, indem es Gegensätze aufstellt, die sich ausschliessen. Die hypothetischen Urtheile ferner sind in der gewöhnlichen Auffassung nur eine modificirte Form der kategorischen, wie sich herausstellt, wenn man einen Werth darauf legt, dass sie auch im Ausdruck auf sie zurückgeführt werden können, wobei sie sich freilich wunderlich genug ausnehmen. Dadurch verrathen sie den reinen Inductionsprocess und gewähren gar keine neue Erkenntniss; die Deduction giebt ihnen erst den wahren Werth, denn da sie die Bedingungen kennen lehrt, durch welche das Prädicat in seiner Wirkung wesentlich verändert wird, so hat es einen Sinn, die Form des hypothetischen Urtheils zu gebrauchen, welches so lautet, wenn zu a die Bedingung b hinzukommt, so wird daraus c, wenn dagegen das Gegentheil von b hinzukommt, so wird daraus das Gegentheil von c. Ebenso verhält es sich endlich mit den disjunctiven Urtheilen, wie dies auf den ersten Blick deutlich ist, indem eine rechte Disjunction nur auf einem wahren positiven Gegensatze beruhen kann, während sie sonst geradezu in ein conjunctives verwandelt werden können und in dieser Form eine bei weitem richtigere Erkenntniss ausdrücken, als in der disjunctiven. Sage ich die Parallelogramme sind entweder Rhomboide oder Rhomben oder Rechtecke oder Quadrate, so soll es den Anschein haben, als ob ein Rhomboid nicht ein Rhombus oder Rechteck oder Quadrat sein könnte, was doch offenbar falsch ist, während das conjunctive Urtheil die Erkenntniss ausdrückt, dass jedes nur eine Modification des andern ist und aus ihm entsteht.

f. Der Begriff.

Der Inductions- und der Deductionsprocess stehen, wie wir schon oben bemerkten, in der vollkommensten Wechselwirkung mit einander und fördern sich so gegenseitig; das Product derselben ist der Begriff. Wir nehmen diesen Ausdruck hier in einer entschieden tiefern Bedeutung, als man es von der formalen Logik her gewohnt ist, die eigentlich keinen Unterschied zwischen Begriff und Vorstellung zu machen im Stande ist. Denn der meistentheils aufgestellte, als ob der Begriff die Zusammenfassung mehrerer Vorstellungen zu einer Einheit sei und also das Moment der

Allgemeinheit an sich trage, ist in der That keiner, und beruht auf ganz falschen Voraussetzungen, indem jede Vorstellung, wenn man sie nicht etwa nur mit einer sinnlichen Wahrnehmung verwechselt, immer selbst schon eine Verknüpfung von Merkmalen und daher ebenso allgemein ist, wie der Begriff. Daher ist es auch in der gewöhnlichen Sprache vollkommen dasselbe, ob ich von einem Gegenstande sage, ich habe eine Vorstellung oder einen Begriff von ihm, womit wirklich nichts andres gemeint ist, als dass ich seine Merkmale kenne und ihn von anderen zu unterscheiden weiss. In einem weit intensiveren Sinne wird schon der verbale Ausdruck „begreifen" gebraucht, denn etwas, wovon ich einen Begriff habe, in der gewöhnlichen Auffassung, habe ich noch lange nicht begriffen, dazu gehört vielmehr, dass ich eine vollkommene Einsicht gewonnen habe in den Zusammenhang seiner Prädicate und ihn ableiten kann nach seiner ganzen Genesis. In diesem höhern Sinn fassen nun auch wir den Begriff und verstehen darunter die vollendete Erkenntniss eines Gegenstandes, wie sie durch das Zusammenfallen des Inductions- und Deductionsprocesses gegeben wird, indem jener durch das Auffinden des wahren Prädicats erklärt, was er ist, dieser durch die Ableitung von dem Prädicat darstellt, durch das Zusammenwirken welcher Bedingungen er geworden ist.

Das Begreifen fällt vollständig zusammen mit der Definition, welche nur dann eine wahre mit vollständiger Erkenntniss verbundene ist, wenn sie auf der Verknüpfung beider entwickelten Processe beruht, während alle Mängel der gewöhnlich dafür ausgegebenen daraus fliessen, dass sie nichts weiter als die Darstellung des Inductionsverfahrens ist. Am schlechtesten fällt sie aus, wenn sie dem Anfang desselben entspricht und nur eine Aufzählung von Merkmalen giebt, die man an dem Gegenstande wahrnimmt, vollkommener wird sie schon, wenn sie zuerst den allgemeinen Gattungsbegriff angiebt, wie er durch die Induction gewonnen ist, und dann die Merkmale hinzufügt, die ihn von den verwandten der Gruppe unterscheiden. Aber hier liegt gerade das, was durch das Inductionsverfahren nicht erreicht werden kann, sondern nur durch die Deduction möglich wird. Die Definition ist erst eine vollkommene, wenn sie den Begriff durch Subordination unter den allgemeinern bestimmt, und gegen die coordinirten abgrenzt, wie die Subordination aber das Resultat der Induction ist, so ist die Coordination das Product der Deduction. Jenes giebt den Inhalt des Begriffs, indem es eine Anschauung giebt von allen Prädicaten des Gegenstandes, und zwar mit der vollkommenen Einsicht in ihren Zusammenhang, wonach sie nur allmäliche Modificationen sind des allgemeinen wesentlichen Prädicats, das der ganzen Gattung zukommt, diese giebt den Umfang des Begriffs, indem sie die ganze Totalität der Subjecte aufstellt, welche von ihm abgeleitet werden können und jedes einzelne unterscheiden lehrt von den coordinirten, die sich mit ihm zugleich als Gegensätze aus dem höhern Begriff ableiten lassen.

Das Definiren ist durch die angeführten Mängel, die ihm gewöhnlich beiwohnen, in einen gewissen Verruf gekommen, und doch beruht auf ihm vollständig der Begriff, denn nur das, was ich wahrhaft definiren kann, habe ich vollkommen begriffen. Es ergiebt sich aber daraus die grosse Bedeutung der Deduction; nur weil diese noch zu wenig Geltung in unsern Wissenschaften erlangt hat, fehlt es an der wahren Erkenntniss des Begriffs; sie sind gross geworden durch den Inductionsprocess, der seit Aristoteles bereits seine Geltung hat und seit dem Wiederaufleben der Wissenschaften namentlich in neuerer Zeit seine reichen Früchte trägt, aber noch weit bedeutendere Erfolge dürfen wir erwarten, wenn auch der Deduction in ihrer wahren Gestalt dasselbe Recht zu Theil wird und beide Verfahrungsweisen sich gegenseitig unterstützen Wie die Sache jetzt steht, wächst der Stoff von Tage zu Tage mehr an und wird fast wieder zu einer chaotischen Masse, die sich nicht mehr übersehen lässt, wir dringen, Dank dem Inductionsprocess, immer mehr in den Zusammenhang der Erscheinungen ein, aber es wird ein Netz und ein Gewebe, das sich immer mehr verwirrt und eine klare Einsicht in das Maass der Differenzen nicht mehr zulässt. Wir wissen, dass Schall, Wärme, Licht, Electricität, Galvanismus, Magnetismus in dem engsten Zusammenhange stehen, wir wissen, dass sie alle nur Modificationen einer gemeinsamen Urthätigkeit sind, die wir in der schwingenden Bewegung ahnen, aber worin ihre besondere Eigenthümlichkeit liegt, worin sie sich scharf von einander unterscheiden, das ist die grosse Frage, auf welche bis jetzt nur mit der Aufzählung der verschiedenen Thatsachen geantwortet werden kann, in denen sich die Wirkung der zum Grunde gelegten unbekannten Kraft offenbart, ohne dass es möglich wäre, in einem bestimmten Begriff diese zur Anschauung zu bringen. So wie hier ist es aber auf allen Gebieten des Wissens, es fehlt die Erkenntniss, die die vage und unbestimmte Mannigfaltigkeit der Unterschiede auf feste Gegensätze zurückführt und dadurch Ordnung in die Masse hineinbringt. Freilich der Missbrauch, der nur zu häufig mit willkürlichen Eintheilungen getrieben worden ist, schreckt eher von jedem Versuch dazu ab und mahnt mehr in dem gewohnten sichern Geleise fortzugehen, als sich auf das unsichere Feld eines aprioristischen Verfahrens zu begeben, aber diesen Namen in seiner übel berüchtigten Bedeutung würde die wahre Deduction ganz mit Unrecht erhalten, indem oben wohl hinlänglich deutlich gemacht worden ist, wie sehr sie sich der Erfahrung und Beobachtung der wirklichen Erscheinungen anzupassen habe.

Die Begriffsbildung ergiebt sich nach unserer Ableitung

als ein Product der Urtheilsbildung, aber sie wirkt auf die genaue Bestimmung der Subject- und Prädicatvorstellungen zurück, und macht sie, nachdem sie durch den Inductions- und Deductionsprocess hindurchgegangen sind, zu wirklichen Begriffen, wodurch die ursprünglich nur vorläufig aufgestellten Subjecte und Prädicate oft bedeutend corrigirt werden müssen. Hierauf beruht der Unterschied zwischen der wissenschaftlichen Terminologie und der Bezeichnung der Dinge im gewöhnlichen Leben, welche gemeinhin ausserordentlich differiren, indem die wissenschaftliche Behandlung ganz andre Abgrenzungen der Begriffe herbeiführt, als sie die gewöhnliche Umgangssprache macht, die in ihren Vorstellungen auf der Kindheitsstufe einer früheren Erkenntniss stehen bleibt. Um nur bei einigen ganz nahe liegenden und sehr bekannten Beispielen stehen zu bleiben, so hat der Unterschied von Kraut, Strauch, Baum, der im gemeinen Leben eine so grosse Rolle spielt, für die Botanik ganz seine wissenschaftliche Bedeutung verloren, seitdem man erkannt hat, dass in derselben Gruppe die stärksten und gewaltigsten Bäume mit den unscheinbarsten Kräutern in der allerengsten Verwandtschaft stehen, und dass sogar ein und dieselbe Pflanze, die an diesem Orte ein winziges Kraut bildet, an einem andern zu einem mächtigen Baum aufschiesst; der Ausdruck Frucht hat in der gewöhnlichen Umgangssprache eine ganz andre Bedeutung als in der Wissenschaft, man würde sich wundern, von der Botanik zu hören, dass das, was wir bei der Erdbeere geniessen, nur ein Theil des Blüthenstengels sei, die wirklichen Früchte aber in den daran befindlichen ungeniessbaren Körnern gesucht werden müssten, dass wir bei der Kirsche einen Theil eines Blattes verzehren und die eigentliche Frucht in dem Kern wegwerfen. Nicht anders ist es mit der Blüthe, bei welcher der gewöhnliche Sprachgebrauch immer nur an die mehr hervortretenden Kelch- und Petalblätter denkt, und dabei das Wesentlichere unbeachtet lässt, weshalb er bei dem öftern Mangel jener sich wundert, von Blüthen sprechen zu hören, wo er gar keine wahrnimmt. Und das halte man nicht für Spitzfindigkeiten, indem auf den Ausdruck nichts ankäme, denn in diesem liegt der Begriff und in ihm steckt die wahre nicht gleichgültige Differenz, indem die gewöhnliche Ansicht um äusserer Aehnlichkeit willen fälschlicher Weise Dinge mit einander verknüpft oder von einander scheidet, die in der Wirklichkeit völlig verschieden oder eng verwandt sind, wie aus der Entwickelungsgeschichte deutlich hervorgeht.

Der Inductionsprocess führt zur Erkenntniss der wahren Prädicatbegriffe, indem er den ihnen von der sinnlichen Wahrnehmung her immer noch anklebenden substantiellen Gehalt abscheidet und sie zu reinen Thätigkeiten umwandelt, der hinzukommende Deductionsprocess trennt dann die einzelnen scharf von einander ab, indem er sie auf entgegengesetzte Richtungen bringt. Der Deductionsprocess entwickelt aus den Prädicaten die Subjectbegriffe in ihren scharfen Gegensätzen und in der strengen Sonderung einer wahren Eintheilung, und der hinzukommende Inductionsprocess erfüllt sie mit dem Inhalt ihrer wahren Prädicate. Hiedurch sind sie zu wahrhaften Begriffen geworden, und dies muss natürlich auf den Urtheilsprocess Einfluss haben, der durch klare und deutliche Begriffe selbst nur an Durchsichtigkeit gewinnen kann. Auf diese Weise stehen daher Urtheils- und Begriffsbildung in der engsten Verbindung und auf ihrer Wechselwirkung beruht der weitere Fortschritt der Erkenntniss.

g. Das Princip.

Die Urtheilsbildung über einen Gegenstand, welche es zu einem vollständigen Begriff von demselben bringt, giebt die Erkenntniss des Princips. Es gehört dazu, dass der Begriff gewonnen sei auf dem Wege des Inductionsprocesses durch Vergleichung aller wahrhaft verwandten Subjecte, die sich eben dadurch nur als Modificationen des Princips ergeben, und sich aus ihm müssen ableiten lassen, indem sie nur verschiedene Entwickelungszustände darstellen desselben allgemeinen Subjects, das sich an der Spitze der ganzen Inductionsreihe befindet und dessen Entwickelung in der Reihe sich vollständig übersehen lässt. Durch Auffinden des Princips gelangen wir erst zu der wahren Erkenntniss des Subjects, welches den Grund enthält für alle aus ihm abgeleiteten Modificationen und für alle mannigfaltigen Prädicate, die es in dieser Entwickelung erlangt. Das Zurückführen derselben auf dieses Princip ist das Begründen. Auf diese Weise können wir einerseits, zurückgehend, aus den besonderen Prädicaten, welche ein Subject hat, bestimmen, welche allgemeinen Prädicate es haben müsse, indem wir aus dem Inductionsprocess erkennen, wie dieselben nur Modificationen sind von einander, wobei wir zugleich auf die allgemeinen Subjecte zurückgewiesen werden, in denen sich diese allgemeineren Prädicate deutlicher erkennen lassen und denen sich diese besondern Subjecte unterordnen. Andrerseits können wir, indem wir die ganze Inductionsreihe übersehen und alle Modificationen in den Subjecten und den damit übereinstimmenden Prädicaten fortschreitend verfolgen, vollständig aus einem bekannten Merkmal bestimmen, welche Prädicate ein Subject ausserdem noch an sich tragen müsse, indem es die frühere Reihe von Veränderungen durchlaufen haben muss, welche diese bestimmte Modification voraussetzt, woraus dann weiter folgt, dass dieselbe Ursache, welche die bestimmte Modification in dem einen Prädicate erzeugt hat, auch dem entsprechende Modificationen in den andern hervorgebracht haben müsse. Diese Art der Begründung nennen wir Schluss; und zwar bezeichnet man das eine Verfahren gewöhnlich als den

Schluss der Induction, das andere als den der Analogie. Beide beruhen jedoch in gleicher Weise auf dem Inductionsprocess und sind nur richtig, wenn dieser dabei vollständig übersehen wird. Bei dem ersteren schliesst man aus dem Vorhandensein eines Merkmales bei vielen Subjecten einer Gattung, dass es auch allen übrigen derselben Gattung zukommen müsse, aber der Schluss ist nur richtig, wenn durch den Inductionsprocess sicher gestellt ist, dass die vielen Subjecte wirklich einer Gruppe angehören und dass das Merkmal ein dieser Gruppe wesentliches ist. Bei dem andern schliesst man aus einem oder mehreren Merkmalen, welche an einem Gegenstande sich vorfinden, dass auch die übrigen der Gattung wesentlichen sich an ihm vorfinden müssen, aber der Schluss ist nur richtig, wenn man durch den Inductionsprocess festgestellt hat, dass das eine Merkmal ein der Gattung wesentliches ist und dass es mit den andern im Zusammenhange steht. Dieser völlige Ueberblick über die Inductionsreihe wird gewonnen einmal in dem sogenannten Vernunftschluss im engern Sinne, welcher die Reihe der Subordination darstellt für die Subjecte und die ihnen entsprechenden Modificationen der Prädicate; er bildet gleichfalls eine Reihe von Schlüssen, die erst vollständig ist, wenn beide auf ein Princip zurückgeführt werden, welches die Erkenntniss der Einheit von Subject und Prädicat gewährt, aus welcher der Zusammenhang aller daraus gefolgerten Urtheile begriffen werden kann. Andrerseits liefert die vollständige Induction den Beweis, welcher aus dem Princip als dem gemeinsamen Grunde ableitet, wie die Modificationen, welche das ursprüngliche Prädicat im Verlauf seiner Entwickelung allmälich erleidet in einem nothwendigen Zusammenhang untereinander stehen, so dass aus einem auch auf die andern geschlossen werden kann, wie dies z. B. in dem mathematischen Beweise klar zu Tage liegt. Ist ein Winkel in einem Parallelogramm ein Rechter, so müssen es die übrigen auch sein, denn dies folgt aus dem Parallelismus seiner Seiten. Wenn es in andern Wissenschaften nicht mit einer solchen Evidenz geschieht, so liegt dies immer nur an der Unvollständigkeit und der Mangelhaftigkeit des Inductionsprocesses, aber wir wissen doch, wie Grosses hierin die neuere Behandlung der Naturwissenschaften durch die auf der Induction basirte natürliche Classification leistet, die es möglich macht, aus einzelnen fossilen Knochen-Ueberresten der Vorwelt die Gestaltung des ganzen Thieres zu ergänzen und die an einem Fundorte zerstreuten Stücke mehrerer Thiere zusammenzusuchen und so zu ordnen, dass jedem das seine zugetheilt und das Fehlende erkannt werden kann.

Das ist die ungeheure Bedeutung des Princips für die Erkenntniss, dass es alle Urtheile vereinigt zu der Einheit des Begriffs. Aber dieses Finden des Princips ist offenbar ein unendlicher Process, welcher abhängig ist von dem Erkennen der Subjecte und dem fortschreitenden Inductionsprocess, der sie einordnet in die Reihe ihrer Entwickelung. Hiebei zeigt sich so recht wieder die Wechselwirkung zwischen den beiden die neue Form der Erkenntniss bildenden Momenten und die Rückwirkung des Gefundenen auf das noch zu Suchende zu einem ununterbrochenen Fortschritt. Denn je mehr wir die Subjecte durch die Induction auf ihr Princip zurückzuführen im Stande sind, desto mehr haben wir in der Inductionsreihe selbst und dem gefundenen Princip das Leitende für das Aufsuchen neuer verwandter Subjecte, und je mehr wir in ihnen neue Modificationen finden, desto mehr wird dadurch Stoff gewonnen und die Möglichkeit gegeben, zu noch allgemeinern Principien aufzusteigen. Es giebt hier weder ein Ende für den allgemeinen Zusammenhang noch für die Mannigfaltigkeit des Besondern. Je allgemeiner das Princip wird, desto mehr befasst es unter sich, aber immer hat das Princip coordinirte Principien neben sich, welche zu einer noch grössern Verallgemeinerung auffordern und die Ableitung derselben von einem noch höhern nothwendig machen.

Auf diese Weise ist nun auch die Einwirkung zu begreifen, welche die fortschreitende Erkenntniss des Princips auf die Bildung der Prädicatbegriffe und auf die Deduction haben muss. Denn da die Induction die Subjecte in Prädicate verwandelt, so identificiren sich im Principe beide, das allgemeinste Subject stellt zugleich das Prädicat in seiner allgemeinsten Gestalt dar, und das Subject löst sich für die Anschauung in reine Thätigkeit auf; wird nun zugleich klar, welches andere Subject modificirend auf jene Thätigkeit eingewirkt hat, so ist damit auch zugleich das Princip für den Deductionsprocess gegeben. Dieser kann um so sicherer eingeleitet werden, je mehr durch die Induction die Prädicatbegriffe allen substantiellen, ihnen von den Subjectvorstellungen her noch anklebenden verworrenen Inhalt abgestreift haben, so dass sie klar und deutlich als Thätigkeiten sich zu erkennen geben, deren entgegengesetzte Richtung man leicht aufzufassen im Stande ist. Die mit der fortschreitenden Erkenntniss der Principien erst eintretende Möglichkeit wahre Prädicatbegriffe zu bilden und aus ihnen die Gegensätze zu deduciren, ist auch offenbar der Grund, weshalb die Deduction in der Entwickelung der Wissenschaften hinter der Induction zurückbleibt und erst dann vorwärts schreitet, wenn jene zu einer gewissen Allgemeinheit der Principien gediehen ist, und weshalb sie auch nur so weit zu dem Besondern hinabsteigen kann, als ihr durch jene der Boden geebnet, und eine Mannigfaltigkeit von Principien gegeben ist, die das erkennende Denken dazu anregen, sie auf die entsprechenden Gegensätze zu bringen. So ist es z. B. in der Physik, wo wir nahe daran sind vollständig zu erkennen, wie Schall, Wärme,

Licht, Electricität, Magnetismus nur Modificationen von einander sind, die in der schwingenden Bewegung ihr gemeinsames Princip haben. Sie, welche sonst als imponderable Stoffe galten, haben nunmehr alles substantiell Gegenständliche und alle stoffliche Qualität verloren und sind zu reinen Thätigkeiten geworden, wenngleich für Viele immer noch an dem Licht die verwirrende Vorstellung eines besondern Aethers haftet und die letzte Stütze bildet, an welcher sie sich festhalten, weil sie eines solchen starren unbegriffenen Subjects als Grundlage der Prädicate nicht entbehren können; der letzte grosse Schritt ist jedoch noch zu thun, indem die Differenz jener Erscheinungen aus dem Begriff der schwingenden Bewegung selbst zu deduciren ist. Derselbe Fortschritt lässt sich aber auch für alle übrigen Wissenschaften erwarten, je mehr dieselben durch Induction zu den Principien der betreffenden Erscheinungen werden vorgedrungen sein.

h. Die Methode.

Das ergänzende Moment des Princips für das Erkennen ist die Methode, welche auf dem Begriffe ruht und aus demselben alle auf ihn bezügliche Urtheile ableitet. Sie stellt die Wechselwirkung dar zwischen dem Prädicat und der Deduction, indem sie einerseits aus dem Prädicatbegriffe neue Subjecte ableitet und aus diesen wieder Veranlassung zu neuer Prädicatbildung erhält. Die Methode ist daher ein fortgesetzter Process der Entgegensetzung und Verknüpfung der Gegensätze, der aber nicht wie der des Princips in einer endlosen Reihe sich fortsetzt, sondern durch die oben aufgezeigte Natur der Gegensätze und die darauf begründete Viertheilung ein bestimmt in sich abgeschlossenes Verfahren darbietet. Wir haben diese Methode thatsächlich schon bei allen unsern bisherigen Untersuchungen befolgt, und es kommt daher nur noch darauf an, sie in ihren einzelnen Momenten uns zum Bewusstsein zu bringen und aus dem bisher Entwickelten zu begründen.

Die Methode geht aus von dem im Princip erkannten Prädicat und deducirt aus ihm den ersten einfachen Gegensatz von zwei Subjectbegriffen, welche nichts anderes darstellen als den Zustand der äussersten Spannung in der Richtung der veränderlichen Thätigkeit. Diese Gegensätze lassen sich verknüpfen zu einer neuen Thätigkeit, in welcher das eine Subject mit dem andern in Wechselwirkung tritt, so dass eins durch das andre modificirt wird. Die daraus entstehende Thätigkeit wird wieder nach zwei entgegengesetzten Richtungen hin auseinander gehen, je nachdem wir begreifen, wie das erste Subject durch das zweite oder dieses durch das erste verändert wird. Beide verknüpfen sich dann von Neuem unter einander zu einem Subject, welches offenbar nun die Indifferenz sein muss zu dem Gegensatze, der in den ersten beiden Subjecten sich darstellte, und so das Product der beiden Thätigkeiten zur Anschauung bringt, die sich in ihnen nur in verschiedener Weise und nach der entgegengesetzten Spannung ihrer Richtungen vereinigen. Dadurch bildet sich nun ein neues Wechselverhältniss zwischen der ersten Thätigkeit und diesem ihrem Product, wie es durch die Wechselwirkung der in ihr enthaltenen entgegengesetzten Richtungen geworden, und das Resultat dieser Wechselwirkung ist eine Modification jener Thätigkeit durch dieses neue Subject und eine Modification des Subjects durch jene Thätigkeit, die sich in einer neuen Thätigkeit und in einem neuen Subject darstellen, welche gleichfalls eine neue Wechselwirkung eingehen, aber durch dieselbe rückwirkend nur dieselbe Thätigkeit und dasselbe Subject wiedererzeugen, aus denen sie selbst geworden sind, womit sich nunmehr der ganze Process abschliesst. Wir erlangen als Product desselben vier Subject- und vier Prädicatbegriffe, welche in der innigsten

Beziehung zu einander stehen und so ein Ganzes bilden, das den Inhalt des Prädicats, von dem wir ursprünglich ausgegangen sind, darstellt. Zur Erläuterung*) des Gesagten möge die Entwickelung des Erkennens selbst dienen, wie wir es jetzt bis zu seinem letzten Moment verfolgt haben. Das Erkennen als das Denken in Wechselwirkung mit der sinnlichen Wahrnehmung ist das methodisch zu deducirende; wir begreifen es zuerst in seiner entgegengesetzten Thätigkeit als Setzen von Subjecten und Prädicaten, indem es einerseits die sinnlichen Empfindungen nach Aussen versetzt und in dem bestimmten Gegenstand den Ort und die Ursache ihrer Entstehung auffasst, andrerseits sie als Wirkungen und Thätigkeiten dieses Gegenstandes auf das denkende Subject erkennt. Die Verknüpfung von beiden giebt das Urtheilen als das Erkennen in seiner werdenden und sich entwickelnden Thätigkeit, durch welche die Einheit von Subject und Prädicat gesucht wird. Der Process dieser Thätigkeit geht auseinander in der entgegengesetzten Richtung des Inductions- und Deductionsverfahrens und das Product aus beiden ist der Begriff oder das Erkennen in dem bestimmten Zustande seiner Entwickelung; dieser ist ebensosehr Begreifen der Subjecte als der Prädicate, die dadurch Subject- und Prädicatbegriffe werden und darin den bestimmten Grad der Erkenntniss darstellen, welcher im Urtheil vorhanden ist. So nun findet eine neue Wechselwirkung Statt zwischen dem Urtheil und dem Begriff, deren Product das Princip und die Methode ist; jenes stellt dar, wie viel durch die Thätigkeit des Urtheils schon begriffen ist, indem es den Umfang der Subjecte übersehen lässt, die dem Begriffe untergeordnet sind, und das erkannte Prädicat aufweist, das diesem allgemeinsten Begriffe

---

*) Das Nähere und die weitern Belege in meiner Schrift: Princip und Methode der Philosophie, Berl. 1842 u. in meinem System der Metaphysik, Berl. 1844.

und allen ihm untergeordneten zukommt, diese lehrt aus dem Begriffe alle Urtheile ableiten, indem es die in dem Prädicat enthaltenen möglichen Subject- und Prädicatbegriffe deducirt und aus ihrer Verknüpfung die Urtheile gewinnt, welche den ganzen Inhalt des Gegenstandes erkennen lassen. Auf diese Weise entwickelt die Methode aus dem Princip alle Urtheile und alle Begriffe und darin ist das Erkennen abgeschlossen. Die Producte des Erkennens sind Subject, Prädicat, Princip und Begriff, das Princip begreift das Subject in seinem Prädicat, der Begriff umfasst in der productiven Thätigkeit des Prädicats den ganzen Inhalt und Umfang des Subjects. Die Thätigkeit des Erkennens in seiner Entwickelung zeigt sich in dem Urtheilen und der Methode, die sich in der entgegengesetzten Richtung des Inductions- und Deductionsprocesses darstellt, durch welchen das Urtheilen nach entgegengesetzten Richtungen hin methodisch fortschreitet. Und beides, Product und Thätigkeit des Erkennens stehen in der engsten Verknüpfung, indem die Methode aus dem Princip die Subject- und Prädicatbegriffe ableitet, die im Urtheil sich verknüpfen, durch den Inductions- und Deductionsprocess sich in ihrer Einheit darstellen als Begriff und die Probe gewähren für die Richtigkeit der Ableitung.

i. Das System.

Aus dem Princip gewinnt das Erkennen durch die Methode als seine höchste Form das System, in welchem alle bisher entwickelten Momente sich vereinigen. Denn indem die Methode aus dem Princip alle überhaupt möglichen Begriffe als Modificationen desselben ableitet, so weist sie auch damit alle Beziehungen auf, welche zwischen diesen Begriffen bestehen und lässt die Einheit erkennen, die sie in dem Principe haben. Hiedurch erst ist das Subject vollständig erkannt, indem alle Prädicate erkannt sind, die seinen Inhalt ausmachen und durch die es begriffen wird, zugleich mit allen den Veränderungen, die es durch die Entwickelung erleiden kann. Das Subject ist ein System von Thätigkeiten, durch die es sich selbst in seinen verschiedenen Gestaltungen producirt, und indem das System dies zur Erkenntniss bringt, ist es der Ort für alle Begriffe und alle Urtheile, durch deren richtige Stellung zu einander vermöge der Ableitung die vollkommenste Einsicht in den Gegenstand erreicht wird. Diese Einheit des Subjects mit allen Urtheilen, die von ihm ausgesagt werden können, und mit allen Begriffen, zu denen es sich entwickelt, drückt das System dadurch aus, dass es zu den durch die Methode abgeleiteten Begriffen noch einen letzten Begriff hinzufügt, welcher für das Denken die Anschauung dieser vollkommenen Einheit des Seins des Subjects mit seiner Entwickelung gewährt und der um deshalb ebensosehr als Subject- wie als Prädicatbegriff gedacht werden muss. Er offenbart sich für das Erkennen allerdings erst zuletzt, aber er ist an sich das wahre Princip und das wirkliche Subject für die ganze Entwickelung. Denn indem sich in ihm das System abschliesst und der ganze Inhalt desselben als sein eignes und wahres Wesen erscheint, so ist dieser auch sein eigentliches Product, und die ganze Erkenntniss besteht eben darin, dass wir, nachdem das System abgeleitet ist, dasselbe in seinem Zusammenhange und in seiner Einheit als ein Ganzes betrachten und alle einzelnen Theile nur für eben so viele Seiten und Erscheinungsweisen an dem einen Subject halten, welches in dem ganzen System erkannt werden sollte und nun in dem letzten Begriff als solches wirklich angeschaut wird.

Die systematische Erkenntniss unterscheidet das wissenschaftliche, von dem gewöhnlichen Denken und darum strebt alle Wissenschaft das System an. Sie geht aus von einer unbestimmten und vagen Vorstellung gewisser verwandter und darum zusammengehöriger Subjecte und Erscheinungen und bearbeitet diese in der aufgezeigten Weise so lange, bis die Begriffe in ihrer wahren Zusammengehörigkeit und scharfen Sonderung erkannt sind und daraus sich ein abgeschlossenes System entwickelt, in welchem alle Erscheinungen in ihren gegenseitigen Beziehungen klar heraustreten. Erst dadurch weiss man, was in den Zusammenhang hineingehört und was daraus ausgeschlossen werden muss; denn nur das gehört wirklich zur Sache, was sich aus dem Princip ableiten lässt, und wenn die Methode die richtige ist, so leitet sie auch alles ab, was über den Gegenstand zu wissen nöthig ist. Denkt man sich nun diesen Process des Erkennens von verschiedenen Seiten her in einzelnen Wissenschaften vollzogen, so sind die Systeme, die sich daraus ergeben, selbst wieder anzusehen, wie einzelne Subjecte, und in Beziehung auf sie wiederholt sich derselbe Process. Sie sind auch erst ohne Zusammenhang als eine verworrene Mannigfaltigkeit von Gegenständen gegeben, in welche die Erkenntniss Klarheit hineinbringen muss, indem sie dieselben so lange bearbeitet, bis sie sich auf ein gemeinsames Princip zurückführen und von demselben methodisch ableiten lassen, so dass endlich ein System daraus hervorgeht, in dem ihre Stellung zu einander und ihr gegenseitiges Verhältniss klar hervortritt. Die Systeme gruppiren sich daher in ähnlicher Weise zusammen und bilden höhere Systeme, bis zuletzt alle Erkenntniss der Welt in ein höchstes aufgeht, welches den ganzen Inhalt des Wissens aus einem ersten Princip abzuleiten unternimmt.

Das mit dem System sich vollendende Erkennen schafft sich mit der fortschreitenden Klarheit auch seine wissenschaftliche Sprache und wird so Organ der Mittheilung und Ausgleichung aller Differenzen des Denkens. Die wissenschaftliche Terminologie der im System scharf abgegrenzten Begriffe reicht selbst über die Unterschiede der conventionellen Sprachen der Völker hinaus und bildet so ein Gemeingut des gesammten vernünftigen Denkens, welches für die allgemeine Uebereinstimmung der Erkenntniss das höchste Zeugniss ablegt. Ist irgendwo Streit vorhanden, so wird er gehoben durch die Zurückführung der Differenzen auf ein gemeinschaftliches Princip, von welchem aus der Ursprung des Streitigen vermöge der Methode sich muss erkennen lassen. Die systematische Erkenntniss ist daher das beste Mittel für die Dialektik und gewährt, wenn sie wirklich vorhanden ist, das zureichende Material für die Disputation, deren Kunst darin besteht, die Verworrenheit in dem Denken aufzuhellen und die scheinbaren Widersprüche zu lösen, die nur dadurch entstehen, dass man das Differente in seinem Zusammenhange nicht aufzufassen und auf die allgemeinen Principien zurückzuführen im Stande ist.

Der Glaube suchte Wahrheit, er bewirkte die Gewissheit und Ueberzeugung von der Uebereinstimmung des Denkens mit dem Gegenstande, der ihm durch die sinnliche Wahrnehmung nahe gebracht wird, das Erkennen strebt nach Klarheit und erreicht dadurch das Mittel zur Ausgleichung aller Differenzen im Denken, indem es nicht nur die Gedanken jedes Einzelnen in Uebereinstimmung mit einander bringt, sondern auch eine Gewähr dafür giebt, dass eine Uebereinstimmung aller Denkenden unter einander erreicht werden könne und so die vernünftige Einsicht in den Zusammenhang der Dinge für alle dieselbe sein müsse. Eben deshalb ergänzen sich Glauben und Erkennen zum Wissen. Eine auch mit aller Gewissheit und Ueberzeugung verbundene Wahrheit kann nicht mitgetheilt werden ohne die Klarheit der Erkenntniss, und die klarste Erkenntniss kann von dem Einzelnen nicht angeeignet werden ohne den Glauben an ihre Wahrheit. Beide können aus einander liegen, so lange sie nicht vollendet sind, in ihrer Vollendung dagegen sind sie eins und bilden das höchste Wissen.

Dieses aber ist selber für die Menschheit ein stets sich entwickelnder Process, der auf der gegenseitigen Wechselwirkung von Glauben und Erkennen begründet ist. Er schreitet fort, indem sich die ganze vernünftige Menschheit in die unermessliche Aufgabe theilt und durch die Theilung der Arbeit erreicht, was für den Einzelnen unmöglich ist, wobei bald die Wahrheit bald die Klarheit überwiegt, indem eine vollständige Uebereinstimmung beider Momente nur in wenigen Denkenden und in seltenen Zeitabschnitten annähernd erreicht wird. Die Gemeinsamkeit der Bestrebungen ist aber doch nur denkbar unter der Voraussetzung, dass wirklich die Sinne Aller Organe werden für die gemeinsame Vernunft und dass eine allgemeine Uebertragung und Verständigung in Beziehung auf die Wahrheit möglich ist durch Klarheit der Erkenntniss und der Mittheilung. Nur so ist es möglich, dass die gewonnene Wahrheit auf die kommenden Geschlechter fortgeerbt wird, und dass man die Zuversicht hegen kann, die Wahrheit werde sich allmälich immer mehr Bahn brechen, trotz aller Hemmungen und Verirrungen, welche zeitweise den Fortschritt aufhalten und verdunkeln können.

3) Das Wissen.

Die Trennung von Glauben und Erkennen tritt uns überall in der Erfahrung des gewöhnlichen Lebens entgegen, bei den Meisten überwiegt jener und reicht hin für die Auffassung der wechselnden Verhältnisse und den Verkehr mit ihnen. Er bietet den Stoff dar, an welchem das erkennende Denken erstarkt und die allgemeine Bildung sich entwickelt. Nur Einzelnen ist es gegeben, über das gewöhnliche Niveau hinaus in einzelnen Wissenschaften eine eindringendere Erkenntniss sich anzueignen. Aber sehr häufig tritt dann hier der umgekehrte Fall ein, dass je mehr das Erkennen an Klarheit gewinnt, es unwahrer wird, als die gewöhnliche unbefangene Betrachtung der Erscheinungen in all ihrer Verworrenheit, indem Vorurtheile sich festsetzen, falsche Prämissen und Principien aufgestellt werden, aus denen unwahre Schlüsse gezogen und trügerische Beweise geführt werden, wie es die Geschichte aller Wissenschaften zur Genüge darstellt. Aber selbst im gewöhnlichen Verkehr zeigt sich das Missverhältniss in der Mittheilung zwischen denen, welche die Thatsachen aufgefasst haben, aber die Erkenntniss nicht besitzen, um sie klar zu machen, und denen, die die Wissenschaft haben, aber die Thatsachen nicht wahrgenommen haben, über die sie urtheilen sollen nach den Aussagen jener, wie z. B. bei dem Richter, welcher zu entscheiden hat über den Streit der Parteien und die Sachlage aus ihrem Munde erfährt, oder wie bei dem Arzt, der die Krankheit heilen soll nach dem Bericht über die Symptome, die der Kranke an sich fühlt. Das Verhör des Richters wie des Arztes ist das von Erkennenden, welche die Aussage der Parteien und der Kranken leiten müssen nach ihrem besten Wissen, um daraus die Wahrheit zu gewinnen; aber die Mittheilung dieser ist eine unklare und verworrene, indem sie, nicht wissend, warum es sich eigentlich handelt, viel unnützes und nicht zur Sache gehöriges hineinbringen und oft das wichtigste auslassen, während alles das, was sie sagen, vollkommen wahr sein kann; andrerseits aber mischen sie noch obendrein viel unklare Erkenntniss hinein, indem sie sich die Thatsachen nach ihrer Weise zurecht legen und so nothwendig auch Urtheile mit einfliessen lassen, welche die Sache noch mehr verwirren. Die Aufgabe der Wissenden ist es nun, aus einer solchen mangelhaften Darstellung das Wahre herauszufinden und den Zusammenhang aufzuklären. Hier müssen sie aus den Einzelheiten, die zum Theil übereinstimmen, zum Theil mit einander streiten, sich ein Bild zusammensetzen, von den Urtheilen abstrahiren und die Thatsachen reinigen, sie auf eigne Weise combiniren und nun durch fortgesetzte Fragen sich vergewissern, dass das entworfene Bild mit dem wirklichen zusammenfällt. Da liegt dann die entgegengesetzte Gefahr sehr nahe. Geleitet von dem eignen Urtheil, das sich als ein vorläufiges aus der Mittheilung gebildet hat, wird dies sehr leicht selbst ein Vorurtheil, nach welchem sie ihre Fragen einrichten, und die Andern, welche unbekannt mit der wahren Bedeutung der Begriffe auf sie eingehen, werden dadurch befangen und geben ohne es zu wissen, manches zu, was mit der Wahrheit keinesweges übereinstimmt. Darum ist es die Kunst der Wissenden, die Fragen richtig zu stellen und sie so unverfänglich wie möglich einzurichten, sie oft zu modificiren und sich selbst unbefangen genug zu erhalten, um das entworfene Bild nach allen Möglichkeiten hin, immer gemäss den neuen Mittheilungen, zu variiren, bis man zuletzt überzeugt sein kann, das wahre erreicht zu haben, wodurch in gewissem Sinne die Mittheilenden über die richtige Erkenntniss belehrt, die Erkennenden von der Wahrheit unterrichtet werden. Und ganz so wie hier verhält es sich auch mit der Mittheilung, die in dem Gedanken des Wissenden selbst vor sich geht, wenn sich das Gebiet seines Wissens durch neue Thatsachen erweitert oder das Erkennen tiefer in die Geheimnisse der schon oberflächlich bekannten eindringt. Die richtige Stellung der Fragen und die unbefangene Lösung derselben nach den Thatsachen ist für das Wissen das Wichtigste; wie dadurch das Wissen gefördert wird, werden wir erst klar einsehen, wenn wir die einzelnen Momente näher erforschen, in denen es sich entwickelt.

a. Die Entdeckung.

Das erste Moment des Wissens ist die Entdeckung, durch welche ihm erst der Gegenstand für die weitere

Untersuchung gegeben wird. Entweder kann sie ausgehen von der sinnlichen Wahrnehmung, welche dem Denken Veranlassung giebt, einen Gegenstand auszusondern; wenn dann die Erkenntniss hinzukommt, durch welche er in die Reihe der Subjectbegriffe eingeordnet wird, so ist die Entdeckung vollendet. Aber die Entdeckung kann auch begründet sein auf einer Combination des erkennenden Denkens, welches sich die Möglichkeit eines neuen Subjects aus der Reihe des schon Bekannten und durch eine Modification des begriffenen Princips ableitet und hernach das Erkannte in der Wirklichkeit aufsucht, wo dann die Entdeckung dadurch abgeschlossen wird, dass das Gedachte gefunden und so durch die sinnliche Wahrnehmung bestätigt wird. Wird es nicht gefunden, aber es kann nach dem erkannten Begriff hergestellt werden, so entsteht daraus die Erfindung, die nur eine Abart der Entdeckung bezeichnet. In beiden Fällen zeigt sich die Nothwendigkeit der Verbindung von Glauben und Erkennen und ihre gegenseitige Wechselwirkung; beide können auseinanderfallen in zwei Momente und ein oder mehrere denkende Individuen können sich in die Entdeckung theilen, der eine kann zufällig einen Gegenstand auffinden und damit meinen, eine neue Entdeckung gemacht zu haben, aber so lange er nicht erkannt hat, was der Gegenstand ist, wird die Entdeckung nicht vollendet sein. Es betrachtet Jemand den Himmel und findet einen ihm unbekannten Stern, er geht zu einem Astronomen und befragt ihn darüber, dieser sieht seine Sternkarten nach, findet, dass an jener Stelle des Himmels noch kein Stern bezeichnet ist und schliesst daraus, dass es ein neuer Planet sein müsse, so erst ist die Entdeckung abgeschlossen. Findet er ihn dagegen dort schon als Fixstern auf, so ist die gemeinte neue Entdeckung nichts, und es wird nur eine für den, der sie noch nicht kannte und nunmehr weiss, dass das, was er gesehen, ein schon bekannter

Fixstern ist. Wird dagegen, wie bei der Entdeckung des Neptun durch Leverrier, aus den Störungen anderer Planeten geschlossen, dass es einen Grund zu dieser Störung geben müsse in einem neuen noch unbekannten Planeten, und der Ort desselben durch genaue Rechnung so bestimmt, dass das auf diesen Punkt gerichtete Fernrohr ihn wirklich findet, so geht die Entdeckung hier von dem Erkennen aus und findet ihren Abschluss in der wirklichen Wahrnehmung.

b. Die Beobachtung.

Die Entdeckung giebt Veranlassung zu einem zweiten Momente des Wissens, der Beobachtung. Wir fixiren den Gegenstand und nehmen an ihm Veränderungen wahr, die wir mit vollem Vertrauen dem Gegenstande beilegen; dies wäre noch keine Beobachtung, es muss erst das Erkennen hinzukommen, welches die blosse sinnliche Wahrnehmung in einen Prädicatbegriff umwandelt und so erst dahinter kommt, was das Wahrgenommene eigentlich ist. Die ganze darin liegende Erkenntniss wird dann in die weitere Beobachtung mit aufgenommen, wir wissen nunmehr, dass dieses Prädicat eine Thätigkeit ist, die auf der Wechselwirkung dieses Subjects mit einem andern bestimmten Subjecte beruht, dieses leitet dahin, die Verknüpfung mit diesem Subjecte auch durch die Wahrnehmung zu bestätigen, das andere Subject aufzusuchen und die gegenseitige Veränderung beider zu constatiren. Hiebei ist eine völlige Hingabe des Erkennenden an den Gegenstand nöthig, so dass er wahrhaft vertrauen darf, die Veränderung wirklich als eine gleichzeitige an den Gegenständen wahrgenommen zu haben. Er setzt nun weiter die Betrachtung fort und findet andere Modificationen des Subjects, die hinzutretende Erkenntniss sieht in ihnen schon bekannte Modificationen des Prädicats, und indem es die ganze Reihe von Möglichkeiten übersieht, leitet es auch die Beobachtung dieser ein, indem es die Aufmerksamkeit des Betrachtenden darauf richtet. So entsteht aus dieser Wechselwirkung von Glauben und Erkennen der wissenschaftliche Werth der Beobachtung. Ist beides noch aussereinander, so ist das Wissen auch noch gar nicht vorhanden; wird auf den blossen sinnlichen Eindruck das ganze Gewicht gelegt, aber es fehlt an der Erkenntniss, so ist es vielmehr ein Nichtwissen, indem man sich noch nicht klar ist, was man beobachtet hat, wird die Beobachtung dagegen durch die vorangehende Kenntniss des Prädicats geleitet, so wird sie leicht irrig, indem sie das Gedachte zu sehen glaubt und dadurch die Wahrnehmung verfälscht. Dem erstern gegenüber muss gedrungen werden auf Erkenntniss, dem andern gegenüber auf völlige Hingabe an den Gegenstand, so dass man vollkommen vertrauen darf, das vorher erkannte auch wirklich wahrzunehmen. Man sieht hieraus, wie es mit dem wohlgemeinten Rathe steht, bei der Beobachtung sich alles eignen Denkens zu enthalten, es ist ein reines Missverständniss, welches aus der Furcht entsteht, dass das Erkennen die Wahrnehmung irre führen könnte, aber man bedenkt dabei nicht, dass einerseits schon das Vertrauen zur Wahrnehmung der Veränderung ein Act des bewussten Denkens ist, und dass andrerseits die Erkenntniss der Prädicate nur durch die denkende Betrachtung an den wirklichen Gegenständen hat vor sich gehen können. Vor Einfällen und Einbildungen soll man sich hüten, aber nicht vor der wahren Erkenntniss, und vertrauend soll man sich hingeben der Beobachtung in dem Gedanken, dass das Wahrgenommene auch müsse erkannt werden können, und dass beides sich nicht widersprechen dürfe.

c. Die Erfahrung.

Die Entdeckungen führen zu Beobachtungen, diese wieder zu neuen Entdeckungen und so entsteht aus der Wechselwirkung beider die Erfahrung, welche den fortschreitenden Process des Wissens darstellt. Sie beruht auf der Gewissheit der Thatsachen und dem klaren Urtheil über ihre Verknüpfung. Auch hier ist, wie sich leicht begreift, das eine ohne das andre kein Wissen, und wir brauchen daher nicht weiter auszuführen, wie die blosse chaotische Aufhäufung von Thatsachen ohne die rechte Beurtheilung ihres Zusammenhanges keine wissenschaftliche Erfahrung begründen könne, und wie ebenso umgekehrt eine durch Vorurtheile bestimmte Wahrnehmung das Wissen corrumpiren müsse. Wir sehen zugleich ein, mit welchem Recht man sagen kann, eine wahre Erfahrung müsse auf gewissen Thatsachen und einer gewissenhaften Untersuchung derselben beruhen, und wie man andrerseits auch behaupten darf, nur das Wissen, welches auf Erfahrung gegründet ist, sei gewiss. Beides ist im Grunde genommen ein und dasselbe, aber die Verschiedenheit, die darin liegt, hat doch auch einen bestimmten Sinn, indem es zusammenhängt mit der verschiedenen Weise, wie man zu Erfahrungen gelangt. Geht man, wie es sehr häufig in der Wirklichkeit geschieht, davon aus, dass eine Menge gewisse Thatsachen aufgehäuft sind, die aber noch der Entwirrung bedürfen, indem man lange nicht zu einem rechten Urtheil über ihre Verbindung untereinander gerathen kann, so ist hier die Gewissheit das erste, womit die Erfahrung beginnt, aber sie sucht ihre Vollendung im Urtheil. Gehen wir aus von vorläufigen Urtheilen, die wir fällen aus der Erkenntniss der Subjecte und Prädicate heraus, und die wir hernach bestätigt finden durch die Untersuchung der Thatsachen, so begründet sich hier die Erfahrung zunächst auf der Erkenntniss, aber sie findet ihren Abschluss in dem Glauben an ihre Gewissheit, die sich durch die Identität der Wahrnehmung mit dem Urtheil herausstellt; in beiden Fällen ist die Erfahrung nur ein Wissen, wenn sie auf der Gewissheit der Thatsachen ruht. Aber die Erfahrung kann auch gewonnen werden durch die Wechselwirkung zwischen Entdeckung und Beobachtung selbst, in welchen Glauben und Erkennen schon eins geworden sind und ein Wissen begründen, in diesem Fall entsteht auch die Erfahrung ohne eine Reflexion auf die Trennung von Gewissheit und Urtheil sogleich als Wissen selbst, und so dürfen wir dann sagen, weil wir etwas auf dem richtigen Wege der Erfahrung gewonnen haben, ist es gewiss, da sie selbst aus Momenten des Wissens entstanden ist, welche die für die Gewissheit nothwendigen Momente des Glaubens in sich enthalten.

d. Die Hypothese.

Die Erfahrung ist das Werden des Wissens, sie ist demzufolge ein unendlicher Process; je mehr die Entdeckungen sich häufen, ohne dass die Beobachtung damit gleichen Schritt hält, desto mehr Erfahrung macht man darüber, wie viel man noch nicht weiss, erst durch die Beobachtung wird daraus das Wissen. Dieser sichre Weg der Erfahrung führt auf das Moment der Hypothese. Es mag auf den ersten Anblick auffallend erscheinen, gerade diesen Begriff hier eingeführt zu sehen und sie so also als eine Seite der Erfahrung selbst bezeichnet zu finden, während diese gewöhnlich sich gegen die Hypothesen schlechterdings auflehnt und sie völlig aus der Wissenschaft verbannt wissen will. Aber diese Verwerfung derselben ist nur ein Missverständniss, welches aus der Angst vor den Hemmungen entsteht, welche die Wissenschaft durch falsche Hypothesen erfahren hat. Nur die leichtsinnige nicht auf Erfahrung gegründete Hypothesenmacherei wird mit Recht abgelehnt und dagegen die sorgfältige Beobachtung empfohlen, aber gerade dies ist es, was wir auch fodern als den einzigen Weg um zu einer wahren Hypothese zu gelangen. Wenn man jenes Verwerfungsurtheil ohne Weiteres ausspricht, sieht man nur nicht ein, dass man zu den Ursachen und Gründen einer Erscheinung gar nicht anders als durch Hypothesen aufsteigen kann, und dass man um des Missbrauchs willen das Gute nicht verdammen darf. Um so wichtiger ist es daher den Weg klar zu bezeichnen, wie man zu stets richtigen und sichern Hypothesen gelangt, die gar nicht einer weiteren Bestätigung bedürfen, und welche hernach wiederaufgeben zu müssen man gar nicht in den Fall kommen kann. Dies führt uns zunächst auf den entsprechenden Begriff des Glaubens, nämlich die Vermuthung zurück, bei welcher wir schon oben Gelegenheit hatten zu bemerken, dass sie selbst eine Seite der werdenden Gewissheit ist, weshalb man auch auf jedem Punkte ihrer Entwickelung gewiss sein kann, in der Wahrheit zu stehen. Wir wiederholen daher hier nicht die oben gegebene Entwickelung und erinnern nur kurz, dass diese Sicherheit gegründet ist auf dem allmälichen Fortschreiten in der Vergleichung der verschiedenen Umstände, unter denen sich eine Erscheinung wiederholt, und dass man das Verschiedenartige abziehen könne, um gewiss zu sein, dass in dem Uebrigbleibenden der Grund enthalten sein müsse. Diese sichere Vermuthung ist daher auch die Ursache der Wahrheit in der Hypothese, welche beruhen muss auf der sorgfältigen und gewissenhaften Beobachtung der wechselnden Bedingungen, unter denen die Thatsache sich darstellt. Aber darum ist Hypothese und Vermuthung noch nicht einerlei, wir verlangen als Ergänzung derselben noch die entsprechende Form der Erkenntniss, durch welche sie erst zum Wissen wird, nämlich den Inductionsprocess. Dieser entwickelt sich aus der Beobachtung der verschiedenen Subjecte, an denen sich das Prädicat findet, dessen Erscheinung man begründen will, indem man dieselben auf eine Reihe bringt, in der sich die allmälichen Modificationen des Prädicats verfolgen lassen, und dadurch das wesentliche Prädicat erkennt, welches der gemeinsame Grund in allen Veränderungen ist. In der Vermuthung vergleicht man die Umstände, unter denen die gleiche Erscheinung erfolgt, in der Induction vergleicht man die Erscheinung selbst als Prädicat an einem Subjecte mit dessen übrigen Prädicaten, und weist den Zusammenhang unter ihnen nach, indem sie sich nur als Modificationen von einander und von einem höchsten Prädicate herausstellen, welcher der gesuchte Grund ist; nur wenn beides zusammenstimmt, dürfen wir die Hypothese mit voller Gewissheit und Klarheit als Product des Wissens und der fortschreitenden Erfahrung betrachten, denn dann sehen wir in der Inductionsreihe deutlich den Zusammenhang des Grundes mit der Erscheinung, und es ist nicht mehr ein blosses Vermuthen, sondern eine klare und bestimmte Einsicht. Beides ergänzt sich hier vollständig in der Beobachtung, denn wir haben nunmehr nicht allein die veränderlichen Umstände vor uns, unter denen die Erscheinung Statt findet und durch welche sie modificirt wird, sondern auch umgekehrt in dem Inductionsprocess sowohl die Reihe der Subjecte, an denen die Veränderungen Statt finden, als die Reihe derer, welche in dem Wechselprocess wesentlich mit bestimmend auf die Erzeugung der Thatsachen einwirken. Damit ist zugleich klar, wie die Hypothese von beiden Seiten aus beginnen kann, aber immer erst durch die gegenseitige Ergänzung und Einwirkung von Vermuthung und Induction sich vollendet. Auf diese Weise wirkt sie dann auch auf die Entdeckung und Beobachtung zurück und führt zu einem wahrhaft wissenschaftlichen Fortschritt in den Erfahrungen. Denn je mehr Entdeckungen gemacht werden, desto mehr wird man in der

Hypothese das Mittel haben, ihre Verwandtschaft unter einander zu beurtheilen, indem man sie in die Inductionsreihe einordnet, und so die Prädicate vorhersehen, welche sie haben müssen, wodurch die Beobachtung zu ihrer Auffindung angeleitet wird.

e. Die Analogie.

Der Hypothese gegenüber steht die Analogie, welche die andere Seite der werdenden Erfahrung darstellt, vermittelst deren die Beobachtung auf neue Entdeckungen geführt wird. Der Anwendung derselben verdankt die neuere Wissenschaft ihre grosse Fortschritte, um so wichtiger ist es, auf die wahre Bedeutung derselben aufmerksam zu machen. Die entsprechenden Begriffe des Glaubens und Erkennens, auf welche sie zurückgeführt werden muss, sind die Wahrscheinlichkeit und der Deductionsprocess. Der Zusammenhang der Analogie mit der Wahrscheinlichkeit leuchtet auf den ersten Blick ein, denn es ist offenbar, dass das, was analog ist, auch analoge Verhältnisse und Erscheinungen darbieten wird, und dass, wenn man an einem Analogen eine Entdeckung durch die Beobachtung gemacht hat, auch dieses mit aller Wahrscheinlichkeit erwarten lässt, dass man an dem Analogen eine andre ähnliche machen werde. Das gerade ist das Leitende für die grossen Entdeckungen; nicht bei allen Gegenständen liegt die Beobachtung einer Eigenthümlichkeit derselben so nahe, wie bei den andern, an dem einen, wo sie am auffälligsten ist, wird die Entdeckung zuerst gemacht, aber durch die Analogie geleitet, wird man sie auch an den andern, wo sie mit grösserer Schwierigkeit verbunden ist, aufsuchen können, indem man nunmehr weiss, wo und wie sie zu finden ist. Nicht so steht es mit dem andern Moment, auf dem sie gegründet ist und durch welches sie erst den Werth einer Erkenntniss erhält, dem Deductionsprocess. Wie dieser gewöhnlich mit der Induction verwechselt wird, so geht es ebenso der Analogie, man sucht ihr Wesen in der Aehnlichkeit und hebt darin den einen Factor der Gleichheit zu sehr hervor, während doch der andre der Verschiedenheit eine gleiche Berechtigung hat. Durch einen rechten Nachdruck, den man auf diese legt, erhält die Analogie erst ihre wahre wissenschaftliche Bedeutung. Es handelt sich darum, zu wissen, wie weit die gemeinsame Grundlage modificirt werden könne, ohne dass sie deshalb aufhört, dieselbe zu sein, gerade die Grenzen des Analogen zu bestimmen ist daher von der grössten Wichtigkeit, wenn es darauf ankommt, neue Entdeckungen zu machen, denn erst dadurch übersieht man die ganze Totalität der Gegenstände, an denen man mit Wahrscheinlichkeit erwarten kann, durch die Beobachtung Aehnliches und doch Verschiedenes aufzufinden.

Diese Verschiedenheiten aber mit ihren Grenzen giebt der wahre Deductionsprocess, auf dessen oben gegebene Entwickelung wir hier verweisen, indem wir nur hervorheben, dass er aus der Thätigkeit des Prädicats die verschiedenen möglichen und coordinirten Gegensätze ableitet. Analog ist also in Wahrheit nur das Coordinirte und Entgegengesetzte in seiner engen Beziehung zu dem Prädicatbegriffe, in dessen Wesen die Differenz der entgegengesetzten Richtungen angeschaut und erkannt wird. Damit stimmt aber auch vollständig überein, was wir oben bei der Wahrscheinlichkeit abgeleitet haben, indem diese darauf ausging, bei der Betrachtung der Erscheinungen die gradweisen Veränderungen wahrzunehmen und damit die gradweisen Veränderungen in den umgebenden Umständen zu vergleichen, indem man gewiss sein kann, dass das die Bedingung einer Veränderung sein müsse, was selbst in seinen gradweisen Unterschieden das Maass der Veränderung des Andern ist. Je mehr aber auf diese Weise die Reihen sich spannen, um so mehr wird man auch zu der Erkenntniss geleitet, dass das, was sich so gegenseitig bedingt, auf einem Gegensatz begründet sein müsse. Die veränderte Erscheinung und die verändernde Bedingung treten dadurch immer mehr in das Verhältniss des Gegensatzes zu einander, welcher vermittelst des Deductionsprocesses klar und deutlich angeschaut wird, indem hier in den coordinirten Gegensätzen die Bedingungen vollständig gegeben sind, die sich gegenseitig modificiren, zugleich mit den Wirkungen, die sie dadurch hervorbringen. Können wir aber so nicht nur die Bedingungen vollständig überschauen, sondern auch die ganze Reihe der Wirkungen, welche durch diese Bedingungen hervorgebracht werden, so ist damit die ungeheure Bedeutung der Analogie für die Erfahrung begriffen, indem sie uns dem Reiche des blossen Zufalls entreisst und sicher auf die Bedingungen hinweist, unter denen die Beobachtung neue Veränderungen zu finden gewiss sein kann. Das ist das grosse Resultat, das aus der Betrachtung der wahren Analogie, wie sie auf dem Deductionsprocess und einer richtig geleiteten Wahrscheinlichkeit begründet ist, gewonnen wird, dass nur das Analoge sich gegenseitig bedingt und dass auch die Wirkungen den Bedingungen analog sind, wobei die doppelten Gegensätze allein die bestimmten Grenzen für die analogen Bedingungen und ihre analogen Wirkungen abgeben, indem ein jeder immer den andern zu seiner Voraussetzung hat, wogegen alle andern Differenzen als unbestimmte Modificationen in der Mitte liegen und durch jene mit gemessen werden.

f. Der Versuch.

Haben wir durch die Hypothese den Grund und durch die Analogie die Bedingungen einer Erscheinung kennen gelernt, so ist es nunmehr möglich die Thatsache selbst herzustellen und zwar in allen nur erdenklichen Modificationen, dies giebt den Versuch oder das wissenschaftliche Experiment. Es beruht darauf, dass wir den vermutheten Grund einer Thatsache vollständig isoliren und nach und nach in die entsprechenden Bedingungen versetzen, um zu erfahren, ob die Thatsache daraus wirklich hervorgeht, und zugleich zu bestimmen, welcher Veränderungen sie fähig ist. Aber um den Grund gehörig zu isoliren, muss man schon die auf ihn einwirkenden Bedingungen alle kennen, und da diese nur in einer wahrhaften Erkenntniss des Analogen gefunden werden können, so greifen hier Hypothese und Analogie auf das Innigste in einander. Bei dem jetzigen Standpunkt unserer Wissenschaften stehen die Experimente noch nicht auf der Höhe, die sie eigentlich erreichen müssen, und dies liegt ebenso sehr an den noch mangelhaften Hypothesen, wie namentlich an dem Unbestimmten der Analogie, die noch nicht auf einem wahren und klaren Deductionsprocess, sondern nur auf einer vagen uud verworrenen Wahrscheinlichkeit gegründet ist. Insgemein sind die Hypothesen nur unbestimmte und oft sogar voreilige Vermuthungen, und man nimmt sie auch nur als solche an und wartet ab, ob sie sich durch den Versuch bestätigen werden. Daher legt man denn auch dem Experiment vorzüglich diese Kraft bei, die Hypothesen zu bestätigen oder abzuweisen, aber rechte und wahre Hypothesen bedürfen dieser Bestätigung durch den Versuch keinesweges, sondern man kann mit der grössesten Gewissheit ihre Bestätigung erwarten und eher das Missglücken des Versuches in einer mangelhaften Isolirung und in einem Nichtbeachten einer wichtigen Bedingung finden. Deshalb sind die misslingenden Versuche für den Fortschritt der Wissenschaft oft selbst von grösserer Bedeutung, als die gelingenden, denn diese zeigen in der Wiederholung immer nur dieselbe Thatsache und dienen daher wohl zur Belehrung für Andre, aber fördern die Wissenschaft nicht; das Missglücken eines Experiments dagegen führt auf die Erkenntniss neuer Bedingungen oder wenigstens auf Modificationen ihrer Gestalt, in denen man bei der bisherigen Erfahrung gar keine Wahrscheinlichkeit hatte sie zu vermuthen. Hierauf gründet sich die Wichtigkeit, welche es hat, den Versuch in jeder erdenklichen Weise zu modificiren, indem man dadurch neue Wirkungen erzeugt, aber es ist auch sogleich deutlich, wie diese Versuche auf ein unbestimmtes und zufälliges Probiren hinauskommen, so lange man dabei nicht durch die Analogie geleitet wird, welche die vollständige Reihe der Bedingungen mit ihren entgegengesetzten Grenzen übersehen lässt.

Der Versuch entspricht der Ueberzeugung und dem Begriff, ein Zusammenhang, der auf den ersten Blick einleuchtend ist, und zwar gilt auch hier dieselbe gegenseitige Beziehung, die wir oben schon bei der Erfahrung kennen gelernt haben. Nur dann, wenn wir die Thatsachen durch den Versuch herstellen und alle Veränderungen an ihnen durch die wechselnden Bedingungen vorhersagen und beherrschen können, wird die wahre Ueberzeugung und der rechte Begriff von der Sache vorhanden sein, denn da ist die Erscheinung aus Grund und Bedingungen vollständig erklärt und das Gesetz ihrer Veränderlichkeit begriffen. In dieser Hinsicht hat der Versuch den Werth, dass er die im Begriff erlangte Erkenntniss von dem Gegenstande auch zur vollständigen Ueberzeugung bringt, weshalb er für die Belehrung von so grosser Bedeutung ist. Andrerseits gilt aber auch ebensosehr, dass erst, wenn die Ueberzeugung über den wahren Grund und die Bedingungen einer Erscheinung im Glauben gegeben ist, und dazu die begriffliche Erkenntniss über die Art ihrer Wirksamkeit hinzukommt, der Versuch ein wirkliches Wissen ist. Denn so lange ich etwa im Versuch nur Gegenstände, die eine Menge von Merkmalen enthalten, auf einander wirken liesse, ohne zu wissen, was in ihnen das wirksame ist, und wie dieses auf einander wirken und gerade diese Veränderungen hervorbringen könne, so wäre das Wesen des Versuchs aufgehoben und seine wissenschaftliche Bedeutung nicht erreicht. Die Versuche beginnen allerdings häufig in der Wissenschaft damit, dass man diejenigen Gegenstände, von denen man in der Erfahrung die Gewissheit gewonnen hat, dass sie Grund und Bedingung einer Thatsache sind, auf einander wirken lässt, und nun durch das Herstellen der wirklichen Thatsachen in derselben Weise die Ueberzeugung von der Wahrheit erlangen will, aber dies ist noch ein begriffloses Verfahren und daher kein Wissen, weil es an der Erkenntniss des eigentlichen Subjects und seiner Wirksamkeit fehlt; erst wenn dieses hinzukommt, erhält der Versuch seinen wissenschaftlichen Werth. Ebenso kann der Versuch auch aus dem Begriffe hervorgehen, wie z. B. bei der Erfindung eines neuen Instruments, wo der Gegenstand zunächst nach Grund und Bedingungen ein rein in Gedanken vorgestellter ist, und die wirkliche Ausführung erst die Ueberzeugung von der richtigen Combination hervorbringt, während das Misslingen zeigt, dass man noch nicht zu der vollständigen Erkenntniss aller Bedingungen gelangt ist. Man muss dann die Hemmungen allmälich zu überwinden suchen, bis die vollständige Darstellung des Gedachten gelingt, ein Process, wie er meistentheils bei allen Erfindungen vorkommt, wo die ersten Ausführungen der Sache noch roh und unvollkommen sind, aber durch den fortgesetzten Versuch Modificationen und Verbesserungen erleiden, die namentlich in der Vereinfachung des complicirten Zusammenhanges bestehen, wie sie dem einfachen Begriff der Sache entspricht. Daher wundert man sich hernach, weshalb die Darstellung, die in ihrer Einfachheit frappirt, nicht schon längst gelungen ist, aber die Arbeit bestand gerade in der Auflösung des Verworrenen, während sie hernach der begrifflichen Einsicht keine Schwierigkeit mehr darbietet.

Die Versuche führen zu neuen Entdeckungen und Beobachtungen und werden so eine reiche Quelle für die fortschreitende Erfahrung im Wissen. Denn dadurch, dass der hypothetische Grund in alle analogen Bedingungen versetzt wird, müssen neue Producte erzeugt werden, und man hat die Entdeckungen in seiner Gewalt und ist nicht mehr auf den Zufall in der Auffindung derselben angewiesen. Das gerade ist es, was die neuere Wissenschaft gross gemacht hat, denn, je weniger jetzt noch bei der allseitigen Durchforschung des Weltalls auf zufälligem Wege gefunden wird, desto mehr kann auf dem des wissenschaftlichen Versuchs erreicht werden. Dadurch erst beweist der vernünftige Menschengeist seine Macht über die Natur, dass er durch Gehorsam gegen ihre Gesetze und verständiges Eingehen in die geheimen Werkstätten ihrer bildenden Processe sich die Herrschaft über sie erwirbt. Zugleich wird dadurch die rechte wissenschaftliche Beobachtung gewonnen, indem man durch die Analogie die Bedingungen kennt, welche allein verändernd auf die Gegenstände einwirken können. So braucht man nicht mehr auf ein zufälliges Herumtappen und Probiren unnöthige Zeit und Kraft zu verschwenden, sondern man hat die Mittel vollständig in seiner Gewalt und kann vorherwissen, dass man durch die Veränderungen der Bedingungen etwas Beobachtenswerthes erlangen werde, und zugleich wird auf das hingewiesen, was man zu beobachten hat. Dadurch vereinfachen sich auch wiederum die Entdeckungen, indem das Zurückführen des Analogen auf den hypothetischen Grund stets zu der Erfahrung führt, dass die Mannigfaltigkeit der verschiedenen neu entdeckten Gegenstände doch nur Modificationen eines zum Grunde liegenden einfachern Grundes sind, auf den sie durch die Beobachtung ihres allmälichen Ueberganges zurückgeführt werden können. Erfahrung und Versuch sind daher die Säulen des Wissens, die das ganze Gebäude desselben tragen, auf ihrem Zusammenwirken erbaut es sich, indem der Versuch sich auf Erfahrungen stützt, und diese wieder durch den Versuch getragen werden. Dadurch entstehen zwei neue Formen des Wissens, mit welchen sich das System desselben abschliesst, die Theorie, welche die Erfahrungen durch den Versuch erklärt, und die Praxis, welche neue Erfahrungen durch den Versuch hervorbringt, zwei Formen, welche schon dadurch ihren innigen Zusammenhang und ihre gleiche Berechtigung für das Wissen verrathen, so dass das Hervorheben der einen auf Kosten der andern nur auf einem Missverständniss beruhen kann.

g. Die Theorie.

Durch die eben gegebene Ableitung ist die Stellung der Theorie zu den bisher entwickelten Momenten des Wissens vollständig bestimmt, sie beruht auf Erfahrung und hat das ganze weite Gebiet derselben zur Grundlage, aber sie sucht ihre Erklärung durch den einfachen Versuch in seiner unendlichen aber in bestimmten Richtungen sich bewegenden Modificirbarkeit. Deshalb ist sie gewiesen auf die Entdeckungen und hat diese zurückzuführen auf eine einfache Hypothese, aus welcher die ganze Mannigfaltigkeit des Stoffs sich muss begreifen lassen. Die Einheit der Hypothese ist daher die Grundfoderung einer vollendeten Theorie, und die Bewährung derselben liegt in der völligen Erklärbarkeit aller Thatsachen aus ihr. Dies schliesst jedoch nicht aus, dass zur Erklärung der Veränderungen neue Hypothesen hinzugenommen werden, nur muss der Zusammenhang zwischen diesen und der Grundhypothese einleuchtend sein, so dass sie selbst nur als Modificationen von dieser sich darstellen und so sich mit Nothwendigkeit aus ihr ableiten lassen. Die Theorie stellt den jedesmaligen Standpunkt des Wissens dar, indem sie angiebt, wie viel in den Erfahrungen schon wahres Wissen geworden ist, das sich durch den Versuch bestätigen lässt. Deshalb aber wechseln nothwendig die Theorien, denn jede neue Entdeckung kann die frühere Theorie umstossen, indem die Hypothese nicht mehr im Stande ist, die neuen Thatsachen in sich aufzunehmen und zur Genüge zu erklären, da müssen dann neue Hypothesen zur Hülfe genommen werden, die sich nicht mehr einfach aus der Grundhypothese ableiten lassen, und dies zwingt dann zur Veränderung dieser selbst.

Mit Unrecht wird jedoch dies in der Sache begründete Verhältniss gegen die Theorien und ihre Wahrheit geltend gemacht, indem man dadurch sich zu einem Skepticismus gegen die Haltbarkeit alles Wissens verleiten lässt. Freilich eine oberflächliche Beobachtung kann Anstoss daran nehmen, wenn sie sieht, wie die bisher unangefochtene Theorie, die als zweifelloses Wissen galt, durch neue Thatsachen erschüttert wird, wie dann eine neue Theorie auftaucht, die eine Zeitlang mit jener um den Vorrang streitet, und nachdem sie endlich den Sieg erlangt hat, doch hernach demselben Schicksal verfällt. Aber eine tiefer eingehende Betrachtung zeigt, dass der Kampf nur auf einer Kurzsichtigkeit beruht; indem man nicht einsieht, dass die neue Theorie nur eine Modification und Verallgemeinerung der vorhergehenden ist, wodurch sie fähig wird, die neuen Thatsachen unter sich zu befassen, ohne darum jene für den besondern Kreis der Erscheinungen, für welchen sie gefunden war, unnütz zu machen, und so ihren bleibenden Werth zu beeinträchtigen. Einen recht anschaulichen Beweis giebt dafür in der Optik die neuere Undulationstheorie gegenüber der frühern Emanationstheorie, jene galt seit Newton unangefochten in der Wissenschaft, bis die Entdeckung der Interferenz dieser den Sieg verschaffte, beide kämpften lange Zeit einen harten Kampf, während sie jetzt friedlich in einander bestehen, und die Emanationstheorie für die ganze mechanische Seite der Erscheinungen des Lichtes ihre alte Stellung behauptet und als die einfachste Darstellung derselben von allen Physikern beibehalten wird. Auf diesen war sie begründet, aber sie setzte noch einen unerklärten körperlichen Lichtstoff voraus, der sich bewegt, diese Vorstellung ist modificirt in der neuen Theorie, indem an die Stelle desselben die Wellenbewegung selber getreten ist; nunmehr kennen wir die Natur des Lichts selbst besser, aber was macht es für die Fortpflanzung desselben aus, ob sich ein körperlicher Stoff fortbewegt oder Wellen, die Gesetze der Bewegung sind dabei ganz dieselben, die Newton mit jener Theorie aufgefunden hatte, und daran bewährt sich ihr bleibender Werth. So wie hier steht es aber mit allem Wechsel der Theorien, und die Geschichte einer Wissenschaft hat diesen Zusammenhang in ihnen zur Anschauung zu bringen; deshalb wundre man sich nicht, wenn in der allgemeinsten Wissenschaft, der Philosophie, diese Veränderlichkeit der Theorien ganz vorzüglich zu Tage kommt, je umfassender ihr Gegenstand ist, desto mehr verschiedene Ansichten muss er auch von verschiedenen Seiten her gestatten, aber trotz dem zieht sich durch alle diese wechselnden Theorien ein gemeinsamer Faden hindurch, der die Wahrheit, die in allen ist, wie einseitig sie auch gefasst und durch welche Irrthümer sie auch verwirrt sein möge, verknüpft. Die Geschichte der Philosophie wäre eine sehr verfehlte, welche sich immer nur an den Kampf der differenten Ansichten hielte und die Einheit in ihnen nicht zur Darstellung zu bringen vermöchte, denn sie würde nur das mit Leichen bedeckte Schlachtfeld darstellen, aber nicht den fortschreitenden Sieg der Wahrheit, die triumphirend über dieselben dahinzieht, sie würde nur die Gespenster des Wahns und des Irrtiums ausmalen, die von jedem Versuch des Wissens abschrecken und die Leere des verzweifelnden Skepticismus erzeugen müssten, anstatt zu dem Studium der edelsten Wissenschaft anzureizen.

Die Theorie hat ihre entsprechenden Formen in der Ahnung und im Princip, und allerdings ist sie das Ahnen eines immer höhern Princips, auf welches die Erscheinungen der Welt zurückgeführt werden müssen. Je mehr die Theorie sich verallgemeinert und so fähig wird neue Thatsachen in sich aufzunehmen, desto mehr ist sie im Stande den Zusammenhang mit andern Erscheinungen zu ahnen, die, so lange sie nicht auf ein bestimmtes Princip zurückgeführt wurden, viel zu fern von einander lagen, um ihre Verknüpfung einzusehen. Einen neuen Beweis giebt wieder dafür die Optik, die durch die Undulationstheorie der Akustik so nahe gerückt ist; wer hätte eine Verbindung zwischen dem Reich der Töne und dem des Lichts ahnen können, aber die Zurückführung beider auf das Princip schwingender Bewegung giebt der Ahnung eine vollständige Berechtigung zu dem Glauben an ihren Zusammenhang. Die verschiedenen Principien verschiedenartiger Erscheinungen lassen sich im Fortschritt der Wissenschaft selber wie einfache Subjecte behandeln, indem sie ja auch in der That das wirkliche Subject darstellen, an welchem alle Modificationen der verwandten Thatsachen vorgehen, und so ist es die Aufgabe des Wissens, auch sie wieder auf allgemeinere Principien zurückzuführen und dadurch der Theorie die Herrschaft über ganz neue zusammenhängende Reiche des Wissens zu erobern. So findet daher auch hier eine fortwährende Wechselwirkung zwischen der Ahnung und dem Erkennen des Princips Statt, durch welche das Wissen erzeugt wird, indem die Ahnung erst vollendet wird in dem Princip und das Princip zu neuer Ahnung des Zusammenhangs Veranlassung wird.

h. Die Praxis.

Die Praxis steht der Theorie gegenüber und ist die andre Seite in dem fortschreitenden Wissen; hieraus ergiebt sich, wie es nur auf einem Missverständniss beruhen kann, wenn man sie mit dem Handeln verwechselt, und den Gegensatz von Theorie und Praxis mit dem von Wissen und Handeln gleichstellt. Die Praxis ist vielmehr selbst ein Wissen, und der Grund des Missverständnisses erklärt sich deutlich, wenn man auf die schon oben gegebene Ableitung achtet. Denn ist es dasjenige Wissen, welches auf dem Versuch beruht, neue Erfahrungen herzustellen, so leuchtet seine Beziehung zum Handeln ein, welches ja auch in jedem Moment den Versuch macht, neue Thatsachen nach vorgesetzten Zwecken hervorzubringen. Dadurch lernen wir aber nur, dass es zu jedem Handeln des practischen Wissens bedarf, um nach den gegebenen Bedingungen die rechten Zwecke finden, und durch die Kenntniss der für diese passenden Mittel und die Gesetze ihrer Wirksamkeit die bezweckte Thatsache vorhersehen und erzeugen zu können.

Das practische Wissen beruht auf der Wechselwirkung von Beobachtung und Analogie. Sie geht entweder aus von der Beobachtung des Gegebenen und sucht sich in diesem die analogen Bedingungen für die Herstellung oder die Modificirung einer Thatsache zusammen, macht damit den Versuch und beobachtet nun weiter die daraus hervorgehenden Veränderungen, um dann in ähnlicher Weise den Process wieder zu beginnen, oder sie beobachtet die gegebene Thatsache, ordnet sie dann in das Gebiet des Analogen ein, indem sie dieselbe gehörig und scharf von allem verwandten unterscheidet, und versucht nun Veränderungen mit ihr durch die Anwendung verschiedenartiger analoger Bedingungen hervorzubringen, um diese hinterher genauer zu beobachten. In dem ersten Fall handelt es sich darum zu erkennen, was unter gegebenen Bedingungen überhaupt zu erreichen ist, in dem andern Fall, wie man bei einer bestimmt gegebenen Thatsache verfahren müsse, um gewisse Veränderungen in ihr hervorzubringen, zwei Formen des practischen Wissens, die offenbar in der engsten Verknüpfung mit einander stehen. Der practische Arzt hat den Zweck die Krankheit zu heilen, dazu bedarf er der klaren Diagnose der Krankheit und der richtigen Therapie, zu jener verhilft ihm die Beobachtung, welche, mit den einzelnen Symptomen beginnend, dieselben auf ihren wahren Grund zurückführt und so den Fall bestimmt, indem sie ihn in das Gebiet des Analogen einordnet und hier von allem Verwandten scharf absondert, die Diagnose ist daher erst wahrhaft vollendet, wenn das Wesen der Krankheit klar aufgefasst und jede mögliche Verwechselung mit den analogen verhütet wird. Hiemit beginnt dann die Behandlung, welche ausgehen muss von der Wahrscheinlichkeit der die Krankheit modificirenden Mittel, welche wiederum durch die Analogie zu finden ist, um dann nach der Anwendung derselben die eintretenden Veränderungen sorgfältig zu beobachten und nach Bewandtniss die Mittel selbst wieder zu modificiren. Der richtige practische Takt, auf den man mit Recht so viel giebt, beruht daher nur in der Schnelligkeit und Sicherheit der Beobachtung und in der prompten Gegenwärtigkeit alles Analogen, und die Behandlung wird nur sicher zu ihrem Ziel geleitet durch den practischen Blick, der unbefangen prüft, dann mit festem Vertrauen zu seiner richtigen Erkenntniss an die Sache geht und vorbereitet ist auf alle wahrscheinlichen Modificationen, die eintreten können, um daraus ebenso schnell und sicher die Veränderungen abzuleiten, die er in der Behandlung vornehmen muss, ohne lange probirend umherzutappen.

Hieraus ergiebt sich der Zusammenhang, in welchem

das practische Wissen mit dem Zweifel und der Methode als den entsprechenden Formen des Glaubens und Erkennens steht. Der Zweifel, freilich nur in der rechten oben von uns entwickelten Fassung, bewährt hier seine vollständige Kraft in der besonnenen Kritik, welche ein ungemein wichtiges Moment der Praxis ist, durch welches erst die Methode, welche hinzukommen muss, ihre Wahrheit erhält. Wer mit einer bestimmten Methode an die Behandlung gehen wollte, ohne die Besonderheit des Falls gehörig zu erwägen, würde die richtige Praxis vollständig verfehlen, die kritische Beobachtung muss gerade die anzuwendende richtige Methode bestimmen und den Sinn offen und unbefangen erhalten gegen alle Veränderungen, die in den Umständen eintreten können; aber die Kritik muss selbst eine methodische sein, die nicht bei jeder zufällig eintretenden Veränderung unschlüssig wird und sich ausser Fassung bringen lässt, sondern immer an der Kenntniss des Analogen den zurecht führenden Leitstern in dem Labyrinthe der Zufälligkeit besitzt. Nur der Zweifel daher, der von einer bestimmten Ueberzeugung ausgeht und aus dieser heraus die Gewissheit der Thatsache sucht, zeigt sich auch hier als der wahre, und er wird auch die richtige Methode finden, die der Behandlung der Thatsache angemessen ist, wenn er von dem klaren Begriff des Gegenstandes, um den es sich handelt, ausgeht und dadurch jedes Vorurtheil abschneidet, welches den richtigen Verlauf der methodischen Behandlung hemmen könnte. Ebenso aber wird auch umgekehrt die auf einem richtigen Begriffe von der Sache basirte Methode die Sicherheit gewähren, dass wir nicht an der rechten Behandlung selbst zweifelhaft werden, sondern nur uns die Kritik offen erhalten für die sich entwickelnde Thatsache, um alles Zufällige von dem Wesentlichen in der Erscheinung zu scheiden.

i. Das speculative Wissen.

Theorie und Praxis stehen sich allerdings gegenüber und können deshalb in einzelnen Individuen wie in ganzen Zeiten der Entwickelung des Wissens weit auseinander gehen, aber dessen ungeachtet hangen sie auf das engste zusammen, beruhen auf einander und ergänzen sich gegenseitig zum wahren und vollkommenen Wissen. Die Praxis ist auf der Theorie gegründet, denn sie enthält die Principien für die rechte Beobachtung und für die Kenntniss des Analogen, die Theorie aber schreitet fort mit der Praxis, denn diese führt zu neuen Entdeckungen und zu der stäten Modification der Hypothesen. So macht die Praxis ihre Kritik auch geltend gegen die Theorie, sie bringt die neuen Thatsachen für die Erfahrung hervor und zwingt die Theorie zur Prüfung, ob sie im Stande ist dieselben noch aus der alten Hypothese zu erklären, oder ob sie sich anstrengen muss, dieselbe den neuen Thatsachen anzubequemen und umzugestalten; sie fördert den Fortschritt des Wissens, indem die Theorie, wenn die Praxis zurückbleibt, sich immer nur in den Schranken des hergebrachten Wissens erhält, und dabei leicht zu dem Wahn kommt, Alles erschöpft zu haben. Auf diese Weise erzeugen Theorie und Praxis neue Erfahrungen und machen es möglich sie durch den Versuch herzustellen und völlig zu beherrschen, damit ist das höchste Wissen erreicht, welches wir mit dem Namen des speculativen Wissens bezeichnen. Seine Aufgabe ist das Erkennen der Wahrheit in der Form des Systems, und dies betrachten wir auch als die der Philosophie, weshalb uns speculatives und philosophisches Wissen eins ist.

Aus allem bisher Entwickelten muss klar geworden sein, dass wir dasselbe nicht im Widerspruch mit der Erfahrung denken können, es beruht vielmehr völlig auf ihr, und wir betonen es mit aller Entschiedenheit, dass jede nicht auf Erfahrung gegründete Speculation und Philosophie ein Abirren von der Wahrheit und ein Verläugnen des rechten Wissens ist, während umgekehrt die Erfahrung selbst in dem Maasse, als sie zur Erklärung der Thatsachen durch Versuche und zur Theorie fortschreitet, speculatives Wissen und Philosophie wird. Dessen ungeachtet nehmen wir nicht das Geringste fort von dem Anspruch, den das speculative Wissen macht, völlig durchsichtig zu sein für den Gedanken, den Gegenstand mit Abstreifung alles sinnlichen Gehalts rein in dem anschauenden Bewusstsein und vollkommen adäquat mit der Wirklichkeit zu besitzen und ihn systematisch aus einem Princip construiren zu können. Dies ist aber ein Anspruch, welchen im Grunde genommen jede Wissenschaft macht, wenn sie sich auch demselben immer nur von ferne annähert, denn je mehr wir dazu gelangen, die Erfahrungen theoretisch zu begreifen und practisch zu beherrschen, desto mehr werden sie für uns zu reinen Gedanken, und wir durchschauen die Gesetze, die das Weltall regieren, wir construiren sie im wahren Sinne des Wortes durch unser Denken.

Freilich bleibt dabei viel verworrener sinnlicher Stoff übrig, der noch nicht vom Denken durchdrungen ist, aber das hindert nicht, uns des Gewonnenen als eines dauernden Besitzes zu erfreuen und die gefundene Wahrheit von dem noch Unerkannten zu scheiden. Das ist die wahre Aufgabe der Philosophie, wenn sie sich recht versteht; sie soll nicht voreilig das, was auf dem Wege der Erfahrung noch nicht begriffen ist, durch leere Einbildungen eines sich von der Wirklichkeit losreissenden Denkens suppliren wollen, sondern die gewonnenen Resultate der empirischen Wissenschaften systematisch gestalten, die Lücken, wo sie sich finden, anerkennen und recht zum Bewusstsein bringen, damit dadurch die Probleme klar werden, die zu lösen sind, und die Fragen, deren nächste befriedigende Beantwortung aus dem schon Bekannten zu erwarten steht, recht gestellt werden. Damit hängt zusammen, dass das speculative Wissen nur die allgemeinsten Resultate aufnehmen kann, weil diese nur die am meisten vorbereiteten sind für das Wissen, so dass es geradezu eine Unbilligkeit und ein Verkennen der Aufgabe der Philosophie wäre, wenn man von ihr die Construction von Einzelheiten verlangen wollte, nicht als ob es nicht das Ziel des Wissens wäre, auch diese zu begreifen, aber es liegt in dem unendlichen Werden des Wissens, dass es dieselben erst später und immer nur annähernd erreichen kann. Die Principien der Theorien, das sind die Gegenstände der Philosophie, an welchen sie sich abmühen muss, wie die empirischen Wissenschaften an den einzelnen Subjecten, diese sind für sie die Gegenstände, die sie auf demselben aufgezeigten Wege durch Induction und Deduction bearbeiten muss, um sie auf höchste Principien zurückzuführen und sie aus ihnen methodisch und systematisch abzuleiten. Wie weit sie dabei zu dem Besondern hinabsteigen darf, hängt ganz davon ab, wie weit die Erfahrungswissenschaften schon vorgearbeitet haben, und dies wir din den verschiedenen Gruppen derselben sehr verschieden sein. Manche werden vielleicht ganz ausfallen, wo die Principien selbst noch zu unklar sind, als dass sie in das System des Wissens aufgenommen werden könnten, in andern wird man ziemlich weit vorschreiten dürfen, ohne Gefahr zu laufen, mit der Wahrheit zu streiten.

In dieser Beziehung gilt namentlich, dass das, was dem Geiste unmittelbarer und näher verwandt ist, auch dem Begriff zugänglicher ist. Das hat zu der Verwechselung geführt, als ob diese sogenannten Geisteswissenschaften auch ausschliesslich die Aufgabe für die Philosophie wären, während das Gebiet der Natur ihr völlig verschlossen wäre und sie darin nichts einzureden hätte. Die unberechtigten Eingriffe der Philosophie und die vielen misslungenen und zum Nachtheil des Wissens ausgeschlagenen Versuche haben zu diesem Urtheil geführt, aber das Wahre daran ist nur, dass die Natur am sprödesten für den Gedanken sich darstellt und die Speculation am wenigsten tief in dieselbe einzudringen vermag. Aber die Philosophie darf sie nicht aufgeben, ohne ihr Ziel, welches das Wissen ist, so weit es nur immer ein Gebiet desselben giebt, aus dem Auge zu verlieren und ein bedeutendes Stück aus dem Ganzen der Welt und dem System des Erkennens fallen zu lassen, ohne zu wissen, wo es seinen Ort finden könnte. Wenn der Gedanke aber dazu angewandt wird, um für die Philosophie ein Gebiet zu erwerben, wo er frei schalten könnte, ohne der Erfahrung Rechnung zu tragen, so wäre dies der gewaltigste Irrthum, denn auch in allen Geisteswissenschaften ist das Wissen auf Erfahrung gegründet, und es giebt für sie keine andre Methode als die entwickelte. Auch hier thut Hypothese und Analogie das Ihrige um die Erfahrungen zum Versuch vorzubereiten, auch hier geht Theorie und Praxis Hand in Hand. Weil es sich hier um Producte des Menschengeistes handelt, kann die Vernunft, die sie gestaltet hat, auch leichter in ihre Erkenntniss eindringen, aber auch die Natur ist Geist, und der Gegensatz von Natur und Geist erscheint als ein eingebildeter, der nur auf unserer mangelhaften Kenntniss ihres Geistes beruht, sie ist das Product des Geistes Gottes, dem wir nachdenken sollen, um auch in ihr immermehr den wahren Geist zu erkennen, der sie durchweht und der in ihr nach ewigen Gesetzen wirkt und regiert. Das ist der zuversichtliche Glaube, mit welchem allein die Vernunft sich vertragen kann und welchen immer mehr zu verwirklichen sie den ihr vom Schöpfer aufgelegten Beruf hat, indem sie als höchstes Product der Schöpfung das Ebenbild Gottes in sich trägt.

4) Die Neigung.

Das Wissen ist ein unendlich fortschreitender Process, es ist das Werden der Vernunft, die sich selbst in den Dingen der Welt wieder erkennt, indem sie darin die Offenbarung der ewigen Vernunft und die in sie hineingelegte Zweckmässigkeit anschaut, die auf Gott als letzten Endzweck hinweist. Dieser Glaube an die Vernunft in der Welt verknüpft mit dem Streben, sie immer mehr zu erkennen und so dem Denken anzueignen, dass es sich darin wieder erkennt, ist der Grund der vernünftigen Neigung, die wir zu den einzelnen Gegenständen und zu der Gesammtheit ihrer Verknüpfungen haben. Die ganze Welt ist selbst nur die Entwickelung der Vernunft, jedes einzelne Ding ein Glied in der Kette der Zweckmässigkeit, welches die Bedingungen hergiebt für den höhern Zweck und zuletzt der Vernunft dient, die Neigung der Vernunft wird daher entsprechen dieser Verkettung der Zweckmässigkeit, indem sie jedem Gegenstand gerade den Werth beilegt, den er hat für den Endzweck der Welt und nach dem er thätig ist für die Erreichung desselben. Hier kommen daher zwei Entwickelungsreihen zusammen, die sich gegenseitig bedingen, die Entwickelung der Vernunft in den Dingen der Welt und die Entwickelung des Wissens von ihr, je höher die letztere sich erhebt, desto mehr wird sie den wahren Werth der Dinge erst schätzen lernen, den sie haben für die entwickelte Vernunft, die als letzten Endzweck nur Gott kennt und in der Beziehung zu ihm die Dinge misst. Die vernünftige Neigung wird daher eine mit dem Wissen fortschreitende sein, und ihre Aufgabe wird darin bestehen, den Werth der Dinge in seiner Wahrheit zu erkennen. So geht sie aus von dem Glauben an die Wahrheit und sucht die Erkenntniss derselben, und allein darin liegt ihre Vernünftigkeit.

Die Neigung ist zunächst Interesse an dem Gegenstande, und beruht als solches auf der Meinung, die ich von ihm habe, und auf der Erkenntniss von dem, was er ist und was er durch seine Thätigkeit mir zu leisten verspricht, dieses Interesse ist zusammengesetzt aus zwei Faktoren, aus der Bedeutung, die der Gegenstand hat in der Entwickelungsreihe der Dinge, und aus der, die ich ihm leihe nach dem Grade meiner vernünftigen Entwickelung. Die Dinge erregen daher ein sehr verschiedenes Interesse, je nachdem das Interesse ist, das wir selbst hinzubringen, und davon hängt es ab, wie sich unser Interesse auf sie fixirt. Dies giebt ein zweites Moment der Neigung, welches wir mit dem Ausdruck Hingebung bezeichnen. Sie ist das Vertrauen, das wir dem Gegenstande beweisen, dass er die Erwartungen rechtfertigen werde, die wir von ihm hegen, und dass seine Prädicate übereinstimmen mit den Interessen, die wir selber haben. Sie macht es, dass unsere Vernunft sich mit ihm einigt, ihr Interesse in ihm verwirklicht findet, seine Veränderungen beobachtend verfolgt und darin die Thätigkeiten wiedererkennt, welche unserer eigenen Thätigkeit entsprechen. Dies bewirkt die Zuneigung zu ihm, die eine wachsende ist, je mehr wir neue Vorzüge an ihm entdecken, die unser Interesse in Anspruch nehmen, und je mehr wir seine Wirksamkeit beobachten und Erfahrungen davon machen, wie er eingreift in die Verknüpfung unserer Interessen, so dass wir immer mehr uns ihm vertrauend hingeben können. Die Zuneigung steht daher im Verhältniss zu der Gewissheit, welche wir von der Wirksamkeit eines Gegenstandes erlangen, und zu dem Urtheil über seine Entwickelungsfähigkeit im Zusammenhange mit unsern Interessen. Hierauf begründet sich dann ferner die Achtung, die wir vor dem Gegenstande haben in Beziehung auf die Leistungen, die wir von ihm erwarten dürfen und die die eigentliche Ursache sind für das Interesse, das wir zu ihm hegen. Sie wächst mit der Vermuthung, mit der wir der Sache auf den Grund kommen und in ihm den Grad der Leistungsfähigkeit erkennen, weshalb sie denn auch zunimmt mit der Entwickelung unserer eignen Vernünftigkeit, die uns hindert auch das Geringste zu verachten, indem wir zunehmend seine Bedeutung für das Ganze der Zweckmässigkeit erkennen. Daran knüpft sich aber die Werthschätzung, welche den Gegenstand nach seiner Wirksamkeit vergleicht mit andern und danach seine wahre Bedeutung misst in der Verknüpfung der Bedingungen, indem sie ihn zusammenstellt mit dem Analogen. Diese Schätzung bestimmt sich daher nach der Wahrscheinlichkeit der Leistungen, die wir von ihm erwarten können, und nach der Totalität der Veränderungen, die er erleiden kann und die wir durch unsere Thätigkeit an ihm und durch ihn für unsere Zwecke hervorzubringen vermögen, so dass zu seinem Werth nicht nur hinzukommt, was er ist, sondern auch alles das, was wir durch Gestaltung aus ihm ableiten können. Durch die Achtung, die wir vor dem haben, was der Gegenstand ist, und durch die Werthschätzung dessen, was wir aus ihm machen können, begründet sich die Innigkeit der Neigung, die uns mit ihm vereinigt. Sie beruht auf der wahren Ueberzeugung von seinem innern Werth und dem klaren Begriff, den ich damit verbinde, und bedingt ebenso rückwirkend das Interesse, das ich für einen Gegenstand habe, wie die Hingebung an ihn. Je mehr die vernünftige Entwickelung fortschreitet, desto mehr verbreitet sie sich auf alle Dinge, denn jedes hat seinen besondern Werth für die Verkettung der Zweckmässigkeit, und auch das Geringste ist darin durch nichts anderes zu ersetzen, sondern wirkt in seiner Stellung nothwendig mit zu dem Endzweck. Diese Ueberzeugung verbindet die Vernunft auf das innigste mit den Dingen und zeigt ihr den wahren Gebrauch an, den sie von jedem nach der Gesetzmässigkeit seines Wirkens machen kann. Indem die Vernunft aber ein inniges Interesse an Allem nimmt und sich demselben hingiebt, wächst die vernünftige Neigung zu ihm, und dies erzeugt einerseits die Hochachtung, andrerseits die Anhänglichkeit. Wir achten alles gleich hoch, inwiefern wir den Zusammenhang ahnen, in welchem es mit allem andern steht, und so den Zweck erkennen, den es hat in der ganzen Verknüpfung der Zwecke, wodurch es ein Princip wird für ganze Reihen der Entwickelung, die sich auf es zurückführen lassen. Diese Hochachtung liegt in dem Glauben, dass es das, was es ist, durch Gott ist und so eine Idee der göttlichen Vernunft darstellt, durch welche es seinen Zweck erfüllt, dadurch steigt das Interesse, das wir an ihm nehmen, und die Achtung, die wir vor ihm haben, und dies bedingt die Hingebung an den Gegenstand und die Schätzung seines Werthes, worauf die Anhänglichkeit beruht, die wir ihm beweisen. Wir geben uns ihm hin mit der ganzen Innigkeit, die sein wahrer Werth von uns fordert, und mit der richtigen Schätzung der Bedeutung, die er für die Zwecke der Vernunft hat. Daraus entwickelt sich der Begriff der Liebe, als das höchste Moment der Neigung, in welchem alle andern zusammentreffen, die Innigkeit der Zuneigung zu dem, was wir hochachten, und die treue Anhänglichkeit an dem, was vermöge dieser Hochachtung unsere Neigung fodert. Wir lieben daher nur die Wahrheit, und inwiefern Gott die Wahrheit ist, lieben wir nur ihn und alles andre nur, inwiefern es durch ihn und in ihm ist und dem wahren Endzwecke dient, zu dem es geschaffen ist. Die Liebe zu Gott ist daher das Maass für die vernünftige Neigung zu der Welt und dem ganzen Inhalte der Schöpfung, wir können die Dinge nur recht lieben in der Liebe zu Gott, die uns den wahren Werth derselben schätzen lehrt und uns die Kraft giebt, sie zu lieben im wahren Sinne als Geschöpfe Gottes, an denen sich seine Macht und Herrlichkeit offenbart, wodurch wir die Hochachtung vor ihnen gewinnen, die den rechten Gebrauch derselben regelt. So verachten wir nichts und können uns allem hingeben, indem wir es als Gottes Werk betrachten und nach seiner Zweckmässigkeit seinen Werth und unsre Zuneigung zu ihm abmessen.

5) Das Begehren.

Man liebt, was man hat, man begehrt, was man nicht hat, dies setzt aber voraus, dass man die Möglichkeit desselben erkennt und glaubt es erlangen zu können. Unser Wissen ist ein fortschreitendes, wir erkennen darin ebensowohl, was wir schon erreicht haben, als was noch zu erreichen ist, so erzeugt es das Begehren nach dem, was wir noch nicht besitzen und von dem wir doch schon erkennen, wie wir in seinen Besitz kommen werden. Soll es ein vernünftiges sein, so muss es ausgehen von einer klaren Erkenntniss und gerichtet sein auf die Wahrheit. In der letzteren liegt seine Erreichbarkeit, in der erstern die Vorzeichnung des Weges, welcher zu dem vorgesteckten Ziele führt. Jedes Begehren ist daher ein Wahrmachen des Erkannten und endigt damit, dass durch die sinnliche Wahrnehmung der Glaube an die Realisirung des Gedachten sich bewährt. Je mehr das Wissen zunimmt, desto mehr wächst auch das Begehren, aber zugleich auch damit die Erkenntniss der Mittel, welche dazu dienen, das Begehrte zu erlangen.

Das erste Moment, von dem wir dabei auszugehen haben, ist die Erkenntniss des Bedürfnisses, welches keineswegs die rein negative und unbestimmte Vorstellung eines Mangels ist, sondern die klare und positive Erkenntniss von einem Gegenstande, an dessen Wirklichkeit oder Realisirbarkeit wir glauben, und den wir uns mit allen seinen Merkmalen im Gedanken fest vorstellen, so dass wir die bestimmte Meinung hegen dürfen, ihn zu erkennen, wenn er sich uns in der Wirklichkeit darstellt, und den wir so zum Ziel unseres Begehrens machen, indem sich unsere ganze Aufmerksamkeit auf ihn richtet. Mit dem Entdecken des gemeinten Gegenstandes ist daher auch das Ziel erreicht und das Bedürfniss vollkommen befriedigt. Hiedurch begreifen wir von vornherein den grossen Unterschied zwischen der vernünftigen Begierde und dem sinnlichen Triebe, dieser wird unmittelbar angeregt durch die sinnliche Wahrnehmung und beginnt erst mit dieser, unvermittelt durch das Bewusstsein, das Bedürfniss geht hervor aus der rein denkenden Erkenntniss und vollendet sich in der sinnlichen Wahrnehmung. Das Bedürfniss erzeugt dann ferner das S u c h e n nach dem erkannten Gegenstande, welches beruht auf Beobachtung, die geleitet wird durch die Kenntniss von seinen Prädicaten und den Umständen, unter welchen diese allein wirksam sind, so dass wir vertrauen dürfen ihn da zu finden, wo diese Umstände sich vorfinden. Das Suchen wird daher erst ein vernünftiges, wenn wir in der vorhergehenden Erkenntniss wissen, wo wir ihn zu suchen haben, finden wir ihn auf diese Weise nicht, so giebt uns die Erkenntniss zugleich die Mittel an die Hand, wie wir ihn vielleicht in veränderter Gestalt wieder erkennen und dann die Mittel besitzen, ihn nach unserm Bedürfniss so umzugestalten, dass er dem gesuchten vollständig entspricht. Aber um diese Veränderung mit ihm vorzunehmen ist es nothwendig, dass die entsprechenden Bedingungen vorhanden sind, dies erzeugt daher neue Bedürfnisse, und diese regen wiederum das Suchen nach ihnen an. So entwickelt sich dadurch eine Wechselbeziehung zwischen Bedürfniss und Suchen, die einen Process des fortgesetzten Begehrens hervorbringt, den wir mit dem Ausdruck des V e r l a n g e n s bezeichnen. Dieses muss, wenn es vernünftig sein soll, auf dem klaren Urtheil beruhen über die Verknüpfung der Erscheinungen, welche uns den Weg zeigen, der zum Ziele führt und auf welchem man die Gewissheit haben kann, das Begehrte zu erreichen. Wir verlangen die Mittel, deren wir bedürfen, um unsern Zweck zu verwirklichen, und dazu dient die Erfahrung, welche uns dieselben lehrt und uns zugleich anweist, wie wir sie zu suchen haben, indem sie uns gewiss macht in ihrer Anwendung. Das Verlangen weist von dem nächsten Ziel, das unser Bedürfniss uns versteckte, hin zu einem fernern Ziel, welches den Grund enthält zu der Verwirklichung des nächsten und das wir daher erreichen müssen, wenn wir zu jenem gelangen wollen. Wir bezeichnen dies mit dem Ausdruck Trachten, womit der gewöhnliche Sprachgebrauch wohl zusammenstimmt, der mit demselben immer das Begehren nach einem höhern Ziel meint, das obgleich fern liegend im Zusammenhange steht mit den gegenwärtigen Bedürfnissen. Dies hängt aber ab von der richtigen Erkenntniss der Unterordnung des Besondern unter das höhere Allgemeine, von welchem jenes sich nur als eine Modification zu erkennen giebt und aus dem sich sicher vermuthen lässt, dass wenn man die Ursache erlangt hat, die Wirkung dann mit Leichtigkeit von selbst folgen werde. Das Verlangen nach diesem höhern Ziel erzeugt dann die Anstrengung, welche wächst mit der Wahrscheinlichkeit, dass wir nach seiner Erreichung die Bedingungen beisammen haben werden, aus welchen wir das, was wir bedürfen, ableiten können, indem wir nur danach zu trachten haben, diese Bedingungen richtig zu verknüpfen und anzuwenden, um zu unserm eigentlichen Ziel zu gelangen. Sie geht hervor aus der sichern Aussicht auf den Erfolg, den unsre Bemühungen haben werden, und aus der Kenntniss der Mittel und Wege, welche uns mit aller Wahrscheinlichkeit zum Zwecke führen werden. Dieses Trachten nach einem noch fernen Object und die Anstrengung zur Erreichung desselben bilden den Wunsch als das Ziel unseres Verlangens, in dem sich alles Begehren concentrirt und zur Ruhe kommt. In seiner Befriedigung vereinigen sich alle Bedürfnisse, und alles unser Suchen richtet sich auf ihn, denn mit seiner Erfüllung sind wir überzeugt, das erreicht zu haben, was wir bedürfen und was wir verlangen. Deshalb können wir auch alle unsere Wünsche in einem zusammenfassen und darin den ganzen Inhalt unseres Begehrens begreifen. Es ist daher vernünftig in jedem Moment einen bestimmten Wunsch zu haben, an dessen Verwirklichung wir alle unsere Kräfte setzen und dessen Erfüllung wir auch bestimmt durch das Vorhandensein der dazu nöthigen Bedingungen voraussehen können, nicht aber eitele Wünsche zu hegen, wozu wir uns weder ein wahres Bedürfniss vorstellen, noch auch den Weg zu bezeichnen im Stande sind, der zu ihrer Erreichung führt. Aber indem wir uns so der Erfüllung unseres Wunsches immer mehr durch unsere Thätigkeit annähern, erzeugen sich mit den Mitteln zu ihrer Befriedigung auch neue Bedürfnisse und erregen das Verlangen nach einem höhern Wunsch. Dieses fortschreitende Begehren neuer Wünsche bezeichnen wir mit dem Ausdruck Sehnsucht, die begründet ist in der Erkenntniss eines letzten Princips, auf welches sich alles unser Trachten richtet und in dem wir erst die wahre Befriedigung aller unserer Bedürfnisse ahnen, nicht in vager und unbestimmter Weise, sondern in der sichern Erkenntniss des ganzen Zusammenhanges der Bedingungen, die dazu nöthig sind. Daran knüpft sich dann das rastlose Streben, welches mit aller Anstrengung die Verwirklichung des letzten Zieles sucht und methodisch es anstrebt, wohl zweifelnd es je vollständig erreicht zu haben, aber vollständig überzeugt es erreichen zu können und gewiss sich ihm immer mehr anzunähern. Dieses höchste

Ziel ist die Wahrheit selbst, und nach ihr zu streben ist die Aufgabe der vernünftigen **Begierde**, in der sich all unser Verlangen und alle unsere Wünsche vereinigen müssen, das Endziel unserer Sehnsucht und das höchste und kräftigste Mittel, um alles andre, was wir verlangen und wünschen, zu erreichen. So begehren wir denn wiederum Gott und erkennen als das höchste Bedürfniss unseres Strebens die Vereinigung im Geiste mit ihm, indem wir gewiss sind, dass, wenn wir diesen einzigen und höchsten Wunsch erreicht haben, alles andere uns zufallen müsse.

6) Der Wille.

Aus der Neigung und der Begierde in enger Wechselwirkung und Verknüpfung entsteht der **Wille**, indem die Neigung die Begierde anregt und ihre Zustimmung zu dem Begehrten giebt, weshalb sie sich auch fortwährend durch einander regeln und ihr Maass an einander finden. Die Neigung hält uns die Objecte vor, die wir begehren dürfen, und die Begierde richtet sich vernünftiger Weise nur auf das, was sie zu erreichen gewiss ist; streben wir dann danach es zu realisiren, indem wir die Mittel aufsuchen, die dazu führen, so bestimmt wiederum die vernünftige Neigung, ob wir dieselben anwenden dürfen oder nicht. Sie sagt uns, was wir als wahr erkannt haben, jene stellt uns klar vor, wie wir zu diesem Wahren gelangen werden, und so entsteht aus beiden der Wille, der es erfasst und sich vornimmt es zu verwirklichen. Die Neigung beginnt mit dem Interesse, welches die Gegenstände uns erwecken und die Begierde zeigt die Bedürfnisse an, die wir haben, beides zusammen erzeugt die **Wahl** als das erste Moment, in dem sich der Wille offenbart. Sie ist nicht Willkühr oder ungewisses Umherschwanken des Willens zwischen den Objecten, sondern gerade fest bestimmt durch das Interesse und das Bedürfniss, ist sie ein Abwägen zwischen dem, was unser Interesse in höherem Maasse in Anspruch nimmt, und dem nächsten und dringendsten Bedürfniss, das wir erkennen. Je schneller und sicherer beides zusammentrifft, desto eher entscheidet sich die Wahl, die sich also auch nicht mehr bezieht auf die Gegenstände selbst, sondern auf das Wissen von ihnen in Beziehung auf unser Interesse und auf unser Bedürfniss, und nur darin liegt die Vernünftigkeit des Willens, dass er sich ganz in diesem Wissen bewegt und nur zu wählen hat nach der vernünftigen Neigung und dem wahren Bedürfniss. Ist nun so die Wahl entschieden, so folgt die Ueberlegung, welche sich ganz dem Gegenstande hingiebt und die Mittel aufsucht, die zur Erreichung des vorgesetzten Zweckes dienen werden, dabei immer bedingt durch die Neigung, wie sie sich dem Gefundenen hinzugeben vermag und ihm als Mittel seine Zustimmung ertheilt. So wird eine neue Wahl erforderlich, die zu neuer Ueberlegung Veranlassung giebt, und dies erzeugt den Eifer, als die fortgesetzte und sich steigernde Anstrengung des Willens, die besten Mittel für den vorgesetzten Zweck aufzufinden und alle Bedingungen zusammenzubringen, die zur Erreichung desselben nothwendig sind. Dieser Eifer beruht daher auf der wachsenden Zuneigung und dem sich steigernden Verlangen, erzeugt aus der Gewissheit und dem klaren Urtheil, dass der eingeschlagene Weg und die aufgefundenen Mittel zum Ziele führen werden. Ist der Eifer so ein vernünftiger, so muss er einerseits zur Besonnenheit, andrerseits zur Beharrlichkeit führen, indem er sowohl reiflich überlegt, wie er am besten seinen Zweck erreicht, als auch festhält an dem Gegenstande seiner Wahl und sich nicht durch das Suchen nach den Mitteln ablenken lässt von dem einmal gefassten Vorsatz, sondern ihn vielmehr als das Ziel immer vor Augen behält. Die Besonnenheit

nenheit trachtet daher danach, das zuerst zu erreichen, wodurch die Verwirklichung des Gegenstandes möglich wird, dadurch wird sie auf ein ferneres Ziel hingewiesen, welches den Grund enthält für die Ausführung des Vorsatzes, und indem sie ihn für das beste Mittel erachtet, folgt ihm die Zuneigung, welche die Zustimmung ertheilt zu der Anwendung desselben. Die Beharrlichkeit dagegen führt den Willen immer wieder zu dem Gegenstande seiner Wahl zurück, indem er alles nur als Mittel gelten lässt für den ursprünglichen Zweck und die Anstrengung darauf richtet ihn durch die richtig geschätzten Mittel zu verwirklichen. In der Verbindung von Besonnenheit und Beharrlichkeit liegt der Ernst des Willens, der sich immer mehr der Bedeutung seines gewählten Vorsatzes bewusst wird, je besonnener er die Mittel überlegt, die dazu nothwendig sind, und der immer angestrengter überlegt, je beharrlicher er an dem vorgesteckten Ziele festhält. Er beruht daher auf der Innigkeit, mit welcher der Wille sich mit seinem Gegenstande einigt und die Erreichung desselben zu seinem innigsten Wunsch macht, in dem sich sein ganzes Streben und die Anstrengung aller seiner Kräfte vereinigt. Auf diese Weise besteht eine Wechselwirkung zwischen dem Eifer, mit welchem der Wille seinen Zweck verfolgt und dem Ernst, den er in diesen Eifer hineinlegt. Dies führt zu dem Entschluss, in welchem der Wille sich entscheidet für das wahre Ziel, das er für die Erreichung des ersten Zweckes sich vorzusetzen hat und auf welches ihn die Besonnenheit der Ueberlegung führt als das, wonach er vor allem andern zuerst und vorzugsweise zu streben hat; damit beginnt die weitere Ueberlegung, welche wieder die Mittel aufsuchen muss, um zu ihm zu gelangen, und daran muss sich die Beharrlichkeit anknüpfen, die immer den ursprünglichen Zweck im Auge behält und den Zusammenhang auffrischt zwischen der Reihe der Mittel, die zu seiner Erreichung nothwendig sind. Dies erzeugt den Plan, in welchem die Ueberlegung zu Ende geht, nachdem sie beharrlich in ihn alles das aufgenommen hat, was die Durchführung des Vorsatzes möglich macht, und auf dessen Realisirung nun das ganze Streben mit aller Anhänglichkeit gerichtet sein muss. Entschluss und Plan sind daher die beiden Momente, an welche die Realisirung des Willens gebunden ist; sind wir nach reiflicher und besonnener Ueberlegung mit dem Entschluss fertig, so muss auch der Plan beginnen, dieser selbst aber besteht aus einer Reihe von Mitteln, die wiederum in jedem Moment einen nächsten Zweck für sich bilden und daher einen Entschluss mit besonnener Entscheidung erfordern, um richtig in der jedesmaligen Wahl der Mittel vorschreiten zu können, und erst hierin vollendet sich der Wille, indem er zu dem Plan seine Zustimmung giebt. Der planmässige Entschluss wird dadurch zum Beschluss, mit welchem der vernünftige Wille nunmehr weiss, dass sein Vorsatz ein ausführbarer ist und dass er ihn sicher erreichen wird. Hiemit aber muss sich der Glaube verbinden an die Wahrheit dessen, was er erstrebt, und die klare Erkenntniss dessen, was er erreichen will. Denn der Plan ist ein System, in welchem er vorher alle die Bedingungen methodisch zusammen gestellt hat, die nach seinem Urtheil zur Erreichung des klar begriffenen Zweckes dienen werden, von der Erreichbarkeit desselben aber kann er nur überzeugt sein, wenn er der Wahrheit desselben gewiss ist, dann mag er mit Gott an die Ausführung seines Beschlusses gehen, indem er seinen Willen als eins mit dem göttlichen weiss.

Der verkehrte Wille.

Der vernünftige Wille beruht auf dem völligen Gleichgewicht zwischen vernünftiger Neigung und Begierde, er ist gerichtet auf das Wahre und erstrebt dies mit der Klarheit der Erkenntniss. Sobald ein Widerspruch hineinkommt nach irgend einer Richtung, entsteht die Unvernunft; sie ist die Wirkung der Sünde, und insofern hätten wir sie gar nicht zu betrachten, weil dies über die Grenzen der Psychologie hinausliegt und wir im Laufe der natürlichen Entwickelung nicht darauf kommen würden. Dennoch mag es auch hier erlaubt sein, wie wir oben die Formen der Unwahrheit characterisirt haben als thatsächliche Erscheinungen, indem wir sie hielten an die Wahrheit und ihre Momente, in ähnlicher Weise die verschiedenen Erscheinungen der Unvernunft zu erklären an dem Maasse des vernünftigen Willens, ohne auf ihren Ursprung und ihr tieferes Wesen näher einzugehen. Wir bezeichnen sie als Hang, Sucht, Neugierde und Leidenschaft.

Fassen wir zuerst das Verhältniss von Hang und Sucht zu einander auf, so hat jener offenbar eine nähere Beziehung zur Neigung, diese zur Begierde, wie schon ein Blick auf die etymologische Ableitung beweist. Der Hang hat mit der Neigung das gemein, dass er wie diese ausgeht von dem Glauben an das wirklich Gegebene und das sinnlich Wahrzunehmende, aber während diese die klare Erkenntniss sucht, verschmäht er sie oder erhält sich sogar im Widerspruche mit ihr. Darum kommt es entweder zu gar keinem Begehren oder die ganze Begierde ist darauf gerichtet, nur das zu bewahren und fortwährend zu besitzen, was ihm als das wahre Gut erscheint. Der Hang ist somit vorzugsweise auf das Verharren in dem Zustande gerichtet, in welchem er seinen Genuss findet, daher giebt es einen

Hang zum Müssiggange, zum Spielen, zum Geniessen überhaupt, in welchem gar keine Begierde aufkommt und gar kein Bedürfniss gefühlt wird, so lange nur irgend wie ein Stoff vorhanden ist, an welchen er anknüpfen kann. So giebt es einen Hang zum lasterhaften Leben, an welches sich Jemand gewöhnt hat, indem er dasselbe für das wahre Gut hält, und in welchem er verharrt selbst trotz der bessern Erkenntniss in Beziehung auf die Folgen, die es nach sich ziehen muss. Es ist natürlich, dass der Hang vorzugsweise bei dem Sinnlichen stehen bleibt, wie man denn nicht von einem Hange nach Ruhm und Ehre spricht, wohl aber von einem solchen zur Wollust, zur Schwelgerei, zum Essen und Trinken, zum Geiz u. s. w. Selbst wenn der Hang mehr das geistige Gebiet erreicht, ist immer das Wesentliche darin das sich Befriedigtfühlen in einem bestimmten Zustande und in einer bestimmten Richtung der Thätigkeit, mit einem hervortretenden Mangel an Erkenntniss und an dem Begehren eines wirklichen Zweckes. Es giebt einen Hang zum Grübeln und zur Schwärmerei, bei welchem das Individuum in den einseitigen Combinationen des Verstandes und der Einbildungskraft verharrt und darin seine volle Befriedigung findet, ohne eine klare Erkenntniss zu bezwecken oder zu erreichen.

Die Sucht bildet dazu den geraden Gegensatz, sie ist das verkehrte Begehren und beruht, wie dieses, auf einer bestimmten Erkenntniss und verfolgt einen Zweck wohl mit einem klaren Bewusstsein über die Mittel, die zu demselben führen, aber was sie characterisirt ist entweder der Mangel an wahrer Neigung oder der Irrthum in Beziehung auf den wirklichen Werth des Begehrten. Daher stellt sie sich dar in der Unersättlichkeit, die nie zu der Befriedigung und zum ruhigen Genuss kommt, und in der vollkommenen Täuschung bei der Schätzung der Dinge, nach denen sie trachtet, indem sie dem Eitelen und Nichtigen nachjagt, das wohl, eingeordnet in den ganzen Zusammenhang als ein richtig gebrauchtes Mittel einen Werth hat, nicht aber wenn es zum höchsten und ausschliesslichen Zweck gemacht wird. So ist der Grundzug der Sucht die Habsucht, die überhaupt auf jeglichen Besitz gerichtet ist, und die Selbstsucht, die Alles, was sie für ein Gut erkennt, nur sich aneignen möchte. In beiden Formen fehlt eigentlich die Neigung ganz, denn was die erstere characterisirt, ist die unersättliche Begierde nach jedem Besitz, wobei alle Werthschätzung des Einzelnen gänzlich verloren geht und das Geringste wie das Höchste in gleicher Weise behandelt wird, da es nur darauf ankommt, dass es erlangt wird, während es nicht mehr geachtet wird, wenn man es besitzt. Die Selbstsucht andrerseits hat ebensowenig eine Neigung, indem sie nur das eigene Ich anerkennt und somit jeden Gegenstand verliert, dem sie sich zuneigen könnte. Wendet sich dagegen die Sucht auf bestimmte Gegenstände, so beruht sie auf dem falschen Wahn, dass dies die höchsten Güter seien, denen man nachtrachten könne, und verliert so einerseits die Neigung zu den andern höhern Gütern und Zwecken und gewinnt doch andrerseits auch nicht einmal die Befriedigung in den vermeinten. Welche sie dabei speciell sich auswählt, hängt ab von der einseitigen Erkenntniss und der unwahren Schätzung, sie richtet sich ebenso auf das Sinnlichste wie auf das Geistigste, auf das Niedrigste wie das Erhabenste. Sie wird Trunksucht und Spielsucht, Prunk- und Gefallsucht, Ehr- und Ruhmsucht, Streit- und Herrschsucht, je nachdem sie nichts Höheres kennt oder darin das Höchste gefunden zu haben meint.

So sehr nun an sich der Hang und die Sucht auseinander gehen, so begegnen sie sich doch auch wieder und verbinden sich mit einander zu um so grösserer Unvernunft. Der Hang, der in seinem Zustande verharren will bei dem Genuss des Gutes, an welches er sein Herz gehängt hat, wird zur unersättlichen Sucht sich dieses zu verschaffen, und die Sucht, die sich auf einen bestimmten Gegenstand wirft, wird selbst ein unwiderstehlicher Hang, diesem ausschliesslich nachzugehen. So identificirt sich in jenem die Neigung zu dem Genusse des Gegenstandes mit dem gewohnheitsgemässen und zuständlichen Suchen und Streben nach demselben, und so verwandelt sich hier das bewusste und auf alle Mittel bedachte Streben nach einem vermeinten Gute zu einer fast unbewussten und erkenntnisslosen Gewöhnung an eine Thätigkeit, die den erstrebten Zweck wie durch eine innere Nöthigung immer in derselben Weise zu verfolgen sich gezwungen sieht. Diese eigenthümliche Verknüpfung beider zeigt sich nun in höchst characteristischer Weise in den andern Momenten, der Neugierde und der Leidenschaft. Jene hängt zunächst zusammen mit dem Hange zur Sinnlichkeit, sie sucht die Befriedigung in dem sinnlichen Genuss und ist daher schnell zufriedengestellt, sobald ihr derselbe geboten wird, aber sie theilt mit der Sucht die Unersättlichkeit, die durch die Erkenntniss neuer Bedürfnisse angeregt wird und deshalb sofort überspringt zu andern Gegenständen, sobald das Gesuchte erreicht ist und oft ehe es noch zur wirklichen Aneignung kommt. Der Hang der Neugierde ist daher nicht das Verharren in dem Genuss eines bestimmten Gegenstandes, sondern vielmehr die Lust an dem fortwährenden Suchen neuer, die auch ein beharrliches ist, in welchem aber die Sucht selber zum Gegenstande des Beharrens gemacht wird, und so tritt an die Stelle der zuständlichen Ruhe die Unruhe des fortwährenden Verlangens ohne eigentliches Ziel. Dadurch unterscheidet sie sich wiederum von der Sucht an sich, die mit voller Erkenntniss auf ihren Gegenstand gerichtet ist und demselben ausschliesslich und mit entschiedener Anstrengung aller Kraft und aller Mittel, die die Erkenntniss ihr darbietet, nachstrebt. Die Neugierde sucht ebensowenig die Wahrheit wie die Klarheit des Erkennens, sie begnügt sich mit der oberflächlichsten und verworrensten Kenntniss von den Dingen und ist zufrieden, wenn sie nur etwas von ihnen wahrgenommen und so gewissermassen das Dasein derselben constatirt hat. So ist sie in gewissem Sinne die Umkehrung der Habsucht und Selbstsucht, und doch sind diese in der grössten Verflüchtigung darin enthalten, denn auch der Neugierige strebt danach alles zu haben, ohne es doch eigentlich besitzen zu wollen, und auch er denkt überall nur an sich, ohne sich doch wirklich zu suchen und zum einzigen Endzweck zu machen, indem er den Dingen nur nachtrachtet, um sie flüchtig zu kennen, und so sich mehr an sie hingiebt, als sie sich aneignet.

Die Leidenschaft bildet den geraden Gegensatz gegen die Neugierde, wie schon auf den ersten Blick ihr nachhaltiger und stürmischer Character gegenüber der Veränderlickeit und Flüchtigkeit von dieser beweist. Sie ist am nächsten verwandt mit der Sucht und geht aus dieser hervor, aber im Verlauf ihrer Entwickelung nimmt sie eine Richtung, die sie in nicht geringerer Weise von ihr trennt, indem der Unterschied sich bis zu einem entschiedenen Gegensatze steigert. Die Sucht strebt nach einem bestimmten Gegenstande, und um ihn zu erreichen, wendet sie alle Mittel an, die ihr die Erkenntniss darbietet, wegen ihrer Unersättlichkeit aber erreicht sie nie ihr Ziel, sondern sie bleibt bei dem fortwährend unbefriedigten Streben. Dies muss für sie ein Gefühl der Unlust erwecken, indem sie ja die Befriedigung in der Erwerbung des Gegenstandes sucht, dieser aber, weil er nur in seinem reinen Dasein gefasst wird, eine fortwährende Steigerung des Mehr zulässt, ohne ein Maass in der Beziehung zu andern zu finden. Die sich steigernde Thätigkeit, die hier nur als Mittel angewendet wird, um den eingebildeten Zweck in immer höherem Maasse zu erreichen, kann aber nun selbst das werden, dem sich die verkehrte Neigung zuwendet, und somit zu einem Hange umschlagen, der an der unmässigen und immer mehr sich steigernden Begierde selbst seine Befriedigung findet, und so das, was der Sucht vorher Unlust war, in eigentliche Lust verkehrt, dann entsteht die Leidenschaft, die man mit vollem Recht als die Befriedigung in der Unbefriedigung definiren kann, die die grösste Sucht erweckt, sich Leiden zu schaffen, um an der Aufgeregtheit und der Thätigkeit, die sie ihnen gegenüber entwickelt, ihre Lust zu haben. So wird die Liebe, wenn sie Hindernisse findet und die Erreichung des Ziels in die Ferne gerückt oder völlig unmöglich erscheint, zur maasslosen Leidenschaft, und so schlägt sie, wenn sie keine Erwiderung findet, leicht in Hass um, der ganz vorzugsweise die Leidenschaft characterisirt, indem er ja gleichfalls die Freude an der Unlust bezeichnet, sowohl in Beziehung auf die eigne, die der Hassende in sich empfindet, als in Beziehung auf den Gegenstand, den er hasst und dem er in gleicher Weise Unlust bereiten möchte. Die Leidenschaft bezeichnet daher stets den Zustand der Unruhe und Aufgeregtheit, in dem man sich befindet bei der Ausübung einer Thätigkeit, welche den begehrten Gegenstand anstrebt, und der sich die Seele so hingiebt, dass sie nicht mehr herrscht, sondern vollkommen beherrscht wird. Daher verbinden wir nicht, wie bei der Sucht, einen Gegenstand mit ihr, sondern erkennen sie in dem Thun, daher giebt es eine Leidenschaftlichkeit im Handeln überhaupt und in allen besonderen Handlungsweisen, und selbst wenn sie sich auf einen einzelnen Gegenstand wirft, ist es immer die mit demselben verknüpfte Thätigkeit, an der sie ihr eigentliches Object hat. Die Gewinnsucht begehrt den Gewinn als ihr Ziel, die Leidenschaft im Spiel wird erzeugt durch den Wechsel von Gewinn und Verlust und die dadurch aufgeregte Thätigkeit, welche strebt den Zufall in ihre Gewalt zu bekommen. Die Sucht wird um so stärker, je mehr sie Stoff findet und die Möglichkeit sieht ihn sich anzueignen, sie lässt nach, in dem Masse als die Gegenstände fehlen und die Aussicht verschwindet, sie zu erreichen, die Leidenschaft wird dadurch nur um so mehr gereizt, und je unmöglicher etwas erscheint, desto stärkeren Antrieb empfindet sie, ihre ganze Kraft daran zu verschwenden. Die Sucht behält immer noch eine raffinirte Erkenntniss der Mittel, die zum ersehnten Zwecke führen, wenn auch dieselbe in eine einseitige Richtung hineingebannt ist und dadurch den freien Blick in die Gesammtheit des Zweckmässigen verliert, die Leidenschaft dagegen wird blind und geräth ganz in die Gewalt ihres verkehrten Treibens, so dass sie die Herrschaft über die Dinge gerade in dem Maasse aufgiebt, als sie sich anstrengt, dieselbe zu gewinnen. Die Sucht wird erweckt und genährt durch die Hoffnung, die Leidenschaft wird angefacht und gestachelt durch die Furcht und Verzweifelung.

Das Spiel bietet ein Beispiel dar, an welchem sich alle vier Formen leicht deutlich machen lassen. Es giebt zunächst einen Hang zum Spielen, welcher verwandt ist mit dem Hange zum Müssiggange, und sich erfreut an dem veränderlichen Wechsel der Momente, nur um damit die Zeit zu vertreiben. Ihm wird jedes Spiel recht sein, wenn es ihn eben nur beschäftigt, keine zu grosse Anstrengung kostet und ihn nicht aus seinem Gleichmuth herausbringt. Darum wird er ebensosehr diejenigen fliehen, die Nachdenken erfordern, als die, welche Gefahr und Verlust nach sich ziehen, denn die Arbeit und die Aufregung sind es, die er verabscheut. Wird dagegen das Spiel zu einer Sucht, so st es die Aussicht auf den Gewinn, die dazu antreibt und um dessentwillen es allein geübt wird. Hier werden alle Mittel, ohne grosse Rücksicht auf ihre Rechtlichkeit, in Bewegung gesetzt und die ganze Kraft der Erkenntniss auf das Spiel concentrirt, um durch die Feinheit der Berechnung jeden Vortheil über den Gegner zu benutzen, und durch die kälteste Ruhe alle Schwächen zu verdecken. Während alle andern Interessen schweigen, und auf nichts in der Welt, und sei es auch das Höchste und Wichtigste, Rücksicht genommen wird, sind die Gedanken nur mit dem einen Gegenstande beschäftigt, der die Seele ganz und gar absorbirt. Aber das Spiel kann auch rein eine Sache der Neugierde sein, indem es durch den stäten und schnellen Wechsel reizt, und Gewinn und Verlust mit ziemlicher Gleichgültigkeit getragen werden, wenn nichts Reelles dabei gewagt wird. Daher werden hier Spiele vorgezogen werden, in welchen der Zufall wirkt und eine rechte Abwechselung hineinbringt, aber doch keine Gefahr oder grosse Verluste zu befürchten sind. Ganz anders ist es dagegen mit der Leidenschaft im Spiel. Sie wird sich gerade weiden an der Höhe des Gewinns und Verlustes, und die eigentlichen Hasardspiele werden ihre wahre Sphäre sein, sie wird sich daran abmühen, den tausendfältigen Zufall berechnen und in ihre Gewalt bringen zu wollen, und Gefahr und Verlust wird sie nur immer stürmischer und unmässiger machen.

Unter allen vier Formen ist die Leidenschaft die unvernünftigste, und es ist ein arger Missgriff zu behaupten, dass nichts Grosses in der Welt ohne sie vollbracht worden sei. Denn sie drückt nicht bloss das aus, dass das Subject das ganze lebendige Interesse seines Geistes, Talentes, Characters, Genusses in Einen Inhalt gelegt habe und sie ist nicht ein nur Formelles, das gleichgültig wäre gegen Gut und Böse und gegen den wahren Gehalt des Gegenstandes. Was hier gemeint wird, ist die hohe begeisterte Liebe, wogegen die Leidenschaft die blinde und sinnlose Verkehrung derselben ist, welche des Zügels entbehrt, den die vernünftige Erkenntniss ihr anlegen sollte dadurch, dass sie auf die Wahrheit verweist, die allein das vernünftige Ziel des Begehrens ist, das jene ganz aus dem Auge verliert. Die Liebe wurzelt in dem wahren Glauben an die Wahrheit, die Leidenschaft ist die Frucht der Täuschung, mit der ganzen Unklarheit und Verworrenheit eines gewaltigen Sehnens und Strebens, das dem Eitelen und Nichtigen nachtrachtet, während es sich den Schein giebt, das Unmögliche möglich zu machen und das Riesenhafteste zu unternehmen. So kann die Leidenschaft mächtige und glänzende Wirkungen erzeugen, denn sie ist eine gewaltige Kraft, in welcher alle Springfedern der Seele auf einen Punkt zusammenwirken, aber sie ist dem Wahnsinn verwandt, der Alles um sich her rücksichtslos zertrümmert, um vielleicht nur einen Einfall zu verwirklichen.

Wir haben die vier Formen der Unvernunft aus einer Incongruenz abgeleitet zwischen Neigung und Begierde, die sich darin abstossen oder widersprechen, ist nun der vernünftige Wille die Uebereinstimmung beider, so werden sie auch darin sich begreifen lassen, dass sie das Subject in der That willenlos machen oder wenigstens den Willen ebenso verkehren, indem die Momente desselben nicht in ihrer wahren Bedeutung dabei bestehen können, und dies zeigt sich auch bei einigem Nachdenken vollkommen bestätigt. Denn schon das, was den Willen begründet, die Wahl, ist bei keiner von ihnen vorhanden. Der Hang verharrt in seiner Zuständlichkeit, in dem reinen Genuss des Gegebenen, er will nichts weiter, als sich denselben bewahren und so hat er nichts zu wählen und nichts zu überlegen, und nichts regt seinen Eifer an, sondern er bleibt in seinem Gleichmuth und in seiner Apathie. Deshalb kommt er auch nicht zur Besinnung und selbst von einer Beharrlichkeit des Willens kann man bei ihm nicht reden, denn seine Beharrlichkeit ist keine gewollte mit dem Bewusstsein eines Zieles, sondern nur die Passivität der Beruhigung in dem gewohnten Zustande. Der Ernst des

Willens weicht dem Spiel, und ohne Entschluss und Plan läuft das Leben dahin. Die Sucht hat ebenso wenig eine Wahl, denn sie wird von dem Gegenstande unwiderstehlich angezogen, und der bewusste Wille beherrscht nicht mehr die Bestimmung desselben. Sie hat keinen Zweck, denn der Gegenstand wird nur als solcher gesucht, nicht in seiner Zweckmässigkeit als Mittel für höhere Zwecke, und darum verfehlt sie auch in ihrer Unersättlichkeit und stäten Unbefriedigung jeden Zweck und ist von jeder Ueberlegung entfernt, wozu dies verkehrte Treiben am Ende dienen könnte. Handelt sie auch scheinbar in ihrem einseitigen Streben in der bestimmten Richtung auf das Object mit grosser Ueberlegung, so vergisst sie doch dabei alle anderen Interessen, und der Eifer, der damit hineinkommt, ist nur ein sinnloser, der sich und alles Andere zerstört und vernachlässigt, während er einem eitelen Phantom nachjagt, das, wenn auch erreicht, keine Befriedigung gewährt. So sind die Ueberlegung und der Eifer wenigstens nicht ernst gemeint und ohne die Besonnenheit und Beharrlichkeit eines ächten Willens. Denn es ist am Ende eine reine Täuschung, wenn man meint, den Gegenstand wirklich zu suchen, da eigentlich immer nur nach dem Mehr gehascht wird, und so das wahre Wesen des Objects und der Zweck, zu dem es dienen könnte, verfehlt wird. Darum beharrt die Sucht nicht mit Besonnenheit bei ihrem Ziel, sondern springt von einem Gegenstande immer zu einem neuen über, sie will nur haben und besitzen, ohne es zu gebrauchen und zu verwenden und damit in den wahren Besitz zu gelangen. So wird sie ohne Entschluss und planlos immer weiter getrieben, und verliert sich immer mehr in der unendlichen Leere und der verworrenen Maasslosigkeit.

Bei der Neugierde verschwindet jede Spur eines vernünftigen Willens. Sie wird fortgerissen von dem Wechsel der Gegenstände und jagt ihnen nach ohne Wahl und Ueberlegung, nur immer Neues suchend, ohne Rücksicht auf einen ernsten Zweck und ohne einen besonnenen und beharrlichen Eifer. Daher hat sie keinen ernsten Vorsatz und keinen festen Entschluss, sondern planlos überlässt sie sich den flüchtigen Reizen des Augenblicks. Hier liegt die Willenlosigkeit auf der Hand, bei der Leidenschaft ist der Schein eines energischen Willens vorhanden und doch ist sie im Grunde die völlige Vernichtung desselben. Denn sobald sie eintritt, ist von einer besonnenen Wahl und Ueberlegung keine Rede mehr, hingerissen von dem Gegenstande und ihrem eignen Thun, prüft sie nicht die Möglichkeit und die Mittel, sondern durch Gewaltsamkeit und stürmischen Anlauf wähnt sie den Mangel klarer Erkenntniss zu ersetzen und das Unmögliche möglich zu machen, und erfährt dadurch nur umsomehr die Macht des Widerstandes. Dadurch wird dann entweder sogleich die Beharrlichkeit ihres Eifers gebrochen, oder wenn dies auch nicht geschieht, sondern derselbe vielmehr geschärft erscheint, so wird er nur um so unvernünftiger und sinnloser. Denn nicht ein Zweck wird mit beharrlichem und ernstem Eifer verfolgt, sondern nur an der verkehrten Thätigkeit hält sie fest, und daher springt sie auch leicht von einem Mittel zum andern ab, oder häuft nur die Kräfte, die sie in Bewegung setzt, ohne festen Entschluss und Plan, indem sie nicht ihre Wirkung zu berechnen und ein Ineinandergreifen derselben zu bewerkstelligen vermag. So geräth sie in jeder Beziehung bei ihrem Thun in die Gewalt der Objecte, da sie aus Mangel an Vorhersehung sich von ihrem Widerstande bedrängt sieht, und um ihm zu entfliehen, nach dem ersten besten Mittel greifen muss, das der Augenblick darbietet, und dadurch kommt sie nur immer tiefer und tiefer in Noth und Gefahr hinein, in der sie endlich untergeht. Der vernünftige Wille beherrscht klar und sicher die Dinge und Umstände, die Leidenschaft wird von ihnen bestürmt und beherrscht, und hinabgerissen in den Strudel und die vernichtende Gewalt der verworrenen chaotischen Massen.

Irrthum und Wahn, Aberglaube und Unglaube verführen die verkehrten Neigungen und Begierden, Vorurtheil und Unklarheit der Begriffe beherrschen sie und bestimmen ihr principloses und unmethodisches Handeln, dies ergreift dann auch das ganze Bewusstsein und verwirrt es bis zum Wahnsinn. Und in der That liegt der Zusammenhang nicht fern, den die vier geschilderten Formen der Unvernunft mit den oben entwickelten Geisteskrankheiten haben, sei es dass sie wirklich in ihnen ihr Ende finden, oder dass sie sich wenigstens ihnen zuneigen und in ihrer Erscheinung eine offenbare Analogie mit ihnen verrathen. Der Hang führt zum Blödsinn oder zu geistiger Beschränktheit und Stumpfheit, die Sucht wird zur fixen Idee und zur eitlen und thörichten Verblendung, die Neugierde grenzt an Narrheit und Verrücktheit oder erscheint wenigstens als Zerfahrenheit und Zerstreuung, die Leidenschaft geht über in Wahnsinn und Raserei, und offenbart sich ganz in denselben wenn auch mehr vorübergehenden Aeusserungen. Ist aber so das bewusste Denken selbst in die Verwirrung hineingezogen, und Verstand und Einbildungskraft durch die Gewalt, welche die Unvernunft über sie hat, der Fähigkeit beraubt, die Gegenstände richtig und unbefangen zu sondern und zu verknüpfen, so werden auch alle Vorstellungen und Anschauungen über die Verhältnisse der Aussenwelt verkehrt, und das Bewusstsein ist nicht mehr im Stande die Wahrnehmungen und Affecte gehörig zu ordnen und zu regeln, und auch diese nehmen an dem Missverhältniss Theil und werden zur Unnatur.

Wir kommen hier noch zu einem schwierigen, aber sehr wichtigen Punkt, welcher gewöhnlich mit grosser Unklarheit behandelt wird und doch für die scharfe Auffassung psychologischer Verhältnisse und für alle weiteren sich daran anknüpfenden Probleme von der entschiedensten Bedeutung ist. Es ist eine alte und immer wiederkehrende Auffassung, den Ursprung der Unvernunft in den sinnlichen Trieben zu suchen, und sie als eine Schwäche der Vernunft gegenüber der vorwiegenden Gewalt der Sinnlichkeit zu erklären, wir müssen aber nach allem Bisherigen einer solchen Ansicht mit der grössten Entschiedenheit widersprechen. Wie die sinnlichen Wahrnehmungen für das Wissen nur der Stoff sind, an dem sich das Denken und das Erkennen selbstthätig entwickelt, und wie sie nur die gelegentlichen Veranlassungen darbieten, an denen es selbstständig seine Kraft übt, so sind auch die Triebe und Affecte für den vernünftigen Willen nur Stoff und Gelegenheitsursachen, die er beherrscht und durch die er mit der Aussenwelt in Verbindung steht, indem er durch sie die Wirkungen der Dinge erfährt und vermittelst ihrer die Organe des Leibes leitet und die äussere Thätigkeit hervorruft, die seinen Zwecken und Plänen entspricht. So lange der bewusste Wille noch nicht da ist, erzeugen die Affecte und Triebe ein instinctmässiges Thun, und wir wissen, wie dieses stets ein zweckmässiges ist. Denn ebensowenig wie die Sinne täuschen, sondern nur das natürliche Verhältniss der Wirkungen der Aussenwelt auf das Individuum abspiegeln, ebensowenig können die Affecte und Triebe falsch leiten, weil sie nur die natürliche Wechselwirkung zwischen der Seele und den objectiven Eindrücken darstellen. Hang und Sucht aber sind unnatürliche Erscheinungen, und nur eine oberflächliche Auffassung kann sich damit begnügen, sie durch die Erklärung einer bloss quantitativen Steigerung der Affecte und Triebe erschöpfen zu wollen. Die Maasslosigkeit, die darin vielmehr das wesentlichste Moment ist, kommt erst durch das Bewusstsein hinein, durch die Erinnerung an die gehabte Lust und die Vorstellung von der

Möglichkeit ihrer Wiedergewinnung, und daran knüpft die Täuschung an, welche die Reflexion verwirrt. Der natürliche Affect hat sein Maass in sich selbst und in der Unmittelbarkeit des Eindrucks, der vernünftige Wille giebt ihm das Maass in bewusster Reflexion, und ist er ein verkehrter, so muss die Maasslosigkeit die natürliche Folge davon sein. Damit stimmt auch die Erfahrung vollkommen zusammen, bei dem Thiere sind die Triebe durchaus geregelt und ihrer Lebensweise und den Umständen angemessen, erst bei dem Menschen zeigt sich mit der Vernunft die maasslose Unvernunft, die den natürlichen Instinct unterdrückt und selbst seinen zuerst immer sich zeigenden Widerstand überwältigt. Schwelgerei und Trunksucht rufen Anfangs immer Ekel und Ueberdruss hervor, und nur allmälich siegt die unvernünftige Neigung und Begierde über den Affect und den Trieb.

Es ist daher ein offenbares Missverständniss, von einem natürlichen Hange zu irgend etwas zu sprechen, oder wohl gar denselben als einen angebornen zu bezeichnen. Die natürlichen Affecte und Triebe wirken unmittelbar durch den sinnlichen Eindruck, der Hang ist stets vermittelt durch das Bewusstsein, welches an die Wahrheit der vorgestellten Lust glaubt und ihren Werth in dem Verhältniss zu einer höhern und mannigfaltigeren Lust verkennt. So bringt die darin liegende Täuschung erst die Continuität des Zuständlichen hinein und wehrt die Reize, welche durch die Eindrücke der Aussenwelt etwa kommen und andre Affecte erzeugen möchten, mit Gewalt ab, indem sie fürchtet aus dem Zustande der Behaglichkeit herauszukommen, in dem sie gern verharrte. Darum ist bei dem Hange die Lust an dem ruhigen Genuss der Gegenwart stets gepaart mit der Unlust, die aus der Furcht vor dem Wechsel und aus dem Abscheu vor allen Reizen zur Thätigkeit entspringt. Aehnlich ist es mit der Sucht, sie entsteht freilich durch das

Andenken an eine gehabte Lust und durch die Hoffnung auf die Wiederkehr derselben, wenn wir den Gegenstand erreichen können; aber sie wird erst Sucht durch die falsche Vorstellung davon, dass eine stäte und vervielfachte Wiederholung desselben Genusses auch dieselbe Wirkung der Lust hervorbringen werde, und wird nicht belehrt durch den sich einstellenden Ueberdruss und Ekel, indem sie vielmehr die Wirkungen bald vergisst, und ihrer einseitigen Reflexion mehr vertraut. Deshalb hat sie denn auch niemals die Freude des Genusses, den sie bei vernünftiger Ueberlegung haben könnte, und entbehrt stets der Befriedigung, welche erst die Lust vollständig macht. Die Neugierde wird allerdings angeregt durch den Wechsel der Eindrücke und den fortwährenden Reiz, den sie ausüben, aber erst das Bewusstsein und die Erkenntniss vervielfältigt dieselben, ohne sie zu regeln, und bringt dadurch die Flüchtigkeit hinein, die sie an sich nicht haben. Sie erzeugt die Täuschung, als habe man genossen, wenn man nur den momentanen Eindruck gehabt, und als müsse der Genuss um so grösser werden, je mehr und je verschiedenartigere Eindrücke man sich verschaffe, um die Flucht der Zeit selbst zu überflügeln, anstatt die Reize zu benutzen und zu gestalten. Darum verfehlt sie stets den wahren Genuss, und erlangt nie eine Befriedigung. Die Leidenschaft endlich verkehrt die ganze natürliche Lust, indem sie an der Unlust selbst eine wahre Befriedigung findet, sie lebt gewissermassen von der Furcht und dem Abscheu, und sucht ihr Genüge in der stürmischen Aufregung und der blinden Wuth. Sie will trotz des Widerspruchs mit der Aussenwelt befriedigt sein und sucht die Befriedigung trotz der vollendeten Täuschung darüber, was wahre Befriedigung zu gewähren im Stande ist, und so hat sie dieselbe denn auch nur in der fortdauernden Unlust.

Man kann wohl sonach nicht mehr zweifeln, dass der Ursprung und die Quelle aller dieser Verirrungen und

Verwirrungen in der Vernunft selbst liegt, welche die Affecte und Triebe beherrscht, aber daraus erklärt sich dann auch freilich, wie die Unvernunft diese selbst unnatürlich verändert und umwandelt, so dass sie nun auch umgekehrt eine Gewalt werden, welche die etwa wieder zum Bewusstsein und zur Erkenntniss gekommene Vernunft nicht mehr zu bewältigen vermag. Wie der Wille den einmal zerrütteten Organismus des Leibes nicht so leicht wiederherzustellen vermag, so kann er auch die aufgeregten Triebe nicht plötzlich wieder besänftigen und nicht die verkehrten und eingewurzelten Vorstellungen sogleich wieder regeln und ordnen. Dem schnellen Fluge eines Gedankens folgt nicht gleich das ganze Netz der Vorstellungen und noch weniger die gewohnte Uebung der Affecte und Triebe, die Reue kann eine plötzliche sein und der ernste Vorsatz der Besserung nachhaltig wirken, aber wie die verkehrte Vernunft erst allmälich die widerstrebenden Triebe in die Unnatur hineingezwängt hat, erfährt nun auch der Wille den Widerstand derselben gegen die bessere Ueberzeugung und wird von ihnen zu Rückfällen hingerissen, gegen welche der Kampf schwer wird und er nicht immer den Sieg davon trägt.

Die eigentliche Sünde, ihr Wesen und ihr Ursprung liegt ausser dem Kreise unserer Betrachtungen, aber ihre Erscheinung in der Vernunft muss aus den eignen Momenten dieser sich begreifen lassen, denn jene kann auf diese nur wirken, inwiefern sie an ihren Organismus anknüpft. Wir meinen darum nicht den Widerspruch erklärt zu haben, wenn wir ihn thatsächlich in den geschilderten Formen nachwiesen, aber wir glauben das erreicht zu haben, dass wir seinen Ursprung als über die natürliche Vernunft hinausliegend begreifen müssen. Denn kommen wir auf dem Wege einer rein psychologischen Entwickelung nicht zu ihm und müssen wir ihn als Unnatur anerkennen, so muss er aus einem höher liegenden Gebiet herstammen, wenn es uns gelungen ist, zur Ueberzeugung zu bringen, dass er nicht aus der Sinnlichkeit entstehen kann, sondern erst rückwärts von der Vernunft her durch Verkehrung derselben in sie eindringt. Wie diese die ihr untergeordneten Sphären des Bewusstseins und der sinnlichen Seele beherrscht, so wird sie selbst schon von einer höhern Macht regiert, in deren Dienst sie geräth, und gegen die sie mit ihren Mitteln nichts vermag.

7) Die Persönlichkeit.

In der Vernunft muss Uebereinstimmung sein zwischen Wissen und Wollen, das Wissen leitet durch vernünftige Neigung und Begierde den Willen, und er ist daher nur ein vernünftiger, wenn er weiss, was er will. Aber ebenso gut muss er auch wollen, was er weiss, er muss gemäss der vernünftigen Erkenntniss, die seine Neigungen und sein Begehren bestimmt, sich wahre Zwecke setzen und diese mit allem Ernst und Eifer zu verwirklichen suchen, denn nur dadurch wendet er das Wissen recht an, dass er die Dinge nach ihrer Zweckmässigkeit gestaltet und beherrscht, um sie selber immer mehr zu ihrem wahren und vernünftigen Endzwecke hinzuführen, den er in seinem Wissen als das Ziel ihrer Entwickelung erkennt. So aber muss er einerseits die Wahrheit wollen und andrerseits die Klarheit der Erkenntniss, das höchste Ziel des vernünftigen Willens ist daher selbst kein anderes als der Glaube und die Erkenntniss, und damit auch das Wissen, welches auf ihrer gegenseitigen Durchdringung beruht. Auf dieser Wechselwirkung von Wissen und Wollen gründet sich demgemäss die Entwickelung der Vernunft, alles zweckmässige Gestalten der Dinge durch den Willen dient immer wieder dem fortschreitenden Wissen und dieses erweitert immer mehr das

Gebiet des Willens, indem er dadurch seine beherrschende Gewalt an den Dingen ausüben kann.

Die eine Seite dieser gegenseitigen Beziehung beider ist die Persönlichkeit, welche darin besteht, dass sie weiss, was sie will, und dass sie diesem Wissen gemäss zu einem vernünftigen Wollen bestimmt wird. Sie beruht auf dem Glauben an die Wahrheit ihres Wissens und auf den Neigungen, die das Erkennen dieser Wahrheit in Beziehung auf die Dinge erzeugt, und in denen sie sich in Uebereinstimmung mit der Wahrheit weiss. Dies giebt ihr zunächst die Offenheit, mit welcher sie die Wahrheit auf sich wirken lässt, unbestechlich gegen alle vorgefasste Meinung und empfänglich für alle wahren Eindrücke, denen sie mit vollem Interesse entgegenkommt, indem sie sich bei demselben nur bestimmen lässt durch das, wofür sie den Gegenstand wirklich erkennt. Daraus entwickelt sich ferner die Theilnahme, mit welcher sie die Entwickelung der Gegenstände verfolgt, indem sie sich vertrauend der Beobachtung ihrer Veränderungen hingiebt, bei ihrer Betrachtung verweilt und überlegt, wozu sie vernünftiger Weise zu verwenden sind und wie sie zweckmässig gestaltet werden können. In dieser Offenheit und Theilnahme liegen aber die Bedingungen zu dem, was wir Gemüth nennen, ein schönes tiefes Wort, welches den Grundcharacter einer wahren Persönlichkeit bezeichnet und in dessen fortschreitender Ausbildung der ganze vernünftige Werth derselben liegt. In ihm verknüpft sich die unmittelbare Gewissheit von ihrer eignen Wahrheit und von der Wahrheit alles dessen, dem sie sich offen und vertrauend hingiebt, mit aller Theilnahme und Zuneigung und mit allem Eifer, wozu diese Theilnahme und Zuneigung sie anregt, wobei sie aber ebenso auch gewiss ist, dass sie nicht fehl geht in ihrem Urtheil, welches auf den Erfahrungen begründet ist, die sie in ihrer offenen und unbestechlichen Theilnahme an den Gegenständen macht. Das

Gemüth ist es daher auch, welches vorzugsweise die Persönlichkeit anzieht, denn wo sie ein gleiches Gemüth findet, ist die gegenseitige Zuneigung gewiss, auf ihm beruht die geheimnissvolle Wahlverwandtschaft der Gemüther, welche die Persönlichkeiten unter einander verknüpft, und für dieselbe nichts höher erscheinen lässt, als selbst wieder die Persönlichkeit mit ihrem Gemüth. Damit hängt auch zusammen die Gemüthlichkeit, welche nichts anderes ausdrückt als die offene Empfänglichkeit für alle Interessen, die sich befriedigt fühlt in dem leichten Uebergange von einem zum andern, ohne dass gerade eine dauernde Theilnahme sich damit verbindet, die erst durch die Tiefe des Gemüths sich bildet. Sie ist daher gewissermassen nur die in die Erscheinung tretende Aussenseite des Gemüths, welche sich in der Ungezwungenheit und in dem gegenseitigen Wohlbehagen kund giebt, mit welcher Personen von Gemüth unter einander und mit den Gegenständen verkehren, die ihre Zuneigung besitzen, während der tiefere Gehalt des Gemüths dabei verborgen bleibt und nur denen sich offenbart, die in einer innigern Beziehung und Wechselwirkung zu ihm stehen.

Das Gemüth besitzt aber in seiner Offenheit und Unbestechlichkeit und in der damit verknüpften Theilnahme an den Gegenständen die Zuverlässigkeit des Blicks, der die Persönlichkeit in ihren Vermuthungen sicher leitet und ihr Urtheil schärft für den wahren Inhalt der Gegenstände, indem sie den Dingen auf den Grund sehen lernt und sie danach achtet und nicht nach der zufälligen Aussenseite der Erscheinung, die leicht täuscht, aber den Besonnenen nicht irre führt. Dadurch wird die Persönlichkeit selbst zuverlässig für jede andre Persönlichkeit, so dass man ihren Aussagen und ihrem Urtheil vollständig vertrauen darf. Andrerseits giebt aber auch das Gemüth der Persönlichkeit die Festigkeit, mit welcher sie beharrlich festhält an dem Gegenstande, dessen Werth sie richtig erkannt hat und den sie daher durch fortdauernde offene Theilnahme und Hingebung zu schätzen weiss, so dass auf die wirkliche Ausführung dessen, was sie sich vorgenommen hat oder verspricht, fest zu bauen ist. Vermissen wir dies oft bei der Gemüthlichkeit, so liegt dies eben in dem oben schon berührten Unterschiede, indem sie der Tiefe entbehrt, die der Grund der Zuverlässigkeit und Festigkeit in dem Gemüthe ist. Auf der Verknüpfung dieser beiden Momente beruht aber das, was wir mit dem Ausdruck Herz bezeichnen und welches die Fülle und Tiefe des Inhalts darstellt, den das Gemüth in sich birgt. Es hängt zusammen mit der Innigkeit der Ueberzeugung, die die Persönlichkeit von der Wahrheit hat, und mit der Achtung und Werthschätzung, die sie Allem zu Theil werden lässt auf Grund der ernsten Ueberzeugung, dass es ihrer Achtung werth ist. Das Herz ist es daher, welches die Persönlichkeit offen und theilnehmend macht, und wir sprechen mit Recht von einem reinen offenen Herzen, welches alle Interessen und nicht nur die seinigen, sondern auch die anderer Persönlichkeiten mit weiter und herzlicher Theilnahme umfasst, und auf dessen Zuverlässigkeit und Festigkeit man mit aller Sicherheit bauen darf.

So wirkt das Herz zurück auf das Gemüth, indem es dasselbe mit seinem Inhalt erfüllt und dafür von ihm die Zuverlässigkeit und Festigkeit empfängt. Herz und Gemüth bilden daher die Grundlage der Persönlichkeit, und deshalb gewinnen wir aus ihrer Verknüpfung zwei neue Momente, welche dieses Ineinander beider nach verschiedenen Richtungen hin darstellen. Das Gemüth, indem es sich mit dem Herzen verbindet, wird zum Muth, welcher auf der Offenheit beruht, mit welcher die Persönlichkeit allen Gegenständen gegenüber tritt und sich durch keinen falschen Schein bestechen lässt, so dass sie die Dinge gerade so achtet, wie es ihr wahrer Werth bedingt, ohne sie zu verachten oder zu überschätzen. Damit muss sich dann die Sicherheit und Zuverlässigkeit verknüpfen, welche, nachdem sie besonnen geprüft hat, sich bestimmt entschliesst und bei dem Entschlusse bleibt, indem sie das Ziel sicher im Auge behält und sich durch keine Rücksichten auf mögliche Gefahren und Mühen von demselben abbringen lässt. Das Herz dagegen, wenn es sich mit Gemüth verknüpft, bewährt seine Treue, indem es ohne zu zweifeln und zu wanken seine Anhänglichkeit an dem Gegenstande beweist und den Plan mit aller Festigkeit verfolgt, den es sich einmal gemacht hat. Muth und Treue aber bedingen sich gegenseitig und bilden so mit Herz und Gemüth den Character, in welchem sich die Persönlichkeit abschliesst, indem sich in ihm alle übrigen entwickelten Momente vereinen. Er beruht auf der wahren Liebe, die auch die Liebe zur Wahrheit ist, welche ihn offen und theilnehmend, zuverlässig und fest macht, indem sie ihm die Wahrhaftigkeit beilegt, auf welcher diese Eigenschaften des Characters und die Merkmale einer wahren Persönlichkeit gegründet sind. Diese Wahrhaftigkeit schauen wir in ihrer Vollendung in Gott an, und so werden wir denn auch nicht zweifeln, dass wir ihm Persönlichkeit im höchsten Sinne des Worts beizulegen haben, denn in ihm ist Wissen und Wollen eins und er umfasst in wahrer Liebe alles, was er geschaffen hat, und was er zusagt, hält er gewiss.

8) Das Handeln.

Die Persönlichkeit weiss, was sie will, aber sie muss auch wollen, was sie weiss und so ensteht das Handeln. Die Erkenntniss der Gegenstände lehrt uns, wie sie aus einander geworden sind und daher auch, was aus ihnen werden kann, daraus entspringt nothwendig der Wille, sie diesem ihrem Ziele näher zu bringen und so an ihnen die Zwecke der Vernunft zu verwirklichen. Das Handeln beruht daher einerseits auf der Erkenntniss und andrerseits auf dem vernünftigen Begehren, welche in der engsten Beziehung und Wechselwirkung zu einander stehen. Durch das Erkennen wissen wir, was wir von den Dingen begehren können, und entsteht nun aus der Begierde der Wille, so zeigt uns die Erkenntniss, wie wir unsere Zwecke realisiren können. Trifft beides zusammen, so tritt auch sogleich das Handeln ein. Das Princip desselben ist das Aneignen des erkannten Gegenstandes, der unserem Bedürfniss entspricht, finde ich denselben gerade so, wie ich ihn brauche und kann ihn mir so unmittelbar aneignen, so ist das Handeln vollendet; je geringer daher die Bedürfnisse sind, und je mehr sie unmittelbar in unsern Umgebungen vorgefunden und angeeignet werden können, desto geringer ist der Impuls zum Handeln und es bleibt auf der Stufe des blossen Aneignens stehen. So bald aber die Beobachtung hinzukommt, dass die Dinge unter gewissen Bedingungen sich verändern und dadurch unsern Bedürfnissen entsprechender werden, oder dass sie nicht unserm Bedürfniss gemäss in genügender Menge vorhanden sind, um angeeignet werden zu können, so sucht das Handeln sie zu gestalten. Um aber die Dinge zweckmässig gestalten zu können, müssen wir uns die Mittel dazu aneignen, dies führt wiederum, wo diese zu mangeln anfangen, zur weitern Gestaltung von diesen, indem dadurch die Ueberlegung angetrieben wird, immer mehr die Eigenschaften der Dinge zu untersuchen und ihre gegenseitige Veränderung zu beobachten. So sind Aneignung und Gestaltung die Momente eines fortgesetzten Processes, durch welchen sich das Handeln erweitert und steigert. Das Product desselben ist eine zunehmende Belehrung, die wir durch die fortgesetzte Gestaltung gewinnen, womit auch der Eifer wächst, neue

Erfahrungen zu sammeln. Dadurch bildet sich das Urtheil über die Kräfte, die in den Gegenständen liegen und durch deren Anwendung die Dinge immer besser unsern Bedürfnissen gemäss gestaltet und immer leichter angeeignet werden können, woraus das eifrige Verlangen nach immer neuer Belehrung hervorgeht. Indem wir aber so lernen, wie das Aneignen abhängig ist von der Gestaltung und diese wieder von dem Besitz der dazu nöthigen Bedingungen, so geht das Handeln darauf aus, sich diese in hinreichendem Maasse zu verschaffen und für die Aneignung vollständig vorzubereiten, und dies giebt den Begriff der Production, welche ein Resultat der Belehrung ist, dass wir, um immer die hinreichenden Mittel zur Hand zu haben, diese vorher produciren müssen, um sie dann in jedem Momente nach Bedürfniss verwenden zu können. Sie beruht daher auf dem Trachten nach einem fernern Zwecke, welcher nicht durch das momentane Bedürfniss gefordert wird, mit diesem aber insofern zusammenhängt, als er die Mittel gewährt für die sichere Befriedigung der unmittelbaren Bedürfnisse. Die Production sucht aber auf dem kürzesten und geeignetsten Wege zu ihrem Ziel zu gelangen und das ist wieder das Resultat der auf dem Wege der Erfahrung erlangten Belehrung, welche durch fortgesetzte Vermuthung und Induction dazu gelangt, in die wahren Ursachen der Erscheinungen einzudringen und so von dem unnöthigen Beiwerke allmälich befreit wird, welches sich an die ursprüngliche Gestaltung anhängt, so lange nicht die Belehrung hinzukommt, was in den angewendeten Mitteln das eigentlich Wirksame ist. Auf diese Weise vereinfacht sich die Production immer mehr und erzeugt schneller, vollkommener und in reichlicherem Maasse alles, was wir bedürfen. Aber dies ist nur die eine Seite von dem, was das Handeln durch die Belehrung gewinnt, es ist nicht allein nothwendig, dass die Dinge in möglichster Vollendung und gehöriger Menge producirt werden, sondern sie müssen auch gerade da vorhanden sein, wo sie gebraucht werden, und es muss das richtige Verhältniss hineinkommen zwischen Production und Bedürfniss. Dies erzeugt die Organisation des Handelns, welche beginnt mit der Ansammlung von Vorräthen und der gehörigen und passenden Anordnung derselben für den künftigen Gebrauch und dann fortschreitet zu der Organisation der Production selbst und dem geregelten Verkehr, durch welchen von Jedem ebensowohl gestaltet wie angeeignet wird. Dadurch entsteht eine innige Wechselwirkung zwischen Production und Organisation, denn je mehr und je schneller producirt wird, desto mehr muss die Production organisirt werden, je mehr aber durch die Organisation Theilung der Arbeit eintritt, desto leichter und schneller kann producirt werden. Das Resultat davon ist die Uebung sowohl in der Production, als im Verkehr und der Organisation desselben. Der Producent bezieht alle Mittel für seine Production leicht und kann seine ganze Kraft und seine ganze Erfahrung auf die Production verwenden, der organisirte Verkehr bezieht leicht seine Bedürfnisse von den verschiedenen Producenten und bringt sie ebensoleicht in den allgemeinen Vertrieb. Dadurch wird in gleicher Weise das Aneignen wie das Gestalten gefördert, und dieses wirkt zurück auf die Belehrung, die ihrerseits wieder die Production und die Organisation vollendeter gestaltet. Belehrung und Uebung sind daher die beiden Hauptmomente des Handelns, welche die übrigen in sich vereinigen, und durch ihre Wechselwirkung schreitet das Handeln vor; wir lernen um auszuüben, aber in der Ausübung selbst lernt man fortwährend zu. Gehen wir nun aus von der Belehrung und sehen, wie sie die Uebung hervorbringt, so erzeugt dies den wahren und vernünftigen Genuss, der sich ebendadurch von dem sinnlichen unterscheidet, dass er durch Belehrung gewonnen wird und nur an der Uebung der dadurch erlangten Kraft sich erfreut. Als solcher nimmt er eine sehr wichtige Stellung im Handeln selbst ein. Die Belehrung erzeugt Uebung in der Production, die Production geschieht aber nur, um aneignen zu können, eignen wir uns daher das Producirte an und befriedigen dadurch unsere Bedürfnisse, aber nur zu dem Zweck, um besser produciren zu können, so ist dies der wahre geistige Genuss, den die Arbeit verschafft. Freilich fördern Production und Verkehr, durch welche die Menschen über die Bedürfnisse und die Möglichkeit ihrer leichten Befriedigung belehrt werden, auch die Genusssucht, aber dann kommt ein unsittliches Moment hinzu, dessen Grund wir hier nicht aufzusuchen haben. Jedenfalls kann er nicht in der rein natürlichen und vernünftigen Entwickelung des Handelns selbst liegen, sondern dieses bietet nur den Stoff dar, dessen sich die unsittliche Gesinnung bemächtigt, und diese muss durch ganz andre Mittel bekämpft werden, als durch die Entziehung dieses Stoffes, indem in Ermangelung desselben sie sich nur auf einen andern werfen würde, und so nur der Gegenstand sich änderte, aber nicht die Gesinnung. Es ist daher eine grosse Verkehrtheit, die fortschreitende Production und die dadurch bedingte Erleichterung als die Ursache oder auch nur als die Veranlassung zu der fortschreitenden Unsittlichkeit zu verdammen, denn mit demselben Recht müsste man dann auch die fortschreitende Belehrung verurtheilen, die freilich für den Missbrauch ein ebenso unheilvolles Werkzeug wird, wie sie für den rechten und wahren Gebrauch segensreich ist. Die Vernünftigkeit des Genusses liegt aber vollkommen gesichert in den schon oben aufgestellten Kennzeichen, wonach sie aus dem Aneignen des durch die Production Gewonnenen hervorgeht und aus der dadurch entstehenden Kraft, die uns in den Stand setzt, besser produciren zu können. Selbst der sinnliche Genuss wird dadurch geadelt und zu einem vernünftigen gemacht, indem er einerseits die Bedeutung erhält, dass er nunmehr mit Bewusstsein geübt wird als Kräftigung und Stärkung für das Handeln und als Erholung von der Arbeit, um für die erneuerte Anstrengung tüchtiger zu machen, und andrerseits erscheint als Lohn und Product der vernünftigen Thätigkeit selbst, wodurch er aufs Engste mit ihr verbunden ist. Hierin liegt es auch zugleich, dass er in seiner Unmittelbarkeit und Rohheit nicht eingehen kann in den höhern vernünftigen Genuss, sondern selbst veredelt wird durch die productive Gestaltung, die ihn zum Kunstgenuss erhebt. Die Vernünftigkeit des Genusses besteht also schlechthin darin, dass er erreicht wird durch die Arbeit und dass er gerichtet ist auf die Arbeit und sein Object und sein Ziel findet an ihr; wer nur producirt um sich dadurch Genuss anzueignen, geniesst nicht wahrhaft, denn die dazu nöthige Arbeit und Anstrengung erscheint ihm nur als ein nothwendiges Uebel, dessen er gern überhoben sein möchte, wenn es nur anginge, und so verbittert sie ihm den Genuss, wie dies bei der Genusssucht vollständig einleuchtet; wir müssen an der Arbeit selbst Genuss finden, indem sich daran die geistige Kraft und Uebung bewährt, die wir erlangt haben, und nur dieser Genuss an ihr schafft die Liebe zu ihr, die alle Production leicht macht. Wird aber umgekehrt der ganze Genuss in die Arbeit selbst gesetzt, so ist er auch kein wahrer und vollkommener, indem ihm das Moment der Aneignung fehlt, durch welche er erst bewusst wird, indem die Vernunft die Kraft kennen lernt, die sie durch die Thätigkeit erlangt hat und die sie schätzt an der leichten Befriedigung aller wahren und vernünftigen Bedürfnisse, zu welcher die Production verhilft. Der rechte Genuss führt daher fortwährend zu neuer Gestaltung und zur Organisation des Gestalteten, wodurch er selbst sich regelt und ordnet in seiner Beziehung zur Arbeit. Denn dies führt die andre Seite des vernünftigen Handels herbei, welche den Genuss ergänzt, indem sie ihrerseits darauf beruht, dass wir durch die Uebung selbst fortwährend lernen. Dies ist das Beherrschen aller Bedingungen, die zur Gestaltung der Dinge gehören. Diese Herrschaft besitzt die Vernunft zunächst allein durch die Uebung, welche sie erlangt hat im Gestalten, und sie ist daher auch das Maass derselben; aber sie wächst und erweitert sich durch die fortschreitende Belehrung, welche gezogen wird aus der Uebung und hinführt zu einer immer bessern Organisation des Producirten, wodurch die Aneignung der Mittel erleichtert wird für die fortgesetzte Gestaltung. Die Herrschaft über die Natur wird daher um so grösser, je methodischer unser practisches Wissen wird, und je planmässiger wir danach streben die Gestaltung zu vereinfachen und zu ordnen, und dadurch selbst wieder unser practisches Wissen vermehren. Durch die Herrschaft über die Dinge wird endlich auch der Genuss um so grösser und mannigfaltiger, und indem wir ihn selbst beherrschen, gestalten und ordnen wir ihn zu gleicher Zeit und machen ihn dadurch erst zu einem wahrhaft vernünftigen. Hiemit aber schliesst das vernünftige Handeln ab in dem Begriffe der Glückseligkeit, welche liegt in dem Genuss, den die Herrschaft über die Dinge gewährt, und welche sich verknüpft mit der vollkommenen Belehrung über ihren Zusammenhang und der vollendeten Uebung in der Gestaltung desselben. Hier wird die Vernunft schöpferisch, denn sie vermag, was sie will, indem sie das vollkommene Wissen in sich trägt. So aber ist sie auch nur in Gott, in dem Wissen und Wollen eins ist, und der deshalb die Welt in absoluter Seligkeit beherrscht, deshalb kann auch die endliche Vernunft des Geschöpfs nur in dem Maasse wahrhaft glückselig sein, als sie sich eins weiss mit ihm und nur Organ sein will seines Willens, so dass sie handelt in seinem Namen und in seiner

Vollmacht, dann kann sie sicher sein sich immer mehr anzunähern der Herrschaft über die Dinge im Wissen und Wollen, indem sie zu dem Bewusstsein gelangt, dass Gott den vernünftigen Menschen zum Herrn gesetzt hat über die ganze Schöpfung, während er, losgerissen von ihm, nur zum Knecht derselben wird, und damit endigt sie zu zerstören, anstatt sie zu geniessen.

9) Die göttliche Vernunft.

Es möchte vielleicht auf den ersten Blick auffallend erscheinen, dass wir es unternehmen in der Psychologie von Gott zu handeln, aber es wäre eine ganz willkürliche Abgrenzung, wenn wir die Behandlung der Seele nur auf die menschliche beschränken wollten. Ebenso wie wir die thierische Seele nicht ausgeschlossen haben, müssten wir vielmehr glauben, unsern Gegenstand nicht recht behandelt zu haben, wenn die Entwickelung nicht die Vernunft auf ihre absolute Quelle zurückführte und so auch eine Einsicht in diese selbst gewährte. Unsere systematische Ableitung fordert diesen nothwendigen Abschluss, indem wir zuletzt die Vernunft zu denken haben als vollkommene Einheit von Wissen und Wollen, von Persönlichkeit und Handeln, und diese Anschauung ist es auch allein, welche wir von der göttlichen Vernunft gewinnen können, denn in ihr vereinigen sich alle Momente der Vernünftigkeit. Gott ist die ewig wahre, vorhersehende und allwissende Vernunft, die allweise und allmächtige Liebe und die wahrhaft selige Persönlichkeit, er weiss, was er will, und sein ganzes Wollen wird durch Liebe und Weisheit bestimmt, so will er auch, was er weiss, er vermag in seiner Allmacht, es durchzuführen und führt es durch mit aller Wahrhaftigkeit, indem er darin seine Seligkeit findet. So ist die Welt seine Schöpfung und darin liegt ebensosehr ihr Unterschied wie ihre Einheit mit ihm. Auch sie ist Vernunft, aber die ewig werdende, welche aus Gott ist und von der Gott will, dass sie immer mehr im Wissen und Wollen eins werde mit ihm, damit sie so wahrhaft theilnehme an seiner Seligkeit. Deshalb ist Gott der Welt immanent, wie sie immanent ist in ihm, aber eben deshalb ist er auch schlechthin transcendent, indem sie immer nur stehen bleibt in dem Werden und alles, was sie wird, abzuleiten hat von seiner Schöpferkraft. Darum hat die Welt eine Geschichte, welche die Offenbarung ist der göttlichen Vernunft, in ihr wechseln die endlichen Persönlichkeit mit ihrem Handeln, aber sie sind nur die Organe der Persönlichkeiten Gottes, die seinen Willen ausführen, und sie können nur in ihr wirken, inwiefern sie an ihn glauben und ihn als die ewige Wahrheit erkennen, inwiefern sie ihn lieben und begehren, ihr Wissen und Wollen einigen mit dem seinigen und handeln in seinem Namen. Was nicht aus ihm ist, geht unter und zerstört sich gegenseitig, nur die Wahrheit siegt und triumphirt über allen Irrthum und alle Lüge, und so ist die Geschichte das Weltgericht, indem sie das Gericht des persönlichen Gottes ist, der der Wahrheit den Sieg verschafft.

Uebersehen wir nunmehr die ganze Entwickelung, so begreifen wir, wie es nicht ein leeres Wort ist, wenn wir die Welt ansehen als eine vernünftige und als die werdende Vernunft selbst. Da verschwindet aller Widerspruch zwischen Materie und Geist, denn auch jene ist ein Product der schöpferischen Vernunft und selbst vernünftig, alle ihre Gestaltung von der niedrigsten bis zur höchsten ist nur die fortschreitende Entwickelung derselben, und darin gerade offenbart sich die Zweckmässigkeit, dass in der Reihe dieser organisirten Gestaltung das niedere dem höhern dient und die Bedingungen seines Daseins in sich enthält. Wir begreifen daher auch, wie die Seele anknüpfen muss an das Leben und seine Wechselwirkung mit der bewegten Aussenwelt, und wie sie nur aus diesen

Bedingungen heraus werden kann, wie sie dann ferner nur durch diese zum Bewusstsein gelangt über sie und auch nur vernünftig wird durch die Wechselwirkung zwischen den sinnlichen Eindrücken und der bewussten Gestaltung derselben. So wird die Vernunft allerdings aus der allmälichen Gestaltung der Materie heraus, aber das Subject, welches eigentlich wird, ist doch nur die Vernunft. Weit entfernt, dass die Materie die wahre Substanz wäre, die in der allmälichen Entwickelung immer neue Prädicate und Eigenschaften erhielte, von denen Leben, Beseelung, Bewusstsein und Vernünftigkeit nur die höchsten wären, ist die Vernunft selbst vielmehr das eigentliche und wahre Subject, das in der Materie und der fortschreitenden Entwickelung ihres Gestaltungsprocesses bis zu Leben und bewusster Beseelung hinauf nur die ihr zugehörigen Eigenschaften offenbart, in denen sie sich von vorn herein als das eigentlich thätige erweist. Ist es doch am Ende bei jeder Entwickelung so, dass man erst am Ziele derselben erfährt, was sich eigentlich entwickelt, und so anerkennen muss, dass das, was als Product der ganzen Entwickelung herauskommt, auch schon im Anfange dem Keime nach vorhanden gewesen ist. Hiemit erst wird der Materialismus vollkommen überwunden, der seine ganze Schärfe und Schroffheit verliert, wenn man einsieht, dass die Materie nicht als starre und todte Substanz, sondern selbst als Thätigkeit gefasst werden muss. Ist so die Kluft zwischen Materie und Geist aufgehoben, so wird es auch begreiflich, wie Gott in einem wahren Verhältniss zu der Welt stehen kann, wie er sie geschaffen hat, erhält und regiert, und dadurch in dauernder Verbindung mit ihr ist, als die ewige Persönlichkeit, die selbst nicht werdend, alles Werden in ihr beherrscht.

Hiedurch verliert auch der Begriff der Persönlichkeit den Character der Schranke, der ihm gewöhnlich beiwohnt und der das Widerstreben erzeugt, ihn Gott mit voller

Ueberzeugung beizulegen. Denn liegt er in der Einheit von Wissen und Wollen und drückt er damit die vollkommene Vernünftigkeit aus, so ist er auch ganz in die Sphäre des Geistes erhoben und von den materiellen Schranken befreit, die ihn als einen unangemessenen Ausdruck für das göttliche Wesen erscheinen lassen könnten. Wie aber der ewige Gott von der Welt unterschieden ist und darum doch eins ist mit ihr, so wird er auch als ewige Persönlichkeit unterschieden sein von allen endlichen Persönlichkeiten, wenngleich diese nur wahre vernünftige Persönlichkeiten sein können in der Einheit mit ihm. Hierin liegt die vollendete Ueberzeugung von der persönlichen Fortdauer nach dem Tode, die nur dann mit voller Klarheit begriffen werden kann, wenn die Vernunft als das höhere Subject über den Leib, über Tod und Verwesung hinausreicht, womit aber freilich auch nothwendig zusammenhängt, dass wir sie in der That von allem Sinnlichen loslösen müssen und die Seligkeit derselben nicht ausmalen dürfen mit Farben und Genüssen, die zu sehr noch schmecken nach dem Irdischen und Vergänglichen, anstatt sie zu suchen in der Einheit mit der ewigen Persönlichkeit Gottes. Denn nur das kann fortleben und fortwirken, was mit ihm eins ist und sich in aller Verschiedenheit und Individualität mit ihm einigen kann, und das muss zurückgelassen werden, was von der Gemeinschaft mit ihm ausschliesst. Das aber ist auch nur wahre Persönlichkeit, was im Wissen und Wollen, im Glauben und in der Liebe eins geworden ist mit ihm, während alles Andere nicht hinanreicht zu ihr, und indem es das Ziel verfehlt, der Vergänglichkeit anheimfällt.

Ist es doch ganz ähnlich mit dem lebendigen Individuum gegenüber den materiellen Stoffen, durch die es sich erhält. Der Organismus nimmt die Nahrungsmittel in sich auf und scheidet davon aus, was nicht zu seiner Entwickelung verwandt werden kann, und selbst das, was in die

Organisation eingegangen ist, wird durch den Lebensprocess fortwährend umgewandelt und endlich wieder ausgeführt. Das Individuum bleibt, indem es sich fortwährend regenerirt, während die materiellen Stoffe, aus denen es besteht und sich gestaltet, wechseln und immer wieder den niedern Bildungsprocessen verfallen, um neuen Entwickelungen zu dienen. So verhält es sich auch mit der vernünftigen Persönlichkeit gegenüber der tieferen Stufe des Individuums mit seinem sinnlichen Leibe und seinem zeitlichen Bewusstsein, sie dienen ihr zu ihrer Entwickelung und führen ihr die Nahrung zu, aus der sie sich bildet und gestaltet, aber jene nimmt von ihnen nur das an, was sie sich wirklich aneignen kann, und streift alles Andere von sich ab, worauf es dann der Vergänglichkeit anheimfällt. So überdauert sie die Zufälligkeit der sinnlichen Wahrnehmungen und den leiblichen Tod, und reicht hinaus über den Wechsel und die Vergesslichkeit des Bewusstseins, indem sie in ihrer geistigen Continuität nur das bewahrt, was darin vernünftiges Wissen und Wollen, wahrer Glaube und ächte Liebe geworden ist. Dass aber diese nicht vergehen, wie alle früheren Entwickelungsstufen, liegt darin, dass sie die höchsten Momente des persönlichen Geistes selber sind, der als das wahre Subject unvergängliches Wesen in sich trägt, und dadurch die Fähigkeit besitzt in Gott zu leben und in seliger Gemeinschaft mit ihm zu sein, in der alle Räthsel der Welt sich lösen, aller Glaube und alle Erkenntniss sich verwandelt in ein Schauen und alles Begehren sich auflöst in eine ewige Liebe.

Die ganze bisherige Auseinandersetzung betrachtet die Seele nur in ihrer natürlichen Entwickelung, wie es die Grenzen der Psychologie erfordern, sie berücksichtigt nicht das sittliche und religiöse Gebiet, das sich daran erst anknüpft. Darum können wir auch hier nicht eingehen in das Verhältniss der geistigen Persönlichkeit zu der Sünde und dem Bösen und es unternehmen, die schwierigen Fragen zu lösen, die sich in dieser Beziehung leicht aufdrängen in Betreff ihrer wirklichen Existenz und Fortdauer. Die Beantwortung derselben setzt eine tiefe Einsicht in das Wesen der Sünde voraus, und muss also auch für die wissenschaftliche Darstellung aufbehalten bleiben, welche diesen Begriff zu ihrem eigentlichen Gegenstande hat. Nur so viel mag hier angedeutet werden, als sich schon aus den Principien der bisherigen Entwickelung ahnen lässt. Denn ist die Sünde Aufhebung der Gemeinschaft mit Gott, so setzt ihre Entstehung das Dasein derselben voraus, und da nur die geistige Persönlichkeit in einer wahren Gemeinschaft mit Gott ist, so kann auch sie nur aus derselben herausfallen. Die Sünde kann daher nicht ihren Ursprung haben in den niedern Stufen der Weltentwickelung, in der Materie und Sinnlichkeit, sondern in der vernünftigen Persönlichkeit selbst, und damit haftet sie auch an ihr und theilt mit ihr die ihr zukommenden Attribute, wenngleich sie dieselben ihrem Wesen gemäss umwandelt. Darum schützt die natürliche Vernünftigkeit nicht vor der Sünde, sondern sie ist der Boden, auf dem ebenso das Gute wie das Böse entspringt, und darum vermag sie auch nicht von der Sünde zu erlösen und aus eigner Kraft die Gemeinschaft wieder herzustellen, die sie aufgehoben hat. Das aber sind Probleme, in welche hier weiter einzugehen, wir uns enthalten müssen, da es nicht möglich wäre, sie an diesem Orte auch nur annähernd zum Verständniss zu bringen. Doch muss auch hier der Glaube Platz greifen, dass die Persönlichkeit nur auf eine wahre Fortdauer rechnen könne, inwiefern sie versöhnt ist mit dem ewigen Gott.

FSC
www.fsc.org
MIX
Papier | Fördert gute Waldnutzung
FSC® C083411

Kolibri 360 GmbH
Ferdinand-Jühlke-Straße 7
99095 Erfurt, Deutschland
produktsicherheit@kolibri360.de